CAD/CAM 技能型人才培养丛书

UG NX 9 中文版 应用教程

温海阳　郝守海　编著

清华大学出版社

北　京

内 容 简 介

Siemens NX(本书仍称之为 UG NX3)是一个由西门子 UGS PLM 软件开发，集 CAD/CAE/CAM 于一体的数字化产品开发系统。本书以 NX 9 版本为平台，并结合编者多年应用和培训 NX 的经验编写而成。

本书从工科院校学生学习的实际出发，按从基础到高级的顺序进行编排，并对每章内容进行梳理。全书分为 14 个章节，介绍了使用 Siemens NX 9 进行基准创建、简单渲染、草图绘制和编辑、实体建模和编辑、曲线创建与编辑、曲面设计、零件装配设计、工程图的绘制与注释添加、产品测量和分析、钣金设计、GC 工具箱应用等机械设计所必需的各种功能和命令的用法。

本书深入浅出，实例引导，讲解翔实，非常适合广大 UG NX 初中级读者使用，既可以作为大中专院校、高职院校相关专业的教科书，也可以作为社会相关培训机构的培训教材和工程技术人员的参考用书。

图书在版编目(CIP)数据

UG NX 9 中文版应用教程/温海阳，郝守海 编著. —北京：清华大学出版社，2014

(CAD/CAM 技能型人才培养丛书)

ISBN 978-7-302-36876-2

Ⅰ. ①U…　Ⅱ. ①温…　②郝…　Ⅲ. ①计算机辅助设计—应用软件—教材　Ⅳ. ①TP391.72

中国版本图书馆 CIP 数据核字(2014)第 126717 号

责任编辑：刘金喜
装帧设计：孔祥峰
责任校对：成凤进
责任印制：刘海龙

出版发行：清华大学出版社
网　　址：http://www.tup.com.cn，http://www.wqbook.com
地　　址：北京清华大学学研大厦 A 座　　**邮　　编**：100084
社 总 机：010-62770175　　**邮　　购**：010-62786544
投稿与读者服务：010-62776969，c-service@tup.tsinghua.edu.cn
质 量 反 馈：010-62772015，zhiliang@tup.tsinghua.edu.cn
课 件 下 载：http://www.tup.com.cn,010-62794504
印 刷 者：清华大学印刷厂
装 订 者：三河市溧源装订厂
经　　销：全国新华书店
开　　本：185mm×260mm　　**印　　张**：24.5　　**字　　数**：550 千字
(附 DVD 光盘 1 张)
版　　次：2014 年 10 月第 1 版　　**印　　次**：2014 年 10 月第1次印刷
印　　数：1～3000
定　　价：42.00 元

产品编号：057365-01

前　　言

Siemens NX 9(本书仍称之为UG NX)是一个由西门子UGS PLM软件开发，集CAD/CAE/CAM于一体的数字化产品开发系统。UG NX支持产品开发的整个过程，从概念(CAID)，到设计(CAD)，到分析(CAE)，到制造(CAM)的完整流程。

UG NX 从 CAM 发展而来，有着美国航空和汽车两大产业的背景，在汽车、航空领域有着广泛的应用，在日用产品和模具设计中 UG NX 也同样具有重要的地位。

UG NX 经过多次的版本更新和性能完善，如今已发展到 UG NX 9 版本，熟练掌握本软件，已逐渐成为机械、汽车、快速消费品等行业工程师的必备技能。

1. 本书特点

知识梳理：本书在每章开头设置学习目标，具体提示每章的重点学习内容，用户可根据本提示对重点学习内容进行逐点学习，以快速掌握 NX 9 的基本操作。

专家点拨：本书在一些命令介绍后面设置了“提示”和“注意”小模块，通过对特殊操作或重点内容进行提示，使用户掌握更多的操作。

实例讲解：本书以丰富的实例介绍 NX 9 的各项命令和全过程操作，并在各章的结尾设置综合实例对章节内容进行综合介绍，使用户能够快速掌握命令。

视频教学：为使读者更方便地学习本书内容，本书为每章的基础讲解和综合实例的操作提供了视频教学，读者可以跟随视频的操作一步步进行学习。

另外，为方便教师授课教学，编者专门为本书配置了课件制作素材，请到专门为本书提供的博客 http://blog.sina.com.cn/tecbook 下载，也可到 http://www.tupwk.com.cn/downpage 下载。

2. 本书内容

本书作者是从事机械设计工作的工程师，从全面、系统、实用的角度出发，以基础知识与大量实例相结合的方式，详细介绍了 UG NX 9 的各种操作、技巧、常用命令和应用实例。全书共分 14 章，具体内容如下。

第 1 章　本章介绍 NX 9 的入门和基本操作方法，主要包括工作界面、菜单、工具栏的认识和使用，如何进入和退出 NX 9 软件；并介绍了文件的创建、打开、保存等操作。

第 2 章　本章介绍 NX 9 基本操作中的基准平面、基准轴、基准坐标系、基准点的详细操作方法，并简单介绍了使用 NX 9 渲染模块进行零件渲染的一般操作方法。

第 3 章　本章简单介绍草图概述，详细地介绍了使用草图绘制基本曲线、复杂曲线和派生曲线的具体操作过程，最后通过一综合实例对本章内容进行综合介绍。

第 4 章　本章介绍进行草图编辑与约束的各项命令，并简要介绍了进行草图绘制轮廓所经常用到的其余命令。

第 5 章　本章介绍实体建模模块进行建模所需的各种命令，包括基体特征创建、扫掠特征创建、设计特征创建等，并且使用一个实例综合介绍了本章的命令操作。

第 6 章　本章介绍进行实体编辑操作的各项操作命令，这些命令包括布尔操作、修剪、偏置、缩放特征、细节特征、关联复制特征操作等。

第 7 章　本章介绍使用 NX 9 进行曲线建模的过程，其中包括创建基本曲线、派生的曲线和曲线编辑命令的操作介绍，在本章第一小节简要概述了使用曲线建模的意义和模块工具命令。

第 8 章　本章简单介绍曲面设计的基本知识，详细介绍了创建曲面和曲面工序命令的操作过程，简单介绍了编辑曲面的命令。最后以一个实例综合介绍了本章的操作。

第 9 章　本章简单介绍装配的基本概念、NX 9 装配概述，详细地介绍了使用 NX 9 进行包括创建组件、定位操作、创建爆炸视图等装配操作。

第 10 章　本章介绍工程图管理、图纸创建、视图创建、创建剖视图和编辑工程视图的操作方法，并以一个综合实例介绍了回转零件创建工程图的一般操作过程。

第 11 章　本章介绍 NX 9 工程制图模块进行尺寸标注添加、注释和标签添加、实用符号添加的详细操作过程，并通过一个实例对工程图注释进行综合介绍。

第 12 章　本章简单介绍钣金设计的基本概念和 NX 钣金设计模块的基本内容，详细介绍了创建钣金基体、折弯、拐角和特征、冲压特征、成形与展平操作。

第 13 章　本章介绍模型测量与分析的一些操作命令，重点介绍了使用分析模块对曲线、曲面和模型进行测量的一些命令，并简要地介绍了对曲线、曲面、实体模型进行显示，及曲线形状分析、面形状分析和关系分析的一些内容。

第 14 章　本章主要介绍使用 GC 工具箱常用工具进行操作的步骤和方法，同时对 NX 中国工具箱进行概要介绍。本章侧重介绍在建模和制图模块中使用 GC 工具箱创建齿轮和弹簧的一般操作步骤。

3. 光盘内容

本书光盘包括了源文件和视频文件两部分，源文件是实例的起始操作文件和完成设计后的文件，包括在 Char02～Char12 共 11 个文件夹中；视频文件包括了所有综合实例操作内容，视频文件全部放置在“视频文件”文件夹中。

4. 读者对象

本书适合于 UG NX 9 的初学者和进行机械设计方向的科研或生产技术人员，具体说明如下：

- ✧ 相关从业人员
- ✧ 初学 NX 9 的技术人员
- ✧ 大中专院校的教师和在校生
- ✧ 相关培训机构的教师和学员
- ✧ 广大科研工作人员
- ✧ NX 9 爱好者

5. 本书作者

本书由温海阳、郝守海编著，徐进峰、丁伟、史洁玉、孙国强、张樱枝、孔玲军、李昕、刘成柱、代晶、贺碧蛟、石良臣、柯维娜等为本书的编写提供了大量的帮助，在此一并表示感谢。

虽然作者在本书的编写过程中力求叙述准确、完善，但由于水平有限，书中欠妥之处在所难免，希望读者和同仁能够及时指出，共同促进本书质量的提高。

6. 读者服务

为了方便解决本书疑难问题，读者在学习过程中若遇到与本书有关的技术问题，可以发邮件到邮箱 book_hai@126.com 或 wkservice@vip.163.com，或者访问博客 http://blog.sina.com.cn/tecbook，编者会尽快给予解答，我们将竭诚为您服务。

本书 PPT 课件素材可通过 http://www.tupwk.com.cn/downpage 下载。

服务邮箱：wkservice@vip.163.com

编　者

2014 年 3 月

目　录

第1章

NX 9概述

本章介绍Siemens NX 9(本书称之为UG NX 9)的入门和基本操作方法，其基本操作方法主要包括工作界面、菜单、工具栏的认识和使用，如何进入和退出NX 9软件；并介绍了文件的创建、打开、保存等操作。

学习目标

- ✧ 了解 UG NX 9 的基本知识及应用模块
- ✧ 认识 UG NX 9 工作界面、菜单和工具栏
- ✧ 了解用户设置与首选项设置等参数的设置方法
- ✧ 掌握文件的基本操作方法

1.1 UG NX 9基本知识

Siemens NX 9(如无特别说明，下文皆称NX 9)直接采用统一的数据库、矢量化和关联性处理、三维建模同二维工程图相关联等技术，大大节省了设计时间，提高了工作效率。NX软件广泛用于汽车、航空、航天、日用消费品和通用机械等领域。

1.1.1 软件特点

NX 9融合了线框模型、曲面造型和实体造型技术，该系统建立在统一关联的数据库基础上，提供工程意义的完全结合，从而使软件内部各个模块的数据都能够实现自由切换。

1. 智能化的操作环境

伴随着NX版本的不断更新，其操作界面更加人性化，绝大多数功能都可以通过按钮操作来实现，并且在进行对象操作时，具有自动推理功能。同时，每个操作步骤中，绘图区上方信息栏和提示栏中提示操作信息，便于用户做出正确选择。

从NX 9开始使用微软Office软件使用的Ribbon界面，如图1-1所示。此界面的优点是能最大限度地保证用户需要的命令图标在软件前台显示，并能提供给用户最大的绘图空间，这方便了喜欢使用图标命令和笔记本电脑的用户。

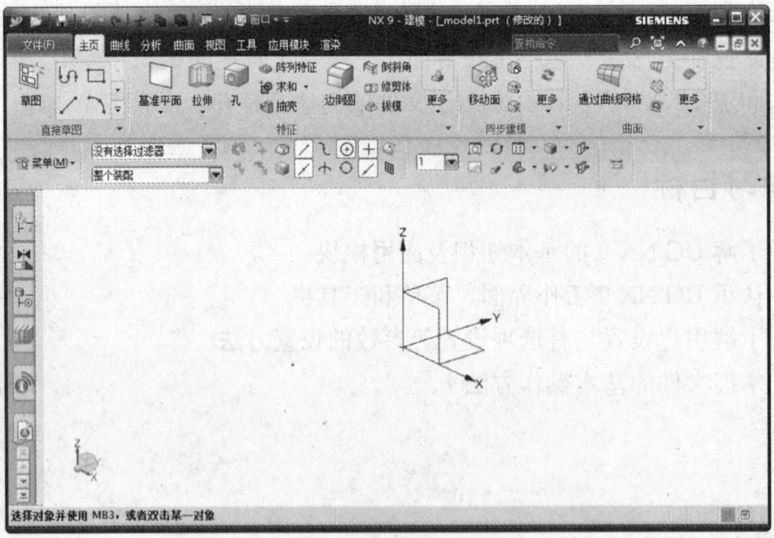

图1-1　NX 9绘图界面

2. 建模的灵活性

NX 9可以进行复合建模，需要时可以进行全参数设计，而且在设计过程中不需要定义和参数化新曲线，可以直接利用实体边缘。此外，可以方便地在模型上添加凸垫、键槽、凸台、斜角和抽壳等特征，这些特征只需进行少量参数设置，使用灵活方便。

3. 参数化建模特性

传统的实体造型系统都是使用固定尺寸值来定义几何元素，为了避免产品反复修改，可使用参数化建模特性，使产品设计伴随结构尺寸的修改和使用环境的变化而自动修改，节约用户大量的设计时间。

4. 协同化的装配设计

NX 9可提供自上而下、自底向上两种产品结构定义方式，并可在上下文中设计和编辑。软件具有高级的装配导航工具，既可图示装配树结构，又可快速地确定部件位置。通过装配导航工具可隐藏或关闭特征组件。

5. 集成的工程图设计

NX 9在创建三维模型后，可直接投影成二维工程图，并且能按ISO和GB自动标注尺寸、形位公差和汉字说明等。还可对创建的工程图进行全剖视、局部剖视、局部放大和打断等操作。

1.1.2 NX 9设计流程

NX 9的设计操作都是在部件文件的基础上进行的，在NX 9专业设计过程中，通常具有固定的模式和流程。NX 9的设计流程主要是按照实体、特征或曲面进行部件的建模，然后进行组件装配，经过结构或运动分析来调整产品，确定零部件的最终结构特征和技术要求，最后进行专业的制图并加工成真实的产品。设计流程图如图1-2所示。

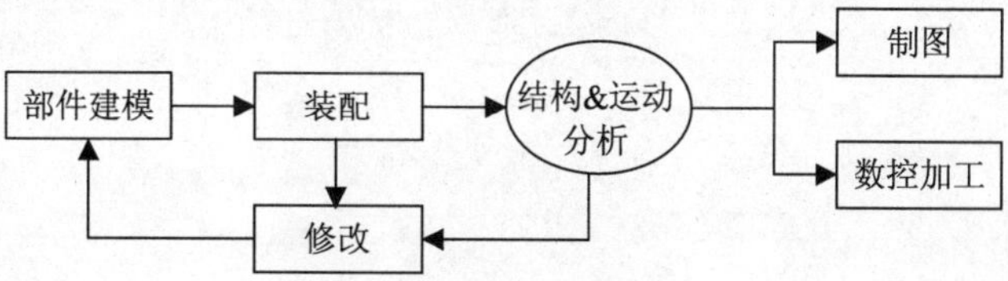

图1-2 NX 9设计流程

1.2 基础界面操作

在介绍NX 9的建模之前，必须先熟悉它的一些基础操作。本小节主要介绍NX 9的启动、图形界面、对话框、快速拾取和预选加亮、选择过滤器和关于文件操作等内容。

1.2.1 启动NX 9

在计算机任意界面选择“开始”菜单中的“所有程序”→Siemens NX 9→NX 9命令，便可进入如图1-3所示的NX 9启动界面，等待片刻进入如图1-4所示的NX 9待机界面，然后可根据任务需要选择新建或者打开一个部件文件。

图1-3 NX 9启动界面

图1-4 NX 9待机界面

1.2.2 工作界面

单击待机界面上方的(新建)按钮，弹出如图1-5所示的“新建”对话框，在“名称”文本框中输入文件名称，在“文件夹”文本框中指定存储路径，然后单击 确定 按钮即可打开NX 9图形界面。

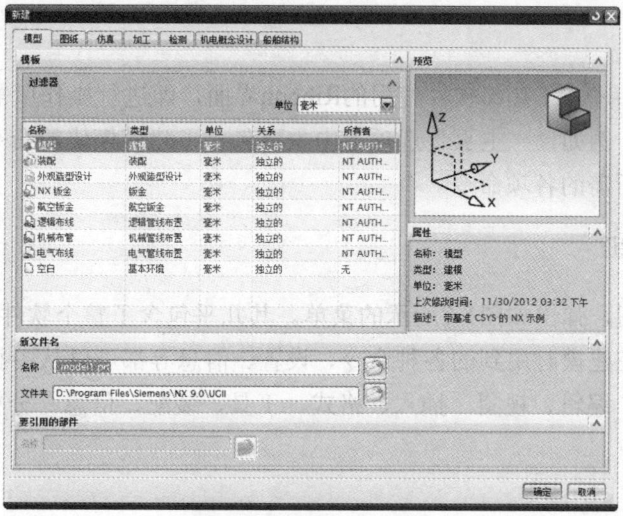

图1-5　“新建”对话框

提示

用户设置文件名称和存储路径名称应全部为英文或符号的组合，否则将出现错误。

NX 9的主窗口由模块选项卡、菜单命令按钮、工具栏、导航区、信息提示栏、工作区和状态栏组成，如图1-6所示。下面分别进行介绍。

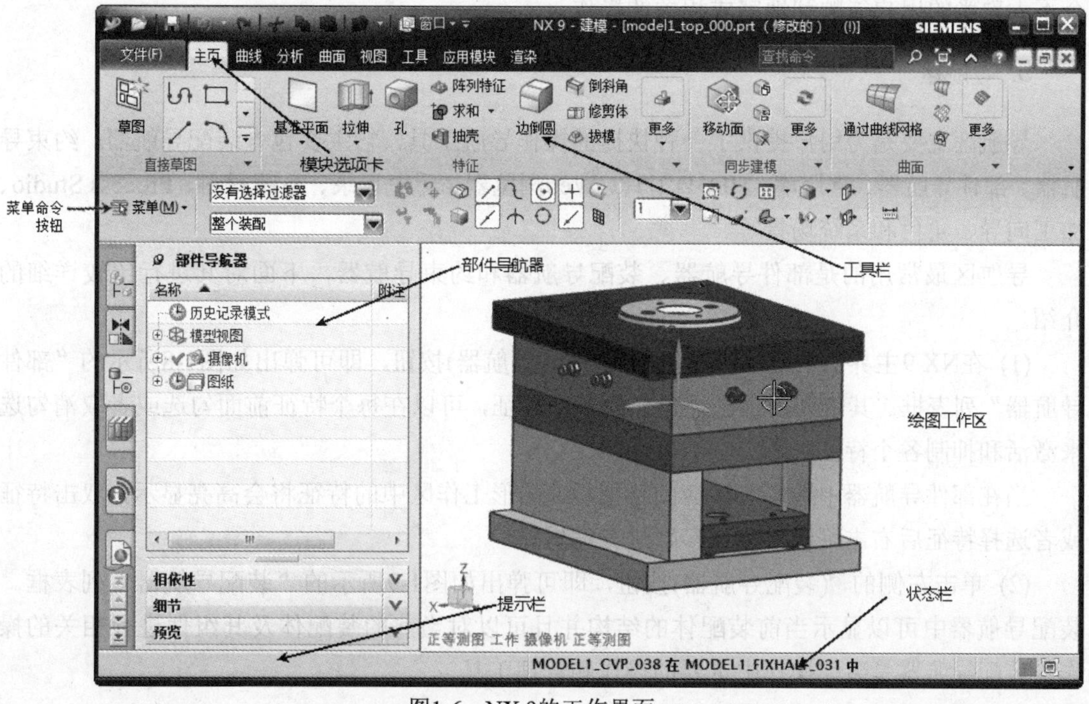

图1-6　NX 9的工作界面

1. 模块选项卡

从NX 9开始使用微软Office软件使用的Ribbon界面，即进行操作所需的命令被分类汇总在不同的选项卡下。例如，“主页”选项卡中主要包含了建模模块的命令，“曲线”选项卡中包含了创建曲线所需的各项命令。

2. 菜单命令按钮

单击菜单(M)按钮，弹出如图1-7所示的菜单。其几乎包含了整个软件所需要的各种命令，也就是说，基本上在建模时用到的各种命令、设置、信息等都可以从中找到。它主要包含以下几个命令：文件、编辑、视图、插入、格式、工具、装配、信息、分析、首选项、窗口、GC工具箱和帮助。

3. 工具栏

工具栏汇集了进行各项操作时比较常用的命令，用户可以不必通过菜单层层选择只需通过单击各种命令很方便地创建各种特征。相对以前的NX版本，工具栏得到优化，配合模块选项卡，用户可以很方便地找到自己需要的操作命令。

4. 信息提示栏

信息提示栏主要是为了实现人机对话，NX 9通过信息提示区向用户提供当前操作中所需的信息，如提示用户选择基准平面、选择放置面、选择水平参考等。这一功能使得某些对命令不太熟悉的用户能顺利地完成相关的操作。

5. 导航区

导航区主要是为用户提供了一种快捷的操作导航工具，它主要包含装配导航器、约束导航器、部件导航器、重用库、HD3D工具、Web浏览器、历史记录、系统材料、Process Studio、加工向导、角色和系统场景等。

导航区最常用的是部件导航器、装配导航器和约束导航器，下面对其进行比较详细的介绍。

(1) 在NX 9主界面中，单击左侧的(部件导航器)按钮，即可弹出如图1-8所示的“部件导航器”列表框。其中列出了已经建立的各个特征，可以在每个特征前面勾选或者取消勾选来激活和抑制各个特征。

当在部件导航器中选择了相应的特征后，图形工作区中的特征将会高亮显示，双击特征或者选择特征后右击可以对特征参数进行编辑。

(2) 单击左侧的(装配导航器)按钮，即可弹出如图1-9所示的“装配导航器”列表框。装配导航器中可以显示当前装配体的结构并且可以对当前的装配体及其组件进行相关的操作，装配导航器是装配操作中重要的操作和管理工具。

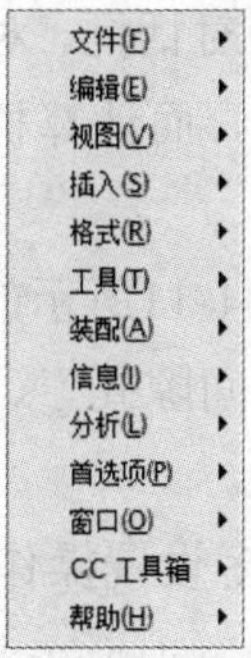

图1-7　菜单命令

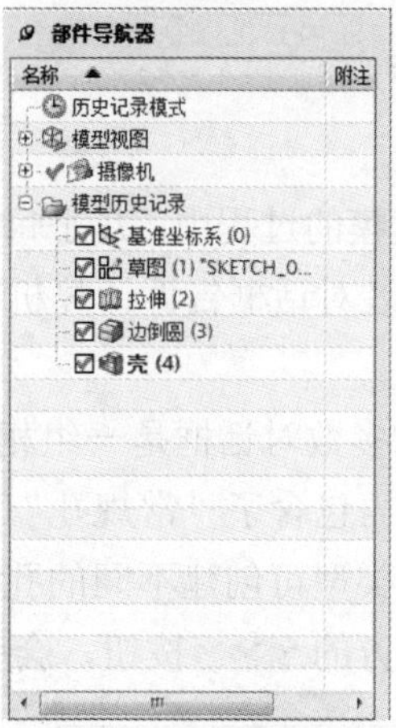

图1-8　部件导航器

(3) 单击左侧的(约束导航器)按钮，即可弹出如图1-10所示的“约束导航器”列表框。约束导航器主要用于管理查看装配体的约束状态，可以以不同的方式查看和编辑装配模型中的约束条件。

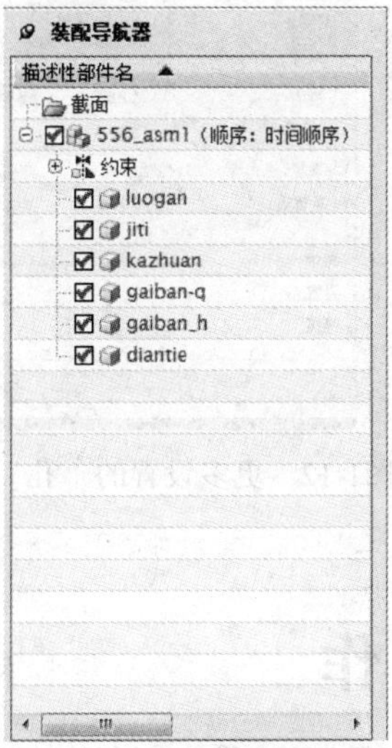

图1-9　装配导航器

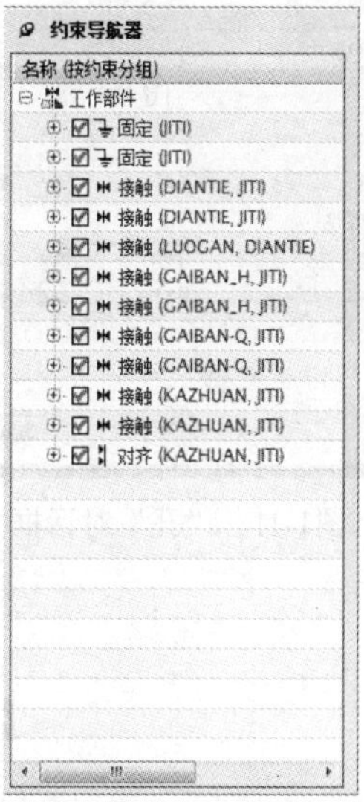

图1-10　约束导航器

6. 状态栏

状态栏主要是为了提示用户当前操作处于什么状态，以便用户能做出进一步的操作。状态栏一般只有在操作命令时和选择时才会有内容。

7. 绘图工作区

绘图工作区主要用于绘制草图、实体建模、产品装配和运动仿真等，是NX 9的图形显示区域。大部分的图形选择和视图操作均在工作区中显示。

1.2.3 对话框

在使用NX 9建模的过程中，几乎每个特征的建立都要用到对话框，对话框为人机对话提供了平台，可以通过对话框告诉计算机自己想要进行什么操作，而计算机也会通过对话框提示或者警告等。

在NX 9里，大多数对话框是一组相似功能的集合。例如图1-11所示的“孔”对话框，它的“类型”文本框内包含了“常规孔”、“钻形孔”、“螺钉间隙孔”、“螺纹孔”和“孔系列”，使用这些类型可创建不同的孔特征，属于相似的功能。

单击对话框下方的⌄⌄⌄按钮，会弹出如图1-12所示的更多设置操作。

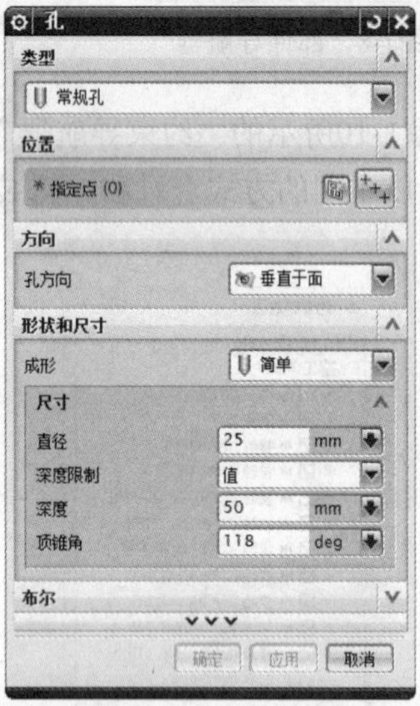

图1-11 “孔”对话框

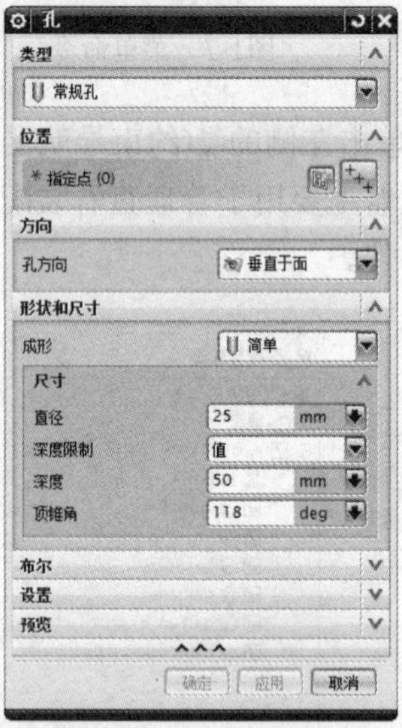

图1-12 更多设置的“孔”对话框

1.3 视图操作

单击“视图”选项卡，打开如图1-13所示的“视图”工具栏。从中可对视图窗口、方位、可见性、样式和可视化等进行操作。在软件操作时适时地使用视图操作可以明显地提高设计效率，尤其是视图的旋转、平移和缩放功能在建模中更是十分常用。

图1-13 “视图”工具栏

1.3.1 窗口

“视图”工具栏中的“窗口”等同于菜单中的“窗口”操作，单击(窗口)按钮，弹出如图1-14所示的“窗口”菜单。

用户也可选择“菜单”→“窗口”，同样弹出“窗口”菜单。选择“新建窗口”命令，弹出如图1-15所示的“新建窗口”对话框，用户指定不同视图方向后，单击确定按钮，可在新打开的窗口中以指定的方向显示视图。

使用本命令，还可对当前打开的窗口进行“层叠”、“横向平铺”、“纵向平铺”操作，选择“更多”命令可打开装配视图中的零件视图。

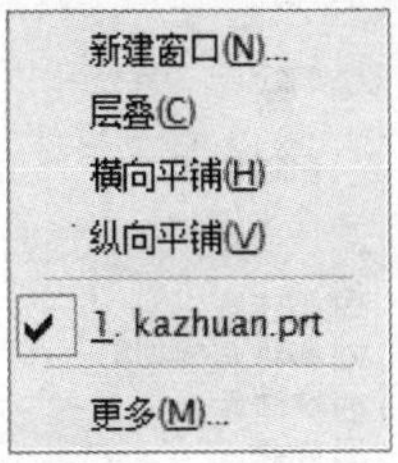

图1-14 “窗口”菜单

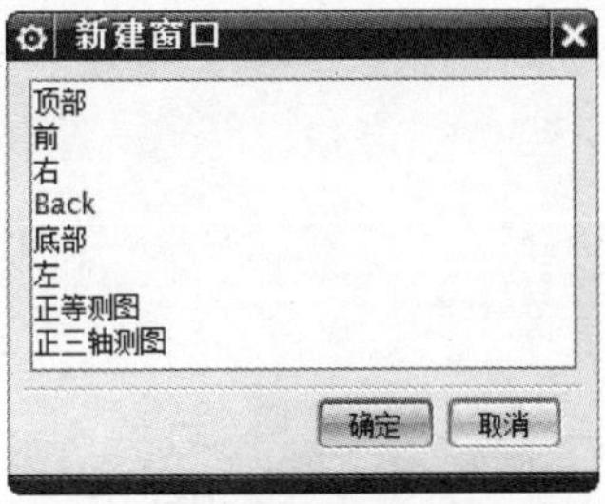

图1-15 “新建窗口”对话框

1.3.2 方位

使用如图1-16所示的“方位”命令框里的命令，可对视图进行不同方向的定位和缩放、平移、旋转等操作。下面一一介绍这些常用命令。

✧ (正三轴测图)按钮。单击此按钮可定位工作视图以同正三轴测图对齐。

✧ (俯视图)按钮。单击此按钮可定位工作视图以同俯视图对齐。

✧ (正侧视图)按钮。单击此按钮可定位工作视图以同正等轴测图对齐。

✧ (左视图)按钮。单击此按钮可定位工作视图以同左视图对齐。

✧ (前视图)按钮。单击此按钮可定位工作视图以同前视图对齐。

✧ (右视图)按钮。单击此按钮可定位工作视图以同右视图对齐。

✧ (后视图)按钮。单击此按钮可定位工作视图以同后视图对齐。

✧ (仰视图)按钮。单击此按钮可定位工作视图以同仰视图对齐。

✧ (缩放)按钮。单击此按钮后，按住鼠标左键不放，拖曳鼠标画一个矩形并松开左键，可将框选区域进行局部放大(改变视线距离，非放大特征尺寸)。

✧ (适合窗口)按钮。单击此按钮可调整工作视图的中心和比例以显示所有对象。

✧ (平移)按钮。单击此按钮后，按住鼠标左键不放，并拖曳鼠标即可平移视图。同时按住鼠标中键和右键或同时按下键盘中的 Shift 键和中键都可以达到平移视图的效果。

✧ (透视)按钮。单击此按钮可将工作视图从平行投影更改为透视投影。

✧ (旋转)按钮。单击此按钮后，按住鼠标左键不放，并拖曳鼠标即可旋转视图。也可以按住鼠标中键并拖动鼠标直接执行旋转操作。

除以上介绍的命令按钮外，用户单击(更多)按钮，即可弹出如图1-17所示的更多命令操作按钮，其中包括摄像机操作、视图操作、导航操作、非比例缩放操作和查看布局操作等。此部分的命令不常用，因此就不一一进行介绍了。

图1-16 “方位”命令框

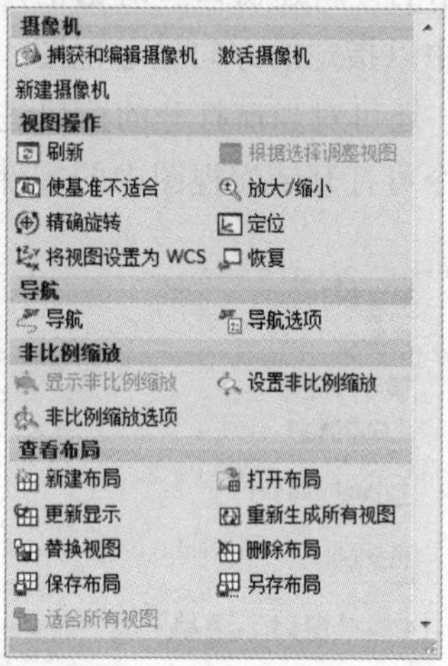

图1-17 更多命令操作按钮

1.3.3 可见性

使用如图1-18所示的“可见性”命令框里的命令，可对零部件进行显示和隐藏、图层设置、零部件视图剖视等操作。下面一一介绍这些常用命令。

1. 显示和隐藏操作

单击(显示和隐藏)按钮，弹出如图1-19所示的“显示和隐藏”对话框。该对话框用于控制工作区中所有图形元素的显示或隐藏状态。

图1-18 “可见性”命令框

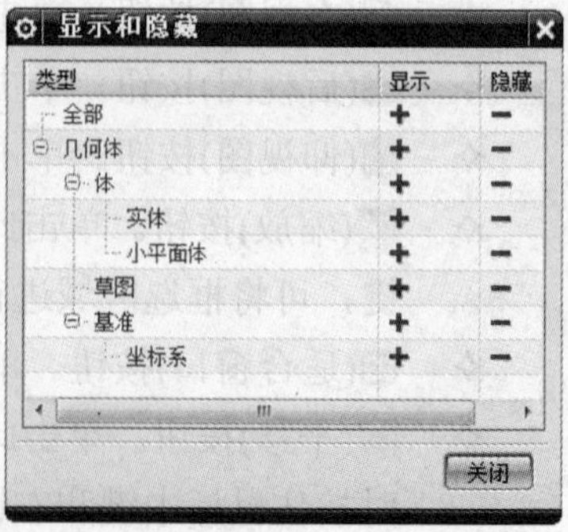

图1-19 “显示和隐藏”对话框

“显示和隐藏”对话框的“类型”中列出了当前图形中所包含的各类型名称，通过单击类型名称右侧“显示”列中的➕按钮或➖按钮，即可控制该名称类型所对应图形的显示和隐藏状态。

“显示和隐藏”选项介绍如下：

✧ (立即隐藏)按钮。单击此按钮弹出如图 1-20 所示的“立即隐藏”对话框。选中零件后即可将零件隐藏。

✧ (隐藏)按钮。单击此按钮弹出如图 1-21 所示的“类选择”对话框。依次选中或取消选中的零部件，完成选择后单击确定按钮，即可将选择的零部件隐藏。

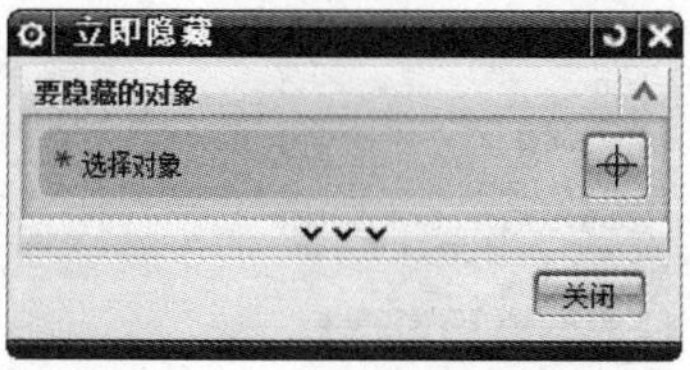

图1-20 “立即隐藏”对话框

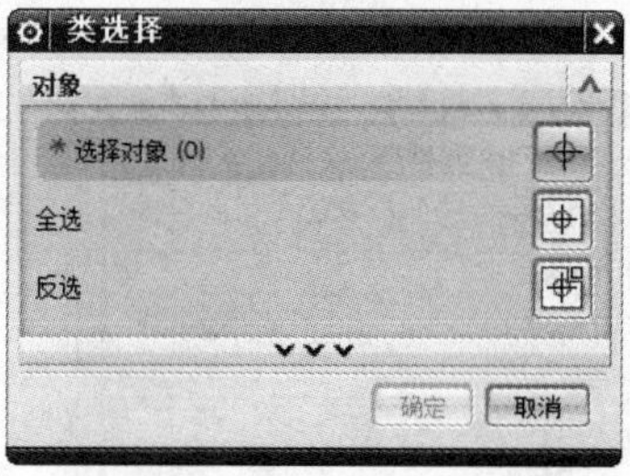

图1-21 “类选择”对话框

✧ (显示)按钮。单击此按钮弹出“类选择”对话框，并反向显示已隐藏的零部件(即将当前显示的隐藏，将已隐藏的零部件显示出来)。依次选中或取消选中的零部件，完成选择后单击确定按钮，即可将选择的零部件显示。

✧ (显示所有类型)按钮。单击此按钮可显示指定类型的所有对象。

✧ (全部显示)按钮。单击此按钮可显示可选图层的所有对象。

✧ (按名称显示)按钮。单击此按钮显示具有指定名称的所有对象。

✧ (反向)按钮。单击此按钮反转可选图层上所有对象的隐藏状态。

✧ (显示隐藏时适合)按钮。单击此按钮除“立即隐藏”外的所有“显示”或“隐藏”操作后满窗口显示视图。

提示

本节命令常用于装配操作中，较常用的命令包括“显示和隐藏”、“立即隐藏”、“隐藏”、“显示”、“全部显示”和“反向”。

2. 零件图层操作

图层类似于透明的图纸，每个图层可放置各种类型的对象，通过图层可以将对象进行显示或隐藏，而不会影响模型的空间位置和相互关系。下面一一介绍这些常用命令。

✧ (图层设置)按钮。打开一个装配体并单击此按钮，弹出如图 1-22 所示的“图层设置”对话框。通过单击部件并指定图层将不同零件指定进不同的图层，并通过操作本对话框进行设置和编辑操作。

✧ (移动至图层)按钮。单击此按钮弹出“类选择”对话框，选中零件后单击 确定 按钮，弹出如图 1-23 所示的“图层移动”对话框。用户通过指定不同的图层然后单击 确定 按钮即可将不同零部件移动到不同图层中去。

提示

作为了解章节，用户可只对本部分内容做简单了解，本书对图层操作涉及不多，若需要进行详细学习，请自行查找图层操作相关内容。

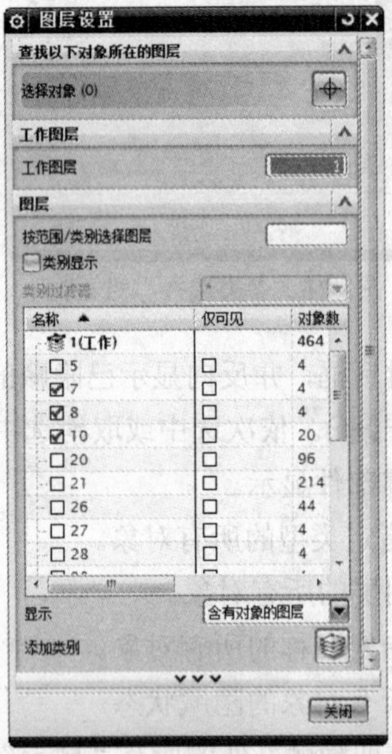

图1-22 “图层设置”对话框

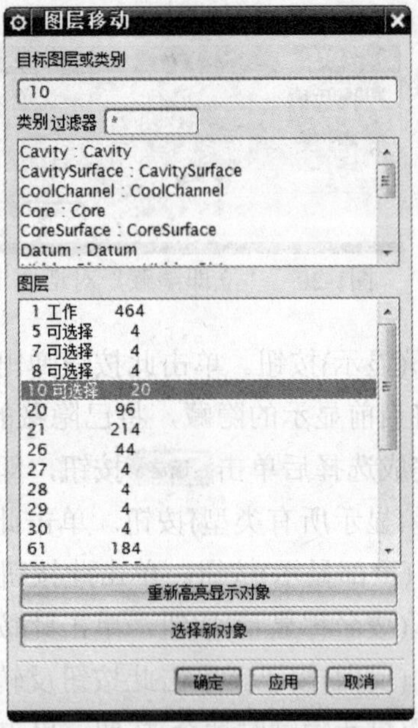

图1-23 “图层移动”对话框

3. 零件剖切显示

当观察或创建比较复杂的腔体类或轴孔类零件时，要将实体模型进行剖切操作，去除实体的多余部分，以便对内部结构进行观察或进一步操作。在NX 9中，可以利用“编辑截面”命令在工作视图中通过假想的平面剖切实体，从而达到观察实体内部结构的目的。

具体操作步骤如下：

(1) 打开一零件，单击 (编辑截面)按钮弹出“视图截面”对话框。

(2) 在“视图截面”对话框的“类型”文本框中选择“两个平行平面”选项，设置“截面名”为“截面1”，在“剖切平面”下面的“方向”文本框中选择“绝对坐标系”选项，单击 (设置平面至X)按钮，此时视图中出现如图1-24所示的两个平行平面。

首先设置第一个平面的位置，设置“视图截面”对话框中“偏置”下面的文本框为10，如图1-25所示。

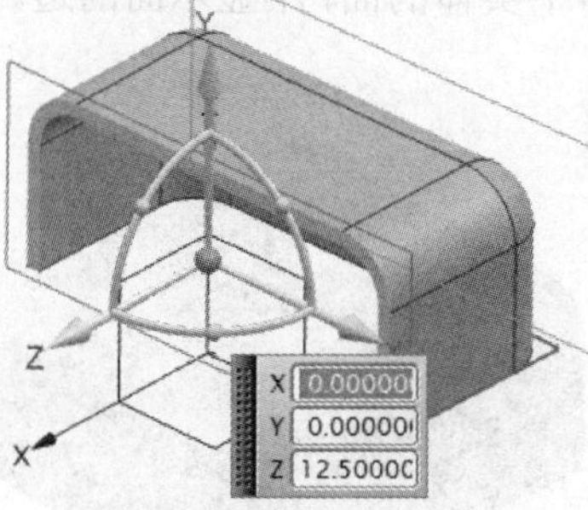

图1-24　出现两个平行面

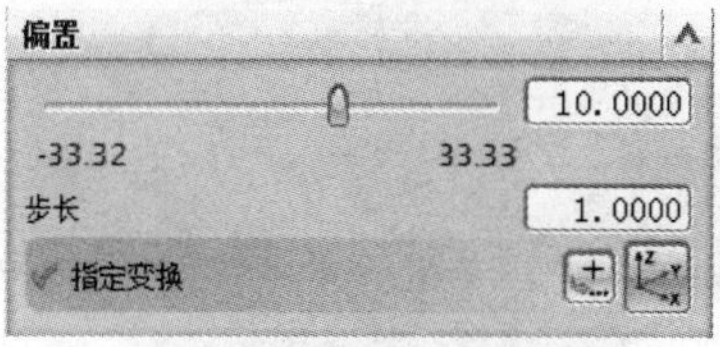

图1-25　第一个面偏置设置

(3) 如图1-26所示单击另一个面，并设置“视图截面”对话框中“偏置”下面的文本框为-20；单击“视图截面”对话框中的确定按钮即可将视图进行剖切，如图1-27所示。

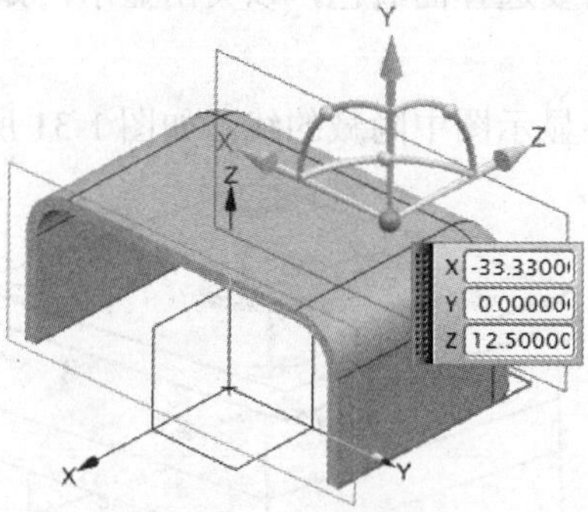

图1-26　单击第2个面

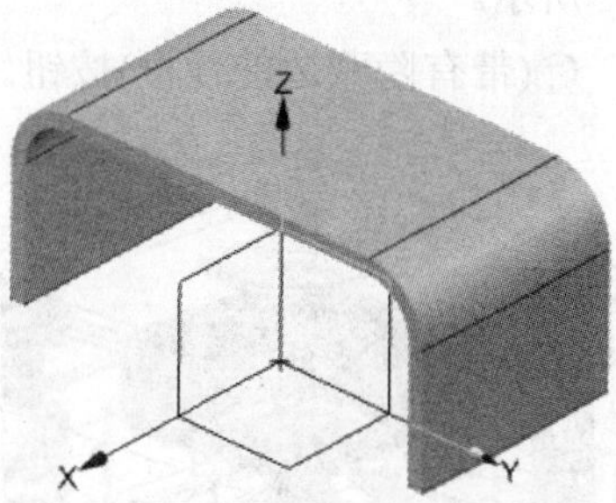

图1-27　完成剖切操作

(4) 完成剖切后，用户即可对其进行浏览。若想返回原来状态，单击(剪切截面)按钮即可。

提示

“视图截面”对话框中的“类型”文本框还提供了“一个平面”和“方块”两种剖切方式。请用户参考本小节介绍自行试验这两种方式的剖切操作。

1.3.4　样式操作

在对视图进行观察时，为了达到不同的观察效果，往往需要改变视图的显示方式，如实体显示、线框显示等。

在图1-13中的样式选项介绍如下。

✧ (带边着色)按钮。单击此按钮用以显示工作实体的面，并显示面的边，如图 1-28 所示。本视图方式属于常用方式。

✧ (着色)按钮。单击此按钮用以显示工作实体中实体的面，不显示面的边，如图 1-29 所示。

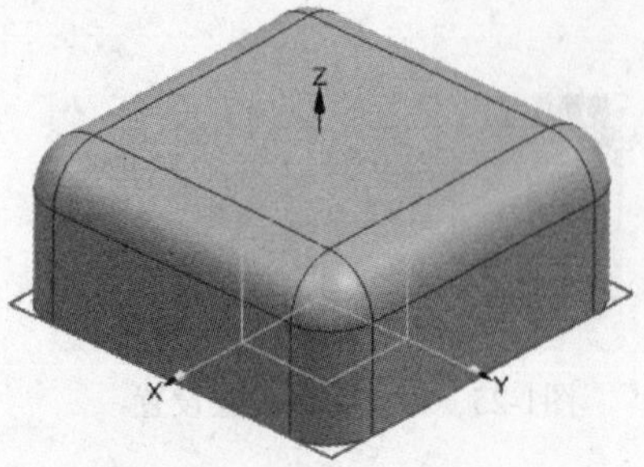

图1-28　带边着色显示方式

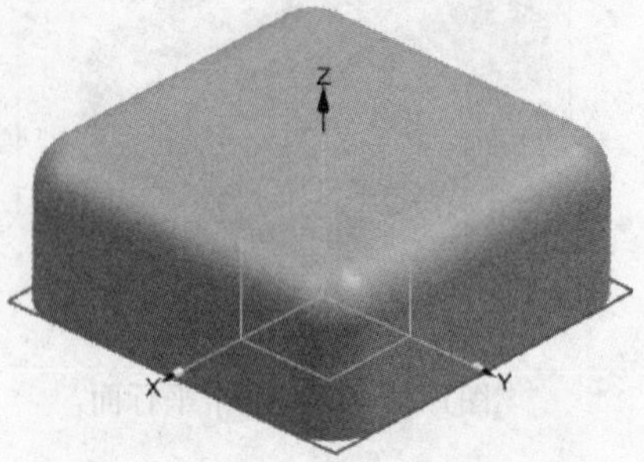

图1-29　着色显示方式

✧ (局部着色)按钮。单击此按钮可以根据需要选择面着色，以突出显示，如图 1-30 所示。

✧ (带有隐藏边的线框)按钮。单击此按钮不显示图中隐藏的线，如图 1-31 所示。

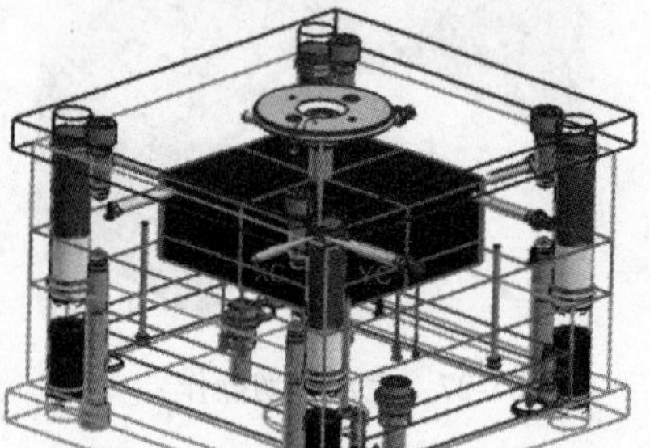
图1-30　局部着色显示方式

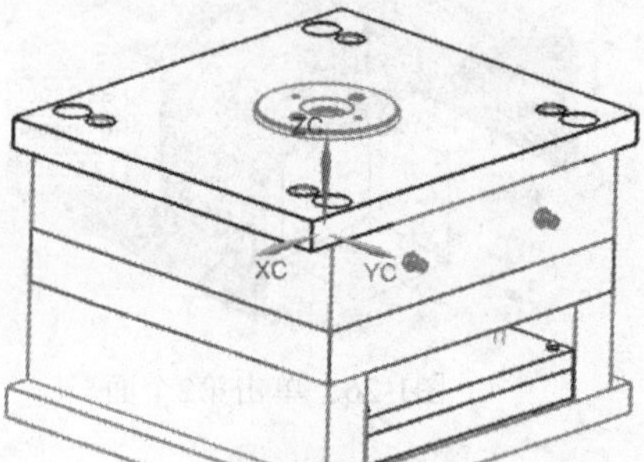

图1-31　带有隐藏边的线框显示方式

✧ (带有淡化边的线框)按钮。单击此按钮可将视图中隐藏的线显示为灰色，如图 1-32 所示。

✧ (静态线框)按钮。单击此按钮可将视图中的隐藏线显示为虚线，如图 1-33 所示。

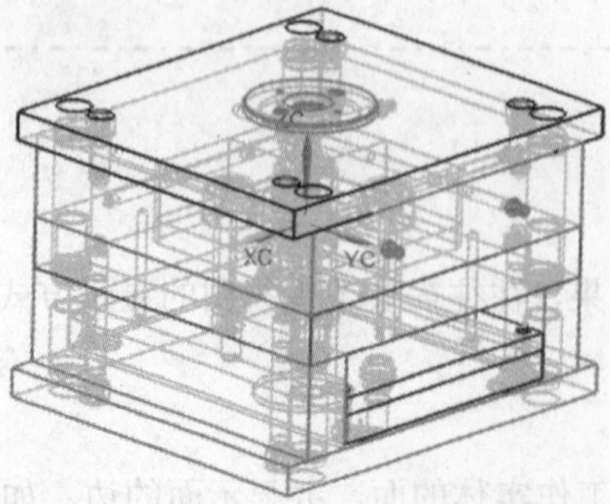

图1-32　带有淡化边的线框显示方式

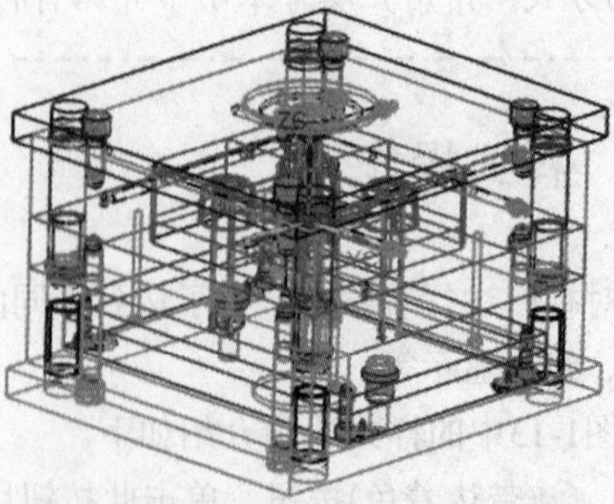
图1-33　静态线框显示方式

✧ (艺术外观)按钮。单击此按钮可根据指定的基本材料、纹理和光源实际渲染工作视图中的面。

✧ (面分析)按钮。单击此按钮可用曲面分析数据渲染工作视图中的面分析面，用边几何元素渲染剩余的面。

1.3.5 可视化操作

可视化操作包括首选项设置、编辑对象显示、导出图片格式、边或面显示等操作，这些命令全部包括在如图1-34所示的“可视化”命令框中。

✧ (首选项)按钮。单击此按钮可弹出如图 1-35 所示的“可视化首选项”对话框。用户可通过设置此对话框对视图可视、小平面化、颜色/字体、名称/边界、直线、特殊效果、手柄、着重等进行设置。

图1-34 “可视化”命令框

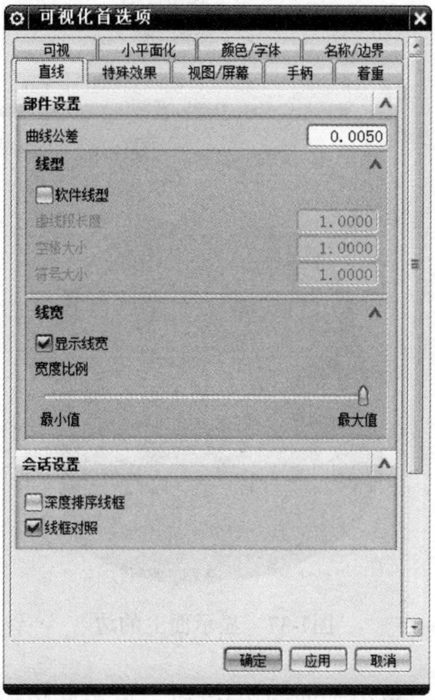

图1-35 “可视化首选项”对话框

✧ (编辑对象显示)按钮。选中零件后单击此按钮，弹出如图 1-36 所示的“编辑对象显示”对话框。使用此对话框可设置选中零件的图层、颜色、线型、透明度、着色和分析显示状态等。

NX 9提供了4种捕捉图形窗口的图形并将其导出到图片格式文件的命令，分别为(导出PNG)命令、(导出JPEG)命令、(导出GIF)命令和(导出TIFF)命令。

✧ (面的边)按钮。单击此按钮可显示面上的边，如图 1-37 所示，取消选中的视图如图 1-38 所示。

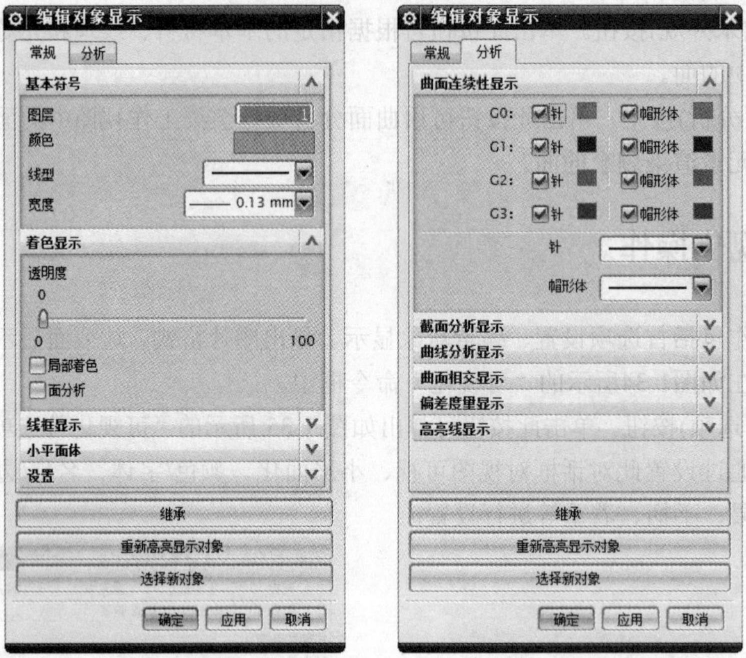

图1-36 “编辑对象显示”对话框

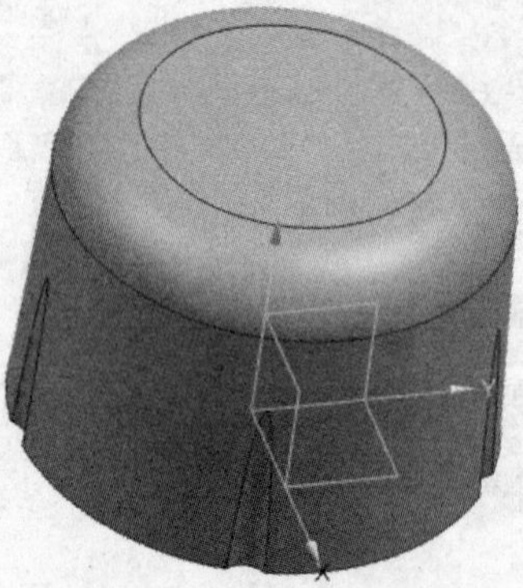

图1-37 显示面上的边

图1-38 不显示面上的边

✧ (小平面的边)按钮。单击此按钮显示为着色面渲染的三角形小平面的边或轮廓，如图 1-39 所示。

✧ (小平面设置)按钮。单击此按钮弹出如图 1-40 所示的“小平面设置”对话框，用于调整生成小平面以显示在图形窗口中的公差。

提示

在使用NX 9机械设计过程中，一般只使用“面的边”命令以显示面上的边，此种命令下的视图最适合用户进行建模设计。

图1-39 显示小平面上的边

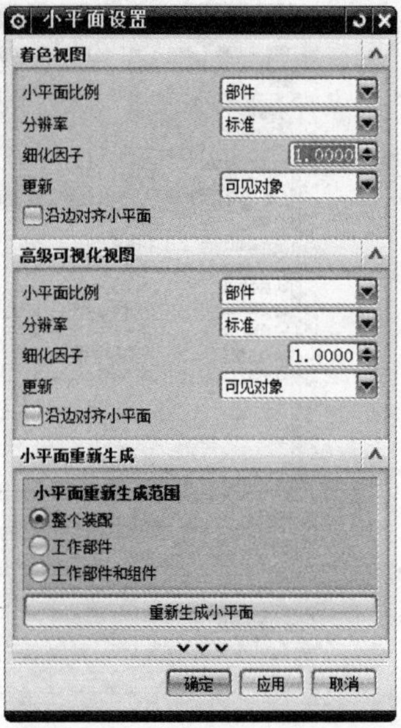

图1-40 “小平面设置”对话框

1.4 文件操作

NX 9的文件操作主要指新建、打开、关闭、保存和导入等操作。NX 9文件操作比较简单，在此并不一一介绍，只选择常用的操作进行介绍。

1.4.1 新建文件

“新建”命令和其他软件的“新建”命令一样，主要是用来新建一个文件，但NX 9新建时的模板应用问题较其他软件要复杂些。

选择“文件”→“新建”命令，弹出如图1-41所示的“新建”对话框。新建的文件模板类型共有7种，分别为模型、图纸、仿真、加工、检测、机电概念设计和船舶结构，经常使用的模板主要是前三个，也是NX早期版本均具有的三个模板类型。

通常建模使用“模型”类型的模板，建模类型的模板中主要有以下几种类型：建模、装配、外观造型设计、NX钣金、航空钣金、逻辑布线、机械布管、电气布线和空白等，每种类型针对不同的应用模块。

提示

新建时选择的模板只不过是新建时进入的模块和一些设置不同并没有太多功能上的区别，进入建模环境后同样可以切换应用模块实现相应的功能，故一般建模时直接进入建模模块即可。

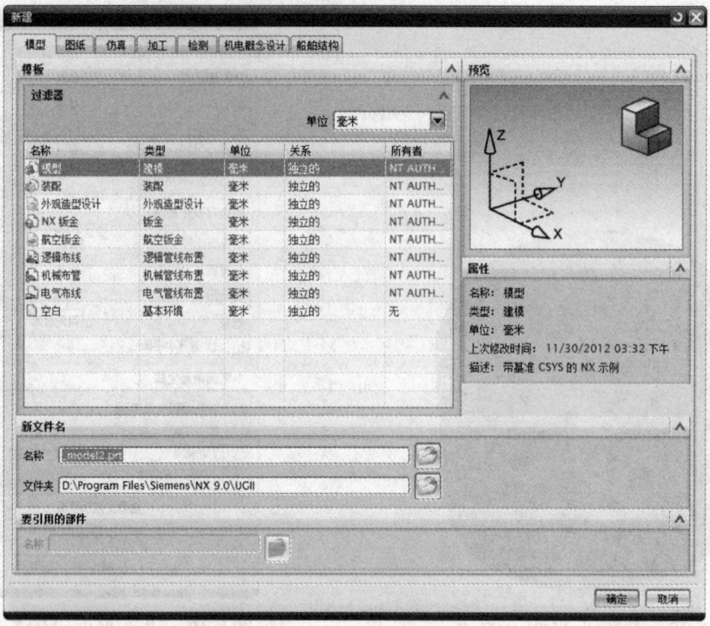

图1-41 “新建”对话框

1.4.2 打开文件

同其他软件相同，用户可找到NX文件并双击打开视图，也可以单击窗口上方的(打开)按钮或选择“文件”→“打开”命令，弹出如图1-42所示的“打开”对话框。通过找到存放文件路径选中文件，并单击 OK 按钮，即可打开文件。

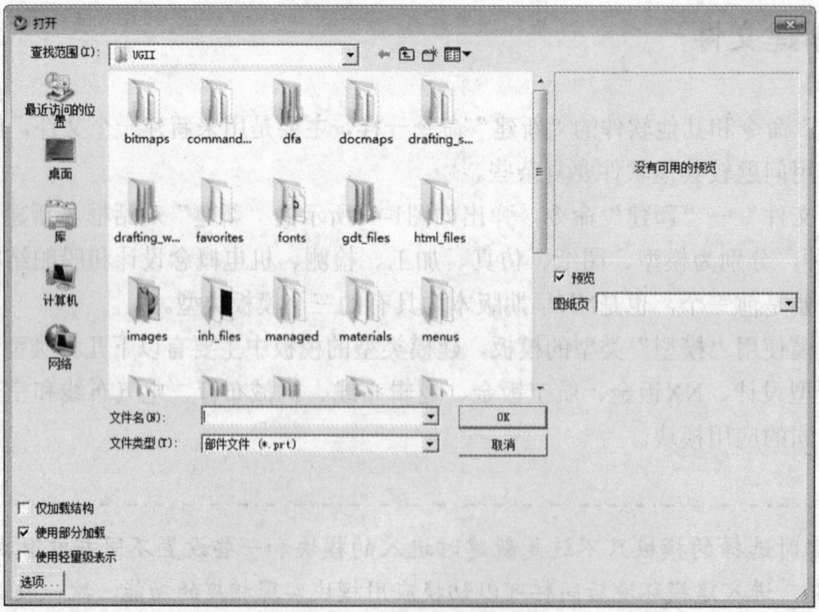

图1-42 “打开”对话框

提示

用户可在“打开”对话框右侧预览选中文件是否为用户所需，亦可取消选中“预览”复选框将预览关闭。

1.4.3 关闭文件

选择“文件”→“关闭”命令便可展开如图1-43所示的“关闭”子菜单，它包含了“选定的部件”、“所有部件”、“保存并关闭”等命令。本小节对几个比较常用的命令进行简单的介绍。

1. 保存并关闭

“保存并关闭”是指对当前正在运行的文件保存并关闭。此命令一般仅用于对单个文件进行操作，关闭后系统会自动退回到基本界面。

2. 全部保存并关闭

“全部保存并关闭”是指对已经打开的所有文件进行保存并关闭。这个命令一般用于打开了多个文件并对它们进行了修改之后，这样可以一次性保存多个文件，而不用逐个进行保存，关闭后系统会自动退回到基本界面。

3. 全部保存并退出

“全部保存并退出”是指对已经打开的所有文件进行保存并退出NX 9软件。这个命令用于打开了多个文件并对它们进行修改之后。它和“全部保存并关闭”的功能不同的一点是，它在保存后会自动退出NX 9，而不是关闭文件。

4. 关闭窗口保存操作

用户也可直接单击视图窗口右上方的☒白色按钮，将零件关闭并退回到基本界面，若用户对文件有操作，则会弹出如图1-44所示的“关闭文件”对话框。用户可根据对话框提示进行“保存并关闭”、直接“关闭”或“取消”关闭操作。

5. 退出软件保存操作

用户直接单击软件右上方的☒红色按钮，可直接退出软件；若用户对文件有操作，则会弹出如图1-45所示的“退出”对话框。用户可根据对话框提示进行“保存并退出”、直接“退出”或“取消”退出操作。

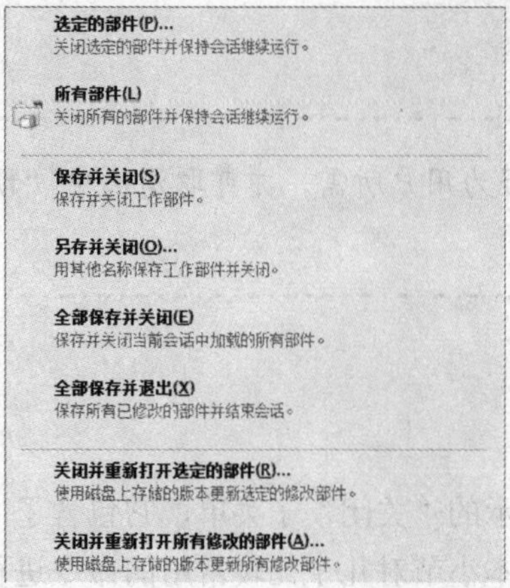

图1-43　“关闭”子菜单

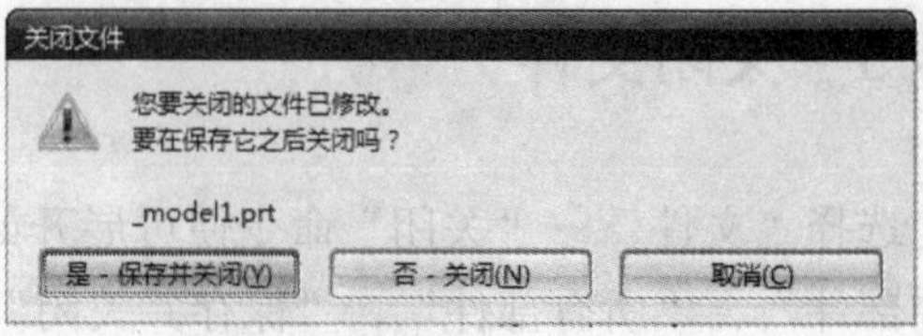

图1-44　“关闭文件”对话框

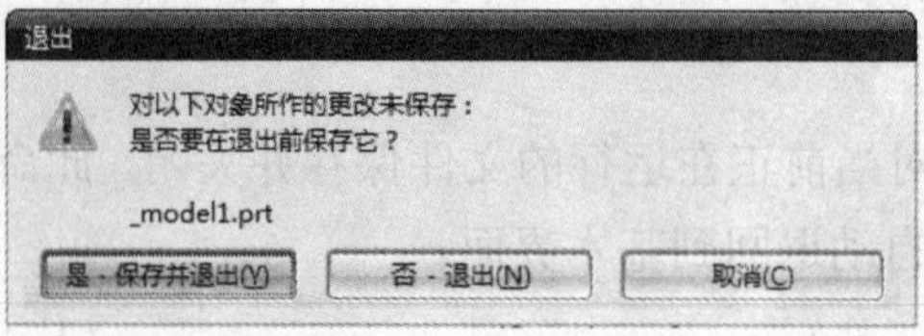

图1-45　“退出”对话框

1.4.4　保存文件

选择“文件”→“保存”命令便可展开如图1-46所示的“保存”子菜单，它包含了“保存”、“仅保存工作部件”、“另存为”等命令。本小节对几个比较常用的命令进行简单的介绍。

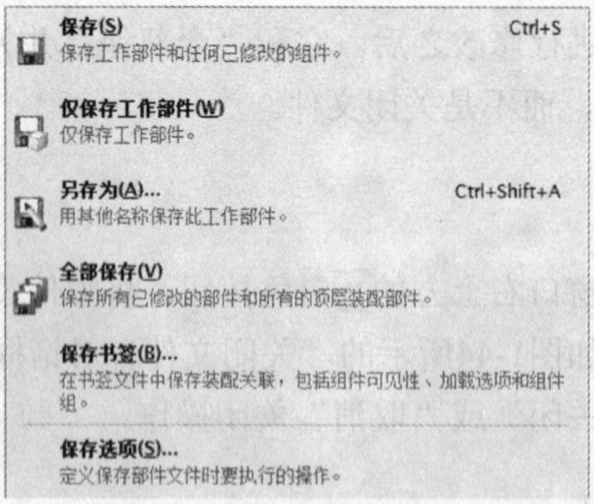

图1-46　“保存”子菜单

1. 保存

用户直接单击(保存)按钮或选择“文件”→“保存”→“保存”命令，即可保存工作部件或任何已修改的组件。

2. 另存为

选择“文件”→“保存”→“另存为”命令，弹出如图1-47所示的“另存为”对话框。用户通过设置存储路径、文件名称和保存文件类型，并单击 OK 按钮，即可将当前修改存储到其他路径中，原文件不做改变。

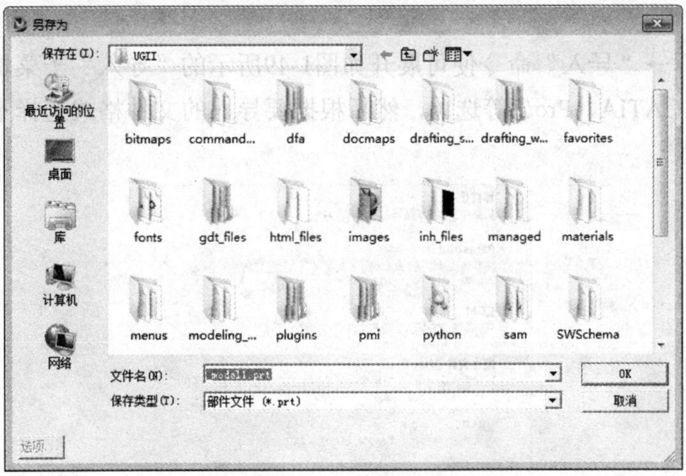

图1-47 “另存为”对话框

3. 全部保存

选择“文件”→“保存”→“全部保存”命令，即可将所有工作部件进行保存。

提示

若用户创建文件时未指定其名称和存储路径，在最后进行保存操作时都会弹出如图1-48所示的“命名部件”对话框，提示用户进行名称和存储路径设置。

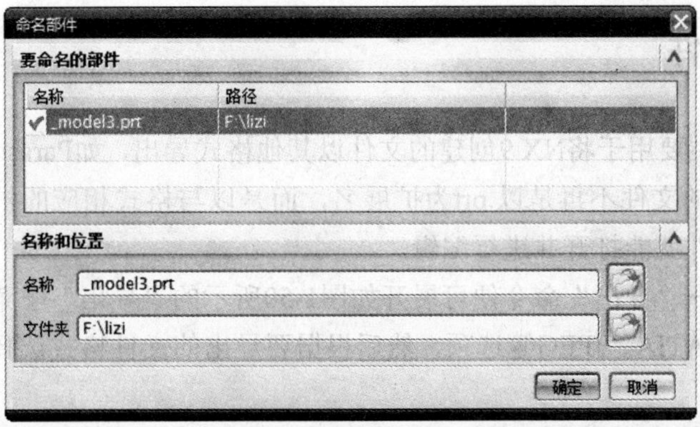

图1-48 “命名部件”对话框

1.4.5 导入文件

“导入”命令主要用于将符合NX 9文件格式要求的文件导入到NX 9软件中，如Parasolid、CATIA、Pro/E文件等，在个别文件的导入过程中可能会出现颜色丢失的现象，但基本特征是不会丢失的。

选择“文件”→“导入”命令便可展开如图1-49所示的“导入”子菜单，它包含了“部件”、Parasolid、CATIA、Pro/E等选项，然后根据要导入的文件格式选择不同的导入选项便可完成文件的导入。

图1-49 “导入”子菜单

1.4.6 导出文件

“导出”命令主要用于将NX 9创建的文件以其他格式导出，如Parasolid、CATIA、Pro/E文件等，这样生成的文件不再是以.prt为扩展名，而是以与格式相应的扩展名结尾。导出的文件使用相应的软件就能打开并进行编辑。

选择“文件”→“导出”命令便可展开如图1-50所示的“导出”子菜单，它包含了“部件”、Parasolid、CATIA、JPEG等选项，然后根据要导出的文件格式选择不同的导出选项便可完成文件的导出。

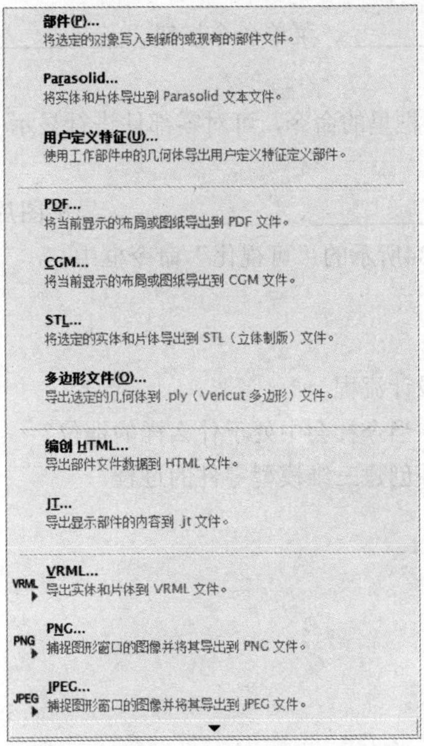

图1-50　“导出”子菜单

1.5　本章小结

本章介绍了NX 9的入门和基本操作方法，其基本操作方法主要包括工作界面、菜单、工具栏的认识和使用，如何进入和退出NX 9软件；并介绍了文件的创建、打开、保存等操作。作为入门章节，用户需要对此部分内容认真掌握。

1.6　习　　题

一、填空题

1. Siemens NX 9(如无特别说明，皆称为NX 9)直接采用统一的__________、矢量化和处理、三维建模同二维工程图相关联等技术，大大节省了设计时间，提高了工作效率。

2. Siemens PLM Software为汽车与交通、航空航天、日用消费品、通用机械，以及电子工业等领域通过其虚拟产品开发(VPD)的理念提供__________的、__________的、的，包括软件产品与服务在内的完整的MCAD解决方案。

3. NX 9的主窗口由__________、菜单命令按钮、__________、__________、信息提示栏、工作区和__________组成。

4. 使用“可见性”命令框里的命令，可对零部件进行显示/隐藏操作、__________、零部件视图剖视等操作。

5. 可视化操作包括__________、__________、导出图片格式、__________等操作，这些命令全部包括在如图1-34所示的“可视化”命令框中。

二、简答题

1. 简述NX 9软件三维设计流程。
2. NX 9三维绘图软件在当今社会中处于什么样的地位？
3. 简述启动NX 9软件并创建三维模型零件的过程。

第2章

NX 9基本操作

NX 9提供了一系列创建基准平面、基准轴、基准CSYS和基准点的工具命令，熟练掌握基准创建操作会使建模变得更方便、快捷。

本章介绍了使用NX 9渲染操作，可对模型进行处理，以生成逼真的效果图。通过效果图可以形象、准确、客观地表达出设计意图，强化可视性。

学习目标

- ✧ 熟悉并掌握创建基准平面和基准轴的操作方法
- ✧ 熟悉并掌握创建基准坐标和基准点的操作方法
- ✧ 了解使用 NX 9 进行渲染的操作方法

2.1 创建基准平面

在使用NX 9建模的过程中，经常会遇到需要构造平面的情况。在这种情况下，单击“主页”选项卡下的建模工具栏□(基准平面)按钮，即可弹出如图2-1所示的“基准平面”对话框。

2.1.1 平面构造类型

单击“基准平面”对话框的“类型”文本框右侧▼图标会展开如图2-2所示的“类型”下拉列表框。通常有15种方法可以创建平面，为用户提供了最全面、最方便的平面创建方法。下面分别对这些方法进行详细的介绍。

图2-1 “基准平面”对话框

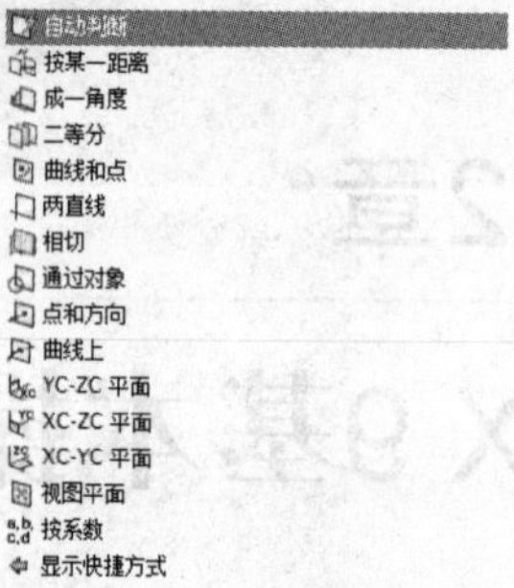

图2-2 平面构造类型

1. 自动判断

“自动判断”是指根据选择对象的构造属性，系统智能地筛选可能的构造方法，当达到坐标系构造器的唯一性要求时系统自动产生一个新的平面。

2. 按某一距离

“按某一距离”用以确定参考平面按某一距离形成新的平面，该距离可以通过激活的“偏置”文本框设置。如图2-3所示参考平面即为以实体上一个平面作为参考按某一距离偏置创建的。

3. 成一角度

“成一角度”用以确定参考平面绕通过轴某一角度形成的新平面，该角度可以通过激活的“角度”文本框设置。如图2-4所示参考平面即为以实体上一个平面作为参考按某一角度旋转创建的。

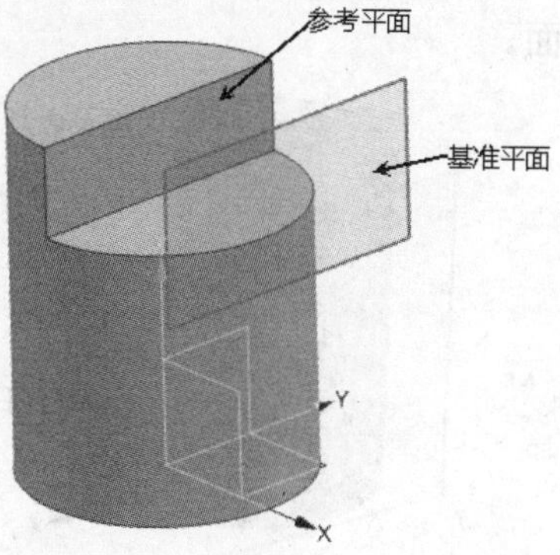

图2-3　按某一距离创建平面

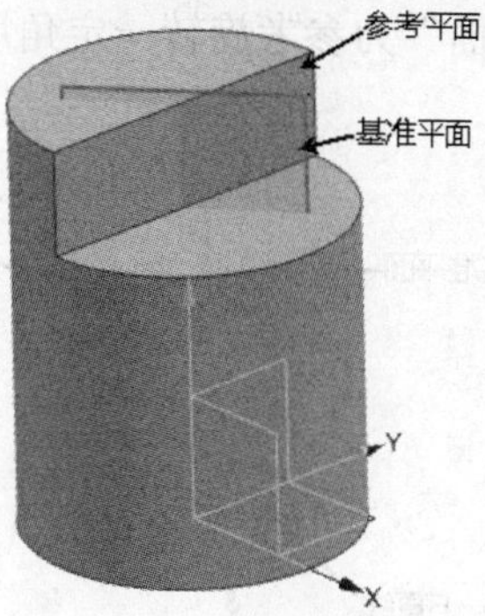

图2-4　成一角度创建平面

4. 二等分

“二等分”是指创建的平面为到两个指定平行平面的距离相等的平面或者两个指定相交平面的角平分面。如图2-5所示的基准平面即为“A平面”和“B平面”的二等分平面。

5. 曲线和点

“曲线和点”是指以一个点、两个点、三个点、点和曲线或者点和平面为参考来创建新的平面。如图2-6所示即为参考曲线和点进行偏置创建的基准平面。

6. 两直线

“两直线”是指以两条指定直线为参考创建平面，如果两条指定直线在同一平面内，则创建的平面与两条指定直线组成的面重合，如果两条指定直线不在同一平面内，则创建的平面过第一条指定直线且和第二条指定直线垂直。如图2-7所示即为以在同一平面内的“A直线”和“B直线”为参考并进行偏置创建的基准平面。

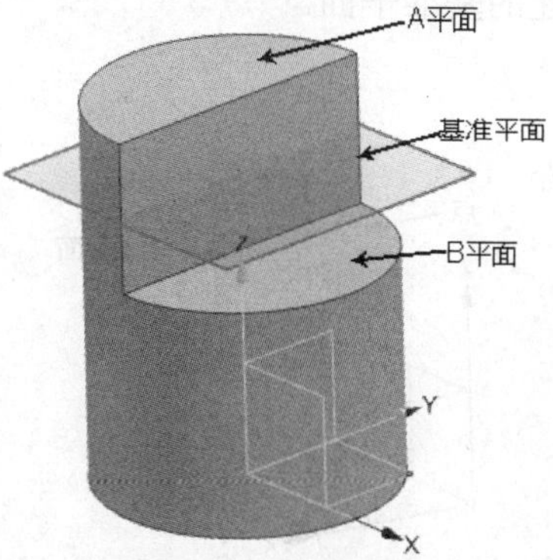

图2-5　二等分创建平面

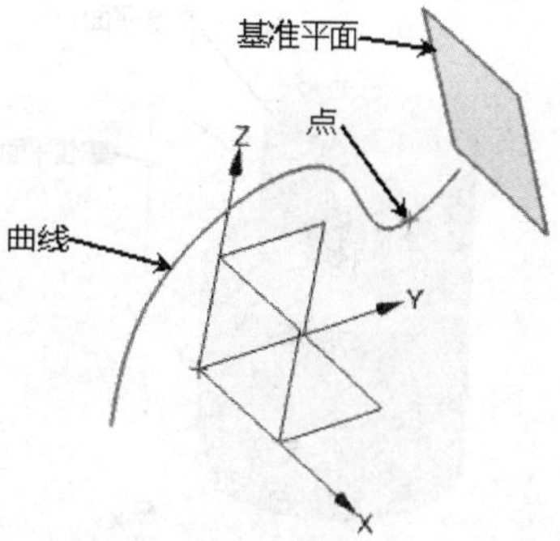

图2-6　曲线和点创建平面

7. 相切

“相切”是指以点、线和平面为参考来创建新的平面。如图2-8所示即为相切与“A曲面”

并以“B平面”为参考旋转一定角度得到的基准平面。

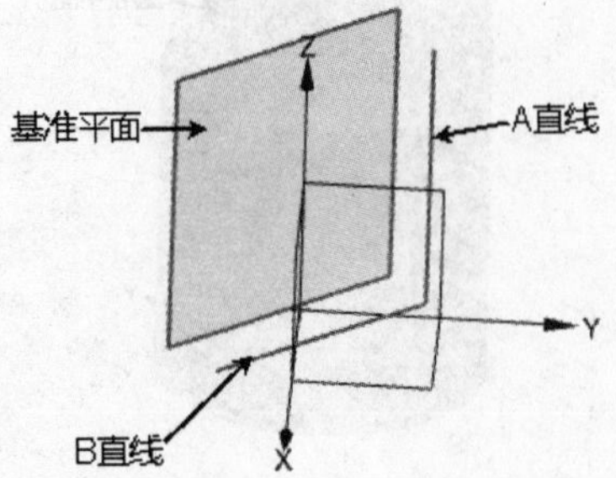

图2-7　两直线创建平面

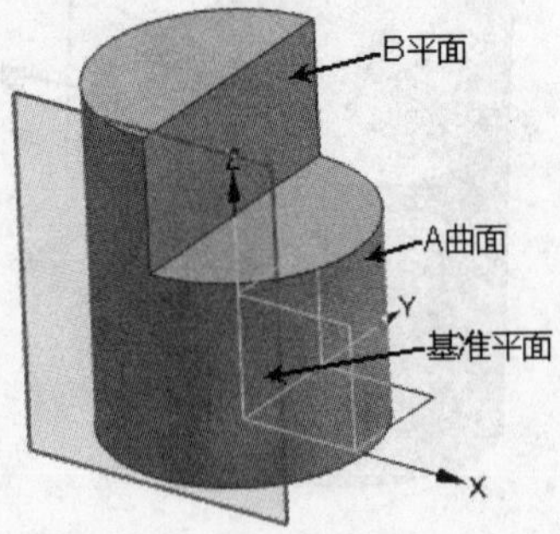

图2-8　相切创建平面

8. 通过对象

“通过对象”是指以指定的对象作为参考来创建平面，如果指定的对象是直线，则创建的平面与直线垂直；如果指定的对象是平面，则创建的平面与平面重合。如图2-9所示即为通过指定参考平面为对象并偏置一定距离创建的基准平面。

9. 点和方向

“点和方向”是指以指定点和指定方向为参考来创建平面，创建的平面通过指定点且法向为指定的方向。如图2-10所示即为通过指定点和X坐标方向创建的基准平面。

10. 曲线上

“曲线上”是指以某一指定曲线为参考来创建平面，这个平面通过曲线上的一个指定点，法向可以沿曲线切线方向或垂直于切线方向，也可以另外指定一个矢量方向。如图2-11所示即为通过指定曲线及曲线的端点并偏置一定距离创建的基准平面。

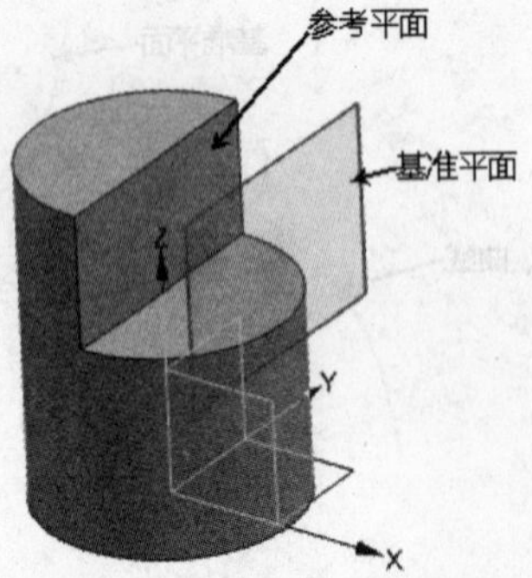

图2-9　通过对象创建平面

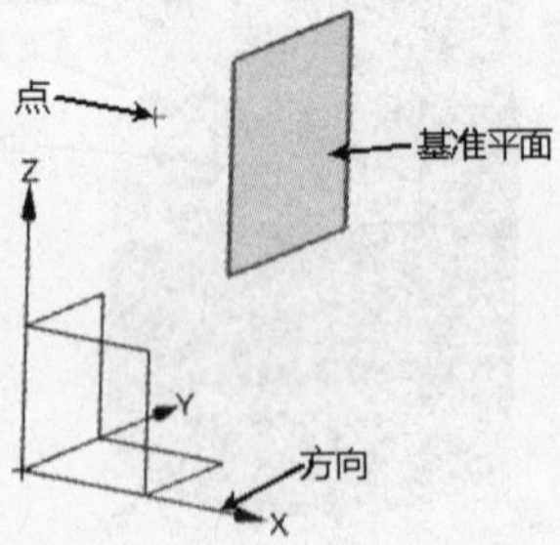

图2-10　点和方向创建平面

11. YC-ZC平面

“YC-ZC平面”是指创建的平面与YC-ZC平面平行且重合或相隔一定的距离。如图2-12

所示即为以“YC-ZC平面”为参考并偏置一定距离的基准平面。

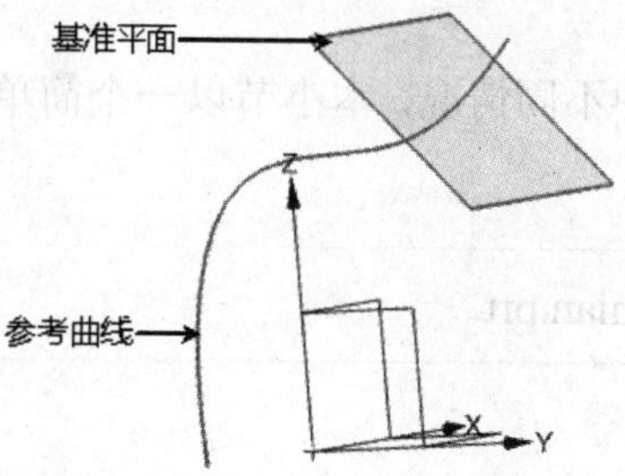

图2-11　曲线上创建平面

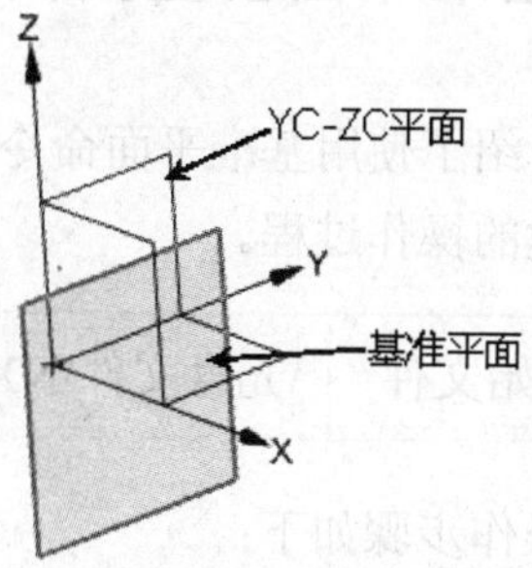

图2-12　YC-ZC平面创建平面

12. XC-ZC平面

“XC-ZC平面”是指创建的平面与XC-ZC平面平行且重合或相隔一定的距离。如图2-13所示即为以“XC-ZC平面”为参考并偏置一定距离的基准平面。

13. XC-YC平面

“XC-YC平面”是指创建的平面与XC-YC平面平行且重合或相隔一定的距离。如图2-14所示即为以“XC-YC平面”为参考并偏置一定距离的基准平面。

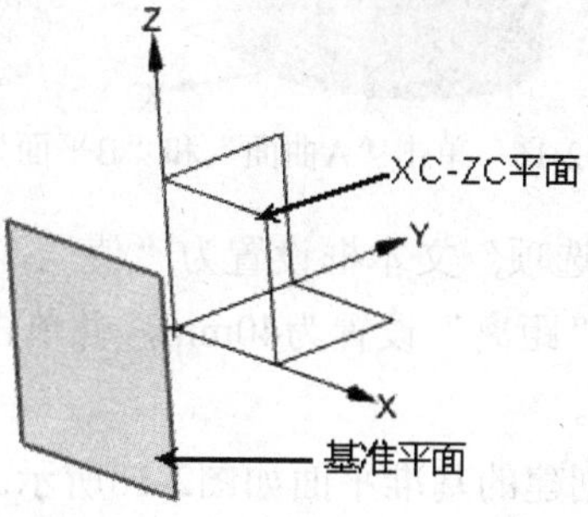

图2-13　XC-ZC平面创建平面

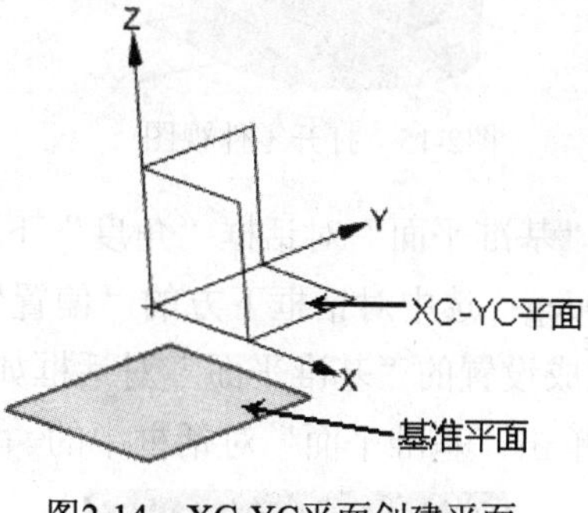

图2-14　XC-YC平面创建平面

14. 视图平面

“视图平面”是指创建的平面与视图平面平行且重合或相隔一定距离，即创建平行于屏幕的平面。

15. 按系数

“按系数”是指通过指定系数来创建平面，系数之间的关系为aX+bY+cZ=d。系数由相对坐标和相对工作坐标两种选择。

2.1.2 基准平面创建实例

前面介绍了使用基准平面命令创建平面的几种不同情况，本小节以一个简单实例介绍基准平面创建的操作过程。

	起始文件	\光盘文件\NX 9\Char02\pingmian.prt

具体操作步骤如下：

(1) 根据起始文件路径打开pingmian.prt文件，打开的零件视图如图2-15所示。

(2) 单击“主页”选项卡下建模工具栏中的(基准平面)按钮，弹出“基准平面”对话框，“类型”文本框选择“相切”；“相切子类型”下面的“子类型”文本框选择“相切”，单击如图2-16所示的“A曲面”和“B平面”作为“参考几何体”。

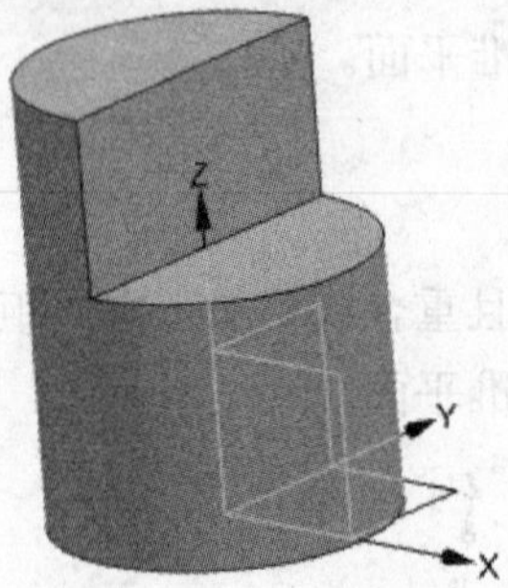

图2-15 打开零件视图

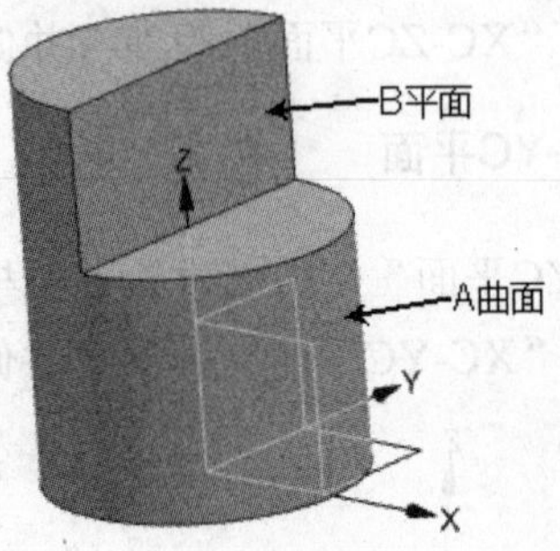

图2-16 单击“A曲面”和“B平面”

(3) “基准平面”对话框“角度”下面的“角度选项”文本框设置为“值”，“角度”设置为90deg；选中对话框下方的“偏置”复选框，“距离”设置为40mm，并单击(反向)按钮。完成设置的“基准平面”对话框如图2-17所示。

(4) 单击“基准平面”对话框中的应用按钮，创建的基准平面如图2-18所示。

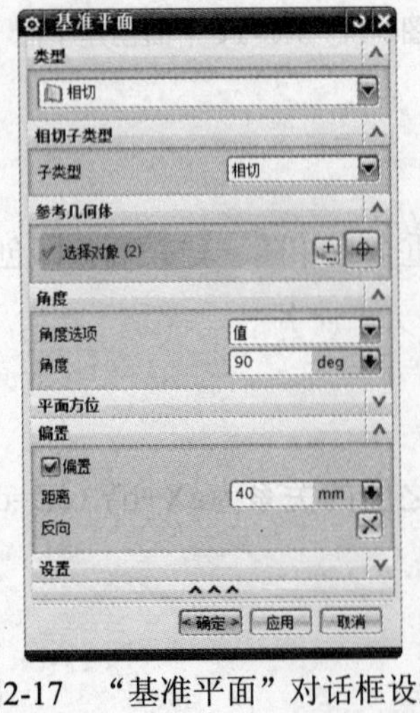

图2-17 “基准平面”对话框设置

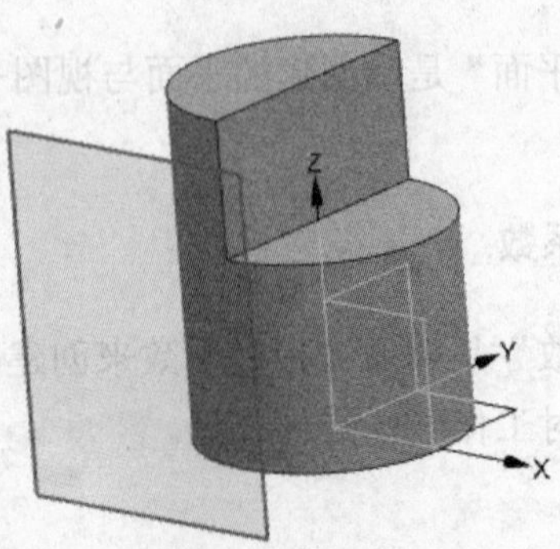

图2-18 创建基准平面

(5) 在“基准平面”对话框的“类型”文本框中重新选择“二等分”选项，单击上面创建好的基准平面作为“第一平面”，单击“XC-ZC”平面作为“第二平面”，取消选中对话框下方的“偏置”复选框。完成设置的“基准平面”对话框如图2-19所示。单击“基准平面”对话框中的按钮，创建的基准平面如图2-20所示。

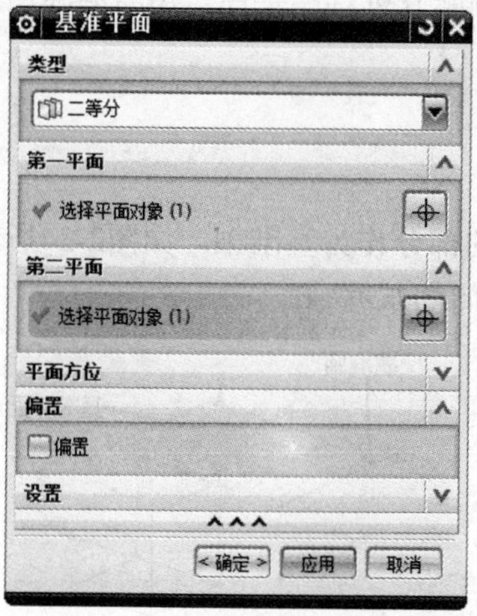

图2-19　“基准平面”对话框设置

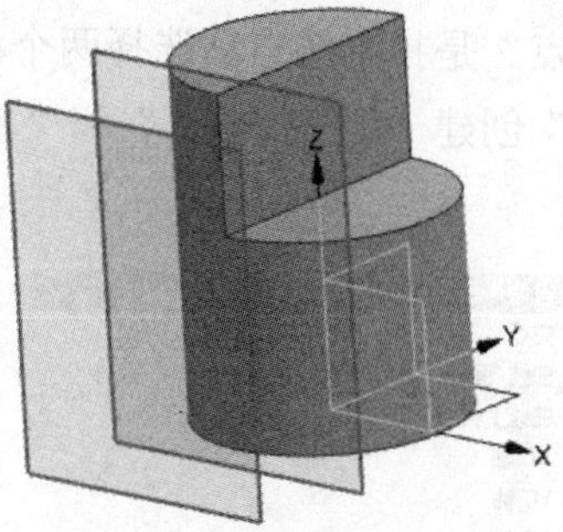

图2-20　创建基准平面

2.2　基　准　轴

在使用NX 9建模的过程中，经常会遇到需要构建基准轴的情况。在这种情况下，单击“主页”选项卡下建模工具栏(基准平面)按钮下方的下拉箭头，弹出如图2-21所示的基准选择菜单。单击(基准轴)按钮，弹出如图2-22所示的“基准轴”对话框。

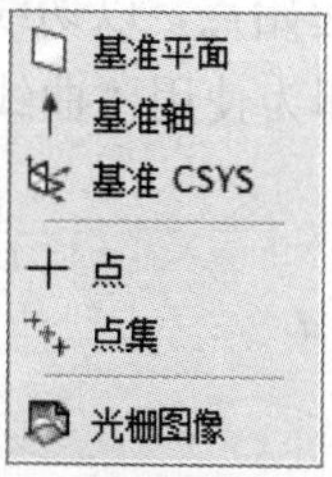

图2-21　基准选择菜单

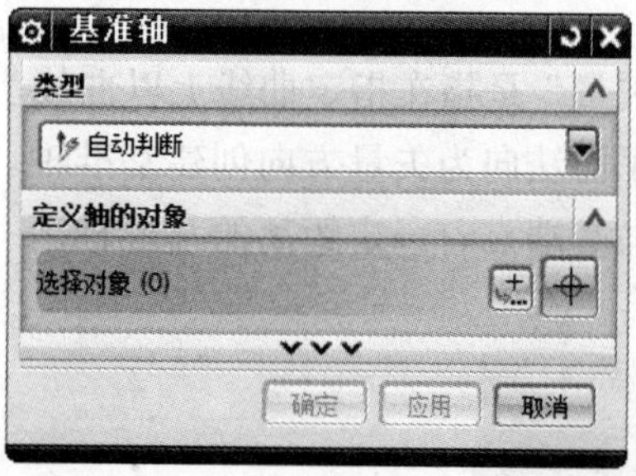

图2-22　“基准轴”对话框

2.2.1　基准轴构造类型

单击“基准轴”对话框中“类型”文本框右侧的图标会展开如图2-23所示的“类型”

下拉列表框。通常有9种方法可以创建基准轴，为用户提供了最全面、最方便的基准轴创建方法。下面分别对这些方法进行详细的介绍。

1. 自动判断

“自动判断”是指系统根据所选择的特征自动判断基准轴的方向，如面的法向、平面法向和在曲线矢量上等。

2. 交点

“交点”是指系统自动选择两个相交平面相交的部分作为基准轴。如图2-24所示即为使用“交点”创建“基准平面A”和“基准平面B”之间的基准轴。

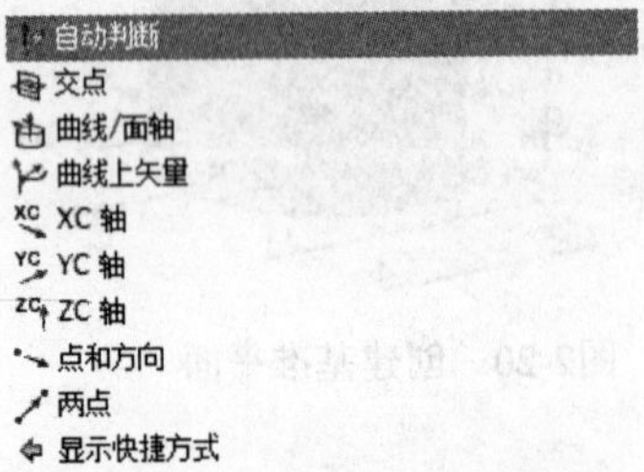

图2-23 “类型”下拉列表框

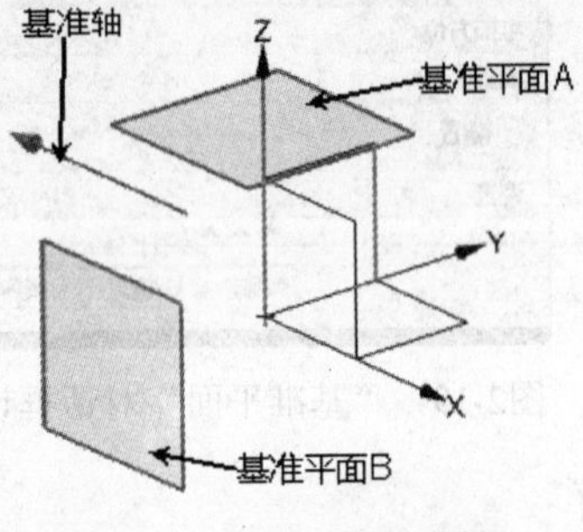

图2-24 交点创建基准轴

3. 曲线/面轴

“曲线/面轴”是指系统根据现有的圆柱面创建轴向基准轴。如图2-25所示即为使用“曲线/面轴”创建圆柱体侧面的基准轴。

4. 曲线上矢量

“曲线上矢量”是指在指定曲线上以曲线上某一指定点为起始点，以切线方向、曲线法向、曲线所在平面法向为矢量方向创建基准轴。如图2-26所示即为使用“曲线上矢量”创建与曲线相切并与其端点有一定距离的基准轴。

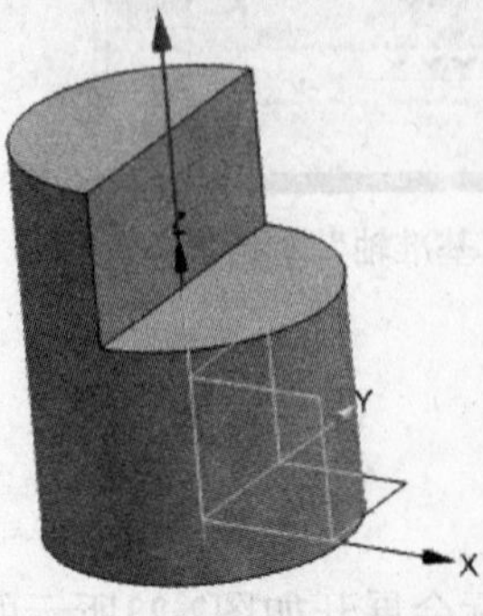

图2-25 曲线/面轴创建基准轴

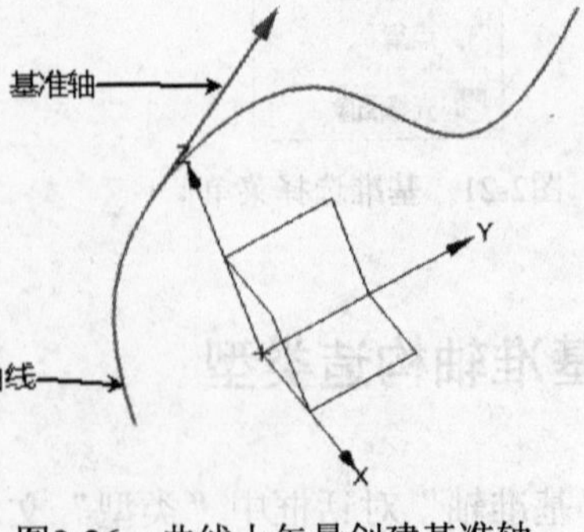

图2-26 曲线上矢量创建基准轴

5. XC轴

“XC轴”是指以XC轴为参考创建正向或反向的基准轴。

6. YC轴

“YC轴”是指以YC轴为参考创建正向或反向的基准轴。

7. ZC轴

“ZC轴”是指以ZC轴为参考创建正向或反向的基准轴。

8. 点和方向

“点和方向”是指通过指定固定点和已知的方向创建基准轴。如图2-27所示即为使用“点和方向”创建通过固定点并指定Z轴方向的基准轴。

9. 两点

“两点”是指通过在视图中选择出发点和终止点来创建矢量。如图2-28所示即为指定了“出发点”和“终止点”创建的基准轴。

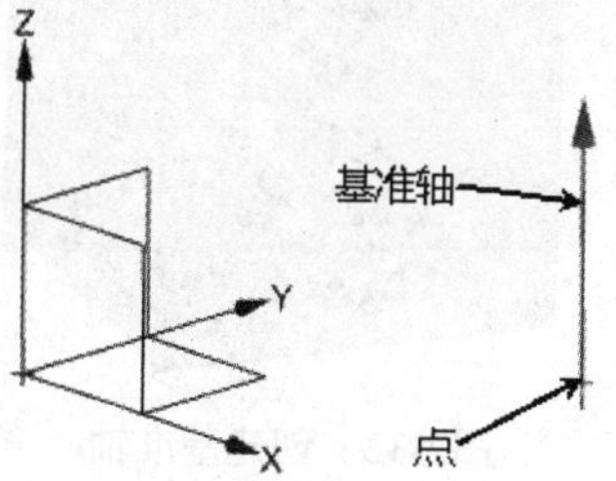

图2-27　点和方向创建基准轴

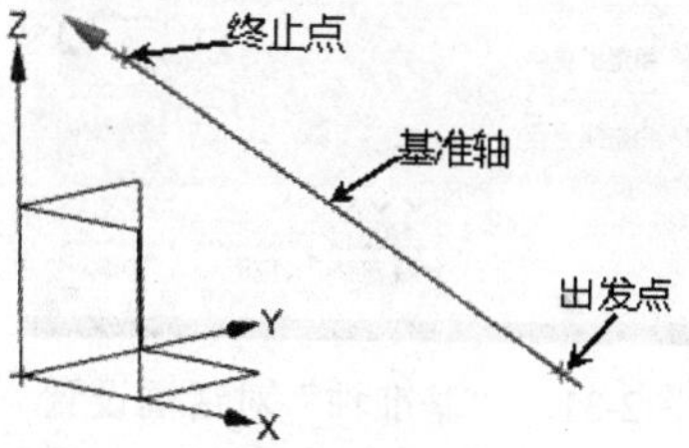

图2-28　两点创建基准轴

2.2.2　基准轴创建实例

前面介绍了使用基准轴命令创建基准轴的几种不同情况，本小节以一个简单实例介绍基准轴创建的操作过程。

	起始文件	\光盘文件\NX 9\Char02\zhou.prt

具体操作步骤如下：

(1) 根据起始文件路径打开zhou.prt文件，打开的零件视图如图2-29所示。

(2) 单击“主页”选项卡下建模工具栏中的□(基准平面)按钮下方的下拉箭头，弹出基准选择菜单，单击↑(基准轴)按钮，弹出“基准轴”对话框。

(3) 在“基准轴”对话框的“类型”文本框中选择“两点”选项，单击如图2-30所示的“点A”作为“出发点”，单击“点B”作为“终止点”。

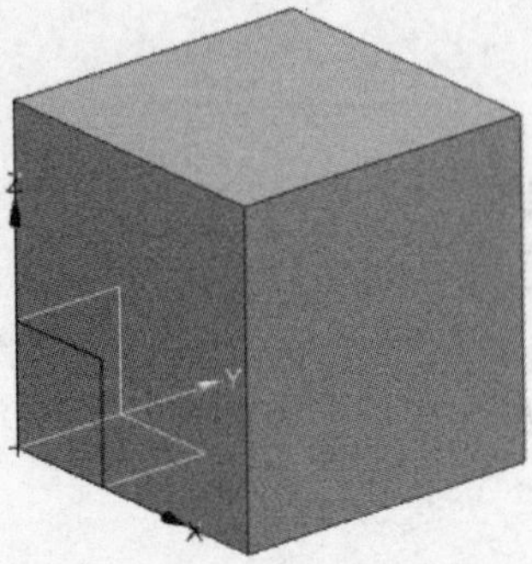

图2-29　打开的零件视图

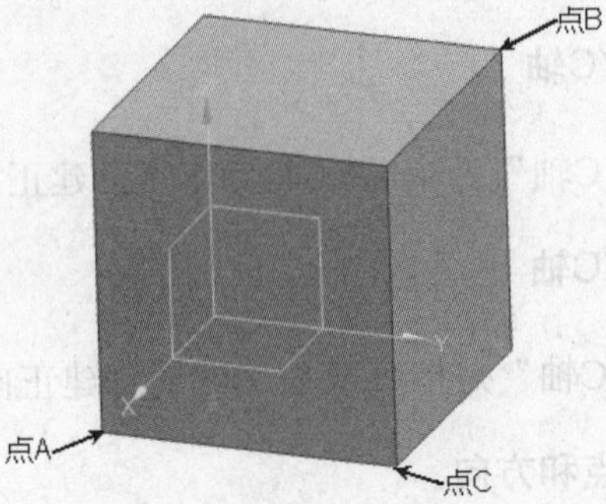

图2-30　单击点A和点B

(4) 完成设置后的“基准轴”对话框如图2-31所示。单击对话框中的 应用 按钮，创建的基准轴如图2-32所示。

图2-31　“基准轴”对话框设置

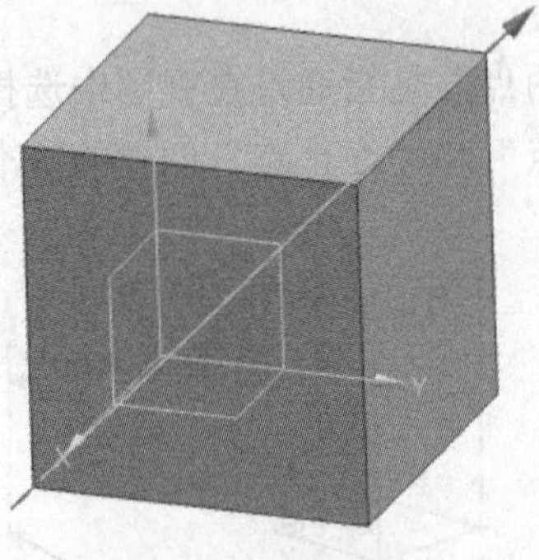

图2-32　创建基准轴

(5) 在“基准轴”对话框的“类型”文本框中重新选择“点和方向”选项，单击“点C”作为“通过点”，单击创建的轴作为“指定矢量”。完成设置的“基准轴”对话框如图2-33所示。单击对话框中的 <确定> 按钮，创建的基准轴如图2-34所示。

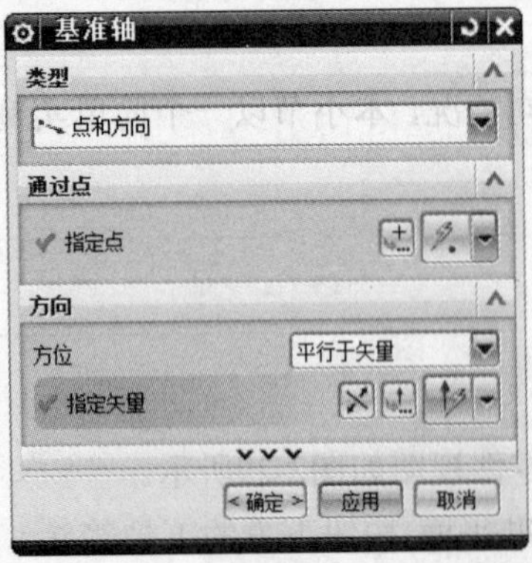

图2-33　“基准轴”对话框设置

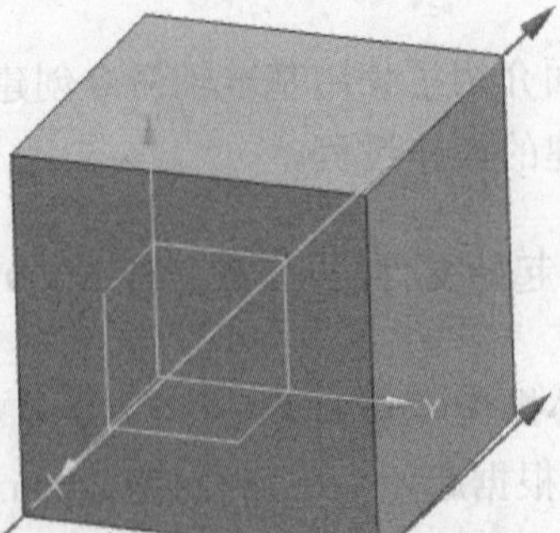

图2-34　创建基准轴

2.3 基准CSYS

NX 9为用户提供了可以编辑的工作坐标系(WCS)，除此之外，用户还可以创建工作坐标系(CSYS)。NX 9拥有很强大的坐标系构造功能，基本可以满足用户在各种情况下的要求。

单击“主页”选项卡下建模工具栏中的(基准平面)按钮下方的下拉箭头，弹出基准选择菜单，单击(基准CSYS)按钮，弹出如图2-35所示的“基准CSYS”对话框。

2.3.1 基准CSYS构造类型

单击“基准CSYS”对话框中“类型”文本框右侧的图标会展开如图2-36所示的“类型”下拉列表框。通常有11种方法可以创建基准坐标系，为用户提供了最全面、最方便的基准坐标系创建方法。下面分别对这些方法进行详细的介绍。

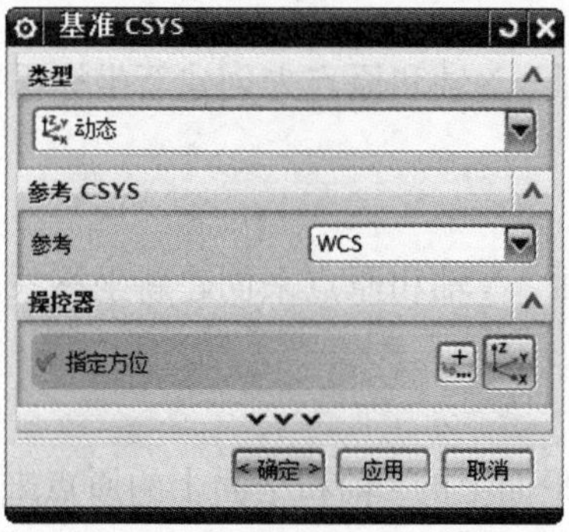

图2-35 “基准CSYS”对话框

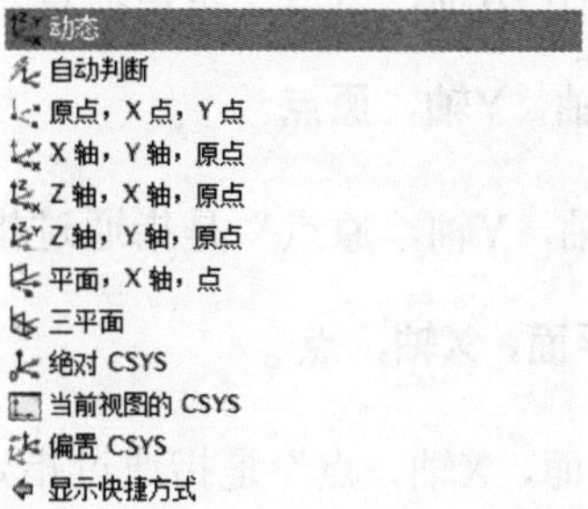

图2-36 “类型”下拉列表框

1. 动态

“动态”是指动态地拖动或者旋转坐标系到新位置。如图2-37所示即为将原坐标系进行拖动并旋转得到的新坐标系。

2. 自动判断

“自动判断”是指系统根据用户选择的对象来判断将要用什么方法来创建坐标系，如果用户选择了三个点，则系统就会用“原点，X点，Y点”来创建坐标系；如果用户选择了两个矢量，则系统就会用“X轴，Y轴”来创建坐标系。

3. 原点，X点，Y点

“原点，X点，Y点”是指通过指定坐标系的原点、X点和Y点来创建新的坐标系。如图2-38所示即为指定了“点A”、“点B”和“点C”创建的新坐标系。

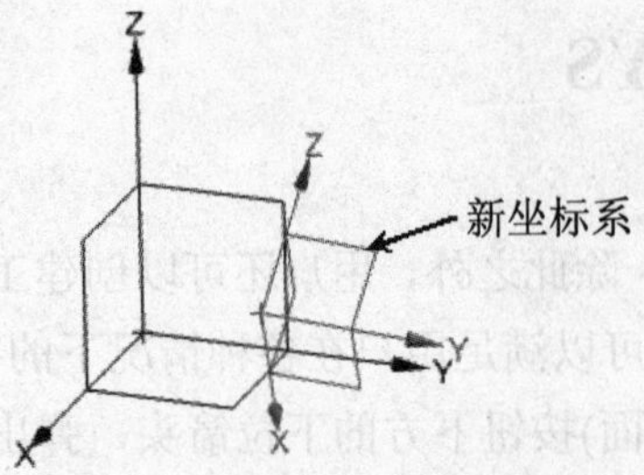

图2-37 动态创建新坐标系

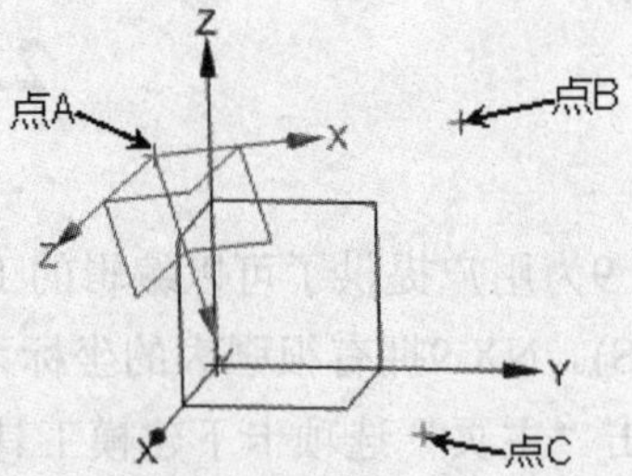

图2-38 通过指定三点创建新坐标系

4. X轴，Y轴，原点

“X轴，Y轴，原点”是指通过指定坐标系的X轴、Y轴和原点来创建新坐标系。如图2-39所示即为通过指定原点、X轴和Y轴创建的基准坐标系。

5. Z轴，X轴，原点

“Z轴，X轴，原点”是指通过指定坐标系的Z轴、X轴和原点来创建新坐标系。

6. Z轴，Y轴，原点

“Z轴，Y轴，原点”是指通过指定坐标系的Z轴、Y轴和原点来创建新坐标系。

7. 平面，X轴，点

“平面，X轴，点”是指通过指定Z轴的平面、平面上的X轴和平面上的原点来创建新坐标系。如图2-40所示即为指定Z轴的平面、平面上的X轴和平面上的原点创建的基准坐标系。

8. 三平面

“三平面”是指通过指定三个平面来定义一个坐标系，第一个平面的法向为X轴，第一个面与第二个面的交线为Z轴，三个平面的交点为坐标系的原点。如图2-41所示即为依次单击“平面”、“XC-ZC平面”及“YC-ZC平面”创建的基准坐标系。

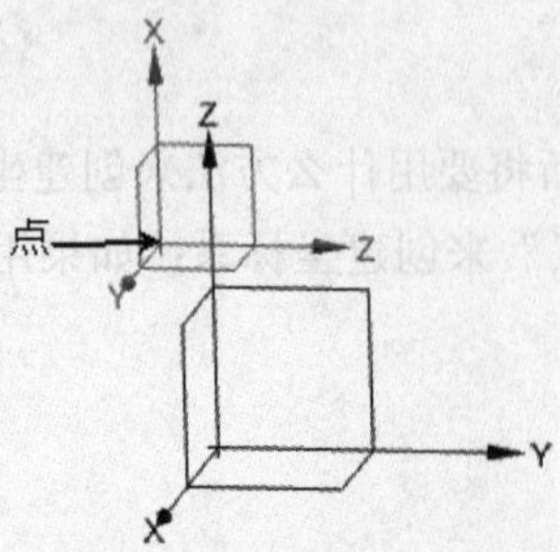

图2-39 指定点和两矢量创建新坐标系

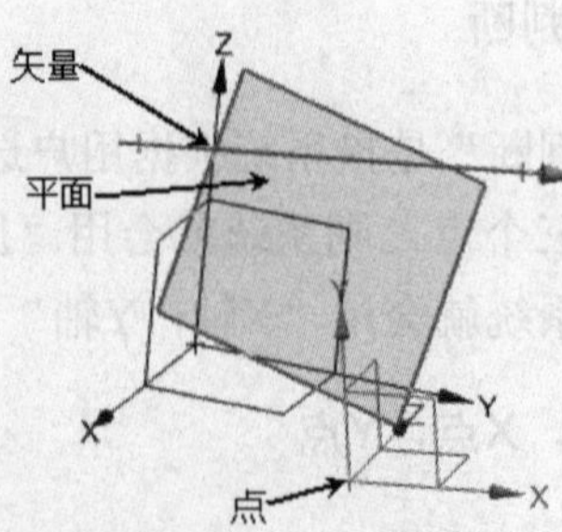

图2-40 指定矢量、平面、点创建新坐标系

9. 绝对CSYS

“绝对CSYS”是指创建一个与绝对坐标系重合的坐标系。

10. 当前视图的CSYS

“当前视图的CSYS”是指创建一个和当前视图坐标系相同的坐标系。

11. 偏置CSYS

“偏置CSYS”是指通过设置偏置量来创建新坐标系。其提供了“WCS”、“绝对-显示部件”和“选定-CSYS”。如图2-42所示即为将绝对坐标系进行偏置旋转后的新坐标系。

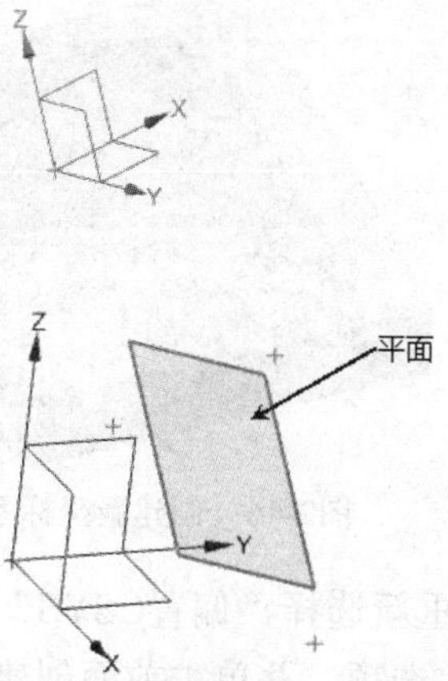

图2-41　三平面创建新坐标系

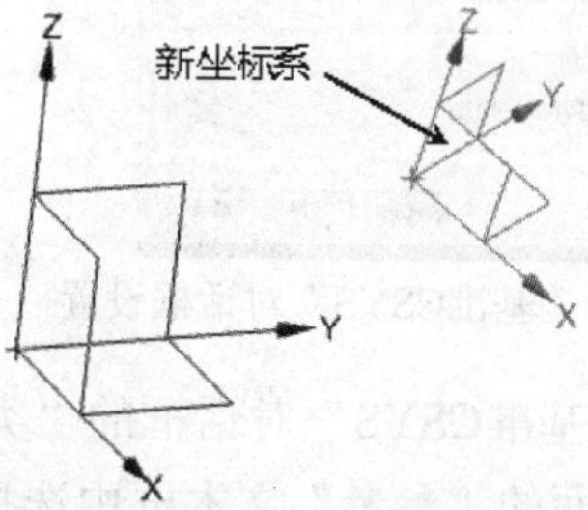

图2-42　偏置CSYS创建新坐标系

2.3.2　基准坐标系创建实例

前面介绍了使用基准坐标系命令创建基准坐标系的几种不同情况，本小节以一个简单实例介绍基准坐标系创建的操作过程。

	起始文件	\光盘文件\NX 9\Char02\zuobiao.prt

具体操作步骤如下：

(1) 根据起始文件路径打开zuobiao.prt文件，打开的零件视图如图2-43所示。

(2) 单击“主页”选项卡下建模工具栏中□(基准平面)按钮下方的下拉箭头，弹出基准选择菜单，单击(基准CSYS)按钮，弹出“基准CSYS”对话框。

(3) 在“基准CSYS”对话框的“类型”文本框中选择“三平面”选项，依次单击如图2-44所示的“面A”、“面B”、“面C”作为“X向平面”、“Y向平面”、“Z向平面”。

(4) 完成设置的“基准CSYS”对话框如图2-45所示。单击 应用 按钮，创建的基准坐标系如图2-46所示。

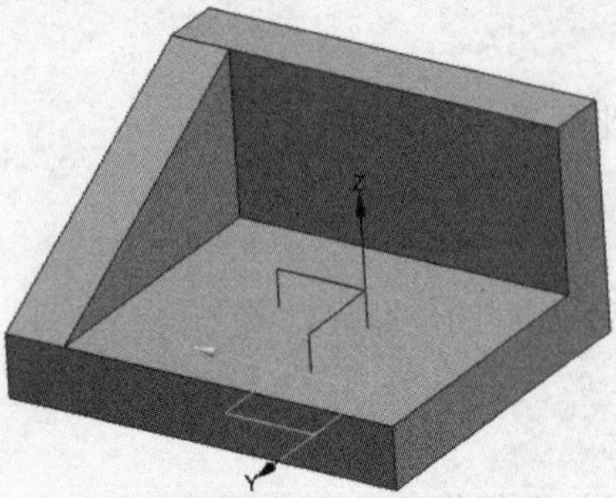

图2-43　打开的零件视图

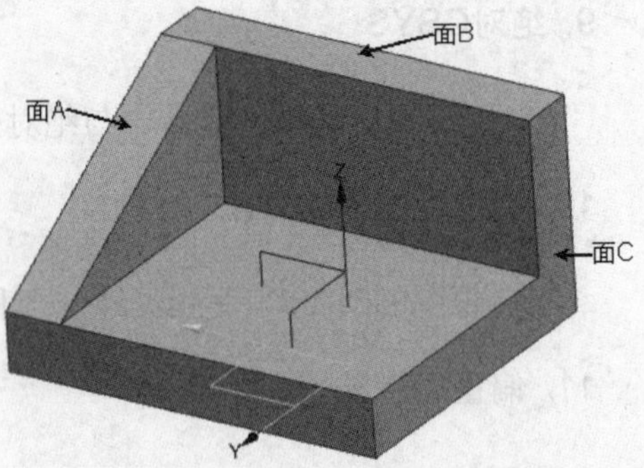

图2-44　偏置CSYS创建新坐标系

图2-45　“基准CSYS”对话框设置

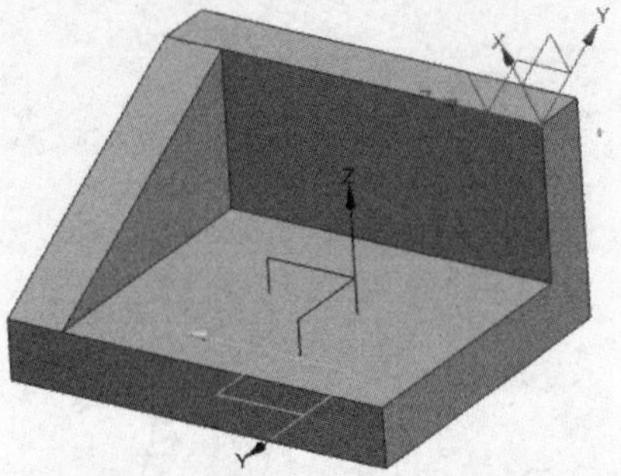

图2-46　创建新坐标系

(5) 在“基准CSYS”对话框的“类型”文本框中重新选择“偏置CSYS”选项，在“参考CSYS”下面的“参考”文本框中选择“选定CSYS”选项，并单击前面创建的基准坐标系作为“参考CSYS”；选中“CSYS偏置”下面的“先平移”单选按钮，“平移”下的“偏置”文本框选择“笛卡尔坐标系”，“X”设置为50mm，“Y”设置为50mm，“Z”设置为50mm；“旋转”下面的“角度X”设置为10deg，“角度Y”设置为20deg，“角度Z”设置为30deg。完成设置的“基准CSYS”对话框如图2-47所示。

(6) 单击“基准CSYS”对话框中的< 确定 >按钮，创建的基准坐标系如图2-48所示。

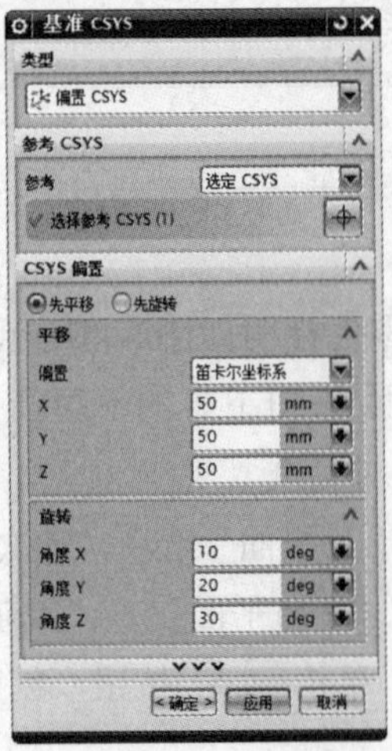

图2-47　“基准CSYS”对话框设置

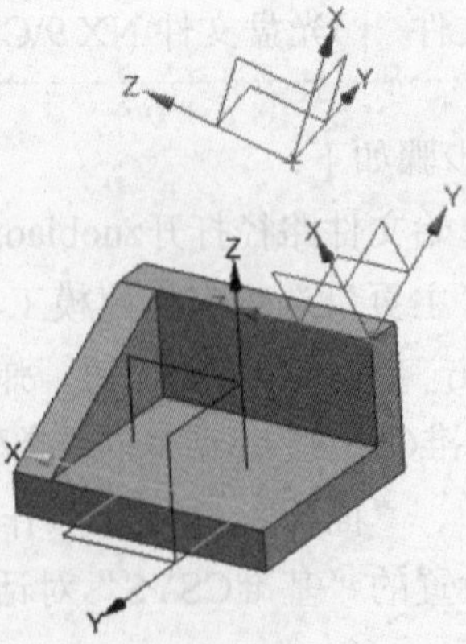

图2-48　创建新坐标系

2.4 基 准 点

单击“主页”选项卡下建模工具栏中□(基准平面)按钮下方的下拉箭头，弹出基准选择菜单，单击┼(点)按钮，弹出如图2-49所示的“点”对话框。

2.4.1 点构造类型

单击“点”对话框中“类型”文本框右侧的▼图标会展开如图2-50所示的“类型”下拉列表框。通常有13种方法可以创建基准点，为用户提供了最全面、最方便的基准点创建方法。下面分别对这些方法进行详细的介绍。

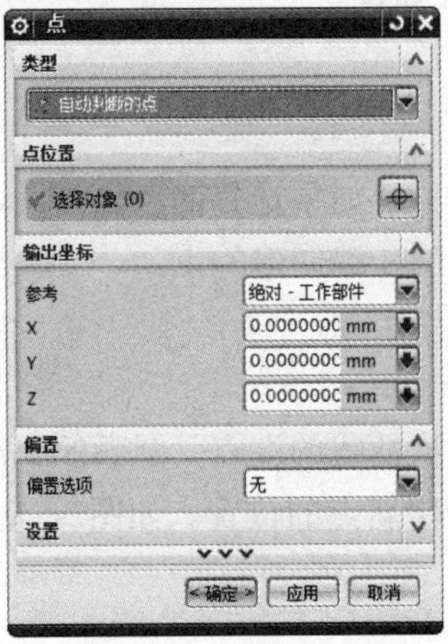

图2-49 “点”对话框

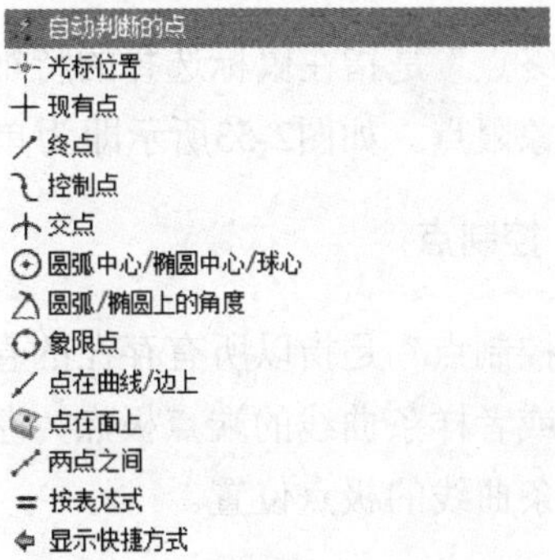

图2-50 “类型”下拉列表框

1. 自动判断的点

“自动判断的点”是指系统自动选择离光标最近的特征点来创建点，如选择离光标最近的端点、节点、中点、交点和圆心等。当选择用该方法创建点时，系统会实时地捕捉离光标最近的特征，如图2-51所示。

2. 光标位置

“光标位置”是指系统根据当前光标的位置来创建点。创建的新点坐标就是当前光标位置的坐标，这种方法不太容易确定点的具体位置，因此不经常使用。

用“光标位置”创建点时，系统会把用户选择的光标位置以小圆球显示出来，如图2-52所示，用户单击“确定”或者“应用”按钮便可以完成点的创建。

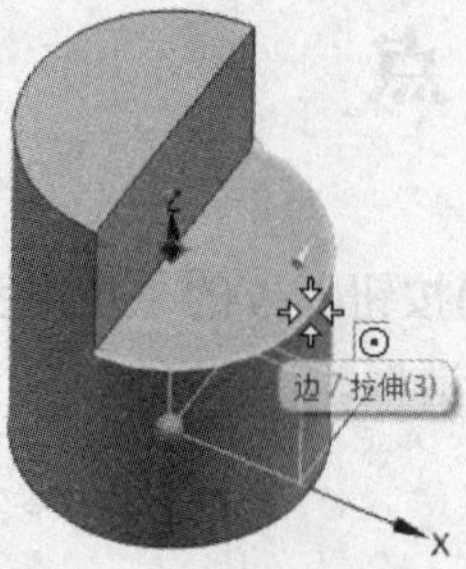

图2-51　自动判断创建点

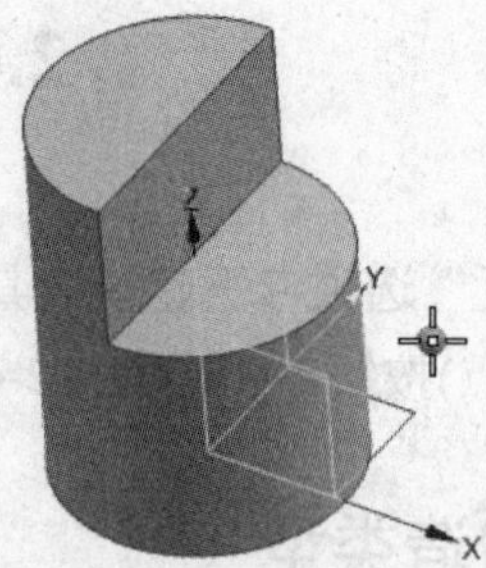

图2-52　光标位置创建点

3. 现有点

“现有点”是指在某个已存在的点上创建新的点，或通过某个已存在的点来规定新点的位置。此操作很简单，单击原有点设置参数即可。

4. 终点

“终点”是指在鼠标选择的特征上所选的端点处创建点，如果选择的特征为圆，那么端点为零象限点。如图2-53所示即为单击实体特征圆弧边线的一端创建的点。

5. 控制点

“控制点”是指以所有存在的直线的中点和端点，二次曲线的端点、圆弧的中点、端点和圆心或者样条曲线的端点极点为基点，创建新的点或指定新点的位置。如图2-54所示即为创建样条曲线的极点位置。

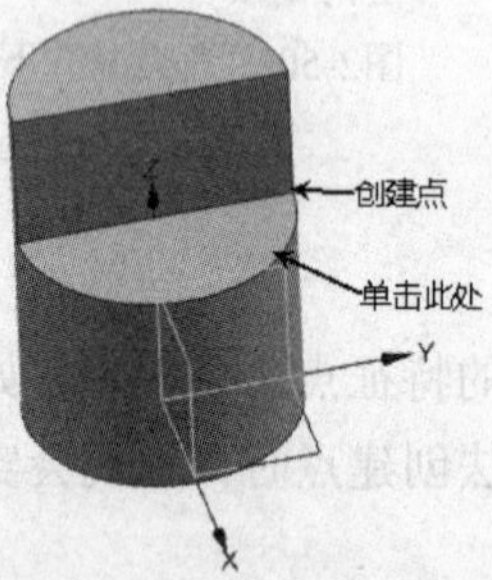

图2-53　终点创建点

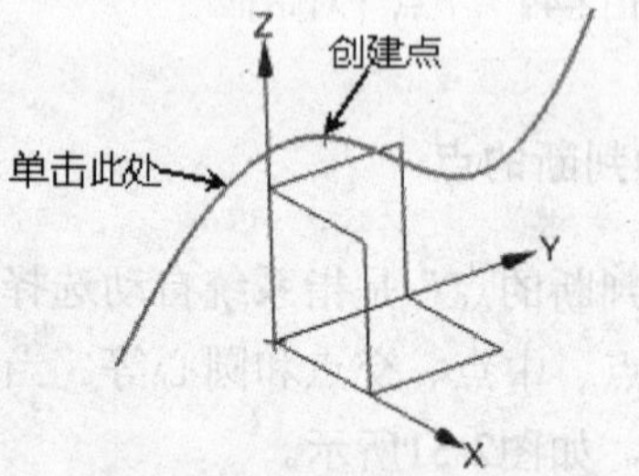

图2-54　控制点创建点

6. 交点

“交点”是指根据用户在模型中选择的交点来创建新点，新点和选择的交点坐标完全相同。如图2-55所示即为由曲线和直线相交创建的点。

7. 圆弧中心/椭圆中心/球心

“圆弧中心/椭圆中心/球心”是指根据用户选择的圆弧中心/椭圆中心/球心来创建新点，

新点的坐标和被选择的圆弧中心/椭圆中心/球心相同。

8. 圆弧/椭圆上的角度

在与坐标轴XC正向成一定角度的圆弧或椭圆上构造一个点或规定新点的位置。如图2-56所示即为在圆弧上创建的点。

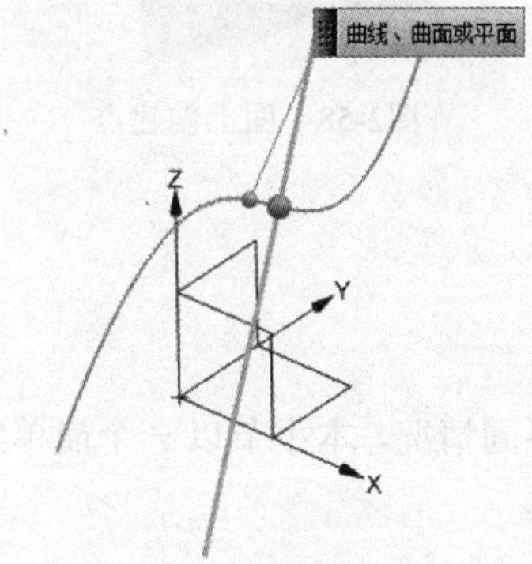

图2-55 交点创建点

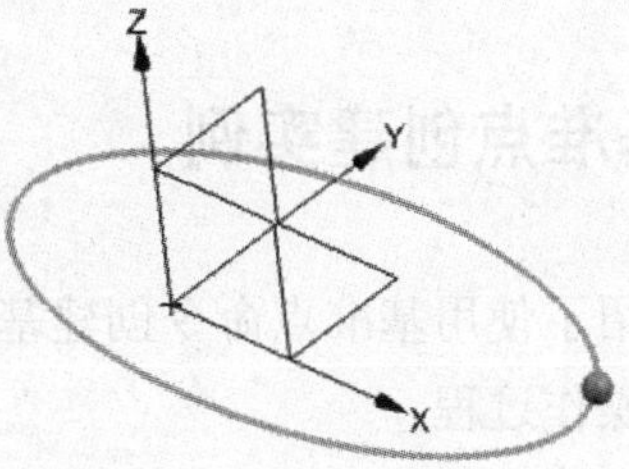

图2-56 圆弧上创建点

9. 象限点

“象限点”是指根据用户选择的象限点来创建新点，新点的坐标和被选择的象限点相同。当选择了象限点后，系统会以小圆球高亮显示，如图2-57所示。如果该点是想要创建的点，单击“确定”或者“应用”按钮便可以完成点的创建。

10. 点在曲线/边上

“点在曲线/边上”是指根据在指定的曲线或者边上取的点来创建点，新点的坐标和指定的点一样。

11. 点在面上

“点在面上”是指通过在特征面上设置U参数和V参数来创建点。如图2-58所示即为通过设置U参数和V参数在面上创建的点。

12. 两点之间

“两点之间”是指通过指定不同两点并设置两点之间的位置百分比来创建点。

13. 按表达式

“按表达式”是指通过创建表达式并指定参考点坐标来创建新点。

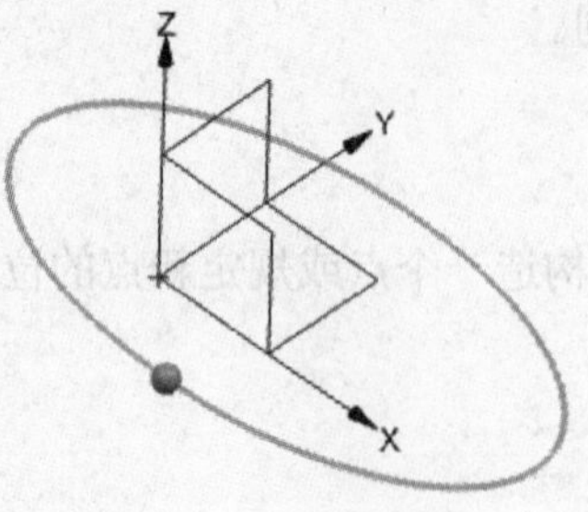

图2-57　创建象限点

图2-58　面上创建点

2.4.2　基准点创建实例

前面介绍了使用基准点命令创建基准点的几种不同情况，本小节以一个简单实例介绍基准点创建的操作过程。

	起始文件	\光盘文件\NX 9\Char02\dian.prt

具体操作步骤如下：

(1) 根据起始文件路径打开dian.prt文件，打开的零件视图如图2-59所示。

(2) 单击“主页”选项卡下建模工具栏中□(基准平面)按钮下方的下拉箭头，弹出基准选择菜单，单击十(点)按钮，弹出“点”对话框。

(3) 在“点”对话框的“类型”文本框中选择“圆弧中心/椭圆中心/球心”选项，单击视图中圆弧轮廓，其余设置默认。完成设置的“点”对话框如图2-60所示。

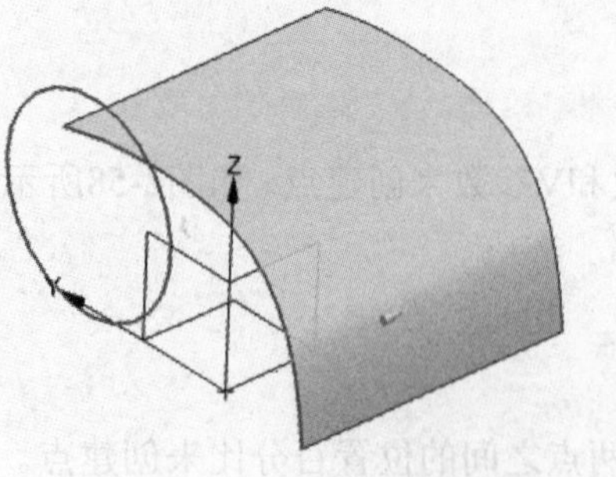

图2-59　打开的零件视图

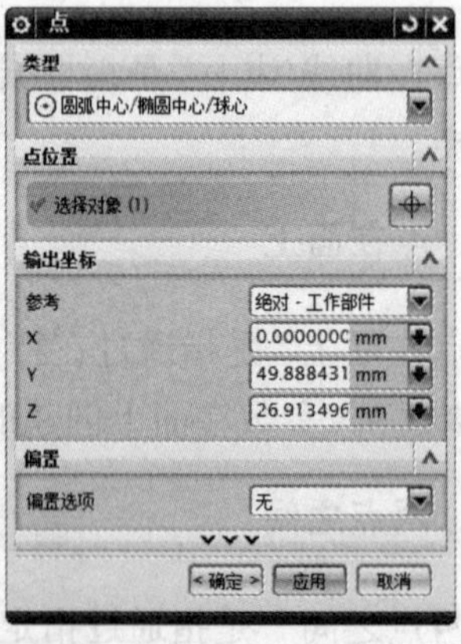

图2-60　“点”对话框设置

(4) 单击“点”对话框中的 应用 按钮，创建的圆弧中点如图2-61所示。

(5) 在“点”对话框的“类型”文本框中重新选择“点在面上”选项，单击视图中的曲面作为参考“面”，将对话框的“面上的位置”列表下的“U向参数”设置为0.5，“V向参数”设置为0.6，其余为默认设置。完成设置的“点”对话框如图2-62所示。

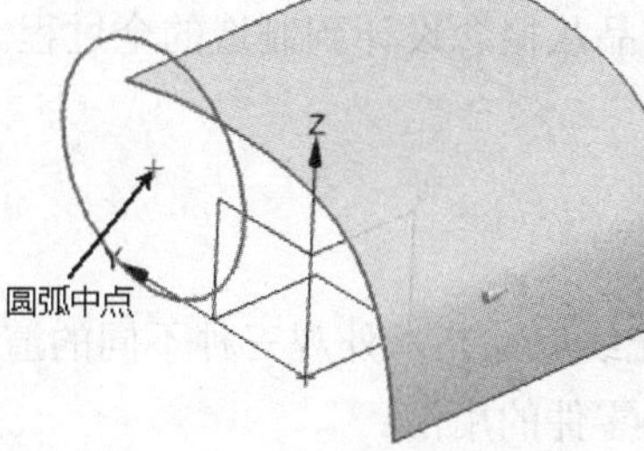

图2-61　创建圆弧中点

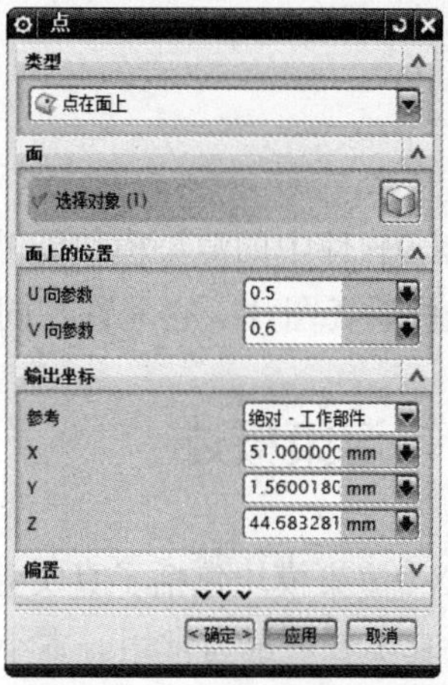

图2-62　“点”对话框设置

(6) 单击“点”对话框中的 应用 按钮，创建的面上点如图2-63所示。

(7) 在“点”对话框的“类型”文本框中重新选择“两点之间”选项，单击如图2-64所示的“点A”作为“指定点1”，单击“点B”作为“指定点2”。

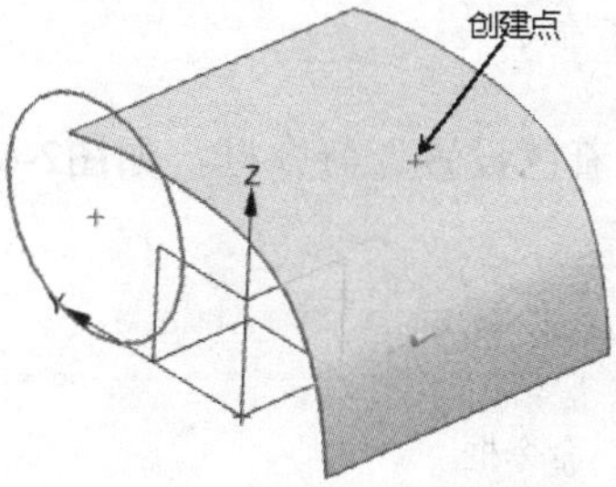

图2-63　创建面上点

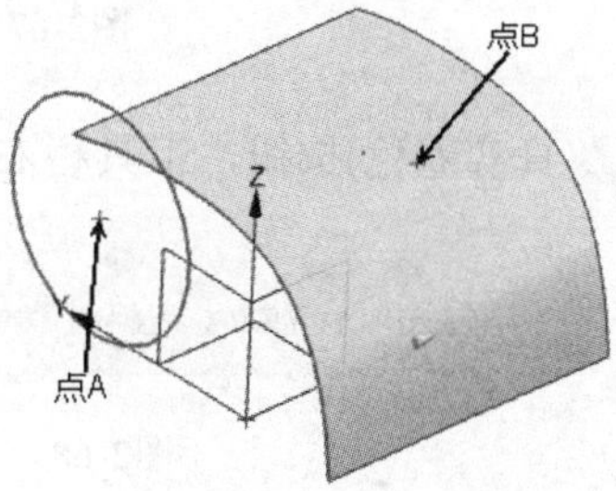

图2-64　单击点A和点B

(8) 将“点”对话框中的“点之间的位置”下面的“位置百分比”设置为50，其余为默认设置。完成设置的“点”对话框如图2-65所示。

(9) 单击“点”对话框中的 < 确定 > 按钮，创建两点之间的点如图2-66所示。

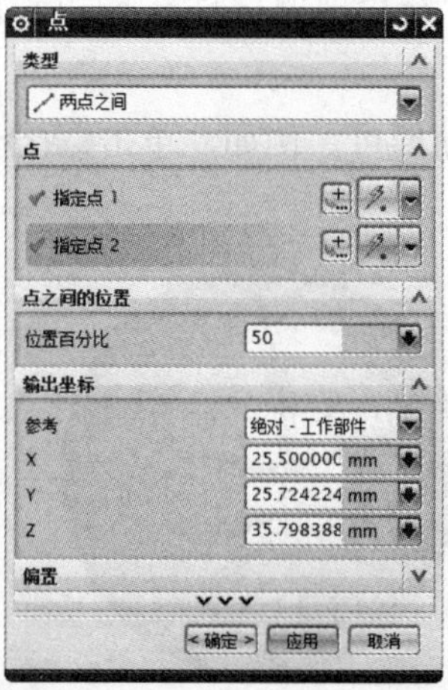

图2-65　“点”对话框设置

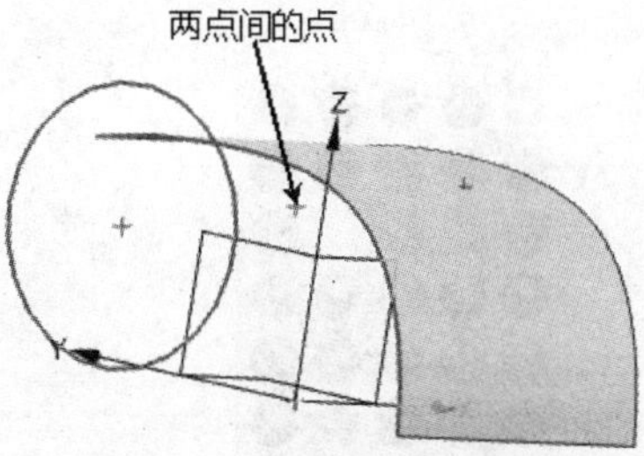

图2-66　创建两点之间的点

2.5 NX 9渲染

NX 9软件中的渲染模块能够让工业设计人员快速使模型概念化，创建光照、颜色效果，渲染生成逼真图片。它允许在同一开发环境里完成产品从概念设计到制造的全过程。

2.5.1 渲染概述

NX 9渲染模块包括了真实着色、高级艺术外观、光线追踪艺术外观三种不同的渲染操作，其中以真实着色最为常用。本小节介绍真实着色渲染零件的用法。

打开一个零件，单击“渲染”选项卡，即可得到如图2-67所示的“渲染”选项卡命令，其中包括了真实着色、高级艺术外观、光线追踪艺术外观和艺术外观任务命令。

图2-67　“渲染”选项卡命令

单击(真实着色)按钮，工具栏右侧弹出“真实着色设置”命令框，如图2-68所示。

图2-68　“真实着色设置”命令框

2.5.2 全局材料

NX 9提供了30种全局材料，用于设置整个零部件的材料属性。如图2-69所示为“全局材料”列表，其中包括了全局塑料材料、全局金属材料、全局玻璃材料等不同性质的材料供用户进行选择。

若要改变材料，用户直接单击代表材料属性的按钮即可。例如，单击(全局材料黄铜)按钮，即可改变视图零件，如图2-70所示。

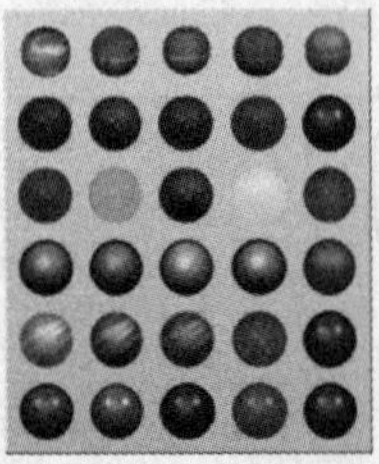

图2-69　全局材料菜单

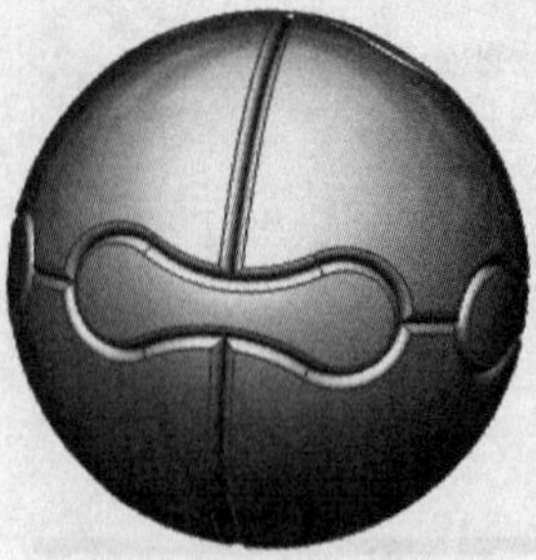

图2-70　全局黄铜视图

2.5.3 对象材料

使用对象材料就必须通过选中视图零件的某个特征然后赋予其对象材料属性，方能将特征进行着色显示。

例如，如图2-71所示为选中的小面，而后单击“对象材料”菜单中的(黄色亮泽塑料)按钮，即可改变此小面颜色，如图2-72所示。

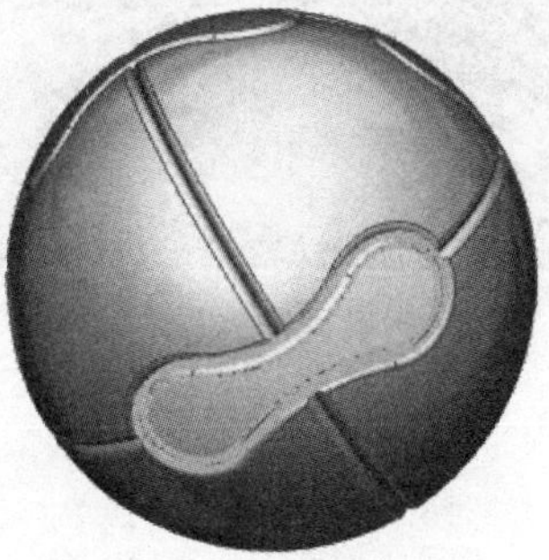

图2-71 选择小面

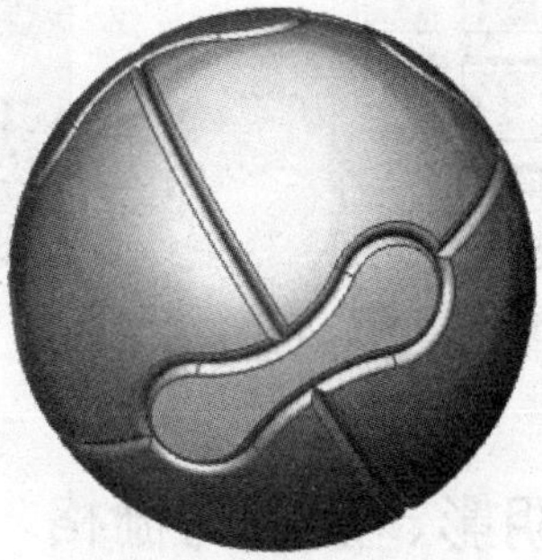

图2-72 改变小面颜色

如图2-73所示为“对象材料”菜单，其提供了30种不同的对象材料属性，如图2-74所示为“拉丝铬”材料属性的视图。

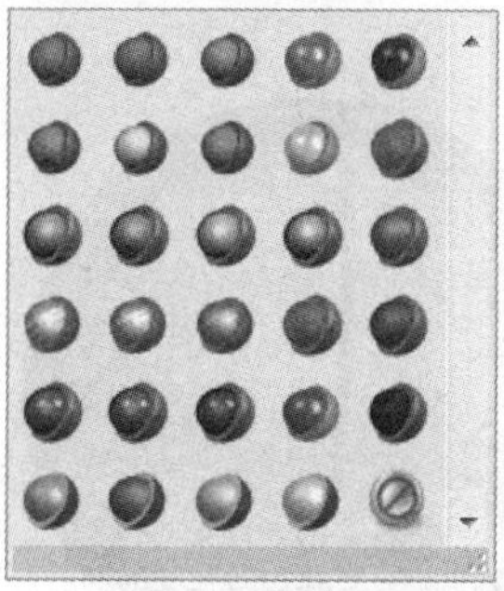

图2-73 “对象材料”菜单

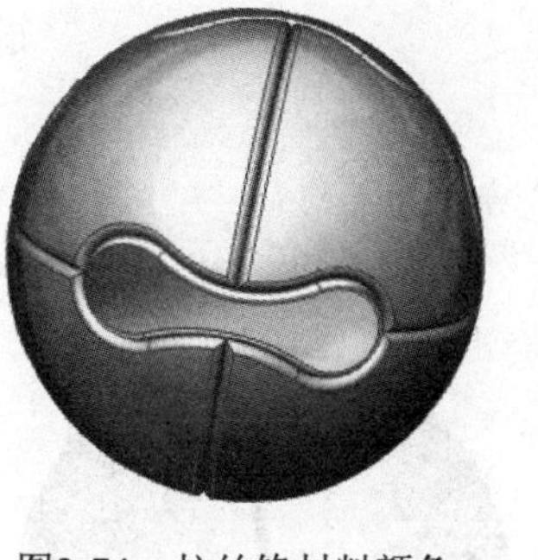

图2-74 拉丝铬材料颜色

2.5.4 背景

如图2-75所示为“背景”菜单，其提供了渐变深灰色背景、渐变浅灰色背景、深色背景、浅色背景4种基本背景定义方式，并提供了6种图像背景方式，还提供了继承着色背景和自定义背景。

例如，单击(图像4背景)按钮，即可弹出如图2-76所示的将视图切换为以图像4作为背景的视图。

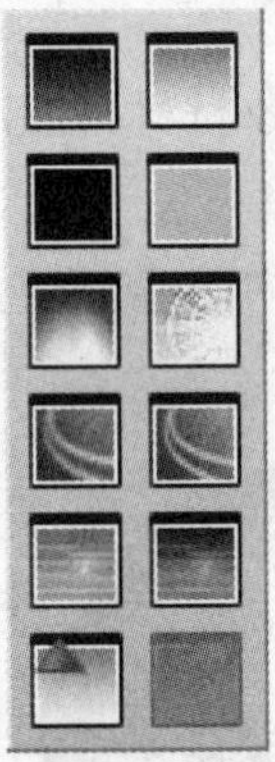

图2-75　“背景”菜单

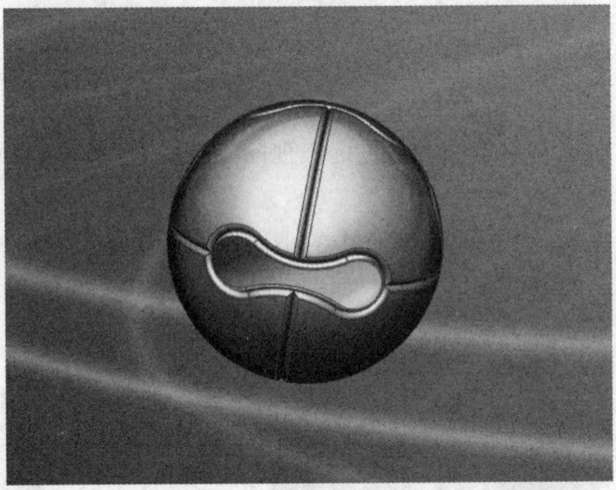

图2-76　图像4背景视图

2.5.5　阴影、反射与栅格

NX 9提供了三个按钮，用来显示/关闭阴影、显示/关闭地板反射、显示/关闭地板栅格。如图2-77所示为关闭了此三个按钮的视图；单击(显示阴影)按钮，即可将阴影显示出来，如图2-78所示。

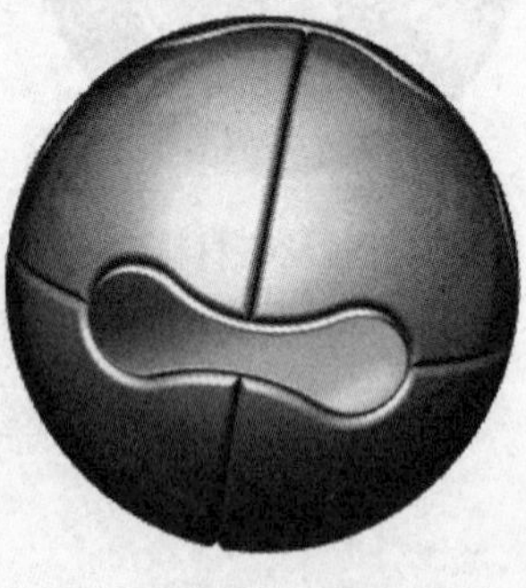

图2-77　原视图

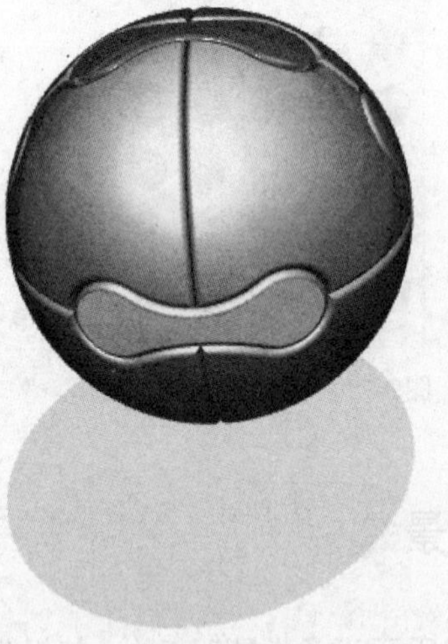

图2-78　显示阴影视图

关闭阴影后，单击(显示地板反射)按钮，即可将地板反射显示出来，如图2-79所示；关闭地板反射后，单击(显示地板栅格)按钮，即可将地板栅格显示出来，如图2-80所示。

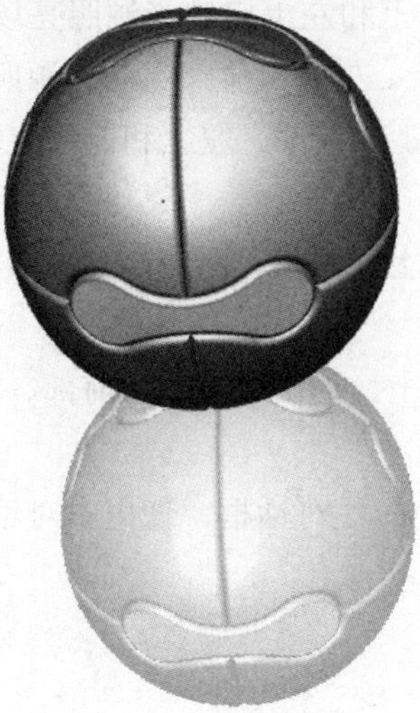

图2-79　显示地板反射

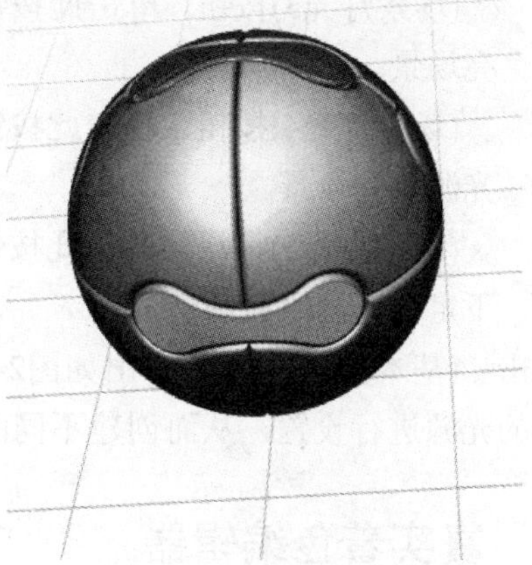

图2-80　显示地板栅格

2.5.6　边框显示

NX 9提供了三种用于边框显示操作的命令，前面都是在“无面边”命令下进行视图操作的，单击(无面边)按钮，即可着色面的边显示。单击(无隐藏边的面边)按钮，即可显示着色面的可见边，如图2-81所示。单击(面边和隐藏边)按钮，即可显示着色面的所有边，如图2-82所示。

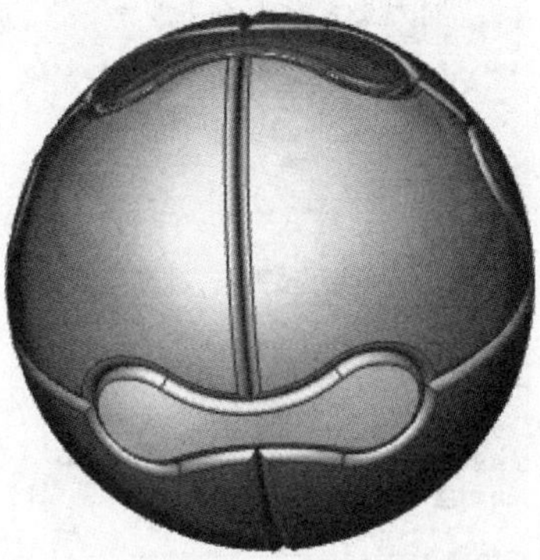

图2-81　显示可见边

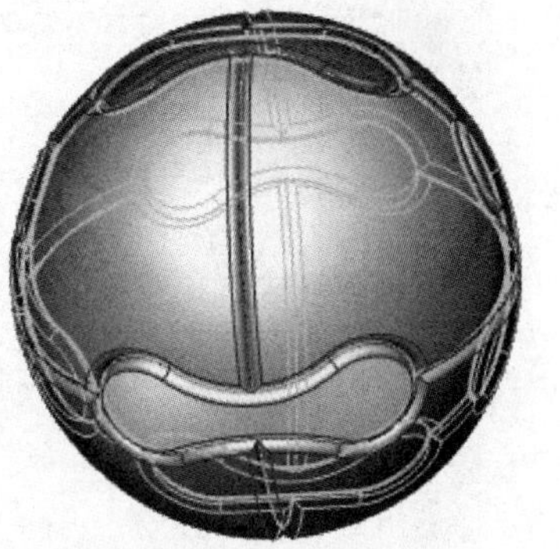

图2-82　显示所有边

2.5.7　场景灯光

NX 9渲染模块给予了5种不同的场景灯光光源，此5种光源是预先设置好无法进行改变的光源。使用不同的场景灯光照射视图，产生的视图效果也各有不同。下面分别介绍这5种光源。

✧ (场景灯光1)按钮。单击此按钮，使用光亮的右上和左上定向光源照亮场景。

✧ (场景灯光2)按钮。单击此按钮，使用光亮的右上、左上和前部定向光源照亮场景。

✧ (场景灯光3)按钮。单击此按钮，使用光亮的右上、顶部、左上和前部定向光源照亮场景。

✧ (场景灯光4)按钮。单击此按钮，使用光亮的右上、顶部、左上、右下和左下定向光源照亮场景。

✧ (场景灯光5)按钮。单击此按钮，使用光亮的右上、顶部、左上、前部、右下和左下定向光源照亮场景。

单击(基本光源)按钮，弹出如图2-83所示的“基本光源”对话框。使用本对话框可对8个不同的光源进行设置，从而创建不同的视图效果。

2.5.8 真实着色编辑器

单击(真实着色编辑器)按钮，即可弹出如图2-84所示的“真实着色编辑器”对话框。通过此对话框可设置选中对象的材料属性、全局反射状态、背景类型、顶部颜色、底部颜色和背景图像等。

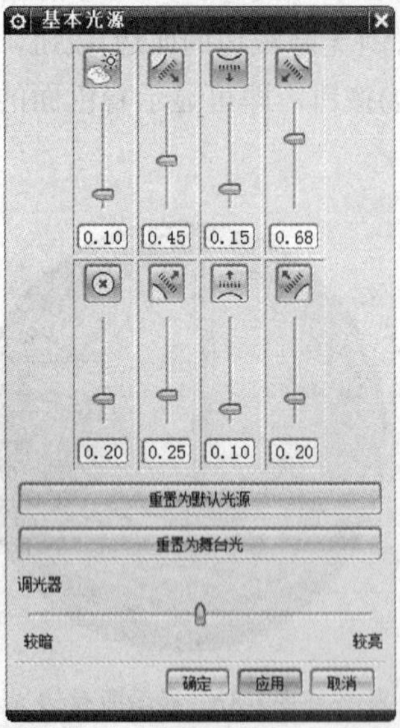

图2-83 “基本光源”对话框

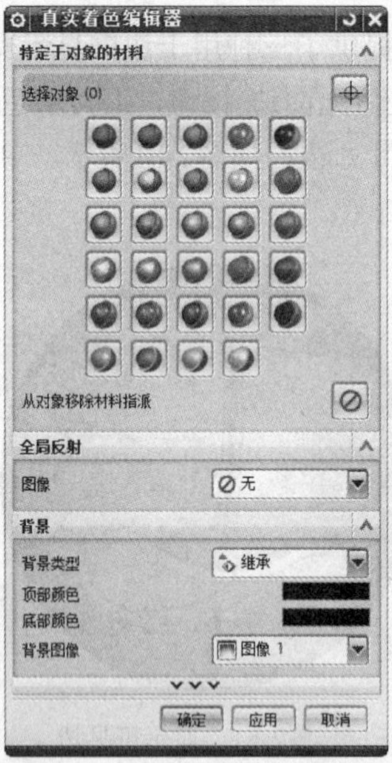

图2-84 “真实着色编辑器”对话框

2.6 本 章 小 结

本章介绍了NX 9基本操作中的基准平面、基准轴、基准坐标系、基准点的详细的操作方法，并简单介绍了使用NX 9渲染模块进行零件渲染的一般操作方法。作为入门操作，4种基本的操作是用户必须学会并熟练掌握的内容；而渲染的操作，用户做到了解即可。

2.7　习　　题

一、填空题

1. 单击“基准平面”对话框中“类型”文本框右侧的▼图标会展开“类型”下拉列表框。通常有________种方法可以创建平面，为用户提供了最全面、最方便的平面创建方法。

2. “二等分”创建基准面是指创建的平面为到两个指定平行平面的________相等的平面或者两个指定相交平面的________。

3. “曲线上矢量”创建基准轴是指在指定曲线上以曲线上某一指定点为起始点，以切线方向、________、________为矢量方向创建基准轴。

4. “平面，X轴，点”创建基准坐标系是指通过指定________的平面、平面上的________和平面上的________来创建新坐标系。

5. “控制点”创建基准点是指以所有存在的直线的________，二次曲线的端点、圆弧的中点、____________或者样条曲线的端点极点为基点，创建新的点或指定新点的位置。

二、简答题

1. 全局材料包括了30种不同的材料属性，请写出这30种状态的名称。

2. 对象材料包括了30种不同的材料属性，请写出这30种状态的名称。

第3章

草 图 绘 制

绘制草图是实现NX软件参数化特征建模的基础，通过绘制草图轮廓，并添加尺寸和约束后完成所有轮廓的设计，能够较好地表达设计意图。草图建模是高端CAD软件的又一重要方法，适用于创建截面复制的实体模型。

学习目标

- ✧ 掌握进入草图绘制模块的方法
- ✧ 掌握创建草图的一般步骤
- ✧ 掌握草图几何绘制的创建方法

3.1 草图概述

草图是指在某个指定平面上的点、线(直线或曲线)等二维几何元素的总称。在创建三维实体模型时，首先需选取或创建草图平面，然后进入草绘环境绘制二维草图截面。通过对截面拉伸、旋转等操作，即可得到相应的参数化实体模型。

3.1.1 进入草绘模式

草图的基本环境是绘制草图的基础，该环境提供了NX 9中草图的绘制、编辑和约束等与草图操作相关的命令。

单击“主页”选项卡下的“直接草图”命令框中的(草图)按钮，弹出如图3-1所示的“创建草图”对话框，选定草图绘制平面后，单击< 确定 >按钮即可正式选中平面，并进入草绘模式。

提示

在其余模块中(如曲线模块)，用户单击(在任务环境中绘制草图)按钮，亦可弹出“创建草图”对话框，操作与上述操作相同。

3.1.2 选择草图工作平面

草图工作平面是指绘制草图对象的平面，草图中创建的所有对象都在这个平面上。

接3.1.1节的操作，弹出“创建草图”对话框后，单击“草图类型”文本框右侧的按钮，可展开“类型”下拉列表框，其中共包含了两种类型，分别为“在平面上”和“基于路径”，它们是指两种不同的草图平面创建类型。下面分别介绍。

1. 在平面上

“在平面上”是指指定一平面作为草图的工作平面。在NX 9常用操作中，指定平面一般包括两种方式的平面：坐标平面和参考平面。

用户可选择如图3-2所示的“XC-YC”平面、“XC-ZC”平面和“YC-ZC”平面任一平面作为草图工作平面(或称草绘平面)，选中平面后单击< 确定 >按钮即可进入草绘模式。

用户还可以选中实体表面平面或基准平面作为草绘平面，如图3-3所示即为单击实体表面平面作为草绘平面视图，如图3-4所示即为单击基准平面作为草绘平面视图。

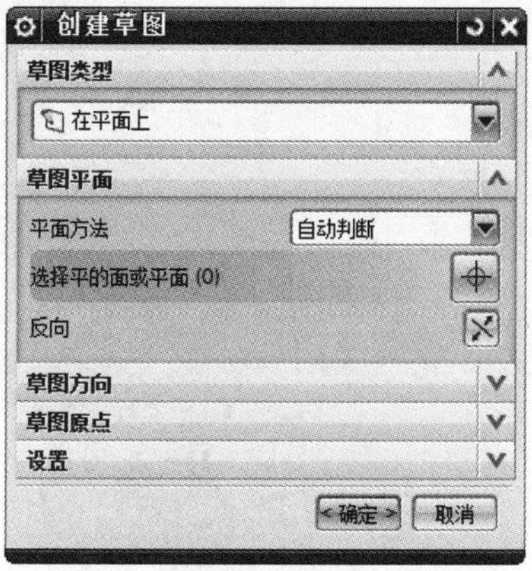

图3-1 “创建草图”对话框

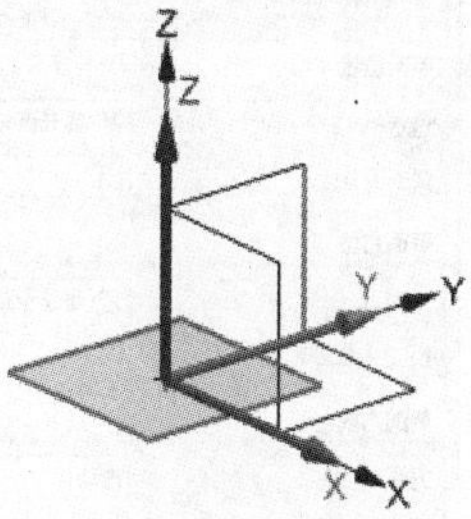

图3-2 选择坐标平面

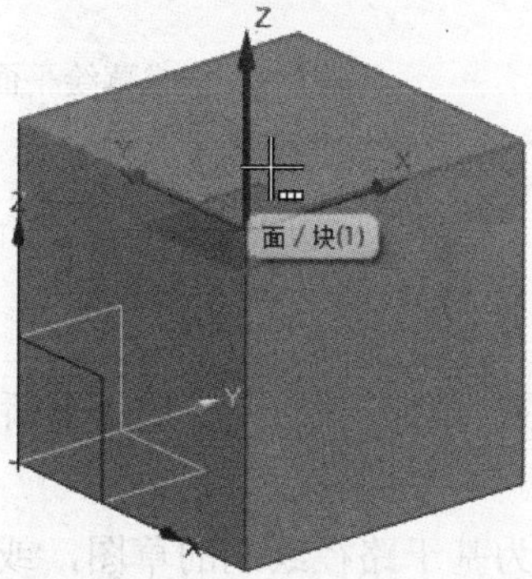

图3-3 实体表面作为草绘平面

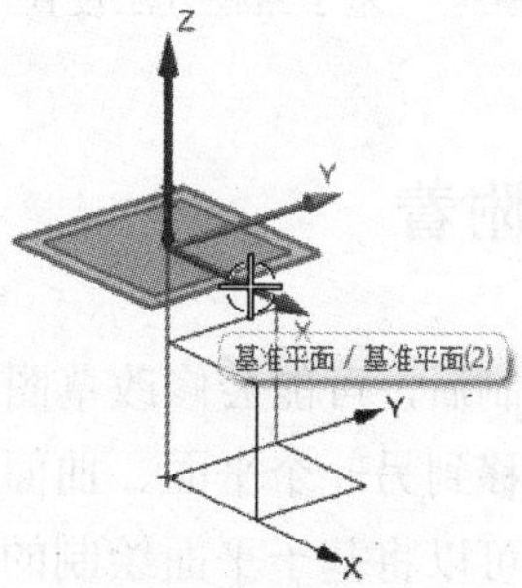

图3-4 基准平面作为草绘平面

提示

除此以外，NX 9还提供了创建基准坐标系的方法来创建草绘平面，此方法是通过创建新坐标系并选择坐标系上的面的方法来创建草绘平面。此方法不常用，用户可参考创建基准坐标系的方法创建草绘平面。

2. 基于路径

“基于路径”是指指定一个轨迹，通过轨迹来确定一个平面作为草图的工作平面。用户可通过指定创建草绘平面的弧长、弧长百分比或指定一已存在点，并选择垂直于路径、垂直于矢量、平行于矢量或通过轴等方法确定平面方位。

例如，单击一曲线作为路径，“平面位置”下面的“位置”文本框选择“弧长百分比”，弧长百分比设置为60；“平面方位”下面的“方向”设置为“垂直于路径”，其余为默认设置。完成设置的“创建草图”对话框如图3-5所示。

单击“创建草图”对话框中的< 确定 >按钮即可进入如图3-6所示的草绘模式。

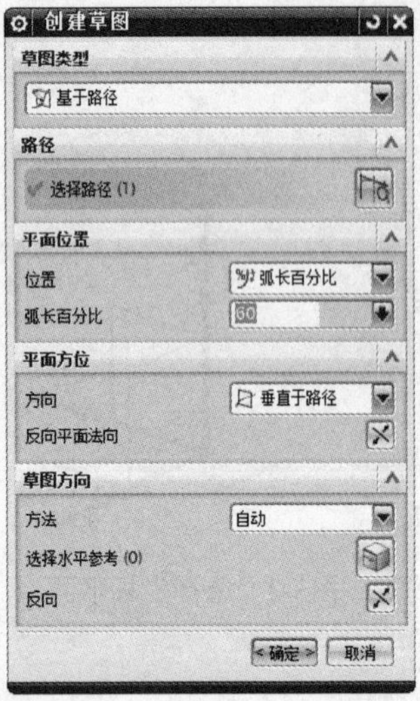

图3-5　基于路径方法设置

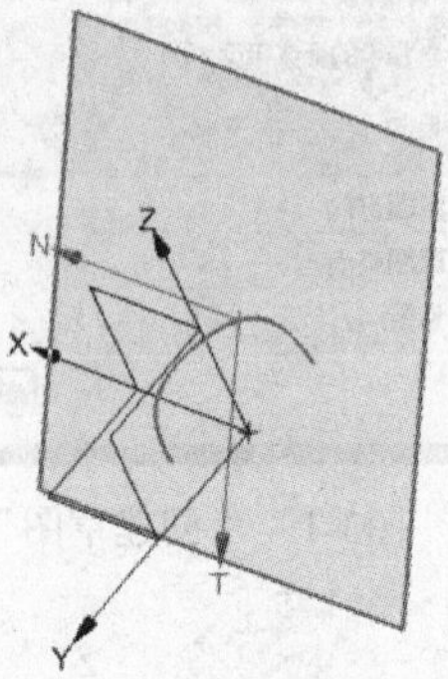

图3-6　完成草绘平面选择

3.1.3　重新附着

草图完成绘制后，可能会修改草图的平面位置，这时就需要使用“重新附着”命令，可以将现有的草图移到另一个平面、曲面或路径上。

重新附着也可以将基于平面绘制的草图切换为基于路径绘制的草图，或者反过来切换，还可以沿着所附着到的路径更改基于路径绘制草图的位置。

单击“直接草图”命令框内右侧的(更多)按钮，弹出如图3-7所示的更多命令，单击(重新附着)按钮，弹出如图3-8所示的“重新附着草图”对话框。

重新附着草图和创建草图时的操作几乎一样，在选择完放置平面后，系统会默认指定水平方向和坐标原点，但是该原点和水平方向不一定符合要求，一般需要自己重新指定，如图3-9所示。设置完参数后单击“重新附着草图”对话框中的确定按钮即可完成草图的重新附着，如图3-10所示。

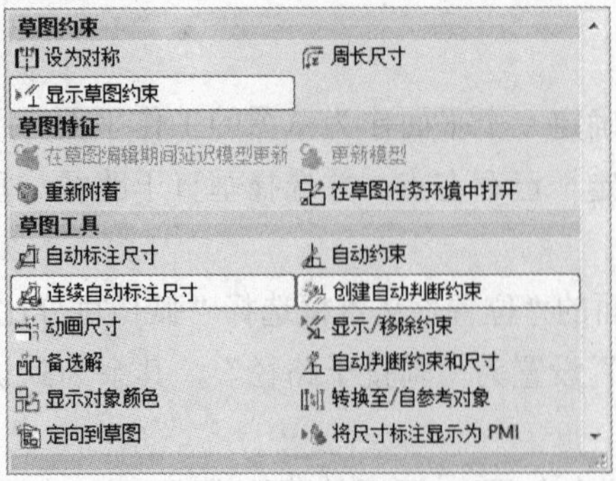

图3-7　更多命令

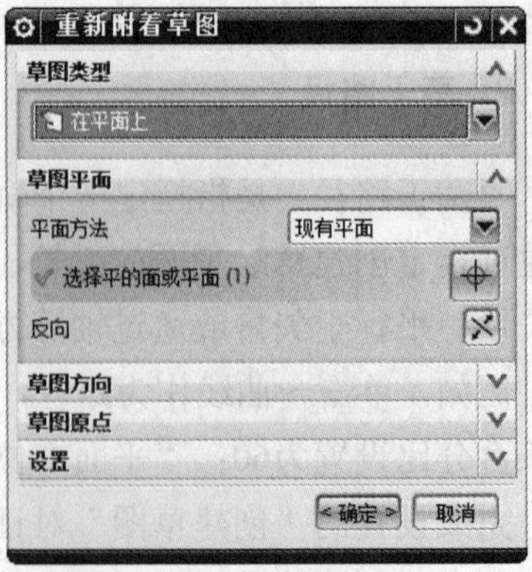

图3-8　“重新附着草图”对话框

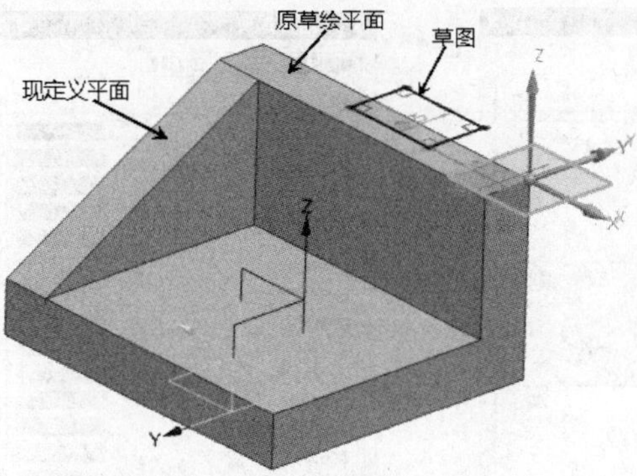

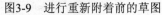

图3-9 进行重新附着前的草图

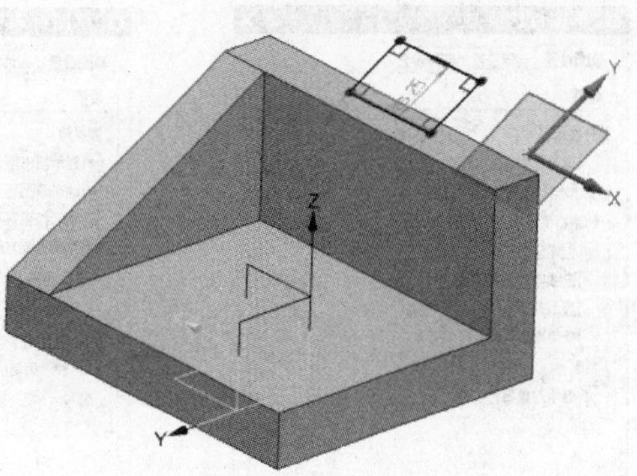

图3-10 完成重新附着操作

3.1.4 完成草图

完成草图的创建和编辑后使用完成草图命令，以退出草图环境，并返回到开始绘制草图时所使用的应用模块或操作命令。

调用完成草图命令直接单击“直接草图”命令框中的(完成草图)按钮或者使用快捷键Ctrl+Q，即可完成草图绘制并退出草绘模块。

3.1.5 草图首选项设置

草图首选项设置是指在绘制草图之前，设置一些操作规则。这些规则可以根据用户自己的要求而个性化设置，但是建议这些设置能体现一定的意义，如曲线的前缀名最好能体现出曲线的类型。

选择“菜单”→“首选项”→“草图”命令即可打开“草图首选项”对话框，其包含了“草图设置”、“会话设置”和“部件设置”三个选项卡。

如图3-11所示，在“草图设置”选项卡中，可以设置草图尺寸标签、文本高度、约束符号大小、是否创建自动判断约束、是否连续自动标注尺寸、是否显示对象颜色、是否使用求解公差。

如图3-12所示，在“会话设置”选项卡中，可以设置捕捉角、是否显示自由度箭头、是否显示动态草图、是否显示约束符号、是否允许更改视图方位、是否维持隐藏状态、是否保持图层状态、是否显示截面映射警告及设置背景状态。

如图3-13所示，在“部件设置”选项卡中，可以设置曲线、约束和尺寸、自动标注尺寸、过约束的对象、冲突对象、未解算的曲线、参考尺寸、参考曲线、部分约束曲线、完全约束曲线、过期对象、自由度箭头、配方曲线、不活动的草图等的颜色设置。

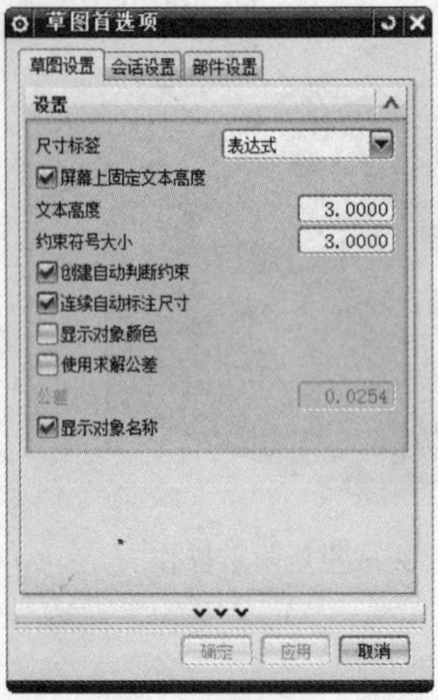

图3-11 “草图设置”选项卡

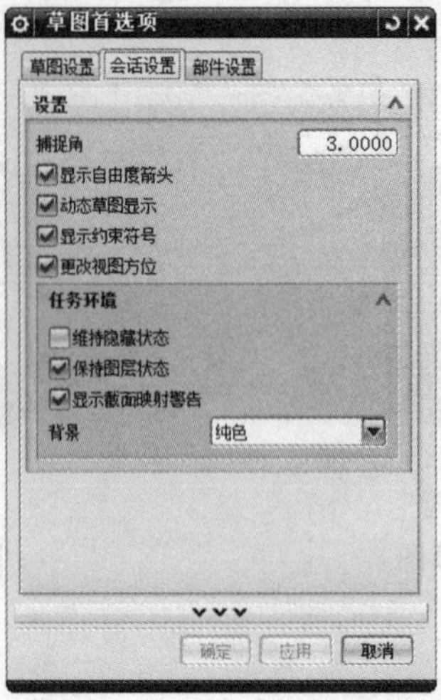

图3-12 “会话设置”选项卡

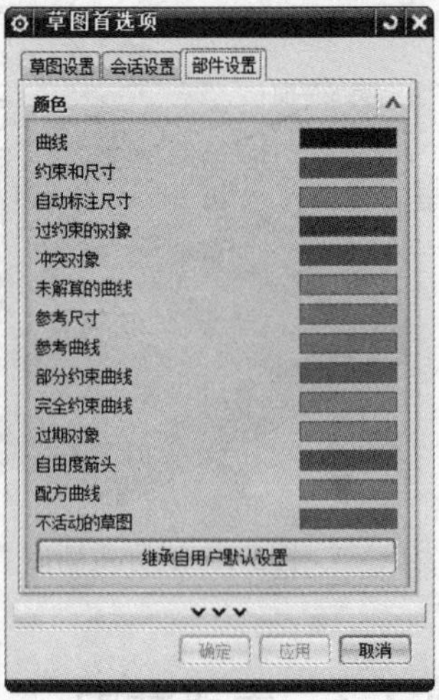

图3-13 “部件设置”选项卡

注意

除非非常必要，请用户尽量不改变设置，本书后面内容都是以默认设置为基础进行介绍的。

3.2 绘制基本曲线

在建模时，只要能巧妙地对基本图形进行有机结合，便可以取得事半功倍的效果。如图3-14所示，为草图绘制命令框，其中包含了“曲线”、“编辑曲线”和“更多曲线”的绘制与创建方法。本节介绍使用草图曲线命令创建基本草图的基本过程。

3.2.1 轮廓

利用“轮廓”绘制命令可以使用直线和圆弧进行草图的连续绘制，当需要绘制的草图对象是直线与圆弧首尾相接时，可以利用该命令快速绘出。

具体操作步骤如下：

(1) 创建一模型零件，单击“主页”选项卡“直接草图”命令框中的(草图)按钮，弹出“创建草图”对话框，选择“XC-YC”平面作为草绘平面，单击确定按钮，即可进入草绘环境并且“直接草图”命令框变化为如图3-15所示。

注意

此步骤前面已介绍，如果没有特殊说明，后面不再介绍。

图3-14　草图绘制命令框

图3-15　“直接草图”命令框

(2) 单击(轮廓)按钮，弹出如图3-16所示的“型材”工具栏，单击(直线)按钮，再单击绘图窗口任意两个位置即可绘制出如图3-17所示的直线。

图3-16　“型材”工具栏

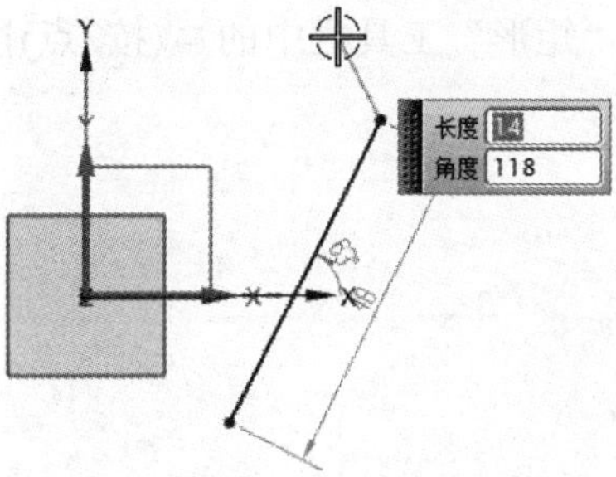

图3-17　绘制两点直线

(3) 单击“型材”工具栏中的(圆弧)按钮，单击视图内另一点即可绘制一圆弧，如图3-18所示，此时重新单击(轮廓)按钮即可关闭“型材”工具栏退出轮廓草图绘制。完成绘制的轮廓如图3-19所示。

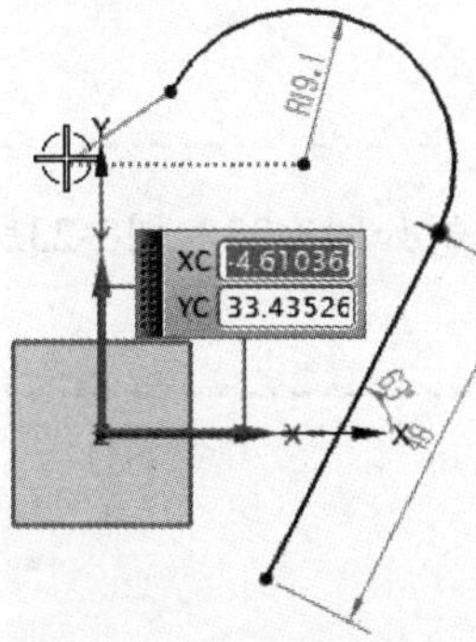

图3-18　绘制圆弧轮廓

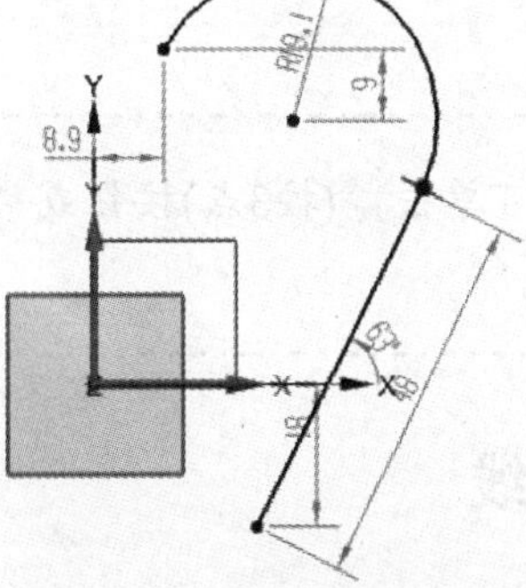

图3-19　完成轮廓绘制

提示

圆弧还可以使用输入坐标或输入参数的方式来创建草图轮廓，单击XY(坐标模式)按钮可使用输入坐标的方法绘制草图；单击▭(参数模式)按钮可使用输入参数的方法绘制草图。

3.2.2 矩形

矩形可以用来作为特征创建的辅助平面，也可以直接作为特征创建的草绘截面。利用此命令可以绘制与草图方向垂直的矩形，也可以绘制与草图方向成一定角度的矩形。

“矩形”命令提供了“按2点”、“按3点”和“从中心”三种不同的绘制矩形的方法。具体操作步骤如下：

(1) 以任一坐标平面作为草绘平面并进入草绘模式，单击草图绘制命令框中的□(矩形)按钮，弹出如图3-20所示的“矩形”工具栏。

(2) 单击“矩形”工具栏中的▭(按2点)按钮，单击视图内任意两点即可绘制如图3-21所示的两点矩形。

图3-20 “矩形”工具栏

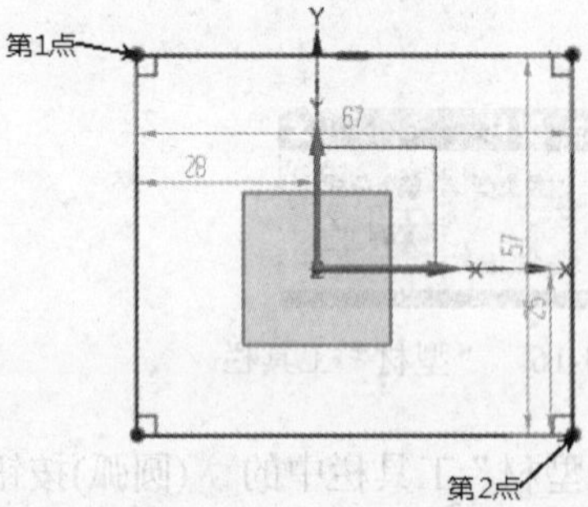

图3-21 绘制两点矩形

(3) 此时重新单击□(矩形)按钮即可关闭“矩形”工具栏退出矩形草图绘制。

提示

用户可单击▭(按3点)按钮或▭(从中心)按钮，绘制如图3-22和图3-23所示的矩形草图轮廓。

3.2.3 直线

利用“直线”命令可使用单击2点的方式绘制直线。单击╱(直线)按钮，弹出如图3-24所示的“直线”工具栏，单击视图内任意两点即可创建如图3-25所示的直线。

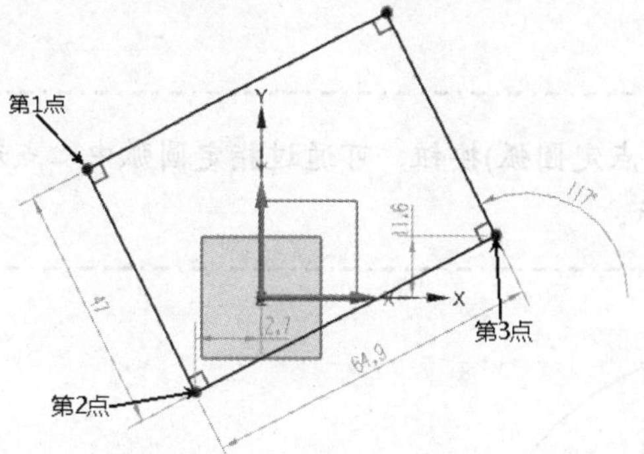

图3-22　按3点绘制矩形

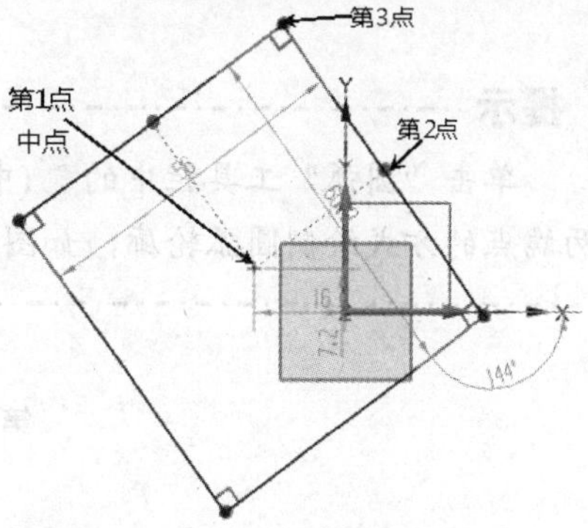

图3-23　从中心绘制矩形

图3-24　“直线”工具栏

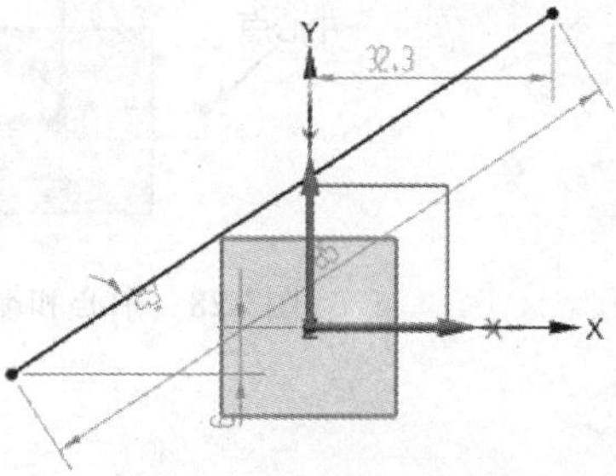

图3-25　绘制2点直线

3.2.4　圆弧

利用“圆弧”命令可通过指定3点或通过指定其中心和端点来创建圆弧。具体操作步骤如下：

(1) 以任一坐标平面作为草绘平面并进入草绘模式，单击草图绘制命令框中的(圆弧)按钮，弹出如图3-26所示的“圆弧”工具栏。

(2) 单击“圆弧”工具栏中的(三点定圆弧)按钮，在视图窗口内依次单击三点，即可绘制圆弧，如图3-27所示。

(3) 此时重新单击(圆弧)按钮即可关闭“圆弧”工具栏退出圆弧草图绘制。

图3-26　“圆弧”工具栏

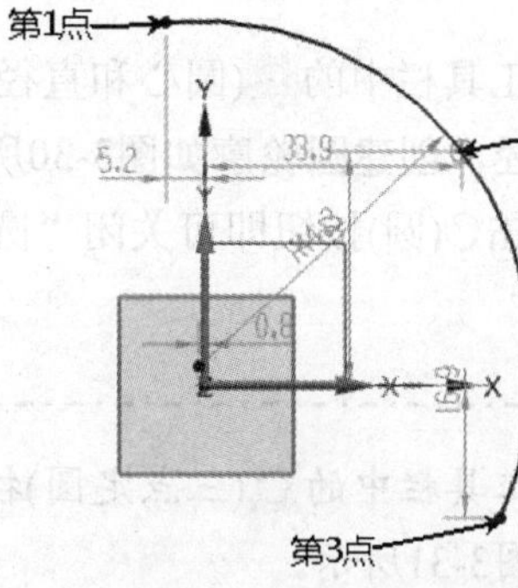

图3-27　绘制3点圆弧

提示

单击“圆弧”工具栏中的◝(中心和端点定圆弧)按钮，可通过指定圆弧中心点和两端点的方式绘制圆弧轮廓，如图3-28所示。

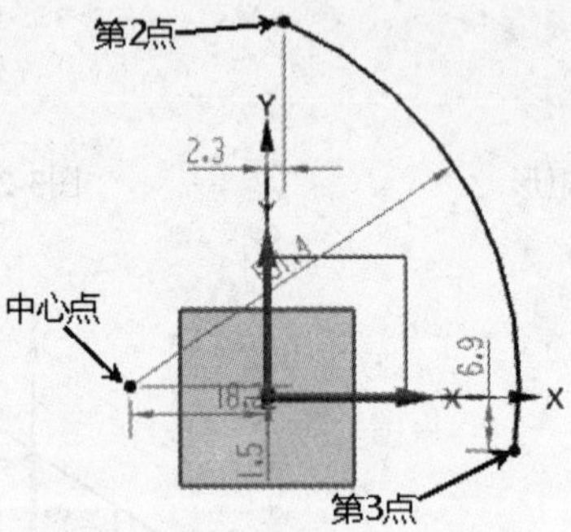

图3-28　中心和端点定圆弧

3.2.5　圆

利用“圆”命令绘制的圆轮廓常用于创建基础特征的剖断面，由它创建的实体特征包括多种类型，如球体、圆柱体、圆台、球面等。

“圆”命令提供了“圆心和直径定圆”和“三点定圆”两种绘制圆轮廓的方法。具体操作步骤如下：

(1) 以任一坐标平面作为草绘平面并进入草绘模式，单击草图绘制命令框中的○(圆)按钮，弹出如图3-29所示的“圆”工具栏。

图3-29　“圆”工具栏

(2) 单击“圆”工具栏中的⊙(圆心和直径定圆)按钮，单击视图内第1点确定圆心，再单击第2点确定圆的直径，创建圆轮廓如图3-30所示。

(3) 此时重新单击○(圆)按钮即可关闭“圆”工具栏退出圆草图绘制。

提示

单击“圆”工具栏中的○(三点定圆)按钮，可通过依次单击指定圆上三点的方式绘制圆轮廓，如图3-31所示。

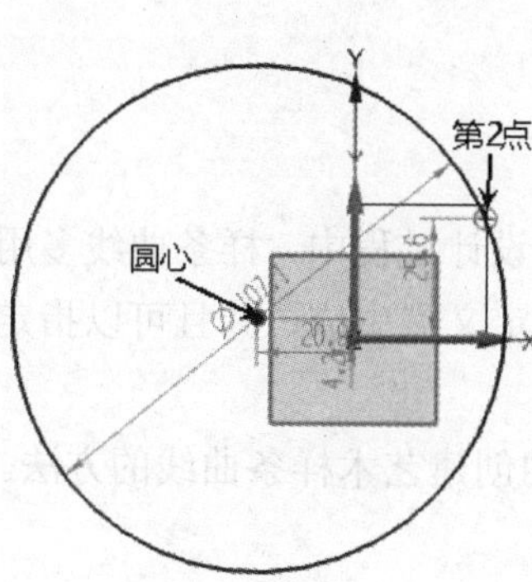

图3-30 圆心和直径定圆

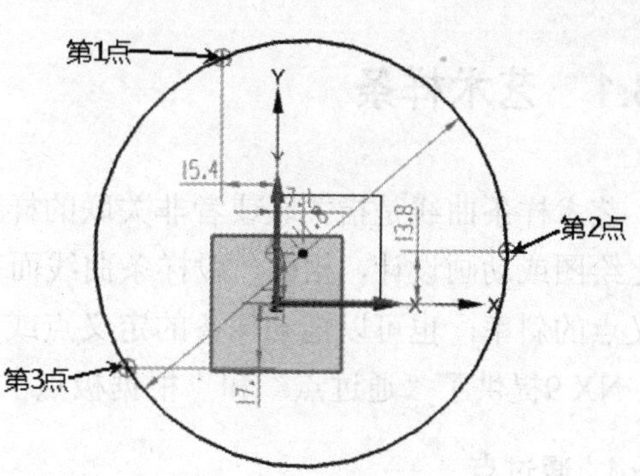

图3-31 三点定圆

3.2.6 点

点是最小的几何元素，也是草图几何元素中的基本元素。草图对象是由控制点控制的，如草图由两个端点控制，圆弧由圆心和起始点控制。控制草图对象的点称为草图点，NX 9通过控制草图点来控制草图对象。

单击草图绘制命令框中的+(点)按钮，弹出如图3-32所示的“草图点”对话框。“草图点”对话框提供了“自动判断的点”、“光标位置”、“现有点”、“终点”、“控制点”、“交点”、“圆弧中心/椭圆中心/球心”、“象限点”和“点在曲线/边上”9种创建点的方式。

如图3-33所示为选择“圆弧中心/椭圆中心/球心”自动判断圆心并创建点。

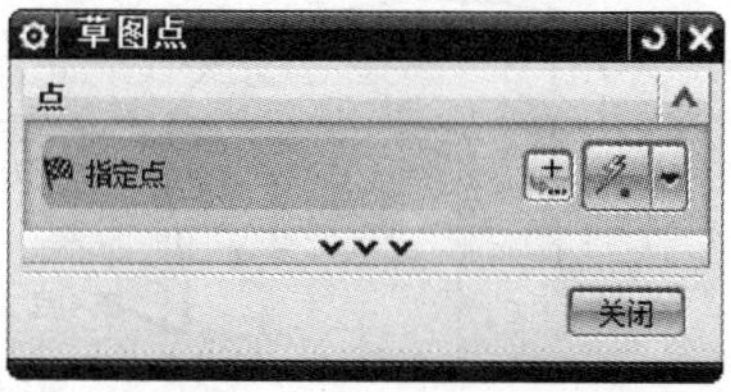

图3-32 “草图点”对话框

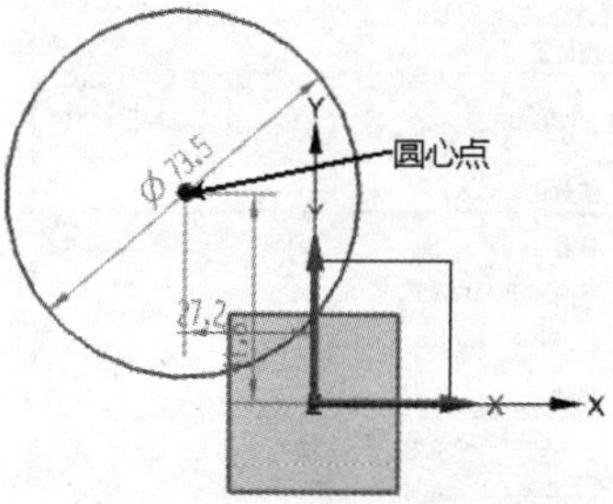

图3-33 创建圆心

3.3 绘制复杂曲线

前面介绍了绘制基本曲线的详细用法，在草图创建过程中难免会遇到一些较复杂的曲线的绘制，如绘制多边形、椭圆、二次曲线等，此部分曲线使用基本曲线构建会异常麻烦。为方便用户使用，NX 9提供了复杂曲线的绘制工具命令。

3.3.1 艺术样条

艺术样条曲线是指关联或者非关联的样条曲线。在实际设计过程中，样条曲线多用于数字化绘图或动画设计，相比一般样条曲线而言，它由更多的定义点生成，并且可以指定样条定义点的斜率，也可以拖动样条的定义点或者极点。

NX 9提供了“通过点”和“根据极点”两种不同方式的创建艺术样条曲线的方法。

1. 通过点

通过点方式创建的样条完全通过点，定义点可以捕捉存在点，也可以用鼠标直接定义点。整个创建过程和参数指定都是在同一对话框中进行的。

具体操作步骤如下：

(1) 以任一坐标平面作为草绘平面并进入草绘模式，单击草图绘制命令框中的(艺术样条)按钮，弹出“艺术样条”对话框。

(2) 在“艺术样条”对话框的“类型”文本框中选择“通过点”选项，依次单击5个点作为要通过的点，设置“参数化”下面的“次数”为3。完成设置的“艺术样条”对话框如图3-34所示。

(3) 单击“艺术样条”对话框中的<确定>按钮，完成通过点艺术样条曲线的绘制，如图3-35所示。

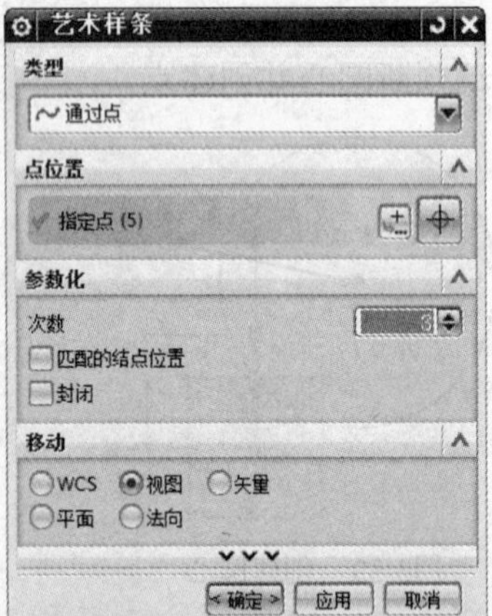

图3-34 设置类型为通过点

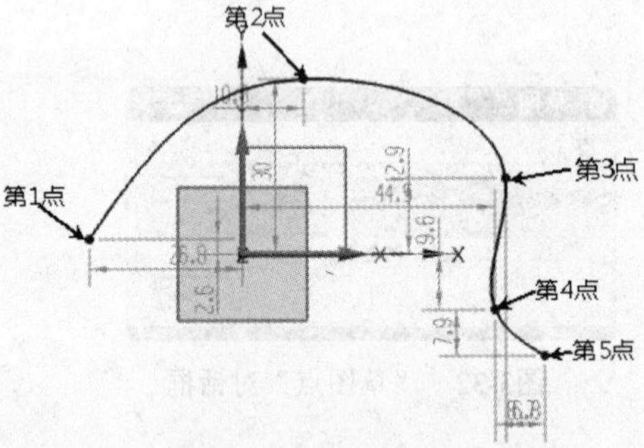

图3-35 创建通过点艺术样条

2. 根据极点

根据极点方式用极点来控制样条的创建，极点数应比设定的阶次至少大1，否则会创建失败，阶次的数值关系调整曲线时会影响曲线的范围。

具体操作步骤如下：

(1) 以任一坐标平面作为草绘平面并进入草绘模式，单击草图绘制命令框中的(艺术样条)按钮，弹出“艺术样条”对话框。

(2) 在“艺术样条”对话框的“类型”文本框中选择“根据极点”选项，依次单击5个点作为要通过的点，设置“参数化”下面的“次数”为3。完成设置的“艺术样条”对话框如图3-36所示。

(3) 单击“艺术样条”对话框中的<确定>按钮，完成根据极点艺术样条曲线的绘制，如图3-37所示。

图3-36 设置类型为根据极点

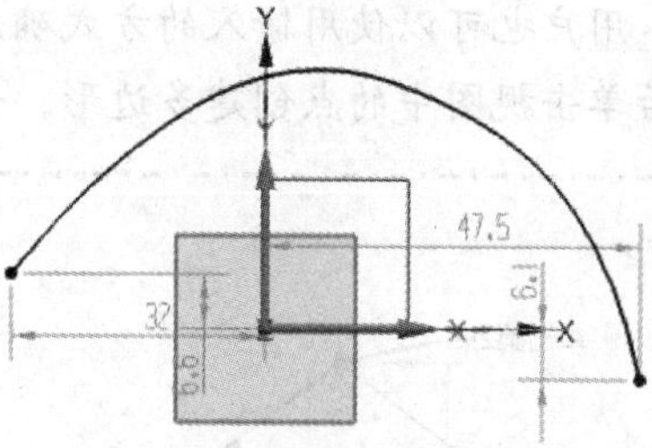

图3-37 创建根据极点艺术样条

提示

“通过点”和“根据极点”两种方式创建艺术样条曲线是有区别的，用5个固定位置的点创建“通过点”方式的艺术样条如图3-38所示，而创建“根据极点”方式的艺术样条如图3-39所示。

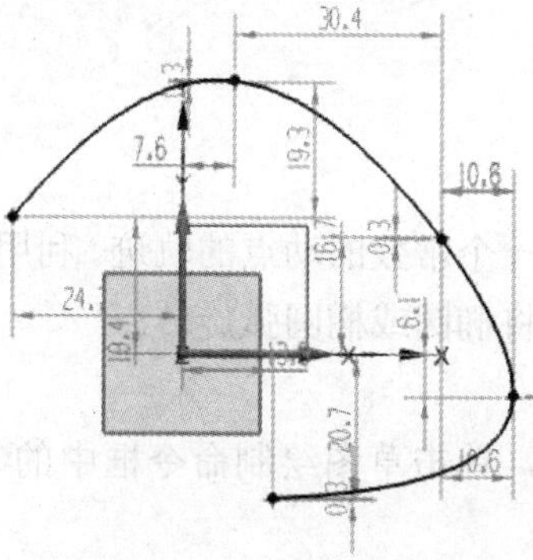

图3-38 “通过点”艺术样条

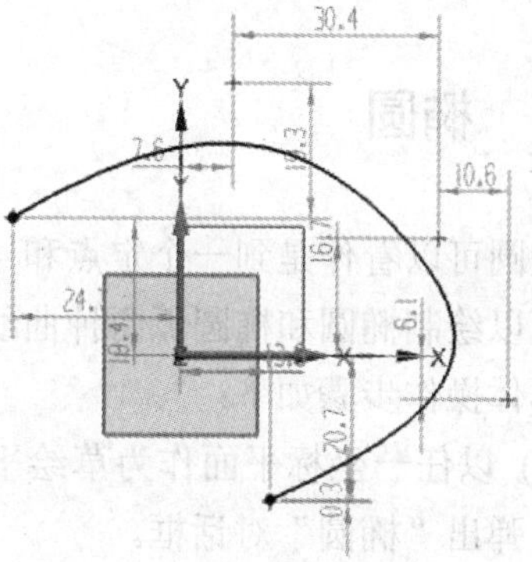

图3-39 “根据极点”艺术样条

3.3.2 多边形

使用“多边形”命令可创建边数大于等于3的正多边形。使用本命令可通过指定多边形内切圆半径、外接圆半径或边长来确定多边形的各项参数从而创建出符合用户要求的多边形。

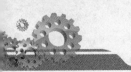

本小节以指定外接圆半径的方式创建多边形。具体操作步骤如下：

(1) 以任一坐标平面作为草绘平面并进入草绘模式，单击草图绘制命令框中的⊙(多边形)按钮，弹出“多边形”对话框。

(2) 单击视图窗口内任意一点作为“中心点”，将“多边形”对话框中“边”下面的“边数”设置为5，“大小”下面的“大小”文本框选择“外接圆半径”，单击另一个点确定半径和旋转角度，即可创建多边形，如图3-40所示。

提示

用户也可以使用输入的方式确定半径和旋转角度。可先进行对话框设置，完成设置后单击视图中的点创建多边形。如图3-41所示为输入后的对话框设置。

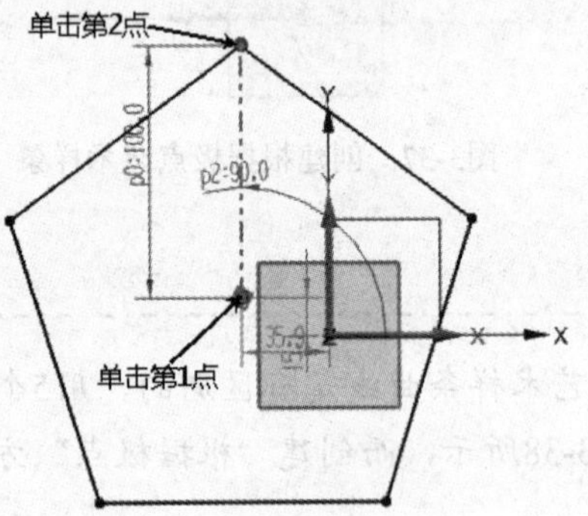

图3-40　创建多边形

图3-41　“多边形”对话框设置

3.3.3　椭圆

椭圆可以看作是到一个定点和一条直线的距离比为一个常数的动点的轨迹。利用“椭圆”命令可以绘制椭圆和椭圆弧两种曲线轮廓，并且还可以将椭圆或椭圆弧旋转。

具体操作步骤如下：

(1) 以任一坐标平面作为草绘平面并进入草绘模式，单击草图绘制命令框中的⊙(椭圆)按钮，弹出“椭圆”对话框。

(2) 在“椭圆”对话框中将“大半径”设置为100mm，“小半径”设置为50mm，选中“限制”下面的“封闭”复选框，“旋转”下面的“角度”设置为30deg。完成设置的对话框如图3-42所示。

(3) 单击视图内一点作为椭圆的中心点，并单击“椭圆”对话框中的“确定”按钮，创建椭圆如图3-43所示。

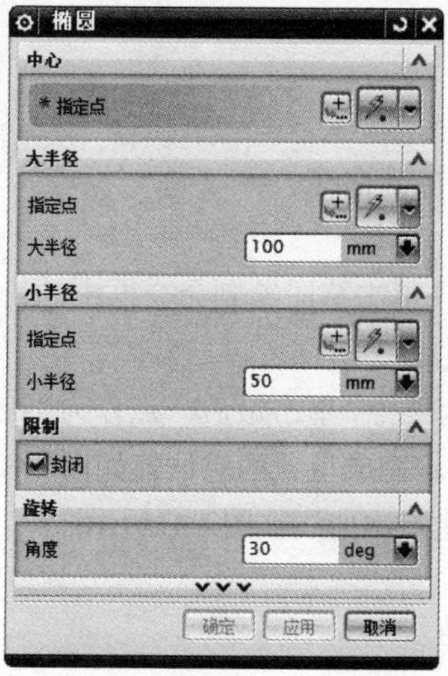

图3-42 “椭圆”对话框设置

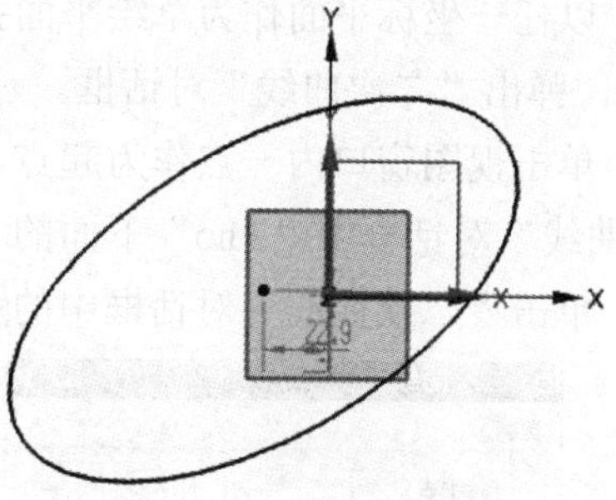

图3-43 创建椭圆轮廓

(4) 用户在进行步骤(2)设置时，可取消选中“限制”下面的“封闭”复选框，将变化后的对话框“限制”下面的“起始角”设置为30deg，“终止角”设置为270deg。完成设置的对话框如图3-44所示，完成的椭圆弧创建如图3-45所示。

提示

用户可通过单击指定椭圆中心、椭圆长半径终点、椭圆短半径终点的位置创建椭圆或椭圆弧。

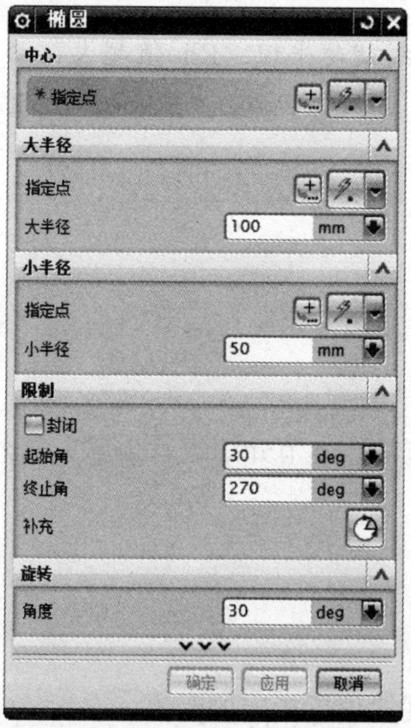

图3-44 “椭圆”对话框设置

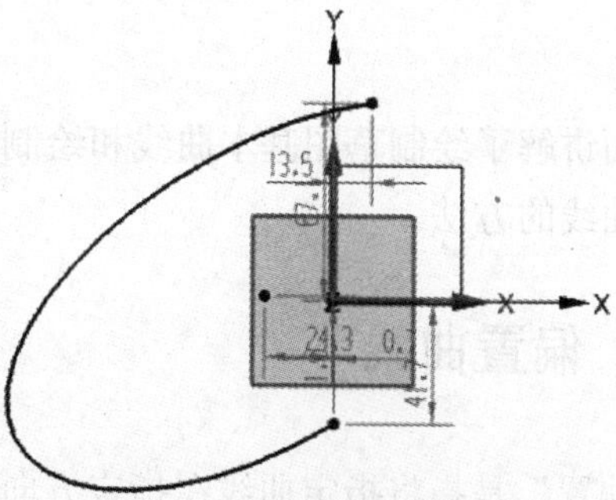

图3-45 创建椭圆弧轮廓

3.3.4 二次曲线

通过指定起点、终点和控制点的方式可绘制不同的二次曲线。

具体操作步骤如下：

(1) 以任一坐标平面作为草绘平面并进入草绘模式，单击草图绘制命令框中的(二次曲线)按钮，弹出“二次曲线”对话框。

(2) 单击视图窗口内一点作为起点，单击另一点作为终点，单击最后一点作为“控制点”，“二次曲线”对话框中“Rho”下面的“值”设置为0.6。完成设置的对话框如图3-46所示。

(3) 单击“二次曲线”对话框中的<确定>按钮，创建二次曲线如图3-47所示。

图3-46 “二次曲线”对话框设置

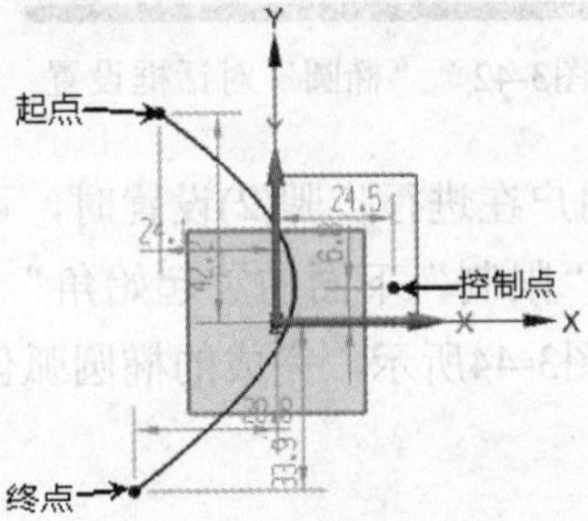

图3-47 创建二次曲线

提示

Rho(曲线饱满值)，一般情况下Rho值越小，曲线就越平坦；Rho值越大，曲线就越饱满；Rho值<0.5时，曲线为椭圆；Rho值=0.5时，曲线为抛物线；Rho值>0.5时，曲线为双曲线。

3.4 派生曲线

前面讲解了绘制草图基本曲线和绘制复杂曲线的方法，本节介绍进行偏置、阵列、镜像等派生曲线的方法。

3.4.1 偏置曲线

“偏置”是指将指定曲线在指定方向上按指定的规律偏置指定的距离。

具体操作步骤如下：

(1) 以任一坐标平面作为草绘平面并进入草绘模式，使用“轮廓”命令绘制如图3-48所示的草图轮廓。

(2) 单击草图绘制命令框中的(偏置曲线)按钮，弹出“偏置曲线”对话框。单击已绘制好的曲线作为“要偏置的曲线”；将“偏置曲线”对话框中“偏置”下面的“距离”设置为5mm，选中“创建尺寸”复选框，“副本数”设置为2，“端盖选项”文本框选择“延伸端盖”。完成设置的“偏置曲线”对话框如图3-49所示。

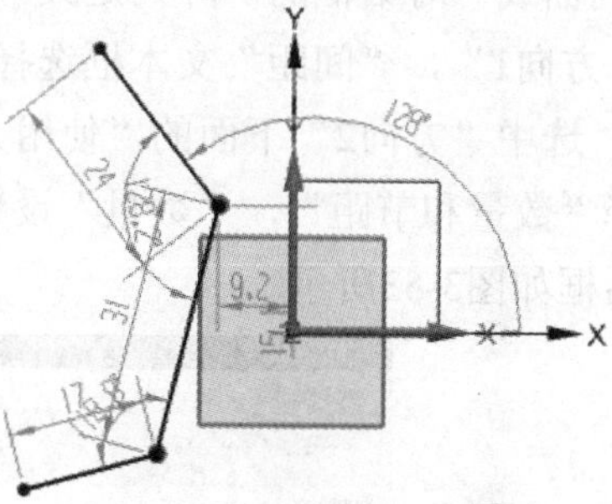

图3-48 绘制轮廓草图

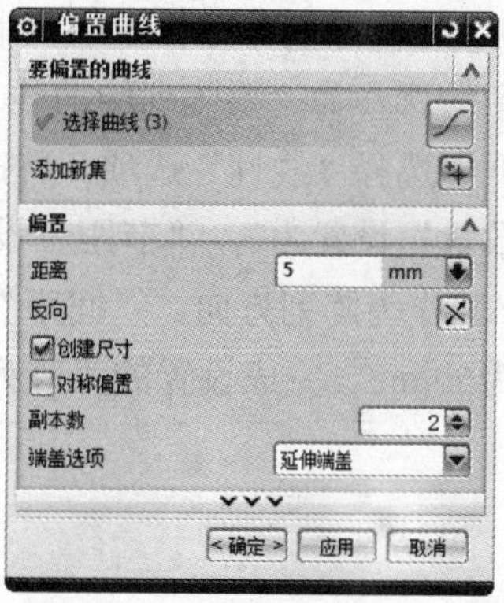

图3-49 “偏置曲线”对话框设置

(3) 单击“偏置曲线”对话框中的< 确定 >按钮，创建偏置曲线如图3-50所示。

提示

用户若单击“偏置曲线”对话框中的(反向)按钮，可创建向内的偏置曲线，如图3-51所示。

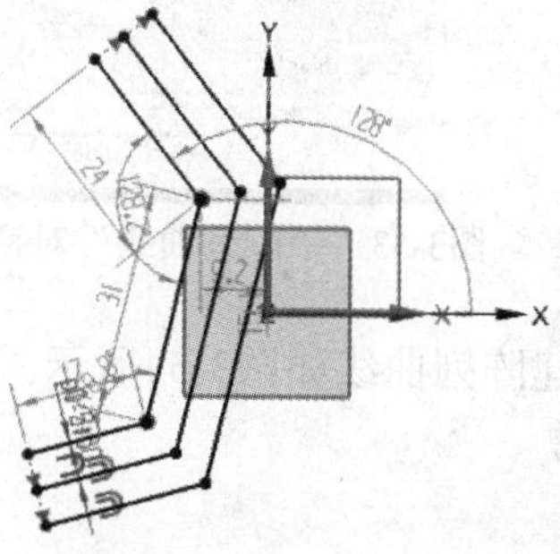

图3-50 向外偏置曲线

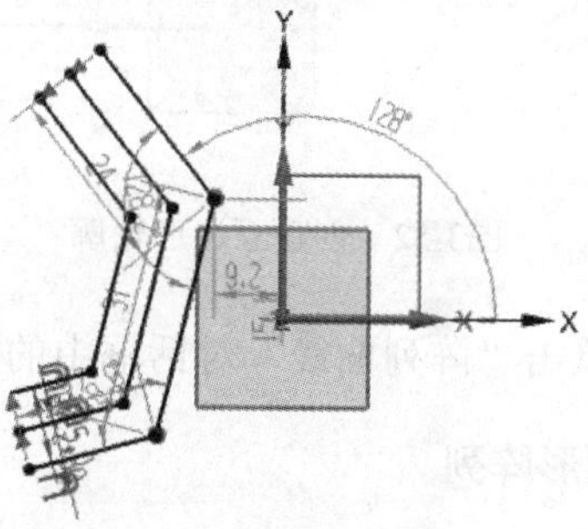

图3-51 向内偏置曲线

3.4.2 阵列曲线

阵列曲线可对与草图平面平行的边、曲线和点设置阵列。阵列的类型有三种：线性阵列、圆形阵列和常规阵列，本节介绍前两种常用的阵列方式。

1. 线性阵列

使用线性阵列可按照不同的两个方向进行直线阵列，参考的方向可以是直线、矢量轴或坐标系。具体操作步骤如下：

(1) 以任一坐标平面作为草绘平面并进入草绘模式，使用“多边形”命令绘制如图3-52所示的正五边形草图轮廓。

(2) 单击草图绘制命令框中的(阵列曲线)按钮，弹出“阵列曲线”对话框。选中已完成绘制的草图轮廓作为“要阵列的曲线”，在“阵列曲线”对话框的“阵列定义”下面的“布局”文本框中选择“线性”选项，单击X轴作为“方向1”，“间距”文本框选择“数量和节距”，“数量”设置为2，“节距”设置为50mm。选中“方向2”下面的“使用方向2”复选框，单击Y轴作为阵列方向，“间距”文本框选择“数量和节距”，“数量”设置为2，“节距”设置为60mm。完成设置的“阵列曲线”对话框如图3-53所示。

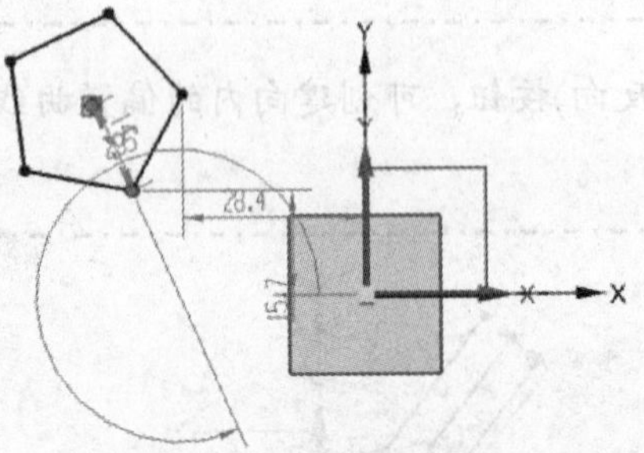

图3-52　创建五边形轮廓

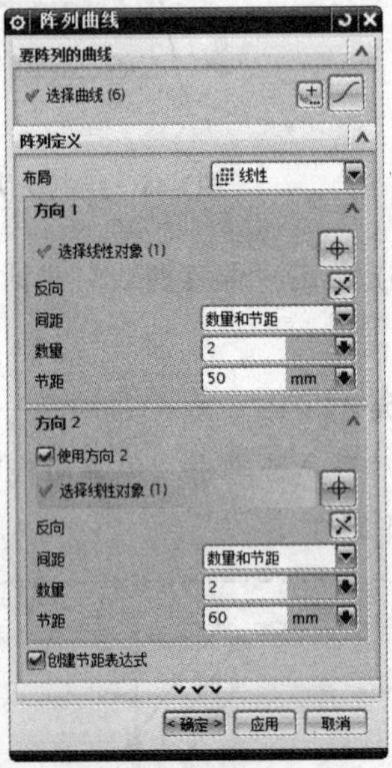

图3-53　“阵列曲线”对话框设置

(3) 单击“阵列曲线”对话框中的<确定>按钮，创建阵列曲线如图3-54所示。

2. 圆形阵列

使用圆形阵列可围绕一点进行旋转阵列。具体操作步骤如下：

(1) 以任一坐标平面作为草绘平面并进入草绘模式，使用“多边形”命令绘制如图3-55所示的正六边形草图轮廓。

(2) 单击草图绘制命令框中的(阵列曲线)按钮，弹出“阵列曲线”对话框。选中已完成绘制的草图轮廓作为“要阵列的曲线”，在“阵列曲线”对话框的“阵列定义”下面的“布局”文本框中选择“圆形”选项，单击视图内一点作为“旋转点”；在“角度方向”下面的“间距”文本框中选择“数量和节距”，“数量”设置为6，“节距角”设置为60deg。完成设置的“阵列曲线”对话框如图3-56所示

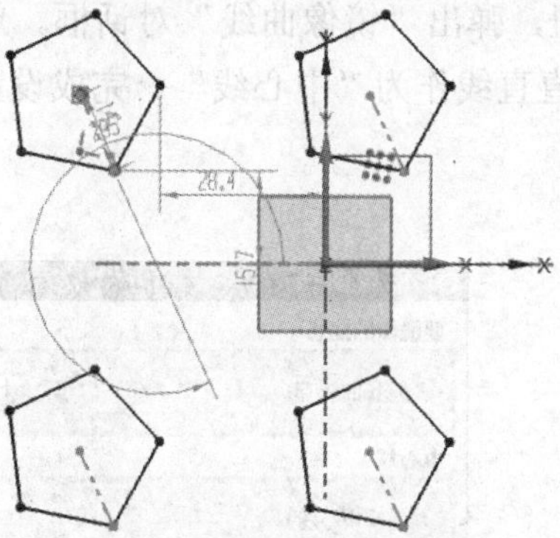

图3-54 五边形线性阵列

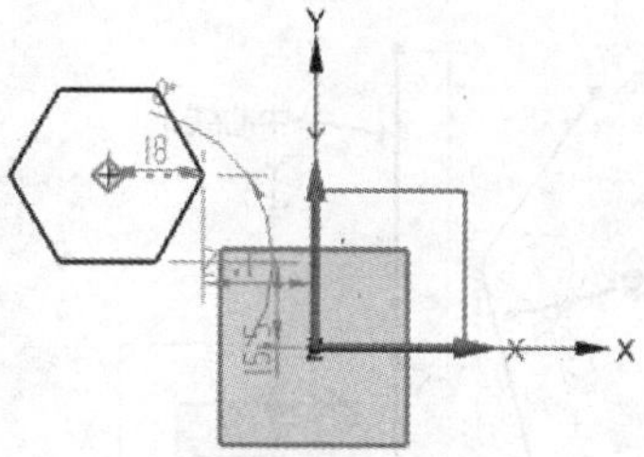

图3-55 创建六边形轮廓

(3) 单击“阵列曲线”对话框中的<确定>按钮，创建阵列曲线如图3-57所示。

图3-56 “阵列曲线”对话框设置

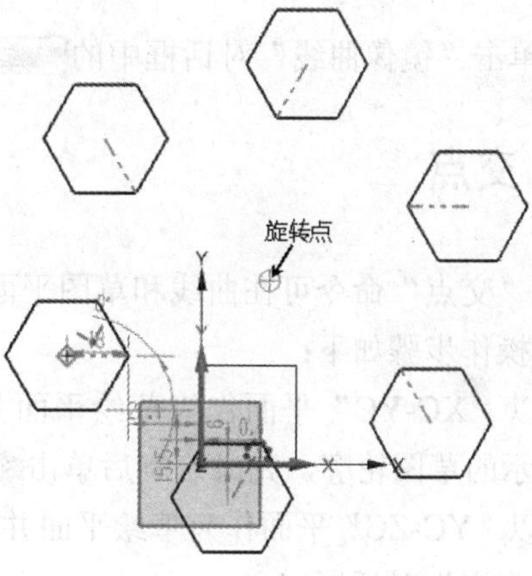

图3-57 六边形圆形阵列

提示

“旋转点”可以是草图点，也可以是基准点，还可以通过鼠标单击视图指定任意位置。

3.4.3 镜像曲线

利用“镜像曲线”命令可通过以现有的草图直线为对称中心线，创建与原草图轮廓相关联的镜像副本。

具体操作步骤如下：

(1) 以任一坐标平面作为草绘平面并进入草绘模式，使用“轮廓”命令绘制如图3-58所示的草图轮廓。

(2) 单击草图绘制命令框中的(镜像曲线)按钮，弹出“镜像曲线”对话框。单击图中需镜像的曲线作为“要镜像的曲线”，单击图中竖直直线作为“中心线”。完成设置的“镜像曲线”对话框如图3-59所示。

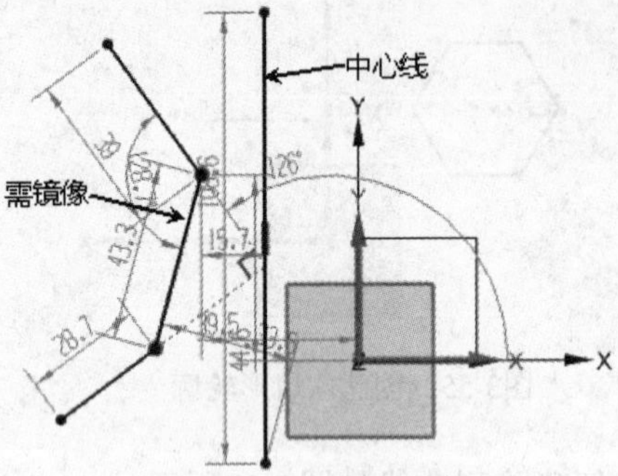

图3-58 绘制草图轮廓

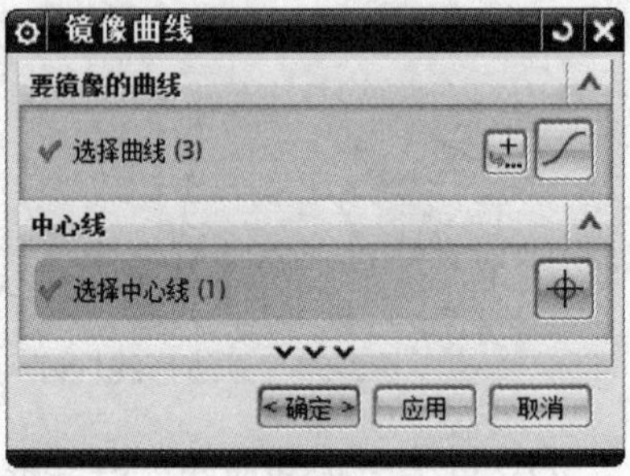

图3-59 “镜像曲线”对话框设置

(3) 单击“镜像曲线”对话框中的<确定>按钮，创建镜像曲线如图3-60所示。

3.4.4 交点

使用“交点”命令可在曲线和草图平面之间创建一个交点。

具体操作步骤如下：

(1) 以“XC-YC”平面作为草绘平面并进入草绘模式，使用“艺术样条”命令绘制如图3-61所示的草图轮廓，完成绘制后单击(完成草图)按钮退出草绘模式。

(2) 以“YC-ZC”平面作为草绘平面并进入草绘模式，单击(交点)按钮，弹出如图3-62所示的“交点”对话框。

(3) 按住鼠标中键并拖动鼠标将已完成绘制的草图轮廓在视图中显示出来，单击轮廓作为“要相交的曲线”，单击“交点”对话框中的<确定>按钮，创建交点如图3-63所示。

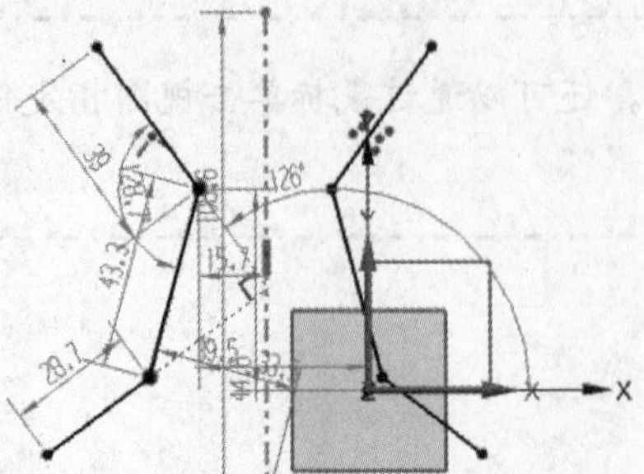

图3-60 创建镜像曲线

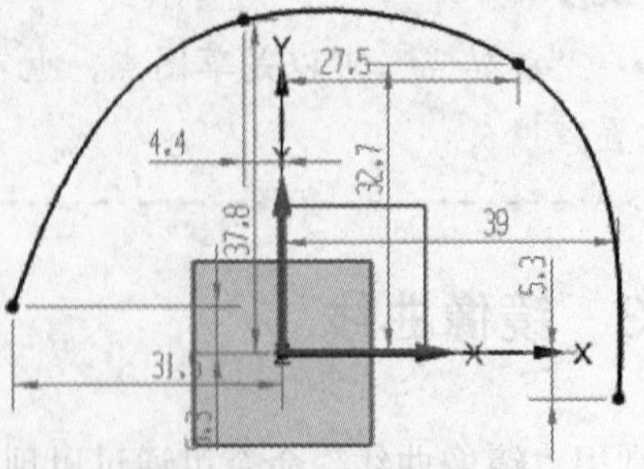

图3-61 创建艺术样条

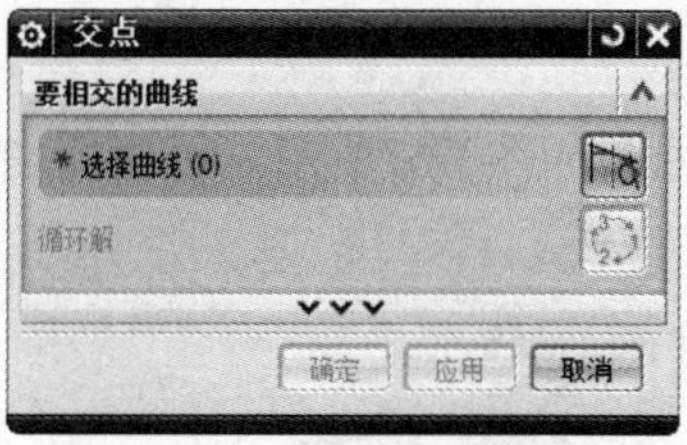

图3-62　“交点”对话框

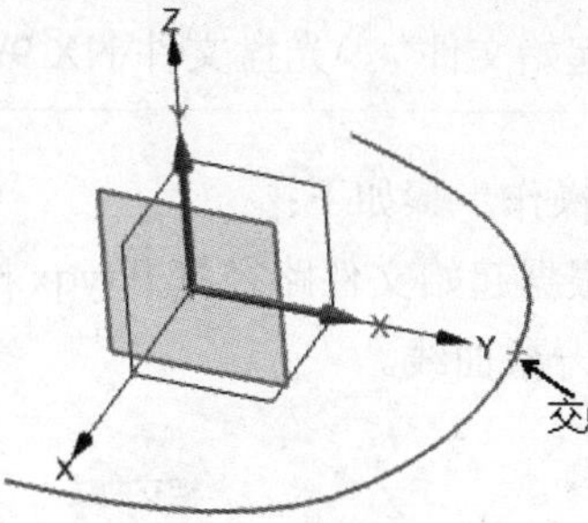

图3-63　创建交点

3.4.5　相交曲线

使用“相交曲线”命令，可以创建一个平滑的曲线链，其中的一组切向连续面与草图平面相交。相交曲线可以通过设置忽略特征中的孔，整合多段曲线以及进行曲线拟合等操作。

	起始文件	\光盘文件\NX 9\Char03\xjqx.prt

具体操作步骤如下：

(1) 根据起始文件路径打开xjqx.prt文件，打开文件视图如图3-64所示。

(2) 以“YC-ZC”平面作为草绘平面并进入草绘模式，单击(相交曲线)按钮，弹出如图3-65所示的“相交曲线”对话框。

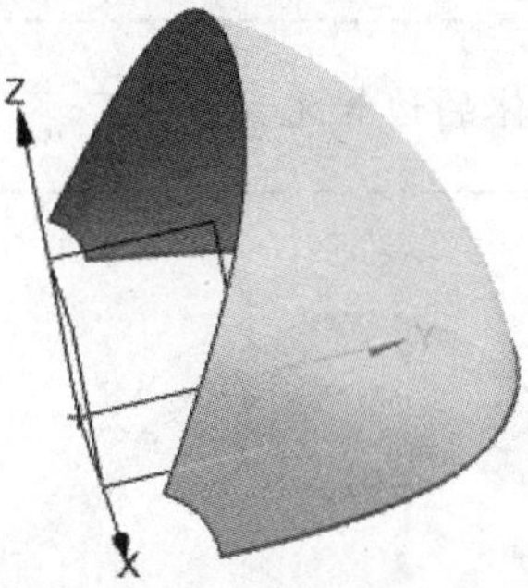

图3-64　起始文件视图

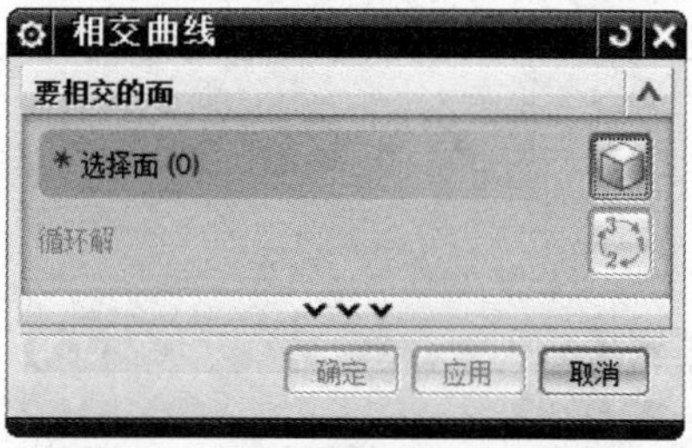

图3-65　“相交曲线”对话框

(3) 单击视图中的曲面作为“要相交的面”，单击“相交曲线”对话框中的<确定>按钮，创建相交曲线如图3-66所示。

3.4.6　投影曲线

“投影曲线”是指沿草图平面的法向将草图外部的曲线、边或点投影到草图上。

	起始文件	\光盘文件\NX 9\Char03\tyqx.prt

具体操作步骤如下：

(1) 根据起始文件路径打开tyqx.prt文件，打开文件视图如图3-67所示，可由图中看到在曲面上有一条曲线。

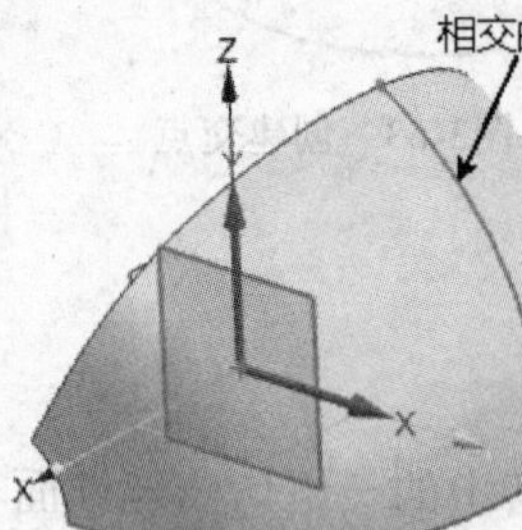

图3-66　创建相交曲线

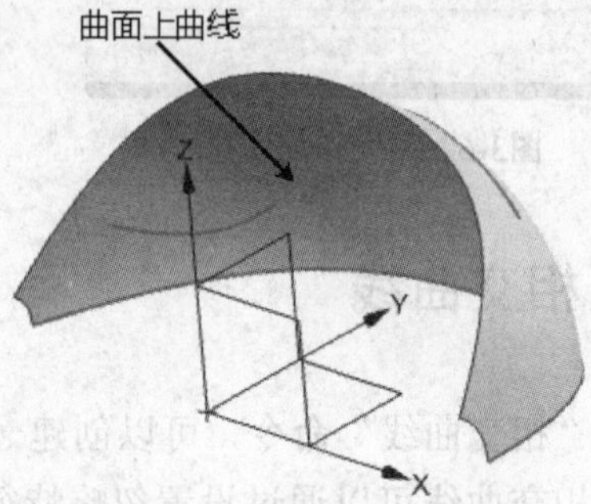

图3-67　起始文件视图

(2) 以“XC-ZC”平面作为草绘平面并进入草绘模式，单击(投影曲线)按钮，弹出如图3-68所示的“投影曲线”对话框。

(3) 单击起始文件视图中的“曲面上曲线”作为“要投影的对象”，单击“投影曲线”对话框中的<确定>按钮，创建投影曲线如图3-69所示。

提示

要投影的对象还可以是草图平面外的点、曲面或实体的边等元素。

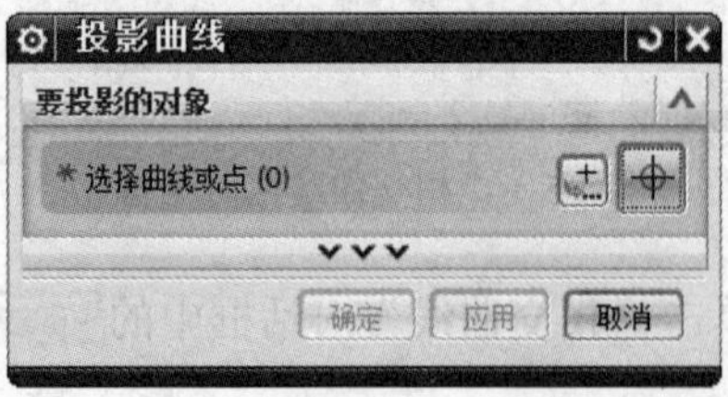

图3-68　“投影曲线”对话框

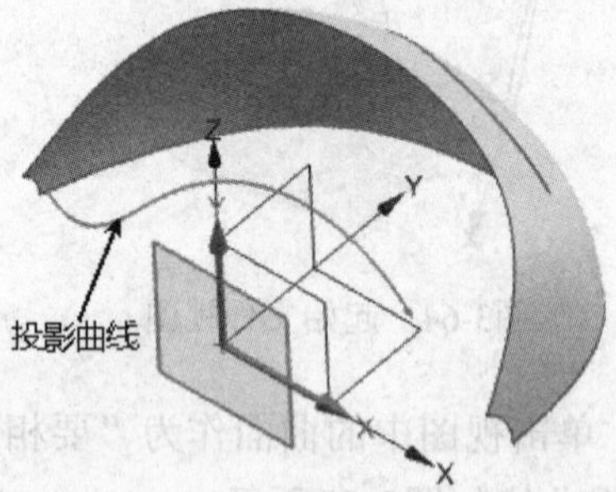

图3-69　创建投影曲线

3.4.7　派生直线

派生直线可以根据现有直线创建直线，派生直线会根据所选直线的不同自动判断，创建偏置直线，或者位于平行线中间的直线以及非平行线间的平分线。

用户创建直线草图轮廓后，单击(派生直线)按钮，再依次单击两条平行直线即可找到位于平行线中间的直线的起点，再单击另一点即可创建直线，如图3-70所示。

同样用户依次单击两条非平行直线即可找到非平行线间的平分线的起点，再单击另一点即可创建直线，如图3-71所示。

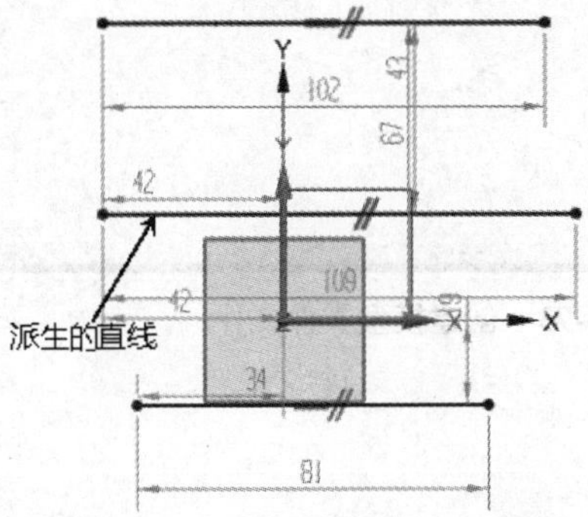

图3-70　平行线间的派生直线

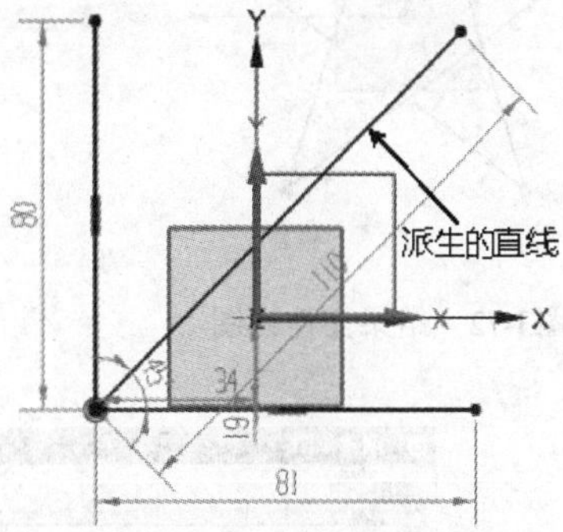

图3-71　非平行线间的派生直线

3.5 实例示范

前面详细介绍了使用NX 9草图绘制各种草图曲线，本节通过一个实例综合介绍不同草图曲线命令的操作过程。

如图3-72所示为五角星草图轮廓视图，五角星的中心点到每个顶点的距离为50mm。在学习此图形的绘制以前，用户可试着绘制此草图轮廓。

	结果文件	\光盘文件\NX 9\Char03\wujiaoxing.prt
	视频文件	\光盘文件\NX 9\视频文件\char03\五角星.avi

3.5.1 进入草图绘制窗口，绘制圆轮廓

用户首先需要创建模型零件文件并进入草绘模块，本小节还介绍了使用草图命令绘制圆轮廓的过程。具体操作步骤如下：

(1) 打开软件，创建模型零件文件如图3-73所示(本操作前面已详细介绍过，此处不做详细介绍)。

(2) 单击(草图)按钮，弹出如图3-74所示的“创建草图”对话框。如图3-75所示，单击视图中的“XC-ZC”平面，单击“创建草图”对话框中的确定按钮，进入草图绘制窗口。

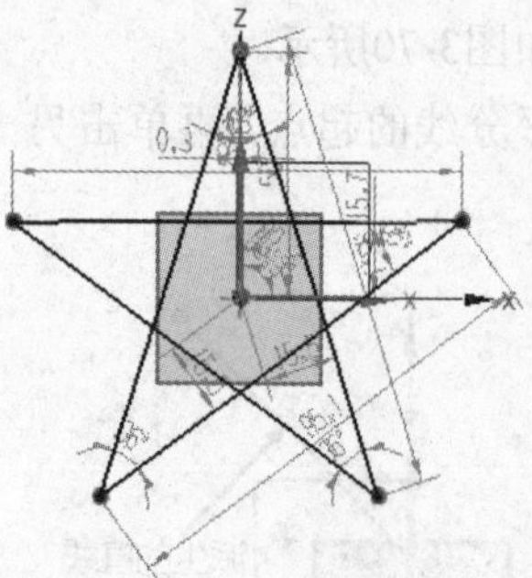

图3-72　结果文件视图

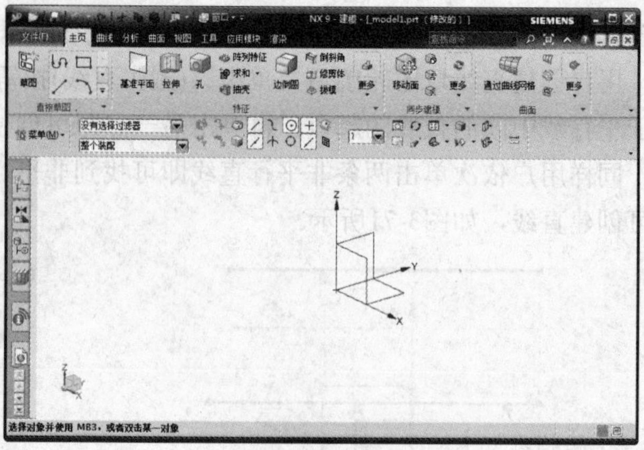

图3-73　创建模型零件文件

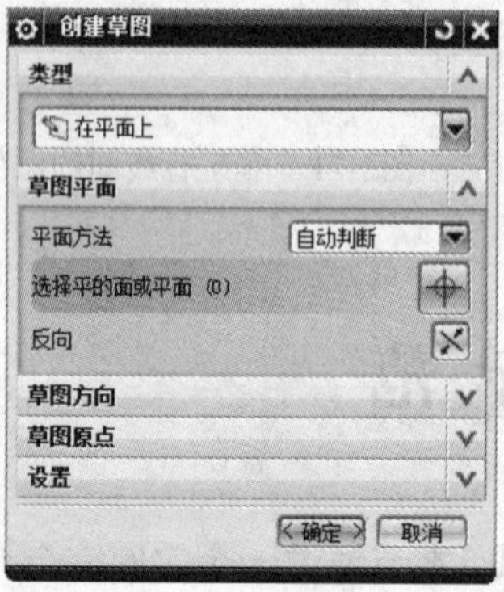

图3-74　“创建草图”对话框

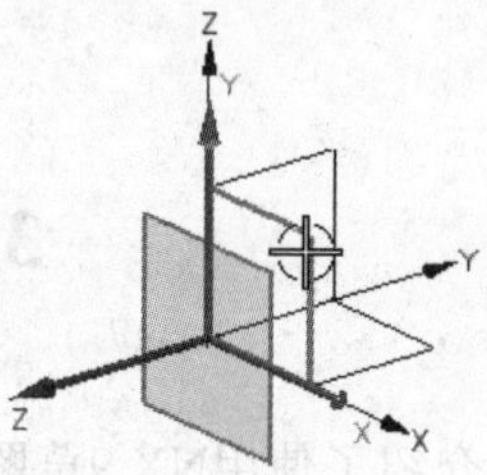

图3-75　指定绘图平面

(3) 等待指定平面正视于屏幕平面后，单击○(圆)按钮，弹出如图3-76所示的“圆”工具栏。

(4) 单击“圆”工具栏中“圆方法”下面的⊙(圆心和直径定圆)按钮，单击坐标原点作为圆心，跟随光标移动的框内“直径”设置为100mm，按Enter键确定直径的大小。完成后单击☒(关闭)按钮或按下Esc键两次退出圆轮廓绘制。创建的圆草图轮廓如图3-77所示。

图3-76　“圆”工具栏

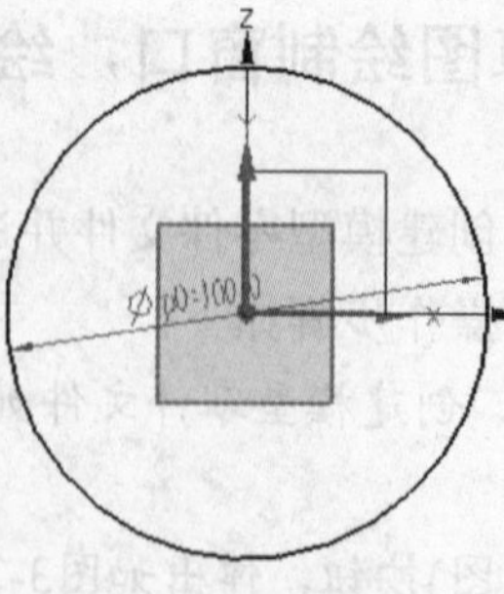

图3-77　绘制圆轮廓

3.5.2 绘制五边形轮廓

完成圆轮廓绘制后，以此圆轮廓作为五边形的外接圆参考，绘制一正五边形。

具体操作步骤如下：

(1) 单击草图命令框中的⊙(多边形)按钮，弹出“多边形”对话框。

(2) 如图3-78所示，设置“多边形”对话框中“边”下面的“边数”为5，“大小”文本框选择“外接圆半径”，其余为默认设置。

(3) 如图3-79所示，单击圆心点作为“中心点”，单击圆与Z轴相交的点为“指定点”。

图3-78 “多边形”对话框

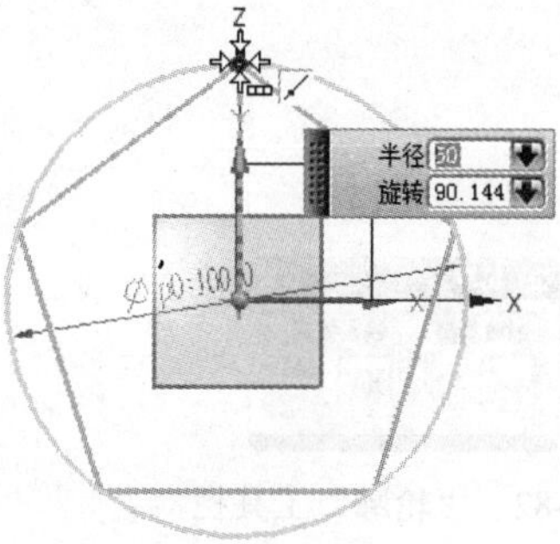

图3-79 单击2点

(4) 完成绘制后，单击“多边形”对话框中的✖(关闭)或[关闭]按钮完成操作，如图3-80所示。

提示

步骤(3)中单击圆与Z轴相交的点时，可能弹出“快速拾取”对话框，如图3-81所示，请单击白色方框中“点在曲线上”，代表选中的是圆弧曲线。

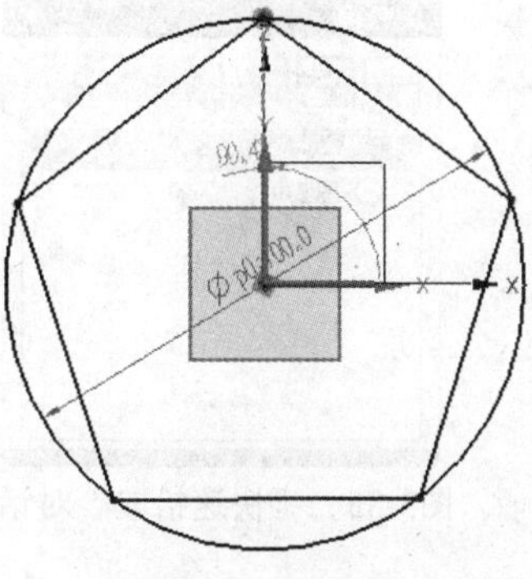

图3-80 绘制五边形

图3-81 “快速拾取”对话框

3.5.3 绘制五角星，删除无用曲线

将五边形的各个顶点依次连接起来，即可绘制出五角星轮廓，将外接圆和五边形删除，只余五角星草图轮廓。

具体操作步骤如下：

(1) 单击(轮廓)按钮，弹出如图3-82所示的“轮廓”工具栏，单击(直线)按钮。

(2) 按照如图3-83所示的顺序，依次单击五边形顶点。

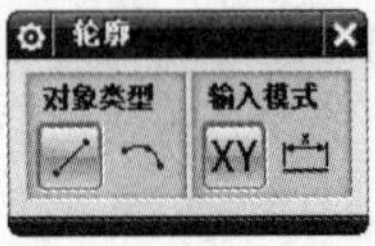

图3-82 “轮廓”工具栏

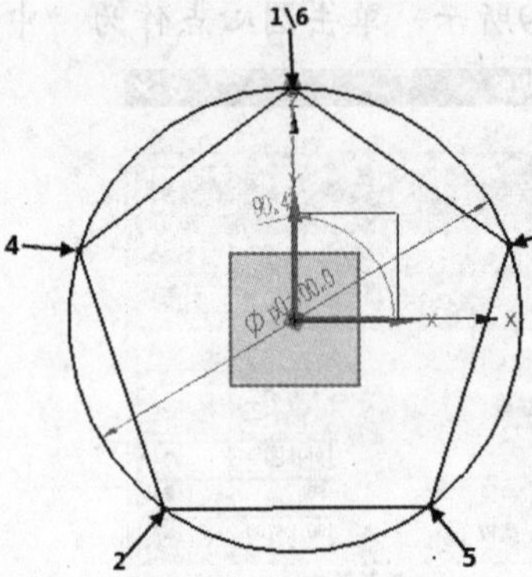

图3-83 依次单击点

(3) 完成后单击(关闭)按钮或按下Esc键两次退出轮廓绘制，创建的轮廓草图如图3-84所示。

提示

单击点过程中，可能会出现如图3-85所示的“快速拾取”对话框，请用户单击需要的项目选择点。

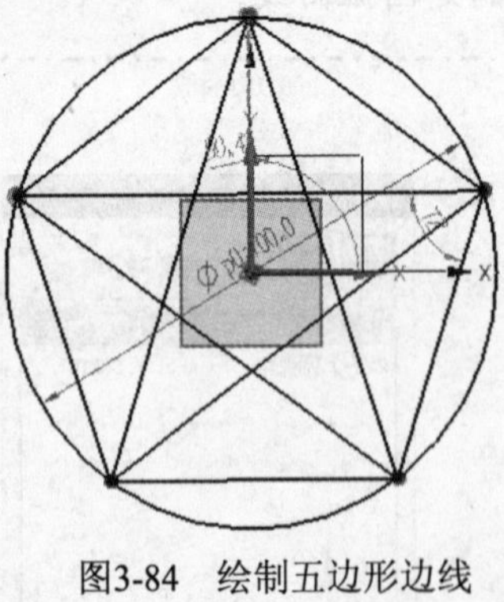

图3-84 绘制五边形边线

图3-85 “快速拾取”对话框

(4) 依次选中如图3-86所示的轮廓曲线，使用Delete键删除选中轮廓曲线，得到如图3-87所示的五角星草图轮廓。

(5) 单击(完成草图)按钮，退出草图绘制窗口；单击(保存)按钮，选择合适路径和对文件命名后将文件进行保存操作。

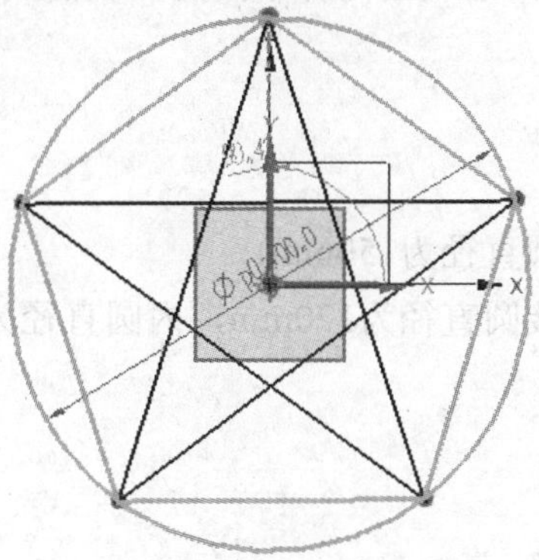

图3-86 选中需删除的草图

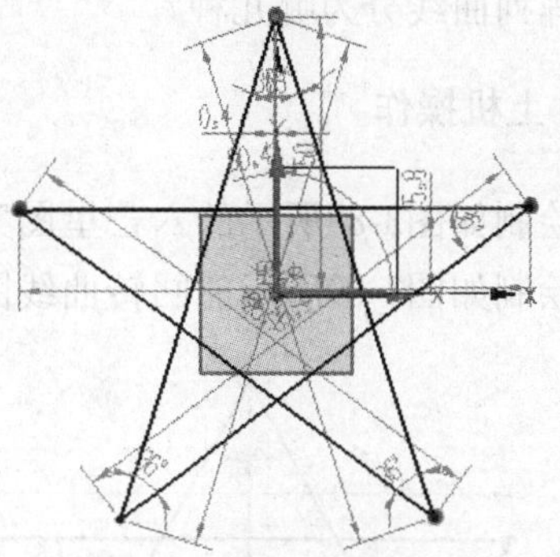

图3-87 完成五角星绘制

3.6 本章小结

本章简单介绍了草图概述，详细地介绍了使用草图绘制基本曲线、复杂曲线和派生曲线的具体操作过程，最后通过一综合实例对本章内容进行综合介绍。作为本书的基础章节，用户需要认真学习并掌握本章内容。

3.7 习题

一、填空题

1. 草图是指在某个指定平面上的_________、_________(_________或_________)等二维几何元素的总称。在创建三维实体模型时，首先需选取或创建草图平面，然后进入草绘环境绘制二维草图截面。

2. 选择草图工作平面的两种方式分别为___________和_________。

3. 利用“轮廓”绘制命令可以使用_________和_________进行草图的连续绘制，当需要绘制的草图对象是_________与_________首尾相接时，可以利用该命令快速绘出。

4. “矩形”命令提供了“_________”、“_________”和“_________”三种不同的绘制矩形的方法。

5. 草图绘制中的复杂曲线包括_________、_________、_________和_________。

二、简答题

1. 简述绘制二次曲线时，Rho分别为什么数值时，绘制出何种不同的二次曲线？
2. 阵列曲线分为哪几种？

三、上机操作

1. 绘制如图3-88所示的六芒星图案。(注：外接圆直径为150mm)
2. 绘制如图3-89所示的回转曲线图案。(注：外接圆直径为120mm，内圆直径为50mm)

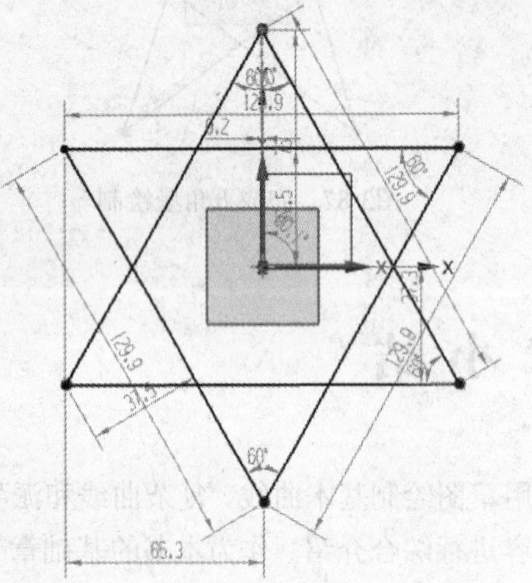

图3-88　上机操作习题1

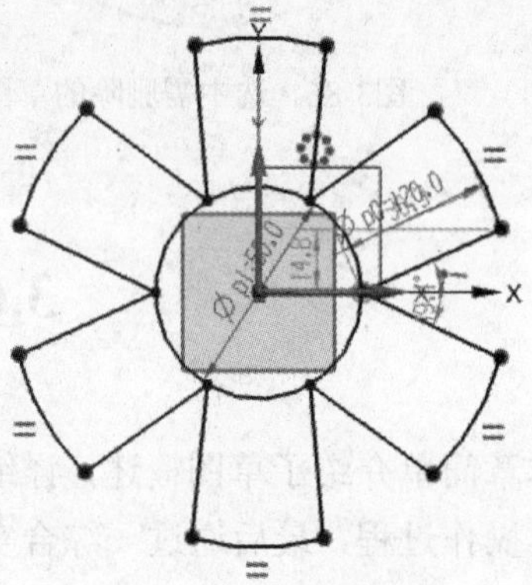

图3-89　上机操作习题2

第4章

草图编辑与约束

前面介绍了进行草图绘制和派生草图的各项命令，本章将介绍进行草图编辑与约束的各项命令。草图通过尺寸约束和几何约束参数化控制着模型中的各项参数及其他相互关系。

学习目标

- ✧ 掌握进行草图编辑的一般操作
- ✧ 掌握尺寸约束的一般操作
- ✧ 掌握几何约束的一般操作

4.1 草图编辑

完成大致的草图绘制后，常需要对草图进行编辑，对草图进行编辑的命令包括倒斜角、圆角、快速修剪、快速延伸等。用户应用此部分的命令进行草图编辑操作，从而达到完善草图轮廓的目的。

4.1.1 倒斜角

“倒斜角”命令在两条草图线之间的尖角处创建斜角的过渡链接。倒斜角类型包括对称、非对称、偏置和角度。本小节通过对非对称倒斜角的操作进行介绍。

具体操作步骤如下：

(1) 根据前面介绍的绘制草图的方法，以任意坐标平面为草绘平面进入草绘模式，绘制如图4-1所示的草图轮廓。

(2) 单击草图命令框中的(倒斜角)按钮，弹出“倒斜角”对话框。选中“修剪输入曲线”复选框，在“偏置”下面的“倒斜角”文本框中选择“非对称”选项，“距离1”设置为30mm，“距离2”设置为20mm。完成设置的对话框如图4-2所示。

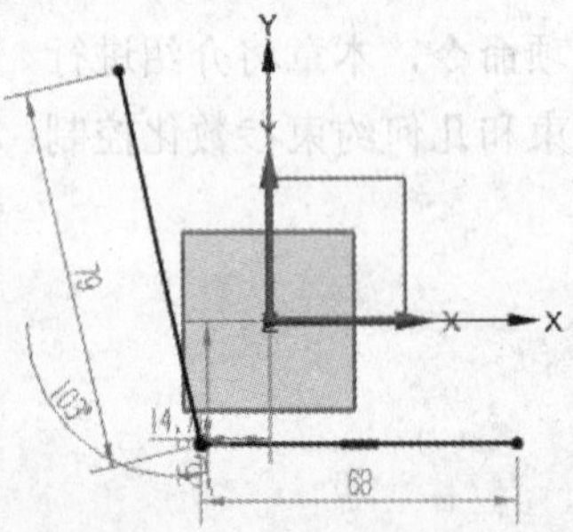

图4-1 绘制草图轮廓

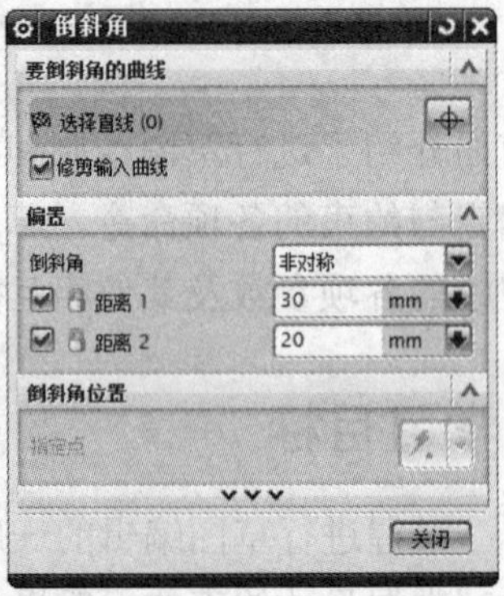

图4-2 “倒斜角”对话框设置

(3) 依次单击图中两直线，即可创建非对称的倒斜角，如图4-3所示。单击“倒斜角”对话框中的关闭按钮关闭对话框完成操作。

提示

常用的倒斜角一般是对称形式的倒斜角，如图4-4所示。

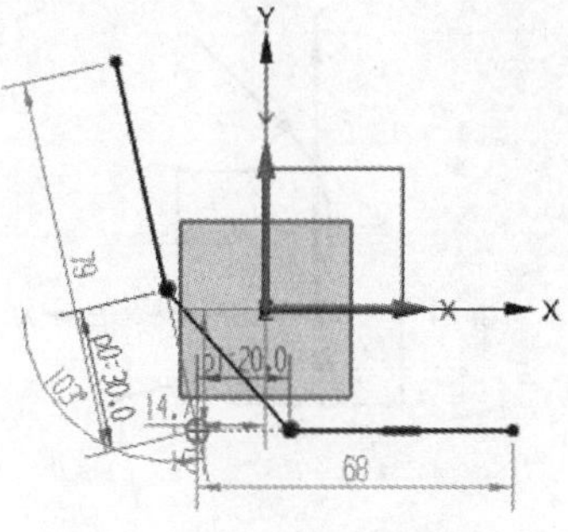

图4-3 非对称的倒斜角

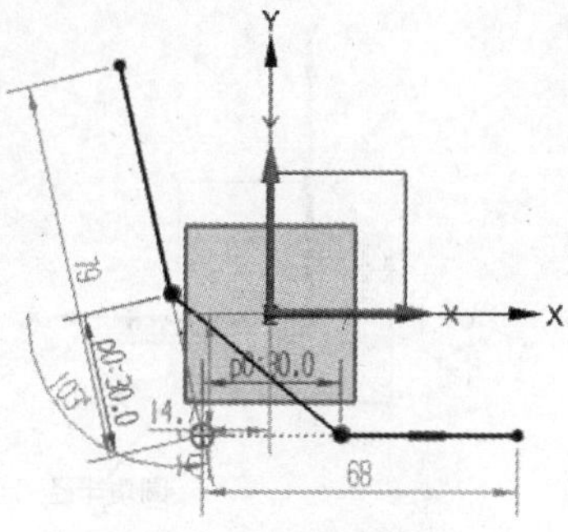

图4-4 对称的倒斜角

4.1.2 圆角

“圆角”命令可以在两条或三条曲线之间创建一个圆角。创建圆角的方式很多，主要有以下几种：指定圆角半径值、按住鼠标在曲线上方拖动、删除三曲线圆角中的第三条曲线。

具体操作步骤如下：

(1) 根据前面介绍的绘制草图的方法，以任意坐标平面为草绘平面进入草绘模式，绘制如图4-5所示的草图轮廓。

(2) 单击草图命令框中的(圆角)按钮，弹出如图4-6所示的“圆角”工具栏。

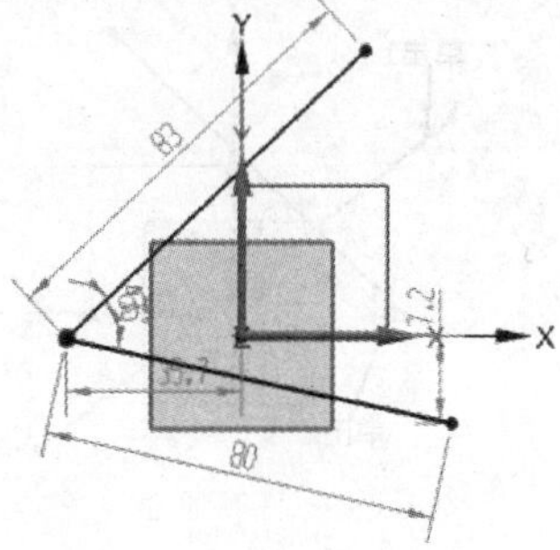

图4-5 绘制草图轮廓

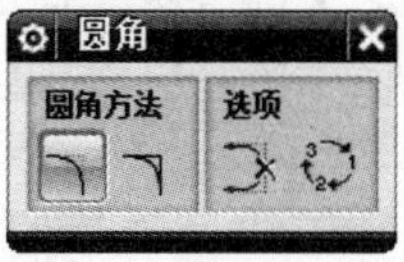

图4-6 “圆角”工具栏

(3) 单击“圆角”工具栏中的(修剪)按钮，选中视图中的两条直线，移动鼠标确定圆角位置，并如图4-7所示输入圆角半径为30mm，使用Enter键创建圆角，如图4-8所示。重新单击(圆角)按钮，关闭“圆角”工具栏完成操作。

提示

单击“圆角”工具栏中的(取消修剪)按钮，创建不进行修剪的圆角，如图4-9所示。

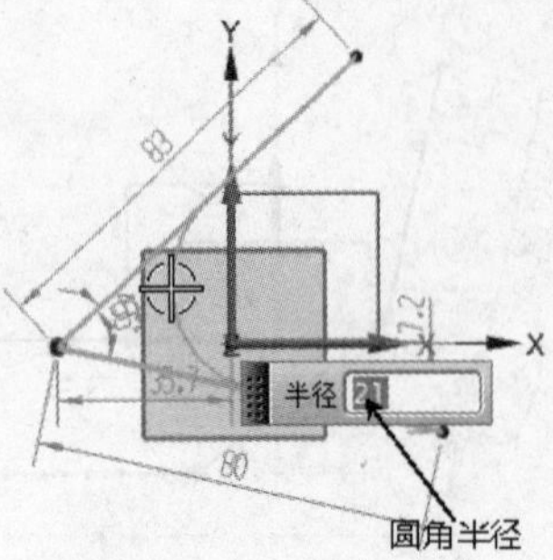

图4-7 输入圆角半径

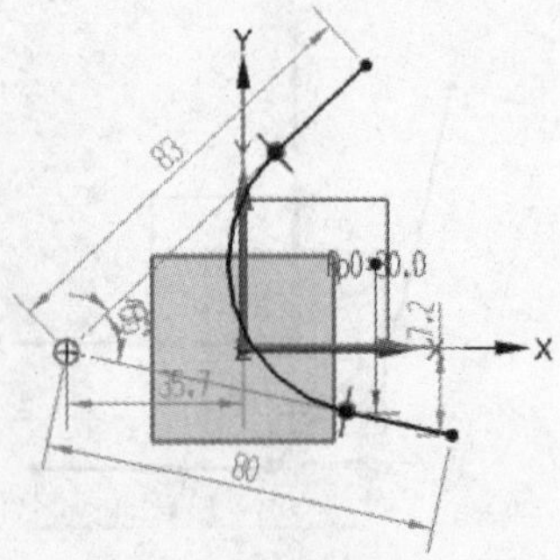

图4-8 创建圆角

4.1.3 快速修剪

快速修剪可以以任一方向将曲线修剪到最近的交点或边界。进行快速修剪时，边界曲线是可选项，若不选择边界，则所有可选择的曲线都被当作边界。

具体操作步骤如下：

(1) 根据前面介绍的绘制草图的方法，以任意坐标平面为草绘平面进入草绘模式，绘制如图4-10所示的相交的草图轮廓。

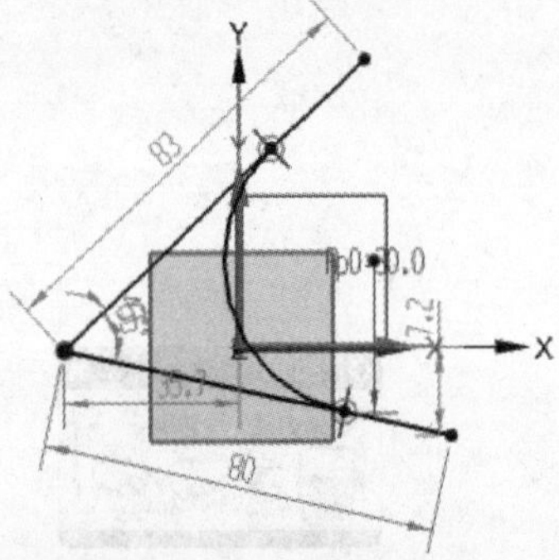

图4-9 创建不修剪圆角

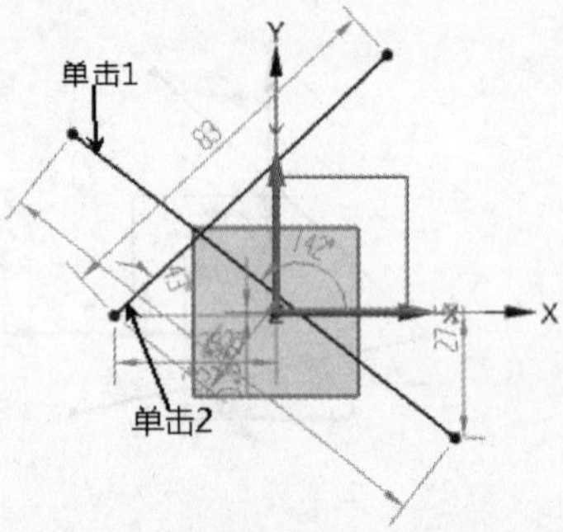

图4-10 创建相交的草图轮廓

(2) 单击草图命令框中的(快速修剪)按钮，弹出如图4-11所示的“快速修剪”对话框，依次单击草图轮廓中需要修剪的部位，即可将草图进行修剪，如图4-12所示。

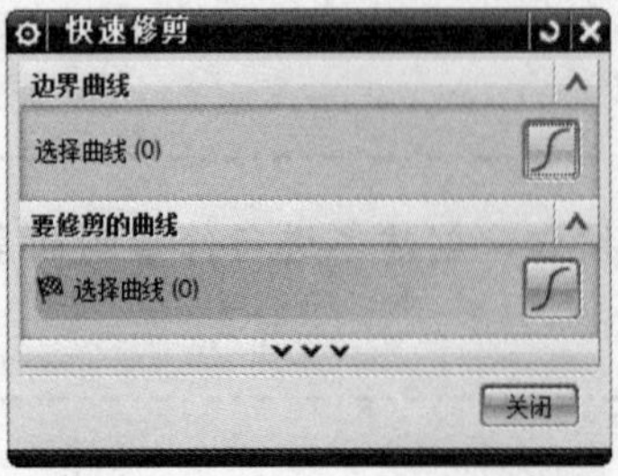

图4-11 “快速修剪”对话框

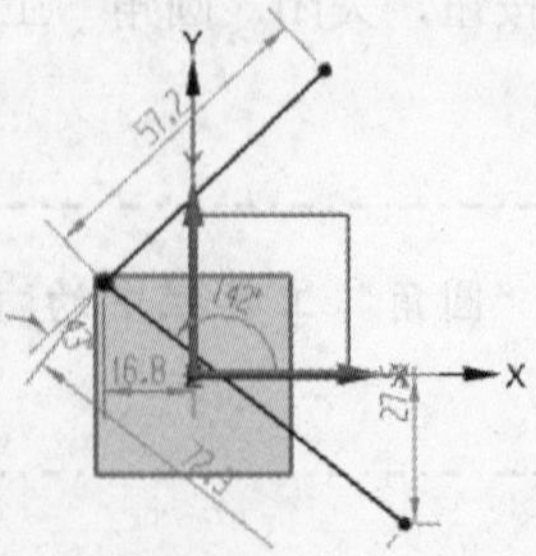

图4-12 修剪后的草图轮廓

4.1.4　快速延伸

使用“快速延伸”命令可将曲线延伸到一距离最近的曲线或边界上。

具体操作步骤如下：

(1) 根据前面介绍的绘制草图的方法，以任一坐标平面为草绘平面进入草绘模式，绘制如图4-13所示的不相交的草图轮廓。

(2) 单击草图命令框中的(快速延伸)按钮，弹出如图4-14所示的“快速延伸”对话框。

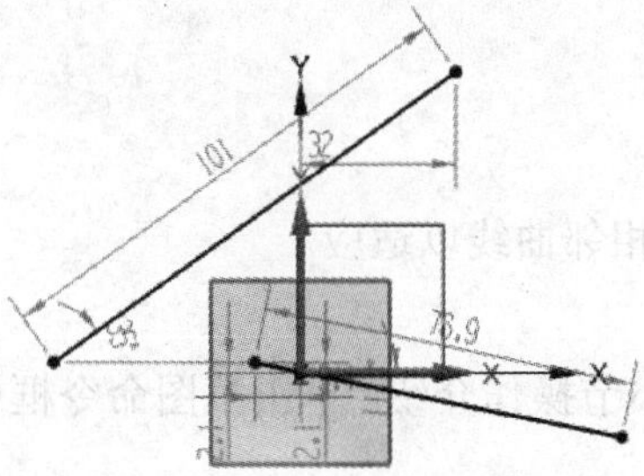

图4-13　创建不相交的草图轮廓

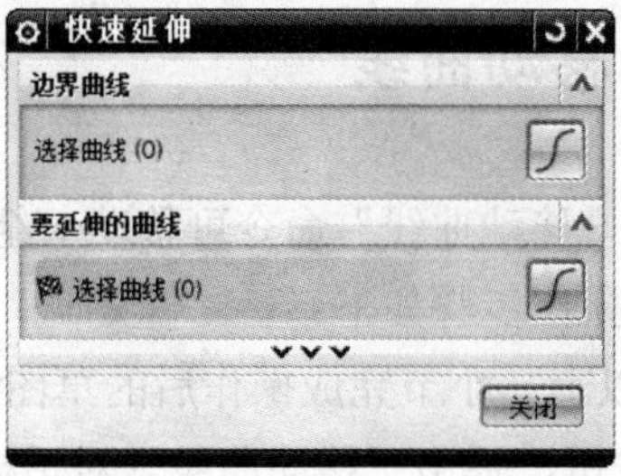

图4-14　“快速延伸”对话框

(3) 将光标置于需延伸的一端，软件自动辨识延伸到的位置，如图4-15所示，单击“确定”按钮即可创建延伸，如图4-16所示。单击对话框中的关闭按钮关闭对话框完成操作。

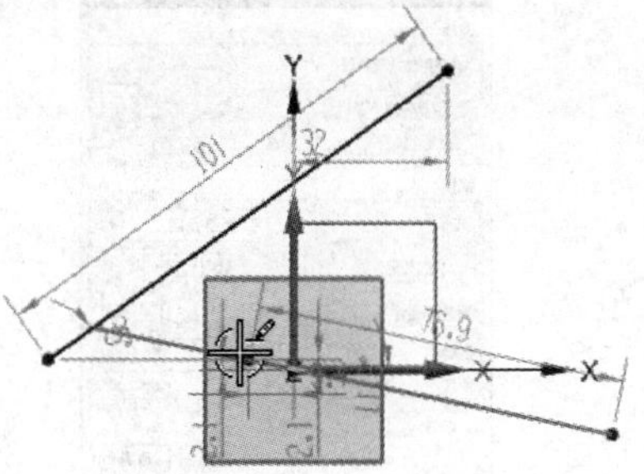

图4-15　延伸预览

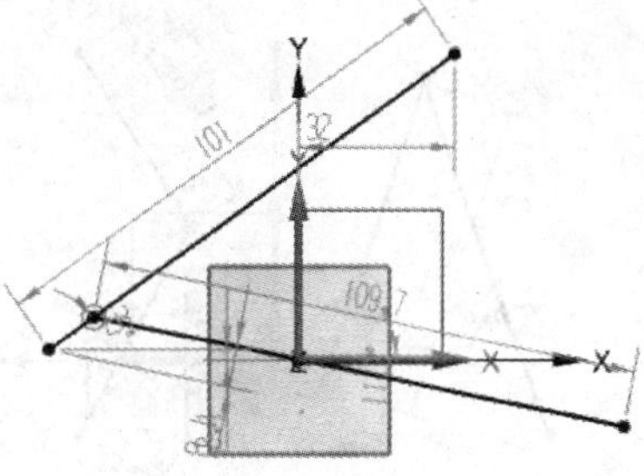

图4-16　完成延伸操作

4.1.5　制作拐角

使用“制作拐角”命令可将两条曲线修剪或延伸到其交点。

具体操作步骤如下：

(1) 根据前面介绍的绘制草图的方法，以任意坐标平面为草绘平面进入草绘模式，绘制如图4-17所示的草图轮廓。

(2) 单击草图命令框中的(制作拐角)按钮，弹出如图4-18所示的“制作拐角”对话框。

(3) 单击图中标示的1、2、3、4四处位置，即可完成制作拐角操作，如图4-19所示。单击对话框中的关闭按钮关闭对话框完成操作。

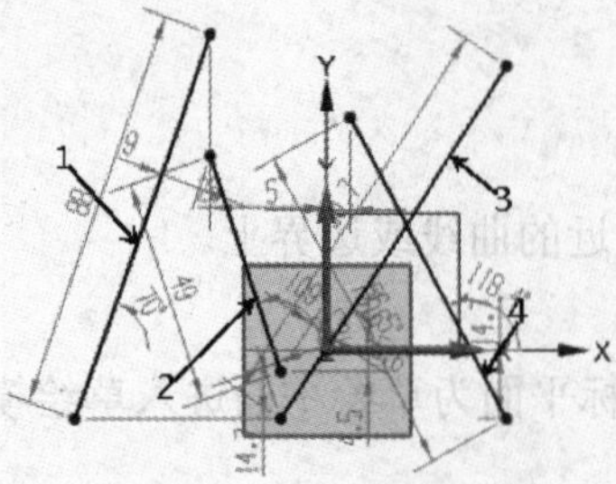

图4-17　创建草图轮廓

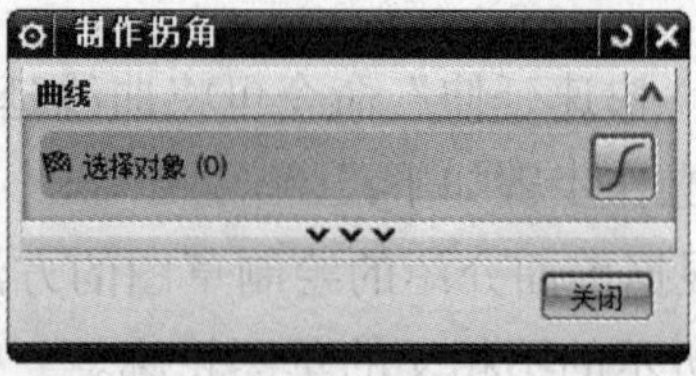

图4-18　“制作拐角”对话框

4.1.6　移动曲线

使用“移动曲线”命令可移动一组曲线并调整相邻曲线以适应。

具体操作步骤如下：

(1) 以上一小节完成操作后的草图轮廓继续本小节操作介绍。单击草图命令框中的(移动曲线)按钮，弹出“移动曲线”对话框。

(2) 单击左边两条直线作为要移动的曲线，在对话框“变换”下面的“运动”文本框中选择“距离-角度”选项，单击Y轴作为移动矢量，“距离”设置为30mm，“角度”设置为30deg。完成设置后的“移动曲线”对话框如图4-20所示。

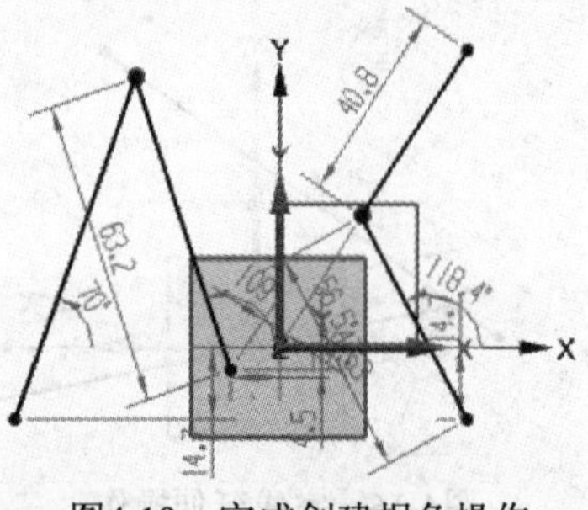

图4-19　完成创建拐角操作

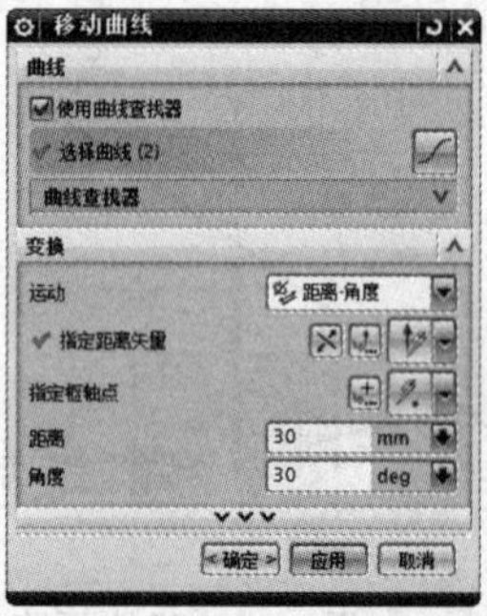

图4-20　“移动曲线”对话框设置

(3) 如图4-21所示为完成设置后的预览效果图，单击“移动曲线”对话框中的< 确定 >按钮，完成曲线移动操作，如图4-22所示。

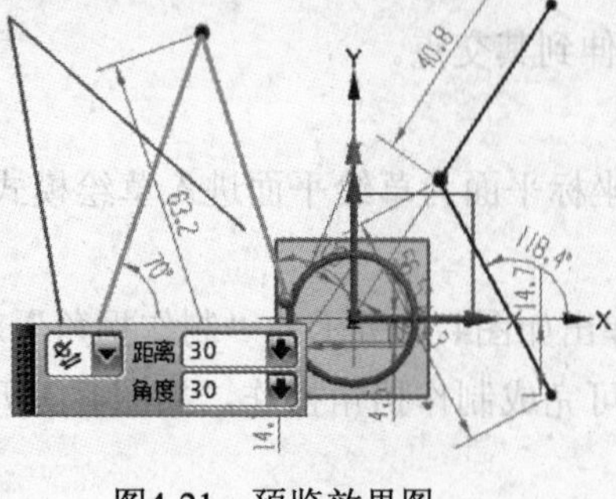

图4-21　预览效果图

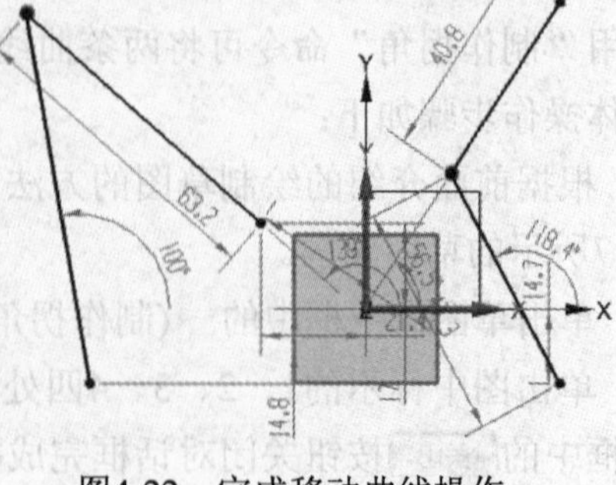

图4-22　完成移动曲线操作

4.1.7　删除曲线

用户使用“删除曲线”命令或选中曲线并使用Delete键都可达到删除曲线的目的。

具体操作步骤如下：

(1) 以上一小节完成操作后的草图轮廓继续本小节操作介绍。单击草图命令框中的 (移动曲线)按钮，弹出如图4-23所示的“删除曲线”对话框。

(2) 选中需删除的曲线并单击“删除曲线”对话框中的 应用 按钮，完成删除曲线操作，如图4-24所示。

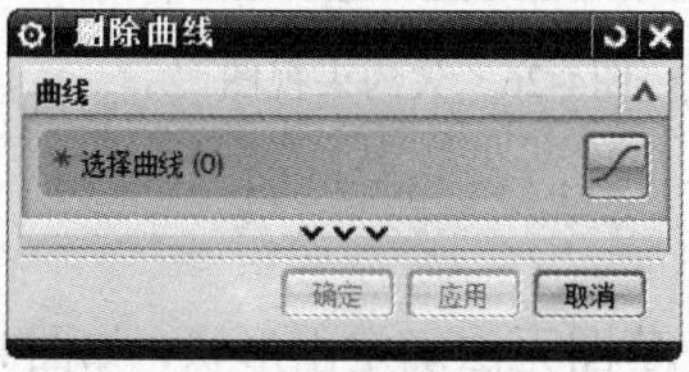

图4-23　“删除曲线”对话框

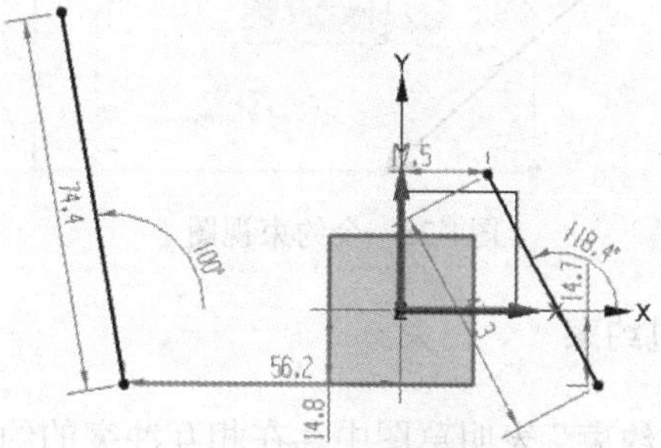

图4-24　完成删除曲线操作

4.2　草 图 约 束

在草图中创建二维轮廓图和用曲线功能创建相比，有一个很大的优势，那就是它可以对创建好的曲线进行尺寸约束和几何约束，使曲线的创建更简单、更精确。

4.2.1　草图的约束状态

在NX 9中的草图约束状态是以颜色显示的，对草图创建约束时可以清楚地通过判断草图的颜色判断当前草图的约束状态。

1. 全约束

“全约束”表明草图已经没有多余的自由度，已经完全固定，具有确定的位置，此时的草图呈现出如图4-25所示的绿色。通常建模时尽量要采用全约束的草图进行建模。

提示

在NX 9中默认的情况下使用的是“连续自动标注尺寸”，所以即使自己创建的草图并未指定所有的约束，NX 9也会自动创建尺寸以保持草图处于全约束状态。

2. 欠约束

“欠约束”表明草图中还存在尚未固定的尺寸，草图还存在自由度，此时草图的颜色呈现出如图4-26所示的褐色，在草图的曲线上可以看到草图曲线的自由度。

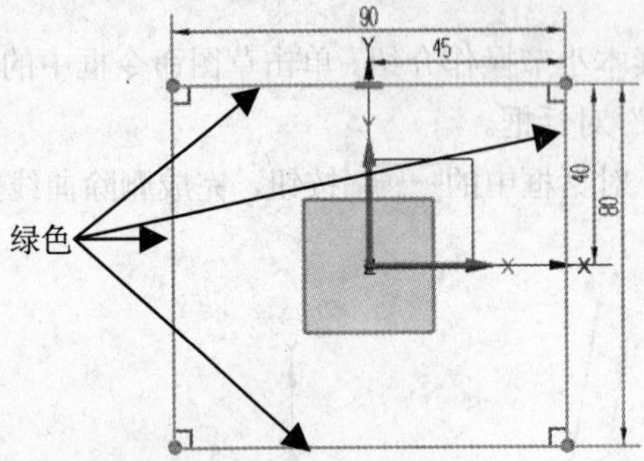

图4-25　全约束视图

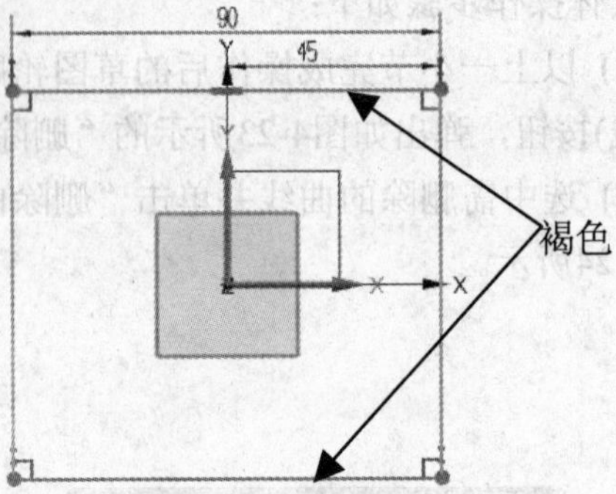

图4-26　欠约束视图

3. 过约束

“过约束”表明草图中存在相互冲突的约束条件，草图无法确定出形状，如图4-27所示，此时草图约束的颜色呈现出红色，删除多余的约束或者将约束尺寸转化为参考尺寸便可以消除当前的过约束状态。

4.2.2　尺寸约束

“尺寸约束”是通过指定草图中创建曲线的长度、角度、半径和周长等来精确创建曲线。用户单击“主页”选项卡“直接草图”命令框的(快速尺寸)按钮下面的下拉箭头可弹出如图4-28所示的“尺寸约束”子菜单。

“尺寸约束”子菜单中包括了“快速尺寸”、“线性尺寸”、“径向尺寸”、“角度尺寸”和“周长尺寸”5种尺寸约束方式。

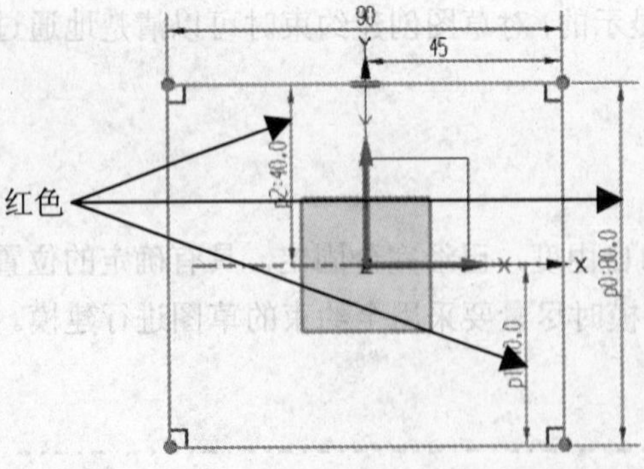

图4-27　过约束视图

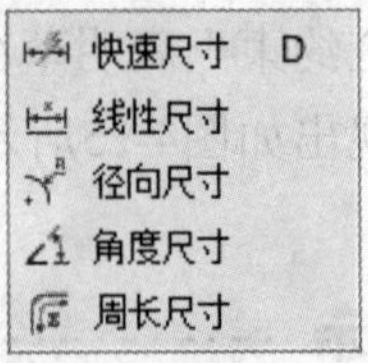

图4-28　“尺寸约束”子菜单

1. 快速尺寸

“快速尺寸”是指系统根据所选择的草图对象的类型和光标与所选择对象的相对位置，自动进行判断从而采用相应的标注方法。

如果光标选择了圆弧或圆曲线，系统会自动标注直径或者半径，当光标选择了两点并且沿水平方向拖动尺寸线时，系统会自动标注水平尺寸。

单击(快速尺寸)按钮，弹出如图4-29所示的“快速尺寸”对话框，用户可单击一个或两个不同元素进行尺寸约束操作。

“快速尺寸”对话框提供了包括“自动判断”、“水平”、“竖直”、“点到点”等8种不同的约束方式，用户可默认使用“自动判断”或使用其他方式的尺寸约束判断方式过滤约束，如图4-30所示。

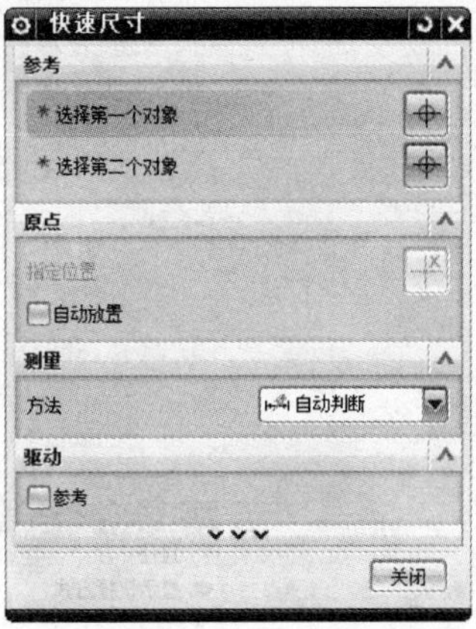

图4-29　“快速尺寸”对话框

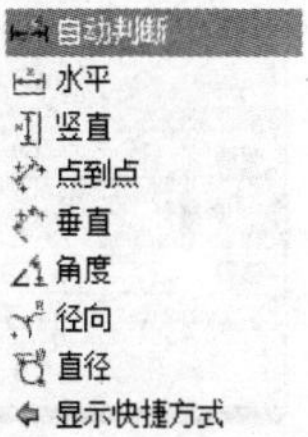

图4-30　快速尺寸约束方式

2. 线性尺寸

“线性尺寸”是指在两个对象或点位置之间创建线性距离约束。使用“线性尺寸”约束方式只允许约束元素与元素之间的线性距离，不能对圆或弧形曲线进行约束。

单击(线性尺寸)按钮，弹出如图4-31所示的“线性尺寸”对话框，用户可单击一个或两个不同元素进行线性约束操作。

“线性尺寸”对话框提供了包括“自动判断”、“水平”、“竖直”、“点到点”等6种不同的约束方式，用户可默认使用“自动判断”或使用其他方式的尺寸约束判断方式过滤约束，如图4-32所示。

图4-31　“线性尺寸”对话框

3. 径向尺寸

用户使用“径向尺寸”命令可创建圆形对象的半径或直径约束。使用“径向尺寸”命令仅可对圆或圆弧进行尺寸约束操作，不能对线性对象进行尺寸约束操作。

单击(径向尺寸)按钮，弹出如图4-33所示的“径向尺寸”对话框，用户可单击圆或圆弧轮廓进行径向尺寸约束操作。

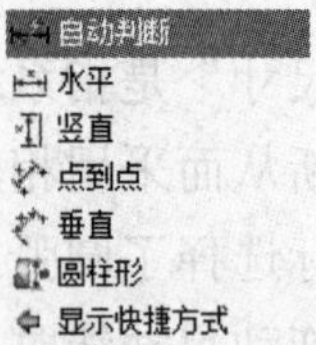

图4-32　线性尺寸约束方式

“径向尺寸”对话框提供了包括“自动判断”、“径向”、“直径”三种不同的约束方式，用户可默认使用“自动判断”或使用其他方式的尺寸约束判断方式过滤约束，如图4-34所示。

图4-33　“径向尺寸”对话框

图4-34　径向尺寸约束方式

提示

“径向”约束方式是指约束圆或圆弧的半径来增加尺寸约束。

4. 角度尺寸

用户使用“角度尺寸”命令可在两条不平行的直线之间创建角度约束。单击(角度尺寸)按钮，弹出如图4-35所示的“角度尺寸”对话框，用户可单击两条不平行的直线创建角度约束。

5. 周长尺寸

用户使用“周长尺寸”命令可创建周长约束以控制选定直线和圆弧的集体长度。

单击(周长尺寸)按钮，弹出如图4-36所示的“周长尺寸”对话框，依次选中曲线，并设置“尺寸”下面“距离”的数值，单击确定按钮，即可完成周长约束操作。

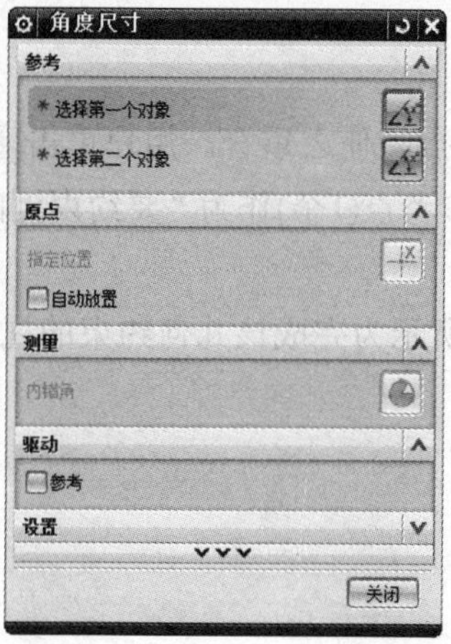

图4-35 “角度尺寸”对话框

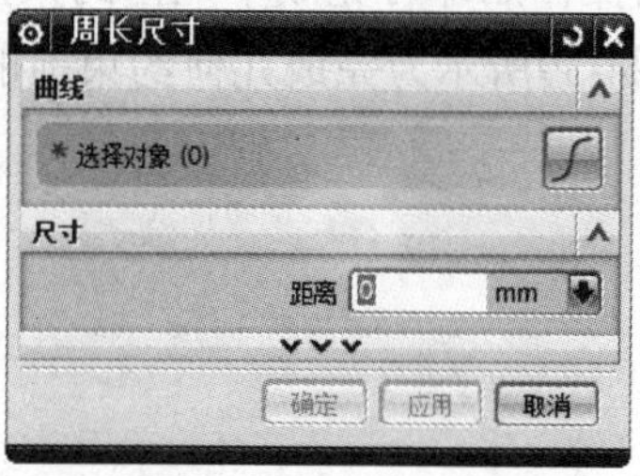

图4-36 “周长尺寸”对话框

4.2.3 几何约束

“几何约束”是指对单个对象的位置或者两个或两个以上的对象之间的相对位置进行约束。

单击(几何约束)按钮，弹出如图4-37所示的“几何约束”对话框。首次打开此对话框可看到“约束”下面的方框中提供了包括“重合”、“点在曲线上”、“相切”、“平行”等12项不同的几何约束方式。

单击“几何约束”对话框下方的(更多)按钮，弹出如图4-38所示的“几何约束”对话框“设置”项。该项目提供了没有出现在“约束”下方的方框内的包括“固定”、“完全固定”、“定角”等8项约束方式。

本小节将介绍常用的几项几何约束方式的用法。

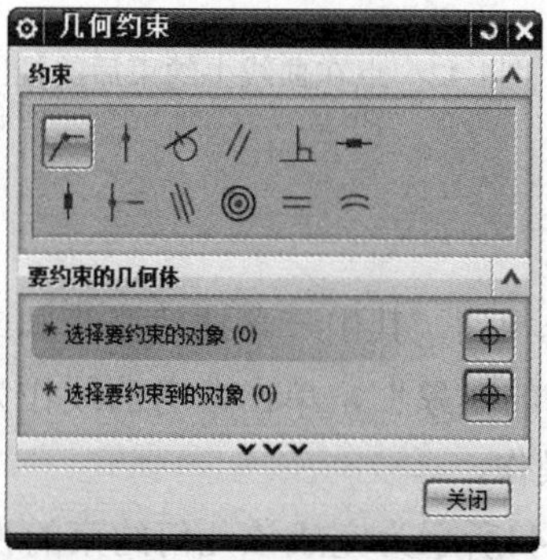

图4-37 “几何约束”对话框

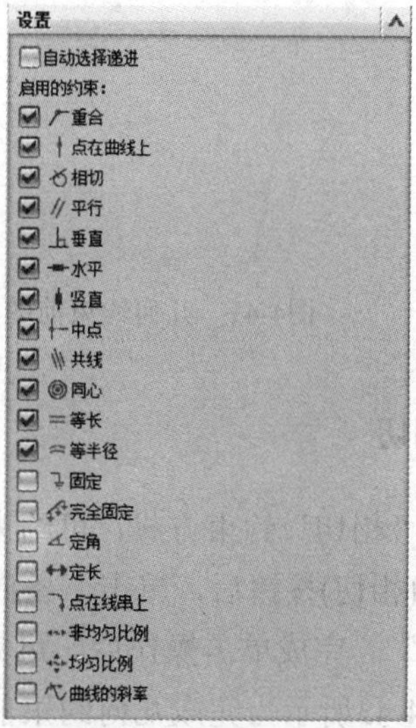

图4-38 “设置”项

1. 重合

使用“重合”约束方式，可约束两个或多个顶点或点，使之重合。用户单击(重合)按钮后，单击一个或多个点作为“要约束的对象”，单击参考点(1个)作为“要约束到的对象”，完成单击操作后即可完成本几何约束操作。

如图4-39所示为完成几何约束前的视图，如图4-40所示为完成该几何约束的视图。

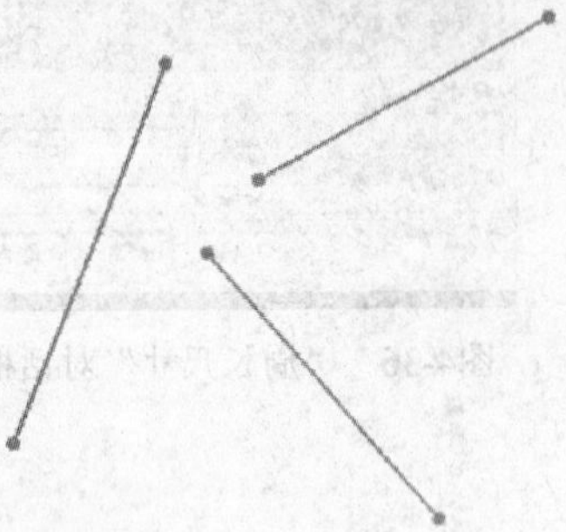

图4-39 几何约束前的视图

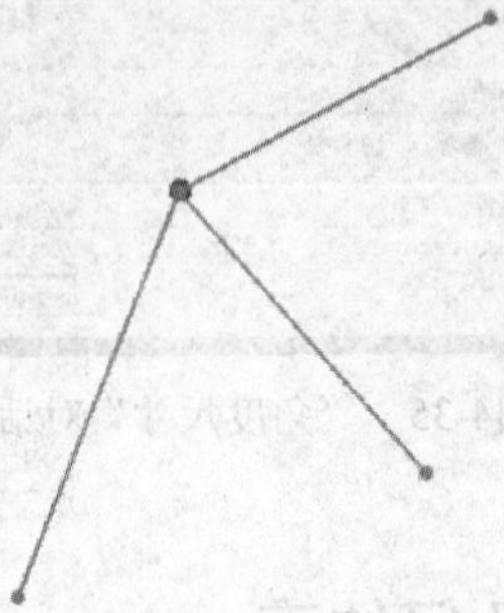

图4-40 重合约束后视图

2. 点在曲线上

使用“点在曲线上”约束方式，可将顶点或点约束到一条曲线上。用户单击(点在曲线上)按钮后，单击一个或多个点作为“要约束的对象”，单击参考曲线作为“要约束到的对象”，完成单击操作后即可完成本几何约束操作。

如图4-41所示为完成几何约束前的视图，如图4-42所示为完成该几何约束的视图。

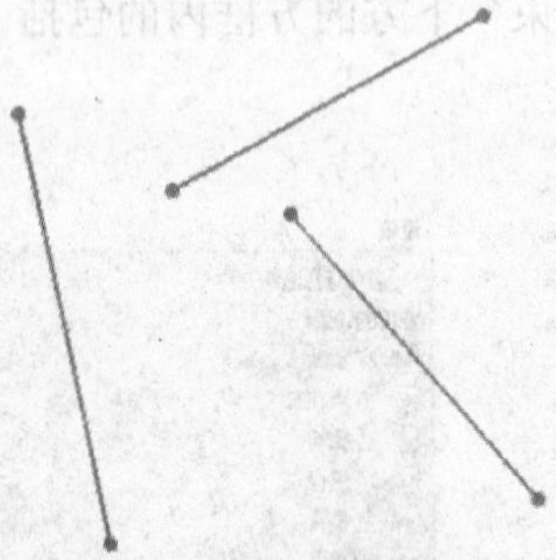

图4-41 几何约束前的视图

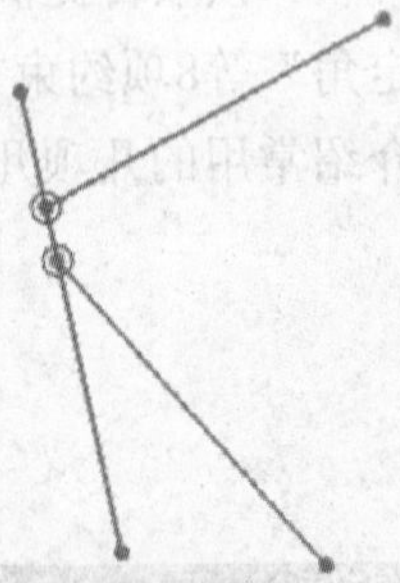

图4-42 点在曲线上约束后的视图

3. 相切

使用“相切”约束方式，可约束两条曲线，使之相切，其中一条曲线必为圆或圆弧。用户单击(相切)按钮后，单击一条曲线作为“要约束的对象”，单击参考曲线作为“要约束到的对象”，完成单击操作后即可完成本几何约束操作。

如图4-43所示为完成几何约束前的视图，如图4-44所示为完成该几何约束的视图。

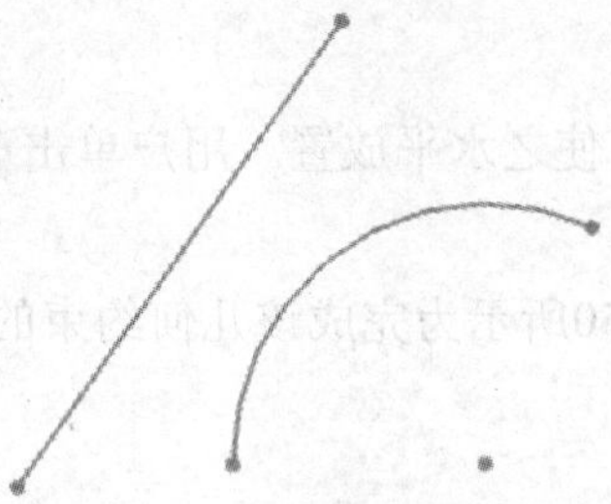

图4-43　几何约束前的视图

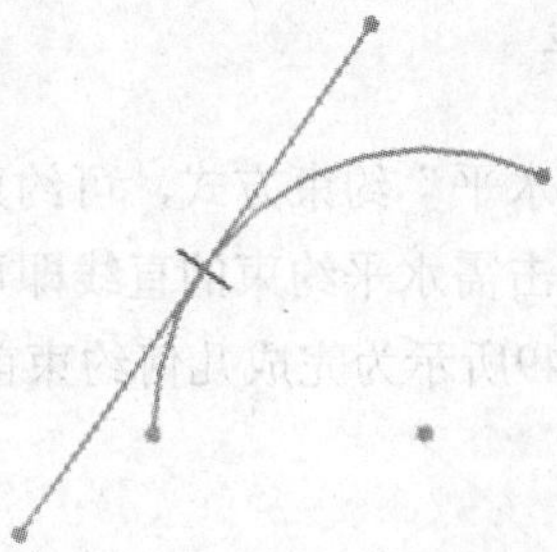

图4-44　相切约束后的视图

4. 平行

使用“平行”约束方式，可约束两条或多条直线，使之平行。用户单击 // (平行)按钮后，单击一条或多条直线作为“要约束的对象”，单击参考直线作为“要约束到的对象”，完成单击操作后即可完成本几何约束操作。

如图4-45所示为完成几何约束前的视图，如图4-46所示为完成该几何约束的视图。

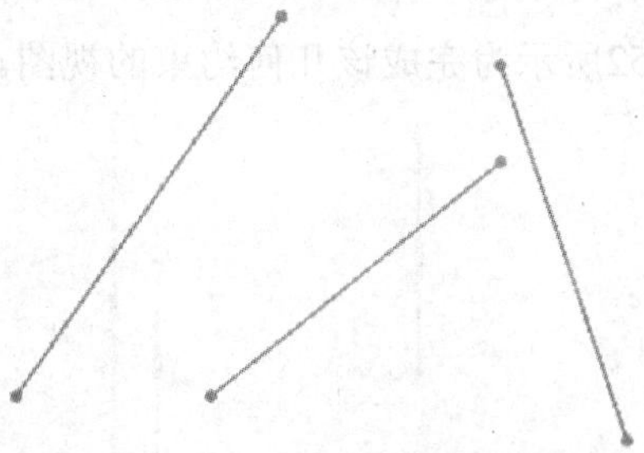

图4-45　几何约束前的视图

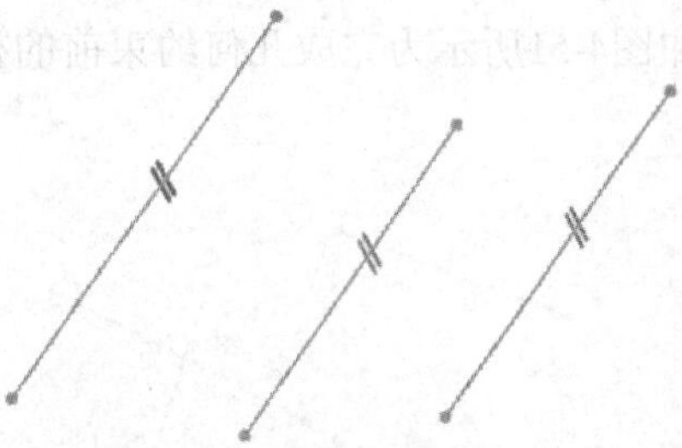

图4-46　平行约束后的视图

5. 垂直

使用“垂直”约束方式，可约束两条曲线，使之垂直。用户单击 ⊥ (垂直)按钮后，单击一条曲线作为“要约束的对象”，单击参考曲线作为“要约束到的对象”，完成单击操作后即可完成本几何约束操作。

如图4-47所示为完成几何约束前的视图，如图4-48所示为完成该几何约束的视图。

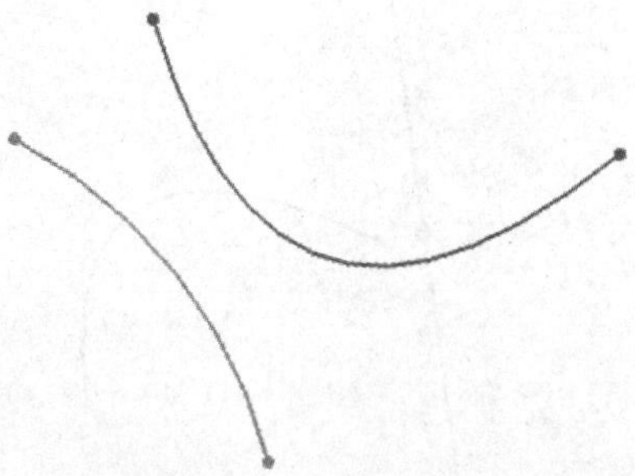

图4-47　几何约束前的视图

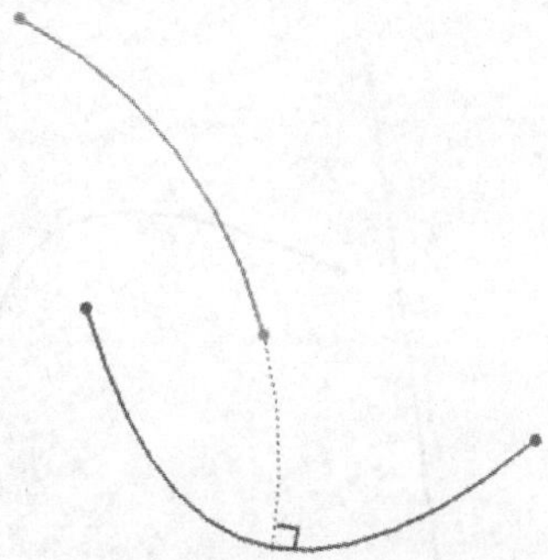

图4-48　垂直约束后的视图

6. 水平

使用“水平”约束方式，可约束一条或多条线，使之水平放置。用户单击(水平)按钮后，连续单击需水平约束的直线即可。

如图4-49所示为完成几何约束前的视图，如图4-50所示为完成该几何约束的视图。

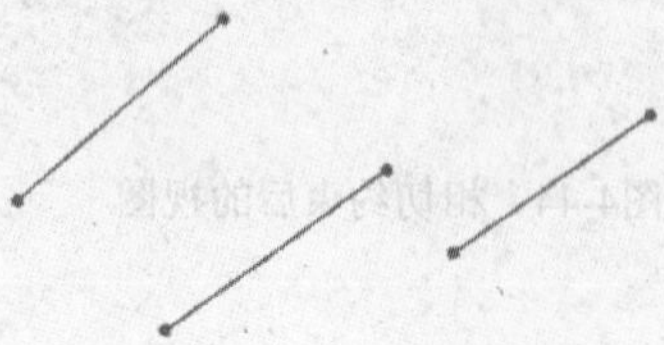

图4-49　几何约束前的视图

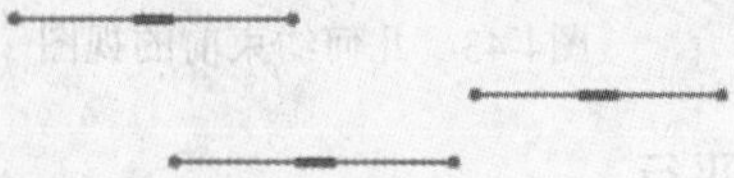

图4-50　水平约束后的视图

7. 竖直

使用“竖直”约束方式，可约束一条或多条线，使之竖直放置。用户单击(竖直)按钮后，连续单击需竖直约束的直线即可。

如图4-51所示为完成几何约束前的视图，如图4-52所示为完成该几何约束的视图。

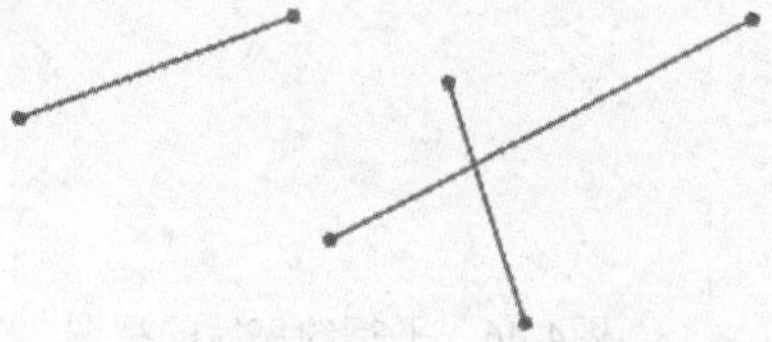

图4-51　几何约束前的视图

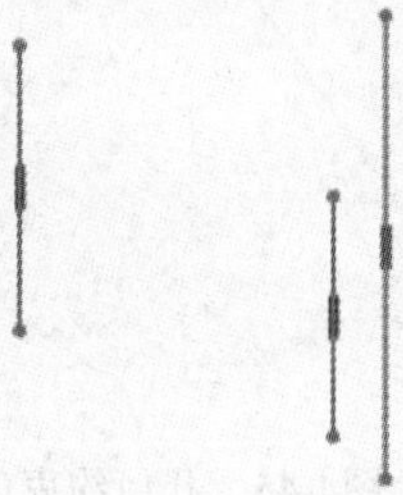

图4-52　竖直约束后的视图

8. 中点

使用“中点”约束方式，可约束顶点或点，使之与某条线的中点对齐。用户单击(中点)按钮后，单击1个点作为“要约束的对象”，单击参考曲线作为“要约束到的对象”，完成单击操作后即可完成本几何约束操作。

如图4-53所示为完成几何约束前的视图，如图4-54所示为完成该几何约束的视图。

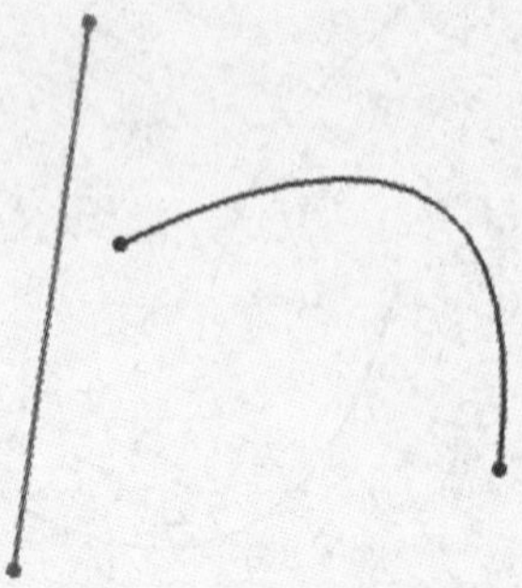

图4-53　几何约束前的视图

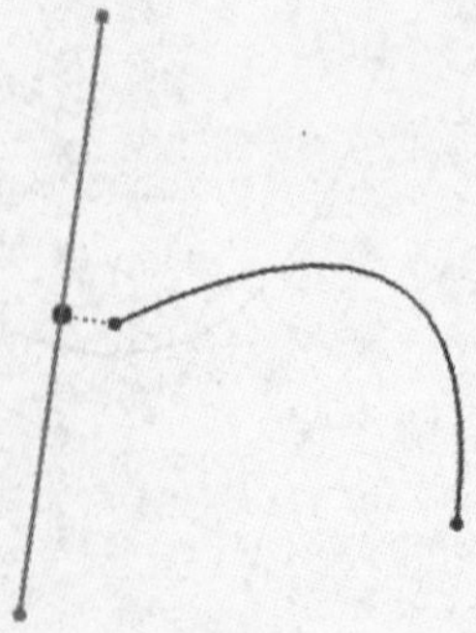

图4-54　中点约束后的视图

9. 同心

使用“同心”约束方式，可约束两条或多条曲线，使之同心，此处的曲线一般指圆或圆弧。用户单击◎(同心)按钮，单击一条或多条曲线作为“要约束的对象”，单击参考曲线作为“要约束到的对象”，完成单击操作后即可完成本几何约束操作。

如图4-55所示为完成几何约束前的视图，如图4-56所示为完成该几何约束的视图。

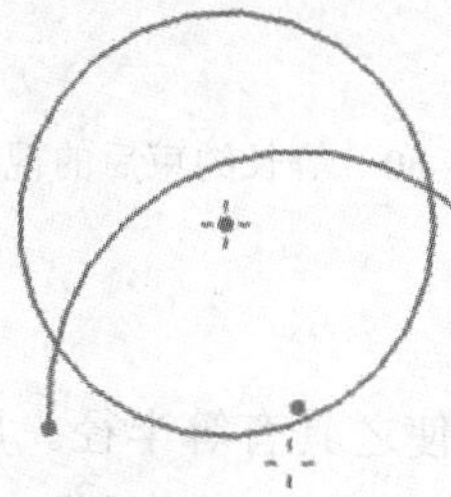

图4-55　几何约束前的视图

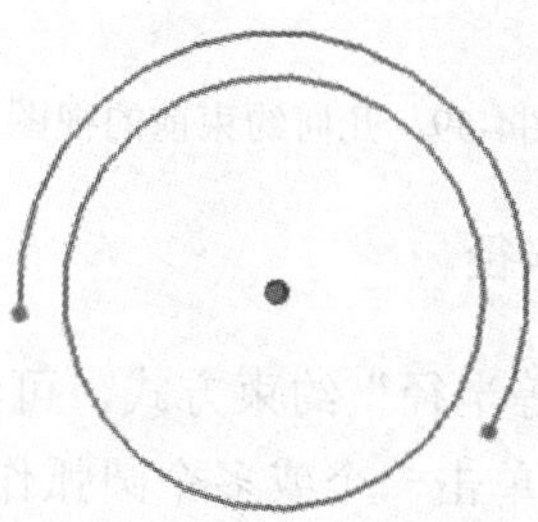

图4-56　同心约束后的视图

10. 共线

使用“共线”约束方式，可约束两条或多条直线，使之共线。用户单击⫴(共线)按钮，单击一条或多条直线作为“要约束的对象”，单击参考直线作为“要约束到的对象”，完成单击操作后即可完成本几何约束操作。

如图4-57所示为完成几何约束前的视图，如图4-58所示为完成该几何约束的视图。

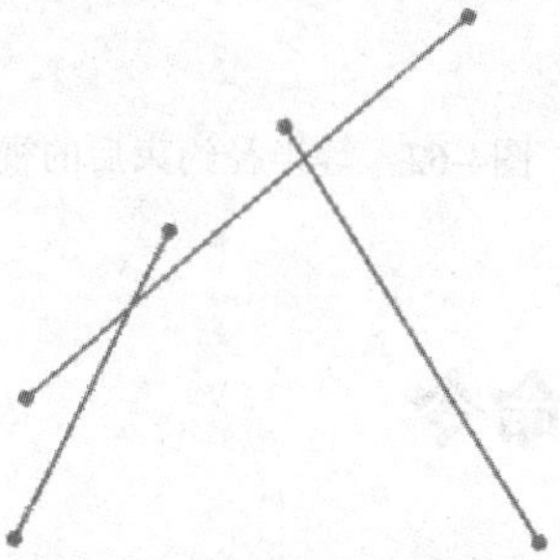

图4-57　几何约束前的视图

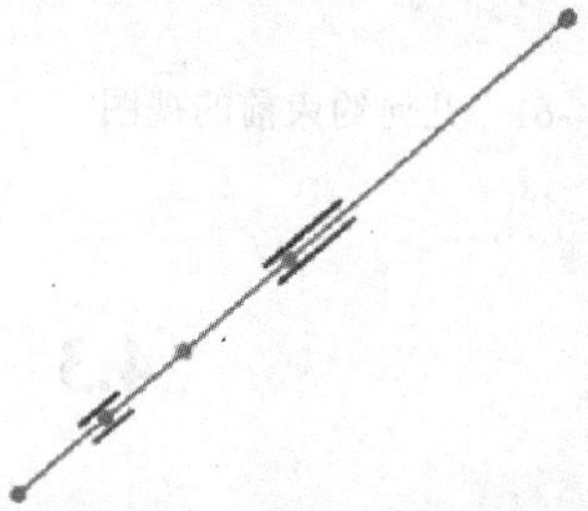

图4-58　共线约束后的视图

11. 等长

使用“等长”约束方式，可约束两条或多条直线，使之等长。用户单击=(等长)按钮，单击一条或多条直线作为“要约束的对象”，单击参考直线作为“要约束到的对象”，完成单击操作后即可完成本几何约束操作。

如图4-59所示为完成几何约束前的视图，如图4-60所示为完成该几何约束的视图。

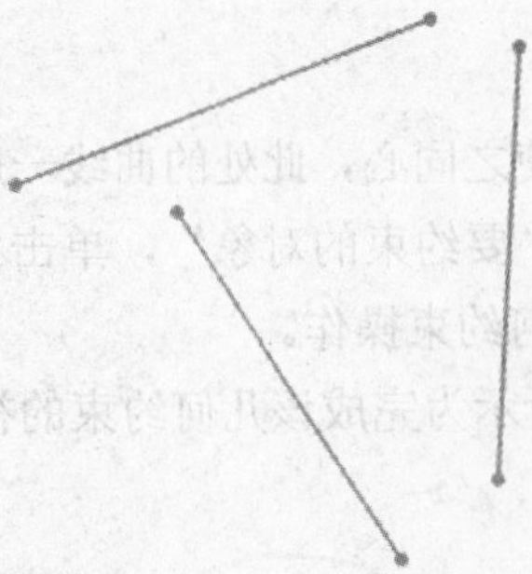

图4-59 几何约束前的视图

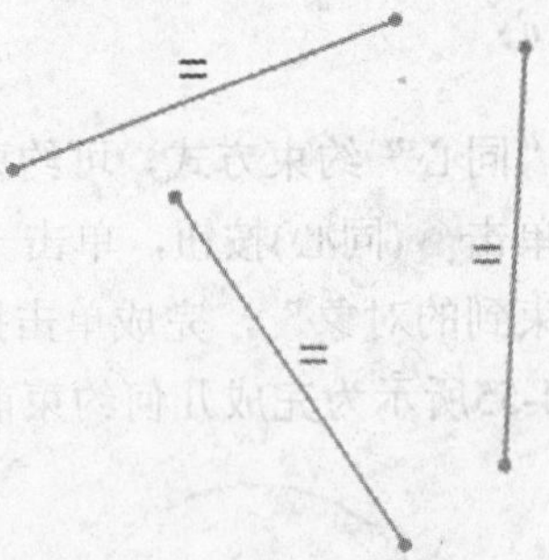

图4-60 等长约束后的视图

12. 等半径

使用“等半径”约束方式，可约束两个或多个圆弧，使之具有等半径。用户单击〓(等半径)按钮，单击一个或多个圆弧作为“要约束的对象”，单击参考圆弧作为“要约束的对象”，完成单击操作后即可完成本几何约束操作。

如图4-61所示为完成几何约束前的视图，如图4-62所示为完成该几何约束的视图。

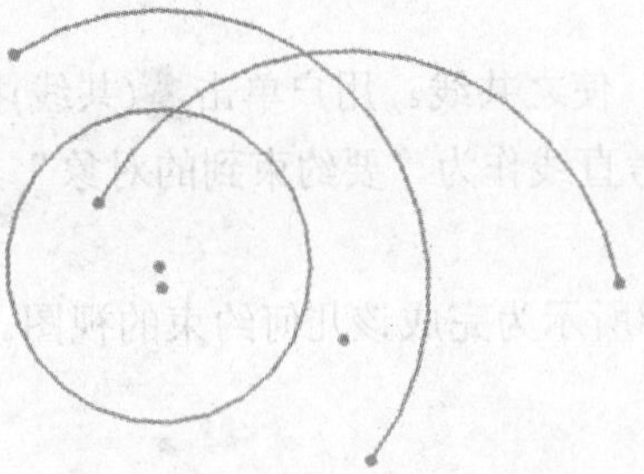

图4-61 几何约束前的视图

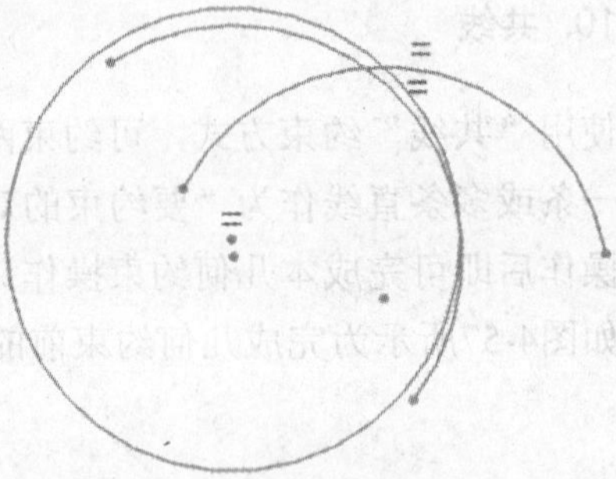

图4-62 等半径约束后的视图

4.3 草图其余命令

前面介绍了绘制草图、草图编辑和草图约束的各种常用命令，草图模块还包括了很多辅助创建草图的各种命令。单击“主页”选项卡下“直接草图”命令框中的(更多)按钮，弹出如图4-63所示的“更多”命令框。

4.3.1 设为对称

“设为对称”可以创建对称约束，可以将其理解为类似镜像曲线创建的约束。单击(设为对称)按钮弹出如图4-64所示的“设为对称”对话框。在选择中心线时可以选中“设为参考”复选框，这样会自动将选择的中心线转化为参考线。

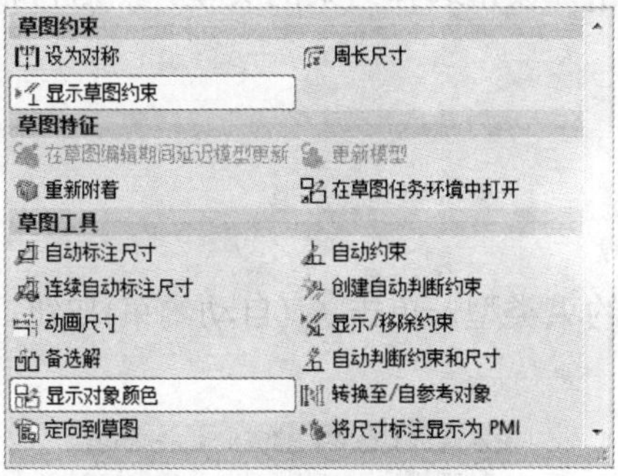

图4-63　“更多”命令框

图4-64　“设为对称”对话框

当使用“设为对称”命令后，将会在曲线上创建对称约束，如果显示约束，能够在曲线的旁边看到如图4-65所示的对称约束标志。

4.3.2　显示草图约束

“显示草图约束”是用来显示应用到草图中的所有约束，如图4-63中，即为单击(显示草图约束)按钮后得到的视图效果。

如果不选择显示所有的约束，那么NX 9只会显示草图中一部分约束，如相切、重合等，显示所有约束有利于观察草图的约束状态，但是可能使界面不够清晰。

如图4-66所示即为取消选中(显示草图约束)按钮得到的视图效果(视图中少了对称约束标记)。

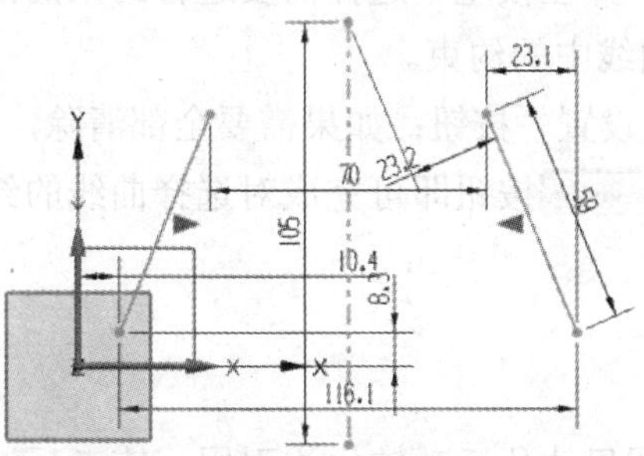

图4-65　设为对称约束结果

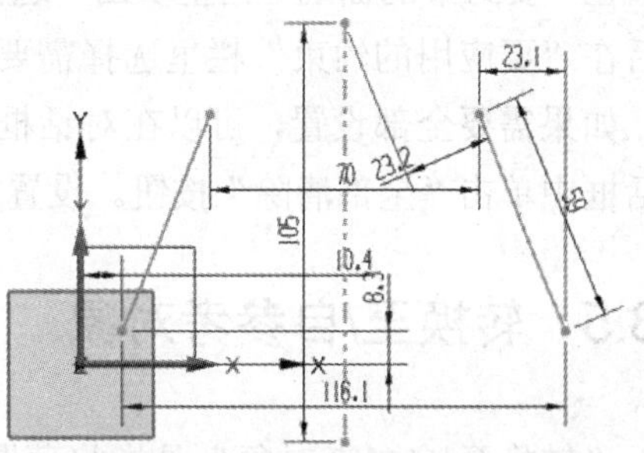

图4-66　取消显示草图约束

4.3.3　显示/移除约束

“显示/移除约束”用来显示与选定草图几何图形相关联的约束，并移除所有这些约束或者列出了信息。单击(显示/移除约束)按钮即可弹出如图4-67所示的“显示/移除约束”对话框。

在“约束列表”栏里选择约束的对象，共有三种选择，包括“选定的对象”和“活动草图中的所有对象”，在“约束类型”文本框中单击按钮选择约束的类型，然后再根据需要移除约束，移除完毕后单击确定按钮结束操作。

4.3.4 自动约束

“自动约束”是用来设置自动应用到草图的约束类型。单击(自动约束)按钮，弹出如图4-68所示的“自动约束”对话框。

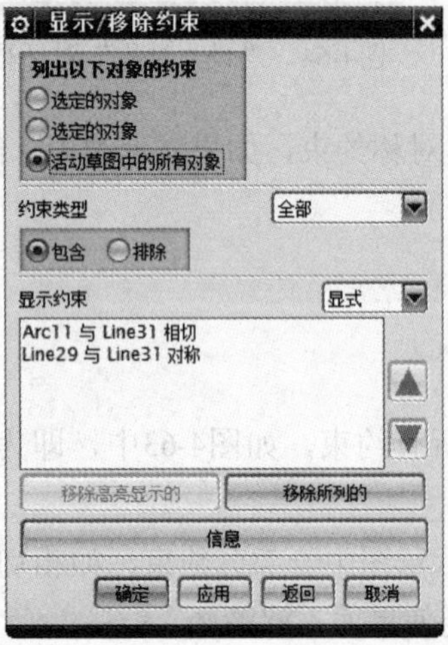

图4-67 “显示/移除约束”对话框

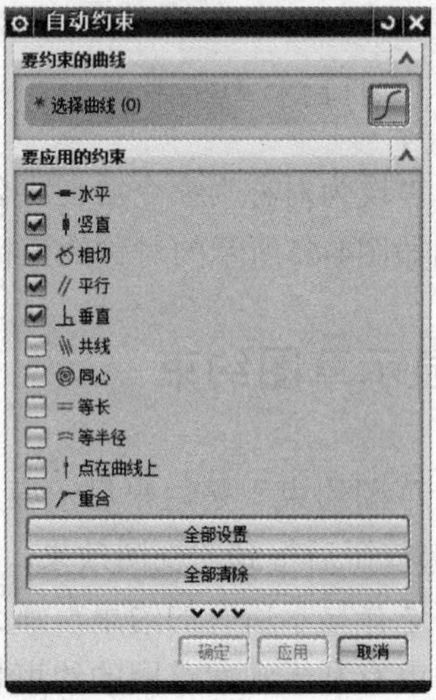

图4-68 “自动约束”对话框

在“要约束的曲线”栏里单击“选择曲线”按钮，并在模型中选择需要进行约束的曲线，然后在“要应用的约束”栏里选择需要应用的所选曲线中的约束。

如果需要全部设置，可以在对话框中单击“全部设置”按钮；如果需要全部清除，则在对话框中单击“全部清除”按钮。设置完毕后，单击确定按钮即可完成对选择曲线的约束。

4.3.5 转换至/自参考对象

“转换至/自参考对象”是指将草图曲线或者草图尺寸从活动转化为引用，或者反过来。单击(转换至/自参考对象)按钮弹出如图4-69所示的“转换至/自参考对象”对话框。

在“要转换的对象”栏里单击“选择对象”按钮，并在模型中选择需要进行转换的对象，然后在“转换为”栏里选择欲将对象转化为的类型，可以根据需要选择要转换成“参考”或者“活动的”。设置完毕后单击确定按钮即可完成对象的转换。

4.3.6 自动判断约束和尺寸

“自动判断约束和尺寸”用来设置哪些约束在曲线构造过程中被自动判断，单击(自动判断约束和尺寸)按钮即可弹出如图4-70所示的“自动判断约束和尺寸”对话框。

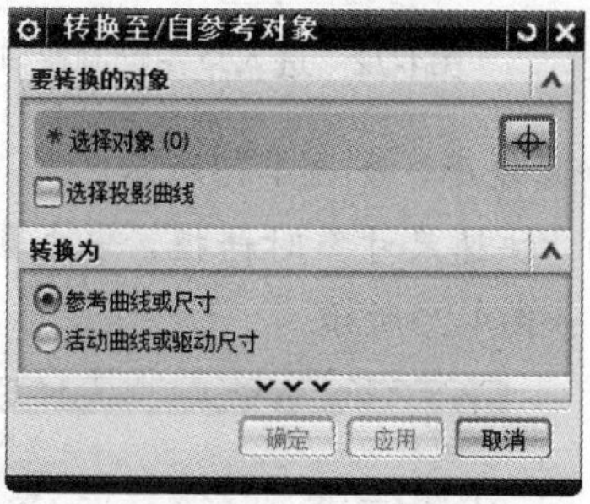

图4-69　“转换至/自参考对象”对话框

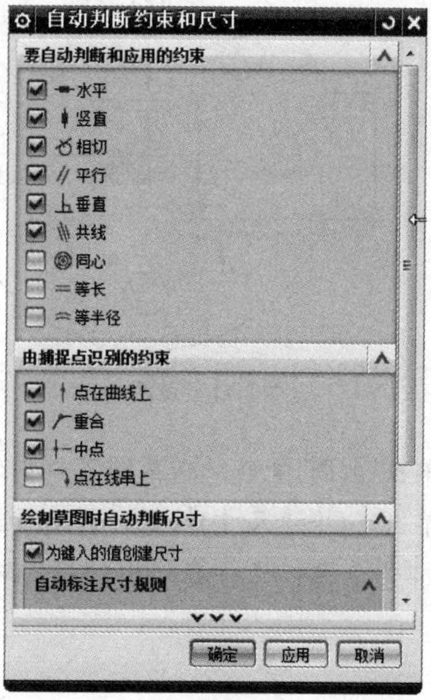

图4-70　“自动判断约束和尺寸”对话框

在“要自动判断和应用的约束”和“由捕捉点识别的约束”栏里选择需要进行自动判断的约束，然后单击确定按钮即可完成设置。

4.4　实例示范

前面详细介绍了使用NX 9对草图轮廓进行编辑和约束的各种命令，本节通过一个实例综合介绍配合草图编辑命令绘制草图轮廓的操作过程。

如图4-71所示为一零件的上视图轮廓，绘制此草图轮廓需要使用阵列、约束、圆角、剪裁等草图编辑命令。在学习此图形的绘制以前，用户可试着绘制此草图轮廓。

	结果文件	\光盘文件\NX 9\Char04\lunkuo.prt
	视频文件	\光盘文件\NX 9\视频文件\char04\草图轮廓.avi

4.4.1　进入草图绘制窗口，绘制并约束圆轮廓

为综合介绍草绘过程，本小节简单叙述进入草图绘制模块，并绘制约束圆轮廓的过程。具体操作步骤如下：

(1) 打开软件，创建模型零件文件，将“XC-YC”平面作为草绘平面，进入草图绘制窗口，如图4-72所示(本步骤前面已详细介绍过，此处不做详细介绍)。

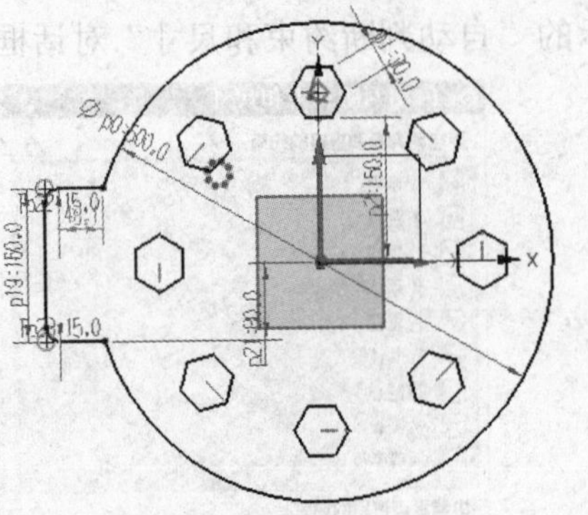

图4-71　草图轮廓

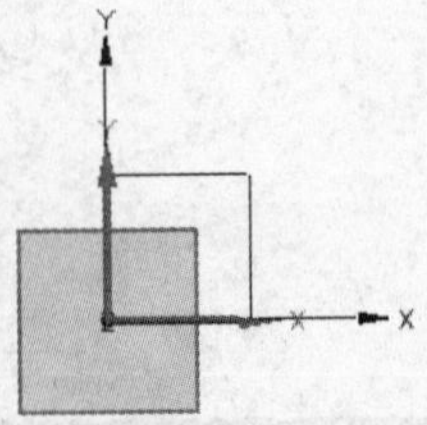

图4-72　进入草图绘制窗口

(2) 单击○(圆)命令，在草图窗口内任意位置绘制圆轮廓，如图4-73所示。

(3) 单击(快速尺寸)按钮，弹出如图4-74所示的“快速尺寸”对话框。单击圆后并单击视图窗口内任意一点，在弹出的框中输入500mm，如图4-75所示。

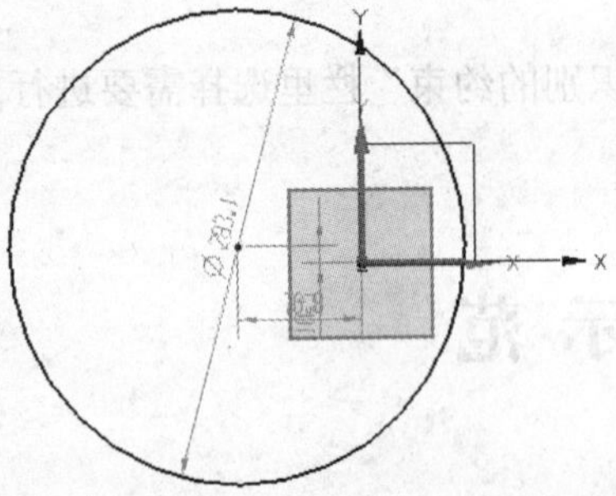

图4-73　草图轮廓

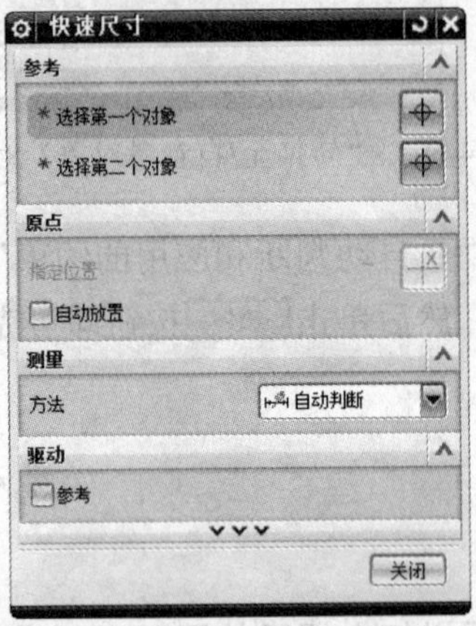

图4-74　“快速尺寸”对话框

(4) 使用Enter键确认输入结果，得到如图4-76所示的结果，可在图中发现圆的直径变大，并将标注变为□p0=500。

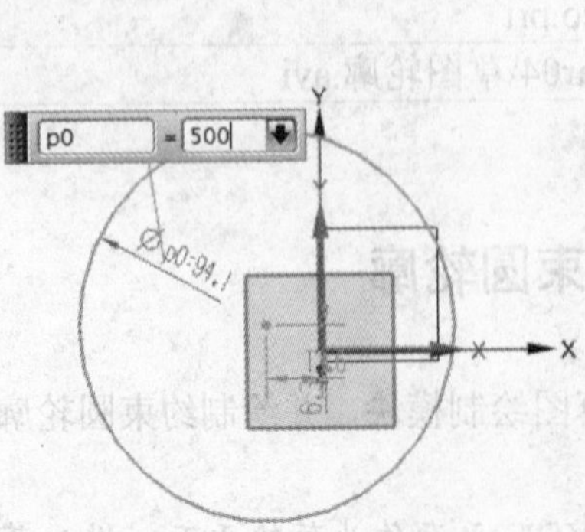

图4-75　改变尺寸设置

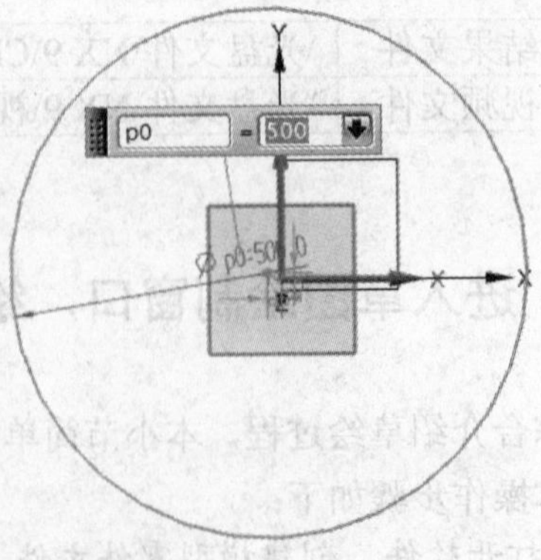

图4-76　改变直径后圆变化

(5) 单击“快速尺寸”对话框中的 关闭 按钮关闭对话框完成尺寸约束操作。

(6) 单击(几何约束)按钮，弹出如图4-77所示的“几何约束”对话框。

(7) 单击“几何约束”对话框中“约束”下面的(重合)按钮，如图4-78所示，单击“圆心”作为要约束的对象，单击坐标轴原点作为要约束到的对象(注意，单击坐标轴原点前需用户单击“几何约束”对话框中的“选择要约束到的对象”项目)。

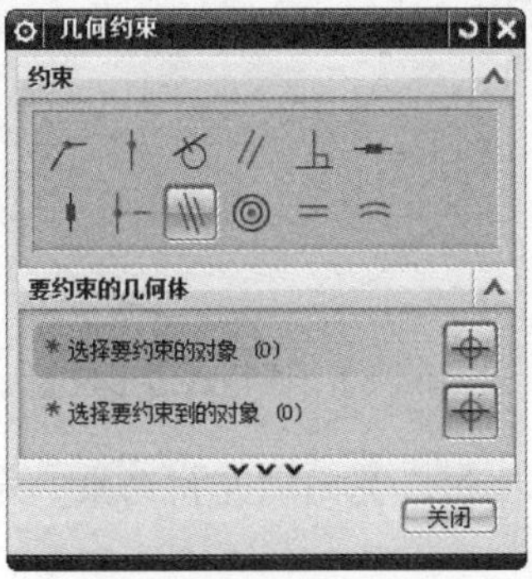

图4-77　“几何约束”对话框

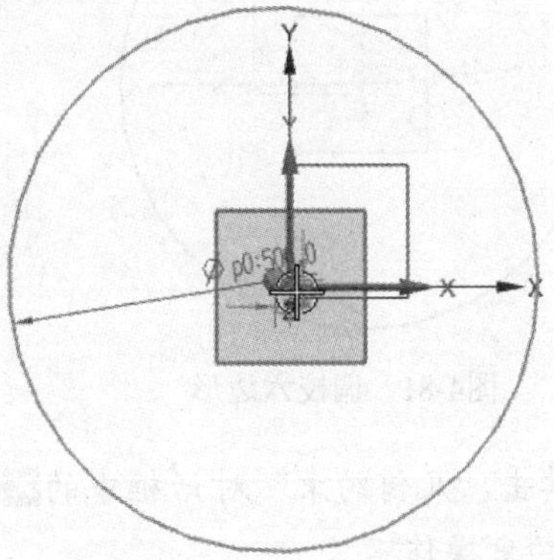

图4-78　单击2点进行约束

(8) 完成单击操作后，软件自动将圆心移动到原点处，如图4-79所示。单击“几何约束”对话框中的(关闭)或 关闭 按钮，关闭“几何约束”对话框，完成几何约束操作。

4.4.2　绘制六边形，约束后进行阵列

完成圆轮廓绘制并进行约束后，继续在圆轮廓内绘制正六边形，并将其进行约束后阵列。具体操作步骤如下：

(1) 使用“多边形”命令在圆轮廓内上方绘制六边形轮廓，如图4-80所示。

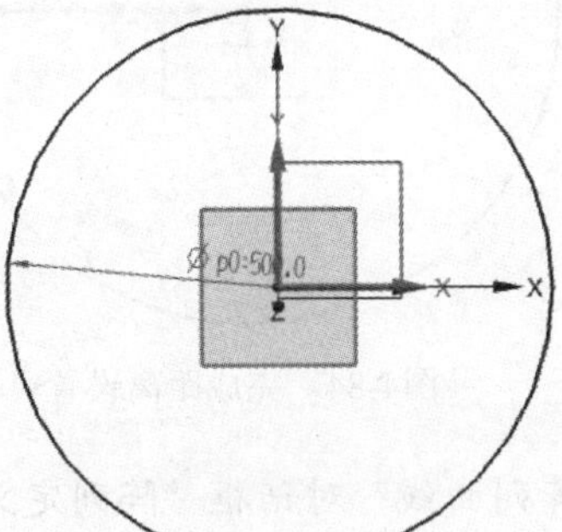

图4-79　完成几何约束操作

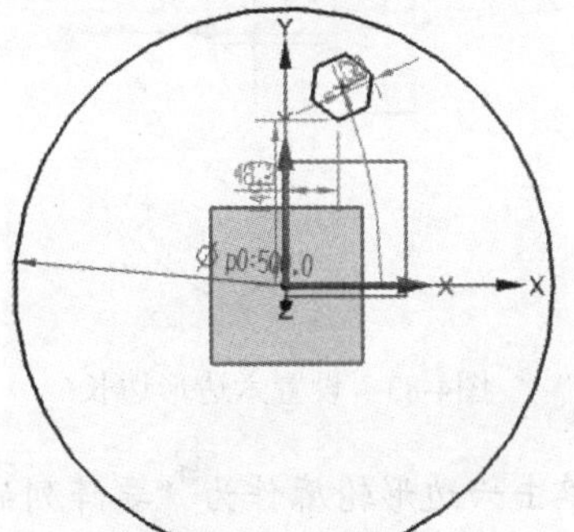

图4-80　绘制六边形

(2) 单击(几何约束)按钮，弹出“几何约束”对话框。单击(水平)按钮后单击六边形轮廓的上边线，完成操作后，软件会自动将六边形轮廓调校，如图4-81所示。

(3) 单击“几何约束”对话框中的(点在曲线上)按钮，单击六边形中心作为要约束的

对象，单击绿色Y坐标轴作为要约束到的对象。完成操作后软件自动移动六边形使其中心点与Y坐标轴重合，如图4-82所示。

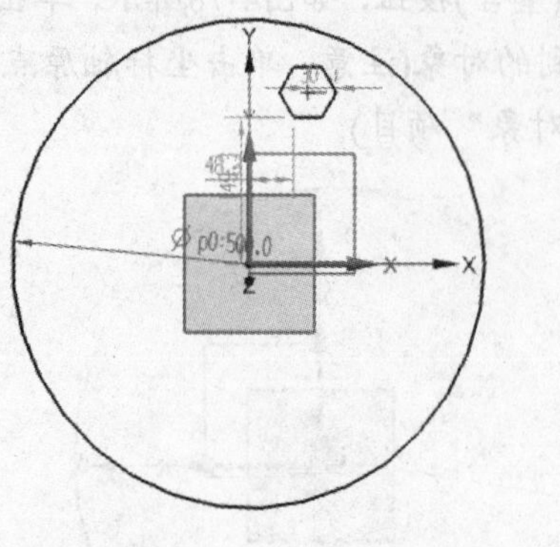

图4-81 调校六边形

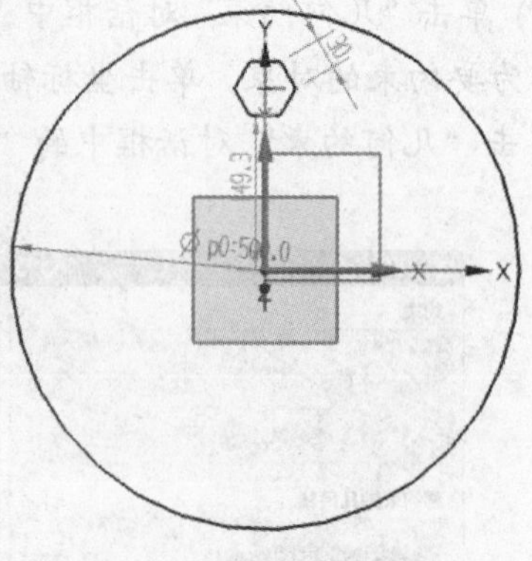

图4-82 调整六边形位置

(4) 单击“几何约束”对话框中的(关闭)或关闭按钮，关闭“几何约束”对话框，完成几何约束操作。

(5) 单击(快速尺寸)按钮，弹出“快速尺寸”对话框。单击六边形一边后并单击视图窗口内任意一点，在弹出的框中输入30mm，如图4-83所示，使用Enter键确定操作得到草图轮廓。

(6) 依次单击六边形下边线和X坐标轴，设置距离为150mm，如图4-84所示。单击(阵列曲线)按钮，弹出“阵列曲线”对话框。

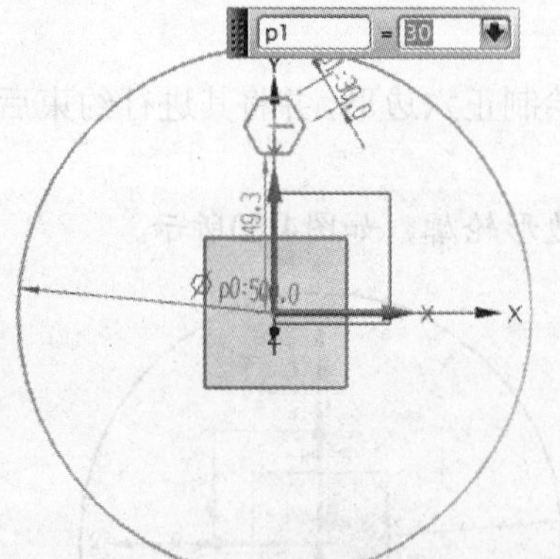

图4-83 设置六边形边长

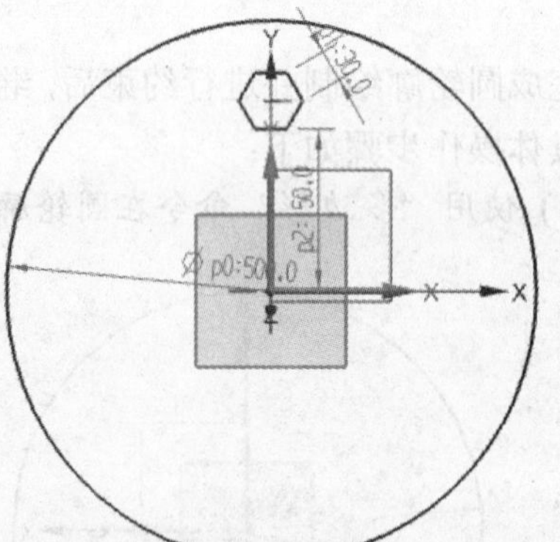

图4-84 完成距离设置

(7) 单击六边形轮廓作为“要阵列的对象”，在“阵列曲线”对话框“阵列定义”下面的“布局”文本框中选择“圆形”，单击坐标原点作为“旋转点”(单击坐标原点前，需要用户单击“旋转点”下面的“指定点”项目)。“角度方向”下面的“间距”文本框设置为“数量和节距”，“数量”设置为8，“节距角”设置为45deg。完成设置后的“阵列曲线”对话框如图4-85所示。

(8) 单击“阵列曲线”对话框中的确定按钮，完成六边形圆形阵列操作，如图4-86所示。

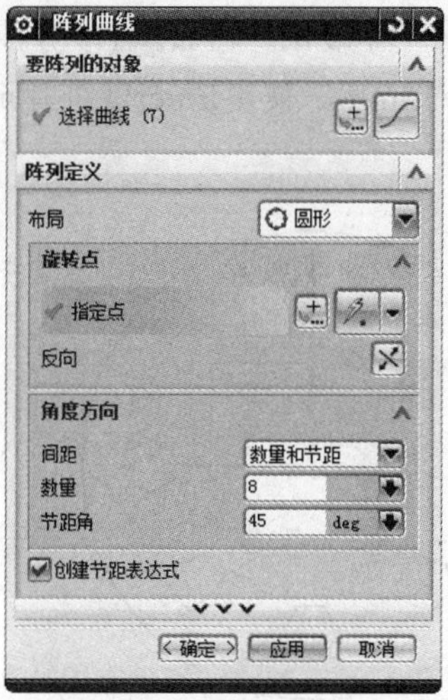

图4-85 “阵列曲线”对话框设置

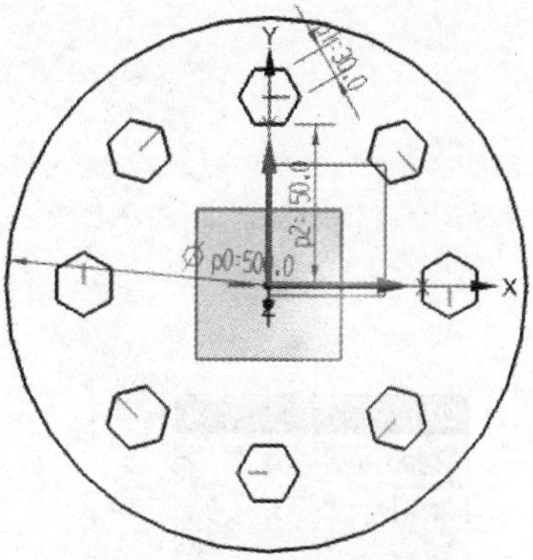

图4-86 完成六边形阵列操作

提示

“节距角”还可以输入360/8，软件会自动计算数值进行阵列。

4.4.3 绘制小矩形，约束后倒角裁剪

阵列小六边形以后，需要绘制小矩形并对其约束后倒角剪裁。

具体操作步骤如下：

(1) 使用“矩形”命令创建矩形，如图4-87所示，创建的矩形需要与圆轮廓相交。

(2) 单击(快速尺寸)按钮，使用此命令约束矩形的左右边长为160mm，上下边长为80mm，右边线距Y轴距离为220mm，下边线距X轴距离为80mm。完成尺寸约束后的草图轮廓如图4-88所示。

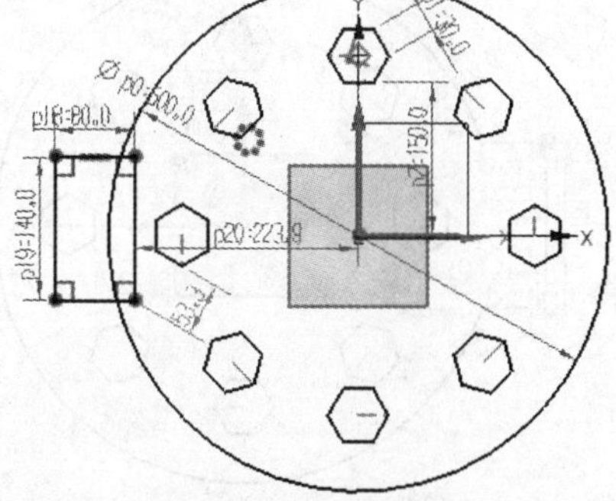

图4-87 创建矩形

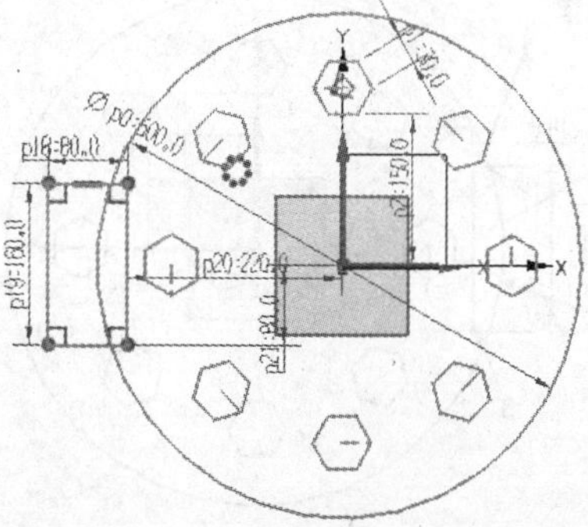

图4-88 完成矩形尺寸约束

(3) 单击(圆角)按钮，弹出如图4-89所示的“圆角”对话框。单击(修剪)按钮后依次单击如图4-90所示的1、2两线段，并设置圆角半径为15mm，使用Enter键创建的圆角如图4-91所示。

图4-89 “圆角”对话框

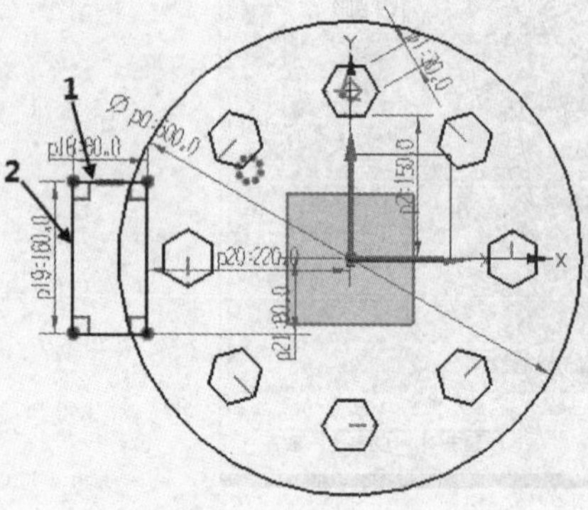

图4-90 单击2条直线

(4) 同理，创建另一个半径为15mm的圆角，如图4-92所示。

(5) 单击(快速修剪)按钮，弹出如图4-11所示的“快速修剪”对话框。依次单击视图中的1、2、3、4四条线段，如图4-93所示。裁剪得到的草图轮廓如图4-94所示。至此完成草图所有绘制和约束操作。

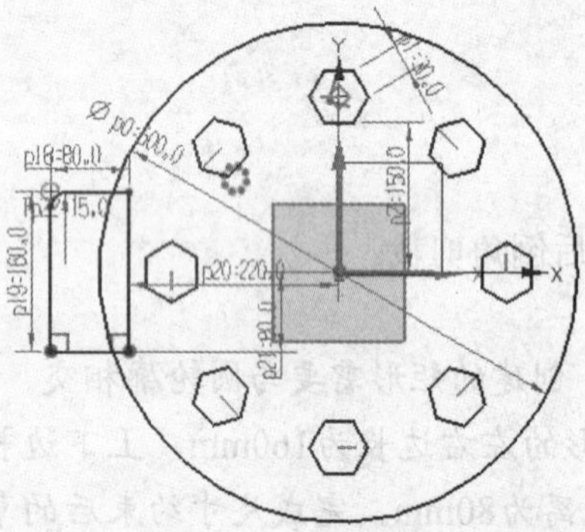

图4-91 创建第1个圆角

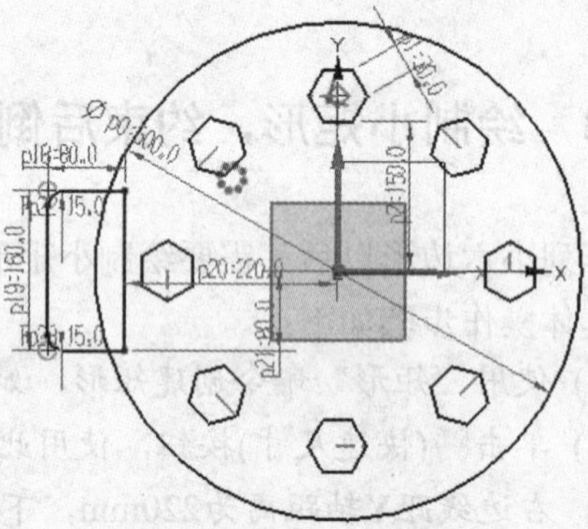

图4-92 完成圆角创建

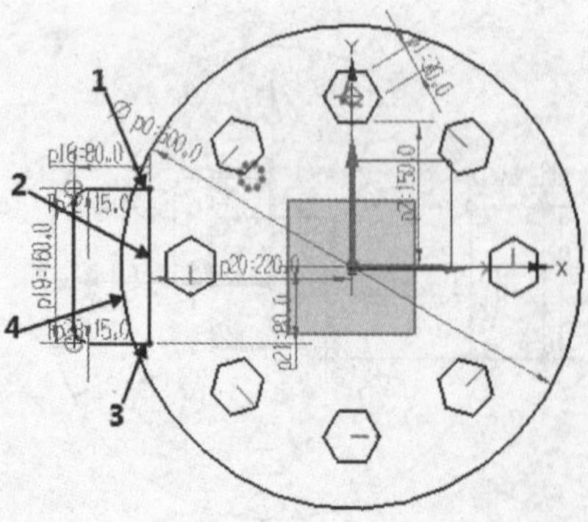

图4-93 裁剪需单击的线段

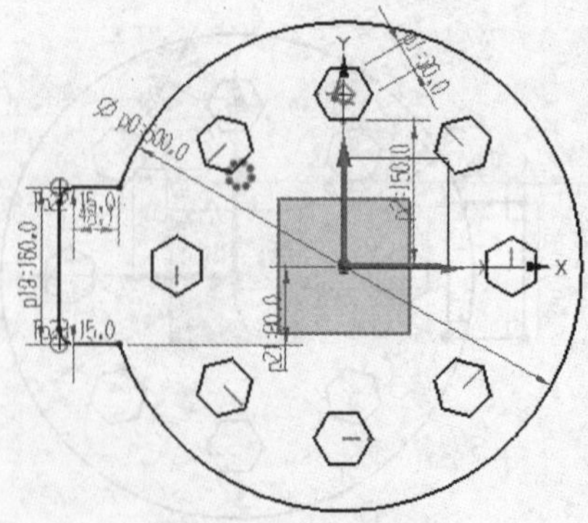

图4-94 完成所有操作

4.5 本章小结

前面介绍了进行草图绘制和派生草图的各项命令，本章介绍了进行草图编辑与约束的各项命令，并简要介绍了进行草图绘制轮廓所经常用到的其余命令。作为基础章节，希望用户能牢固掌握有关草图编辑与约束的各项操作。

4.6 习 题

一、填空题

1. 倒斜角命令在两条草图线之间的________处创建斜角的过渡链接。倒斜角类型包括________、________、偏置和角度。

2. 在草图中创建二维轮廓图和用曲线功能创建相比，有一个很大的优势，那就是它可以对创建好的曲线进行__________和__________，使曲线的创建更简单、更精确。

3. “尺寸约束”子菜单中包括了__________、“线性尺寸”、__________、__________和“周长尺寸”5种尺寸约束方式。

4. “几何约束”是指对__________的位置或者两个或两个以上的对象之间的相对位置进行约束。

5. “尺寸约束”是通过指定草图中创建曲线的__________、角度、__________和周长等来精确创建曲线。

二、上机操作

1. 请用户根据前面的学习内容自由绘制如图4-95所示的样式草图轮廓。(尺寸自由设置，此处不做要求)

2. 请用户根据前面的学习内容自由绘制如图4-96所示的样式草图轮廓。(尺寸自由设置，此处不做要求)

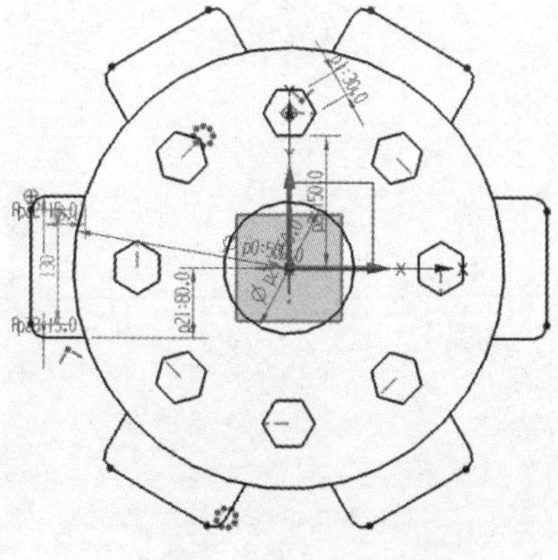

图4-95 上机操作习题1

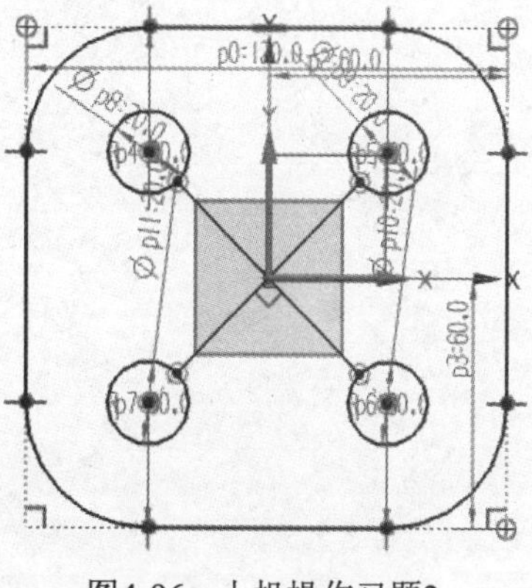

图4-96 上机操作习题2

第5章

实 体 建 模

实体建模特征是建模最基础也是最重要的一部分，实体特征建模主要包括拉伸、回转、孔、刀槽、凸台等。NX 9的建模模块具有功能强大、操作简便的特点，并且具有交互建立和编辑复杂实体模型的能力，有助于用户快速进行概念设计和结果细节设计。

学习目标

- ✧ 熟练掌握拉伸、旋转、块、球等创建基体特征的方法
- ✧ 熟练掌握孔、刀槽等切除特征的创建方法
- ✧ 熟练掌握凸起、三级肋、管道等特殊特征的创建方法

5.1　实体建模概述

NX 9实体建模是指根据零件设计意图，在完成草图轮廓设计的基础上，运用实体建模各种工具命令(如拉伸、回转、抽壳、拔模等)来完成精确三维零件建模的一个过程。

5.1.1　实体建模特点

NX 9实体建模相对其余三维CAD软件来说，有建模简便、思路明确的特点，使用NX 9进行零件设计可方便快捷地达成设计意图。具体介绍如下：

(1) 实体建模是以草图为基础的，因此在实体设计中通常都是实体建模、草图设计两个模块交互使用。

(2) 在进行实体建模时亦可直接利用工具命令进行参数化建模，NX 9提供了如长方体块、圆柱、圆锥和球这些基本体素特征的参数化设计，方便用户更加快速地进行零件设计。

(3) NX 9实体建模具有凸垫、键槽、凸台、斜角、抽壳等特征，用户自定义特征、引用模式等几何特征建模工具命令，方便用户进行零件建模，更迅速地达成零件设计意图。

(4) NX 9拥有业界最好的倒圆技术，可自适应于切口、陡峭边缘和两非邻接面等几何构型，变半径倒圆的最小半径值可退化至极限零。

5.1.2　进入实体建模模块

打开软件，单击软件待机窗口左上方的(新建)按钮，弹出“新建”对话框，单击“模板”下方白色方框内的“模型”，设置“新文件名”下方的“名称”和“文件夹”。

完成设置的“新建”对话框如图5-1所示，单击确定按钮，即可新建零件并进入实体建模窗口，如图5-2所示。

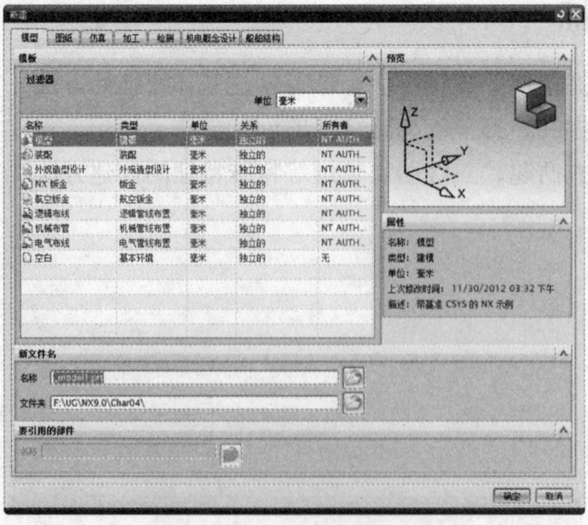

图5-1　“新建”对话框设置

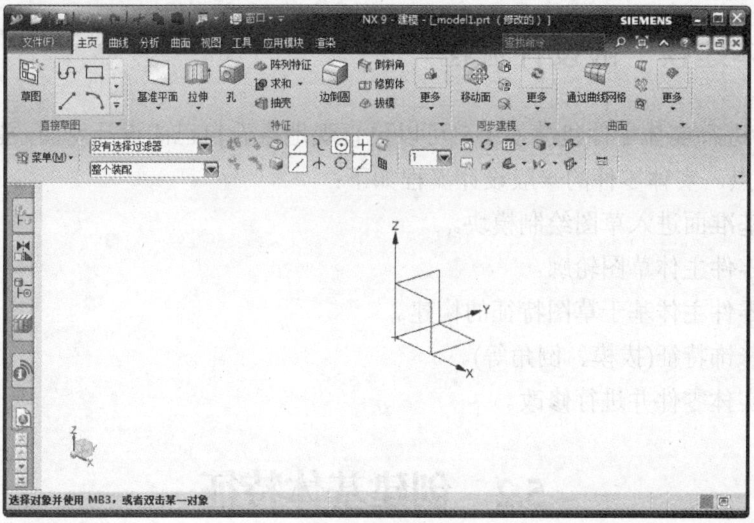

图5-2 进入实体建模模块

提示

用户也可先新建零件进入实体建模模块窗口，最后保存时再设置“名称”和“文件夹”路径，注意名称和路径不得出现中文字样。

5.1.3 建模命令

进行建模所需的命令集中在“主页”选项卡“特征”命令框内，如图5-3所示。若用户想获得更多的命令，则单击“特征”命令框内(更多)按钮，即可弹出“更多”命令子菜单，如图5-4所示。

图5-3 “特征”命令框

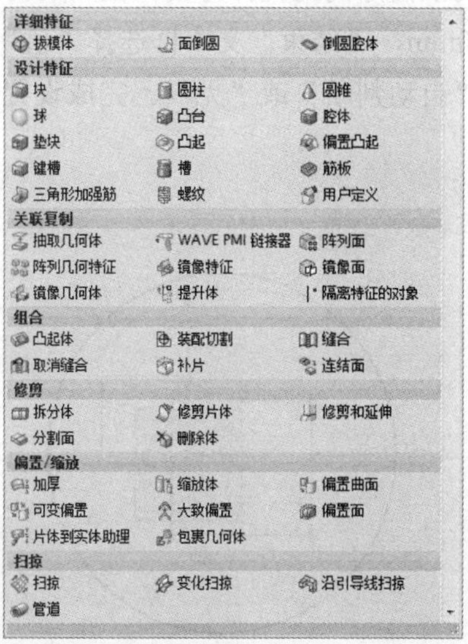

图5-4 “更多”命令子菜单

5.1.4 实体建模一般设计流程

使用NX 9进行实体零件建模使用户可以更直观地查看自己的设计意图，能方便地验证设计零件的优缺点。实体零件的一般设计流程如下：

(1) 创建基准面进入草图绘制模块。

(2) 绘制零件主体草图轮廓。

(3) 完成零件主体基于草图特征的构建。

(4) 添加修饰特征(拔模、倒角等)。

(5) 检查实体零件并进行修改。

5.2 创建基体特征

基体特征模型是实体建模的基础，通过相关操作可以创建各种基本实体，用户可直接使用参数创建块、球、圆柱、圆锥等基体特征，也可通过拉伸、旋转的方法创建基体特征。

5.2.1 拉伸实体特征

拉伸实体特征是将封闭截面轮廓草图进行拉伸从而创建的实体特征，截面轮廓草图可以是一个或多个封闭环，封闭环之间不能自交。具体操作步骤如下：

(1) 使用草图绘制模块在“XC-YC”基准平面绘制如图5-5所示的草图轮廓，草图轮廓是由矩形和圆嵌套而成。

(2) 单击(拉伸)按钮，弹出“拉伸”对话框。单击绘制的草图轮廓作为“截面”，默认曲线的法向方向为拉伸方向；在“限制”下面的“开始”文本框中选择“值”，设置“距离”为-100mm，“结束”文本框选择“值”，设置“距离”为100mm；“布尔”下面的“布尔”选择“自动判断”或“无”。完成设置的“拉伸”对话框如图5-6所示。

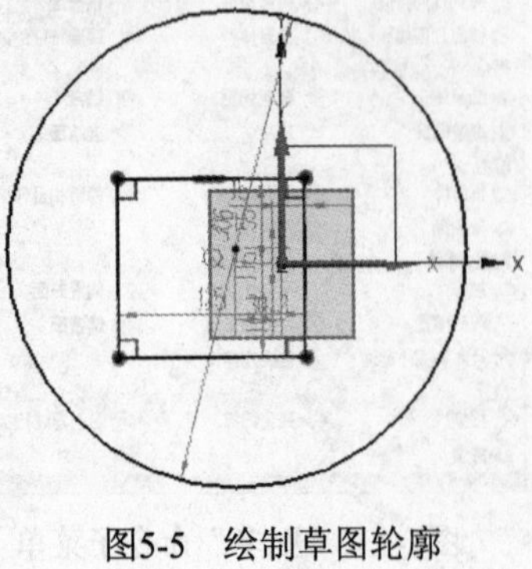

图5-5 绘制草图轮廓

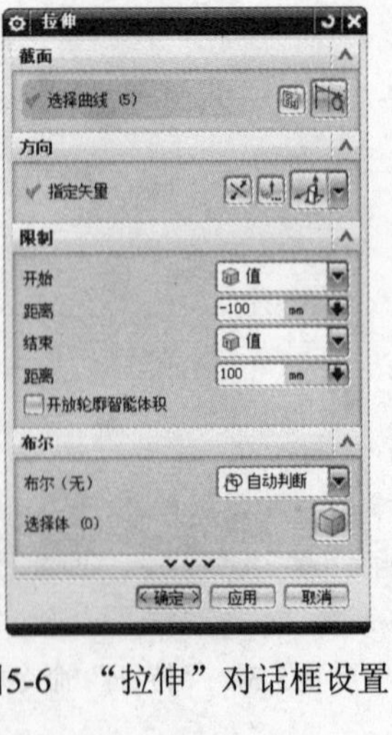

图5-6 “拉伸”对话框设置

(3) 单击“拉伸”对话框中的 确定 按钮，完成拉伸特征创建，如图5-7所示。

(4) 再次单击(拉伸)按钮，弹出“拉伸”对话框，单击创建的实体特征上平面外延边线作为“截面”，如图5-8所示。

(5) 默认曲线的法向方向为拉伸方向；在“限制”下面的“开始”文本框中选择“值”，设置“距离”为0mm，“结束”文本框选择“值”，设置“距离”为50mm；“布尔”下面的“布尔”选择“自动判断”或“求和”。完成设置的“拉伸”对话框如图5-9所示。

(6) 单击“拉伸”对话框中的 确定 按钮，完成拉伸特征创建，如图5-10所示。

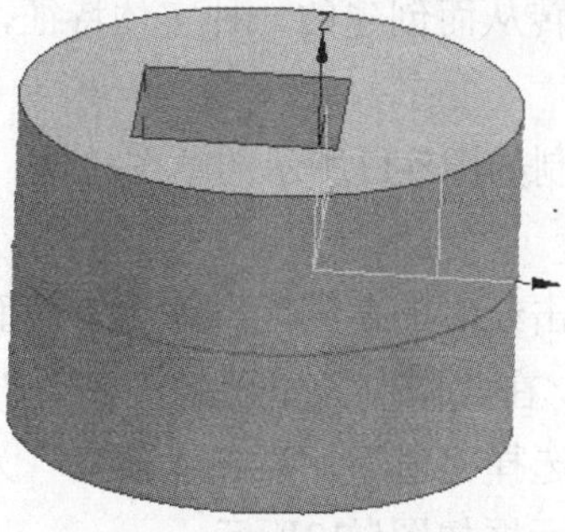

图5-7 创建拉伸特征

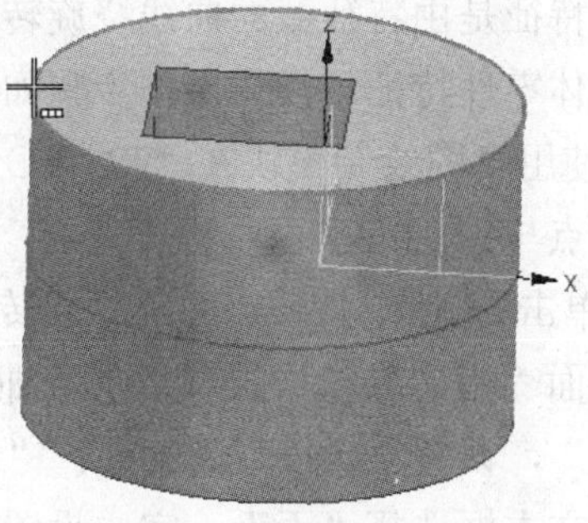

图5-8 单击边线

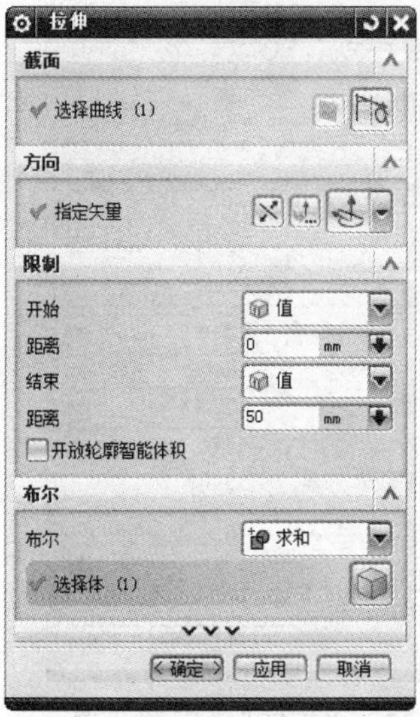

图5-9 “拉伸”对话框设置

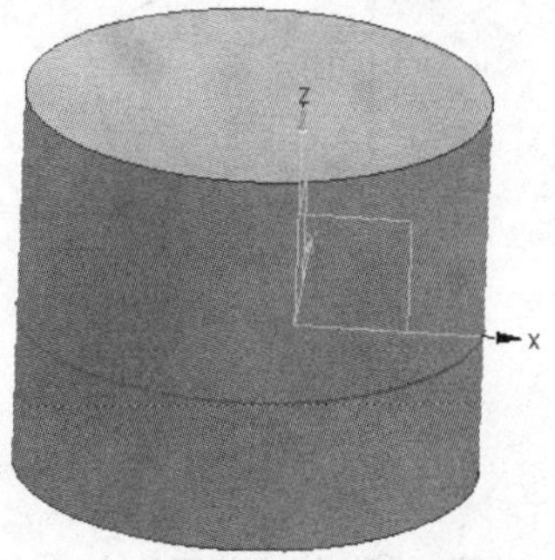

图5-10 创建拉伸特征

提示1

用户也可使用“拉伸”命令创建曲面片体拉伸特征，参考的草图轮廓可以是开放轮廓，亦可以为闭合轮廓。具体操作步骤请参考第7章。

提示2

求和布尔操作指的是将后创建的特征与先创建的特征通过求和的方式联系在一起，从而使两特征成为同一个特征。详细介绍请参考第6章。

5.2.2 旋转实体特征

旋转特征是由特征截面曲线绕旋转中心线进行旋转从而创建的一种实体特征，它适合于构造旋转体零件特征。具体操作步骤如下：

(1) 使用草图绘制模块在“XC-YC”基准平面绘制如图5-11所示的草图轮廓，草图轮廓起点和终点与Y轴相交。

(2) 单击(旋转)按钮，弹出“旋转”对话框。单击绘制的草图轮廓作为“截面”，单击“轴”下面“指定矢量”选项后的Y轴(作为旋转轴)；在“限制”下面的“开始”文本框中选择“值”，设置“角度”为0deg；“结束”文本框选择“值”，设置“角度”为360deg；“布尔”文本框选择“无”。完成设置的“旋转”对话框如图5-12所示。

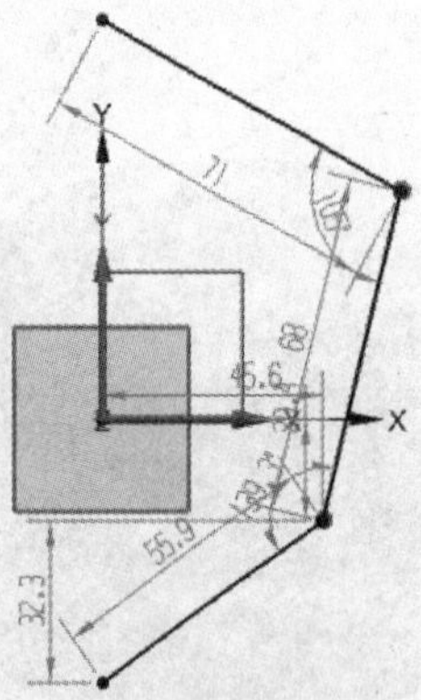

图5-11 创建草图轮廓

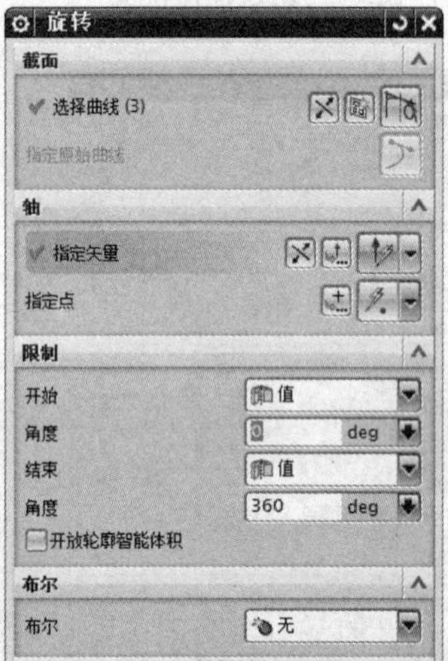

图5-12 “旋转”对话框设置

(3) 单击“旋转”对话框中的<确定>按钮，创建旋转实体特征，如图5-13所示。

提示1

“限制”设置时，本操作角度开始值必须为0，结束值必须为360deg，否则创建的零件为曲面片体。若用户需创建一旋转角度小于360deg的实体，请绘制闭合轮廓后进行旋转，例如图5-14所示即为闭合轮廓旋转180deg的实体特征。

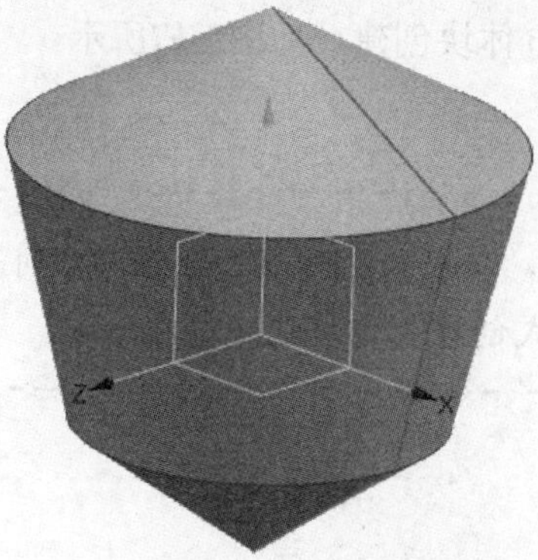

图5-13 创建360deg旋转实体

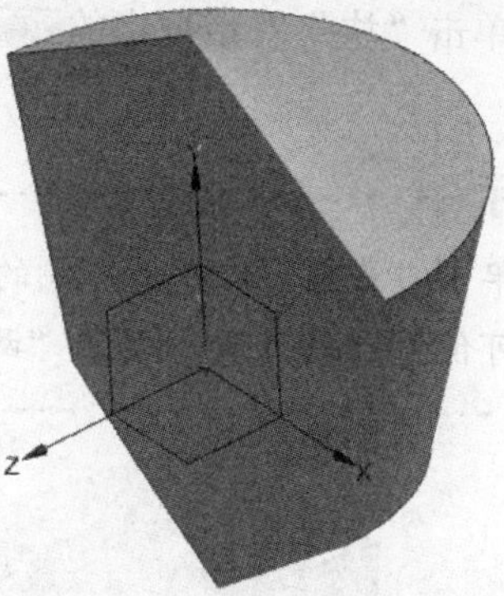

图5-14 创建180deg旋转实体

提示2

本小节是将Y轴作为旋转轴进行的回转操作，用户可通过创建回转曲线或创建参考轴来提供所需的旋转轴。

5.2.3 创建块

用户可通过定义拐角位置和尺寸来创建长方体块特征，此方式创建长方体特征是基于已绘制的空间点和参数来操作的。具体操作步骤如下：

(1) 使用草图绘制模块在“XC-YC”平面上绘制如图5-15所示的点，点至Y轴距离为80mm，点距X轴的距离为100mm，完成绘制单击(完成草图)按钮，退出草图绘制。

(2) 单击(块)按钮，弹出“块”对话框。在“类型”文本框中选择“原点和边长”，单击步骤(1)绘制的点作为“原点”，设置“尺寸”下面的“长度”为100mm，“宽度”为80mm，“高度”为60mm(“块”命令在“更多”子菜单内)，在对话框下方的“布尔”文本框中选择“无”。完成设置后的“块”对话框如图5-16所示。

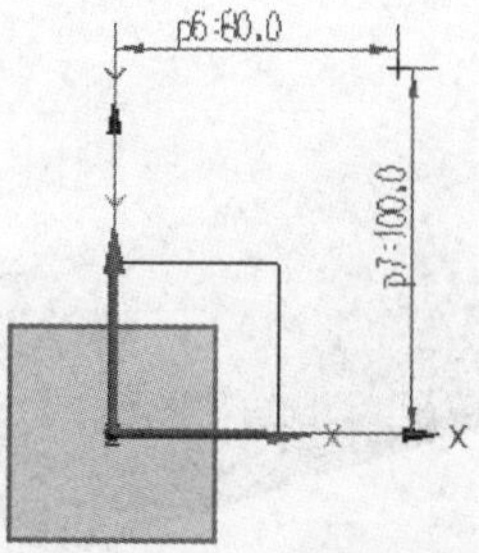

图5-15 绘制草图点

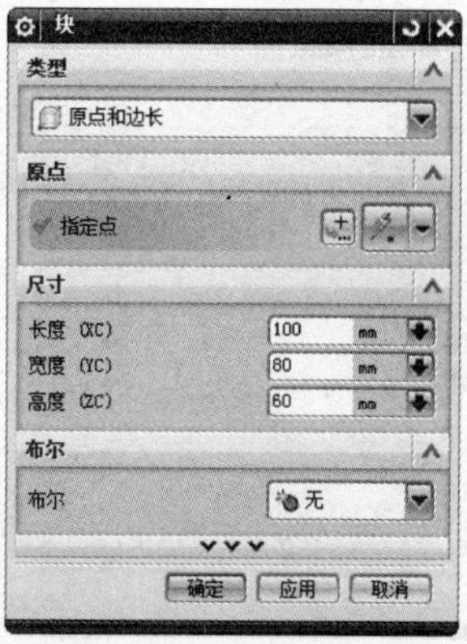

图5-16 “块”对话框设置

(3) 单击“块”对话框中的确定按钮，完成长方体块创建，如图5-17所示。

提示

单击“类型”文本框右侧的(下拉箭头)按钮，弹出如图5-18所示的下拉列表，用户还可使用“两点和高度”、“两个对角点”的方式创建长方体块。

图5-17 创建长方体块

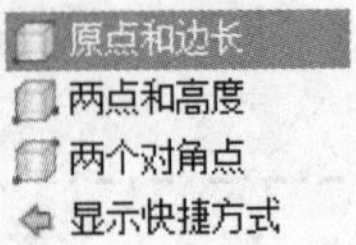

图5-18 创建块的类型

5.2.4 创建圆柱

圆柱体可以看作是以长方体的一条边为旋转中心线，并绕其旋转360°所形成的实体。NX 9提供了定义轴、直径和高度的方式来创建圆柱。具体操作步骤如下：

(1) 同上一小节一样，用户首先在原点外创建一点。

(2) 单击(圆柱)按钮，弹出“圆柱”对话框。“类型”文本框选择“轴、直径和高度”，单击X轴作为指定矢量，单击步骤(1)绘制的点作为指定点；设置“尺寸”下面的“直径”为50mm，“高度”为100mm，下方的“布尔”文本框中选择“无”。完成设置后的“圆柱”对话框如图5-19所示。

(3) 单击“圆柱”对话框中的确定按钮，完成圆柱创建，如图5-20所示。

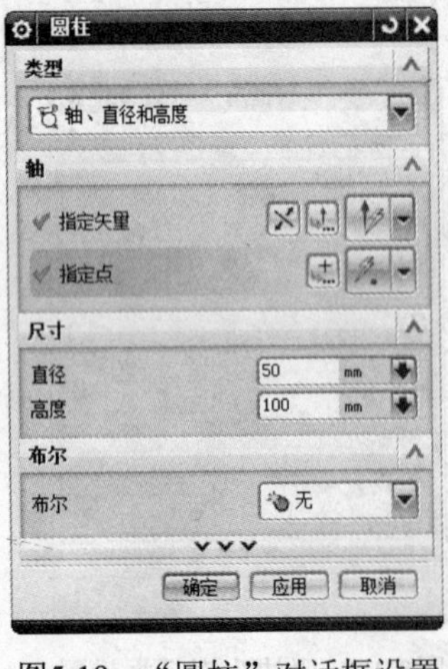

图5-19 “圆柱”对话框设置

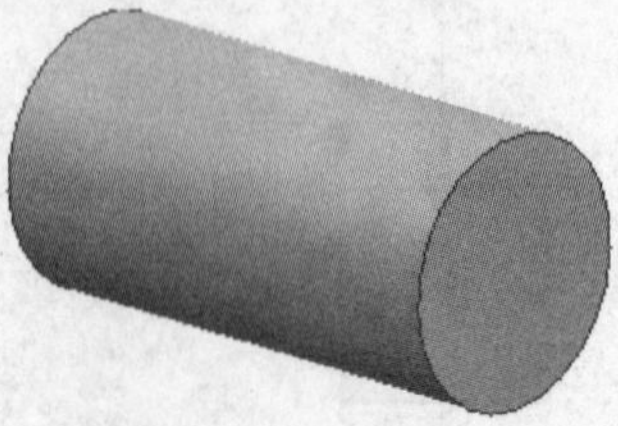

图5-20 创建圆柱

提示1

可将圆柱看成通过指定圆轮廓的直径和拉伸高度来创建，而指定矢量其实指定的是圆柱的拉伸方向。

提示2

用户还可指定一条圆弧和高度的方法来创建圆柱，请用户在设置“类型”文本框时选择“圆弧和高度”并指定圆弧和高度来创建圆柱。

5.2.5 创建圆锥

圆锥是以一条直线为中心轴线，一条与其成一条角度的线段为母线，并绕该轴线旋转360°形成的实体。用户可通过指定其底部、顶部直径和高度的大小来创建圆锥。具体操作步骤如下：

(1) 同上一小节一样，用户首先在原点外创建一点。

(2) 单击(圆锥)按钮，弹出“圆锥”对话框。“类型”文本框选择“直径和高度”，单击Z轴作为指定矢量，单击步骤(1)绘制的点作为指定点；设置“尺寸”下面的“底部直径”为100mm，“顶部直径”为20mm，“高度”为100mm，下方的“布尔”文本框选择“无”。完成设置后的“圆锥”对话框如图5-21所示。

(3) 单击“圆锥”对话框中的确定按钮，完成圆锥创建，如图5-22所示。

提示

除“直径和高度”创建方法外，还包括了“直径和半角”、“底部直径，高度和半角”、“顶部直径，高度和半角”、“两个共轴的圆弧”4种方法，定义方法类似于第一种，请用户参考本小节创建圆锥的方式试着使用其他方式创建圆锥。

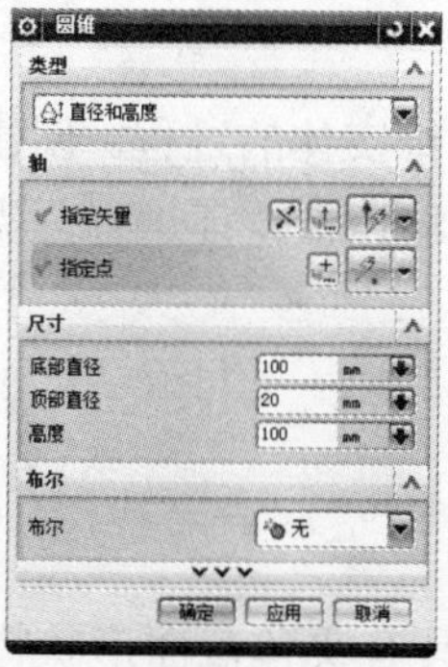

图5-21 “圆锥”对话框设置

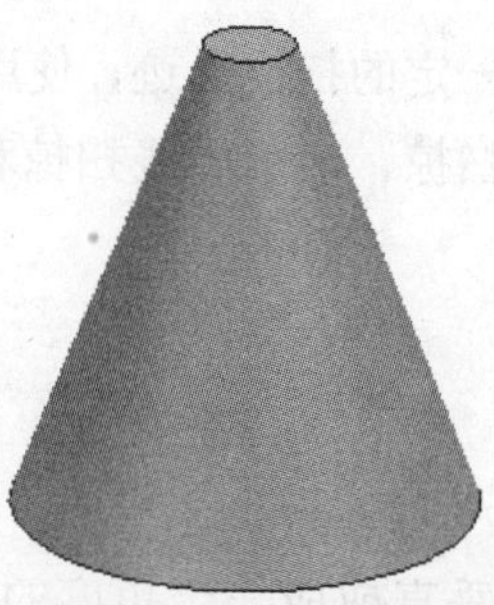

图5-22 创建圆锥

5.2.6 创建球

球体是三维空间中到一个点的距离相同的所有点的集合所形成的实体，可通过指定中心点和直径的方式创建球体。具体操作步骤如下：

(1) 同上一小节一样，用户首先在原点外创建一点。

(2) 单击(球)按钮，弹出“球”对话框。“类型”文本框选择“中心点和直径”，单击步骤(1)绘制的点作为指定点；设置“尺寸”下面的“底部直径”为100mm，下方的“布尔”文本框选择“无”。完成设置后的“球”对话框如图5-23所示。

(3) 单击“球”对话框中的确定按钮，完成球创建，如图5-24所示。

图5-23 “球”对话框设置

图5-24 创建球

提示

除此方法外，用户还可以通过指定球体上的一段圆弧来创建球体，在“球”对话框的“类型”文本框中选择“圆弧”，单击指定圆弧，完成操作。

5.3 创建扫掠特征

扫掠就是沿一定的扫描轨迹，使用二维草图创建三维实体的过程。创建扫掠特征的命令包括扫掠、变化扫掠、沿引导线扫掠和管道4种。NX 9将扫掠特征进行分类，使用户更方便地理解和使用。

5.3.1 扫掠

在两个互相垂直或成一定角度的基准面内创建的具有实体截面形状特征的草图轮廓线

和具有实体曲率特征的扫掠路径曲线，使用“扫掠”命令即可创建所需的实体。具体操作步骤如下：

(1) 以“XC-ZC”基准面为草绘平面创建圆轮廓，以“XC-YC”平面为草绘平面创建样条曲线，完成曲线创建，如图5-25所示。

(2) 单击(扫掠)按钮，弹出“扫掠”对话框。单击圆轮廓作为“截面”曲线，单击样条曲线作为“引导线”；在“扫掠”对话框“截面选项”下面的“截面位置”文本框中选择“沿引导线任何位置”，“对齐”文本框选择“参数”，“定位方法”下面的“方向”文本框选择“固定”。完成设置的“扫掠”对话框如图5-26所示。

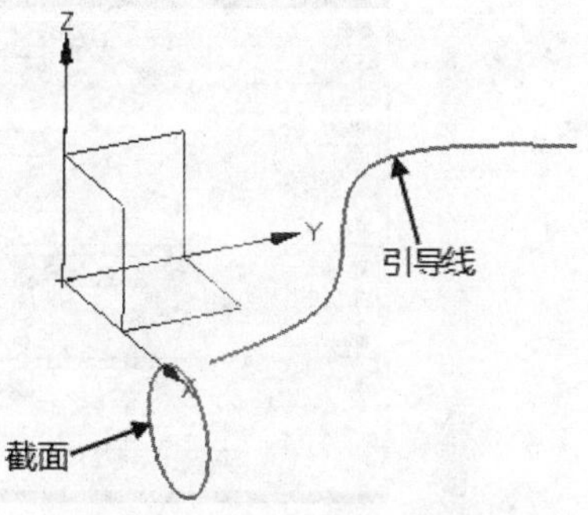

图5-25　截面和引导线草图

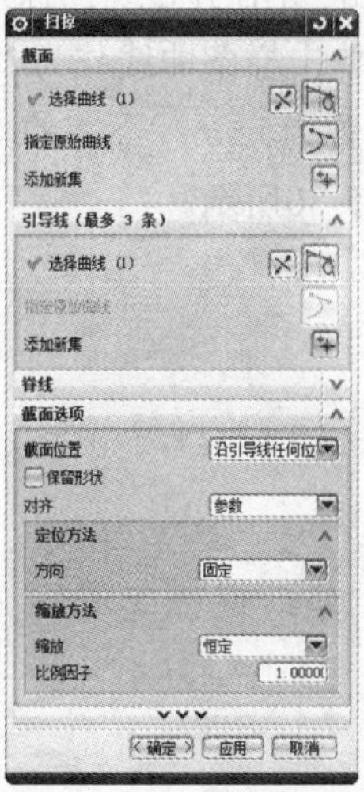

图5-26　“扫掠”对话框设置

(3) 单击“扫掠”对话框中的确定按钮，完成扫掠特征创建，如图5-27所示。

提示

引导线最多可以指定三条，当指定三条不同引导线后，截面将沿三条引导线一同进行扫掠，创建的扫掠特征如图5-28所示。

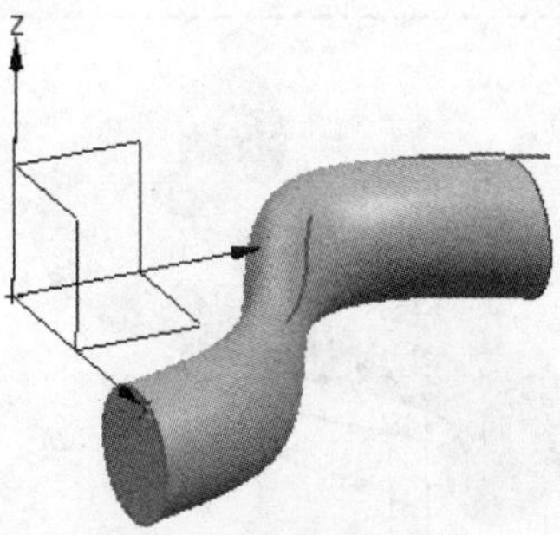

图5-27　单条引导线扫掠

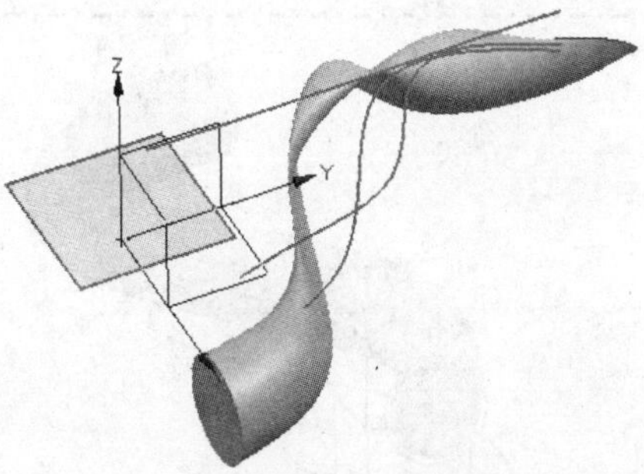

图5-28　三条引导线扫掠

5.3.2 沿引导线扫掠

沿引导线扫掠是沿着一定的引导线进行扫掠操作，可将实体表面、实体边缘、曲线或者链接曲线创建为实体或者片体。具体操作步骤如下：

(1) 以“XC-ZC”基准面为草绘平面创建直径为80mm的圆轮廓，以“XC-YC”平面为草绘平面创建样条曲线(样条曲线绘制随意，但为保证绘图效果，曲线应尽量长一些)，完成曲线创建，如图5-29所示。

(2) 单击(沿引导线扫掠)按钮，弹出“沿引导线扫掠”对话框。单击圆轮廓作为“截面”曲线，单击样条曲线作为“引导线”；“偏置”下面的“第一偏置”设置为10mm，“第二偏置”设置为5mm；下方的“布尔”文本框选择“无”。完成设置后的“沿引导线扫掠”对话框如图5-30所示。

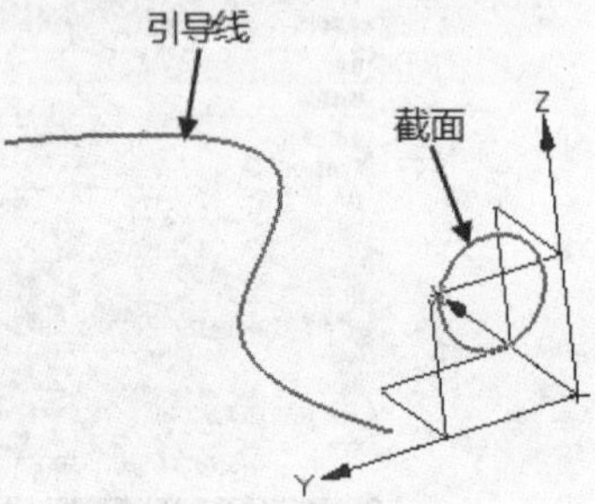

图5-29 单条沿引导线扫掠

图5-30 “沿引导线扫掠”对话框设置

(3) 单击“沿引导线扫掠”对话框中的确定按钮，完成沿引导线扫掠特征创建，如图5-31所示。

提示

用户通过设置“偏置”下方的“第一偏置”和“第二偏置”的数值，来设置扫掠特征挖空的直径，若两偏置的数值全为0，则创建的扫掠特征为实心特征，如图5-32所示。

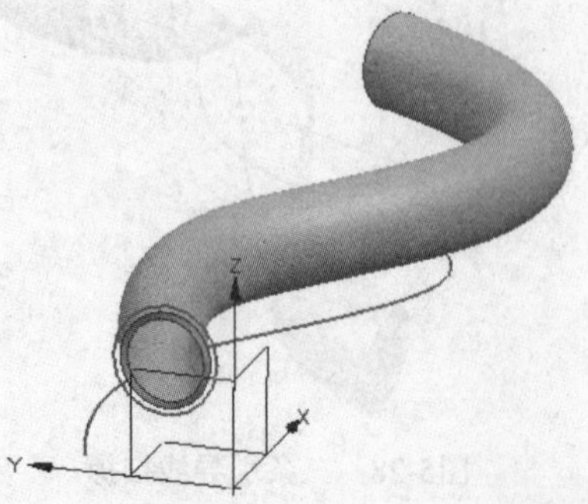

图5-31 创建偏置沿引导线扫掠特征

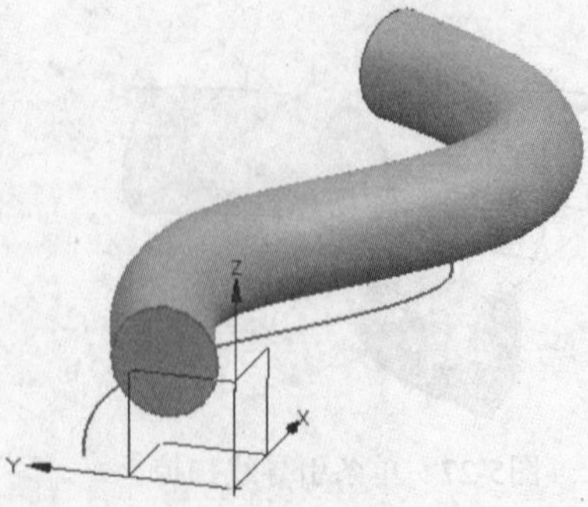

图5-32 创建实心沿引导线扫掠特征

5.3.3　管道

管道是以圆形截面为扫掠对象，沿曲线扫掠创建的实心或空心的管子。具体操作步骤如下：

(1) 本小节需使用一条曲线作为路径，因此使用上一小节的样条曲线作为路径；单击(管道)按钮，弹出“管道”对话框。

(2) 单击样条曲线作为路径，“管道”对话框下面“横截面”的“外径”设置为80mm，“内径”设置为60mm。完成设置的“管道”对话框如图5-33所示。

(3) 单击“管道”对话框中的确定按钮，完成管道特征创建，如图5-34所示。

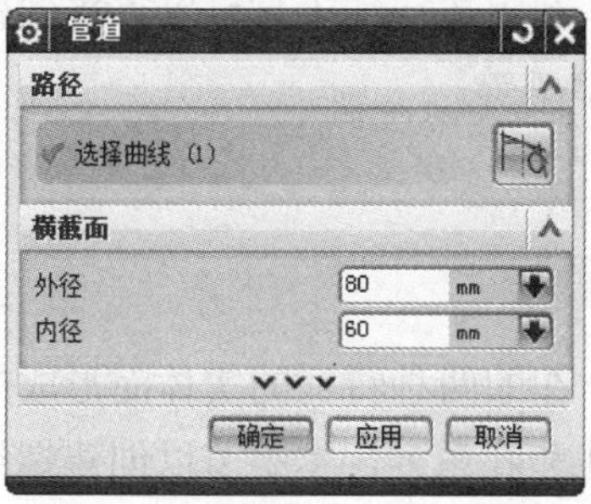

图5-33　“管道”对话框设置

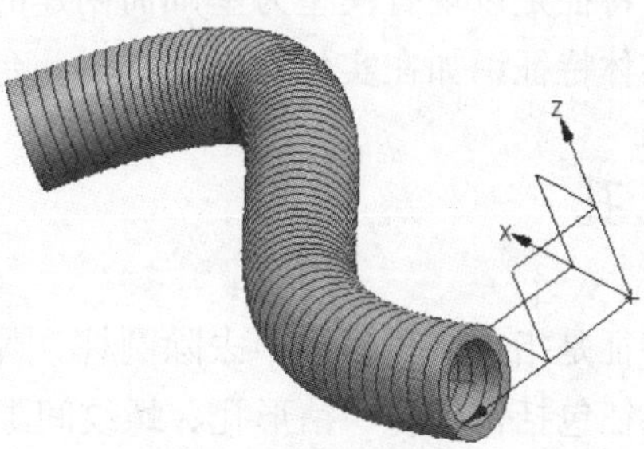

图5-34　创建多段管道特征

提示

如果用户为第一次创建管道特征，软件会默认创建的管道为多段式管道；用户可单击按钮，“管道”对话框弹出更多的设置项目，如图5-35所示，“设置”下面的“输出”文本框选择“单段”，单击确定按钮，完成管道特征创建，如图5-36所示。

图5-35　“管道”对话框设置

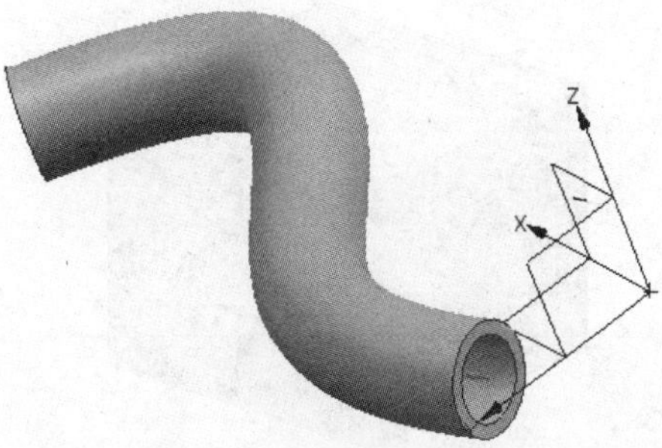

图5-36　创建单段管道特征

5.3.4　变化扫掠

使用“变化扫掠”命令，可通过沿路径扫掠横截面来创建体，此时横截面形状沿路径改变。用户可通过单击(变化扫掠)按钮激活本命令进行操作。

5.4　设 计 特 征

设计特征是以现有模型为基础而创建的实体特征，利用该特征工具可以直接创建出更为细致的实体特征，如在实体上创建孔、凸台、腔体和键槽等。

5.4.1　孔

孔特征是指在实体模型中去除圆柱、圆锥或同时存在的两种特征的实体而形成的实体特征。孔特征包括常规孔、钻形孔、螺纹间隙孔、螺纹孔和孔系列，本小节以创建螺纹孔的操作为例介绍操作步骤。具体操作步骤如下：

(1) 创建一底面为100mm×100mm，高为80mm的长方体块，如图5-37所示，单击(孔)按钮，弹出“孔”对话框。

提示

首次使用“孔”命令，“孔”对话框“类型”文本框自动选择“常规孔”，用户可直接对对话框进行操作创建常规孔。

(2) “孔”对话框“类型”文本框选择“螺纹孔”，单击长方体块的上表面作为指定点的位置面，同时激活草图绘制模块，使用尺寸约束定义点的位置，如图5-38所示。

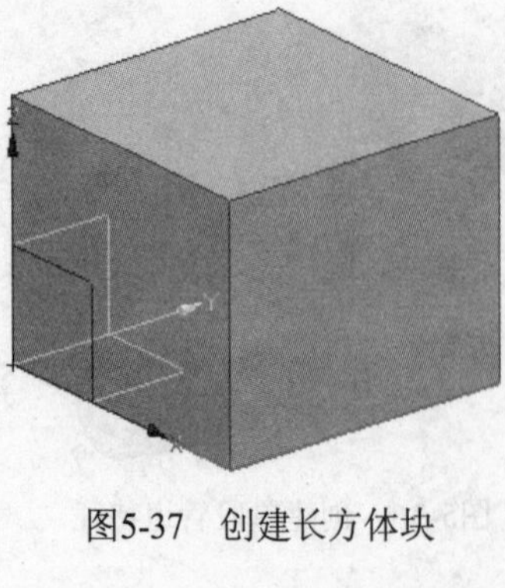

图5-37　创建长方体块

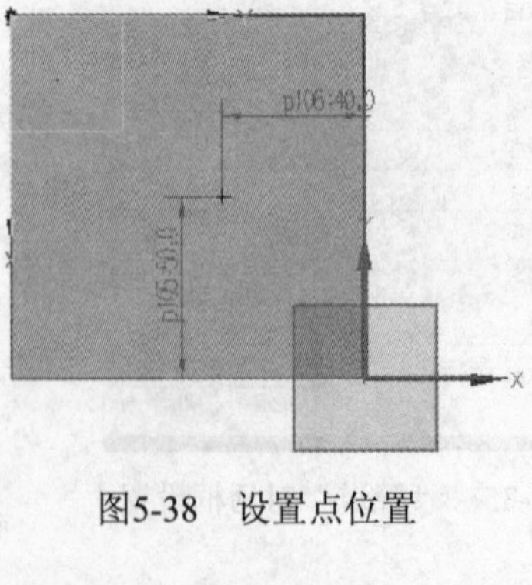

图5-38　设置点位置

完成位置定义后单击(完成草图)按钮，退出草绘模块，并重新弹出“孔”对话框。

“孔”对话框“方向”下面的“孔方向”文本框选择“垂直于面”，“形状和尺寸”下面“螺纹尺寸”中的“大小”文本框选择“M20×2.5”，“径向进刀”文本框选择“0.75”，“深度类型”文本框选择“定制”，“螺纹深度”设置为30mm；单击“旋向”下面的“右旋”选项；“尺寸”下面的“深度限制”文本框选择“值”，“深度”设置为50mm，“顶锥角”设置为120deg；“布尔”下面的“布尔”文本框选择“求差”。完成设置后的“孔”对话框如图5-39所示。

(3) 完成设置后的预览效果图如图5-40所示，单击“孔”对话框中的 确定 按钮，即可创建螺纹孔特征，使用“编辑工作截面”命令将长方体块进行剖切得到如图5-41所示的视图。

提示

孔特征还包括常规孔、钻形孔、螺纹间隙孔和孔系列，其余孔特征的创建类似于螺纹孔特征的创建，请用户参考本小节操作步骤试着创建其余孔特征。

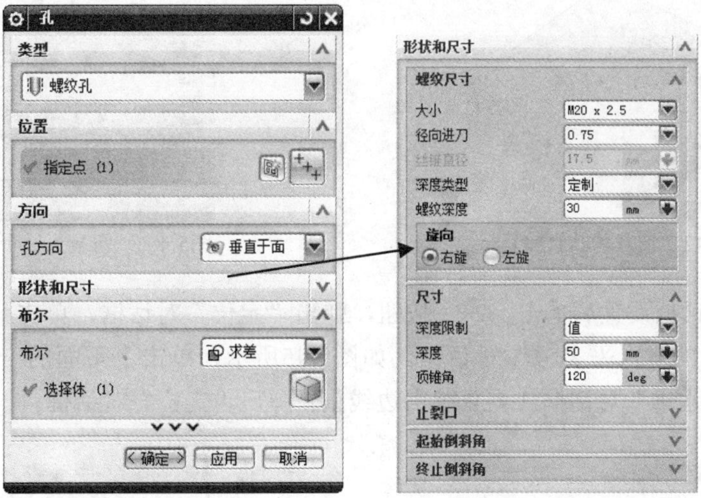

图5-39 “孔”对话框设置

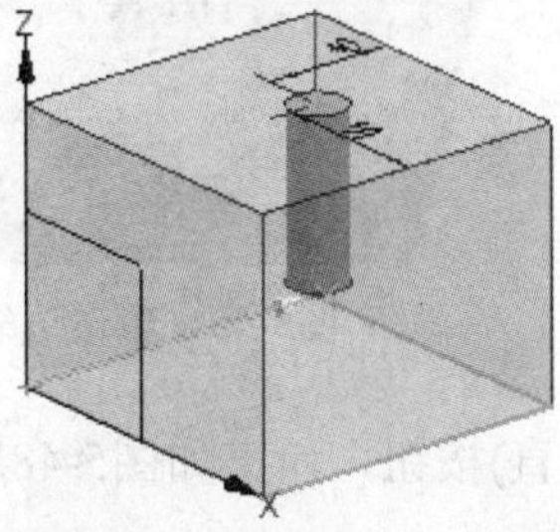

图5-40 螺纹孔预览效果图

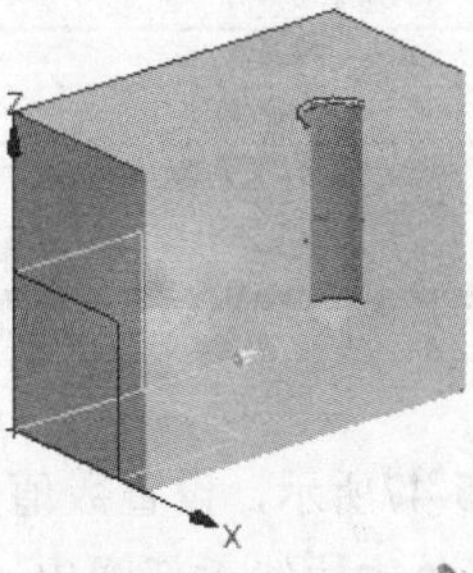

图5-41 编辑工作截面视图

5.4.2 凸台、垫块和凸起

凸台、垫块和凸起三种特征都是在实体面增加指定实体，都需要指定放置平面，并通过定位设置与依附的实体进行准确的定位。这三种特征都支持创建具有拔模特征的实体。

1. 凸台

凸台是指一个端面上有一个附着突出的实体，利用“凸台”工具能够在指定基准面或实体面的外侧创建具有圆柱或圆台特征的实体。具体操作步骤如下：

(1) 创建如图5-42所示的长方体凸台特征，单击(凸台)按钮，弹出“凸台”对话框，单击长方体凸台的上表面作为创建凸台的参考平面。

(2) 在“凸台”对话框的“过滤器”文本框中选择“任意”，“直径”设置为40mm，“高度”设置为30mm，“锥角”设置为5deg。完成设置的“凸台”对话框如图5-43所示。

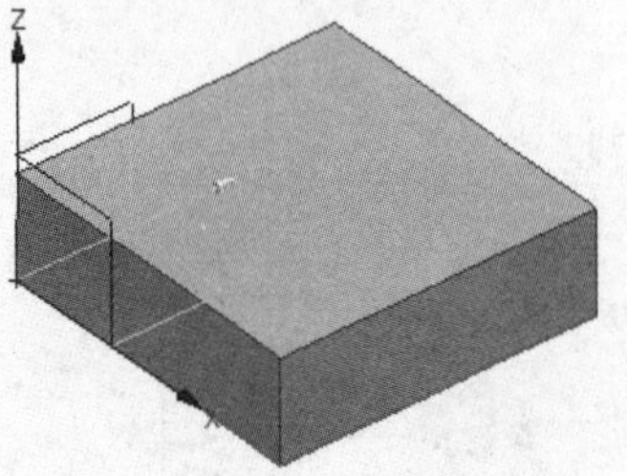

图5-42　长方体凸台特征

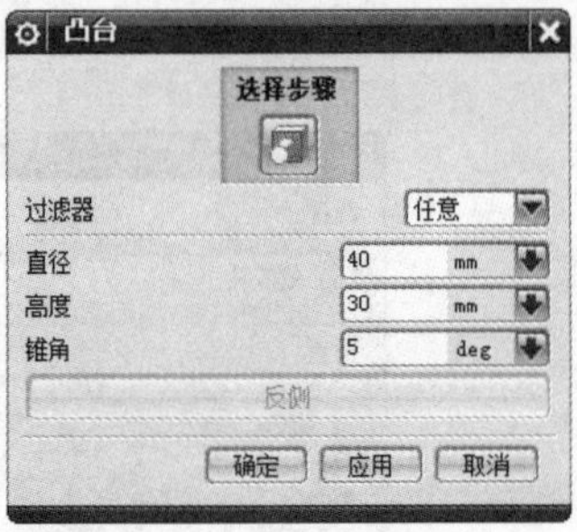

图5-43　“凸台”对话框设置

(3) 完成对话框设置后单击 应用 按钮，弹出“定位”对话框，单击(水平)按钮，弹出如图5-44所示的“水平参考”对话框。如图5-45所示，单击上平面的一条边线，弹出如图5-46所示的“水平”对话框，重复单击边线重新弹出“定位”对话框。

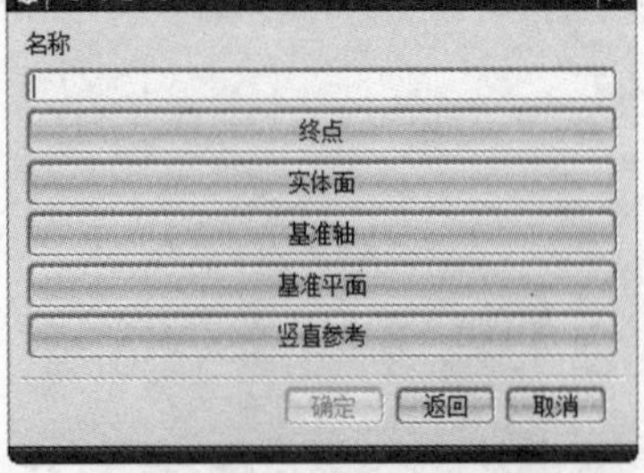

图5-44　“水平参考”对话框

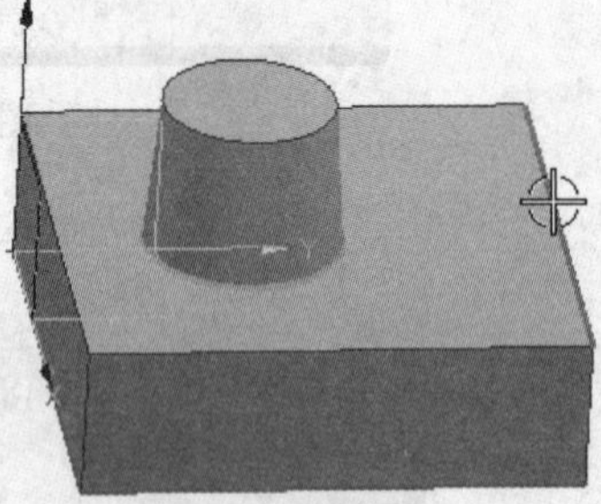

图5-45　单击边线

(4) 如图5-47所示，设置数值为50mm，单击(竖直)按钮，弹出如图5-48所示的“竖直”对话框，重复单击边线重新弹出“定位”对话框。

(5) 设置“定位”对话框数值为50mm，单击 确定 按钮创建凸台，如图5-49所示。

图5-46 “水平”对话框

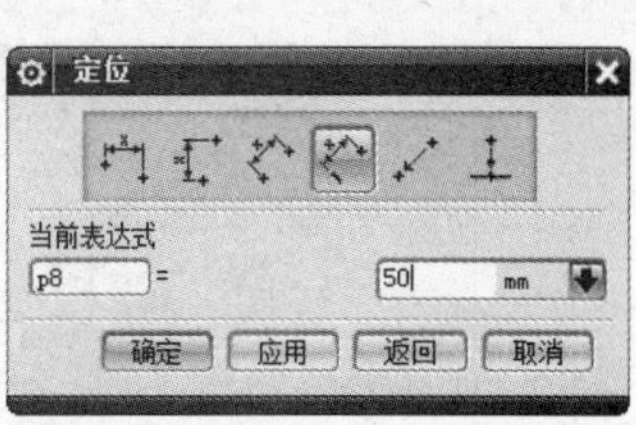

图5-47 “定位”对话框设置

图5-48 “竖直”对话框设置

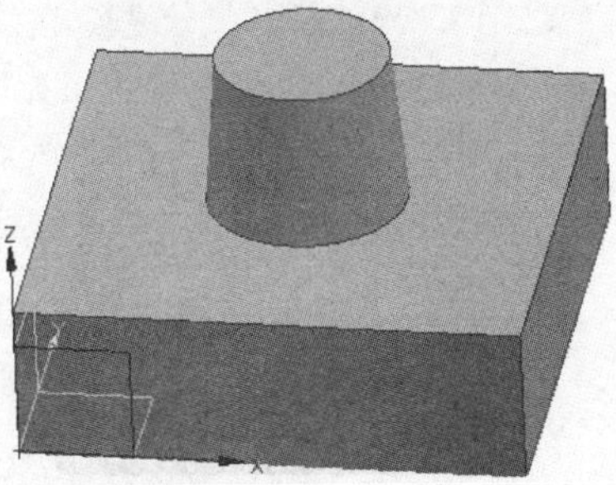

图5-49 创建凸台特征

2. 垫块

利用“垫块”命令可以在实体表面创建矩形和常规两种类型的实体特征。该命令与“凸台”命令的区别是：利用“凸台”工具只能创建圆柱形或圆台的实体特征，而垫块的截面形状可以是任意形状的曲线。具体操作步骤如下：

(1) 创建长方体凸台特征并在上平面创建椭圆轮廓，如图5-50所示，单击(垫块)按钮，弹出如图5-51所示的“垫块”对话框。

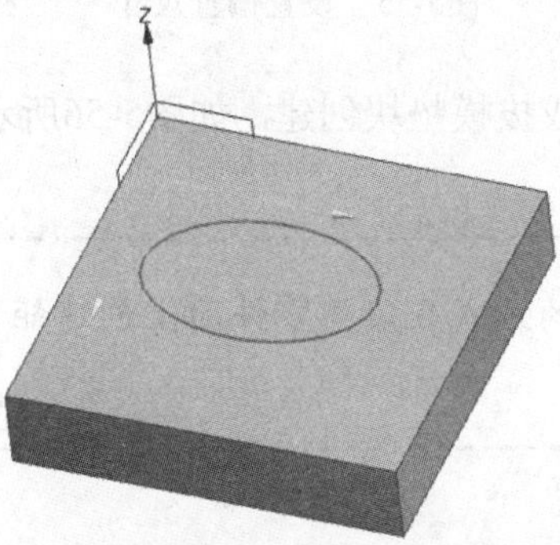

图5-50 创建实体及面上轮廓

图5-51 “垫块”对话框

(2) 单击“垫块”对话框中的常规按钮，弹出如图5-52所示的“常规垫块”对话框。

(3) 单击“常规垫块”对话框中“选择步骤”下面的(放置面)按钮，选择如图5-53所示的面作为“放置面”。

(4) 单击“常规垫块”对话框中“选择步骤”下面的(放置面轮廓)按钮，“常规垫块”对话框“过滤器”下方空白出现变化，“锥角”设置为5deg，右侧文本框选择“恒定”，“相对于”文本框选择“面的法向”，如图5-54所示。

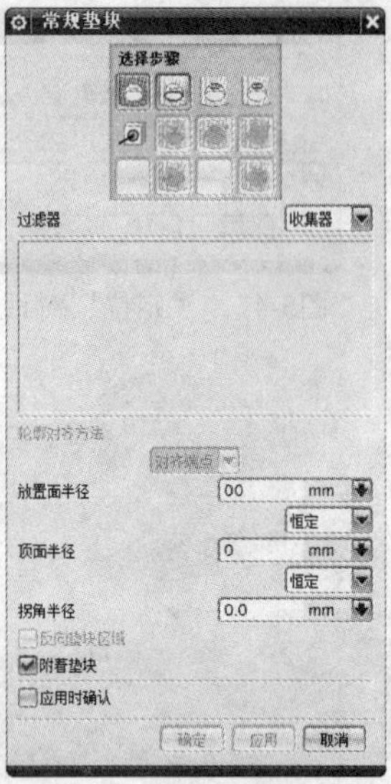

图5-52 “常规垫块”对话框

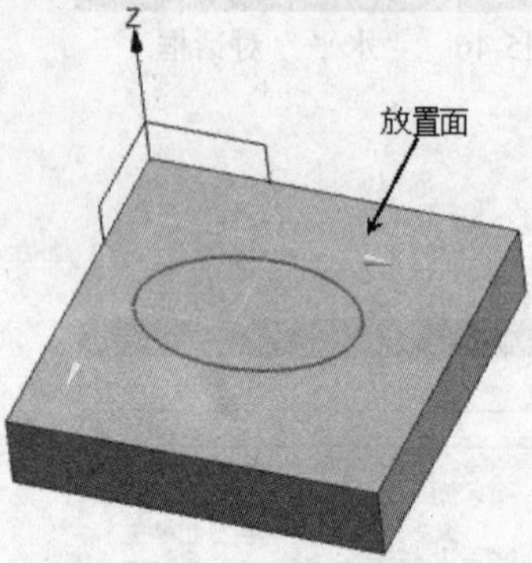

图5-53 选择放置面

(5) 完成设置后单击椭圆轮廓作为选择轮廓，再单击“常规垫块”对话框中“选择步骤”下面的(顶面)按钮，设置过滤器下面的内容如图5-55所示，“顶面”文本框选择“偏置”，“从放置面起”设置为20mm。

图5-54 设置拔模角度

图5-55 设置偏置尺寸

(6) 单击“常规垫块”对话框中的确定按钮，完成拔模垫块创建，如图5-56所示。

提示

用户也可以使用本命令使用“矩形”创建垫块的方式在实体零件面上创建矩形垫块，如图5-57所示。

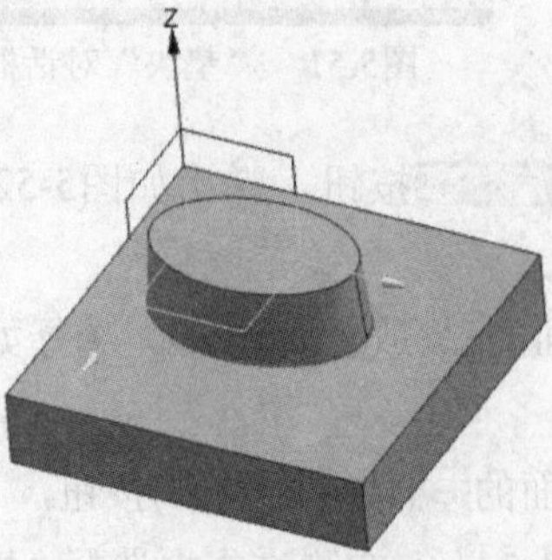

图5-56 创建常规垫块

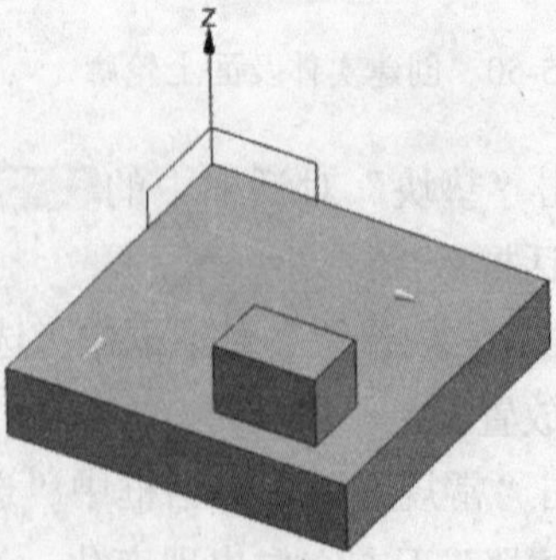

图5-57 创建矩形垫块

3. 凸起

利用“凸起”命令不仅可以选取实体表面上现有的曲线特征，而且还可以进入草图工作环境创建所需截面形状特征。具体操作步骤如下：

(1) 创建长方体凸台特征并在上平面创建圆轮廓，如图5-58所示，单击(凸起)按钮，弹出如图5-59所示的“凸起”对话框。

(2) 单击圆轮廓作为“截面”曲线，单击凸台上平面作为“要凸起的面”，“凸起”对话框中“端盖”下面的“几何体”文本框选择“选定的面”，单击凸台上平面作为“选择面”，“位置”文本框选择“偏置”，“距离”设置为20mm；“拔模”下面的“拔模”文本框选择“从端盖”，默认脱模方向(Z轴方向)，“角度1”设置为5deg，选中“全部设置为相同的值”复选框，“拔模方法”文本框选择“等斜度拔模”。完成设置的“凸起”对话框如图5-60所示。

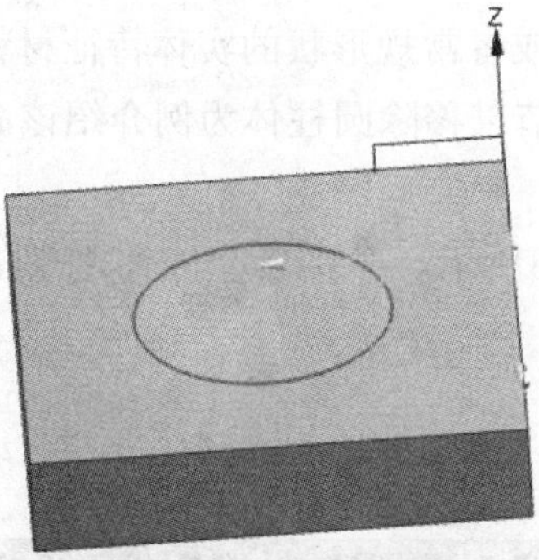

图5-58　创建凸台及轮廓

图5-59　“凸起”对话框

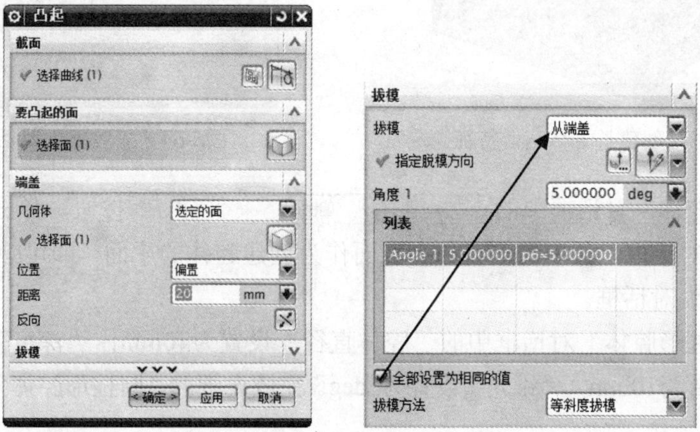

图5-60　“凸起”对话框设置

(3) 完成设置的预览效果如图5-61所示，单击“凸起”对话框中的 确定 按钮，创建凸起特征，如图5-62所示。

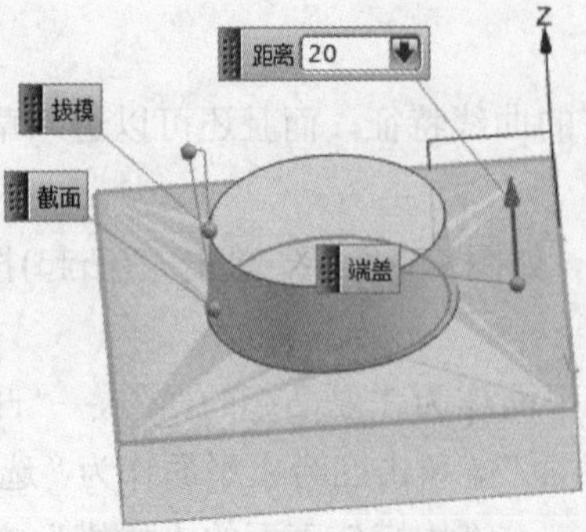

图5-61　凸起预览效果图

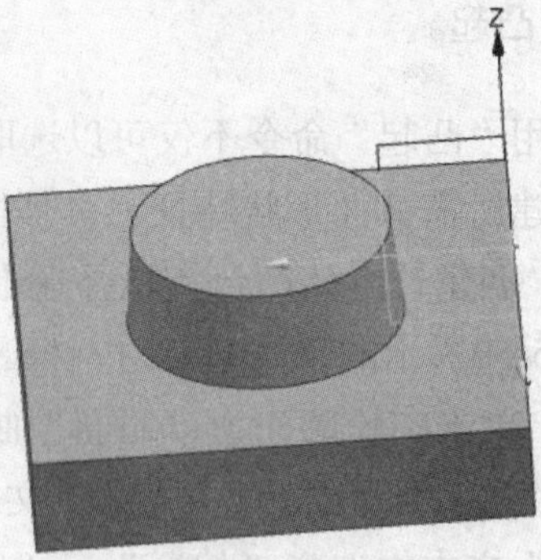

图5-62　创建凸起特征

5.4.3　腔体

利用“腔体”命令可从实体中移除圆柱形、矩形或者常规形状的实体特征材料，亦可以用沿矢量对截面进行投影产生的面来修改片体。本小节以移除圆柱体为例介绍该命令的使用方法。具体操作步骤如下：

(1) 创建100×100×50的长方体凸台特征如图5-63所示，并单击(腔体)按钮，弹出如图5-64所示的“腔体”对话框。

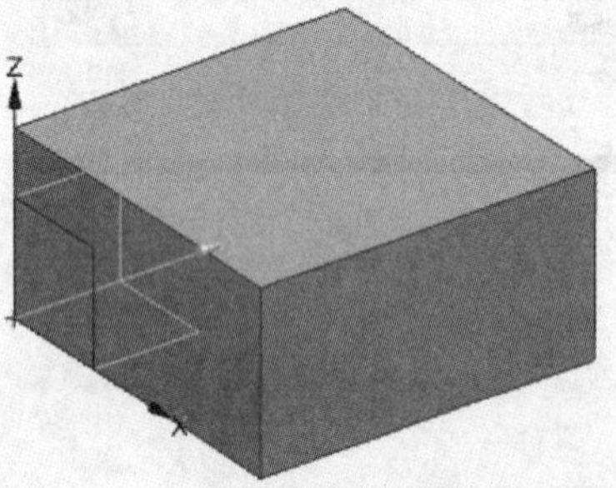

图5-63　创建长方体凸台特征

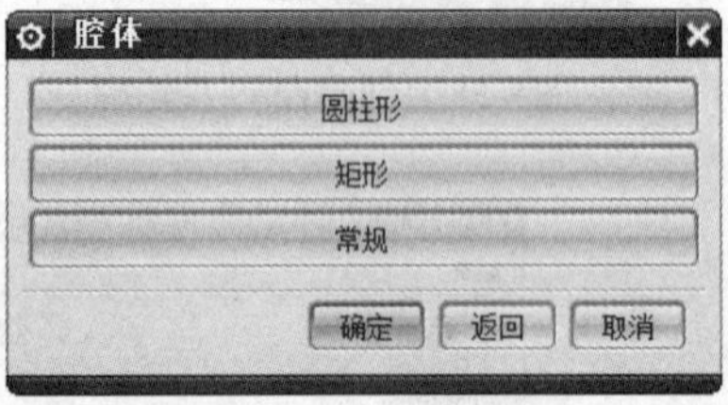

图5-64　“腔体”对话框

(2) 单击“腔体”对话框中的 圆柱形 按钮，弹出如图5-65所示的“圆柱形腔体”对话框，并单击凸台的上表面作为创建腔体的平面，即可弹出进行数据设置的“圆柱形腔体”对话框。

(3) 将“圆柱形腔体”对话框中的“腔体直径”设置为40mm，“深度”设置为20mm，“底面半径”设置为10mm，“锥角”设置为5deg。完成设置的“圆柱形腔体”对话框如图5-66所示。

(4) 单击“圆柱形腔体”对话框中的 确定 按钮，弹出如图5-67所示的“定位”对话框，单击(水平)按钮，弹出如图5-68所示的“水平参考”对话框。

(5) 单击如图5-69所示的“侧平面”作为参考平面，弹出如图5-70所示的“水平”对话框。

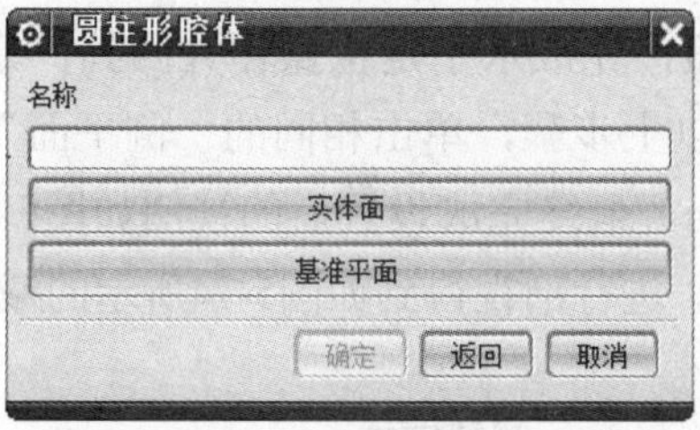

图5-65 “圆柱形腔体”对话框选择

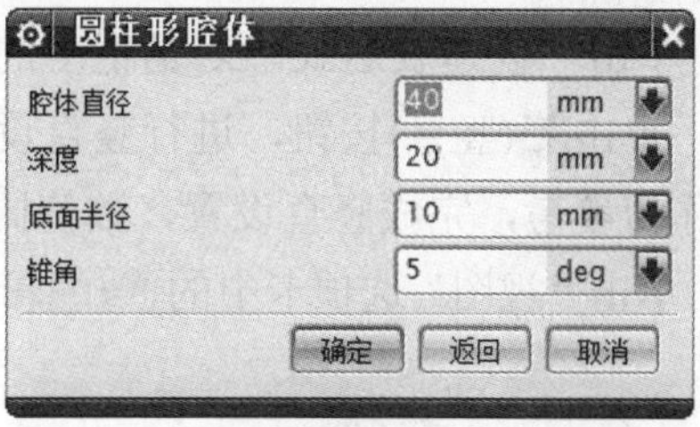

图5-66 “圆柱形腔体”对话框设置

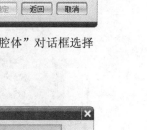

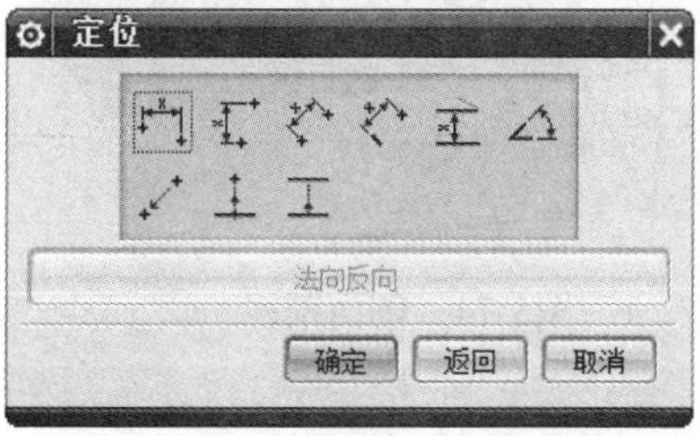

图5-67 “定位”对话框

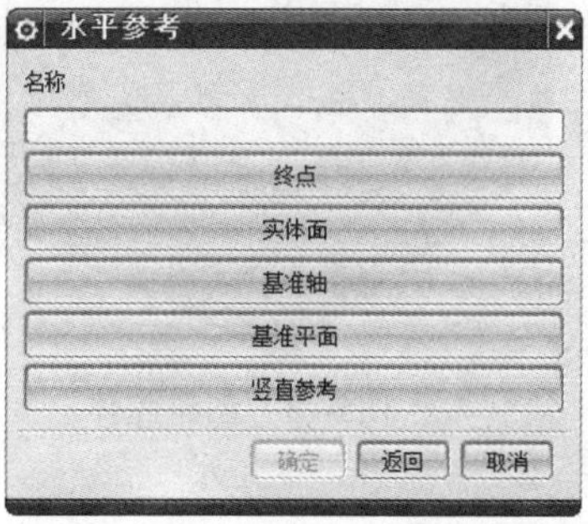

图5-68 “水平参考”对话框

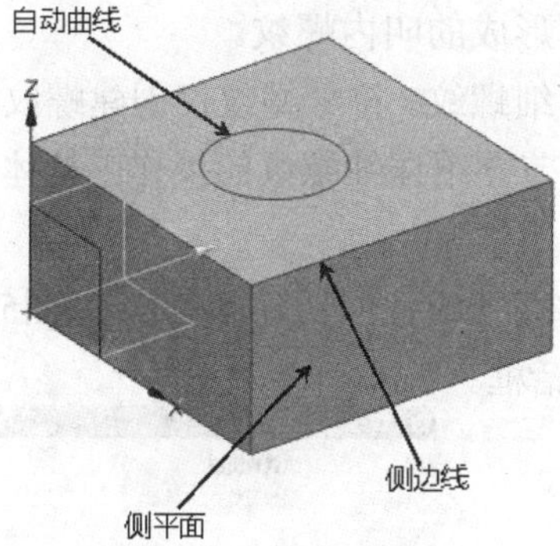

图5-69 单击元素集合

图5-70 “水平”对话框

(6) 选择“侧边线”后单击“自动曲线”，弹出如图5-71所示的“设置圆弧的位置”对话框。单击 圆弧中心 按钮，弹出“创建表达式”对话框，设置数值为50mm，完成设置的对话框如图5-72所示。

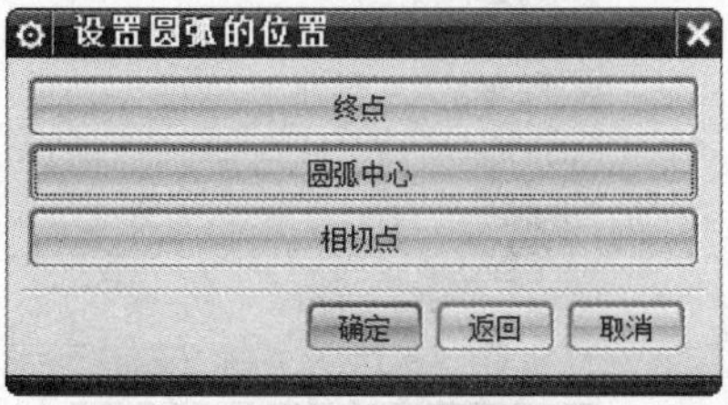

图5-71 “设置圆弧的位置”对话框

图5-72 “创建表达式”对话框设置

(7) 单击“创建表达式”对话框中的 确定 按钮，完成水平定位操作并回到“定位”对话框中，单击 (竖直)按钮，进行竖直设置，重复以上步骤，单击相同的“侧平面”、“侧边线”作为参考，完成竖直设置，数值同样为50mm。最终完成设置后的视图如图5-73所示。

(8) 单击“视图”选项卡中的 (编辑截面)按钮，进行剖视得到如图5-74所示的截面视图。

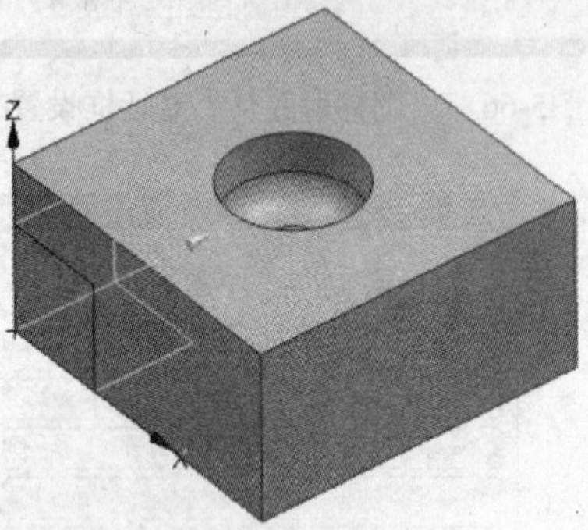

图5-73　创建腔体

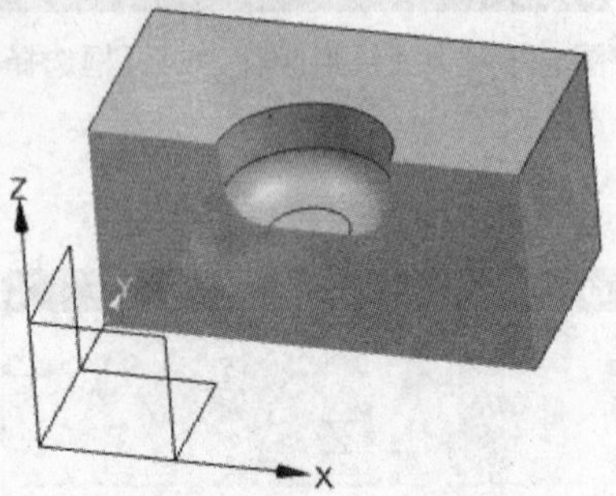

图5-74　侧面剖视

5.4.4　螺纹

“螺纹”是指在旋转实体表面上创建的沿螺旋线所形成的具有相同剖面的连续的凸起或凹槽特征。圆柱体外表面上形成的叫外螺纹，内表面形成的叫内螺纹。

NX 9提供了两种创建螺纹的方式：符号螺纹和详细螺纹。符号螺纹仅创建螺纹线代表实体已创建了螺纹，而详细螺纹可创建螺纹实体。本小节介绍详细螺纹的操作。具体操作步骤如下：

(1) 创建长方体凸台并在凸台上创建一圆柱孔(常规孔或拉伸切除都可)，如图5-75所示。单击 (螺纹)按钮，弹出如图5-76所示的“螺纹”对话框。

图5-75　创建长方体凸台及孔

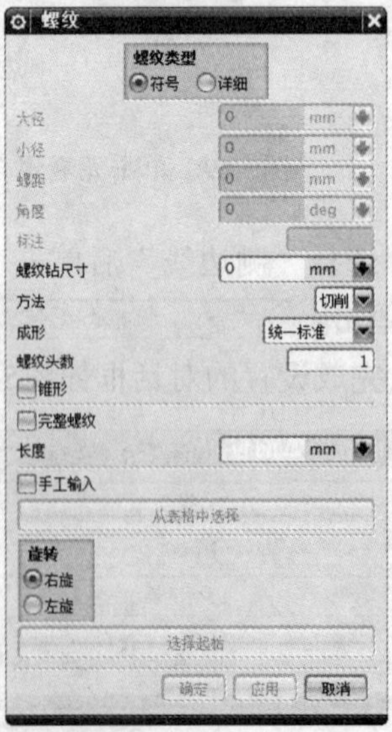

图5-76　“螺纹”对话框

(2) 单击“螺纹”对话框中“螺纹类型”下面的“详细”选项，并单击圆柱孔内侧面，软件自动识别孔直径和长度，并给予合适的螺纹数据，如图5-77所示。

(3) 单击“螺纹”对话框中的 确定 按钮，即可创建详细螺纹，如图5-78所示。

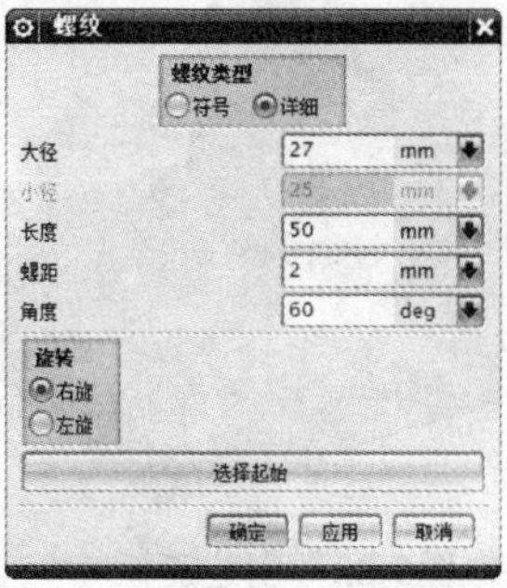

图5-77 “螺纹”对话框设置

图5-78 创建详细螺纹

提示

若软件自动识别的数据不是用户想要的数据，用户可自行改变数据值，创建适合自己的详细螺纹。

5.4.5 筋板

利用“筋板”命令可通过拉伸一个平的截面以与实体相交来添加薄壁筋板或网格筋板。具体操作步骤如下：

	起始文件	\光盘文件\NX 9\Char05\jinban.prt

(1) 根据起始文件路径打开jinban.prt文件，如图5-79所示为已创建好的L型零件和零件上一条直线。

(2) 单击(筋板)按钮，弹出“筋板”对话框。对话框自动选择零件作为“目标”体，单击直线作为“截面”曲线，选中“壁”下面的“平行于剖切平面”选项，“尺寸”文本框选择“对称”，“厚度”设置为5mm。如图5-80所示为完成设置的“筋板”对话框。

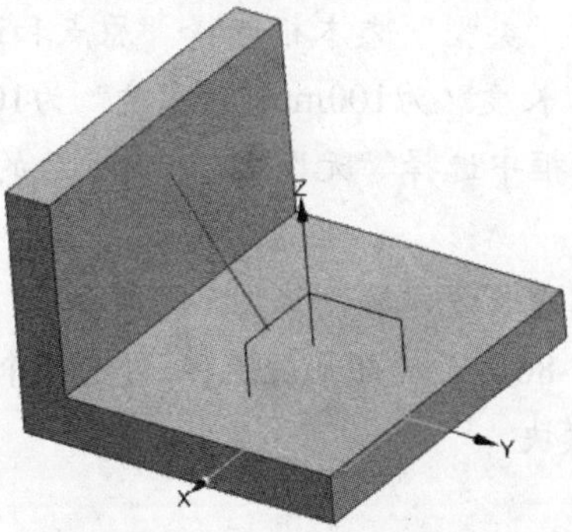

图5-79 起始文件视图

图5-80 “筋板”对话框设置

(3) 如图5-81所示为完成设置的预览效果图。单击“筋板”对话框中的 确定 按钮，即可创建筋板，如图5-82所示。

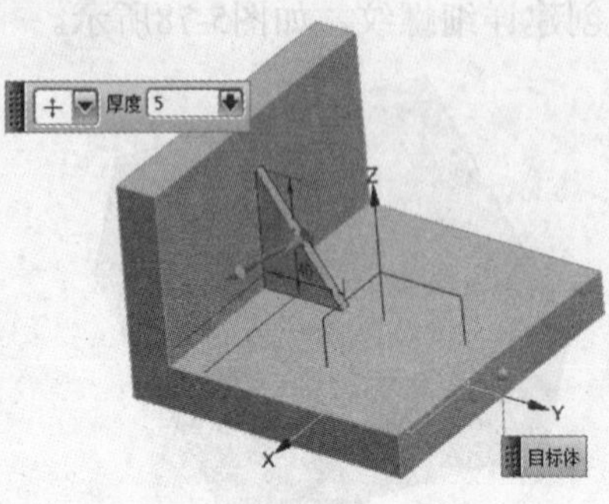

图5-81　预览效果图

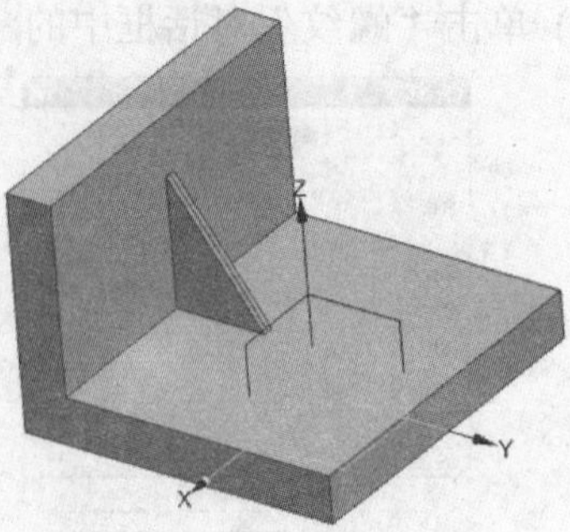

图5-82　创建筋板

5.5 实例示范

前面详细介绍了使用NX 9进行实体特征建模所需的各种命令，本节通过一个实例综合介绍配合草图绘制命令创建实体特征的操作过程。

如图5-83所示为完成实体特征创建的零件模型，创建此模型零件需要使用块、拉伸切除、圆柱体、孔、筋板、螺纹等命令。在学习此零件的创建操作过程以前，用户可自行试验创建此零件模型。

	结果文件	\光盘文件\NX 9\Char05\gaizi.prt
	视频文件	\光盘文件\NX 9\视频文件\Char05\盖子.avi

5.5.1 创建块，并拉伸切除

首先需要创建特征基体，此处使用“块”命令来创建基体，完成后在上平面绘制草图并进行拉伸切除出腔。具体操作步骤如下：

(1) 单击(块)按钮，弹出“块”对话框。其中“类型”文本框选择“原点和边长”，单击坐标原点作为“原点”，设置“尺寸”下面的“长度”为100mm，“宽度”为100mm，“高度”为50mm；　在对话框下方的“布尔”文本框中选择“无”。完成设置后的“块”对话框如图5-84所示。

(2) 单击“块”对话框中的 确定 按钮，即可创建长方体块，如图5-85所示。

(3) 以长方体块的上表面为草绘平面绘制如图5-86所示的矩形轮廓(矩形的每个边距相邻边皆为10mm)，单击(完成草图)按钮退出草绘模块。

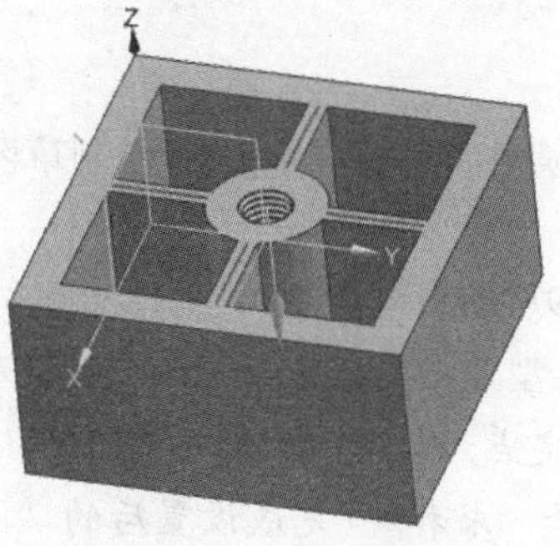

图5-83 结果零件视图

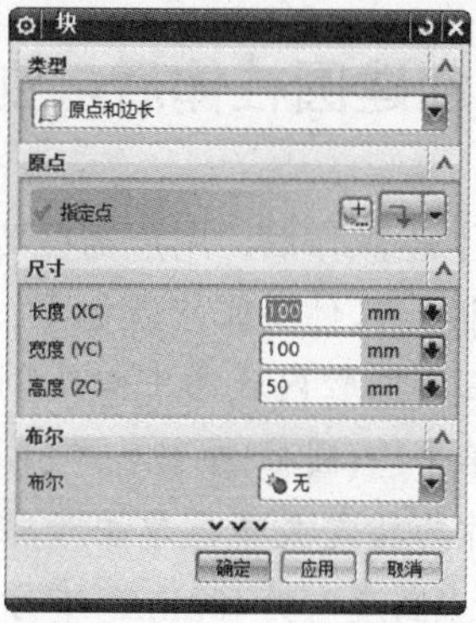

图5-84 “块”对话框设置

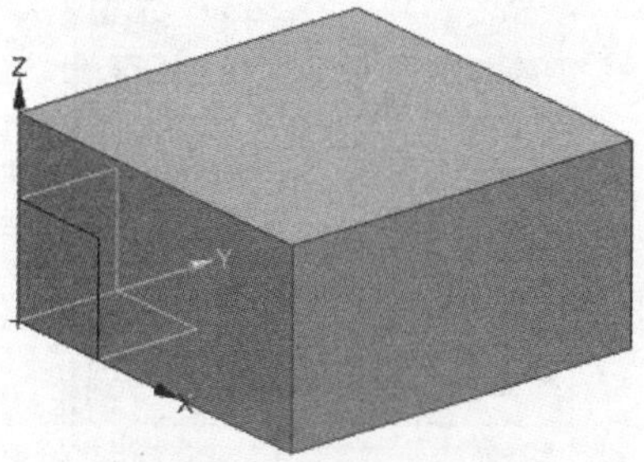

图5-85 创建长方体块

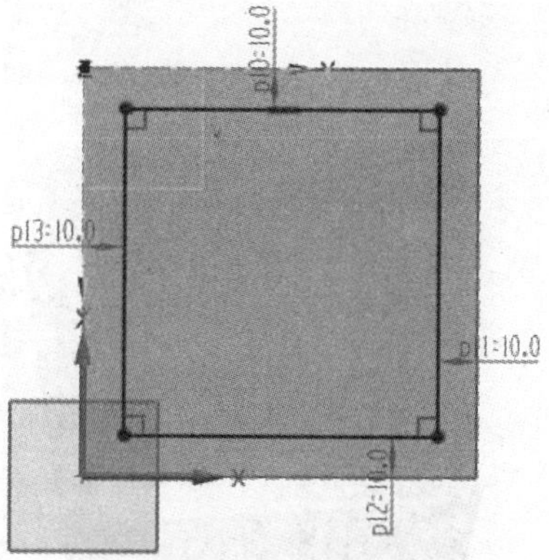

图5-86 绘制矩形轮廓

(4) 单击(拉伸)按钮，弹出“拉伸”对话框。单击绘制的草图轮廓作为“截面”，单击“方向”下面“指定矢量”右侧的(反向)按钮；“限制”下面“开始”文本框选择“值”，设置“距离”为0mm，“结束”文本框选择“值”，设置“距离”为40mm；“布尔”下面“布尔”文本框选择“求差”。完成设置的“拉伸”对话框如图5-87所示。

(5) 单击“拉伸”对话框中的<确定>按钮，即可创建拉伸切除特征，如图5-88所示。

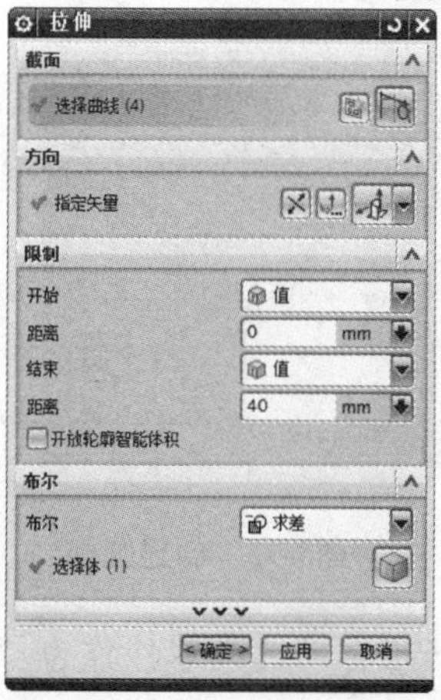

图5-87 “拉伸”对话框设置

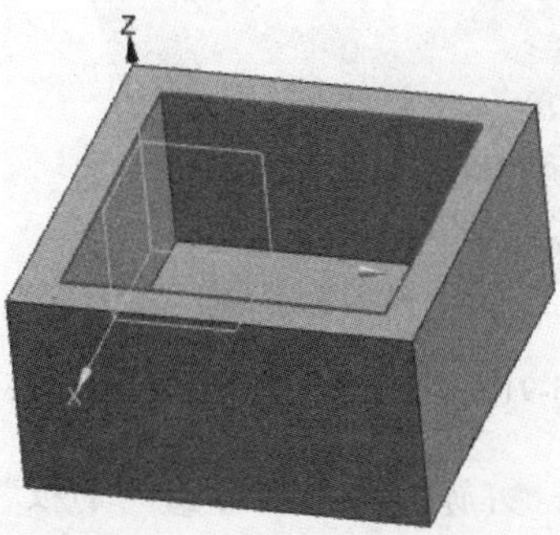

图5-88 创建拉伸切除特征

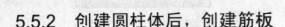

5.5.2 创建圆柱体后，创建筋板

完成上述操作后，用户需在零件腔内底面上创建圆柱体特征，完成后绘制草图轮廓，创建加固筋板。具体操作步骤如下：

(1) 在零件腔内底面中心处创建基准点，如图5-89所示。

(2) 单击(圆柱)按钮，弹出“圆柱”对话框。“类型”文本框选择“轴、直径和高度”，单击Z轴作为指定矢量，单击步骤(1)绘制的点作为指定点；设置“尺寸”下面的“直径”为30mm，“高度”为40mm，下方“布尔”文本框选择“求和”。完成设置后的“圆柱”对话框如图5-90所示。

图5-89 创建基准点

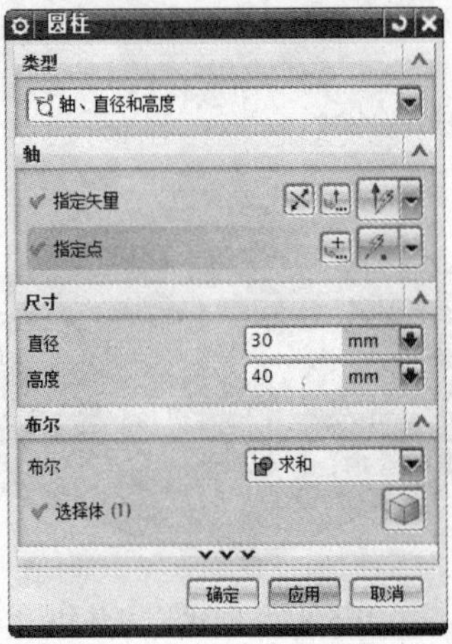

图5-90 “圆柱”对话框设置

(3) 单击“圆柱”对话框中的 确定 按钮，完成圆柱创建，如图5-91所示。

(4) 单击上表面绘制如图5-92所示的草图轮廓，绘制的直线应通过边线的中点，单击(完成草图)按钮退出草绘模块。

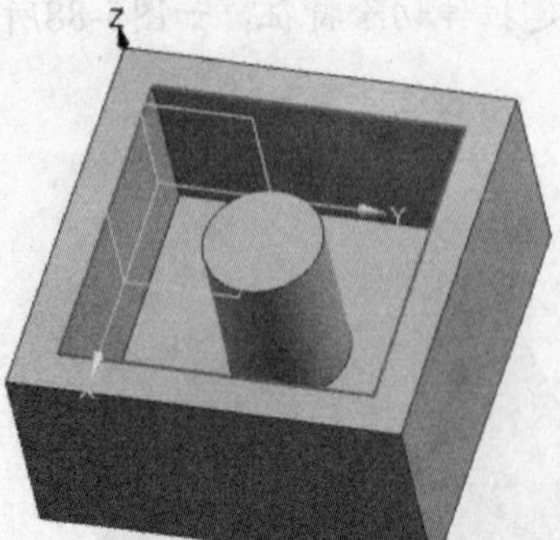

图5-91 “圆柱”对话框设置

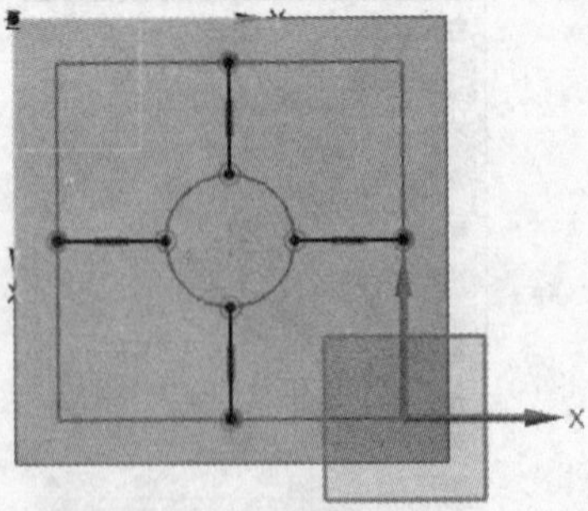

图5-92 创建圆柱

(5) 单击(筋板)按钮，弹出“筋板”对话框。对话框自动选择零件作为“目标”体，单击绘制的直线草图作为“截面”曲线，选中“壁”下面的“垂直于剖切平面”选项，“尺

寸”文本框选择“对称”，“厚度”设置为5mm。如图5-93所示为完成设置的“筋板”对话框。

(6) 单击“筋板”对话框中的 确定 按钮，即可创建筋板，如图5-94所示。

图5-93　“筋板”对话框设置

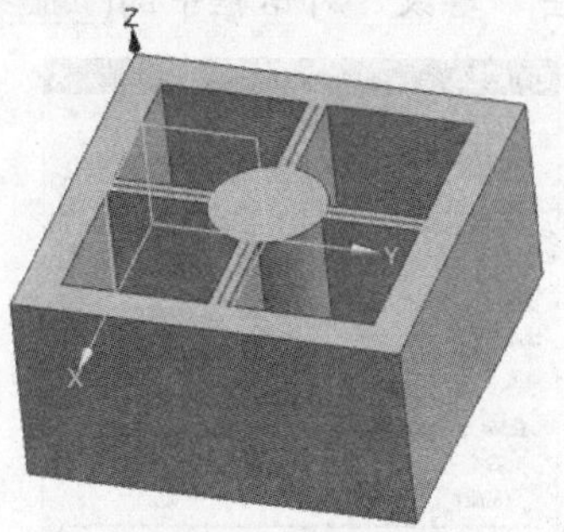

图5-94　创建筋板

5.5.3　创建简单孔后，创建螺纹特征

完成以上操作后，需要在零件特征中心创建简单孔特征，完成后创建详细螺纹特征。具体操作步骤如下：

(1) 单击(孔)按钮，弹出“孔”对话框。“类型”文本框选择“常规孔”，单击零件上表面中心点作为“位置”，“方向”下面的“孔方向”文本框选择“垂直于面”；“形状和尺寸”下面的“成形”文本框选择“简单”；“尺寸”下面的“直径”设置为12mm，“深度限制”文本框选择“值”，“深度”设置为50mm，“顶锥角”设置为118deg；“布尔”下面的“布尔”文本框选择“求差”。完成设置的“孔”对话框如图5-95所示。

(2) 单击“孔”对话框中的 确定 按钮，即可创建常规孔，如图5-96所示。

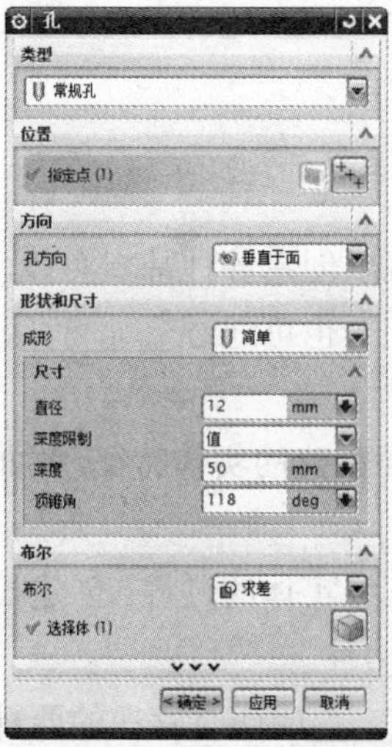

图5-95　“孔”对话框设置

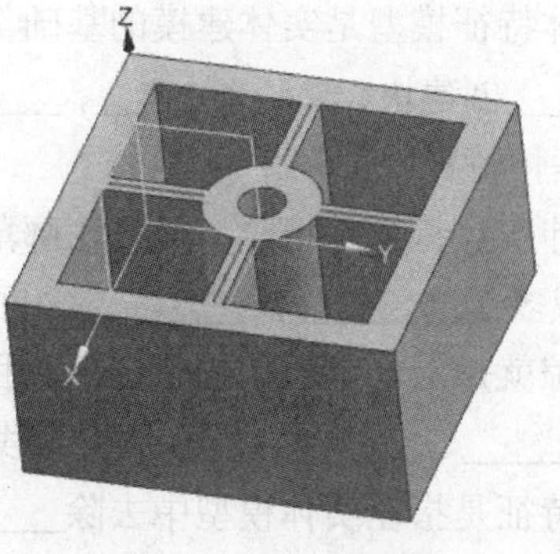

图5-96　创建常规孔

(3) 单击(螺纹)按钮，弹出“螺纹”对话框。选中“螺纹”对话框中“螺纹类型”下面的“详细”选项，并单击圆柱孔内侧面，软件自动识别孔直径和长度，并给予合适的螺纹数据，如图5-97所示。

(4) 单击“螺纹”对话框中的 确定 按钮，即可创建详细螺纹，如图5-98所示。

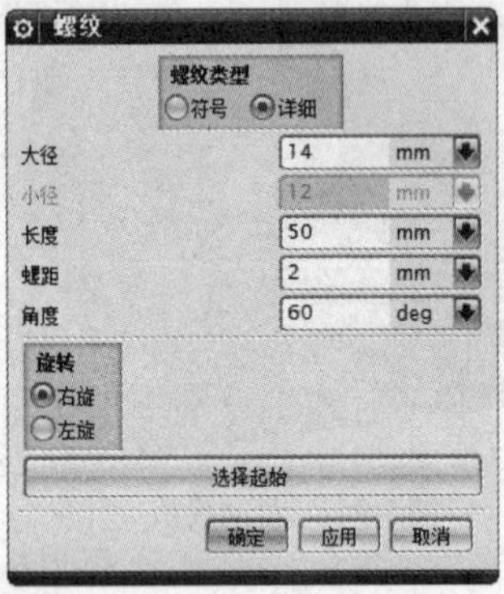

图5-97 “螺纹”对话框设置

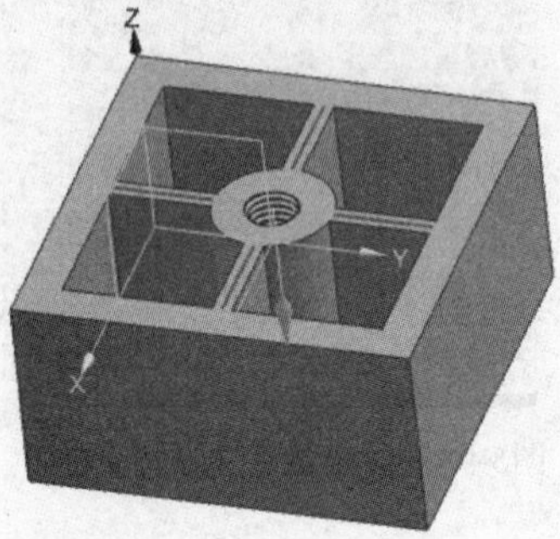

图5-98 创建详细螺纹

5.6 本章小结

本章介绍了实体建模模块进行建模所需的各种命令，包括基体特征创建、扫掠特征创建、设计特征创建等，并且使用一个实例综合介绍了本章的命令操作。作为NX 9基本章节，本章大部分内容需要用户熟练掌握。

5.7 习 题

一、填空题

1. 基体特征模型是实体建模的基础，通过相关操作可以创建各种基本实体，用户可直接使用________创建块、球、________、________等基体特征，也可通过________、________的方法创建基体特征。

2. 拉伸实体特征是将________轮廓草图进行拉伸从而创建的实体特征，截面轮廓草图可以是一个或多个________，________之间不能自交。

3. 扫掠就是沿一定的扫描轨迹，使用二维草图创建三维实体的过程。创建扫掠特征的命令包括________、________、沿引导线扫掠和________4种。

4. 孔特征是指在实体模型中去除________、________或同时存在的两种特征的实体而形成的实体特征。孔特征包括________、________、螺纹间隙孔、________和孔系列。

5. 利用“腔体”命令可从实体中移除_________、_________或者常规形状的实体特征材料，亦可以用沿矢量对截面进行投影产生的面来修改片体。

6. 在__________或成一定角度的_________内创建的具有实体截面形状特征的草图轮廓线和具有实体曲率特征的扫掠路径曲线，使用“扫掠”命令即可创建所需的实体。

7. 沿引导线扫掠是沿着一定的引导线进行扫掠操作，可将_________、_________、曲线或者_________创建为实体或者片体。

二、简答题

1. 实体建模的特点有哪些？

2. 实体建模的一般设计流程是什么？

三、上机操作

1. 打开源文件\光盘文件\NX 9\Char05\hezi.prt，如图5-99所示，请用户参考本章介绍的内容及此实体特征建模的尺寸创建此盒子零件。

2. 打开源文件\光盘文件\NX 9\Char05\zhou.prt，如图5-100所示，请用户参考本章介绍的内容及此实体特征建模的尺寸创建此回转轴零件(请用户自行测量尺寸，测量尺寸的方法请参考第13章内容)。

图5-99 上机操作习题1

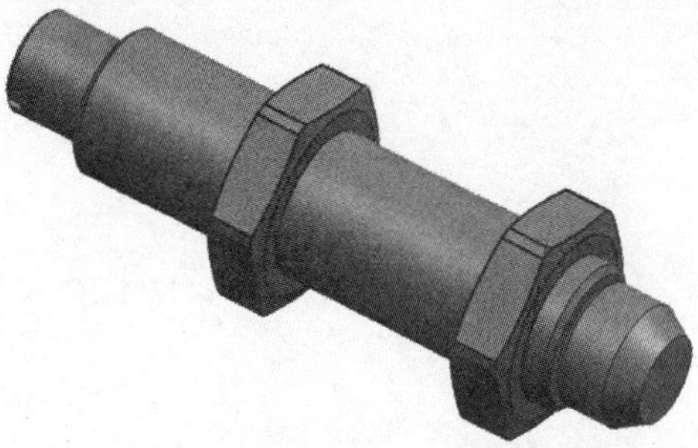

图5-100 上机操作习题2

第6章

实 体 编 辑

前面介绍了实体建模所需要的各种操作命令的操作方法，本章介绍进行实体编辑所需的各种命令。实体编辑命令包括细节特征操作、布尔运算、修剪特征和实体编辑等命令。

学习目标

- ✧ 熟练掌握实体编辑命令的各种用法
- ✧ 熟练掌握细节特征操作和修剪特征的各种用法
- ✧ 熟悉布尔运算的操作方法

6.1 布尔运算

布尔运算通过对两个以上的物体进行并集、差集、交集运算，从而得到新实体特征，用于处理实体造型中多个实体的合并关系。在NX 9中，系统提供了三种布尔运算方式，即求和、求差、求交。

6.1.1 求和

求和布尔命令可将两个或多个工具实体的体积组合为一个目标体。注意，目标体和工具体必须重叠或共享面，这样才会生成有效的实体。具体操作步骤如下：

	起始文件	\光盘文件\NX 9\Char06\qiuhe.prt

(1) 根据起始文件路径打开qiuhe.prt文件，文件视图如图6-1所示，用户可使用鼠标将上下任意一个零件选中，说明两者无布尔关联。

(2) 单击(求和)按钮，弹出如图6-2所示的“求和”对话框。

(3) 单击上面的零件作为“目标”，单击下面的零件作为“工具”，单击“求和”对话框中的确定按钮，得到求和后的结果如图6-3所示。此时用户再使用鼠标单击零件，即会发现上下零件合为一体。

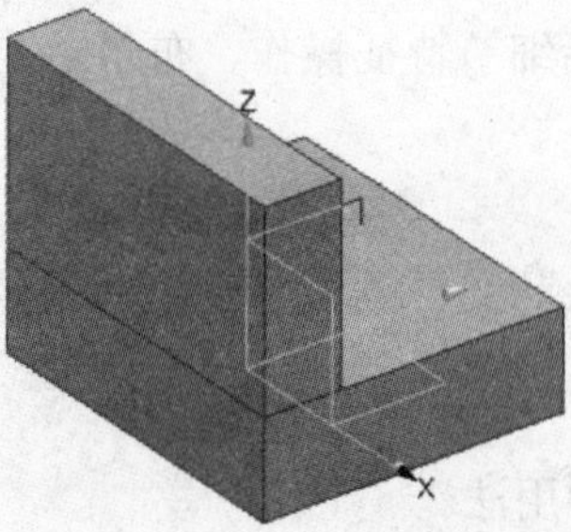

图6-1 求和起始文件视图

图6-2 “求和”对话框

6.1.2 求差

求差布尔命令可将两个或多个工具实体的体积从一个目标实体中修剪掉。注意目标体和工具体必须存在相交区域才可以进行求差操作。具体操作步骤如下：

	起始文件	\光盘文件\NX 9\Char06\qiucha.prt

(1) 根据起始文件路径打开qiucha.prt文件，文件视图如图6-4所示，用户可使用鼠标将两

个零件中的任意一个选中，说明两者无布尔关联。

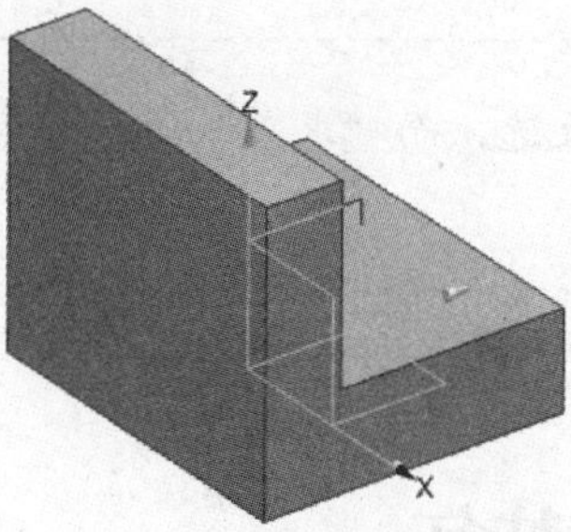

图6-3　布尔求和结果视图

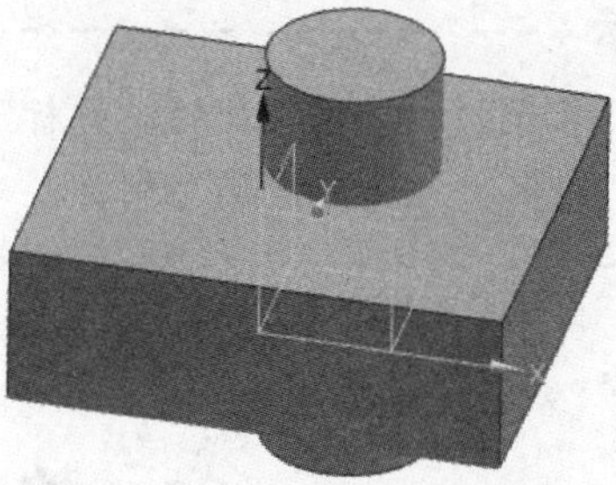

图6-4　求差起始文件视图

(2) 单击(求差)按钮，弹出如图6-5所示的“求差”对话框。

(3) 单击长方体作为“目标”体，单击圆柱体作为“工具”，单击“求差”对话框中的确定按钮，得到求差后的结果如图6-6所示。

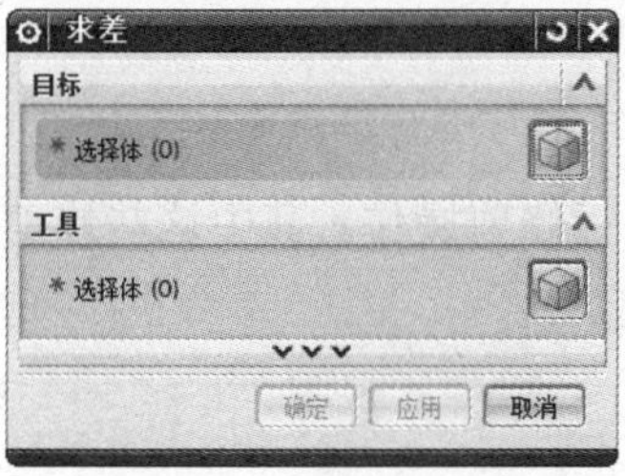

图6-5　“求差”对话框

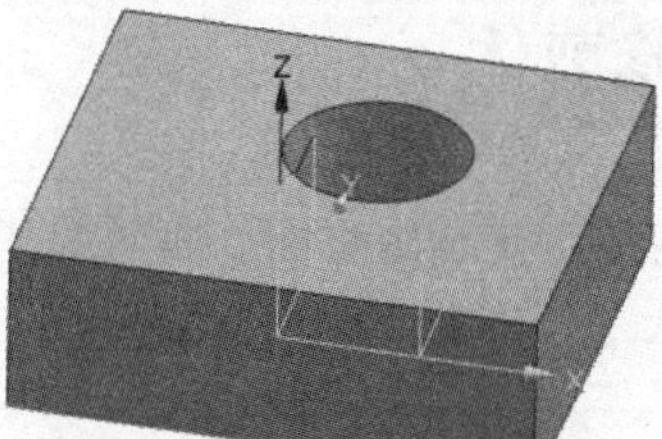

图6-6　布尔求差结果视图

6.1.3　求交

求交布尔命令可创建目标体与一个或多个工具体的共享体积或区域的体。求交所使用的几何体既可以是实体也可以是片体。具体操作步骤如下：

(1) 同样还使用qiucha.prt文件，单击(求交)按钮，弹出如图6-7所示的“求交”对话框。

(2) 单击长方体作为“目标”体，单击圆柱体作为“工具”，单击“求交”对话框中的确定按钮，得到求交后的结果如图6-8所示。

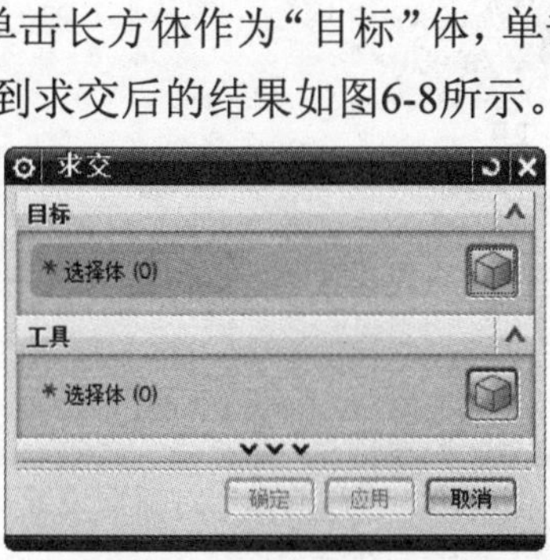

图6-7　“求交”对话框

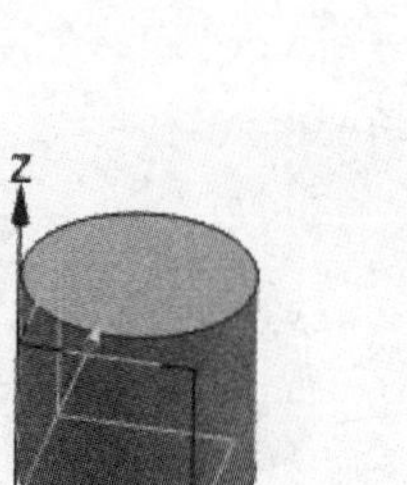

图6-8　布尔求交结果视图

提示

“求和”和“求交”的“目标”和“工具”可以反选，而“求差”的不可以任意选择，请用户注意此点的不同。

6.2 修剪/偏置/缩放特征

通过对实体进行修剪操作可将一个实体修剪成多个实体，亦可使用偏置/缩放命令创建与原来不同的实体特征。

6.2.1 修剪体

“修剪体”是利用平面、曲面或基准平面对实体进行修剪操作。其中这些修剪面必须完全通过实体，否则无法完成修剪操作。具体操作步骤如下：

	起始文件	\光盘文件\NX 9\Char06\xiujian.prt

(1) 根据起始文件路径打开xiujian.prt，如图6-9所示，通过打开的视图可以看到一旋转曲面与圆柱体相交。

(2) 单击(修剪体)按钮弹出“修剪体”对话框。单击圆柱体作为“目标”，“工具”下面的“工具选项”文本框选择“面或平面”，单击曲面作为修剪工具。完成设置的“修剪体”对话框如图6-10所示。

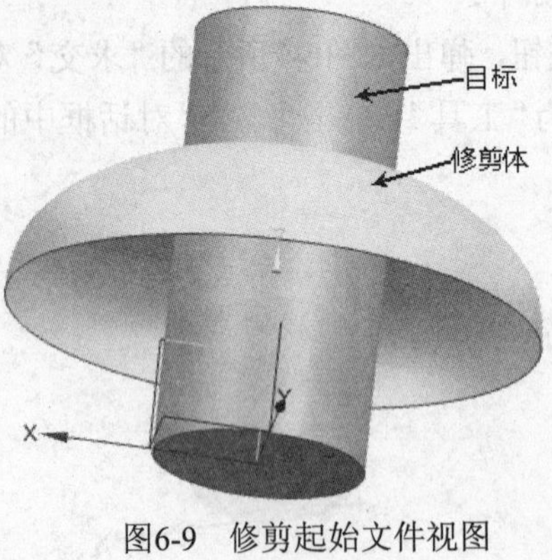

图6-9 修剪起始文件视图

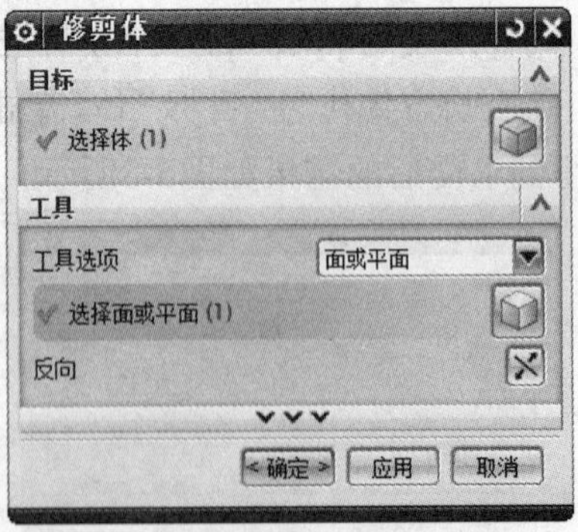

图6-10 “修剪体”对话框设置

(3) 如图6-11所示为完成设置后的预览视图，此时用户需选择要修剪的方向，箭头指向即为需修剪掉的部分，用户可双击箭头改变指向或单击“修剪体”对话框中的(反向)按钮；

单击“修剪体”对话框中的<确定>按钮，完成修剪操作，如图6-12所示(得到的结果会将修剪工具显示出来，用户可将其隐藏)。

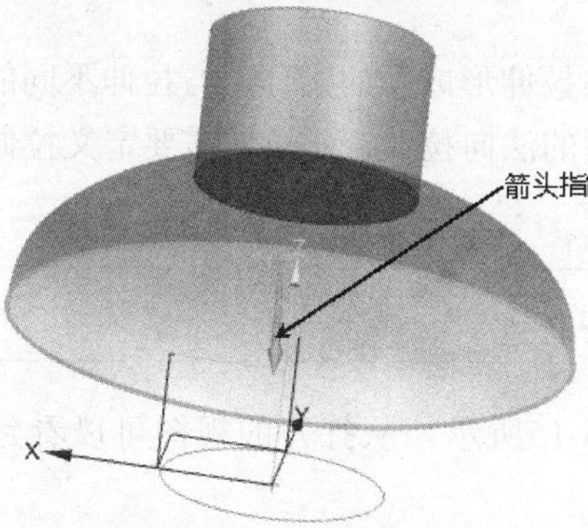

图6-11 修剪预览效果图

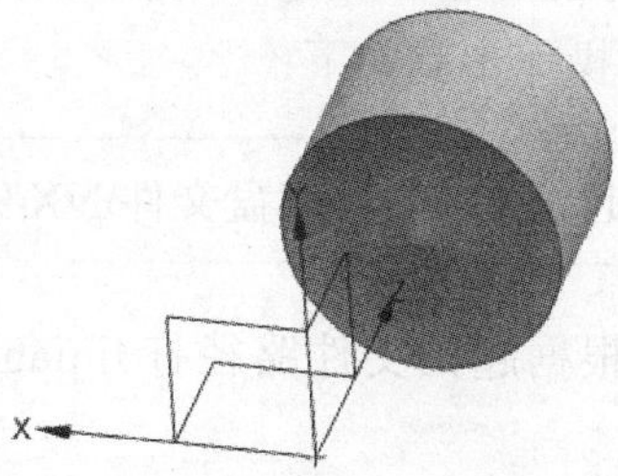

图6-12 修剪结果视图

提示

完成修剪后得到的零件仍然是参数化实体，用户可双击零件设置原特征参数。

6.2.2 拆分体

“拆分体”是利用曲面、基准平面或几何体将一个实体分割为多个实体。具体操作步骤如下：

(1) 仍然采用上节使用的起始文件，打开xiujian.prt文件，单击(拆分体)按钮，弹出“拆分体”对话框。

(2) 单击圆柱体作为“目标”，“工具”下面的“工具选项”文本框选择“面或平面”，单击曲面作为修剪工具，完成设置的“拆分体”对话框如图6-13所示。

(3) 单击“拆分体”对话框中的确定按钮，隐藏曲面后得到如图6-14所示的拆分后视图。

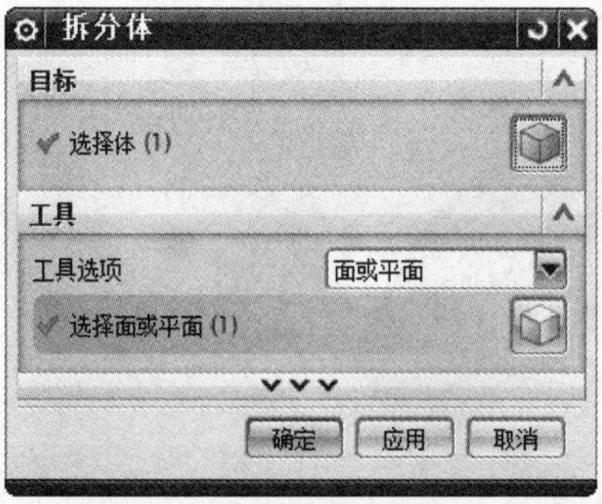

图6-13 “拆分体”对话框设置

图6-14 拆分结果视图

6.2.3 加厚

利用“加厚”命令可以将曲面沿一定矢量方向拉伸形成新的实体，与拉伸不同的是：加厚拉伸的是曲面，而不是曲线，加厚可以沿着曲面的法向拉伸，而拉伸需要定义拉伸矢量方向。具体操作步骤如下：

	起始文件	\光盘文件\NX 9\Char06\jiahou.prt

(1) 根据起始文件路径打开jiahou.prt，如图6-15所示，从打开的视图可以看到一旋转曲面。

(2) 单击(加厚)按钮，弹出“加厚”对话框。单击视图中的曲面作为“面”，“厚度”下面的“偏置1”设置为1mm，“偏置2”设置为1.5mm。完成设置的“加厚”对话框如图6-16所示。

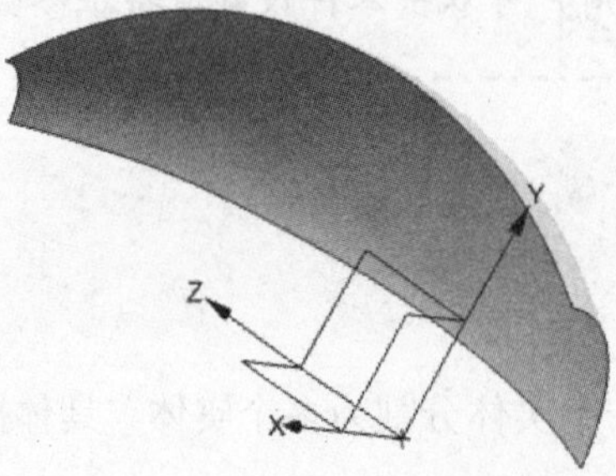

图6-15　起始文件视图

图6-16　“加厚”对话框设置

(3) 单击“加厚”对话框中的< 确定 >按钮，完成加厚曲面操作，如图6-17所示。

提示

用户可单击“加厚”对话框中的(反向)按钮，改变创建的实体在曲面两侧的位置。

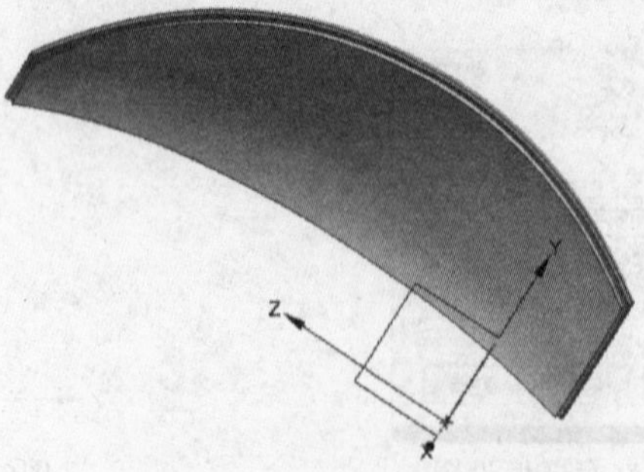

图6-17　创建加厚实体特征

6.2.4 抽壳特征

"抽壳"是指从指定的平面向下移除一部分材料而形成的具有一定厚度的薄壁体。常用于将成形实体掏空，使零件厚度变薄的操作。具体操作步骤如下：

(1) 创建边为100mm×100mm×50mm的长方体块，如图6-18所示，并单击(抽壳)按钮，弹出"抽壳"对话框。

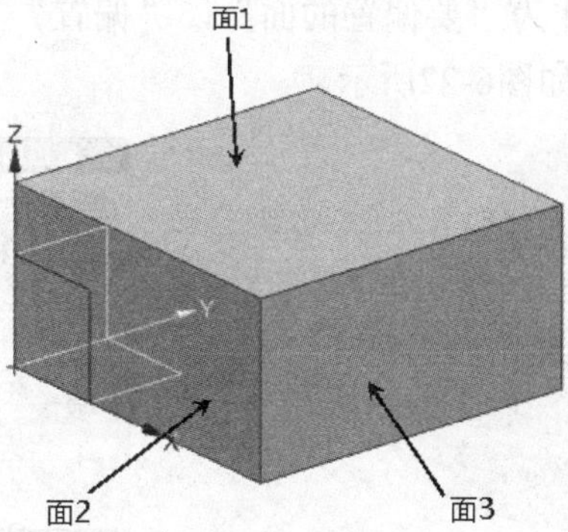

图6-18 创建长方体块

(2) 在"抽壳"对话框的"类型"文本框下选择"移除面，然后抽壳"选项，单击视图中的"面1"、"面2"、"面3"作为"要穿透的面"，"厚度"下面的"厚度"设置为5mm；完成设置的"抽壳"对话框如图6-19所示。

(3) 单击"抽壳"对话框中的<确定>按钮，完成抽壳操作，如图6-20所示。

图6-19 "抽壳"对话框设置

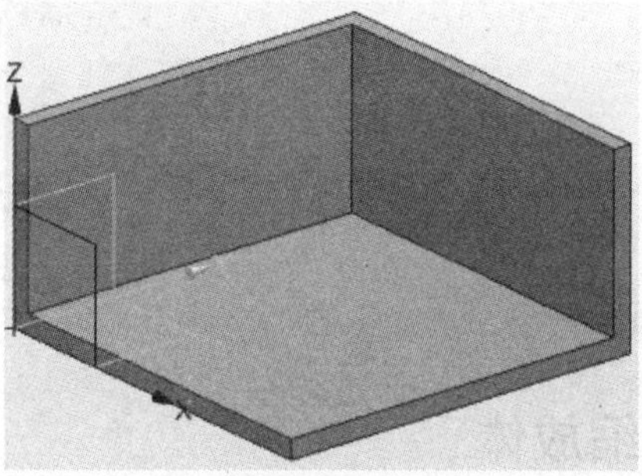

图6-20 创建抽壳零件

提示

单击"抽壳"对话框中的(反向)按钮，可改变壁厚向内或向外。

6.2.5 偏置面

利用“偏置面”命令可在实体表面创建等距离偏置面，并通过移动实体的表面形成新的实体。具体操作步骤如下：

(1) 创建底部直径为50mm，顶部直径为30mm，高度为25mm的圆锥，如图6-21所示，单击(偏置面)按钮，弹出“偏置面”对话框。

(2) 单击圆锥的顶平面作为“要偏置的面”，“偏置”下面的“偏置”设置为8mm。完成设置的“偏置面”对话框如图6-22所示。

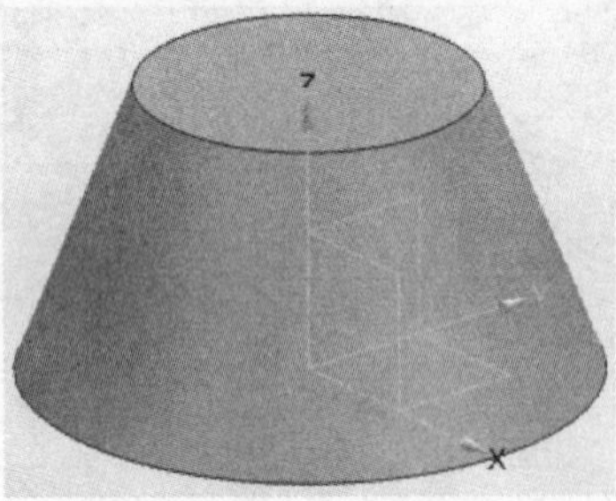

图6-21 创建圆锥体

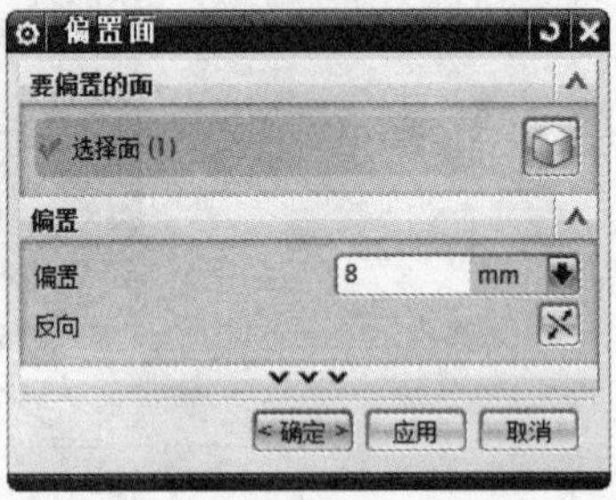

图6-22 “偏置面”对话框设置

(3) 单击“偏置面”对话框中的<确定>按钮，完成偏置操作，如图6-23所示。

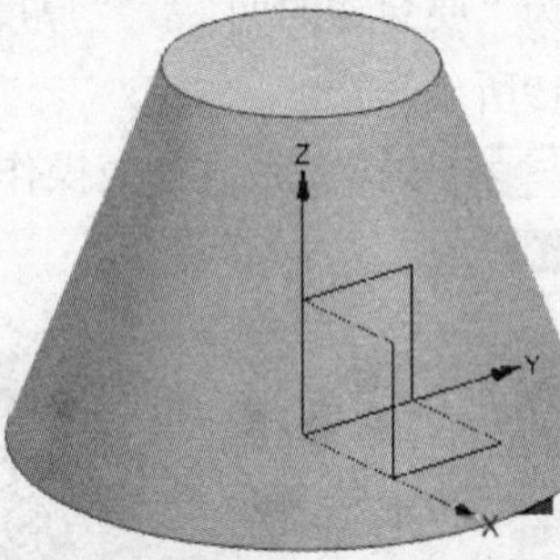

图6-23 完成偏置操作

6.2.6 缩放体

“缩放体”命令用来缩放实体的大小，用于改变对象的尺寸或相对位置。不论缩放点在什么位置，实体都会以该点为基准在形状尺寸和相对位置上进行相应的缩放。

“缩放体”命令提供了“均匀”、“轴对称”和“常规”三种方式的缩放操作。本小节以轴对称的方式介绍缩放操作。具体操作步骤如下：

(1) 创建如图6-24所示的葫芦造型的实体零件，单击(缩放体)按钮，弹出“缩放体”对话框。

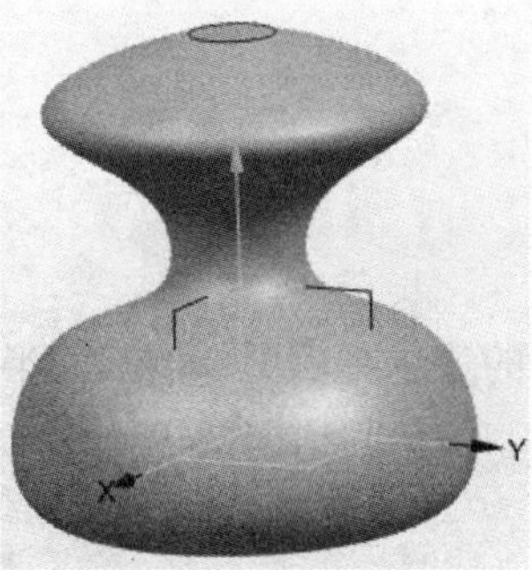

图6-24 创建实体零件

(2) 在“缩放体”对话框的“类型”文本框下选择“轴对称”选项，单击零件实体作为“体”，单击旋转轴作为“缩放轴”，“比例因子”下面的“沿轴向”设置为1.2，“其他方向”设置为1.5。完成设置的“缩放体”对话框如图6-25所示。

(3) 单击“缩放体”对话框中的确定按钮，完成缩放操作，如图6-26所示。

提示

“均匀”方式是整体性等比例缩放，“常规”方式是根据所设的比例因子在所选的轴方向和垂直于该轴的方向进行等比例缩放。

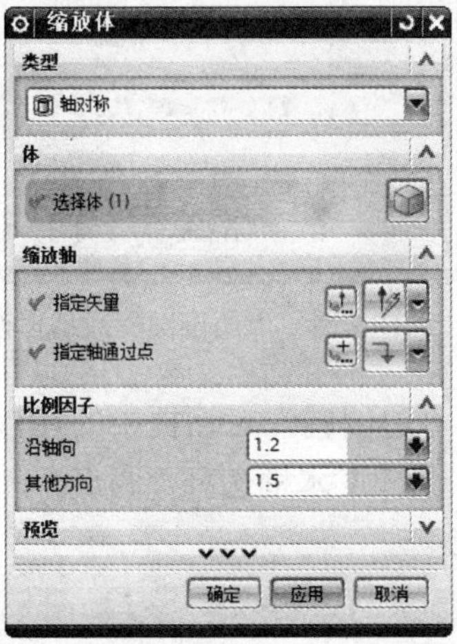

图6-25 “缩放体”对话框设置

图6-26 完成缩放操作

6.3 细 节 特 征

细节特征是创建复杂精确模型的关键工具，创建的实体可以作为后续分析、仿真和加工等操作对象。细节特征是对实体的必要补充，并对实体进行必要的修改和编辑，以创建出更精细、逼真的实体模型。

6.3.1 边倒圆

"边倒圆"是指对面之间陡峭的边进行倒圆，倒圆的半径可以根据需要进行设定。该命令可进行等半径倒圆、变半径倒圆、拐角回切倒圆等操作，本小节仅对常用的等半径倒圆和变半径倒圆进行介绍。

1. 固定半径边倒圆

固定半径边倒圆是指在指定的边上半径是固定的，但如果同时指定几条边，则每条边上的半径是可以分别进行设置的。具体操作步骤如下：

(1) 创建边为100mm×100mm×50mm的长方体块，如图6-27所示，并单击(边倒圆)按钮，弹出"边倒圆"对话框。

(2) 单击视图中的"边1"作为"要倒圆的边"，"形状"文本框选择"圆形"，"半径1"设置为10mm。完成设置的"边倒圆"对话框如图6-28所示。

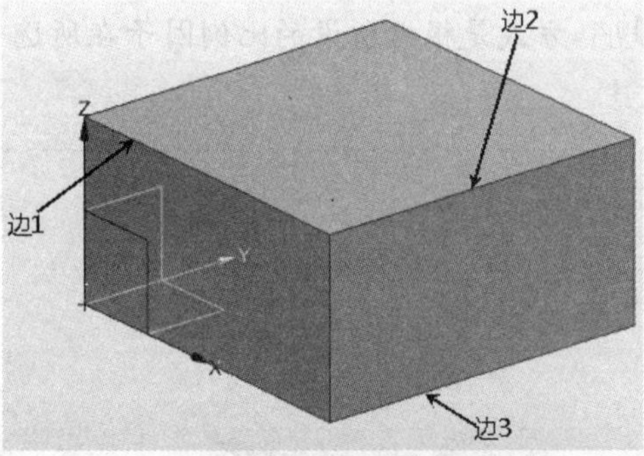

图6-27　创建长方体块

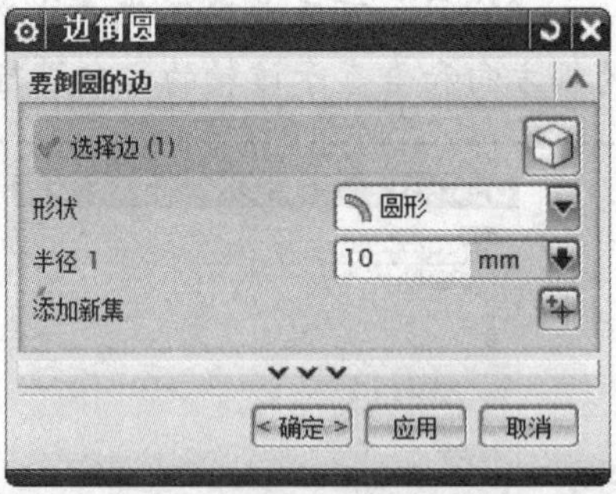

图6-28　"边倒圆"对话框设置1

(3) 如图6-29所示为完成设置的预览效果图。单击"边倒圆"对话框中的(添加新集)按钮，单击视图中的"边2"作为"要倒圆的边"，"形状"文本框选择"圆形"，"半径2"设置为12mm。完成设置的"边倒圆"对话框如图6-30所示。

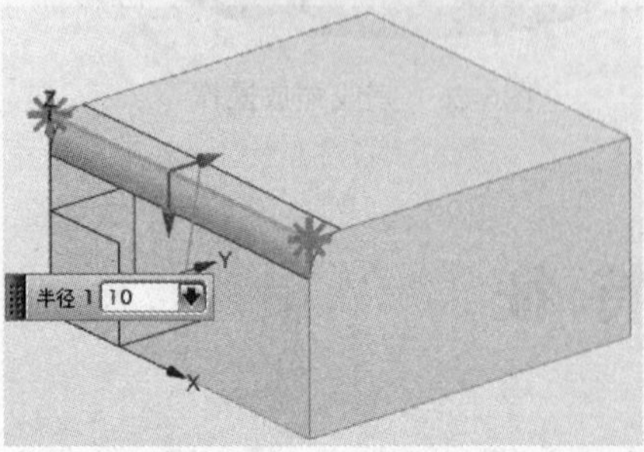

图6-29　设置1预览效果图

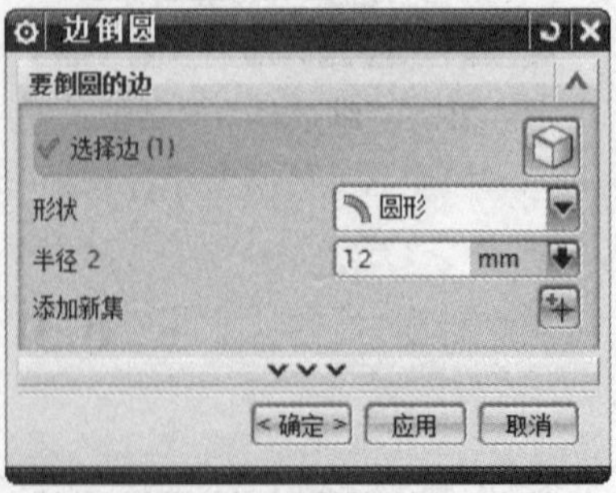

图6-30　"边倒圆"对话框设置2

(4) 如图6-31所示为完成设置的预览效果图。单击"边倒圆"对话框中的(添加新集)按钮，单击视图中的"边3"作为"要倒圆的边"，"形状"文本框选择"圆形"，"半径3"设置为15mm。完成设置的"边倒圆"对话框如图6-32所示。

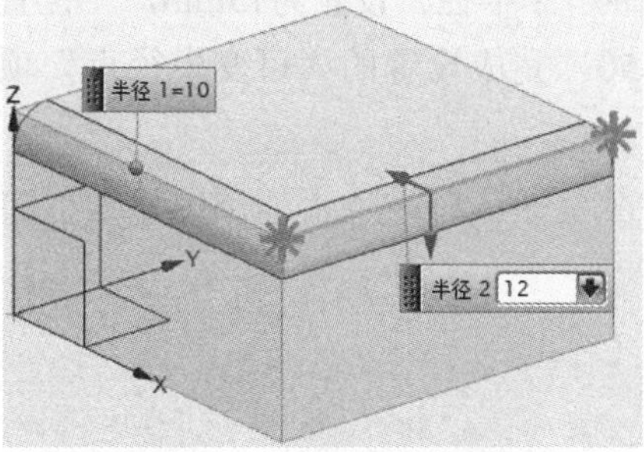

图6-31 设置2预览效果图

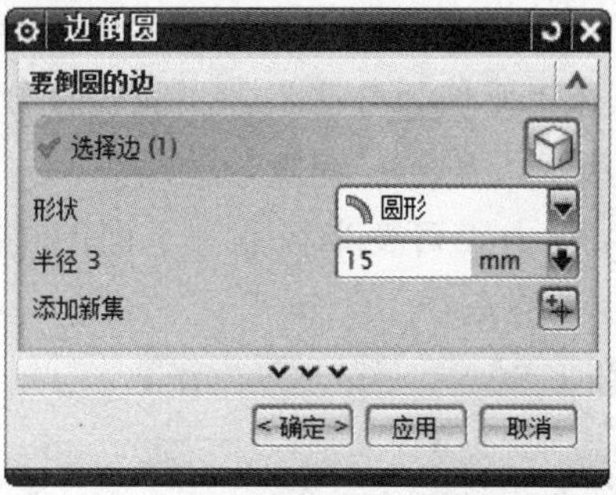

图6-32 "边倒圆"对话框设置3

(5) 如图6-33所示为完成设置的预览效果图。单击"边倒圆"对话框中的按钮，完成边倒圆操作，如图6-34所示。

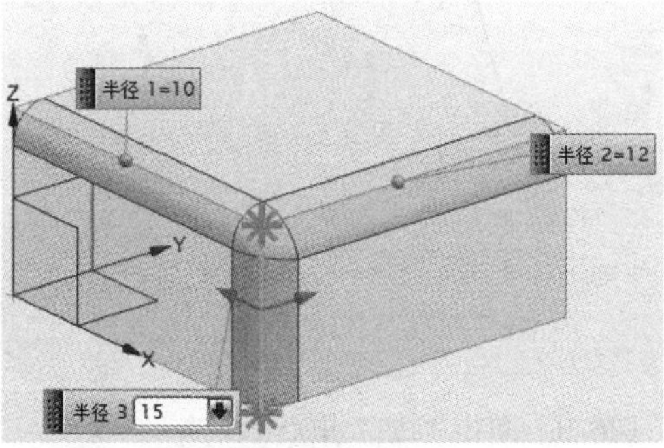

图6-33 设置3预览效果图

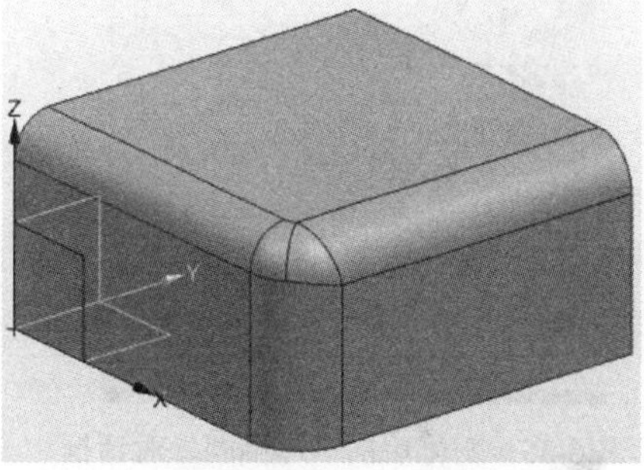

图6-34 完成边倒圆操作

提示

用户也可将不同位置的边线同时选中作为"要倒圆的边"，进行一次设置后，即可将不同的边进行相同半径的倒圆。

2. 可变半径倒圆

可变半径倒圆是指在指定的边上进行倒圆时，可以在边上指定不同的变半径点，并设置不同的半径，系统便会根据设置在边上进行变半径倒圆。具体操作步骤如下：

(1) 同样以100mm×100mm×50mm的长方体块介绍可变半径倒圆。单击(边倒圆)按钮，弹出"边倒圆"对话框。

(2) 单击视图中的"边1"作为"要倒圆的边"，"形状"文本框选择"圆形"，"半径1"设置为10mm。

(3) 单击"边倒圆"对话框下方的(更多)按钮，并单击改变后的"边倒圆"对话框框“可变半径点”右侧的 按钮，得到如图6-35所示的“边倒圆”对话框。

(4) 单击“可变半径点”下面的“指定新的位置”字样后，单击如图6-36所示的视图“边1”的中点。

(5) 将“边倒圆”对话框中“可变半径点”下面的“V半径”设置为13mm，“位置”文本框选择“弧长百分比”，“弧长百分比”设置为50。完成设置的“可变半径点”项目如图6-37所示。

(6) 单击“可变半径点”下面的“指定新的位置”字样后，单击如图6-38所示的视图“边1”的终点。

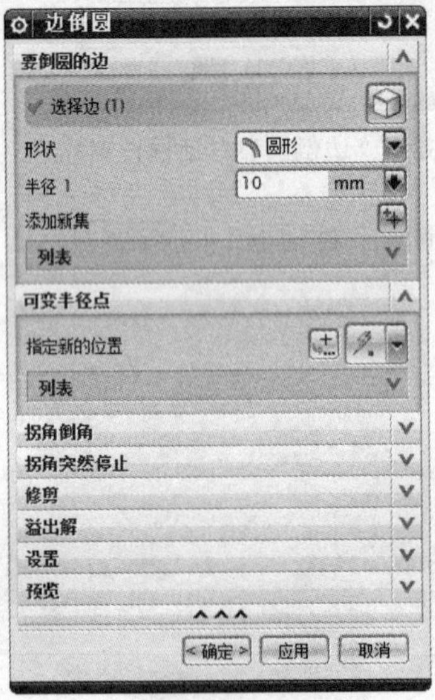

图6-35 变化后的“边倒圆”对话框

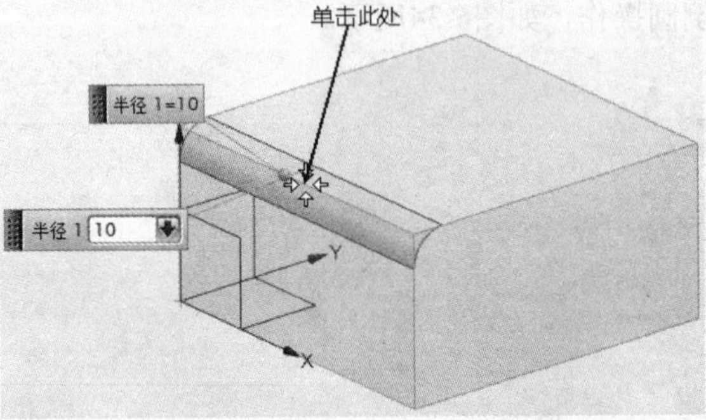

图6-36 单击“边1”中点

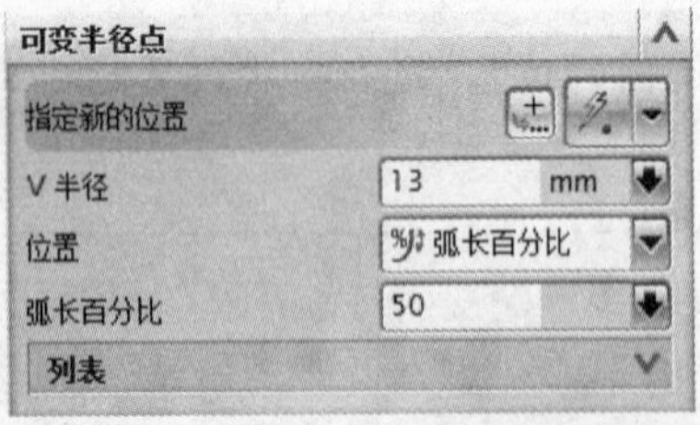

图6-37 “可变半径点”项目设置1

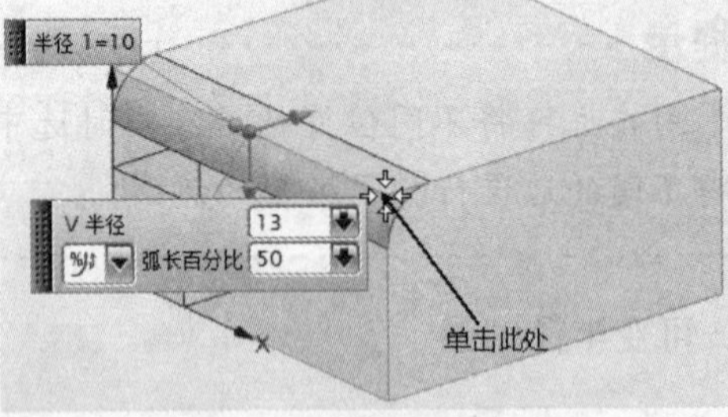

图6-38 单击“边1”终点

(7) 将“边倒圆”对话框中“可变半径点”下面的“V半径”设置为15mm，“位置”文本框选择“弧长百分比”，“弧长百分比”设置为0。完成设置的“可变半径点”项目如图6-39所示。

(8) 单击“边倒圆”对话框中的 <确定> 按钮，完成边倒圆操作，如图6-40所示。

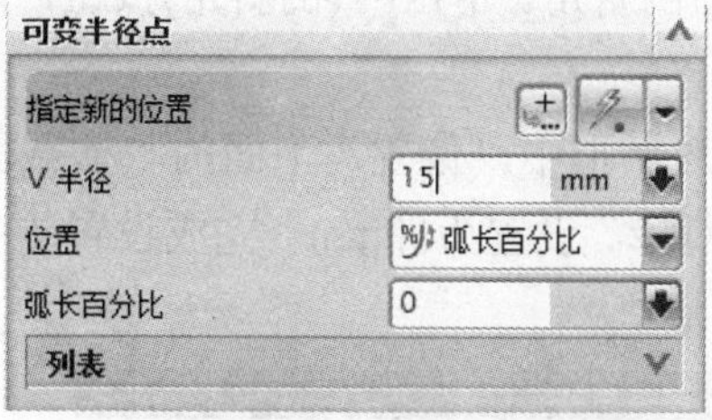

图6-39 “可变半径点”项目设置2

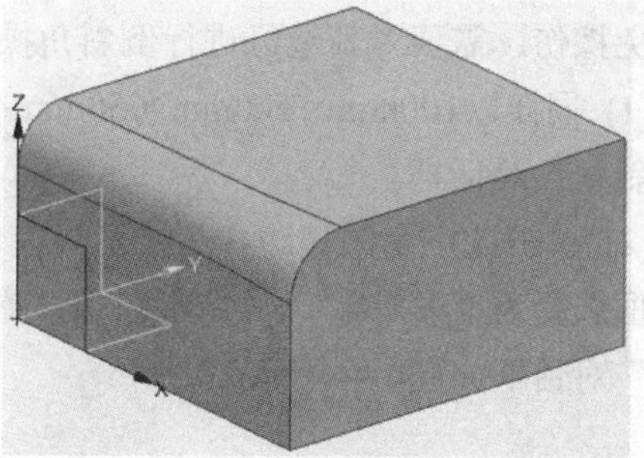

图6-40 完成可变半径倒圆操作

6.3.2 面倒圆

“面倒圆”命令是对实体或片体边指定半径进行倒圆角操作，并且使倒圆角面相切于所选取的平面。利用该方式创建倒圆角需要在一组曲面上定义相切线串。具体操作步骤如下：

(1) 创建边为100mm×100mm×50mm的长方体块，如图6-41所示，并单击(面倒圆)按钮，弹出“面倒圆”对话框。

(2) 将“面倒圆”对话框中的“类型”文本框选择为“两个定义面链”选项，单击视图中的“面1”作为面链1，单击“面2”作为面链2；“横截面”下面的“截面方向”文本框选择“滚球”，“形状”文本框选择“圆形”，“半径方法”文本框选择“恒定”，“半径”设置为10mm。完成设置的“面倒圆”对话框如图6-42所示。

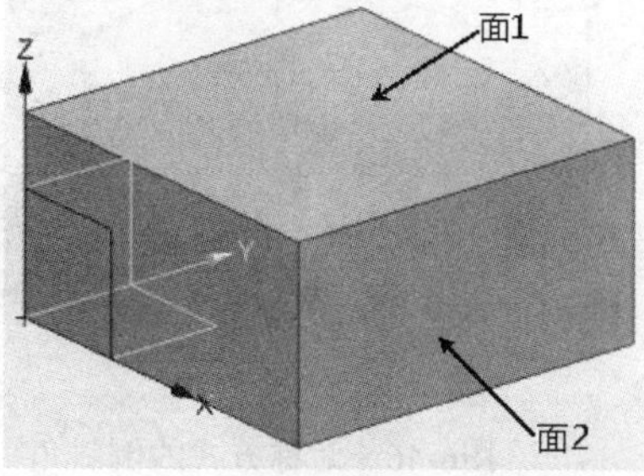

图6-41 创建长方体块

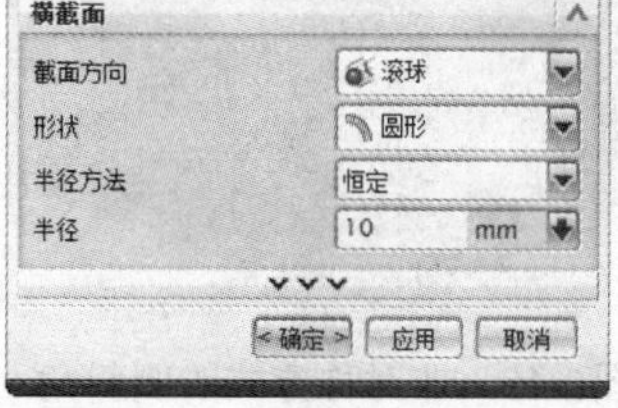

图6-42 “面倒圆”对话框设置

(3) 单击“面倒圆”对话框中的<确定>按钮，完成面倒圆操作，如图6-43所示。

6.3.3 倒斜角

倒斜角又称为倒角或去角，是处理模型周围棱角的方法之一。当产品的边缘过于尖锐时，为避免擦伤，需要对其边缘进行倒斜角操作。具体操作步骤如下：

(1) 同样以100mm×100mm×50mm的长方体块介绍倒斜角。单击(倒斜角)按钮，弹出“倒斜角”对话框。

(2) 单击欲倒角的棱边作为“边”，将“倒斜角”对话框中“偏置”下面的“横截面”文本框选择为“非对称”，“距离1”设置为5mm，“距离2”设置为10mm。完成设置的“倒斜角”对话框如图6-44所示。

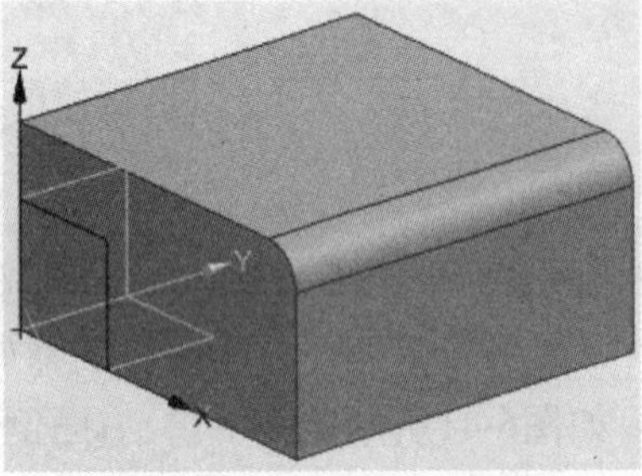

图6-43　完成面倒圆操作

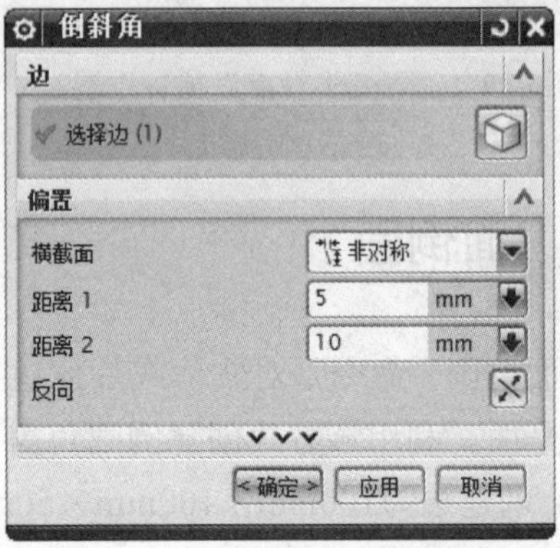

图6-44　“倒斜角”对话框设置

(3) 单击“倒斜角”对话框中的<确定>按钮，完成倒斜角操作，如图6-45所示。

提示

如图6-46所示为对称方式的倒斜角操作结果。

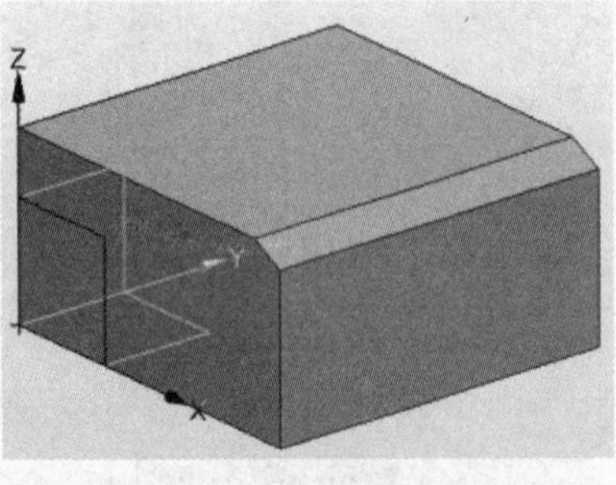

图6-45　非对称方式的倒斜角

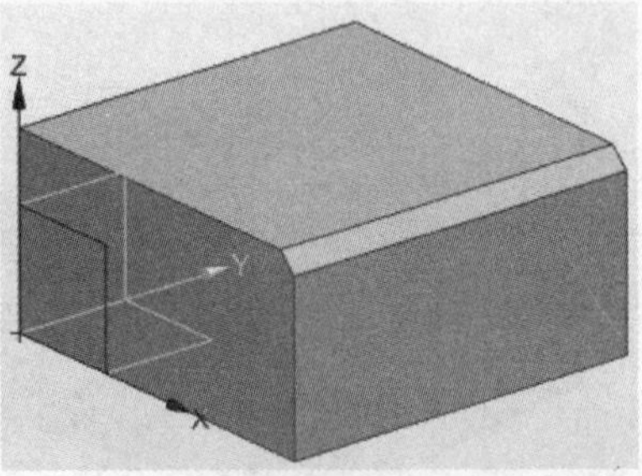

图6-46　对称方式的倒斜角

6.3.4　拔模

注塑件和铸件往往需要一个拔模斜面才能顺利脱模，这就是所谓的拔模处理。拔模特征是通过指定一个拔模方向的矢量，输入一个沿拔模方向的拔模角度，使需要拔模的面按照此角度值进行向内或向外的变化。具体操作步骤如下：

(1) 为使拔模效果明显，用户需创建如图6-47所示的尺寸为100mm×100mm×100mm的正方体。

(2) 单击(拔模)按钮，弹出“拔模”对话框；在“类型”文本框中选择“从平面或曲面”，单击Z轴作为“脱模方向”；在“拔模参考”下面的“拔模方法”文本框中选择“固定面”，单击“面1”作为固定面；单击“面2”、“面3”作为“要拔模的面”，“角度”设置为15deg。完成设置的“拔模”对话框如图6-48所示。

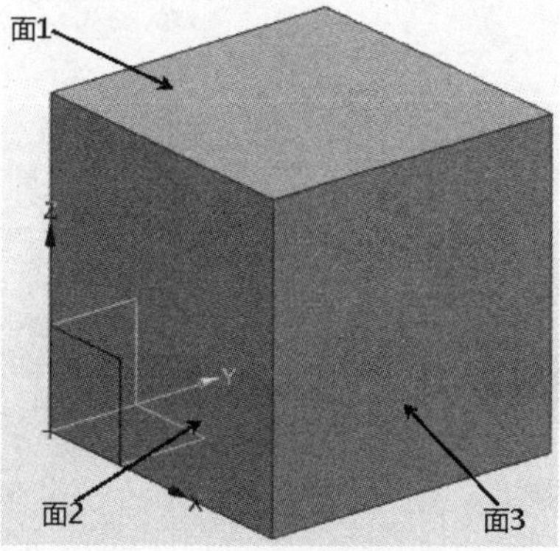

图6-47 创建正方体块

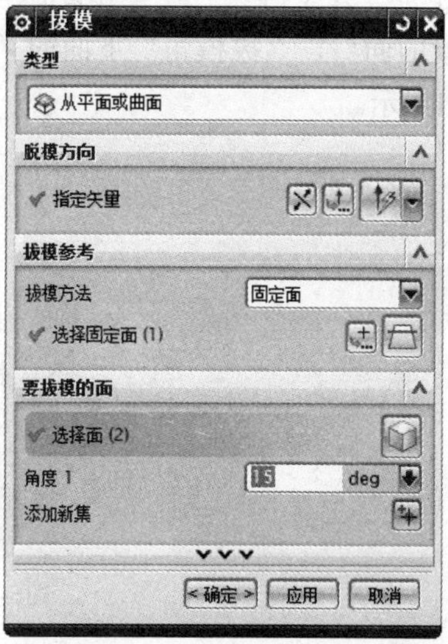

图6-48 “拔模”对话框设置

(3) 单击“拔模”对话框中的确定按钮，完成拔模操作，如图6-49所示。

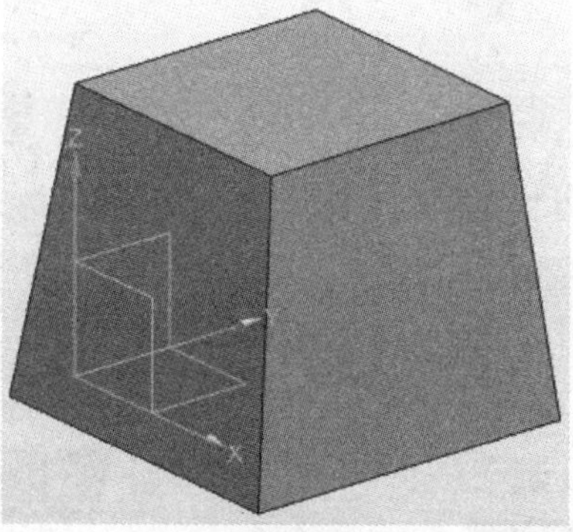

图6-49 完成拔模操作

6.3.5 拔模体

“拔模”和“拔模体”都是将模型的表面沿指定的拔模方向倾斜一定的角度。所不同的是拔模体可以对两个实体同时进行拔模，而拔模则是对一个实体拔模。具体操作步骤如下：

	起始文件	\光盘文件\NX 9\Char06\bamoti.prt

(1) 根据起始文件路径打开bamoti.prt文件，零件视图如图6-50所示。单击(拔模体)按钮，弹出“拔模体”对话框。

(2) 将“拔模体”对话框的“类型”文本框选择为“要拔模的面”，单击视图中的“分型面”作为“分型对象”，单击Z轴作为“脱模方向”；单击圆柱侧面和长方体侧面作为“要拔模的面”，“拔模角”下面的“角度”设置为10deg。完成设置的“拔模体”对话框如图6-51所示。

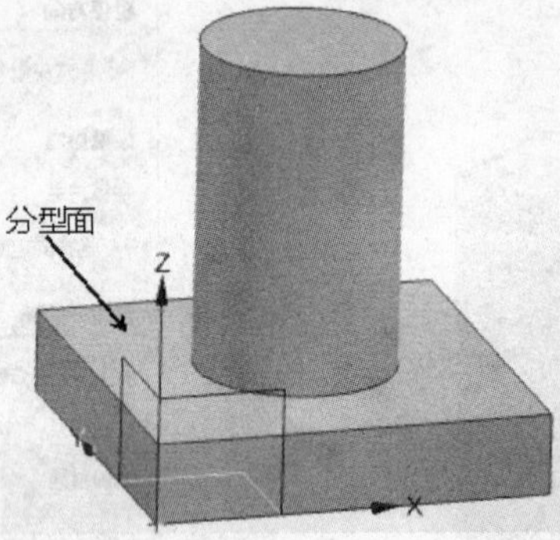

图6-50　起始文件视图

(3) 单击“拔模体”对话框中的 确定 按钮，完成拔模体操作，如图6-52所示。

图6-51　“拔模体”对话框设置

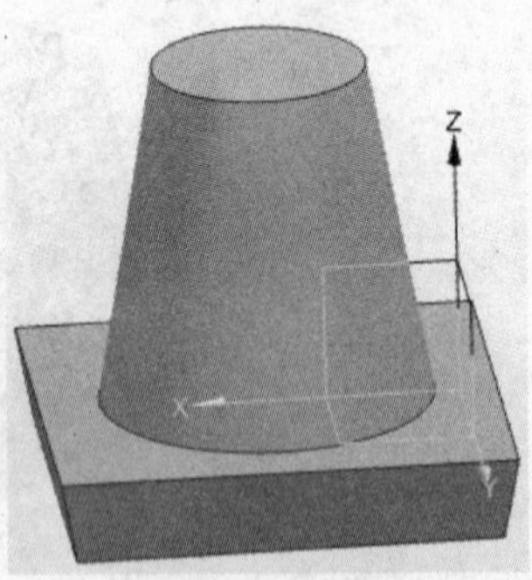

图6-52　完成拔模体操作

6.4　关联复制特征

“关联复制”指的是将现有的特征或者几何体进行一定规律的复制操作，使用关联复制操作可以一次性构建众多的实例特征，适当地使用关联复制操作可以明显提高效率。

6.4.1 阵列特征

“阵列特征”可以快速创建与已有的特征同样形状的多个呈一定规律分布的特征。利用该命令可以对实体进行多个成组的镜像或者复制，避免对单一实体的重复操作。

阵列特征的方式包括线性、圆形、多边形、螺旋式、沿、常规和参考7种。线性阵列和圆形阵列是最常用的两种方式。

1. 线性阵列

“线性阵列”是指通过指定种子特征、阵列的个数和阵列偏置来对指定的种子特征进行阵列。具体操作步骤如下：

	起始文件	\光盘文件\NX 9\Char06\xianxing.prt

(1) 根据起始文件路径打开xianxing.prt文件，零件视图如图6-53所示。单击(阵列特征)按钮，弹出“阵列特征”对话框。

(2) 单击“沉头孔”作为“要形成阵列的特征”，在“阵列定义”下面的“布局”文本框中选择“线性”，单击X轴作为“方向1”，“间距”文本框选择“数量和节距”，“数量”设置为4，“节距”设置为38mm；选中“使用方向2”复选框，单击Y轴作为“方向2”，“间距”文本框选择“数量和节距”，“数量”设置为3，“节距”设置为35mm。完成设置的“阵列特征”对话框如图6-54所示。

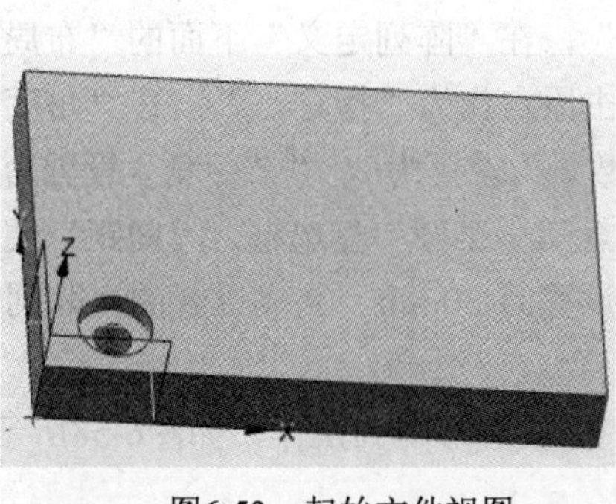

图6-53 起始文件视图

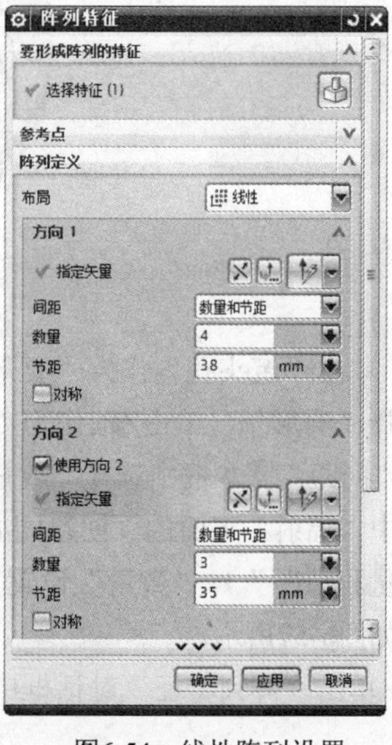

图6-54 线性阵列设置

(3) 单击“阵列特征”对话框中的确定按钮，完成线性阵列操作，如图6-55所示。

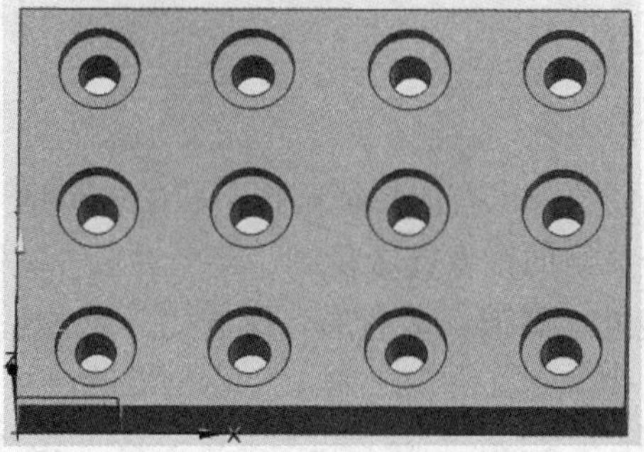

图6-55　线性阵列结果视图

2. 圆形阵列

“圆形阵列”是指通过指定种子特征、阵列的个数和角度来对种子特征进行圆形阵列。具体操作步骤如下：

	起始文件	\光盘文件\NX 9\Char06\yuanxing.prt

(1) 根据起始文件路径打开yuanxing.prt文件，零件视图如图6-56所示。单击(阵列特征)按钮，弹出“阵列特征”对话框。

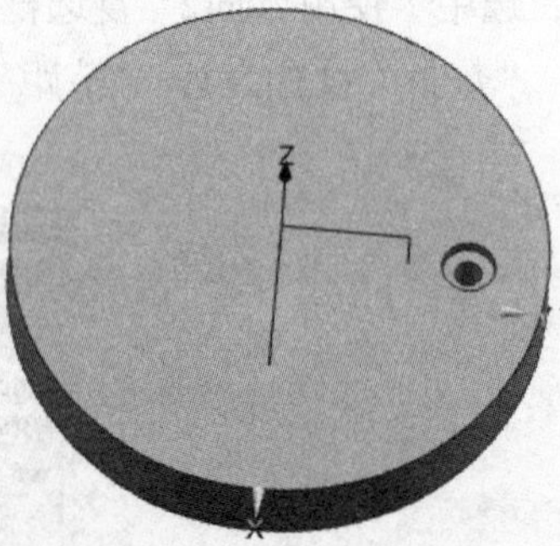

图6-56　初始文件视图

(2) 单击“沉头孔”作为“要形成阵列的特征”，在“阵列定义”下面的“布局”文本框中选择“圆形”，单击Z轴作为“旋转轴”，单击原点作为“指定点”；在“角度方向”下面的“间距”文本框中选择“数量和节距”，“数量”设置为6，“节距角”设置为60deg；依次选中“辐射”下面的“创建同心成员”和“包含第一个圆”复选框，“间距”文本框选择“数量和节距”，“数量”设置为2，“节距”设置为-30mm。完成设置的“阵列特征”对话框如图6-57所示。

(3) 单击“阵列特征”对话框中的确定按钮，完成圆形阵列操作，如图6-58所示。

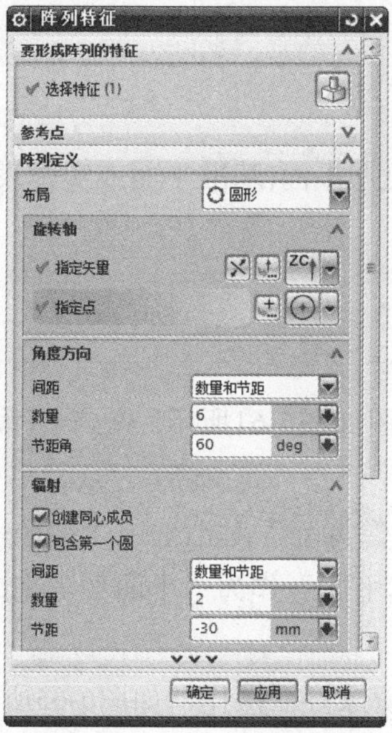

图6-57 圆形阵列设置

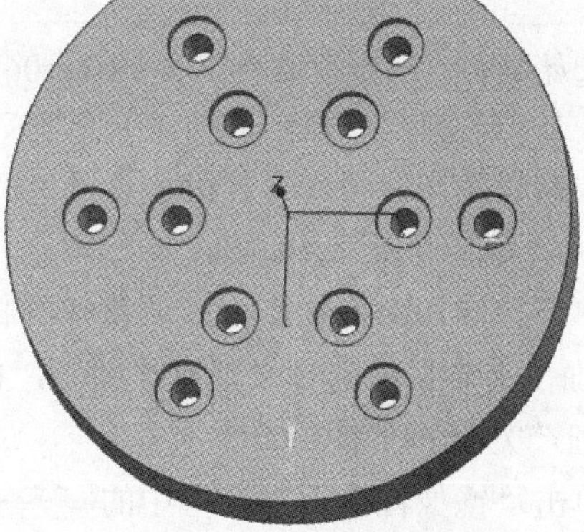

图6-58 圆形阵列结果视图

提示

若需阵列的特征为一实体特征，注意实体必须依托在其他实体特征上，并且创建的特征也必须全部依托在相同的实体特征上。

6.4.2 阵列几何特征

同“阵列特征”操作一样，“阵列几何特征”可将几何体复制到许多阵列或布局中，并带有对应阵列边界、实例方位、旋转和删除的各种选项。

同“阵列特征”命令不一样的是，“阵列几何特征”仅阵列几何实体，且阵列对象不需要依附在其他的几何实体上。

本命令的操作方法与“阵列特征”命令操作基本一致，此处不再详细介绍。如图6-59所示为“阵列特征”命令阵列实体特征的结果，如图6-60所示为“阵列几何特征”命令阵列几何实体的结果。

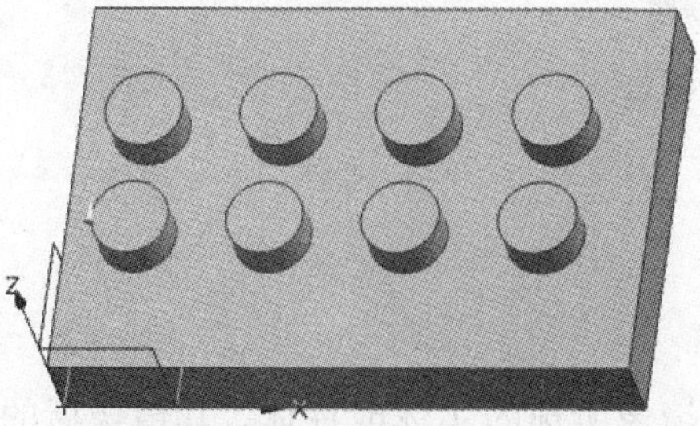

图6-59 “阵列特征”结果

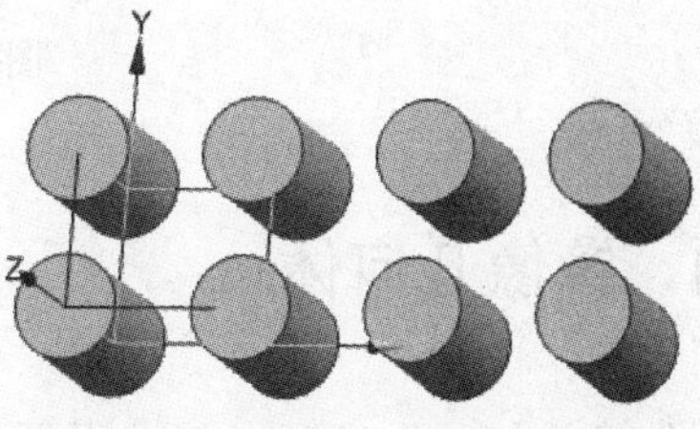

图6-60 “阵列几何特征”结果

6.4.3 镜像特征

“镜像特征”就是复制指定的一个或多个特征，并根据平面(基准平面或实体表面)将其镜像到该平面的另一侧。具体操作步骤如下：

	起始文件	\光盘文件\NX 9\Char06\jingxiang.prt

(1) 根据起始文件路径打开jingxiang.prt文件，零件视图如图6-61所示。单击(镜像特征)按钮，弹出“镜像特征”对话框。

(2) 单击拉伸切除特征作为“要镜像的特征”，“镜像特征”对话框中“镜像平面”下面的“平面”文本框中选择“现有平面”，单击“YC-ZC平面”作为“平面”。完成设置的“镜像特征”对话框如图6-62所示。

(3) 单击“镜像特征”对话框中的确定按钮，完成镜像特征操作，如图6-63所示。

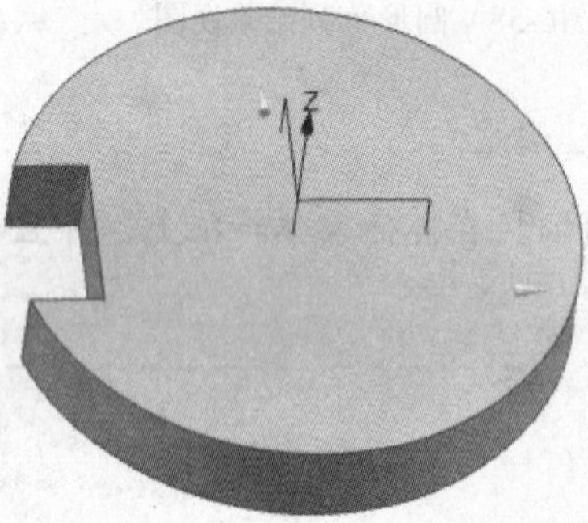

图6-61 起始文件视图

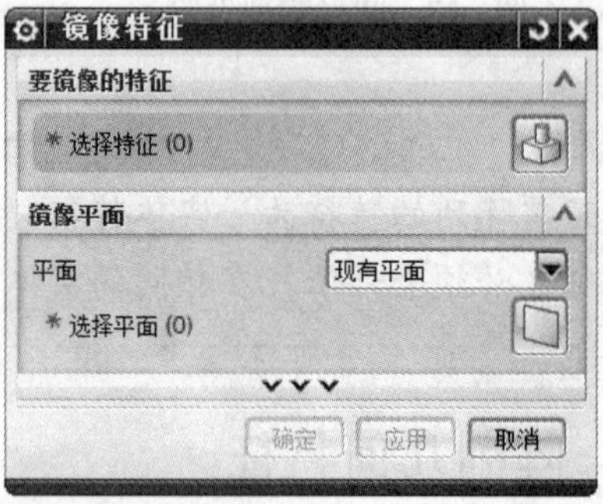

图6-62 “镜像特征”对话框设置

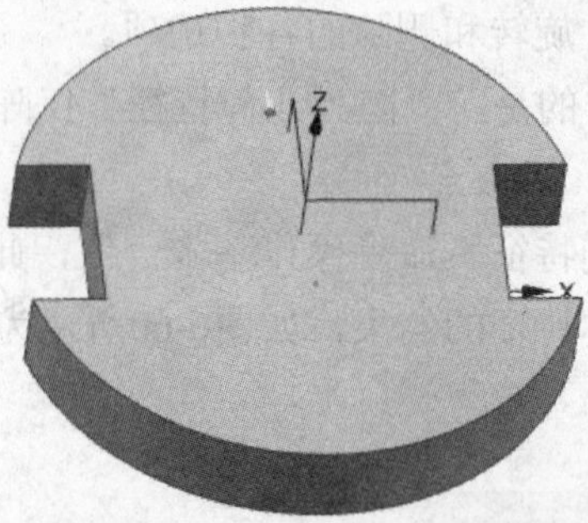

图6-63 镜像特征结果

6.4.4 镜像几何体

“镜像几何体”可以以基准平面为镜像平面，镜像所选的实体或片体。其镜像后的实体或片体和原实体或片体相关联，但其本身没有可编辑的特征参数。

同“镜像特征”命令不一样的是，“镜像几何体”仅镜像几何实体，且操作时只能将当前平面作为镜像面，不能临时创建平面。

本命令的操作方法与“镜像特征”命令操作基本一致，此处不再详细介绍。如图6-64所示为完成镜像操作的几何体视图。

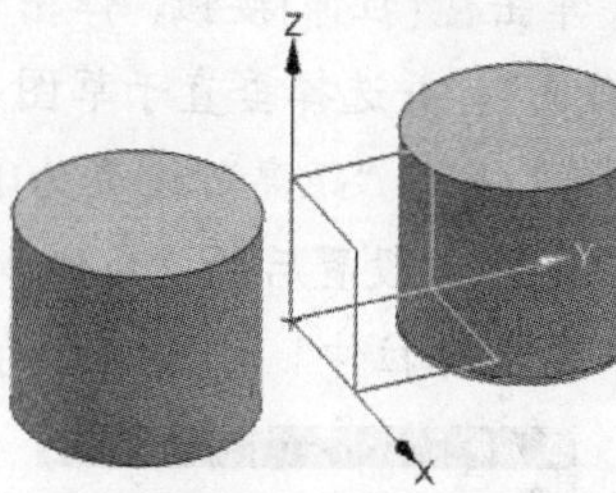

图6-64 镜像几何体结果

6.5 实 例 示 范

前面详细介绍了使用NX 9进行实体特征建模所需的各种命令，本节通过一个实例综合介绍配合草图绘制命令创建实体特征的操作过程。

如图6-65所示为完成实体特征创建的零件模型，创建此模型零件需要使用拉伸、拉伸切除、拔模、抽壳、孔、阵列、圆角等命令。在学习此零件的创建操作过程以前，用户可自行试验创建此零件模型。

	结果文件	\光盘文件\NX 9\Char06\zhizuo.prt
	视频文件	\光盘文件\NX 9\视频文件\Char06\支座创建.avi

6.5.1 绘制轮廓，拉伸创建凸台

首先需绘制轮廓，创建一个长方体拉伸凸台。完成后在凸台表面绘制轮廓，再进行拉伸创建凸台特征。具体操作步骤如下：

(1) 打开软件，创建模型零件文件，将“XC-YC”平面作为草绘平面，进入草图绘制窗口后绘制如图6-66所示的矩形轮廓，矩形轮廓为200mm × 200mm的正方形，且正方形的中心在坐标原点(本步骤前面已详细介绍过，此处不再详细介绍)。

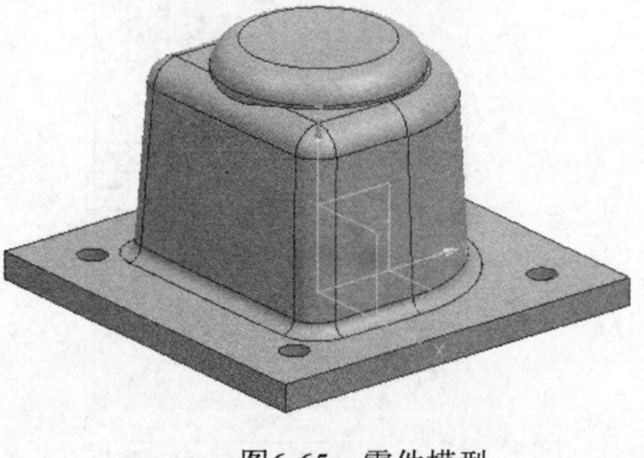

图6-65 零件模型

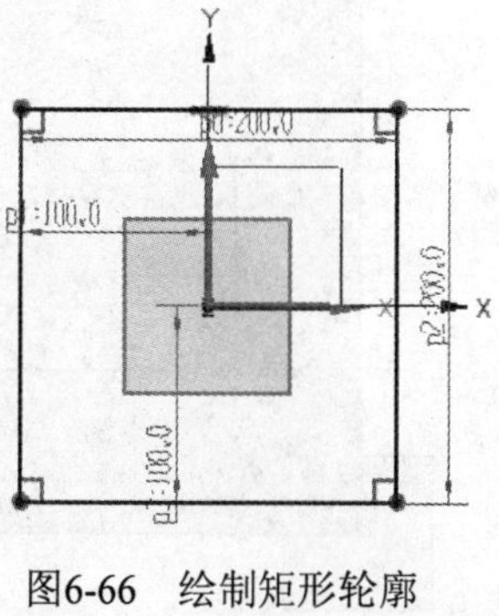

图6-66 绘制矩形轮廓

(2) 单击(拉伸)按钮，弹出“拉伸”对话框。软件自动选择用户绘制的草图轮廓作为拉伸“截面”，并选择垂直于草图平面的方向作为拉伸“方向”；“限制”下面的“开始”文本框选择“值”，“距离”设置为0，“结束”文本框选择“值”，“距离”设置为7mm；其余默认设置。完成设置后的“拉伸”对话框如图6-67所示。

(3) 单击“拉伸”对话框中的确定按钮，创建长方体凸台，如图6-68所示。

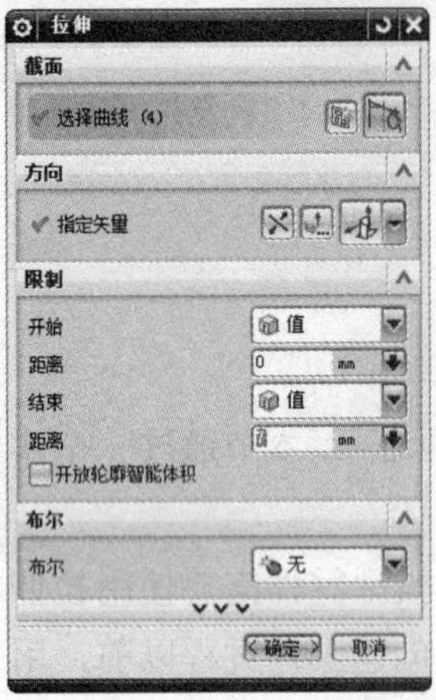

图6-67 “拉伸”对话框设置

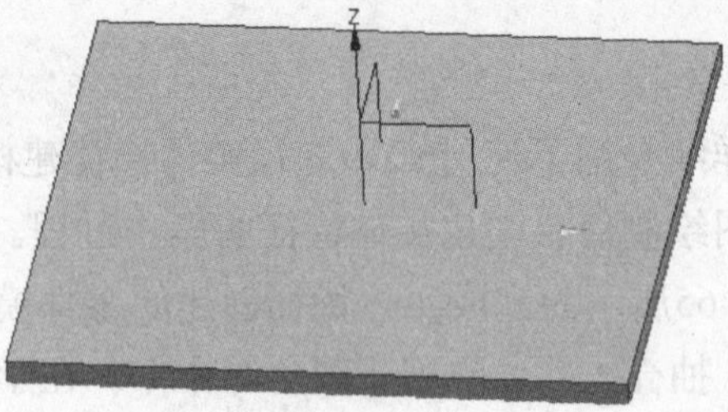

图6-68 创建长方体凸台

(4) 以创建的凸台的上表面作为草图绘制平面，绘制如图6-69所示的草图轮廓。注意圆弧圆心在正方形面中心，直径为120mm，直线边与圆心距离为50mm。

(5) 单击(拉伸)按钮，弹出“拉伸”对话框。软件自动选择用户绘制的草图轮廓作为拉伸“截面”，并选择垂直于草图平面的方向作为拉伸“方向”；“限制”下面的“开始”文本框选择“值”，“距离”设置为0mm，“结束”文本框选择“值”，“距离”设置为100mm，“布尔”下面的“布尔”文本框选择“求和”；其余默认设置。完成设置后的“拉伸”对话框如图6-70所示。

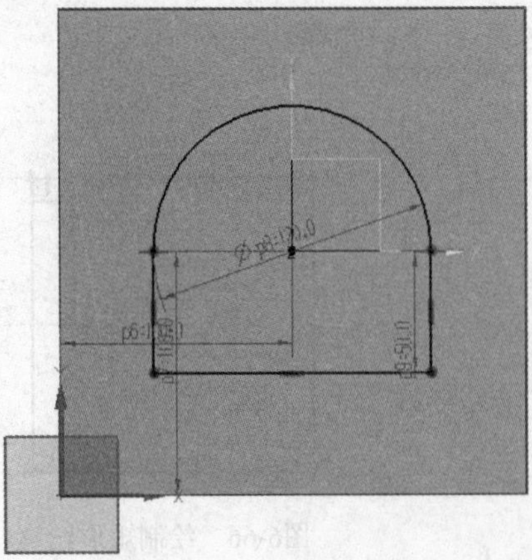

图6-69 绘制草图轮廓

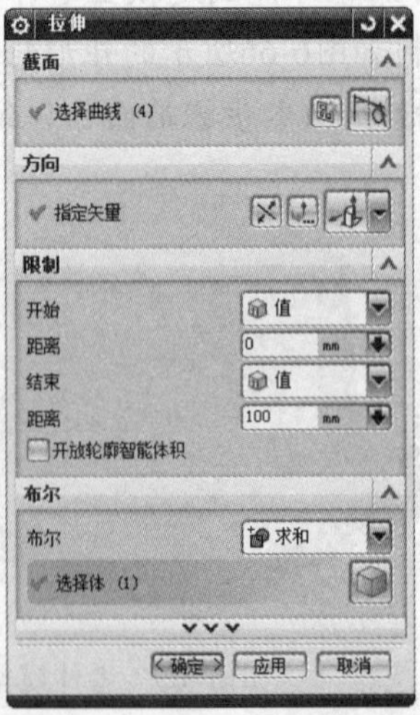

图6-70 “拉伸”对话框设置

(6) 单击“拉伸”对话框中的〈确定〉按钮，创建第二个长方体凸台，如图6-71所示。

(7) 以创建的第二个凸台的上表面绘制圆形轮廓，如图6-72所示，需保证圆形轮廓半径为90mm，且与平面圆弧边同心。

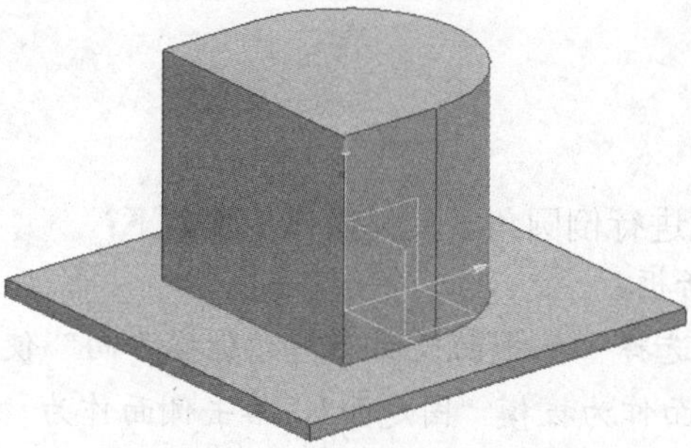
图6-71　创建第二个凸台

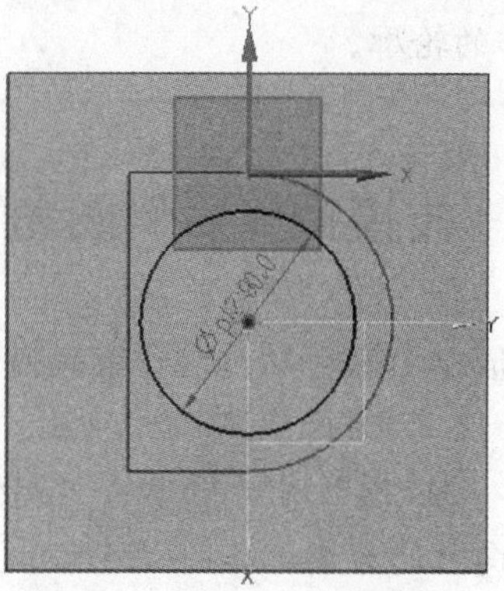
图6-72　绘制圆草图轮廓

(8) 单击(拉伸)按钮，弹出“拉伸”对话框。软件自动选择用户绘制的草图轮廓作为拉伸“截面”，并选择垂直于草图平面的方向作为拉伸“方向”；“限制”下面的“开始”文本框选择“值”，“距离”设置为0，“结束”文本框选择“值”，“距离”设置为15mm，“布尔”下面的“布尔”文本框选择“求和”；其余默认设置。完成设置后的“拉伸”对话框如图6-73所示。

(9) 单击“拉伸”对话框中的〈确定〉按钮，创建第三个长方体凸台，如图6-74所示。

图6-73　“拉伸”对话框设置

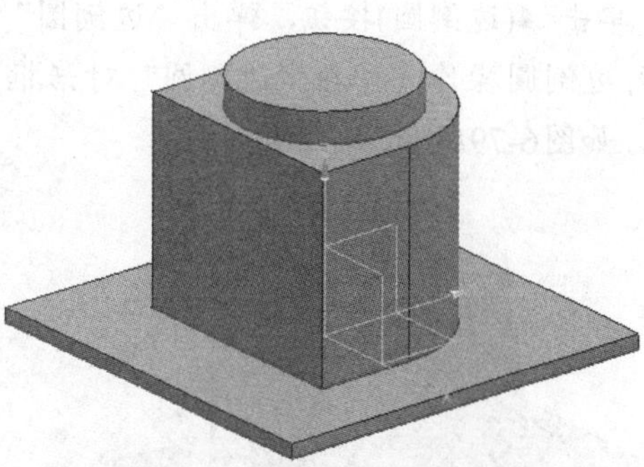
图6-74　创建第三个凸台

提示

从草图绘制窗口，直接单击(拉伸)按钮，会默认选择用户目前所绘制的草图作为拉伸轮廓；若单击(完成草图)按钮后，再进行拉伸操作，请首先单击想进行拉伸操作的轮廓。

6.5.2 拔模操作后倒圆角

完成以上操作后，进行拔模操作，将棱边进行倒圆角。具体操作步骤如下：

(1) 单击(拔模)按钮，弹出“拔模”对话框。

(2) “拔模”对话框中的“类型”文本框选择“从平面或曲面”，“脱模方向”使用默认竖直向上的方向，如图6-75所示。单击上平面作为拔模“固定面”，单击侧面作为“要拔模的面”，设置拔模“角度”为3deg。完成设置后的“拔模”对话框如图6-76所示。

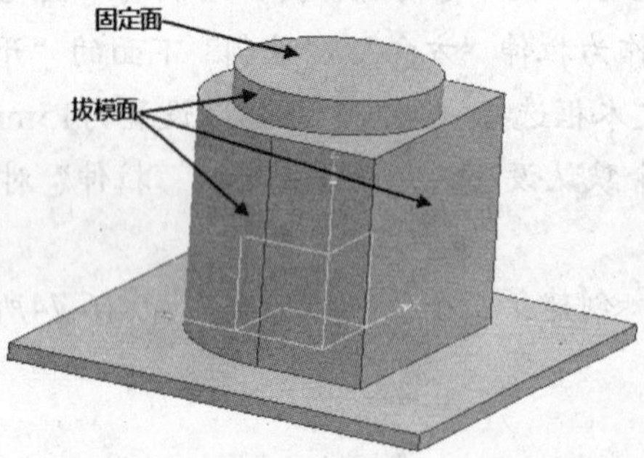

图6-75　单击固定面和拔模面

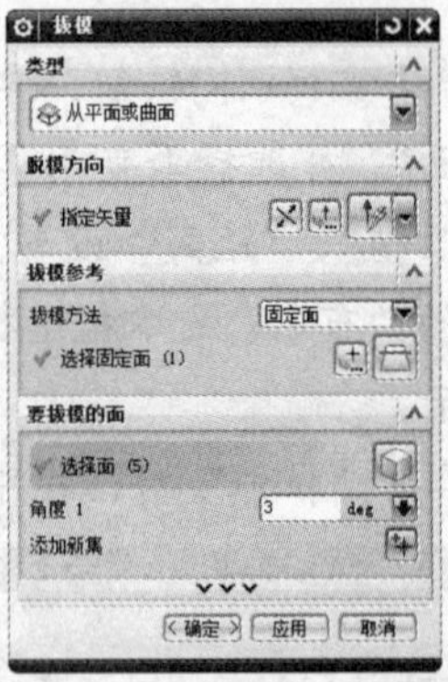

图6-76　“拔模”对话框设置

(3) 单击“拔模”对话框中的〈确定〉按钮，完成拔模操作，如图6-77所示。

(4) 单击(边倒圆)按钮，弹出“边倒圆”对话框。如图6-78所示，单击底凸台上的所有边进行边倒圆操作，并在“边倒圆”对话框中设置“形状”为“圆形”，设置“半径1”为7mm，如图6-79所示。

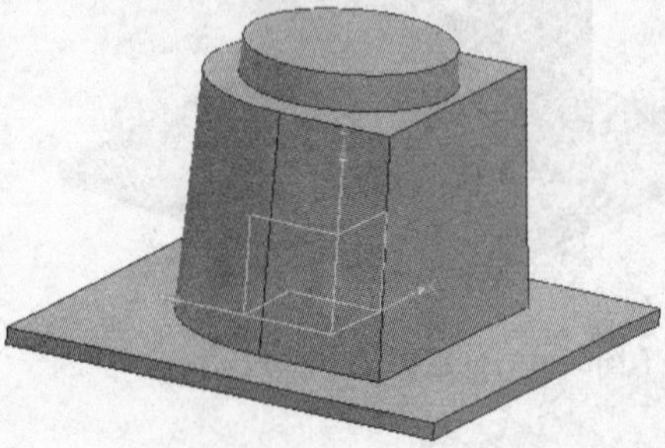

图6-77　拔模操作结果

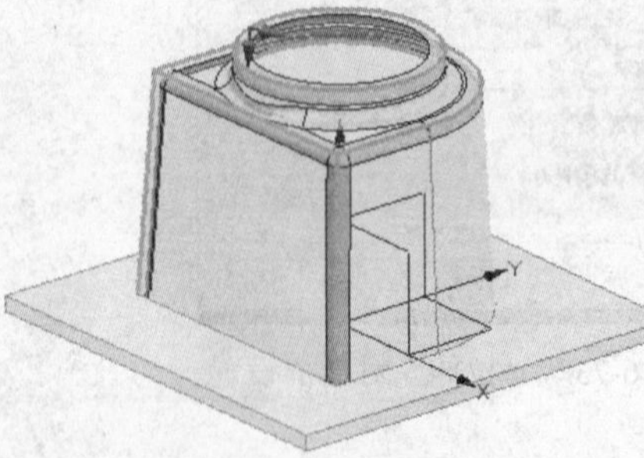

图6-78　单击倒圆的边

(5) 单击“边倒圆”对话框中的〈确定〉按钮，完成倒圆角操作，如图6-80所示。

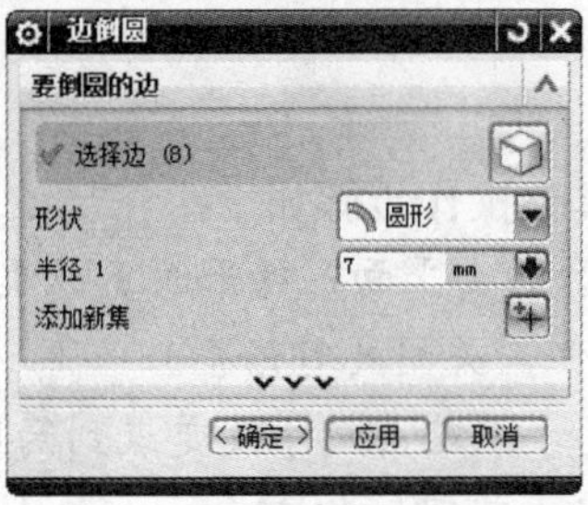

图6-79 “边倒圆”对话框设置

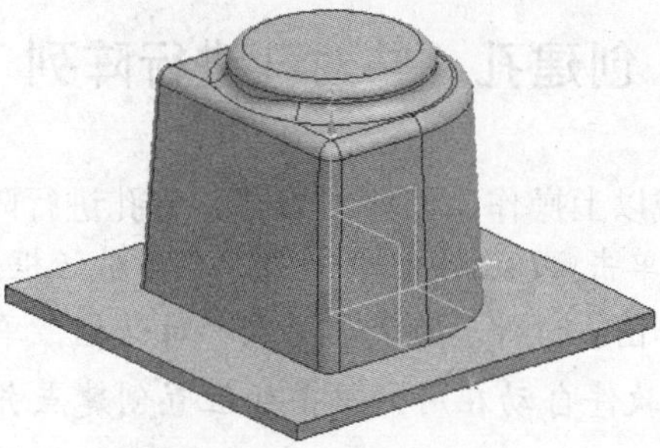

图6-80 完成边倒圆操作

6.5.3 抽壳后边倒圆

完成以上操作后，进行抽壳，抽壳完成进行边倒圆操作。具体操作步骤如下：

(1) 单击(抽壳)按钮，弹出“抽壳”对话框。单击模型的下底面作为“要穿透的面”，“抽壳”对话框中“类型”文本框选择“移除面，然后抽壳”，并设置“厚度”为7mm。完成设置后的“抽壳”对话框如图6-81所示。

(2) 单击“抽壳”对话框中的(反向)按钮后单击〈确定〉按钮，完成抽壳操作，如图6-82所示。

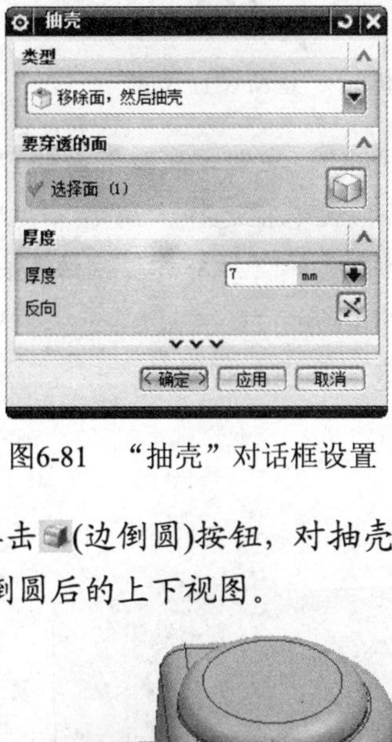

图6-81 “抽壳”对话框设置

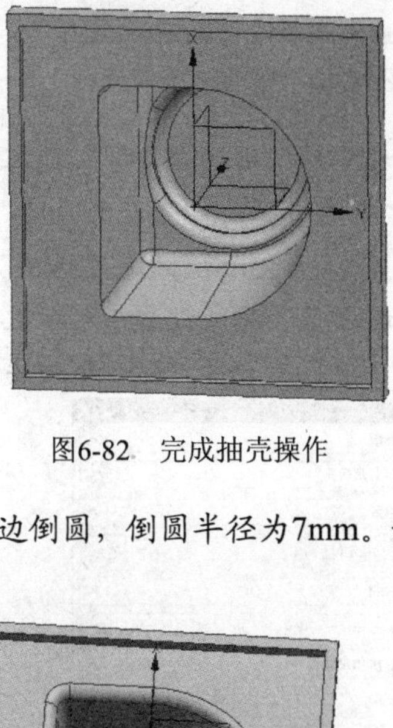

图6-82 完成抽壳操作

(3) 单击(边倒圆)按钮，对抽壳后的零件进行边倒圆，倒圆半径为7mm。如图6-83所示为完成倒圆后的上下视图。

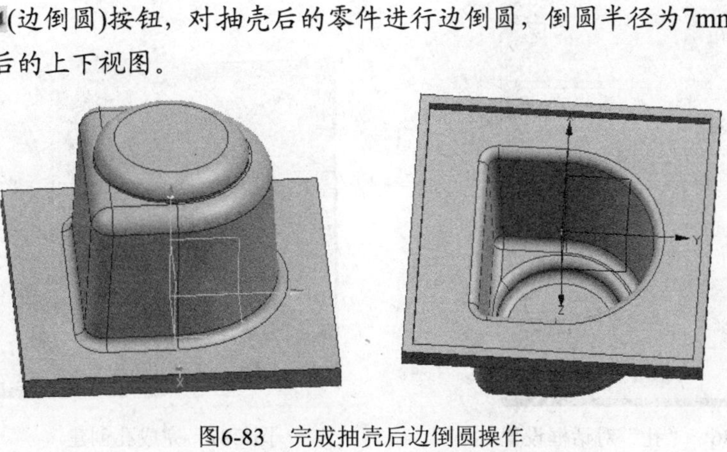

图6-83 完成抽壳后边倒圆操作

6.5.4 创建孔，并对孔进行阵列

完成以上操作，创建常规孔并将孔进行阵列操作。具体操作步骤如下：

(1) 单击(孔)按钮，弹出“孔”对话框。单击下凸台的上平面，将平面正视于屏幕，并弹出如图6-84所示的“草图点”对话框，单击关闭按钮，关闭此对话框。

(2) 软件自动在用户单击的位置创建点并自动创建尺寸，双击尺寸改变点到两边的距离全为30mm，如图6-85所示，单击(完成草图)按钮，退出草图绘制窗口。

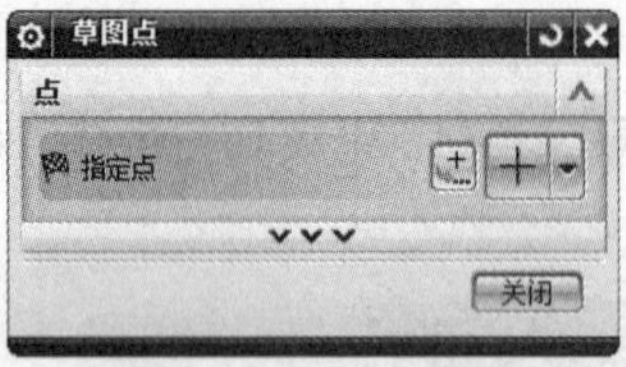

图6-84 “草图点”对话框

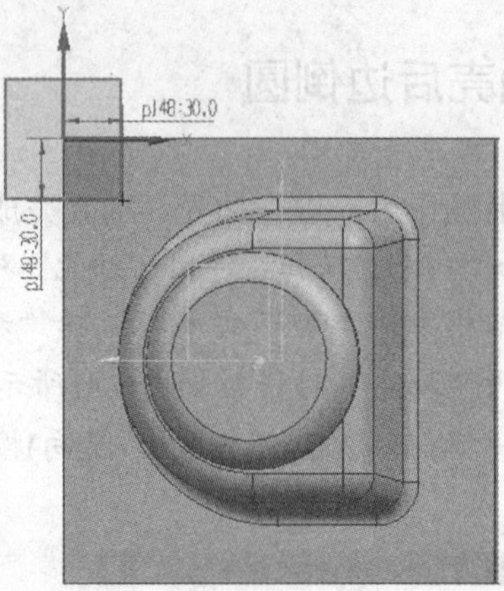

图6-85 重新设置尺寸

(3) 在“孔”对话框的“类型”文本框下选择“常规孔”，在“方向”下面的“孔方向”文本框选择“垂直于面”；“形状和尺寸”下面的“成形”文本框选择“简单”，“尺寸”下面的“直径”设置为15mm，“深度限制”文本框选择“贯通体”；“布尔”文本框选择“求差”；其余默认设置。完成设置后的“孔”对话框如图6-86所示。

(4) 单击“孔”对话框中的确定按钮，完成孔创建，如图6-87所示。

图6-86 “孔”对话框设置

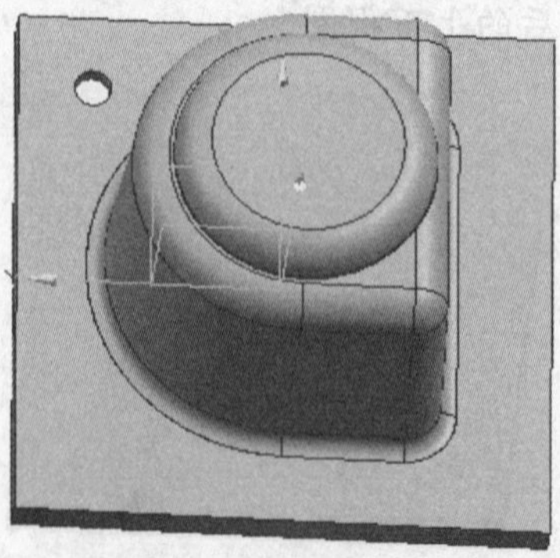

图6-87 完成孔创建

(5) 单击(阵列特征)按钮，弹出“阵列特征”对话框。单击创建的孔作为“要形成阵列的特征”。

(6) 将“阵列特征”对话框“阵列定义”下面的“布局”文本框选择为“线性”，单击下凸台的一边作为“方向1”，“间距”文本框选择“数量和节距”，设置“数量”为2，“节距”为154mm；选中“方向2”下面的“使用方向2”复选框，单击与方向1垂直的另一边作为“方向2”，“间距”文本框选择“数量和节距”，设置“数量”为2，“节距”为154mm；其余默认设置。完成设置后的“阵列特征”对话框如图6-88所示。

(7) 单击“阵列特征”对话框中的确定按钮，完成孔阵列，如图6-89所示。至此完成创建本零件模型的所有操作。

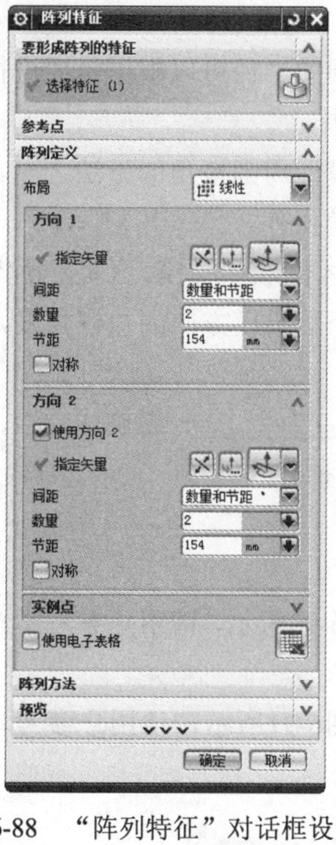

图6-88 “阵列特征”对话框设置

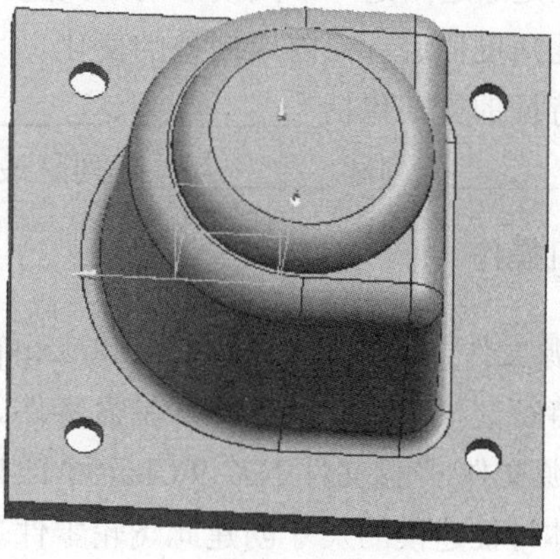

图6-89 完成阵列孔创建

提示

“阵列特征”对话框设置时，请注意视图中“方向1”和“方向2”的方向，若方向相反请分别单击“阵列特征”对话框中“方向1”和“方向2”下面的(反向)按钮。

6.6 本章小结

本章介绍了进行实体编辑操作的各项操作命令，这些命令包括布尔操作、修剪、偏置、缩放特征、细节特征、关联复制特征操作等。最后通过一个综合实例对实体建模命令和实体编辑操作命令进行了综合介绍。

6.7 习　题

一、填空题

1. 布尔运算通过对两个以上的物体进行________、________、________运算，从而得到新实体特征，用于处理实体造型中多个实体的合并关系。在NX 9中，系统提供了三种布尔运算方式，即________、________、________。

2. “边倒圆”是指对面之间陡峭的边进行倒圆，倒圆的半径可以根据需要进行设定。该命令可进行__________、__________、__________等操作。

3. 倒斜角又称为__________或__________，是处理模型周围棱角的方法之一。当产品的边缘过于尖锐时，为避免擦伤，需要对其边缘进行倒斜角操作。

4. __________和__________往往需要一个拔模斜面才能顺利脱模，这就是所谓的拔模处理。拔模特征是通过指定一个拔模方向的矢量，输入一个沿拔模方向的拔模角度，使需要拔模的面按照此角度值进行向内或向外的变化。

5. 阵列特征的方式包括__________、__________、__________、螺旋式、沿、常规和参考7种。__________阵列和__________阵列是最常用的两种方式。

二、上机操作

1. 打开源文件\光盘文件\NX 9\Char06\xxp.prt，如图6-90所示，请用户参考本章介绍的内容及此实体特征建模的尺寸创建此行星盘零件。

2. 打开源文件\光盘文件\NX 9\Char06\T24.prt，如图6-91所示，请用户参考本章介绍的内容及此实体特征建模的尺寸创建此飞轮零件。

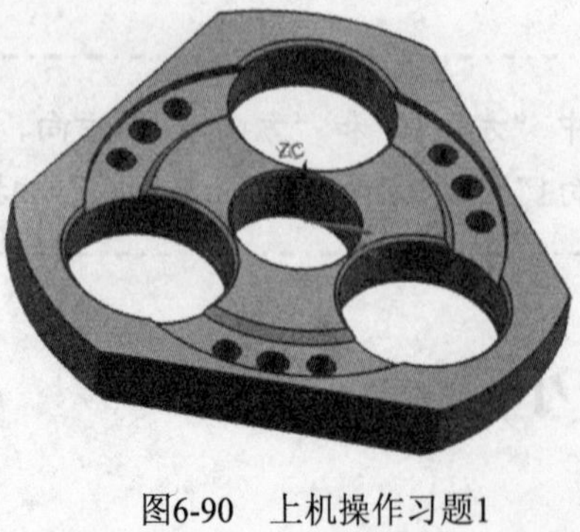

图6-90　上机操作习题1

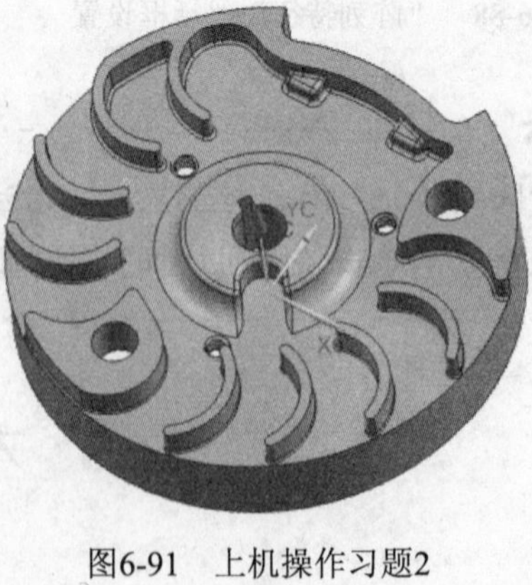

图6-91　上机操作习题2

第7章

曲线创建与编辑

二维曲线是构造三维建模的基础，任何三维模型都要遵从从二维到三维，从线条到实体的过程。本章主要介绍了使用NX 9曲线模块创建与编辑空间曲线的方法。本章详细介绍了模块概述、曲线创建、派生的曲线和编辑曲线。

学习目标

- ✧ 熟练掌握创建曲线的各种方法
- ✧ 熟练掌握创建派生的曲线的各种方法
- ✧ 熟悉掌握编辑曲线的各种方法

7.1 曲线模块

为方便用户进行曲线创建和编辑，NX 9将曲线单独拿出做成单独的选项卡工具栏。曲线选项卡可简单分为从任务环境中绘制草图、曲线的创建、派生的曲线和编辑曲线4部分。

7.1.1 曲线模块概述

曲线模块的操作命令大致分为从任务环境中绘制草图、曲线的创建、派生的曲线和编辑曲线4部分。

1. 从任务环境中绘制草图

“从任务环境中绘制草图”提供了同草图模块相同的二维草图绘制曲线的方法，通过指定某平面作为草绘平面，然后进行曲线编辑操作即可。

2. 曲线的创建

曲线的创建是用于建立遵循设计要求的点、直线、圆弧、样条曲线等几何元素。一般来说，曲线功能建立的几何元素主要是位于工作坐标系XY平面上，或使用捕捉点的方式也可以在空间上绘制曲线。

3. 派生的曲线

派生的曲线是对已存在的曲线进行几何运算处理，如偏置曲线、投影曲线、相交曲线、桥接曲线等。

4. 编辑曲线

编辑曲线功能是对曲线或点等几何元素进行编辑修改操作，如修剪曲线、编辑曲线参数、曲线圆角等。

7.1.2 使用曲线模块的意义

曲线作为曲面设计的基础，在特征建模过程中应用非常广泛。利用本章中介绍的曲线操作方法，可以方便快捷地绘制出各种各样的复杂二维图形。按设计要求创建曲线，所建立的曲线作为构造3D模型的初始条件，如用于创建扫掠特征或构建空间曲线。

7.1.3 曲线模块工具栏

新建模型文件后，单击“曲线”选项卡即可切入曲线工具栏，从左到右依次是(在任务环境中绘制草图)按钮、“曲线”命令框、“派生的曲线”命令框、“编辑曲线”命令框和(更多)按钮。

如图7-1所示为“曲线”命令框，如图7-2所示为“派生的曲线”命令框，如图7-3所示为“编辑曲线”命令框。

图7-1　“曲线”命令框

图7-2　“派生的曲线”命令框

单击(更多)按钮，即可弹出如图7-4所示的“更多”命令框，其中包括了未显示在其他三类命令框中的更多命令。

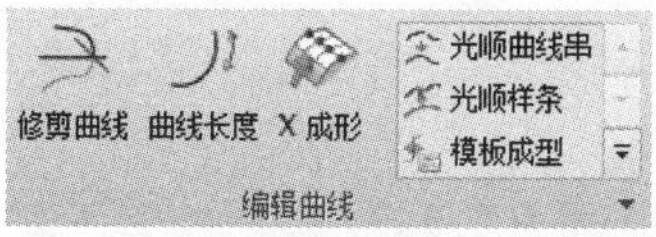

图7-3　“编辑曲线”命令框

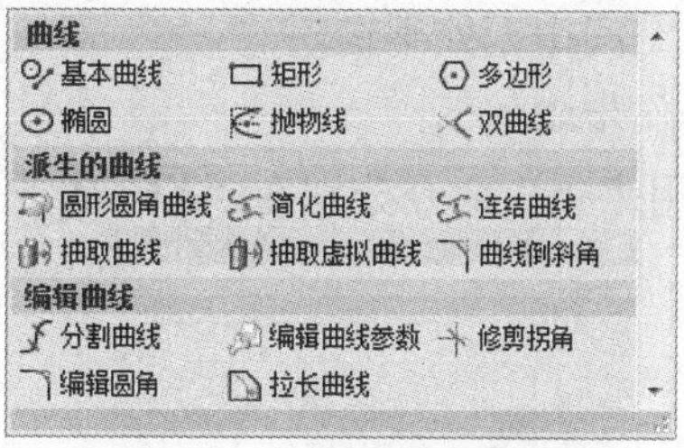

图7-4　“更多”命令框

7.1.4　在任务环境中绘制草图

从用户常用命令来看，使用“草图”命令和使用“在任务环境中绘制草图”命令绘制二维草图轮廓并没有什么区别。

在操作上的区别是：单击(草图)按钮，选择草绘平面，完成曲线绘制与编辑后，用户可直接单击其他模块命令进行建模操作。

而单击(在任务环境中绘制草图)按钮，选择草绘平面，完成曲线绘制与编辑后，用户需单击(完成)按钮，退出草图模块，才能进行建模操作。

在任务环境中绘制草图的操作方法与编辑命令的使用，请用户参考第3章和第4章的介绍。

7.2　曲线创建

基本曲线是所有曲线中使用频率最高的，最有用的曲线，它主要包括点、直线、圆、圆弧、矩形和正多边形。在建模时，只要能巧妙地对这些基本曲线进行有机的组合，便可以取得事半功倍的效果。

7.2.1 点

“点”是建模中最基本的要素，无论简单的曲线还是复杂的三维实体，都是由一个个特征点创建出来的，因此只有熟练地掌握了点的创建，才能真正掌握三维实体建模。

单击十(点)按钮，弹出如图7-5所示的“点”对话框。用户可以从对话框中发现，此创建点的方法与创建基准点的方法相同，具体介绍及操作步骤请参考第2章2.4节的内容。

7.2.2 直线

在NX 9中，直线是通过空间的两点产生的一条线段。直线作为组成平面图形或截面的最小图元，在空间中无处不在。

具体操作步骤如下：

(1) 使用“点”命令分别在“XC-ZC平面”和“YC-ZC平面”创建两点，如图7-6所示。

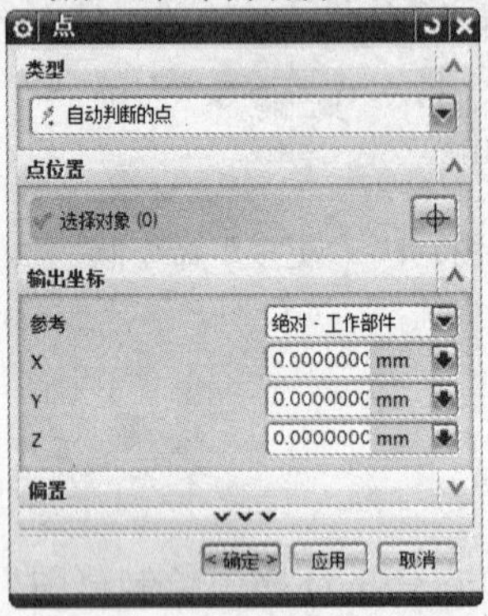

图7-5 “点”对话框

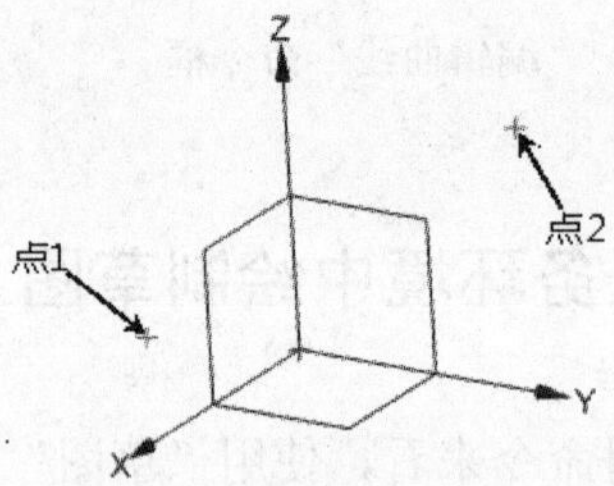

图7-6 创建两点

(2) 单击(直线)按钮，弹出“直线”对话框。“起点”下面的“起点选项”文本框选择“点”或“自动判断”，单击“点1”作为“起点”；“终点或方向”下面的“终点选项”文本框选择“点”或“自动判断”，单击“点2”作为“终点”。完成设置的“直线”对话框如图7-7所示。

(3) 单击“直线”对话框中的<确定>按钮，在视图中创建直线，如图7-8所示。

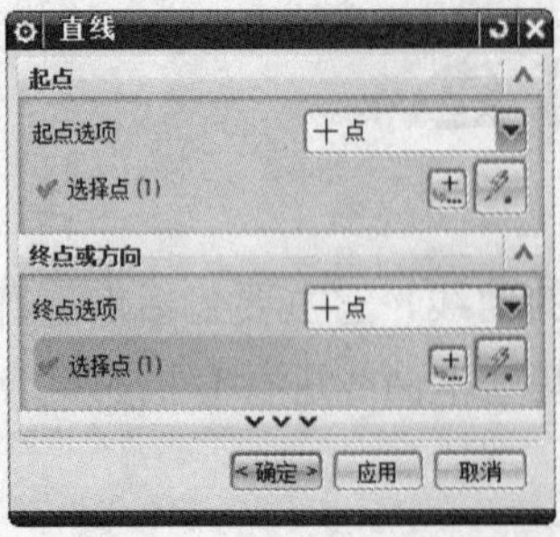

图7-7 “直线”对话框设置

图7-8 创建直线

提示

直线的起点和终点可以使用“点”命令创建，也可草图绘制，还可单击“直线”对话框中的(点)按钮，激活“点”对话框创建。

7.2.3　圆弧/圆

“圆弧/圆”命令提供了通过三点绘制圆弧或整圆和从中心开始绘制圆弧或整圆的两种方法。本小节通过介绍第一种方法来介绍绘制圆弧的操作步骤。

具体操作步骤如下：

(1) 使用“点”命令分别在“XC-YC平面”、“XC-ZC平面”和“YC-ZC平面”创建三点，如图7-9所示。

(2) 单击(圆弧/圆)按钮，弹出“圆弧/圆”对话框。“类型”文本框选择“三点画圆弧”；“起点”下面的“起点选项”文本框选择“点”或“自动判断”，单击“点1”作为“起点”；“端点”下面的“终点选项”文本框选择“点”或“自动判断”，单击“点2”作为“端点”；“中点”下面的“中点选项”文本框选择“点”或“自动判断”，单击“点3”作为“中点”。完成设置的“圆弧/圆”对话框如图7-10所示。

(3) 单击“圆弧/圆”对话框下方的(更多)按钮，并在弹出的选项中单击“限制”右侧的按钮，展开“限制”项目。“限制”项目“起始限制”文本框选择“在点上”，“角度”设置为0；“终止限制”文本框选择“值”，“角度”设置为270deg。完成设置的“限制”项目如图7-11所示。

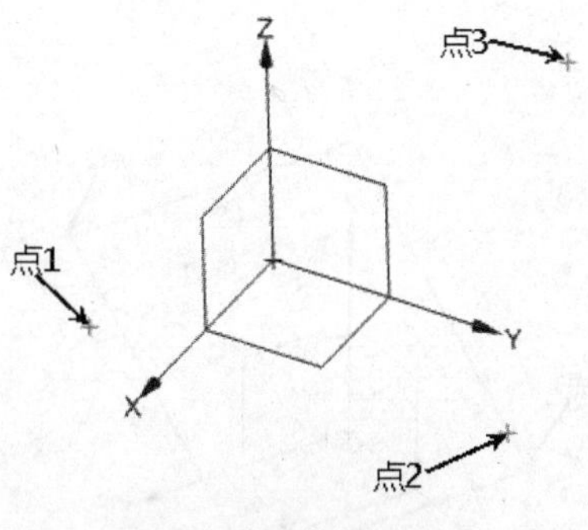

图7-9　创建空间三点

图7-10　“圆弧/圆”对话框设置

(4) 单击“圆弧/圆”对话框中的按钮，创建三点圆弧，如图7-12所示。

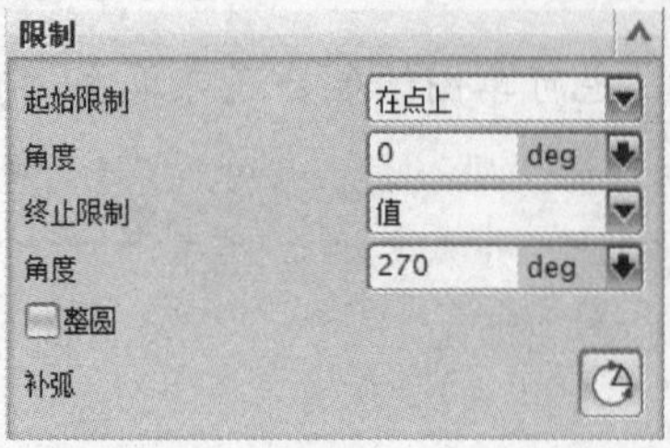

图7-11 “限制”项目设置

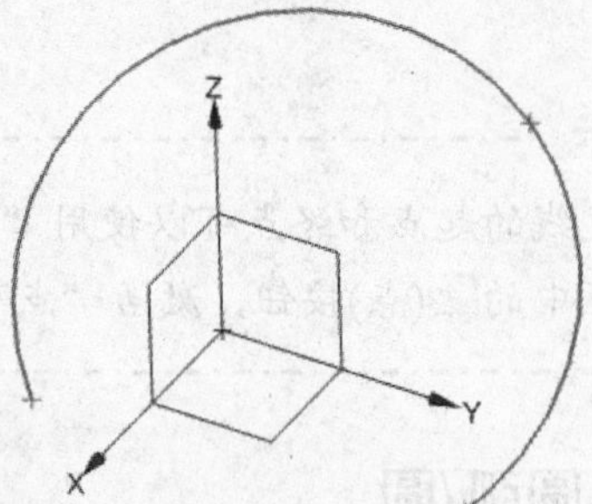

图7-12 创建三点圆弧

提示

用户可选中“限制”项目中的“整圆”，创建经过三点的整圆。

7.2.4 矩形

使用“矩形”命令可通过指定两对角点来创建空间矩形。单击□(矩形)按钮，弹出如图7-13所示的“点”对话框，通过输入点的位置坐标或单击视图内的两点创建矩形，如图7-14所示。

提示

NX 9创建的矩形实际上是一次性创建的四条直线，在编辑矩形时可以看到编辑的对象是直线而不是点的位置参数。

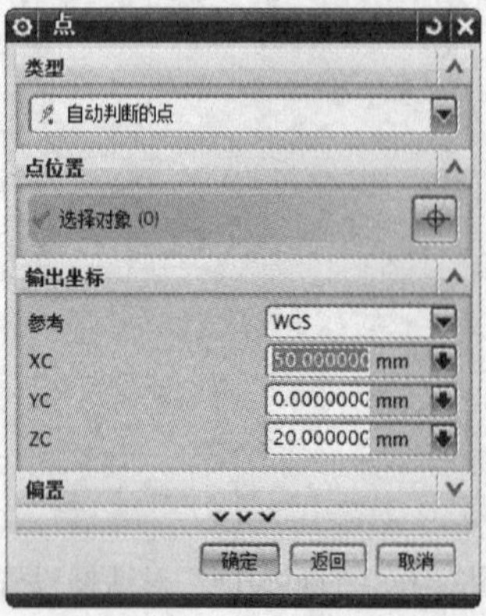

图7-13 “点”对话框

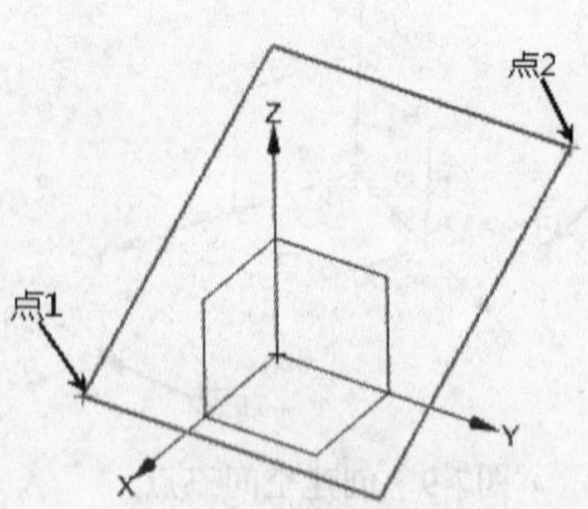

图7-14 指定两点创建矩形

7.2.5　多边形

多边形是由在同一平面且不在同一直线上的多条线段首尾顺次连接且不相交所组成的图形。利用该命令可创建空间内的正多边形曲线。

具体操作步骤如下：

(1) 在空间内使用“点”命令创建坐标为(50,50,50)的点，单击(多边形)按钮，弹出“多边形”边数设置对话框，如图7-15所示。

(2) 将“多边形”边数设置对话框的“边数”设置为6，单击确定按钮，弹出“多边形”内切/外接设置选择对话框，如图7-16所示。

图7-15　“多边形”边数设置对话框

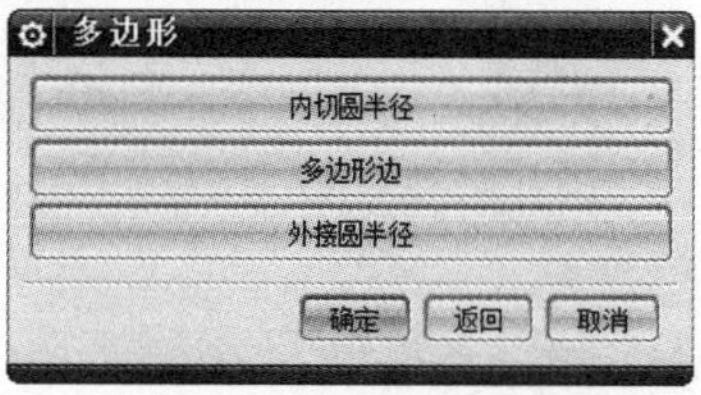

图7-16　“多边形”内切/外接设置选择对话框

(3) 单击“多边形”内切/外接设置选择对话框中的内切圆半径按钮，弹出“多边形”内切圆设置对话框，如图7-17所示。

(4) 将“多边形”内切圆设置对话框的“内切圆半径”设置为50mm，“方位角”设置为30deg，单击确定按钮，弹出“点”对话框。

(5) 单击步骤(1)中创建的点，即可创建正六边形，如图7-18所示，单击“点”对话框中的取消按钮，完成多边形创建。

图7-17　“多边形”内切圆设置对话框

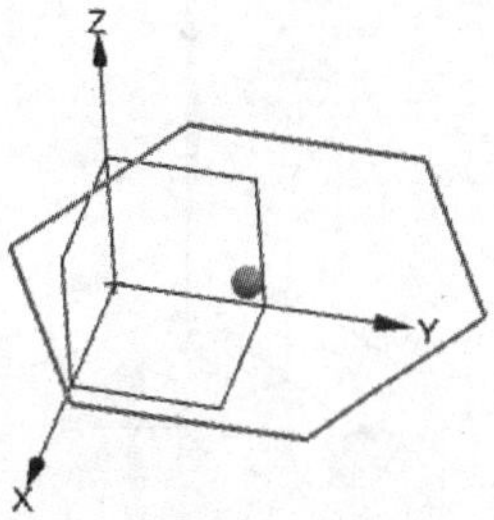

图7-18　创建正六边形

7.2.6　艺术样条

同二维草图中绘制艺术样条不同的是，二维草图中绘制的艺术样条上的点全部在草绘平面内，而该命令可通过切换三个平面或通过向不同位置移动点从而创建艺术样条曲线。

具体操作步骤如下：

(1) 单击(艺术样条)按钮，弹出如图7-19所示的“艺术样条”对话框。

(2)“艺术样条”对话框中“类型”文本框选择“通过点”，单击“制图平面”下面的(XC-YC)按钮，并如图7-20所示单击“XC-YC平面”一点创建艺术线条的起点。

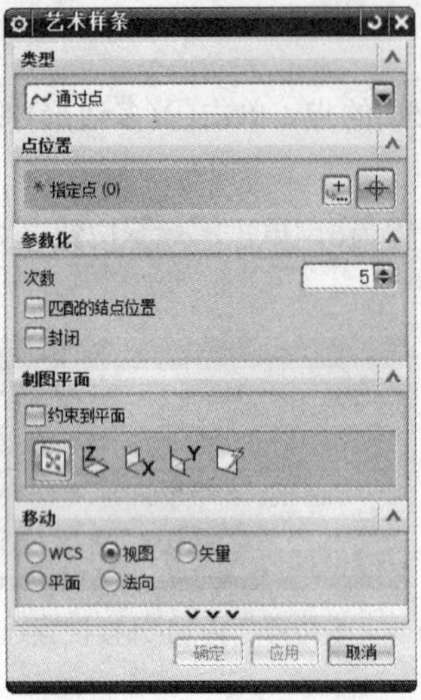

图7-19 “艺术样条”对话框

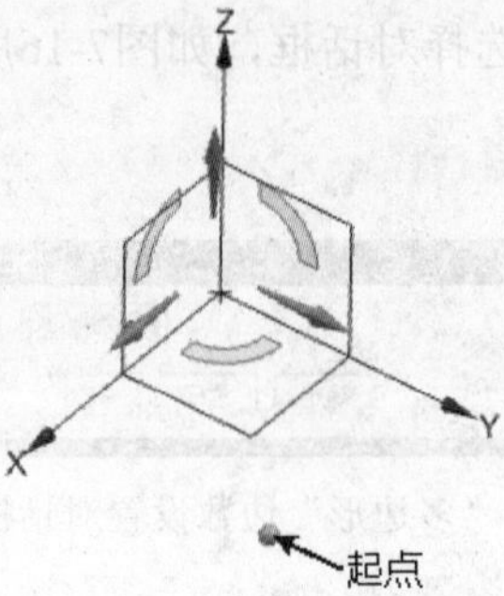

图7-20 单击确定起点

(3) 单击起点并向Z轴正方向拖曳鼠标，移动起点位置得到新的起点位置，如图7-21所示。

(4) 同样的方法，单击“艺术样条”对话框中的(YC-ZC)按钮，创建“YC-ZC平面”内一点并进行移动；单击(ZC-XC)按钮，创建“ZC-XC平面”内一点并进行移动。

(5) 单击“艺术样条”对话框中的<确定>按钮，创建艺术样条，如图7-22所示。

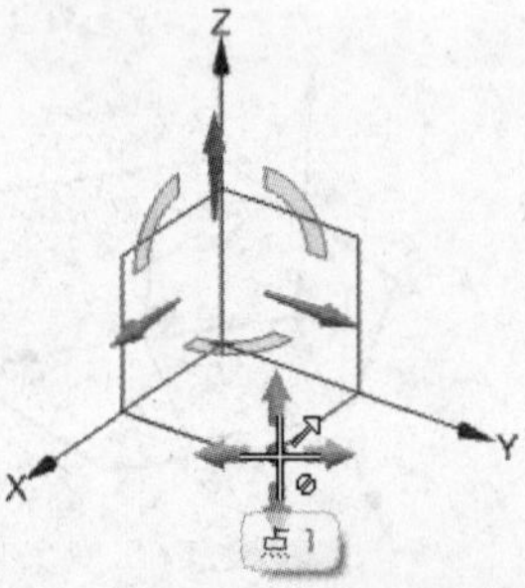

图7-21 移动起点位置

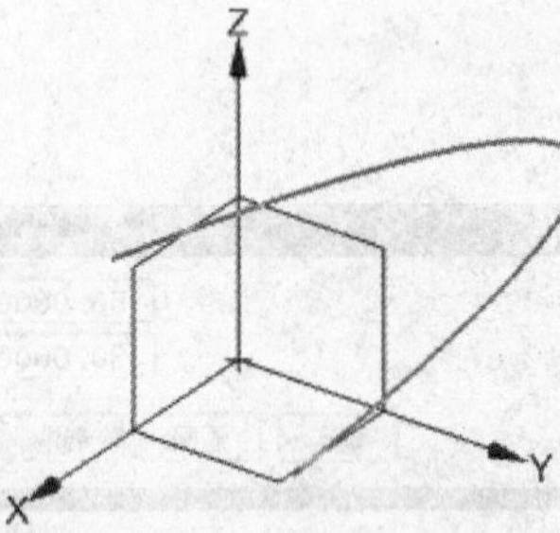

图7-22 创建艺术样条

7.2.7 螺旋线

螺旋线是指由一些特殊的运动所产生的轨迹。利用该命令可通过设置圈数、螺距、半径和旋转方向等来确定螺旋线。

具体操作步骤如下：

(1) 单击(螺旋线)按钮，弹出“螺旋线”对话框。根据默认数据和预览效果图可以发现，螺旋线的位置和参考坐标系的位置有关。

(2) 使用鼠标对参考坐标系进行移动和旋转操作，改变螺旋线的位置和方向。

(3) “螺旋线”对话框的“类型”文本框选择“沿矢量”，“方位”下面的“角度”设置为0，选中“大小”下面的“直径”选项，“规律类型”文本框选择“恒定”，“值”设置为20mm；“螺距”下面的“规律类型”选择“恒定”，“值”设置为8mm；“长度”下面的“方法”文本框选择“限制”，“起始限制”设置为0，“终止限制”设置为100mm。完成设置后的“螺旋线”对话框如图7-23所示。

(4) 单击“螺旋线”对话框中的<确定>按钮，创建螺旋线，如图7-24所示。

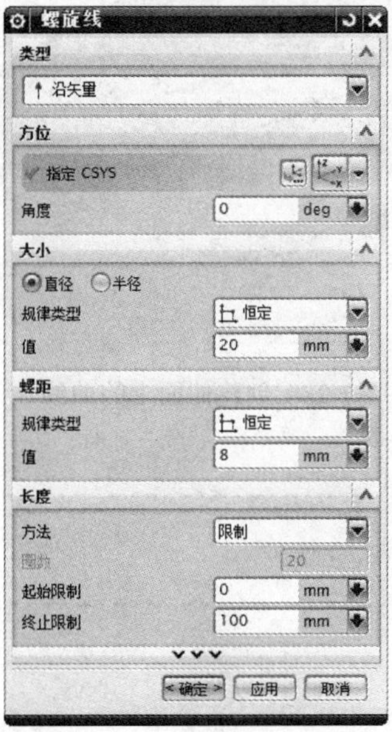

图7-23　“螺旋线”对话框设置

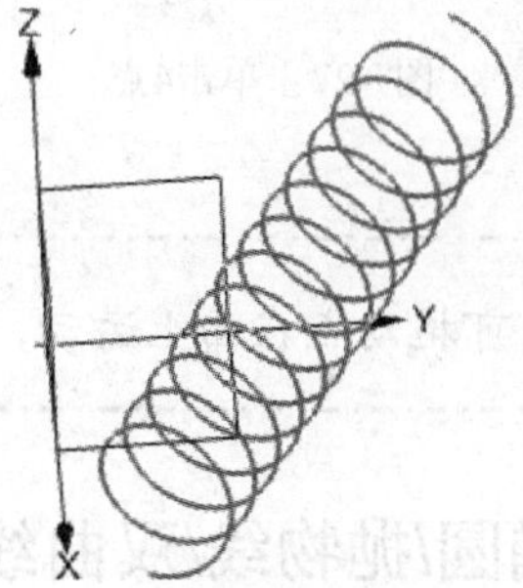

图7-24　创建螺旋线

7.2.8　曲面上的曲线

利用“曲面上的曲线”命令可在已创建的曲面上通过单击指定点的方式创建样条曲线。

	起始文件	\光盘文件\NX 9\Char07\qumian.prt

具体操作步骤如下：

(1) 根据起始文件路径打开qumian.prt文件，打开的文件视图如图7-25所示。

(2) 单击(曲面上的曲线)按钮，弹出如图7-26所示的“曲面上的曲线”对话框。

(3) 单击曲面作为“要创建样条的面”，如图7-27所示，依次单击面上4点作为样条曲线通过的点，单击<确定>按钮，创建曲面上的曲线如图7-28所示。

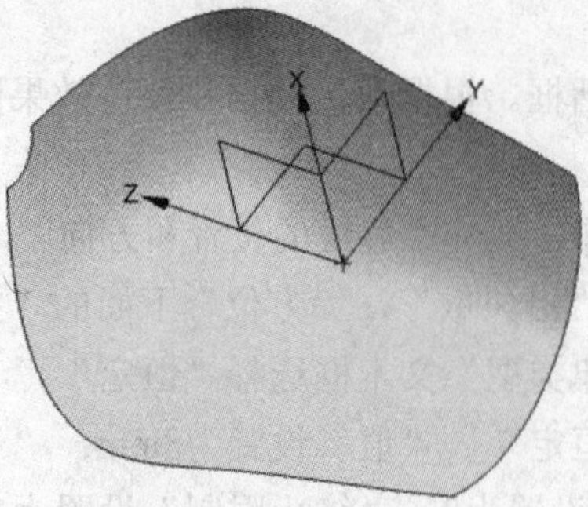

图7-25　起始文件视图

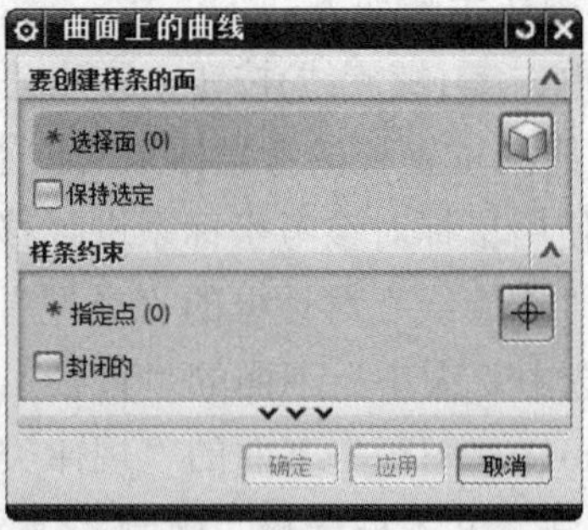

图7-26　“曲面上的曲线”对话框

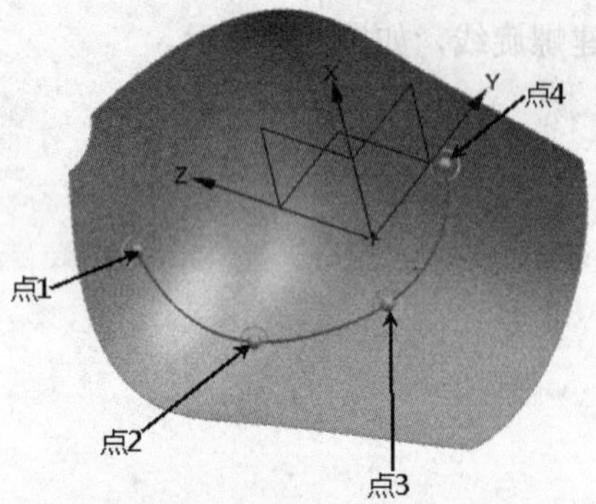

图7-27　单击4点

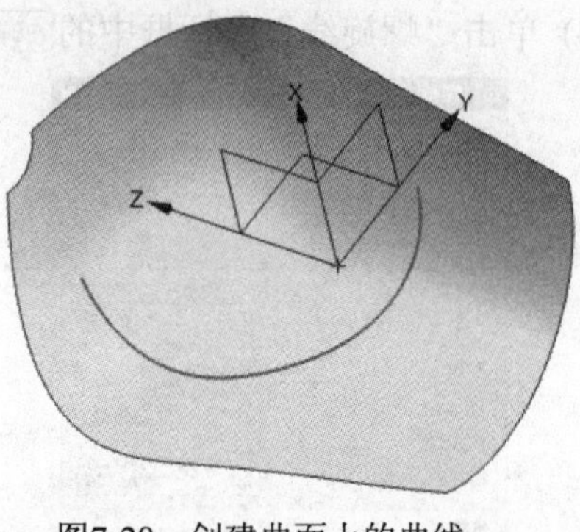

图7-28　创建曲面上的曲线

提示

用户可拖动点在面上运动，以确定合适的位置点。

7.2.9　椭圆/抛物线/双曲线

NX 9提供了创建椭圆、抛物线、双曲线的命令。单击(椭圆)按钮，可激活命令创建椭圆曲线；单击(抛物线)按钮，可激活命令创建抛物线曲线；单击(双曲线)按钮，可激活命令创建双曲线。

本小节以创建椭圆的步骤介绍创建步骤，其余两种曲线创建方法请参考本步骤。

具体操作步骤如下：

(1) 单击(椭圆)按钮，弹出“点”对话框，用户可通过设置坐标或单击视图内一点确定椭圆中心位置，此处设置坐标点为(50,50,50)。

(2) 完成后，单击“点”对话框中的< 确定 >按钮，即可弹出“椭圆”对话框。

(3) 将“椭圆”对话框的“长半轴”设置为40mm，“短半轴”设置为25mm，“起始角”设置为0，“终止角”设置为360deg，“旋转角度”设置为30deg。完成设置的“椭圆”对话框如图7-29所示。

(4) 单击“椭圆”对话框中的确定按钮，创建空间内椭圆，如图7-30所示。

图7-29　“椭圆”对话框设置

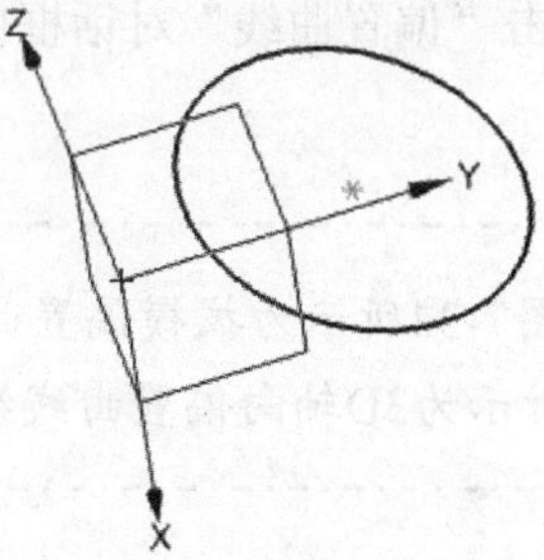

图7-30　创建空间椭圆

7.3　派生的曲线

派生的曲线是在已创建的曲线基础上经过一定的变换而得出新的曲线，在一定程度上也可以说是曲线的创建，只是它的创建需要已创建的曲线作为父本。

7.3.1　偏置曲线

“偏置曲线”是指将指定曲线在指定方向上按指定的规律偏置一定的距离。进行偏置的方式包括距离、拔模、规律控制和3D轴向。下面以距离偏置的方式对本命令进行介绍。

具体操作步骤如下：

(1) 在视图窗口创建如图7-31所示的艺术样条曲线，单击(偏置曲线)按钮，弹出“偏置曲线”对话框。

(2) “偏置曲线”对话框中的“偏置类型”文本框选择“距离”，单击创建的曲线作为需偏置的曲线，“偏置”下面的“距离”设置为5mm，“副本数”设置为2；选中“设置”下面的“关联”选项，“输入曲线”文本框选择“保留”，“修剪”文本框选择“相切延伸”，完成设置的“偏置曲线”对话框如图7-32所示。

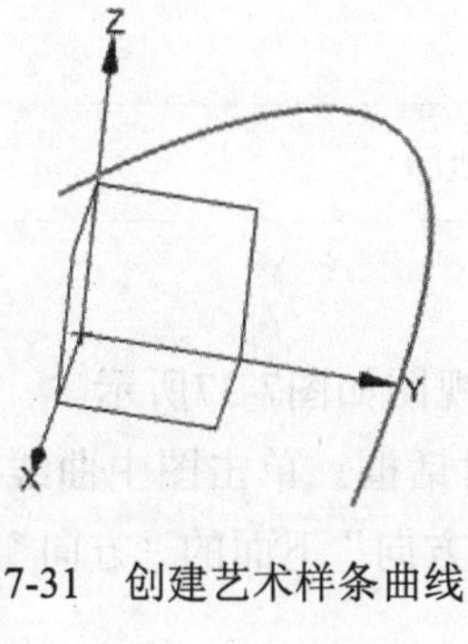

图7-31　创建艺术样条曲线

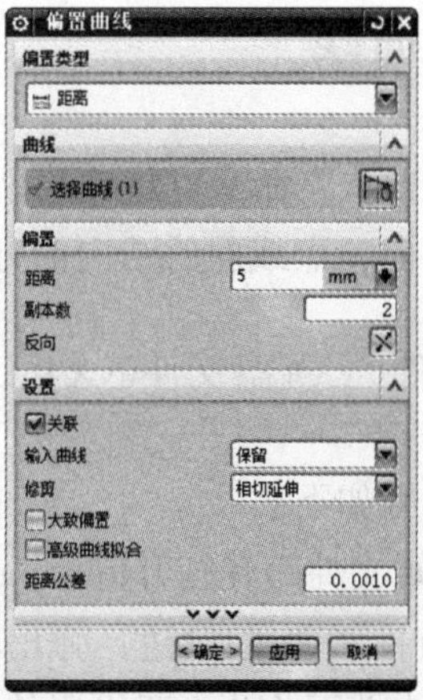

图7-32　“偏置曲线”对话框设置

(3) 单击“偏置曲线”对话框中的<确定>按钮，完成偏置曲线操作，如图7-33所示。

提示

如图7-34所示为拔模偏置曲线结果，如图7-35所示为规律控制偏置曲线结果，如图7-36所示为3D轴向偏置曲线结果。

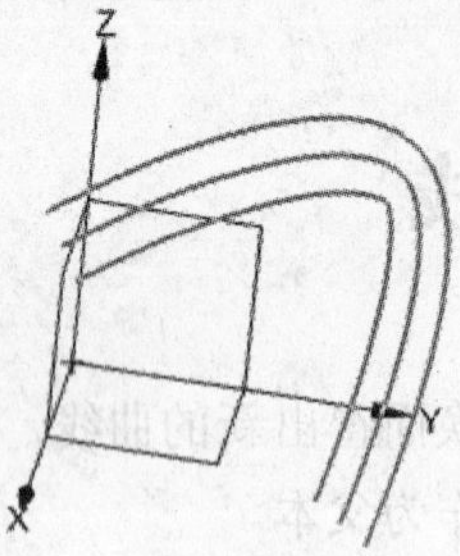

图7-33　距离偏置曲线结果

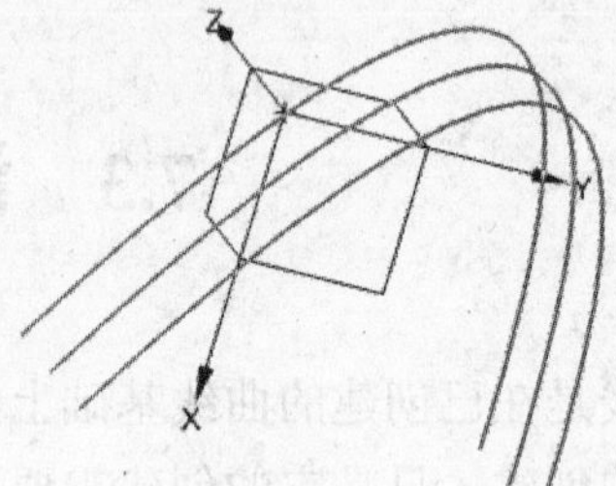

图7-34　拔模偏置曲线结果

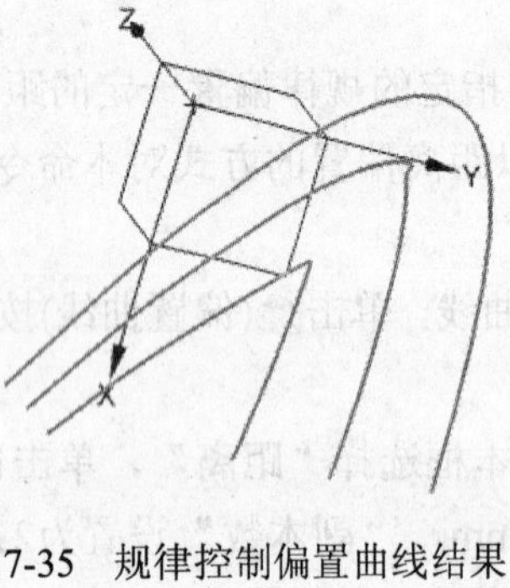

图7-35　规律控制偏置曲线结果

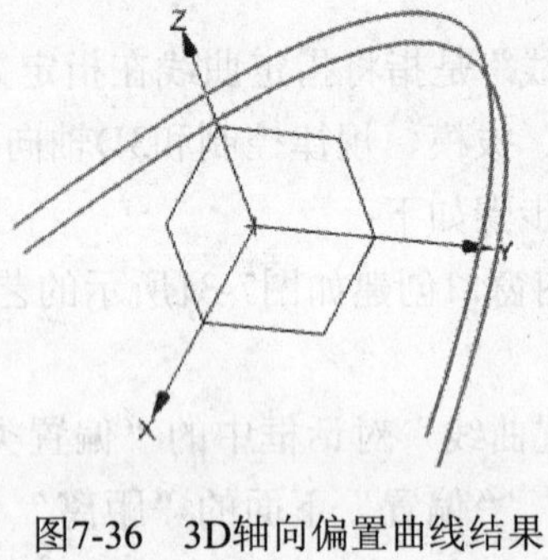

图7-36　3D轴向偏置曲线结果

7.3.2　投影曲线

利用“投影曲线”命令可将曲线、点和边投影到片体、面和基准平面上。在投影曲线时可以指定投影方向、点或面的法向的方向等。

	起始文件	\光盘文件\NX 9\Char07\touying.prt

具体操作步骤如下：

(1) 根据起始文件路径打开touying.prt文件，文件视图如图7-37所示。

(2) 单击(投影曲线)按钮，弹出“投影曲线”对话框。单击图中曲线作为“要投影的曲线或点”，单击曲面作为“要投影的对象”，“投影方向”下面的“方向”文本框选择“沿面的法向”。完成设置的“投影曲线”对话框如图7-38所示。

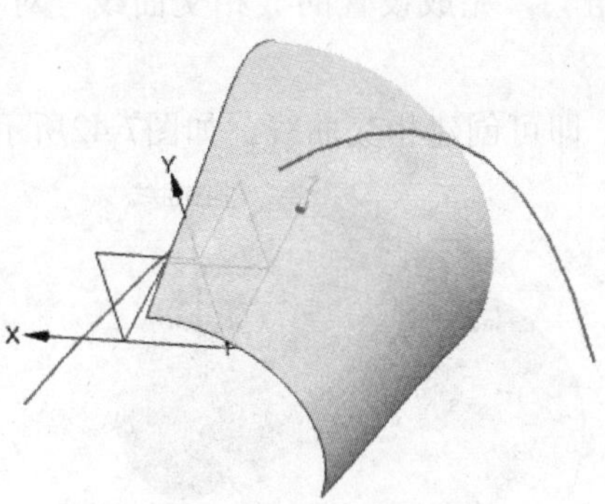

图7-37 起始文件视图

图7-38 “投影曲线”对话框设置

(3) 单击“投影曲线”对话框中的<确定>按钮，即可在曲面上创建投影，如图7-39所示。

提示

除可沿曲面的法向方向进行投影外，NX 9还提供了“朝向点”、“朝向直线”、“沿矢量”和“与矢量成角度”的投影方式，用户可根据需要设置需要投影的方向。

7.3.3 相交曲线

利用“相交曲线”命令可创建两个对象集之间的相交曲线，相交的对象可以是实体、曲面、平面或标准平面。

	起始文件	\光盘文件\NX 9\Char07\xiangjiao.prt

具体操作步骤如下：

(1) 根据起始文件路径打开xiangjiao.prt文件，文件视图如图7-40所示。

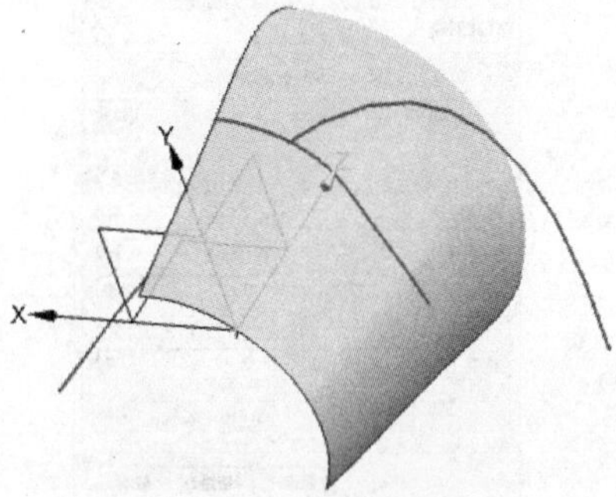

图7-39 创建法向投影

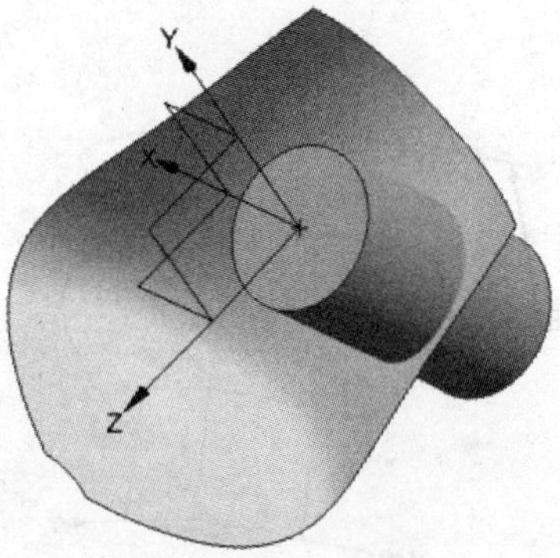

图7-40 初始文件视图

(2) 单击(相交曲线)按钮，弹出“相交曲线”对话框。单击视图中的曲面片体作为“第一组”，单击视图内的圆柱实体侧面作为“第二组”。完成设置的“相交曲线”对话框如图7-41所示。

(3) 单击“相交曲线”对话框中的<确定>按钮，即可创建相交曲线，如图7-42所示。

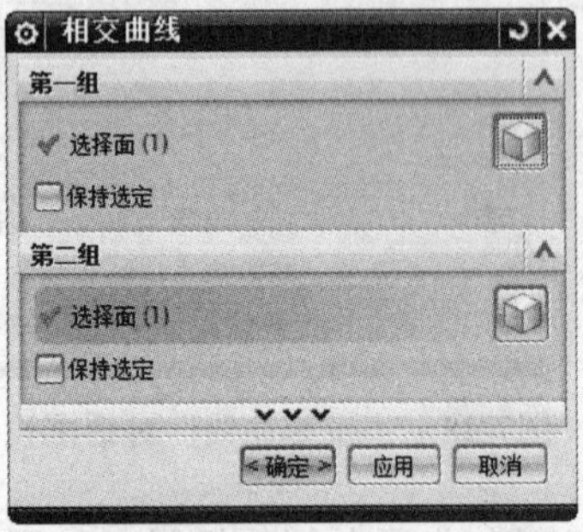

图7-41 “相交曲线”对话框设置

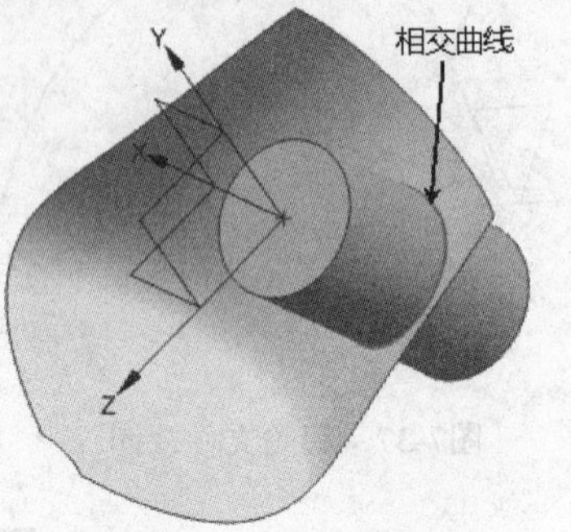

图7-42 创建相交曲线

7.3.4 桥接曲线

“桥接曲线”是在曲线上通过用户指定的点对两条不同位置的曲线进行倒圆角或融合操作，曲线可以通过各种形式控制，主要用于创建两条曲线间的圆角相切曲线。

具体操作步骤如下：

(1) 创建如图7-43所示的两条不相交的曲线(用户可自由创建曲线，只要不相交即可)。

(2) 单击(桥接曲线)按钮，弹出“桥接曲线”对话框。单击视图中的“曲线1”作为“起始对象”，并选中“截面”选项；单击视图中的“曲线2”作为“终止对象”，并选中“截面”选项，为使桥接结果明显，单击(反向)按钮改变桥接端点；“形状控制”下面的“方法”文本框选择“相切幅值”，“开始”值设置为1.0，“结束”值设置为1.0。完成设置的“桥接曲线”对话框如图7-44所示。

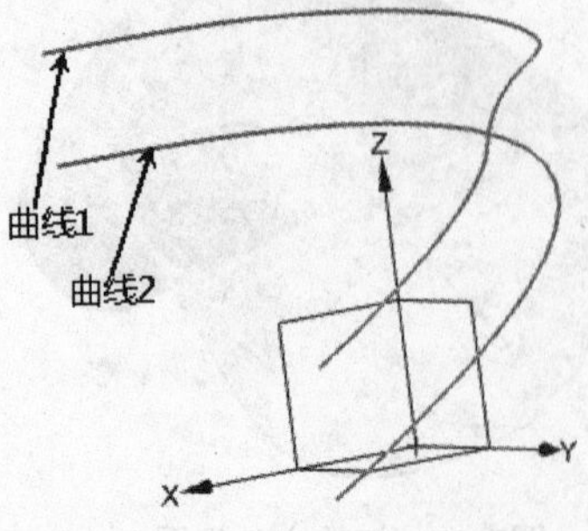

图7-43 创建不相交的曲线

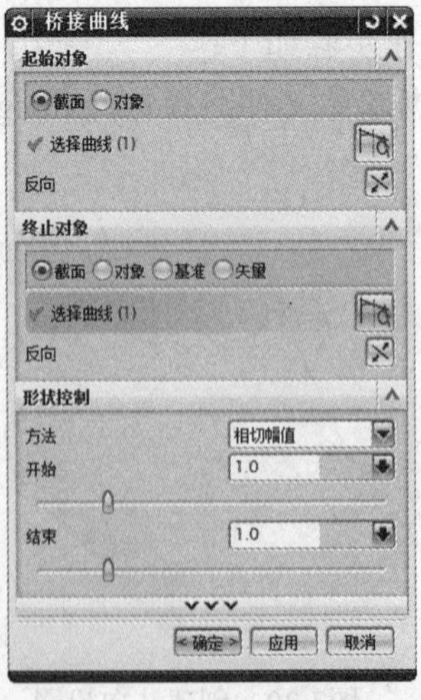

图7-44 “桥接曲线”对话框设置

(3) 单击“桥接曲线”对话框中的<确定>按钮，即可将两曲线进行桥接得到如图7-45所示的视图。

提示

“相切幅值”数值越大，桥接曲线的曲率越大。“开始”值设置为1.5，“结束”值设置为2.0，得到桥接曲线如图7-46所示。

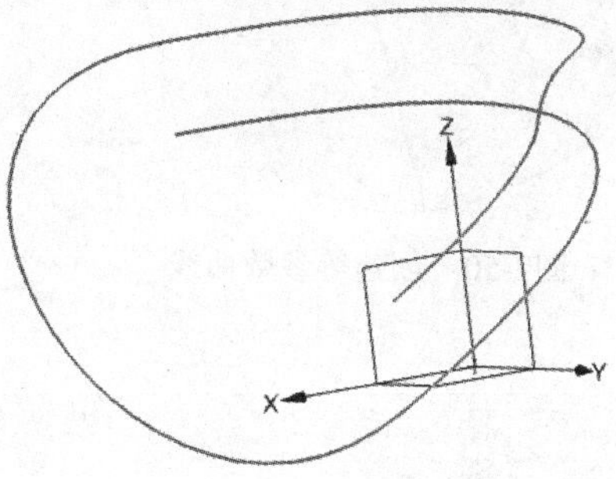

图7-45 创建桥接曲线

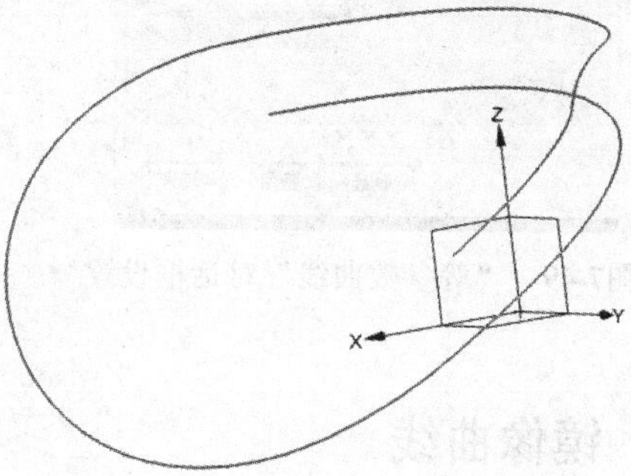

图7-46 相切幅值较大的桥接曲线

7.3.5 等参数曲线

利用“等参数曲线”命令可沿已知面的恒定U或V参数线创建曲线，可创建单方向的曲线，也可创建U和V方向两方向上的曲线。

	起始文件	\光盘文件\NX 9\Char07\qumian2.prt

具体操作步骤如下：

(1) 根据起始文件路径打开qumian2.prt，打开的文件视图如图7-47所示。

(2) 单击(等参数曲线)按钮，弹出“等参数曲线”对话框。单击曲面作为“面”，“等参数曲线”下面的“方向”文本框选择“U和V”，“位置”文本框选择“通过点”，单击如图7-48所示的曲面上一点。

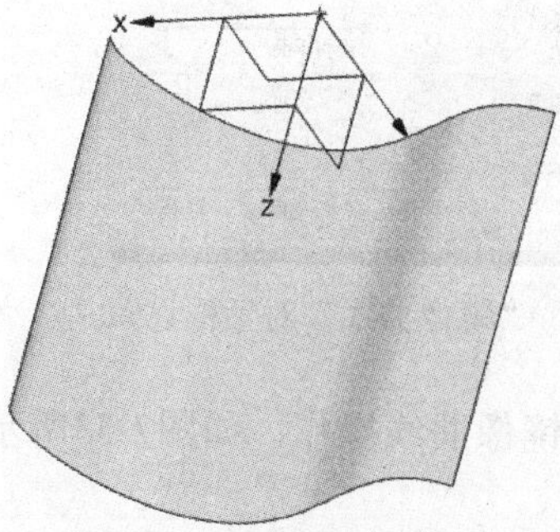

图7-47 初始文件视图

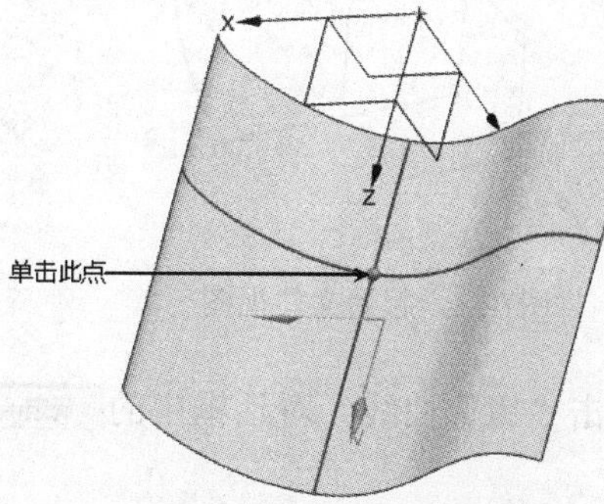

图7-48 单击曲面上一点

(3) 完成设置的“等参数曲线”对话框如图7-49所示。单击对话框中的确定按钮，即可创建经过已知点的等参数曲线，如图7-50所示。

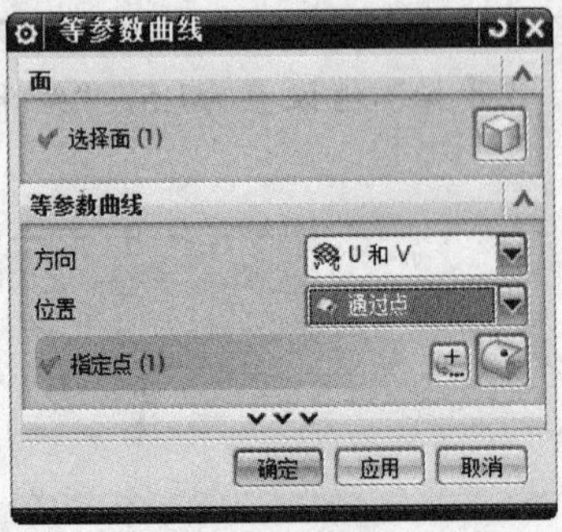

图7-49　“等参数曲线”对话框设置

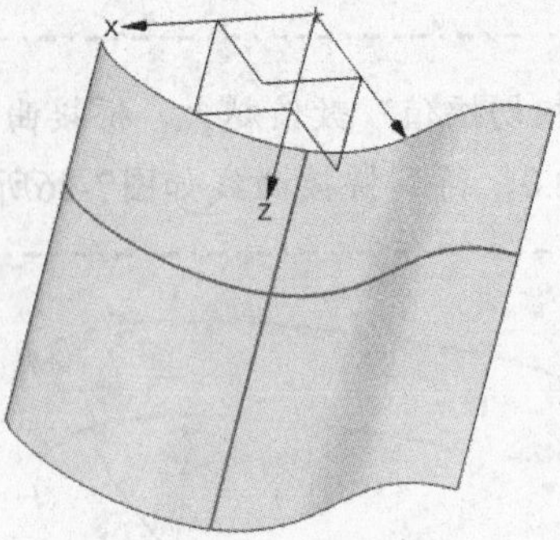

图7-50　创建等参数曲线

7.3.6　镜像曲线

利用“镜像曲线”命令可以通过基准平面或者平面复制关联或非关联的曲线和边。可镜像的曲线包括任何封闭或非封闭的曲线，选定的镜像平面可以是基准平面、平面或者实体的表面等类型。

	起始文件	\光盘文件\NX 9\Char07\jingxiang.prt

具体操作步骤如下：

(1) 根据起始文件路径打开jingxiang.prt，打开的文件视图如图7-51所示。

(2) 单击(镜像曲线)按钮，弹出“镜像曲线”对话框。单击曲线作为需镜像的曲线，“镜像平面”下面的“平面”文本框选择“现有平面”，单击“XC-ZC平面”作为“镜像平面”。完成设置的“镜像曲线”对话框如图7-52所示。

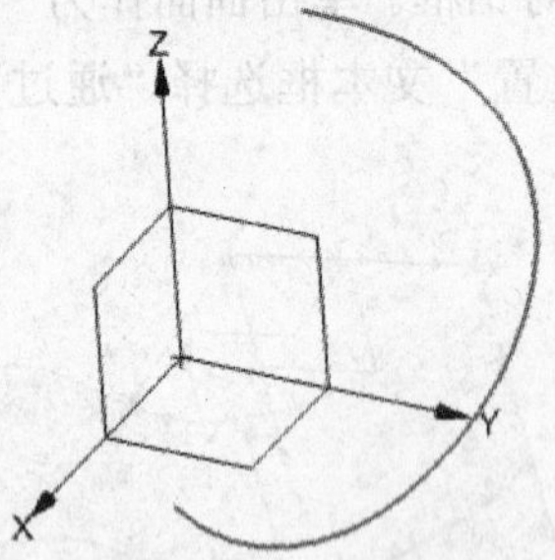

图7-51　起始文件视图

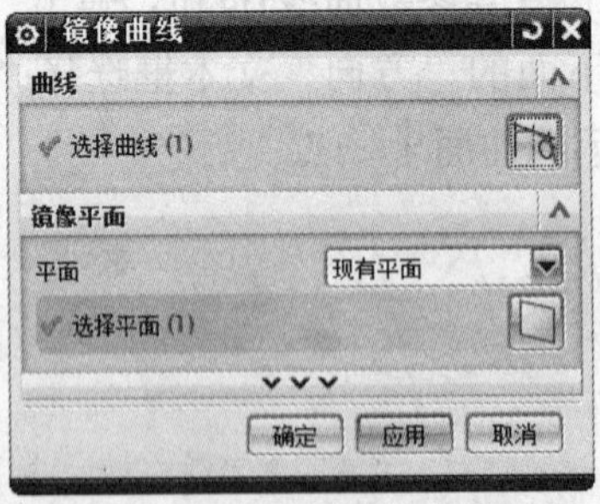

图7-52　“镜像曲线”对话框设置

(3) 单击“镜像曲线”对话框中的确定按钮，完成镜像曲线操作，如图7-53所示。

7.3.7 缠绕/展开曲线

利用“缠绕/展开曲线”命令可以将曲线从一个平面缠绕到一个圆锥面或圆柱面上，或从圆锥面和圆柱面展开到一个平面上。

	起始文件	\光盘文件\NX 9\Char07\chanrao.prt

具体操作步骤如下：

(1) 根据起始文件路径打开chanrao.prt，打开的文件视图如图7-54所示。

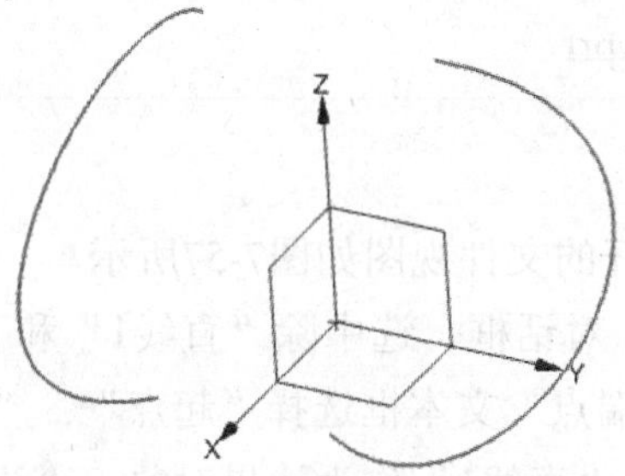

图7-53 完成镜像操作曲线

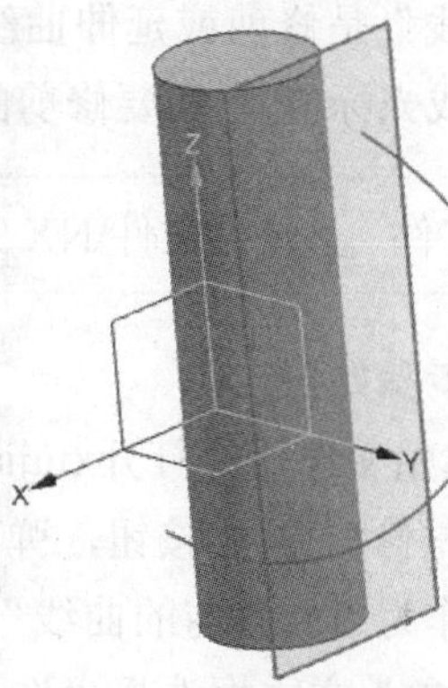

图7-54 初始文件视图

(2) 单击 (缠绕/展开曲线)按钮，弹出“缠绕/展开曲线”对话框。“类型”文本框选择“缠绕”，单击曲线作为参考曲线，单击圆柱侧面作为“面”，单击基准平面作为“平面”。完成设置的“缠绕/展开曲线”对话框如图7-55所示。

(3) 单击“缠绕/展开曲线”对话框中的< 确定 >按钮，完成曲线缠绕操作，如图7-56所示。

图7-55 “缠绕/展开曲线”对话框设置

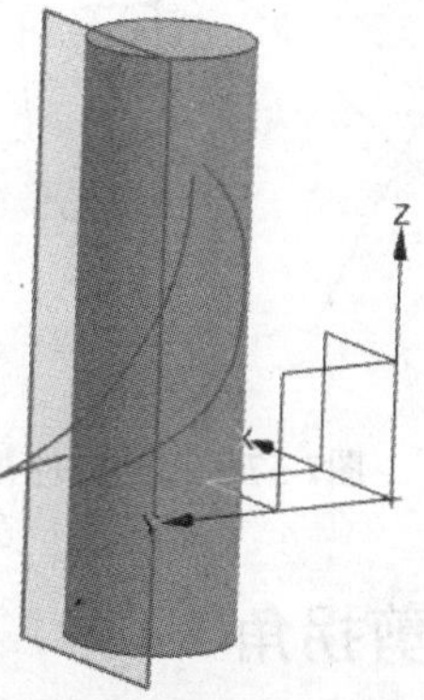

图7-56 完成缠绕曲线操作

7.4 编 辑 曲 线

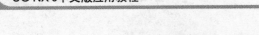

利用绘制曲线的命令远远不能创建出符合设计要求的曲线，这就需要利用本节介绍的编辑曲线命令。通过编辑曲线以创建出符合设计要求的曲线，具体包括编辑曲线参数、修剪曲线和修剪拐角以及分割曲线等。

7.4.1 修剪曲线

“修剪曲线”是修剪或延伸曲线到选定的边界对象，根据选择的边缘实体(如曲线、边缘、平面、点或光标位置)和要修剪的曲线段调整曲线的端点。

	起始文件	\光盘文件\NX 9\Char07\xiujian.prt

具体操作步骤如下：

(1) 根据起始文件路径打开xiujian.prt文件，打开的文件视图如图7-57所示。

(2) 单击(修剪曲线)按钮，弹出“修剪曲线”对话框。选中除“直线1”和“直线2”外的其余直线作为“要修剪的曲线”，“要修剪的端点”文本框选择“起点”；“边界对象1”下面的“对象”文本框选择“选择对象”，单击“直线1”作为边界对象；“边界对象2”下面的“对象”文本框选择“选择对象”，单击“直线2”作为边界对象。完成设置的“修剪曲线”对话框如图7-58所示。

(3) 单击“修剪曲线”对话框中的确定按钮，完成修剪后的视图如图7-59所示。

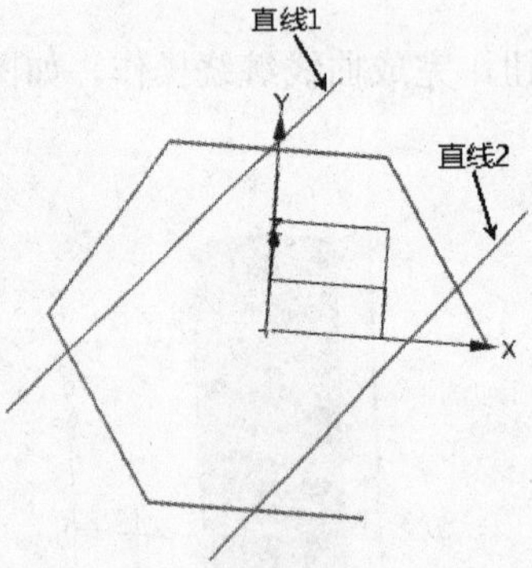

图7-57 起始文件视图

图7-58 “修剪曲线”对话框设置

7.4.2 修剪拐角

“修剪拐角”是将两条曲线修剪至此两条曲线的交点从而形成一个拐角，生成的拐角依附于选择对象。

具体操作步骤如下：

(1) 使用曲线“直线”命令创建如图7-60所示的两条直线相交的曲线视图。单击(修剪拐角)按钮，弹出“修剪拐角”对话框。

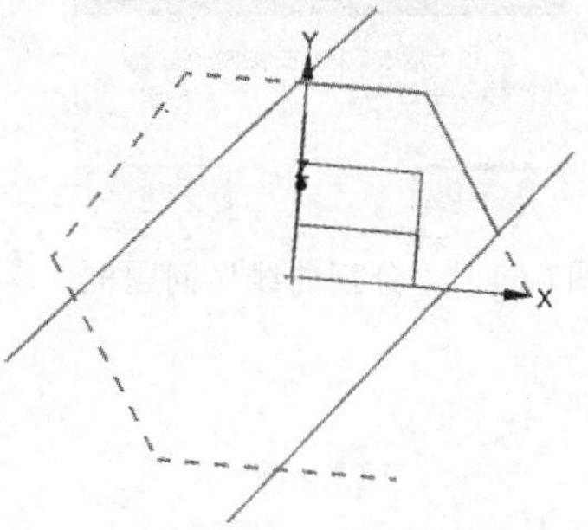

图7-59 完成修剪曲线操作

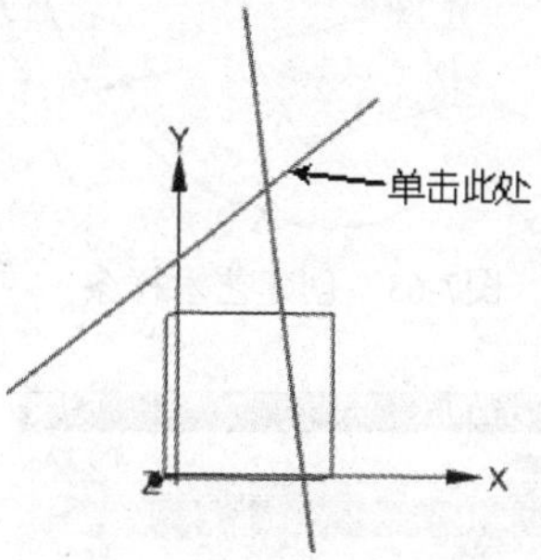

图7-60 创建的相交直线视图

(2) 单击视图中指定的位置，即可弹出如图7-61所示的“修剪拐角”对话框。单击 是(Y) 按钮完成修剪拐角操作，如图7-62所示。

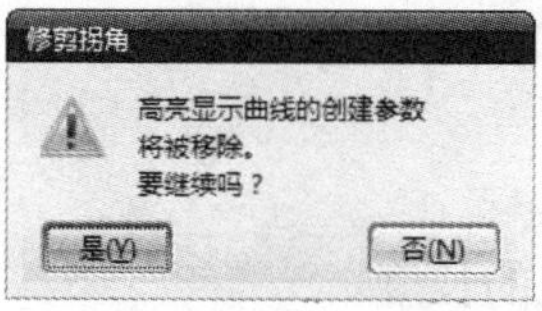

图7-61 “修剪拐角”对话框

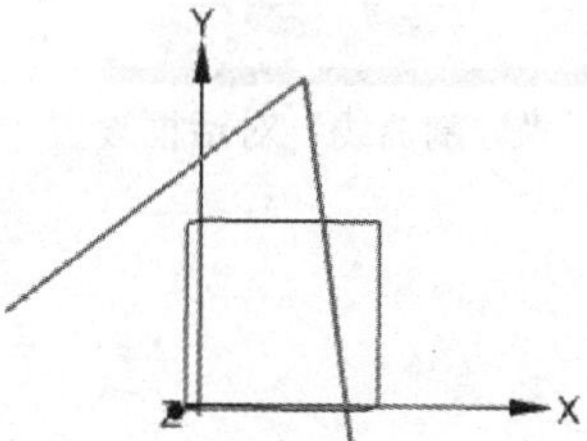

图7-62 完成修剪拐角操作

7.4.3 分割曲线

“分割曲线”是指将曲线分割成多个节段，各节段都是一个独立的实体，并赋予和原来的曲线相同的线型。下面以等分的方式介绍本命令的操作步骤。

具体操作步骤如下：

(1) 在视图区域创建如图7-63所示的艺术样条，单击(分割曲线)按钮，弹出“分割曲线”对话框。

(2) “分割曲线”对话框中的“类型”文本框选择“等分段”，单击艺术样条作为分割“曲线”，此时会弹出如图7-64所示的“分割曲线”问题框，单击 是(Y) 按钮继续操作。

(3) “段数”下面的“分段长度”文本框选择“等参数”，“段数”设置为3。完成设置的“分割曲线”对话框如图7-65所示。

(4) 单击“分割曲线”对话框中的 确定 按钮，完成分割曲线操作，将中间一段曲线赋予其余颜色得到如图7-66所示的曲线视图。

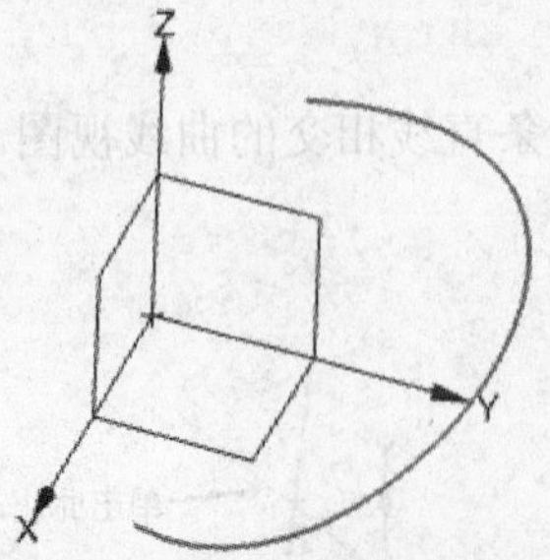

图7-63　创建艺术样条

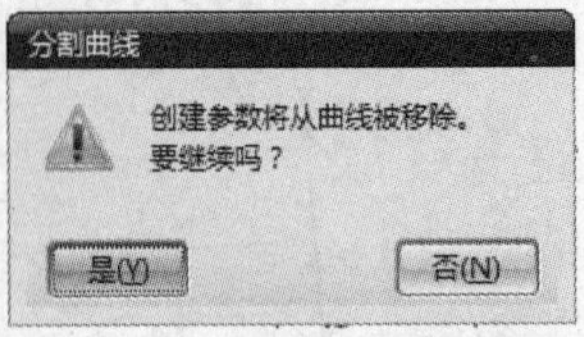

图7-64　“分割曲线”问题框

图7-65　“分割曲线”对话框设置

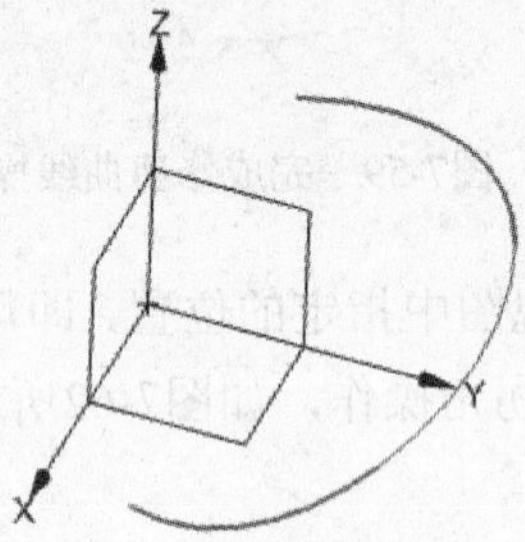

图7-66　完成曲线分割操作

7.4.4　长度

“长度”用于将指定的曲线朝指定的方向延伸一定的长度。

具体操作步骤如下：

(1) 在视图区域创建如图7-67所示的艺术样条，单击(长度)按钮，弹出“曲线长度”对话框。

(2) 单击视图中的曲线作为需要延伸的曲线，“曲线长度”对话框“延伸”下面的“长度”文本框选择“增量”，“侧”文本框选择“起点和终点”，“方法”文本框选择“自然”；“限制”下面的“开始”设置为10mm，“结束”设置为20mm。完成设置的“曲线长度”对话框如图7-68所示。

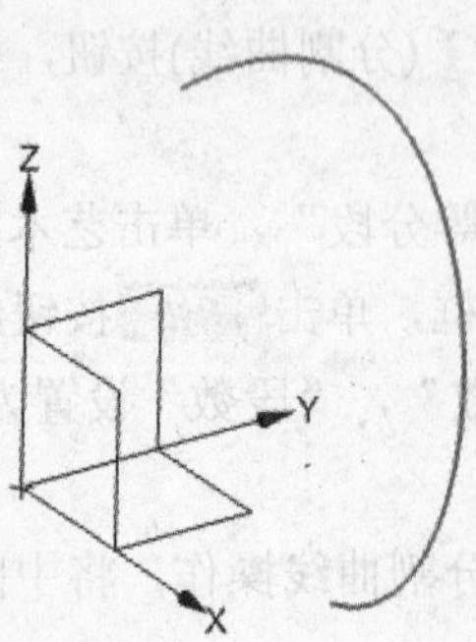

图7-67　创建的艺术样条曲线

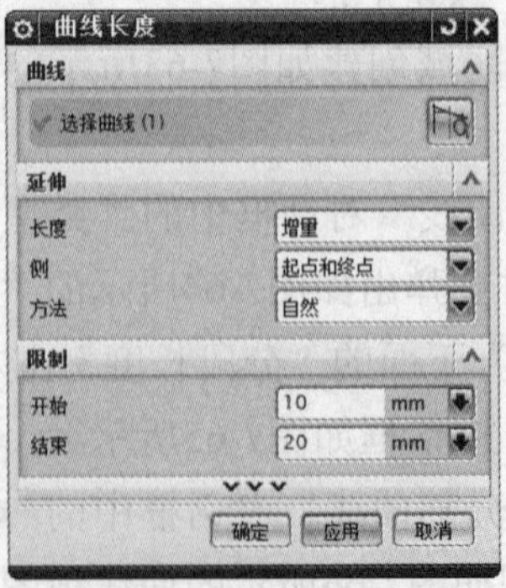

图7-68　“曲线长度”对话框设置

(3) 单击“曲线长度”对话框中的确定按钮，完成曲线延伸操作，如图7-69所示。

7.4.5　光顺样条

“光顺样条”命令是通过最小化曲率大小或曲率变化来移除样条中的小缺陷。

具体操作步骤如下：

(1) 仍以上一小节创建的艺术样条为例进行操作介绍。单击(光顺样条)按钮，弹出“光顺样条”对话框。

(2) 单击视图中的艺术样条作为“要光顺的曲线”，此时弹出如图7-70所示的“光顺样条”警告对话框，单击<确定>按钮继续操作。

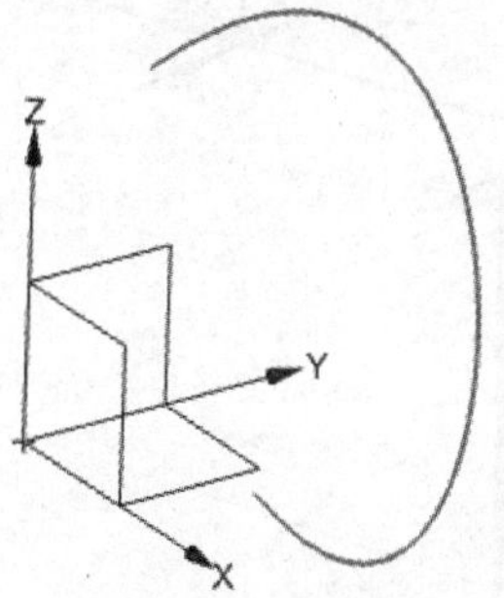

图7-69　创建的长度延伸曲线

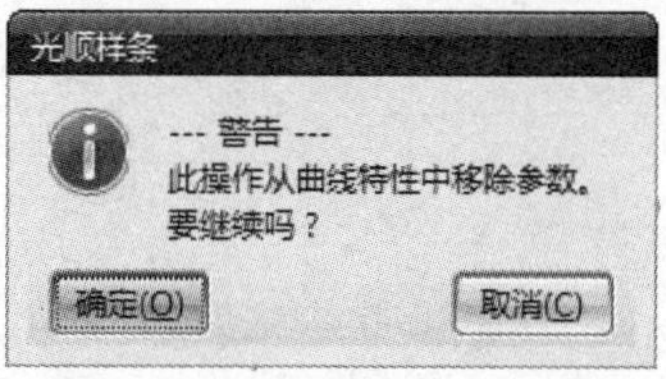

图7-70　“光顺样条”警告对话框

(3) “光顺样条”对话框中的“类型”文本框选择“曲率”，将“光顺因子”下面的滑块拖曳至100处，“修改百分比”亦拖曳至100处。完成设置的“光顺样条”对话框如图7-71所示。

(4) 单击“光顺样条”对话框中的确定按钮，完成光顺样条操作，如图7-72所示。

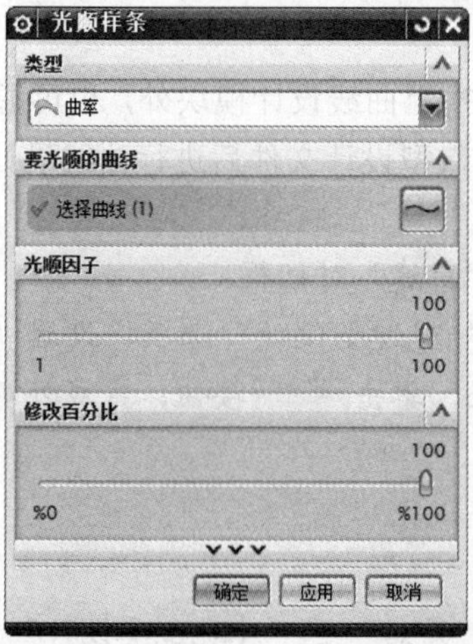

图7-71　“光顺样条”对话框设置

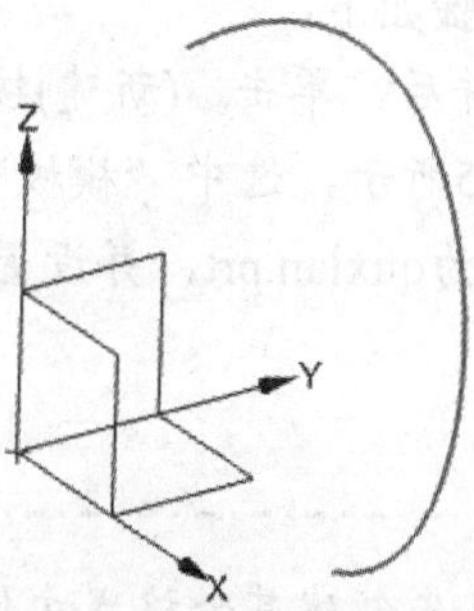

图7-72　完成光顺样条操作

7.5 实例示范

前面详细介绍了使用NX 9进行曲线设计所需的各种命令，本节通过一个实例综合介绍外观造型设计模块进行曲线造型的详细操作过程。

如图7-73所示为完成造型的曲线。本节介绍的螺旋曲线是通过将普通螺旋曲线投影到如图7-74所示的实体曲面上创建的曲线。在学习此曲线创建的操作过程以前，用户可根据前面介绍自行试验创建曲线。

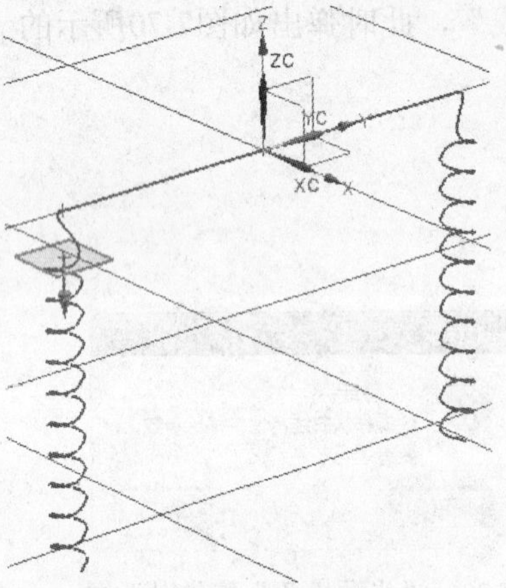

图7-73　完成造型的曲线

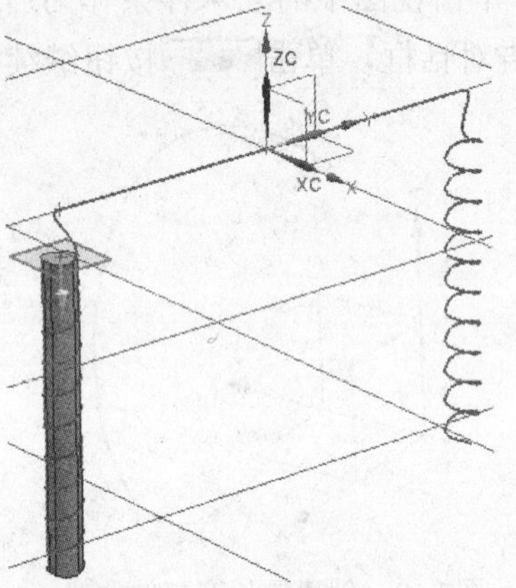

图7-74　投影曲面示意

	结果文件	\光盘文件\NX 9\Char07\quxian.prt
	视频文件	\光盘文件\NX 9\视频文件\Char07\曲线.avi

7.5.1　创建外观造型设计文件

曲线是曲面设计的入门，因此除能从建模切换至曲线设计模块外，也可通过曲面设计切换至曲线设计模块。本小节介绍的即为创建外观造型设计文件后进行曲线设计的步骤。

具体操作步骤如下：

(1) 打开软件后，单击□(新建)按钮，弹出“新建”对话框。

(2) 如图7-75所示，选中“模板”下面的“外观造型设计”选项，设置“新文件名”下面的“名称”为quxian.prt，并设置合理的路径，单击确定按钮，完成外观造型设计文件创建。

提示

用户也可先创建其余格式文件，再选择“开始”→“外观造型设计”进入外观造型设计模块。

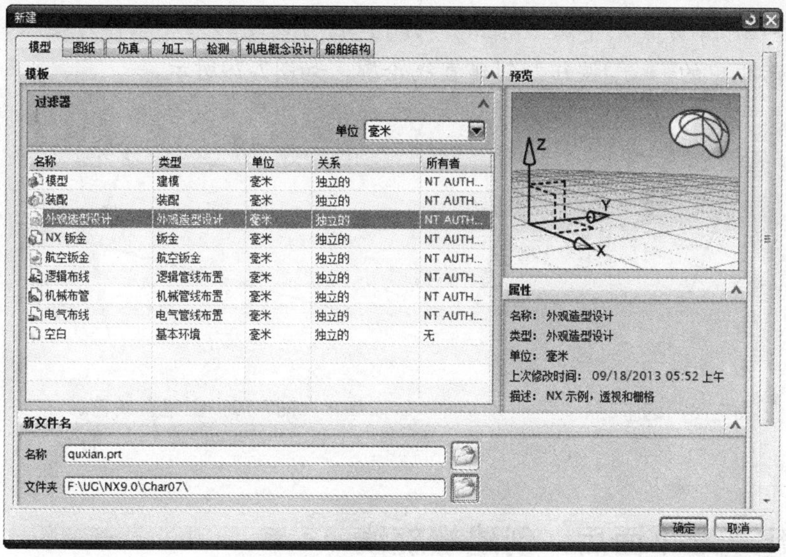

图7-75 “新建”对话框设置

7.5.2 绘制两点，创建直线

首先需使用在环境中绘制草图功能绘制两个点，使用“直线”命令以原点和绘制的其中一点创建直线。

具体操作步骤如下：

(1) 单击“曲面”选项卡(在任务环境中绘制草图)按钮，弹出“创建草图”对话框，单击ZC-YC基准面作为“草图平面”，单击确定按钮，进入草图绘制窗口(本步骤操作请参考草图绘制模块的介绍章节)。

(2) 单击+(点)按钮并配合尺寸约束绘制如图7-76所示草图轮廓，绘制的两点在ZC-YC平面上，一点坐标为(-80,0)，另一点坐标为(-80,-15)。

(3) 单击(完成草图)按钮，完成草图绘制并回到外观造型设计模块窗口。

(4) 单击(直线)按钮，弹出如图7-77所示的“直线”对话框。

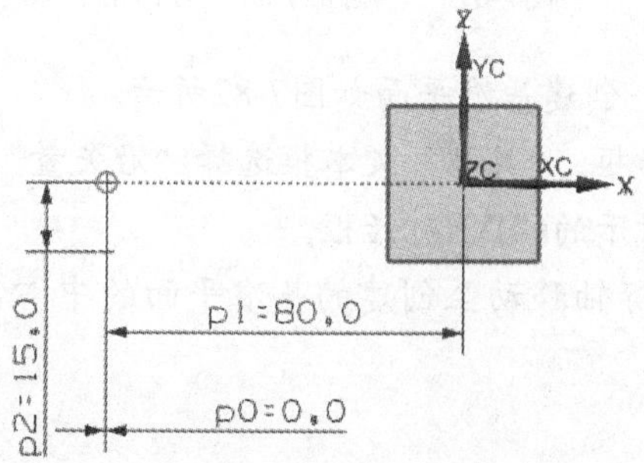

图7-76 创建草图轮廓

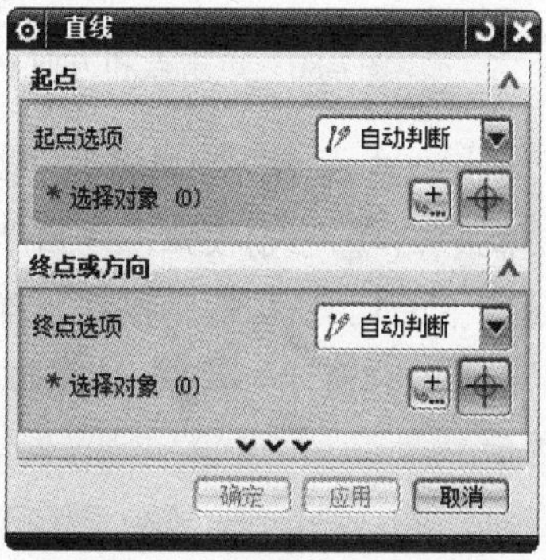

图7-77 “直线”对话框

(5) 如图7-78所示分，别单击“原点”与用户自行创建的第一点作为起点与终点；单击“直线”对话框中的 确定 按钮，创建直线轮廓，如图7-79所示。

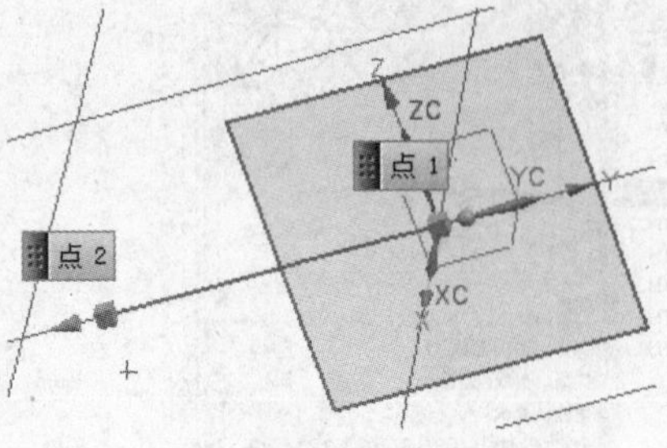

图7-78　选中2点

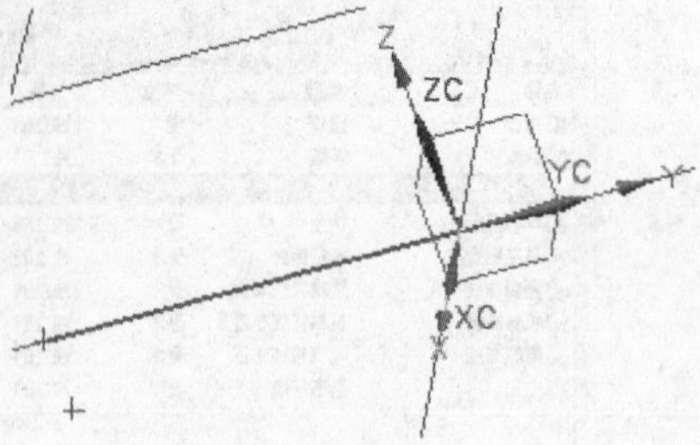

图7-79　创建直线轮廓

7.5.3　创建基准平面后，创建螺旋线

因螺旋线的创建离不开坐标系，因此需要重新创建基准坐标系，然后再创建螺旋线。

具体操作步骤如下：

(1) 单击□(基准平面)按钮，弹出“基准平面”对话框。“类型”文本框选择“点和方向”；如图7-80所示，单击创建的第2点作为“通过点”，单击Z轴作为“法向”。完成设置的“基准平面”对话框如图7-81所示。

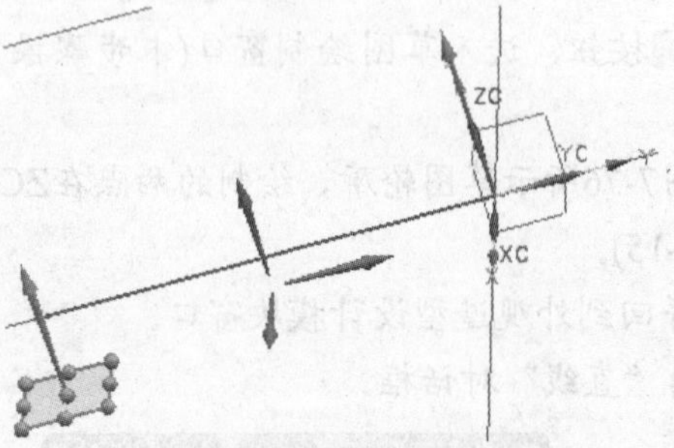

图7-80　单击点和方向

图7-81　“基准平面”对话框设置

(2) 单击“基准平面”对话框中的 确定 按钮，创建基准平面如图7-82所示。

(3) 单击(螺旋线)按钮，弹出“螺旋线”对话框。“类型”文本框选择“沿矢量”，单击“方位”下面的(CSYS)按钮，弹出如图7-83所示的CSYS对话框。

(4) 如图7-84所示，单击创建的第2点，将坐标轴移动至创建的基准平面的中心，如图7-85所示。

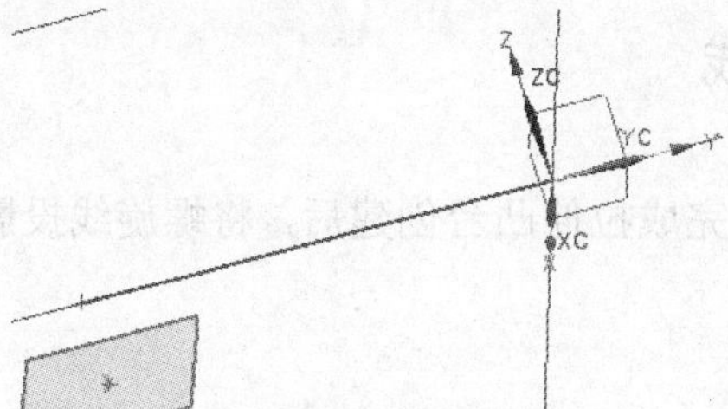

图7-82　创建的基准平面

图7-83　CSYS对话框

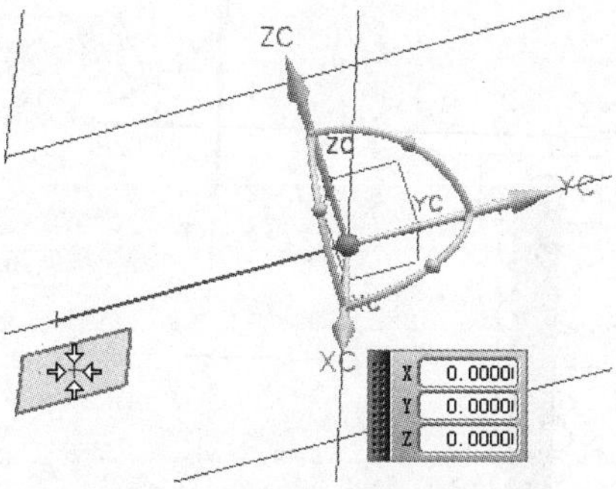

图7-84　单击创建的第2点

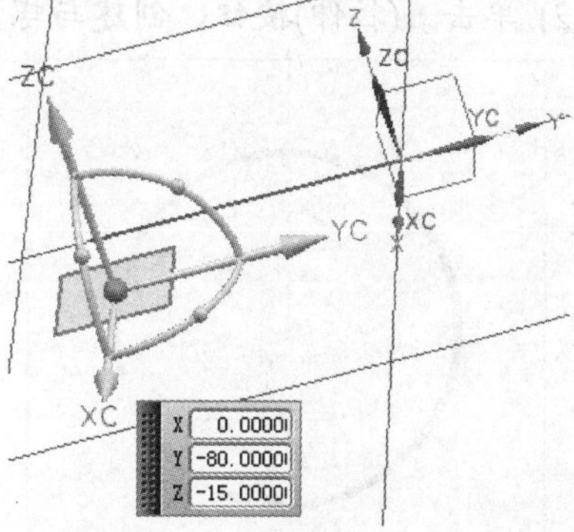

图7-85　移动坐标轴

(5) 完成操作后，单击CSYS对话框中的确定按钮，返回到“螺旋线”对话框，此时已将指定的CSYS确定，设置“角度”为0；选中“大小”下面的“直径”选项，“规律类型”文本框选择“恒定”，并设置“值”为20mm；“螺距”下面的“规律类型”文本框选择“恒定”，并设置“值”为10mm；“长度”下面的“方法”文本框选择“限制”，设置“起始限制”为0，“终止限制”为-100mm。完成设置后的“螺旋线”对话框如图7-86所示。

(6) 单击“螺旋线”对话框中的确定按钮，创建的螺旋线如图7-87所示。

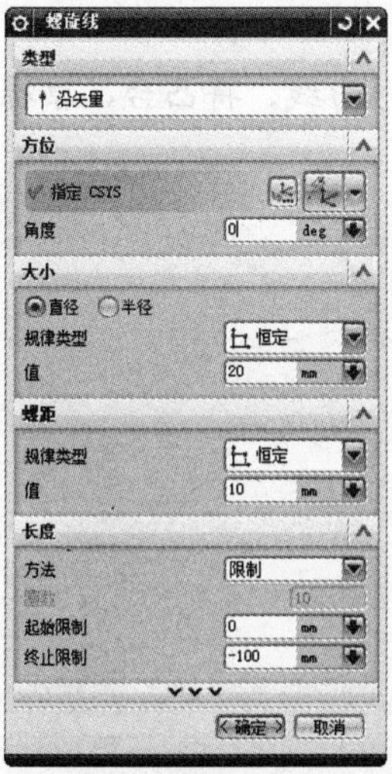

图7-86　“螺旋线”对话框设置

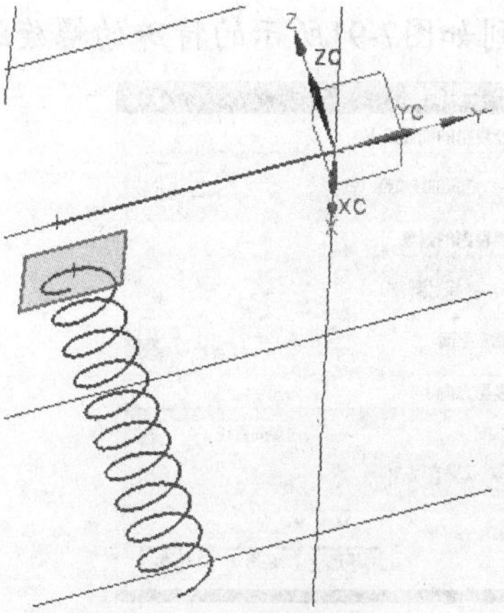

图7-87　创建螺旋线

7.5.4 创建拉伸凸台，并投影螺旋线

在进行螺旋线投影前，需创建一拉伸凸台，完成拉伸凸台创建后，将螺旋线投影至其侧表面创建一个不规则形状的螺旋线。

具体操作步骤如下：

(1) 单击(在任务环境中绘制草图)按钮，以创建的基准平面为草绘平面创建如图7-88所示的圆形草图轮廓(首先创建一外接圆半径为10mm的三角形，三角形外接圆心与螺旋线同心，然后对三角形三个角进行倒半径为3.5mm的圆角)。

(2) 单击(拉伸)按钮，创建与螺旋线同向拉伸深度为100mm的凸台，如图7-89所示。

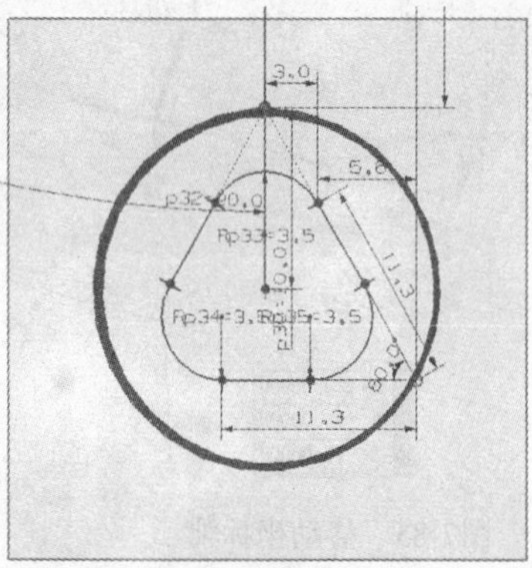

图7-88　创建草图轮廓

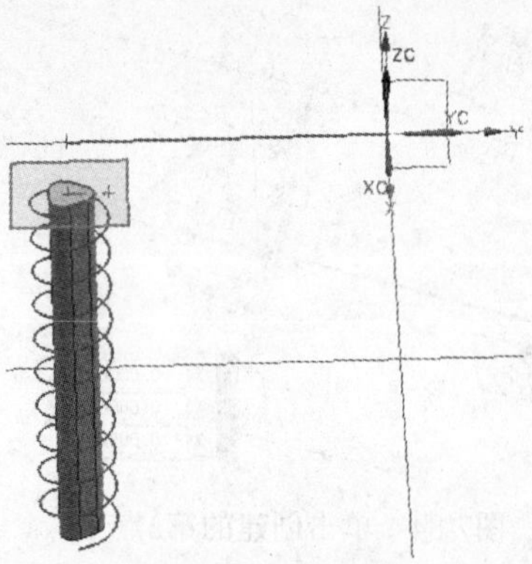

图7-89　创建拉伸凸台

(3) 在投影曲线操作前，应首先创建凸台的中轴线，用户可通过"基准轴"命令创建凸台零件的中轴线(中轴线可以是矢量形式)。

(4) 单击(投影曲线)按钮，弹出"投影曲线"对话框。单击创建的螺旋线作为要投影的曲线，单击凸台的侧表面作为要投影的对象；"投影曲线"对话框中"投影方向"下面的"方向"文本框选择"朝向直线"，单击步骤(3)中创建的凸台中轴线作为参考直线。完成设置的"投影曲线"对话框如图7-90所示。

(5) 单击"投影曲线"对话框中的 确定 按钮，创建投影曲线，将凸台、原螺旋线等特征隐藏后得到如图7-91所示的特殊的螺旋线。

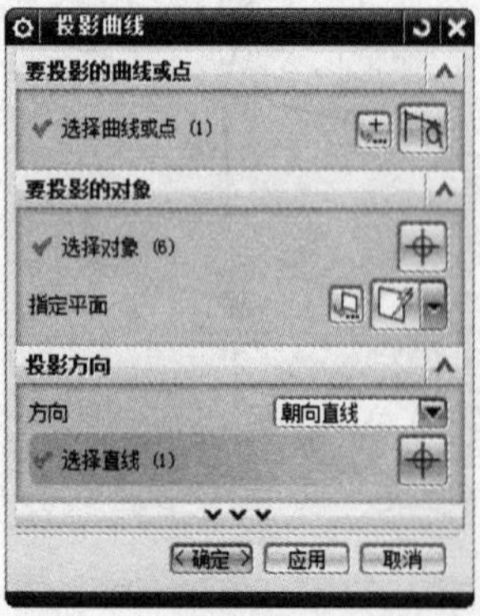

图7-90　"投影曲线"对话框设置

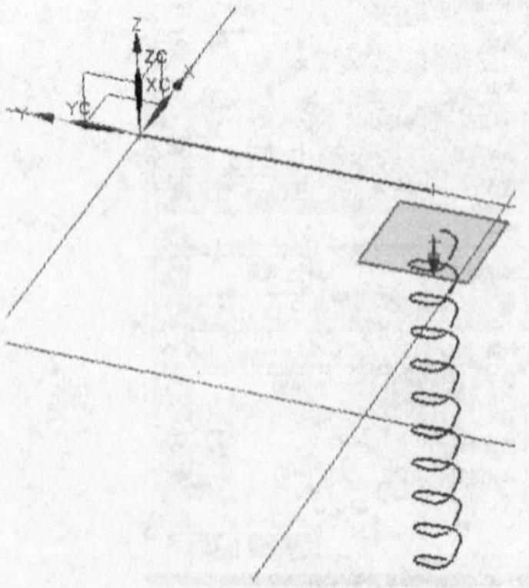

图7-91　创建投影螺旋线

7.5.5　桥接曲线后镜像

将创建的特殊形状的螺旋线与直线桥接，然后以ZC-XC平面作为镜像曲面，将创建的曲线镜像。

具体操作步骤如下：

(1) 单击(桥接曲线)按钮，弹出“桥接曲线”对话框。

(2) 如图7-92所示，单击直线作为“起始对象”，单击投影螺旋线作为“终止对象”，使用“桥接曲线”对话框内的(反向)按钮，调整起始点或终止点。

(3) 单击“桥接曲线”对话框，创建桥接曲线，如图7-93所示。

(4) 单击(镜像曲线)按钮，弹出“镜像曲线”对话框。

(5) 依次单击创建的直线、桥接曲线和投影螺旋线作为需镜像的曲线，单击ZC-XC平面作为镜像平面。完成设置的“镜像曲线”对话框如图7-94所示。

(6) 单击“镜像曲线”对话框中的确定按钮，创建镜像曲线如图7-95所示。至此完成所有曲线创建，用户即可将文件保存。

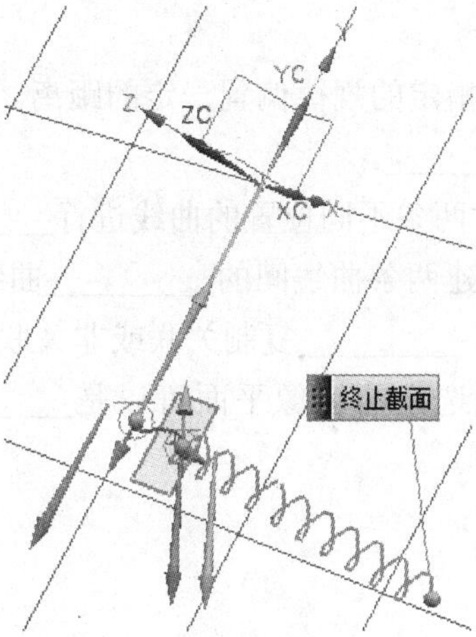

图7-92　单击需桥接的曲线

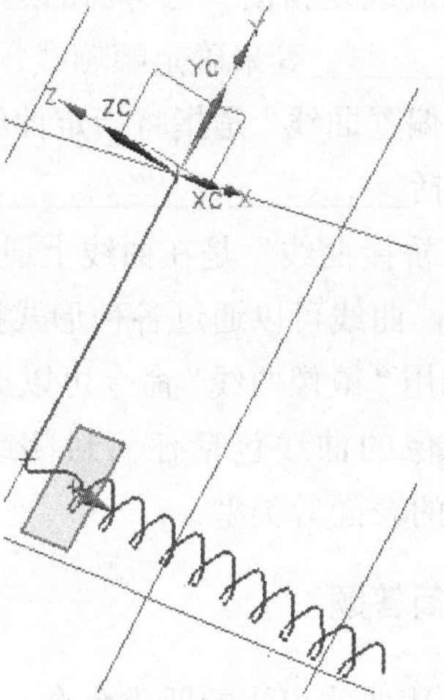

图7-93　创建桥接曲线

图7-94　“镜像曲线”对话框设置

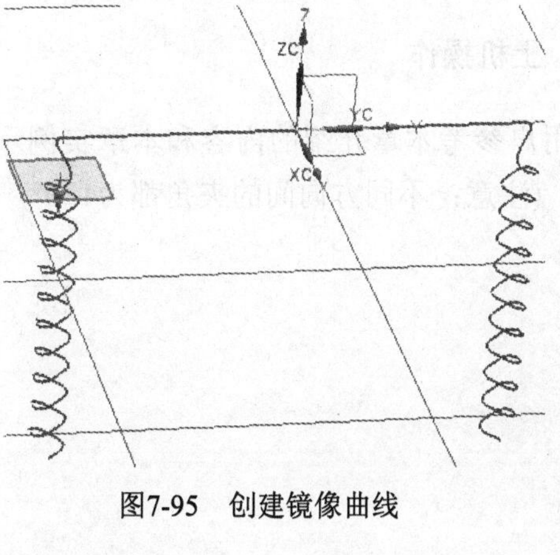

图7-95　创建镜像曲线

7.6 本 章 小 结

本章介绍了使用NX 9进行曲线建模的过程，其中包括创建基本曲线、派生的曲线和曲线编辑命令的操作介绍。本章第一小节简要概述了使用曲线建模的意义和模块工具命令，最后以一个综合实例对本章的部分命令进行了综合介绍。

7.7 习 题

一、填空题

1. ______是建模中最基本的要素，无论简单的曲线还是复杂的三维实体，都是由一个个创建出来的，因此只有熟练地掌握了______的创建，才能真正掌握三维实体建模。

2. 螺旋线是指由一些特殊的运动所产生的轨迹。利用该命令可通过设置______、______、半径和_________等来确定螺旋线。

3. “偏置曲线”是指将指定曲线在指定方向上按指定的规律偏置一定的距离。进行偏置的方式包括_________、_________、规律控制和_________。

4. “桥接曲线”是在曲线上通过用户指定的点对两条不同位置的曲线进行_________或融合操作，曲线可以通过各种形式控制，主要用于创建两条曲线间的_________曲线。

5. 利用“镜像曲线”命令可以通过_________或者_________复制关联或非关联的曲线和边。可镜像的曲线包括任何封闭或非封闭的曲线，选定的镜像平面可以是__________、或者实体的表面等类型。

二、简答题

1. 概述曲线模块的四类命令。
2. 使用曲线模块创建曲线的意义是什么？

三、上机操作

请用户参考本章介绍的内容和本章实例示范的操作内容创建三方向的相连螺旋曲线草图轮廓。(注意：不同方向间的夹角都为120°)

第8章

曲 面 设 计

学习了前面的内容，用户已可以进行简单零件建模设计。但在实际的工业生产中，很多产品的建模都依赖于曲面设计，如汽车外壳、空调外壳、矿泉水瓶等都是由复杂曲面构成。因此，学好NX 9曲面设计是成为一名优秀造型师的必要条件。

学习目标

- ✧ 了解曲面设计的基本知识
- ✧ 熟练掌握曲面创建的各种方法
- ✧ 熟练掌握曲面工序的各种命令操作
- ✧ 熟悉编辑曲面的各种命令操作

8.1 曲面概述

为方便用户进行曲面创建和编辑，NX 9将曲面单独拿出做成单独的选项卡工具栏。曲面选项卡可简单分为曲面、曲面工序和编辑曲面三部分。

8.1.1 曲面模块概述

曲面模块包含了曲面创建、曲面工序和编辑曲面三类命令集合，使用这些命令进行曲面创建和编辑，最终可得到用户所需要设计的曲面造型。

1. 曲面创建

“曲面”命令框提供了由点创建曲面(如“四点曲面”命令)、由曲线创建曲面(如“通过曲线组”命令)、由曲面创建曲面(如“快速造面”命令)和倒圆操作(如“面倒圆”)等命令，使用这些命令可快速创建曲面。

2. 曲面工序

“曲面工序”命令框提供了曲面组合(如“缝合”命令)、曲面修剪(如“修剪片体”命令)和曲面偏置/缩放(如“偏置面”命令)等命令，使用这些命令可对曲面进行操作，创建派生的曲面。

3. 曲面编辑

“曲面编辑”命令框提供了曲面形状编辑(如“使曲面变形”命令)、曲面边界编辑(如“扩大”命令)和曲面片体编辑(如“整修面”命令)等命令，使用这些命令可对曲面进行深度编辑加工，得到最终造型。

8.1.2 曲面常用概念

在创建曲面的过程中，许多操作都会出现专业性概念和术语。为了能够更准确地理解创建规则曲面和自由曲面的设计过程，了解常用曲面的术语和功能是非常必要的。

1. 实体与片体

实体与片体是NX 9中两种主要的三维特征，片体一般用于创建实体，而不出现在最终的产品三维模型中。

实体是指厚度不为零的拉伸体，而片体是厚度为零的平面或者曲面，对片体进行加厚即可创建实体。如图8-1所示为片体，如图8-2所示为对片体加厚后创建的实体。

图8-1 片体示意图

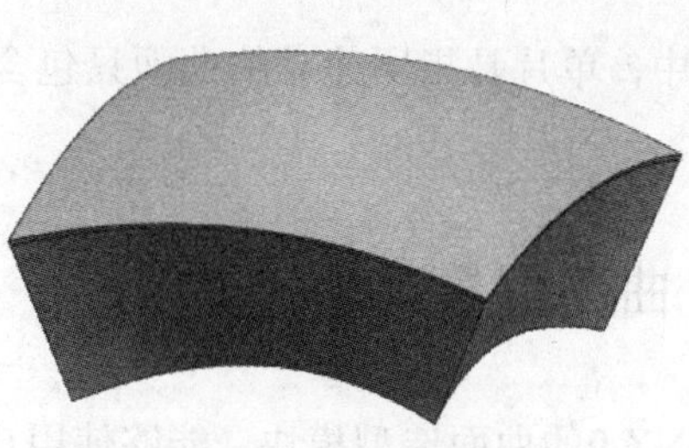

图8-2 实体示意图

2. U向和V向

在NX 9中认为点阵是由行和列组成的，U向就是指行延伸的方向，V向是指列延伸的方向。U、V向示意图如图8-3所示。

3. 栅格线

栅格线仅仅是一组显示特征，对曲面特征没有影响。在“静态线框”显示模式下，曲面形状难以观察，因此栅格线主要用于曲面的显示，如图8-4所示。

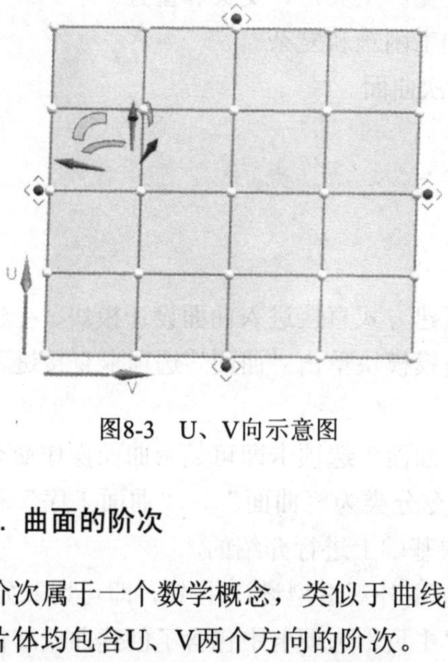

图8-3 U、V向示意图

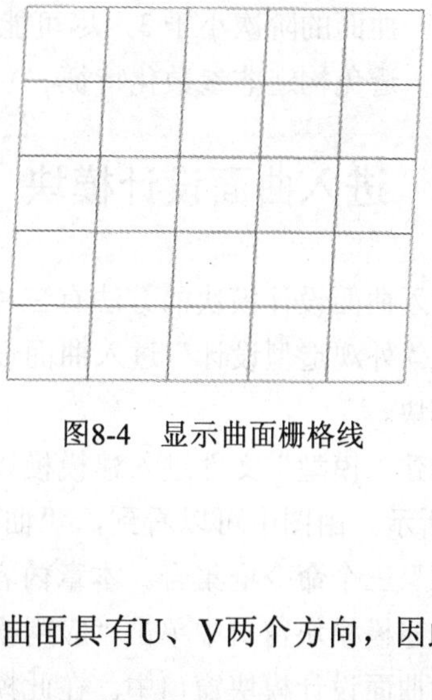

图8-4 显示曲面栅格线

4. 曲面的阶次

阶次属于一个数学概念，类似于曲线的阶次。由于曲面具有U、V两个方向，因此每个曲面片体均包含U、V两个方向的阶次。

在常规的三维软件中，阶次必须介于1～24之间，但最好采用3次，因为曲线的阶次用于判断曲线的复杂程度，而不是精确程度。简单来说，曲线的阶次越高，曲线就越复杂。计算量就越大。

5. 曲面的片体类型

实体的外曲面一般都是由曲面片体构成的，根据曲面片体的数量可分为单片和多片两种类型。其中，单片是指所建立的曲面只包含一个单一的曲面实体；而多片是由一系列的单补片组成的。

8.1.3 曲面建模的基本原则

使用NX 9的曲面造型模块，能够使用户设计更高级的零件外形。通常情况下，使用曲面功能构造产品外形，需通过点、线或面来创建。

而复杂曲面应该采用曲线构造方法创建主要或大面积的片体，然后执行曲面的过渡连接、光顺处理、曲面编辑等操作。完成整体造型建模的基本原则如下：

- ✧ 根据不同曲面的特点合理使用各种曲面构造方法。
- ✧ 尽可能采用修剪实体，再用挖空的方法创建薄壳零件。
- ✧ 面之间的圆角过渡尽可能在实体上进行操作。
- ✧ 用于构造曲面的曲线尽可能简单，曲线阶次小于3。
- ✧ 如有测量的数据点，建议可先创建曲线，再利用曲线构造曲面。
- ✧ 内圆角半径应略大于标准刀具半径。
- ✧ 用于构造曲面的曲线要保证光顺连续，避免产生尖角、交叉和重叠。
- ✧ 曲面的曲率半径尽可能大，否则会造成加工困难和复杂。
- ✧ 曲面的阶次小于3，尽可能避免使用高阶次曲面。
- ✧ 避免构造非参数化特征。

8.1.4 进入曲面设计模块

进入曲面设计模块的方法有三种，包括通过新建方式直接进入曲面设计模块、在建模模块切入“外观造型设计”进入曲面设计模块、在建模模块单击“曲面”选项卡直接进入曲面设计模块。

新建“模型”文件进入建模模块窗口，单击“曲面”选项卡即可显示曲面操作命令，如图8-5所示。由图中可以看到，“曲面”选项卡命令分类为“曲面”、“曲面工序”和“编辑曲面”三个命令框集合。本章内容即是在此模块基础上进行介绍的。

在建模模块窗口中单击“应用模块”选项卡的(外观造型设计)按钮，即可切入如图8-6所示的曲面设计模块窗口中。在此模块窗口内的“主页”选项卡中包含了创建曲线和曲面命令、曲面操作命令、编辑曲线和曲面命令及曲线和曲面分析命令等。

用户也可通过新建“外观造型设计”文件直接进入曲面设计模块窗口中，此种方法进入的窗口内命令排布样式与上一种方法是相同的。

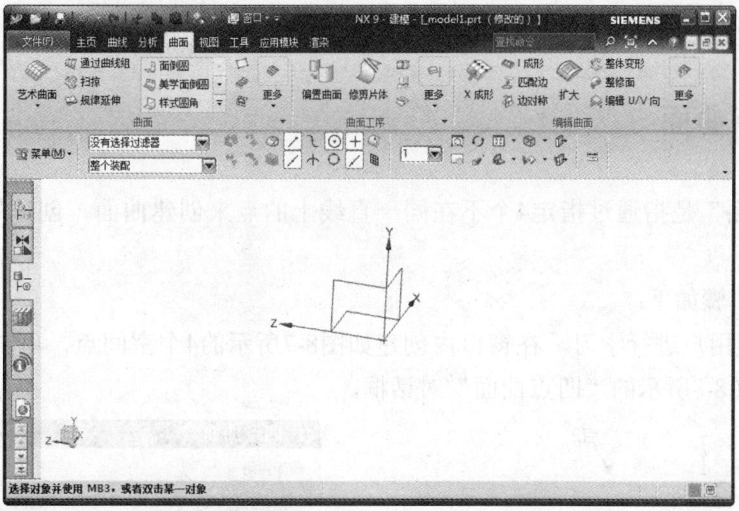

图8-5　单击“曲面”选项卡进入曲面设计

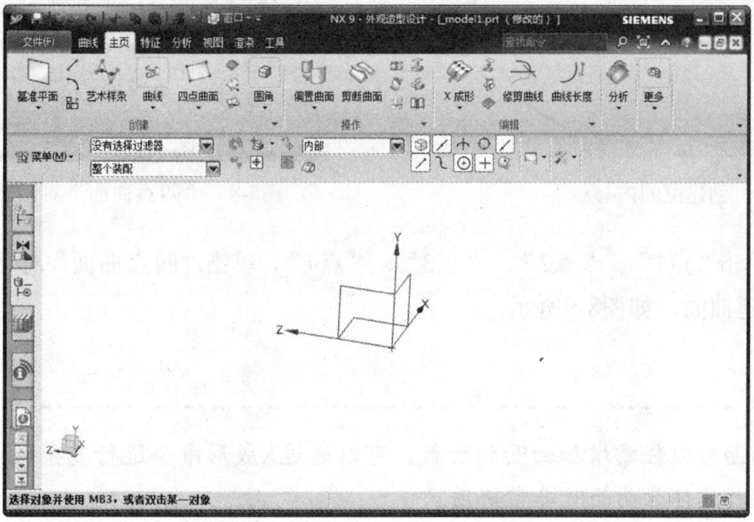

图8-6　单击“应用模块”选项卡进入曲面设计

提示

这三种方法进行操作的窗口命令栏会发生变化，但仅仅是命令的排布发生了变化，命令的种类和操作方法是相同的。

8.2 创建曲面

创建曲面的方法可大体分为由点创建曲面、由曲线创建曲面和由已有曲面创建曲面三种。本小节介绍这三种类型的命令和倒圆操作。

8.2.1 四点曲面

“四点曲面”是指通过指定4个不在同一直线上的点来创建曲面，创建的曲面通过这4个点。

具体操作步骤如下：

(1) 为方便用户进行学习，在窗口内创建如图8-7所示的4个空间点，单击(四点曲面)按钮，弹出如图8-8所示的“四点曲面”对话框。

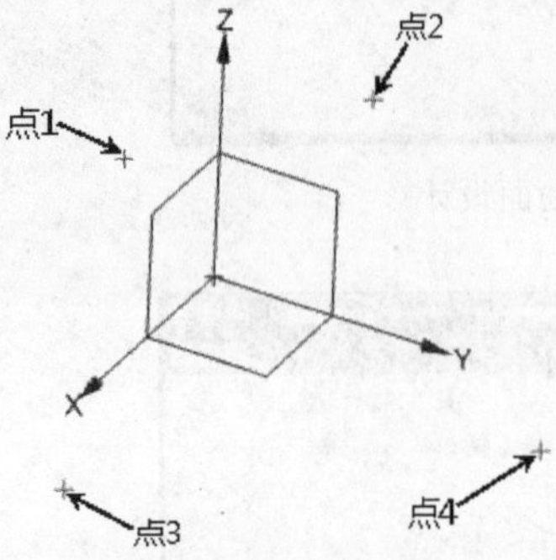

图8-7　创建空间内4点

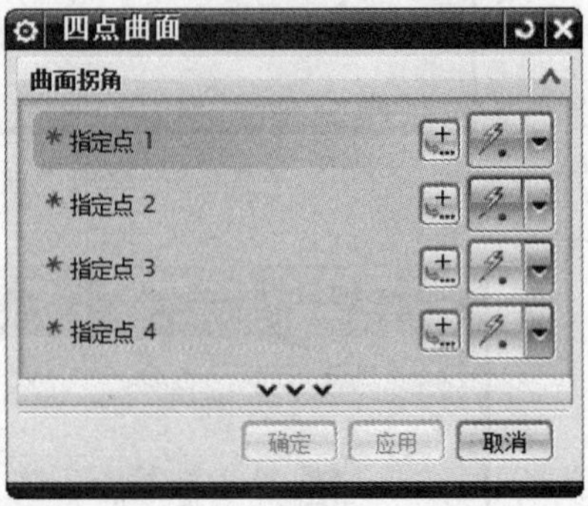

图8-8　“四点曲面”对话框

(2) 依次单击“点1”、“点2”、“点3”、“点4”，单击“四点曲面”对话框中的<确定>按钮，即可创建曲面，如图8-9所示。

提示

四点曲面可以任意增加曲面的阶数，可以通过X成形命令进行复杂的变化，所以四点曲面在构建任意曲面时非常好用。

8.2.2 艺术曲面

“艺术曲面”命令结合了通过曲线组、通过曲线网格、扫掠等命令的特点，能创建各种造型的曲面。艺术曲面选择的曲线很灵活，可以是两条、三条甚至更多。

	起始文件	\光盘文件\NX 9\Char08\ysqm.prt

具体操作步骤如下：

(1) 根据起始文件路径打开ysqm.prt文件，起始文件视图如图8-10所示。

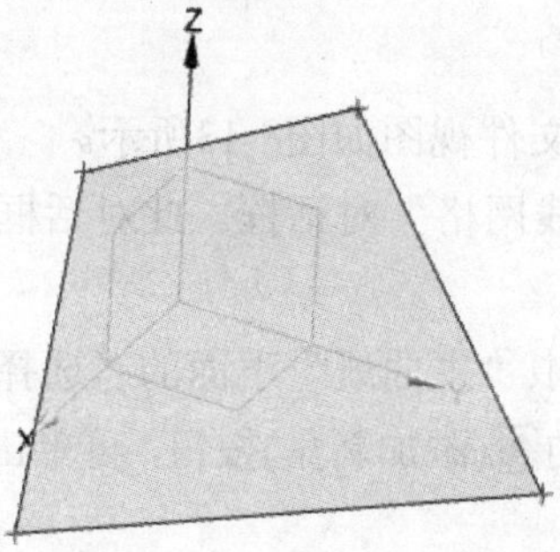

图8-9　创建四点曲面

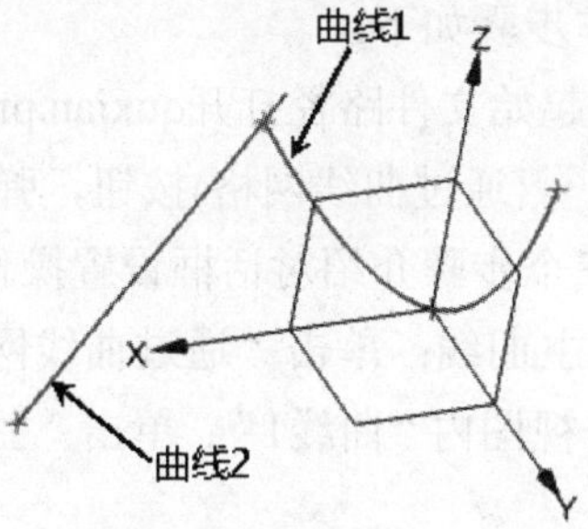

图8-10　起始文件视图

(2) 单击(艺术曲面)按钮，弹出“艺术曲面”对话框。单击“曲线1”作为“截面(主要)曲线”，单击“曲线2”作为“引导(交叉)曲线”；对话框“连续性”下面的“第一截面”文本框选择“G0(位置)”。“第一条引导线”文本框选择“G0(位置)”；完成设置的“艺术曲面”对话框如图8-11所示。

(3) 单击“艺术曲面”对话框中的 确定 按钮，创建艺术曲面如图8-12所示。

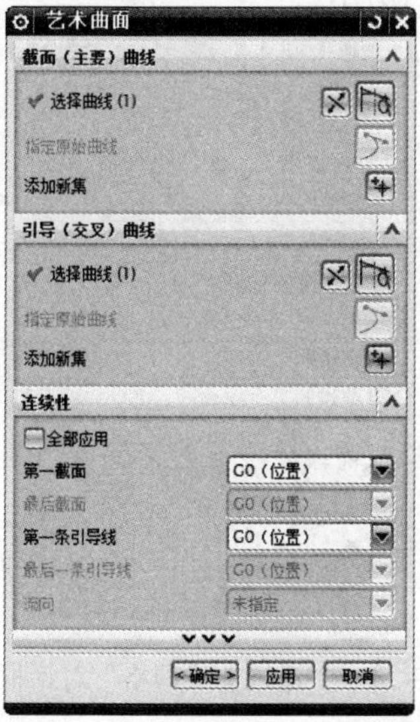

图8-11　“艺术曲面”对话框设置

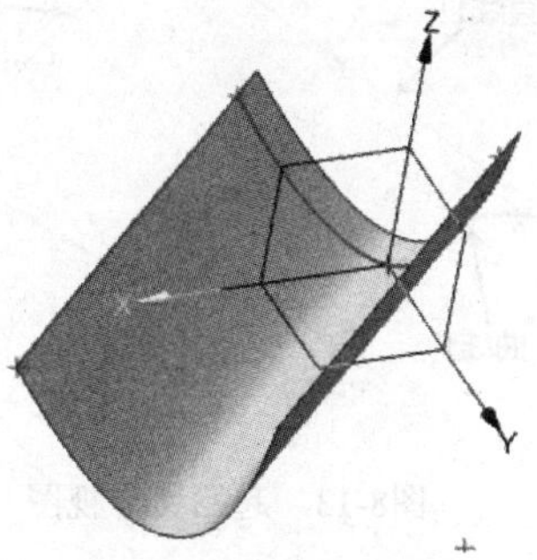

图8-12　创建艺术曲面

8.2.3　通过曲线网格

“通过曲线网格”是指通过一个方向的交叉线串和另一个方向的引导曲线创建体(片体或实体)，此时直纹形状匹配曲线网格。

	起始文件	\光盘文件\NX 9\Char08\quxian.prt

具体操作步骤如下：

(1) 根据起始文件路径打开quxian.prt文件，起始文件视图如图8-13所示。

(2) 单击(通过曲线网格)按钮，弹出“通过曲线网格”对话框。此对话框设置较为烦琐，因此以三个步骤介绍对话框设置操作。

(3) 设置主曲线：单击“通过曲线网格”对话框中“主曲线”下面的“选择曲线或点”字样，再单击视图内“曲线1”；单击“主曲线”下面的(添加新集)按钮，再单击视图内“曲线2”。

(4) 设置交叉曲线：单击“通过曲线网格”对话框中“交叉曲线”下面的“选择曲线”字样，再单击视图内“直线1”；单击“交叉曲线”下面的(添加新集)按钮，再单击视图内“直线2”。

(5) “通过曲线网格”对话框中“连续性”下面的“第一主线串”文本框选择“G0(位置)”，“最后主线串”文本框选择“G0(位置)”，“第一交叉线串”文本框选择“G0(位置)”，“最后交叉线串”文本框选择“G0(位置)”。

完成以上设置的“通过曲线网格”对话框如图8-14所示。

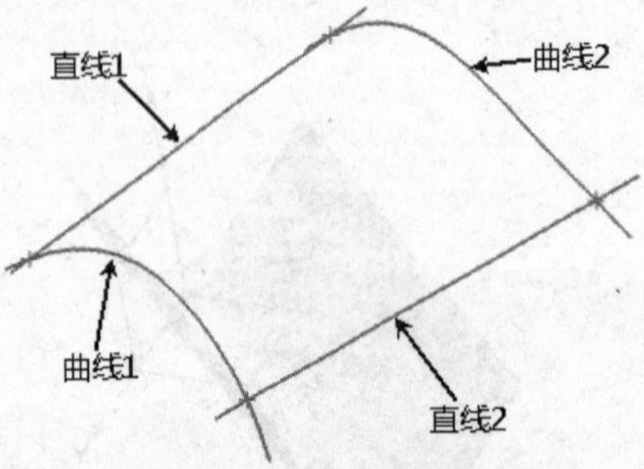

图8-13　起始文件视图

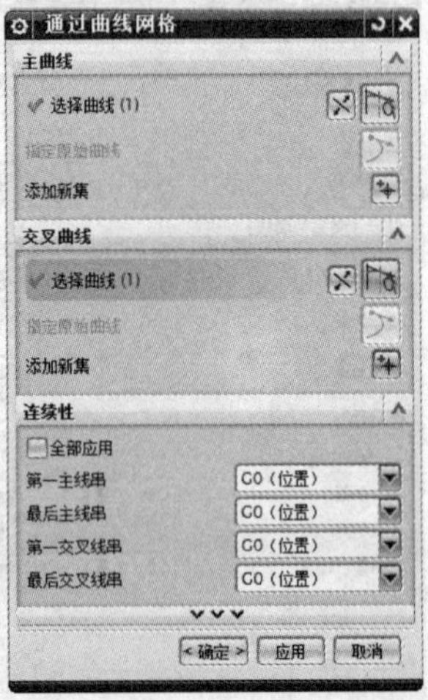

图8-14　“通过曲线网格”对话框设置

(6) 此时的预览效果图如图8-15所示，否则请单击对话框内的(反向)按钮调整方向。单击“通过曲线网格”对话框中的< 确定 >按钮，创建曲面如图8-16所示。

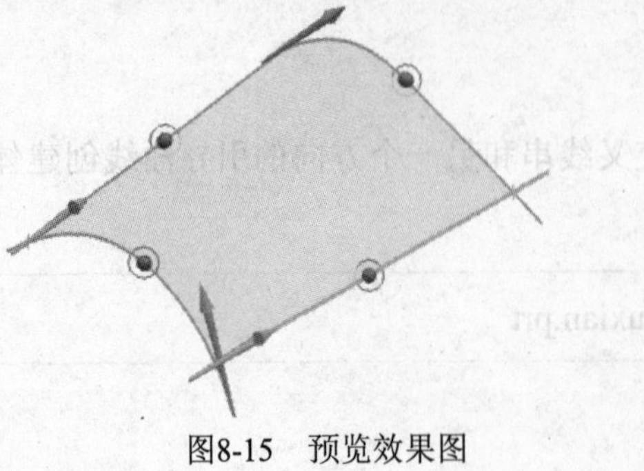

图8-15　预览效果图

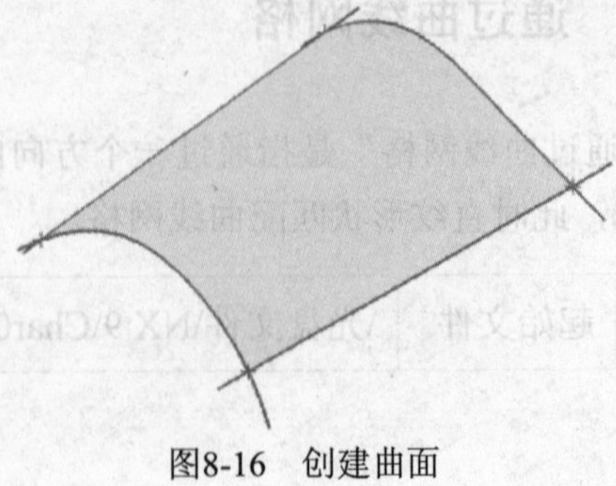

图8-16　创建曲面

8.2.4 通过曲线组

“通过曲线组”是指在直纹形状为线性过渡的两个截面之间创建体(片体或实体)。截面线可以是曲线、体边界或体表面等几何体。

	起始文件	\光盘文件\NX 9\Char08\quxianzu.prt

具体操作步骤如下：

(1) 根据起始文件路径打开quxianzu.prt文件，起始文件视图如图8-17所示。

(2) 单击(通过曲线组)按钮，弹出“通过曲线组”对话框。此对话框设置较为烦琐，因此以两个步骤介绍对话框设置操作。

(3) 单击“通过曲线组”对话框中“截面”下面的“选择曲线或点”字样，再单击视图内“曲线1”；单击(添加新集)按钮，再单击视图内“曲线2”。

(4) “通过曲线组”对话框中“连续性”下面的“第一截面”文本框选择“G0(位置)”，“最后截面”文本框选择“G0(位置)”。完成设置的“通过曲线组”对话框如图8-18所示。

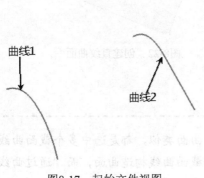

图8-17 起始文件视图

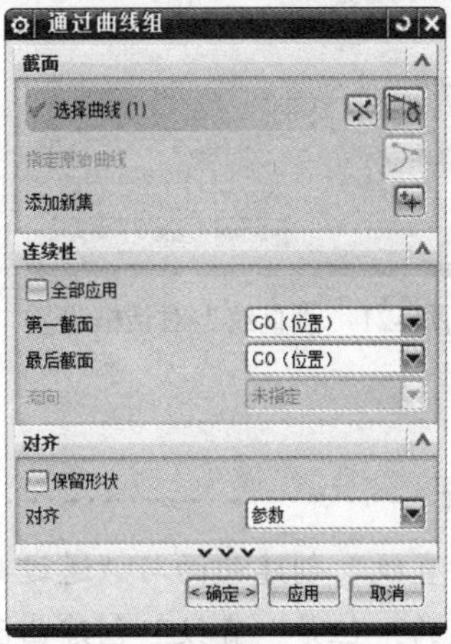

图8-18 “通过曲线组”对话框设置

(5) 此时的预览效果图如图8-19所示，否则请单击对话框内的(反向)按钮调整方向。单击“通过曲线组”对话框中的确定按钮，创建曲面如图8-20所示。

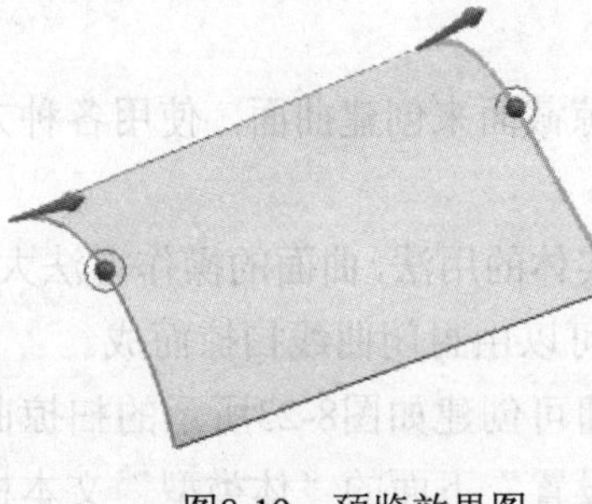

图8-19 预览效果图

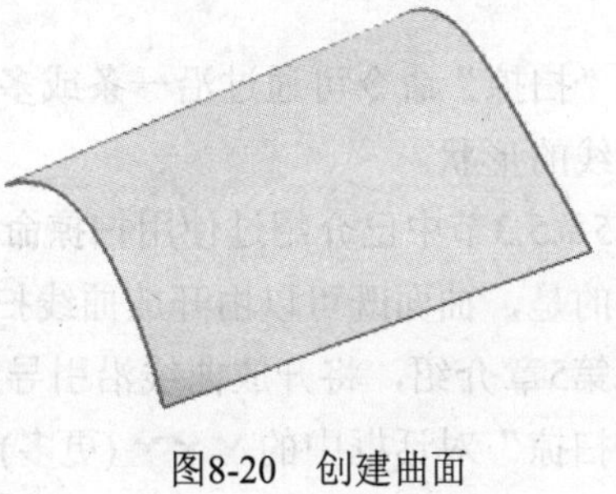

图8-20 创建曲面

8.2.5 直纹

直纹曲面是通过两条截面曲线串生成的片体或实体。其中通过的曲线轮廓就称为截面线串，它可以由多条连续的曲线、体边界或多个体表面组成，也可以选取曲线的点或端点作为第一个截面曲线串。

具体操作步骤如下：

(1) 仍以上一节的初始文件为例，单击(直纹)按钮，弹出“直纹”对话框。

(2) 单击“曲面1”作为“截面线串1”，单击“曲线2”作为“截面线串2”，“对齐”下面的“对齐”文本框选择“参数”。完成设置的“直纹”对话框如图8-21所示。

(3) 单击“直纹”对话框中的<确定>按钮，创建直纹曲面如图8-22所示。

图8-21 “直纹”对话框设置

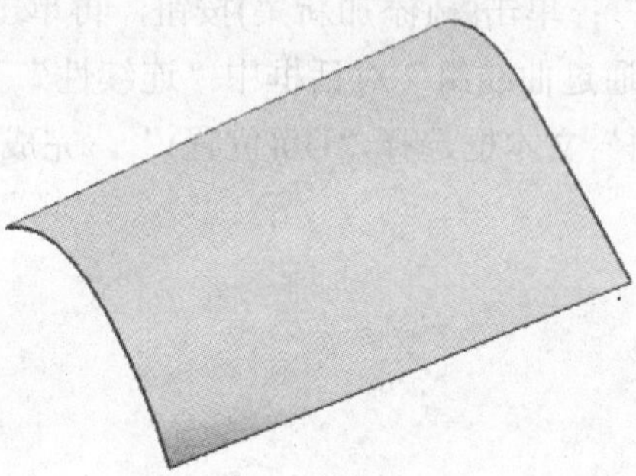

图8-22 创建直纹曲面

提示

“直纹”创建曲面与“通过曲线组”创建曲面类似，都是选中多个截面曲线构造出曲面的；但是“直纹”创建曲面仅能以两条截面曲线构造曲面，而“通过曲线组”创建曲面可以两条或更多条的截面曲线构造曲面。

8.2.6 扫掠

利用“扫掠”命令可通过沿一条或多条引导线扫掠截面来创建曲面，使用各种方法控制沿着引导线的形状。

在第5章5.3节中已介绍过使用扫掠命令创建扫掠实体的用法，曲面的操作方法大致相同。稍有不同的是，曲面既可以由开放曲线扫掠而成，亦可以由封闭曲线扫掠而成。

根据第5章介绍，将开放曲线沿引导线进行扫掠即可创建如图8-23所示的扫掠曲面；也可单击“扫掠”对话框中的(更多)按钮，将“设置”下面的“体类型”文本框更改选择为“片体”，即可创建如图8-24所示的扫掠曲面。

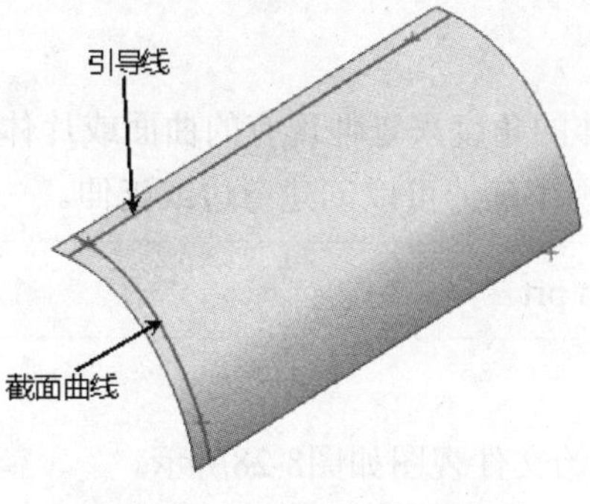

图8-23　创建开放扫掠曲面

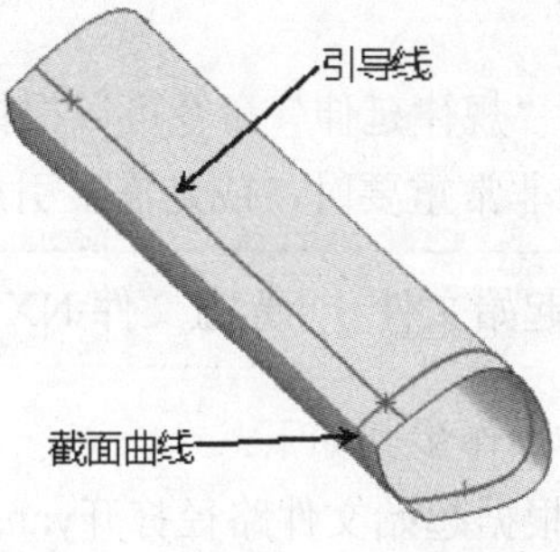

图8-24　创建闭合扫掠曲面

8.2.7　N边曲面

使用“N 边曲面”命令，可以由相连的曲线(封闭或者不封闭)创建曲面，其使用方法与有界平面类似。此外，N边曲面还可以指定其与外部面的连续性。在修补曲面缺口时，N边曲面是一个非常好用的命令。

	起始文件	\光盘文件\NX 9\Char08\Nbian.prt

具体操作步骤如下：

(1) 根据起始文件路径打开Nbian.prt文件，起始文件视图如图8-25所示。

(2) 单击(N边曲面)按钮，弹出“N边曲面”对话框。“类型”文本框选择“已修剪”，单击片体的上边线作为“外环”；对话框“UV方位”下面的“UV方位”文本框选择“面积”，单击“定义矩形”下面的“指定点1”字样后，依次单击“点1”、“点2”。完成设置的“N边曲面”对话框如图8-26所示。

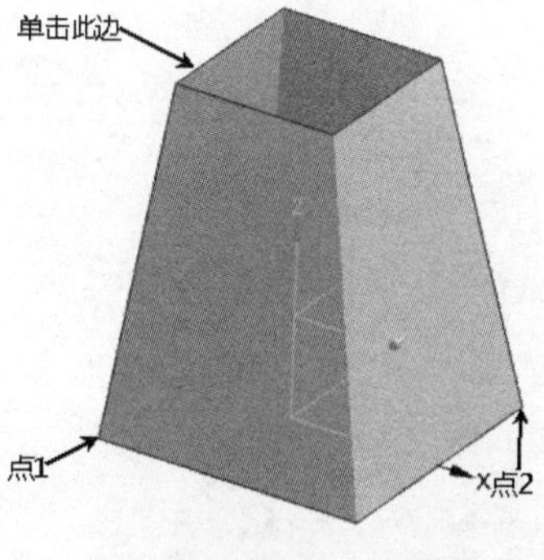

图8-25　起始文件视图

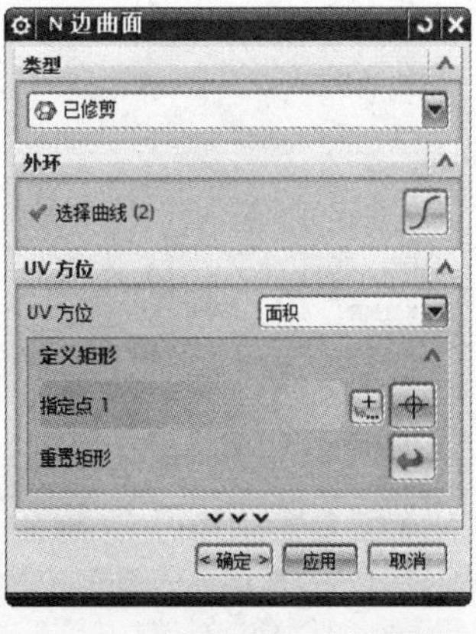

图8-26　“N边曲面”对话框设置

(3) 单击“N边曲面”对话框中的按钮，创建上边线的补面，如图8-27所示。

8.2.8 规律延伸

利用“规律延伸”命令可以根据距离规律和延伸的角度来延伸现有的曲面或片体。在特定的方向非常重要时，或是需要引用现有的面时，规律延伸可以创建弯边或延伸。

	起始文件	\光盘文件\NX 9\Char08\yanshen.prt

具体操作步骤如下：

(1) 根据起始文件路径打开yanshen.prt文件，起始文件视图如图8-28所示。

图8-27 创建N边曲面

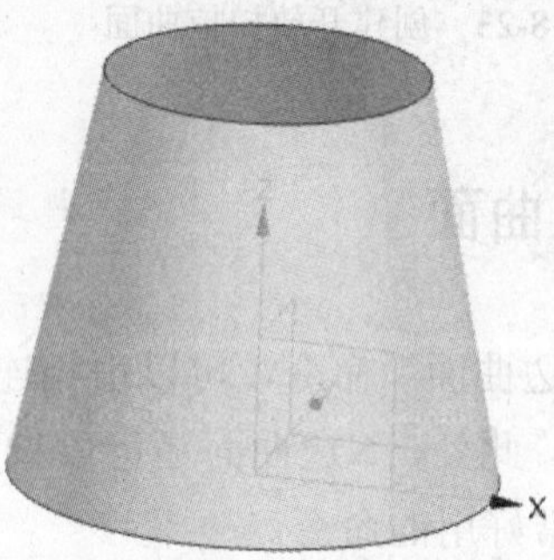

图8-28 起始文件视图

(2) 单击(规律延伸)按钮，弹出“规律延伸”对话框。对话框“类型”文本框选择“面”，单击上边线作为“基本轮廓”，单击曲面作为“参考面”；“长度规律”下面的“规律类型”文本框选择“恒定”，“值”设置为10mm；“角度规律”下面的“规律类型”文本框选择“恒定”，“值”设置为120deg。完成设置的“规律延伸”对话框如图8-29所示。

(3) 单击“规律延伸”对话框中的<确定>按钮，创建规律延伸曲面，如图8-30所示。

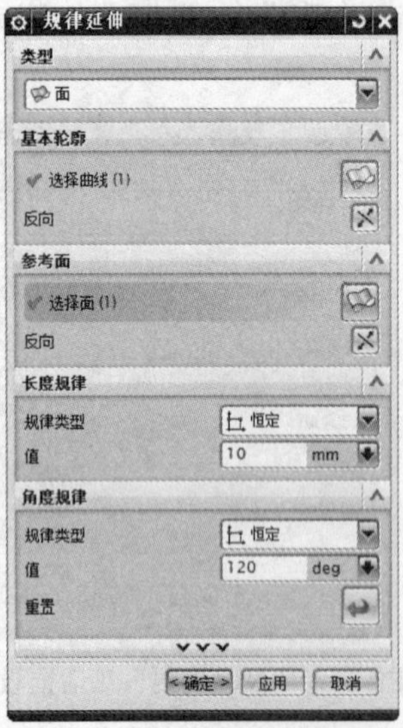

图8-29 “规律延伸”对话框设置

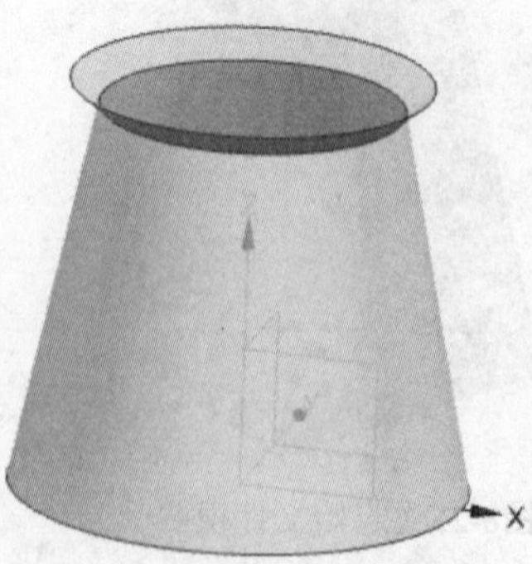

图8-30 创建规律延伸曲面

提示

若用户创建的曲面和例图不一样，请单击“规律延伸”对话框内的☒(反向)按钮调整方向。

8.2.9 拉伸/旋转

在第5章5.2节已介绍过使用拉伸和旋转命令创建实体模型的过程，曲面的创建方法大致相同。稍有不同的是，曲面既可以由开放曲线拉伸或旋转创建，亦可以由封闭曲线拉伸或旋转创建。

根据第5章介绍，将开放曲线沿法向进行拉伸即可创建如图8-31所示的拉伸曲面；也可单击“拉伸”对话框中的⌄⌄⌄(更多)按钮，将“设置”下面的“体类型”文本框更改选择为“片体”，即可创建如图8-32所示的拉伸曲面。

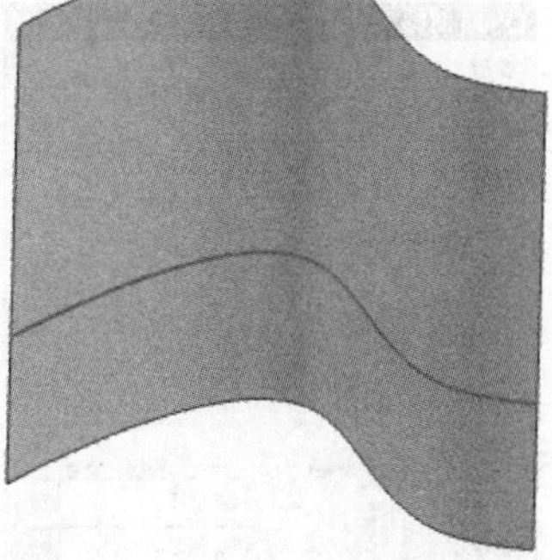

图8-31 创建开放的拉伸曲面

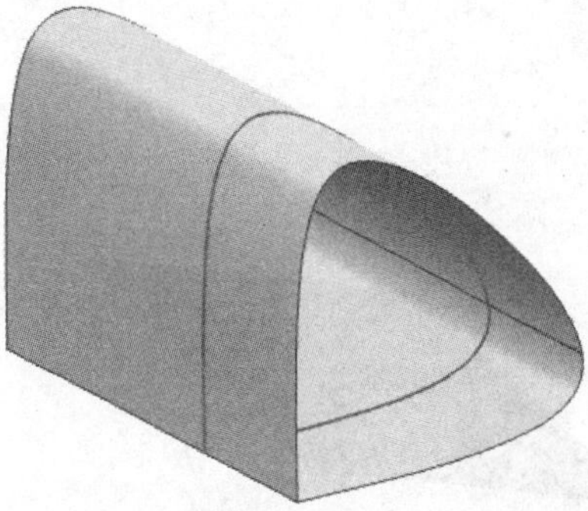

图8-32 创建闭合的拉伸曲面

根据第5章介绍，将开放曲线旋转120deg，即可创建如图8-33所示的旋转曲面；也可以旋转360deg，并将“设置”下面的“体类型”文本框更改选择为“片体”，即可创建如图8-34所示的旋转曲面。

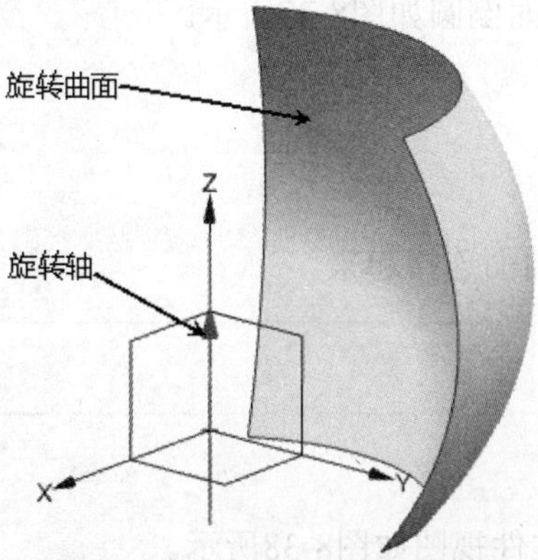

图8-33 创建开放的旋转曲面

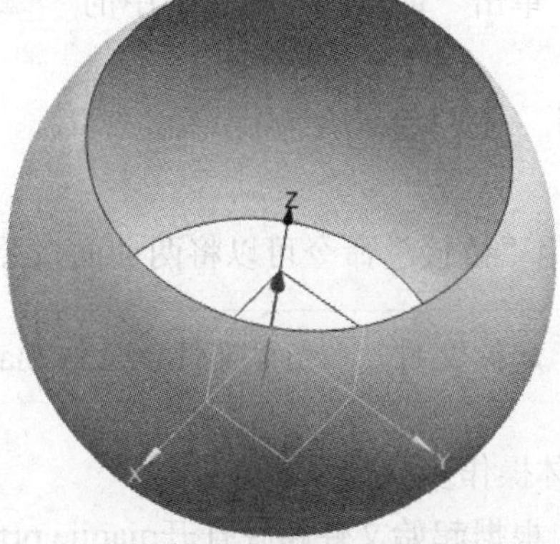

图8-34 创建闭合的旋转曲面

8.2.10 面倒圆

利用“面倒圆”命令可在选定面组之间添加相切圆角面。圆角形状可以是圆形、二次曲线或规律控制。

	起始文件	\光盘文件\NX 9\Char08\daoyuan.prt

具体操作步骤如下：

(1) 根据起始文件路径打开daoyuan.prt文件，起始文件视图如图8-35所示。

(2) 单击(面倒圆)按钮，弹出“面倒圆”对话框。“类型”文本框选择“两个定义面链”，单击其中一个面作为“面链1”，单击另一个面作为“面链2”；“面倒圆”对话框中“横截面”下面的“截面方向”文本框选择“滚球”，“形状”文本框选择“圆形”，“半径方法”文本框选择“恒定”，“半径”设置为10mm；完成设置的“面倒圆”对话框如图8-36所示。

图8-35 起始文件视图

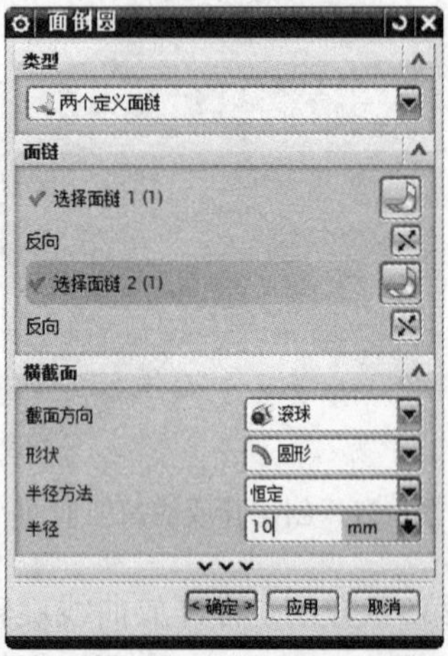

图8-36 “面倒圆”对话框设置

(3) 单击“面倒圆”对话框中的确定按钮，创建面倒圆如图8-37所示。

8.2.11 桥接

利用“桥接”命令可以将两曲面按照相切使用一曲面连接起来。

	起始文件	\光盘文件\NX 9\Char08\qiaojie.prt

具体操作步骤如下：

(1) 根据起始文件路径打开qiaojie.prt文件，起始文件视图如图8-38所示。

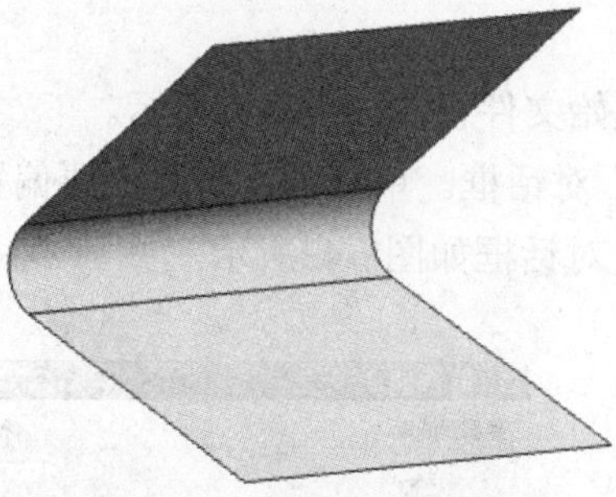

图8-37 创建面倒圆

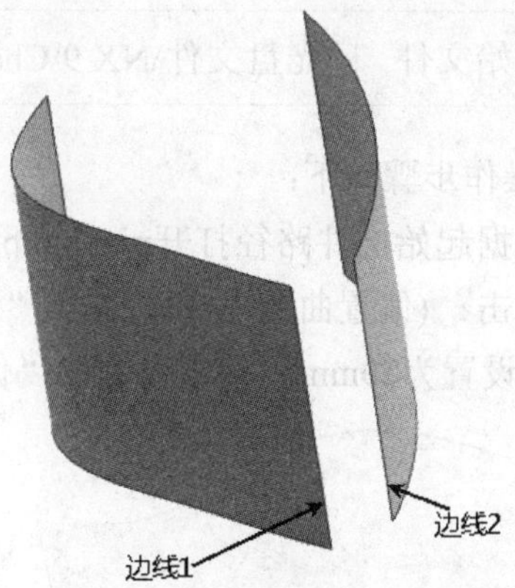

图8-38 起始文件视图

(2) 单击(桥接)按钮，弹出“桥接曲面”对话框。单击“边线1”作为“边1”，单击“边线2”作为“边2”。完成设置后的“桥接曲面”对话框如图8-39所示。

(3) 单击“桥接曲面”对话框中的<确定>按钮，创建桥接曲面，如图8-40所示。

图8-39 “桥接曲线”对话框设置

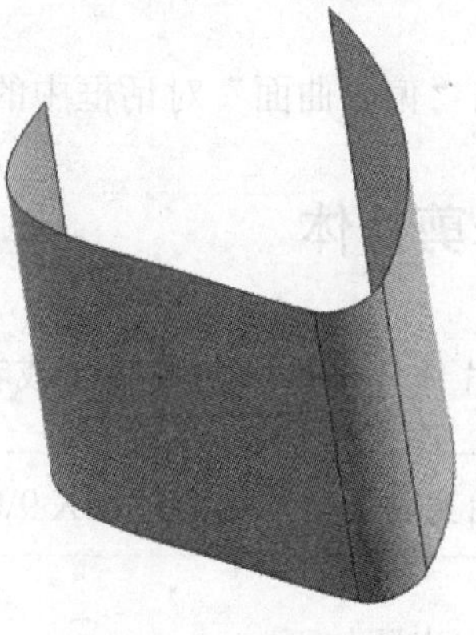

图8-40 创建桥接曲面

8.3 曲 面 工 序

曲面工序命令框包含了进行曲面操作所需的各项命令，这些命令包括偏置曲面、修剪片体、修剪和延伸、剪断曲面、缝合等。

8.3.1 偏置曲面

“偏置曲面”是通过指定偏置方向和偏置距离偏置指定的曲面，偏置后保留原曲面，且偏置后的曲面和原曲面存在关联。

	起始文件	\光盘文件\NX 9\Char08\pianzhi.prt

具体操作步骤如下：

(1) 根据起始文件路径打开pianzhi.prt文件，起始文件视图如图8-41所示。

(2) 单击(偏置曲面)按钮，弹出“偏置曲面”对话框。单击曲面作为“要偏置的面”，“偏置1”设置为20mm。完成设置的“偏置曲面”对话框如图8-42所示。

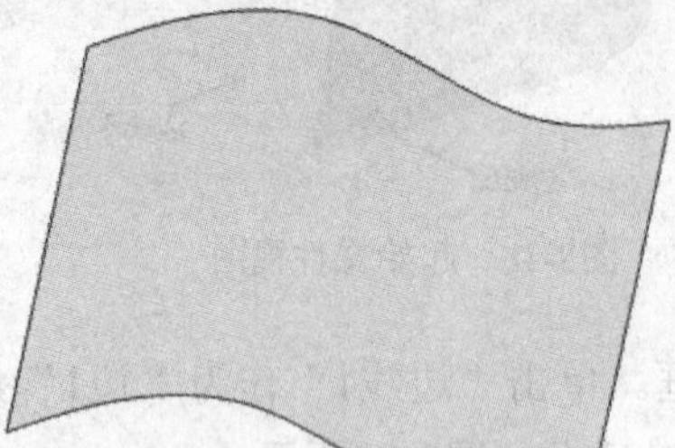

图8-41　起始文件视图

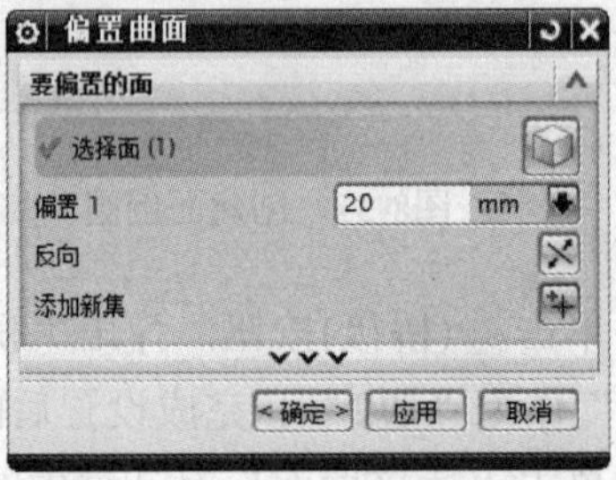

图8-42　“偏置曲面”对话框设置

(3) 单击“偏置曲面”对话框中的< 确定 >按钮，创建偏置曲面如图8-43所示。

8.3.2　修剪片体

“修剪片体”是指用曲线、面或者平面对片体进行修剪。

	起始文件	\光盘文件\NX 9\Char08\xiujian.prt

具体操作步骤如下：

(1) 根据起始文件路径打开xiujian.prt文件，起始文件视图如图8-44所示。

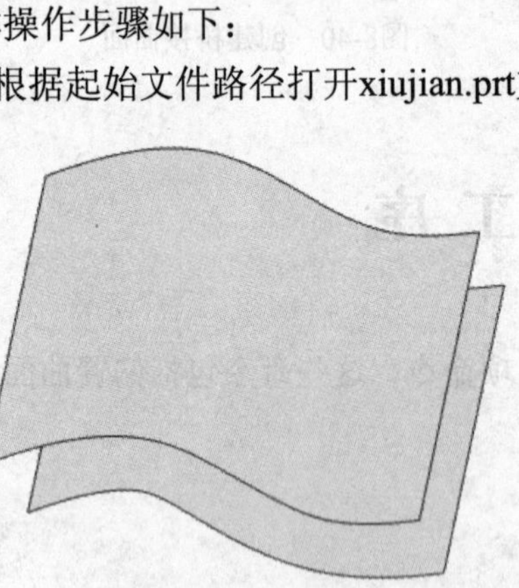

图8-43　创建偏置曲面

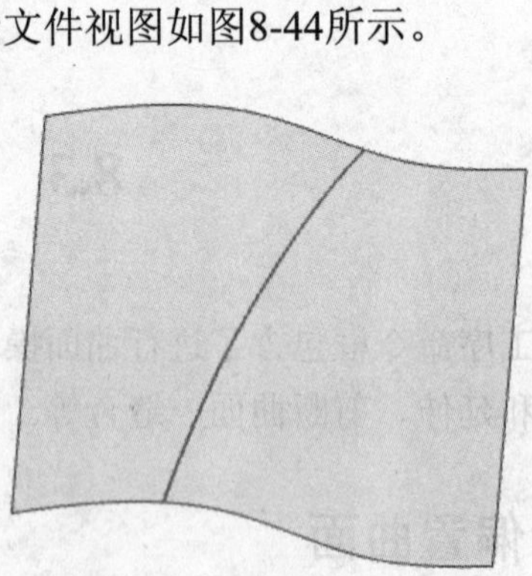

图8-44　起始文件视图

(2) 单击(修剪片体)按钮，弹出“修剪片体”对话框。单击曲面作为“目标”，单击曲面上的曲线作为“边界对象”，“修剪片体”对话框中“投影方向”下面的“投影方向”文本框选择“垂直于面”，选中“区域”下面的“保留”单选按钮；完成设置后的“修剪片体”对话框如图8-45所示。

(3) 单击“修剪片体”对话框中的确定按钮，完成修剪片体操作，如图8-46所示。

图8-45 “修剪片体”对话框设置

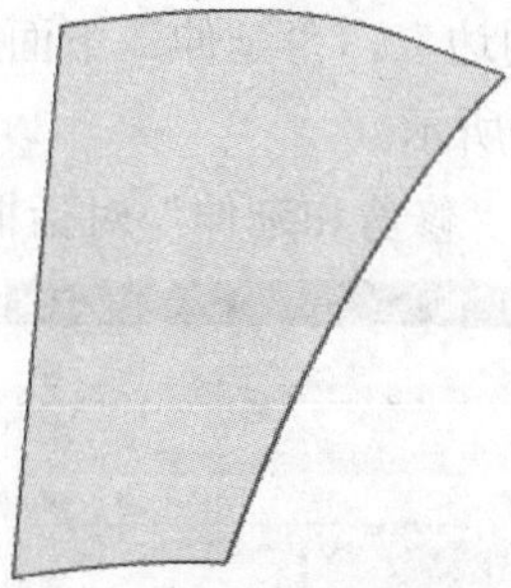

图8-46 完成曲面修剪操作

8.3.3 取消修剪

利用“取消修剪”命令移除修剪过的边界以形成边界自然的面。以上一小节的结果继续本操作，完成修剪片体操作后，单击(取消修剪)按钮，弹出如图8-47所示的“取消修剪”对话框。单击完成修剪的面作为“要取消修剪的面”，单击确定按钮完成取消修剪操作，如图8-48所示。

图8-47 “取消修剪”对话框

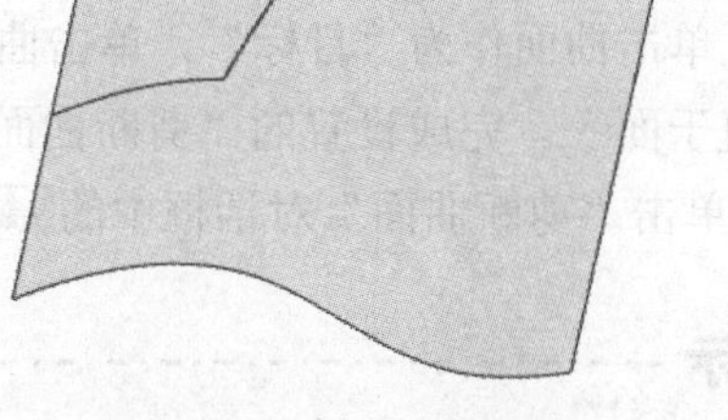

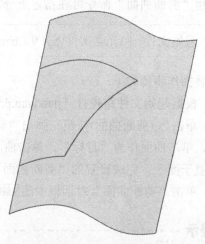

图8-48 完成取消修剪操作

8.3.4 修剪和延伸

利用“修剪和延伸”命令按距离或与另一组面的交点修剪或延伸一组面。

具体操作步骤如下：

(1) 仍然以上一节的曲面为例进行本小节命令介绍。单击(修剪和延伸)按钮，弹出“修剪和延伸”对话框。

(2) “修剪和延伸”对话框中的“类型”文本框选择“按距离”，单击曲面的左边线作为“要移动的边”，“延伸”下面的“距离”设置为25mm。完成设置的“修剪和延伸”对话框如图8-49所示。

(3) 单击“修剪和延伸”对话框中的<确定>按钮，完成延伸操作，如图8-50所示。

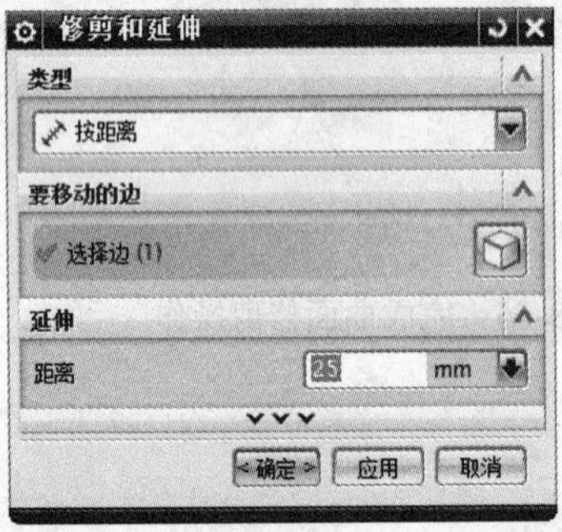

图8-49 “修剪和延伸”对话框设置

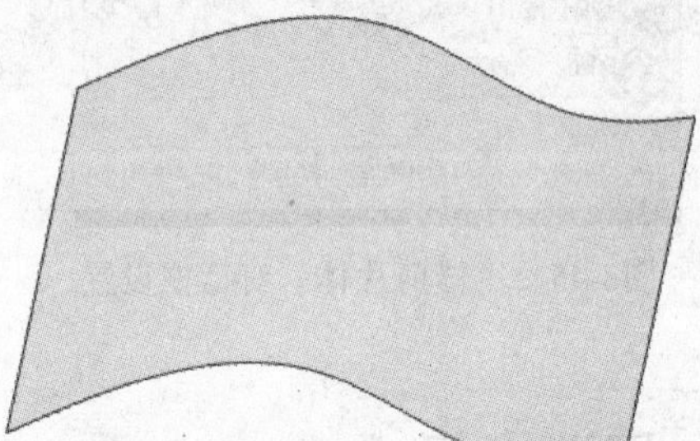

图8-50 完成曲面延伸操作

8.3.5 剪断曲面

利用“剪断曲面”命令可在指定点分割曲线或剪断曲面中不需要的部分。

	起始文件	\光盘文件\NX 9\Char08\jianduan.prt

具体操作步骤如下：

(1) 根据起始文件路径打开jianduan.prt文件，起始文件视图如图8-51所示。

(2) 单击(剪断曲面)按钮，弹出“剪断曲面”对话框。“类型”文本框选择“用曲线剪断”，单击曲面作为“目标”，单击曲面上的曲线作为“边界”，“投影方向”文本框选择“垂直于面”。完成设置的“剪断曲面”对话框如图8-52所示。

(3) 单击“剪断曲面”对话框中的<确定>按钮，完成剪断曲面操作，如图8-53所示。

提示

用户若自行创建曲面进行剪断操作，注意要创建参数化曲线，不能是拉伸、旋转此类曲面。

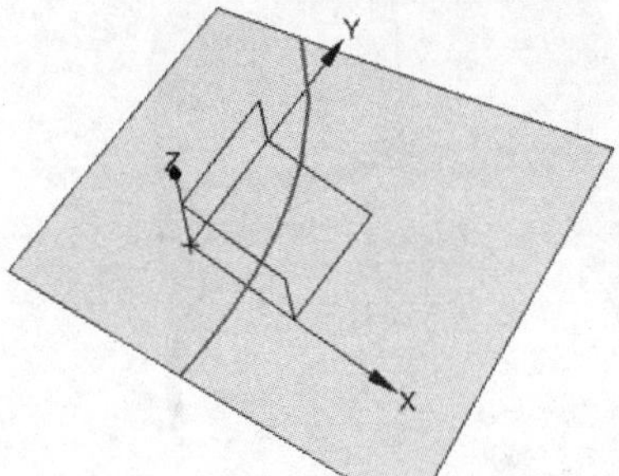

图8-51 起始文件视图

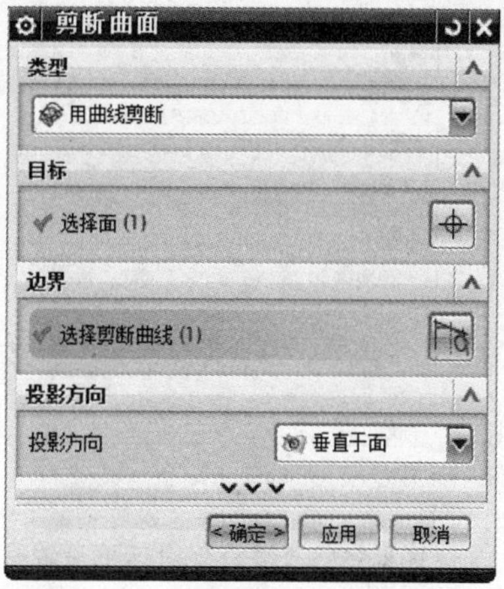

图8-52 “剪断曲面”对话框设置

8.3.6 缝合

利用“缝合”命令通过将公共边缝合在一起来组合片体，或通过缝合公共面来组合实体。

	起始文件	\光盘文件\NX 9\Char08\fenghe.prt

具体操作步骤如下：

(1) 根据起始文件路径打开fenghe.prt文件，起始文件视图如图8-54所示。

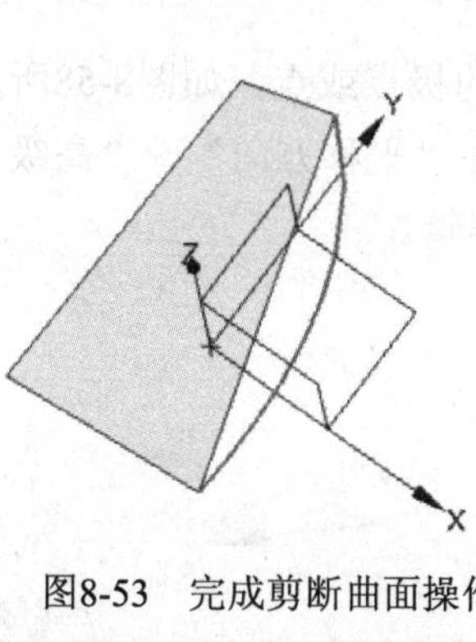

图8-53 完成剪断曲面操作

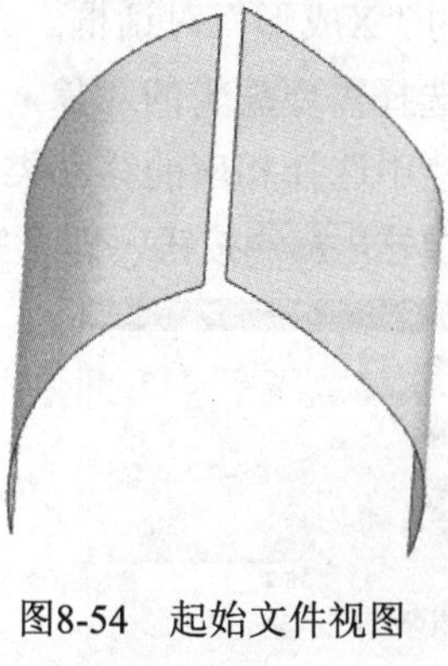

图8-54 起始文件视图

(2) 单击(缝合)按钮，弹出“缝合”对话框。“类型”文本框选择“片体”，单击左侧曲面作为“目标”片体，单击右侧曲面作为“工具”片体，“设置”下面的“公差”设置为10。完成设置的“缝合”对话框如图8-55所示。

(3) 单击“缝合”对话框中的< 确定 >按钮，完成缝合操作，如图8-56所示。

图8-55 “缝合”对话框设置

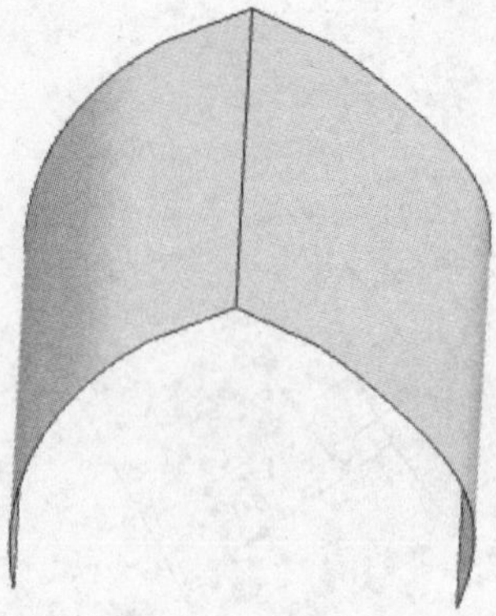

图8-56 完成缝合操作

8.4 编辑曲面

本节主要介绍NX 9中曲面编辑的命令，这些命令主要有“X成形”、“扩大”、“光顺极点”、“变形”和“剪断为补片”等。下面分别对常见的命令进行介绍。

8.4.1 X成形

“X成形”是通过编辑自由曲面的极点或点来编辑曲面的形状，单击图标，即可弹出如图8-57所示的“X成形”对话框。

在模型中选择需要编辑的对象，并拖动需要编辑的极点或点，如图8-58所示，再在对话框的“方法”栏中选择相应的移动类型，并根据需要在“平移方向”、“高级”中进行相应的选择，然后单击确定按钮，即可完成自由曲面的编辑。

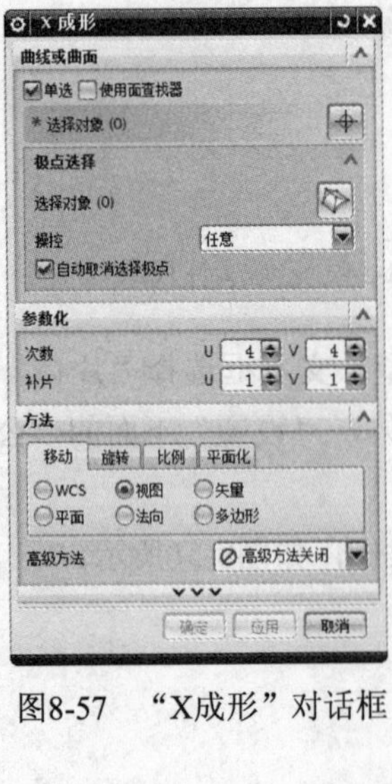

图8-57 “X成形”对话框

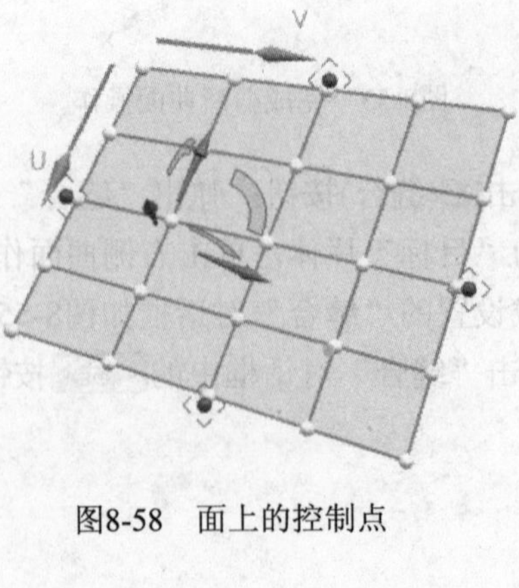

图8-58 面上的控制点

X成形的操作十分自由，可以像调整样条曲线的控制点一样控制曲面上的控制点，同时在X成形的参数化选项卡中可以设置曲面的阶数和补片数，提高了曲面操作的灵活性。

8.4.2 扩大

“扩大”是通过更改未修剪的片体或面的大小来改变自由曲面的形状。单击图标，即可弹出如图8-59所示的“扩大”对话框。

在模型中选择需要进行编辑的曲面，再在“设置”栏里选择扩大的模式，有“自然”和“线性”两种。用户可根据需要进行选择。

再根据需要拖动相应的滑标，从而改变自由曲面的形状，改变到预想的情况时单击<确定>按钮，即可完成自由曲面的扩大。扩大的效果如图8-60所示。

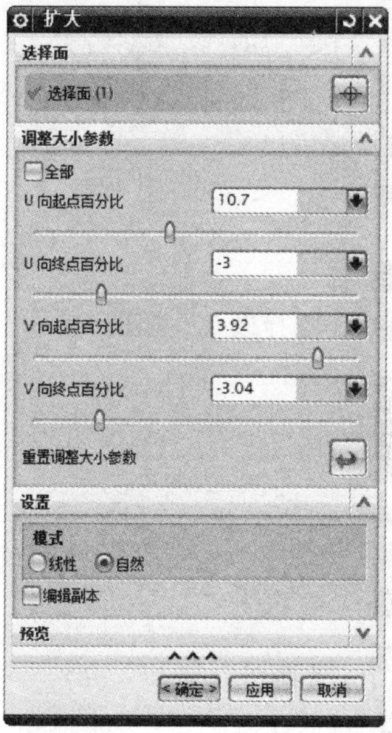

图8-59 “扩大”对话框

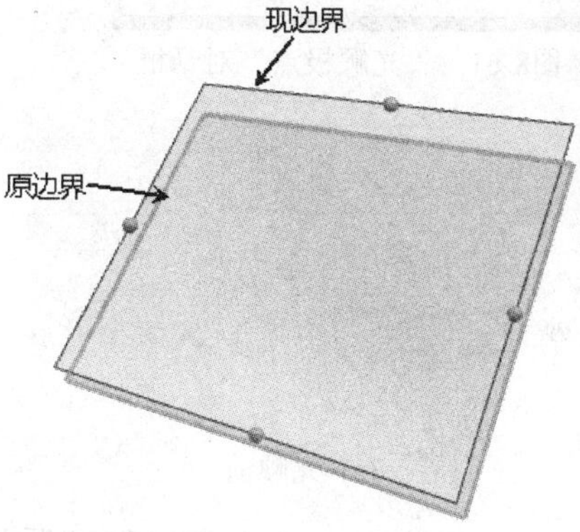

图8-60 扩大效果视图

8.4.3 光顺极点

“光顺极点”是通过计算选定极点对于周围曲面的恰当位置，修改极点分布来光顺自由曲面。单击图标，即可弹出如图8-61所示的“光顺极点”对话框。

在模型中选择需要进行光顺的曲面，再在“极点”栏中选择模型中需要进行编辑的极点，然后在对话框的“极点移动方向”栏中选择极点移动的方向，如图8-62所示。

拖动“光顺因子”和“修改百分比”下的滑标，拖动完毕后预览编辑后的曲面，如果曲面已符合预期要求，单击<确定>按钮完成曲面的编辑；若不符合预期要求，可再重复前面的操作。光顺极点效果如图8-63所示。

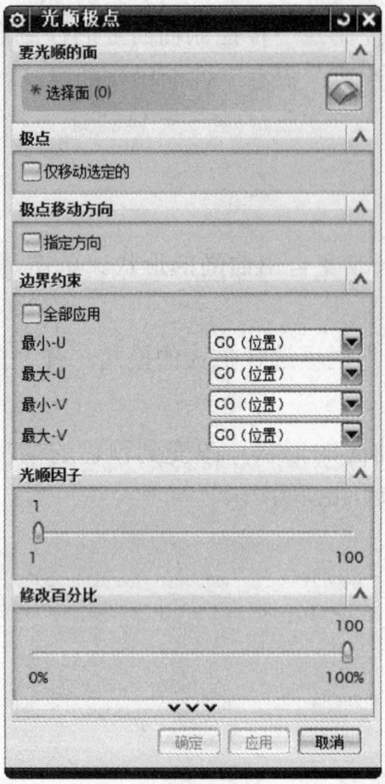

图8-61　“光顺极点”对话框

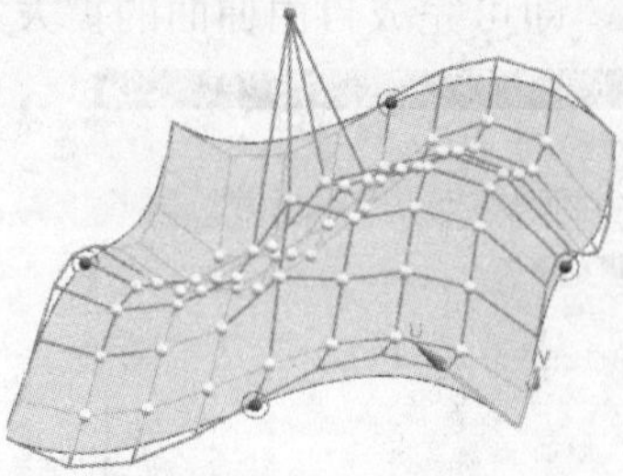

图8-62　选择极点示意图

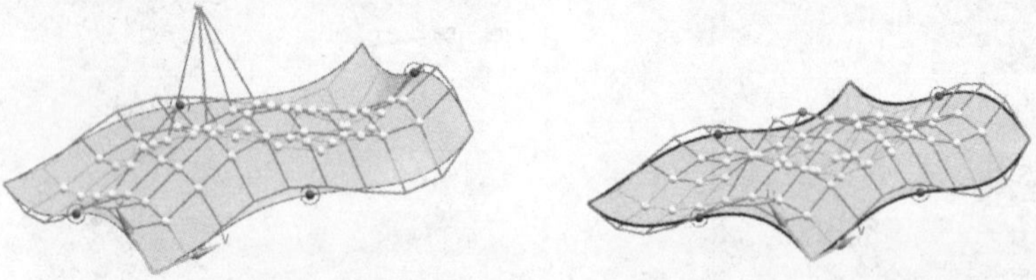

(a) 光顺前　　(b) 光顺后

图8-63　光顺极点前后效果图

8.5　实例示范

前面详细介绍了使用NX 9进行曲面设计所需的各种命令，本节通过一个实例综合介绍外观造型设计模块进行曲面造型的详细操作过程。

如图8-64所示为完成曲面造型设计的水壶模型。此水壶模型是在笔者已完成绘制的曲线轮廓基础上进行操作创建的。如图8-65所示为完成绘制的曲线。在学习此水壶造型创建的操作过程以前，用户可根据前面的介绍自行试验创建此造型。

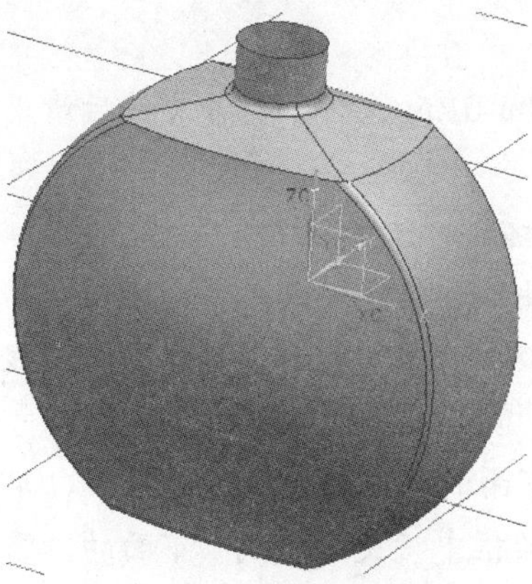

图8-64 水壶曲面造型

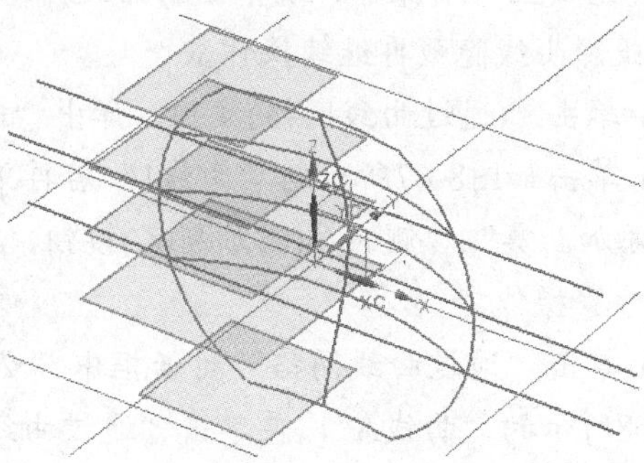

图8-65 初始曲线

	初始文件	\光盘文件\NX 9\Char08\shuihu-01.prt
	结果文件	\光盘文件\NX 9\Char08\shuihu.prt
	视频文件	\光盘文件\NX 9\视频文件\Char08\水壶.avi

8.5.1 创建初始曲线

在创建曲面前，需创建构建曲面所用的曲线，因上一章已经介绍过创建曲线操作，本小节只简单介绍创建初始曲线操作。

具体操作步骤如下：

(1) 根据前面介绍创建“外观造型设计”文件并进入外观造型设计模块。

(2) 以ZC-XC标准面作为草绘平面，创建两个圆弧。

(3) 以XC-YC标准面作为参考创建5个参考平面，并以此5个平面创建步骤(2)绘制圆弧的投影线，以捕获交点并创建圆弧。

(4) 使用“样条曲线”命令将新创建圆弧的5个中点连接起来，完成曲面造型创建前曲线的绘制。

提示

灵活运用图8-66所示的捕捉点工具栏，用户可方便绘制交线。曲线绘制所需要的数据请参考初始文件shuihu-01.prt。

图8-66 捕捉点工具栏

8.5.2 使用曲线创建曲面并镜像

使用创建的曲线构建曲面，完成后将曲面相对平面镜像创建新曲面。

具体操作步骤如下：

(1) 完成上一节操作，或根据初始文件路径打开shuihu-01.prt文件，打开文件后请用户首先将投影曲线隐藏再继续操作。

(2) 单击(通过曲线网格)按钮，弹出“通过曲线网格”对话框。

(3) 单击如图8-67所示的“曲线1”后再单击“通过曲线网格”对话框中“主曲线”下面的“添加新集”右侧的(添加新集)按钮，再单击“曲线2”；重复操作直至单击“曲线5”停止本步骤操作。

(4) 单击“通过曲线网格”对话框中“交叉曲线”下面的“选择曲线”选项后，单击如图8-68所示的“曲线A”，再单击“通过曲线网格”对话框中“交叉曲线”下面的“添加新集”右侧的(添加新集)按钮，继续单击“曲线B”完成操作。

(5) 完成以上操作后的预览效果图如图8-69所示，否则请单击“通过曲线网格”对话框中的(反向)按钮进行调整。单击“通过曲线网格”对话框中的<确定>按钮，完成曲面创建，如图8-70所示。

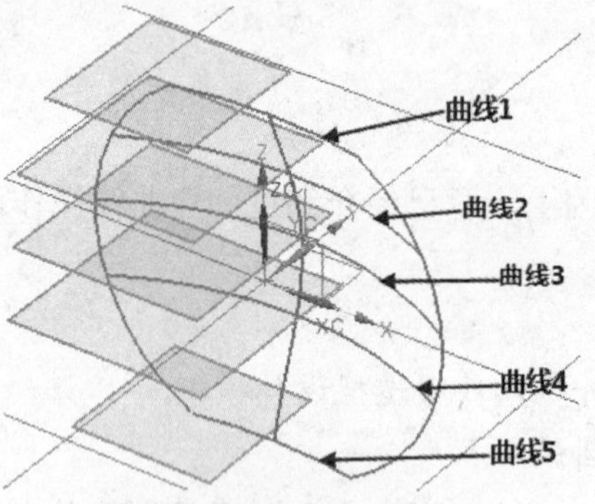

图8-67　选择主曲线

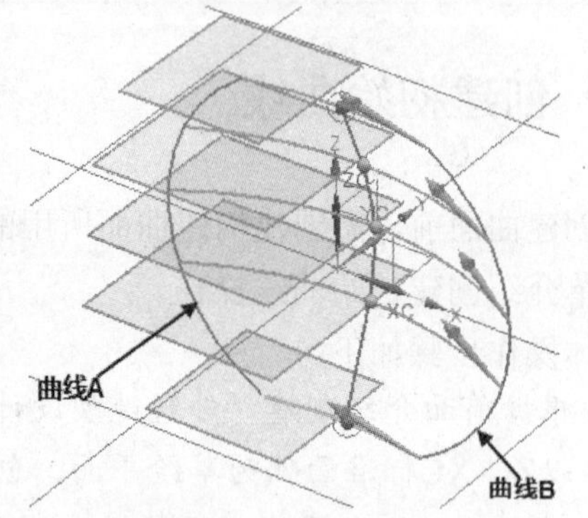

图8-68　选择交叉曲线

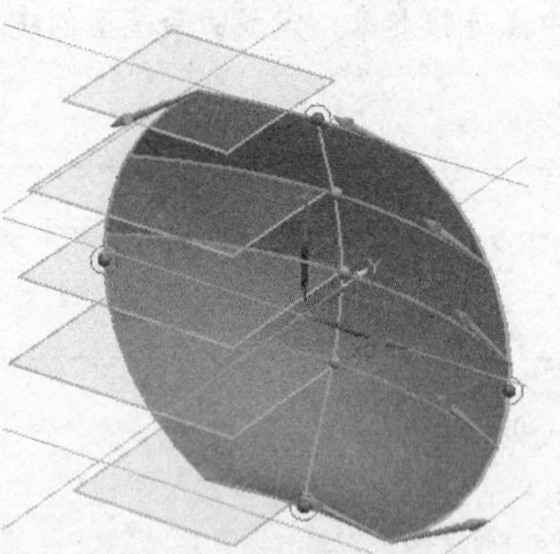

图8-69　创建曲面预览效果图

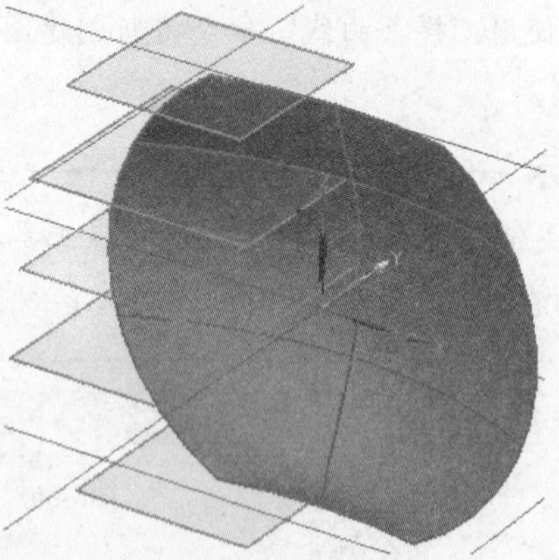

图8-70　完成曲面创建

(6) 以XC-YC基准面为参考，以Y轴负方向创建距离为25mm的平面，如图8-71所示。

(7) 选择“插入”→“关联复制”→“镜像特征”命令，弹出“镜像特征”对话框。

单击创建的曲面作为"要镜像的特征"，单击创建的参考平面作为"镜像平面"，单击"镜像特征"对话框中的<确定>按钮，完成曲面镜像操作，如图8-72所示。

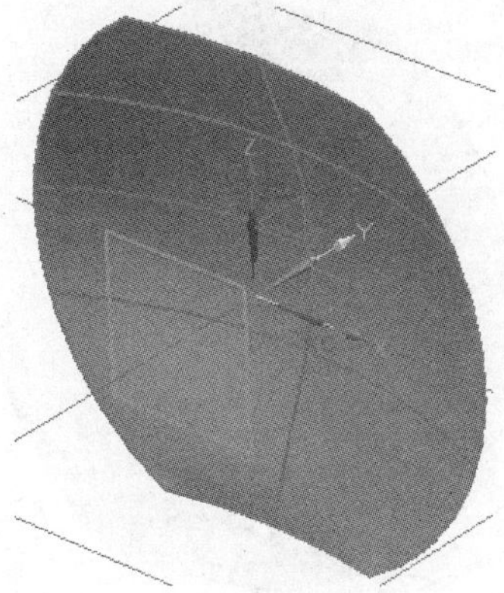

图8-71 创建参考平面

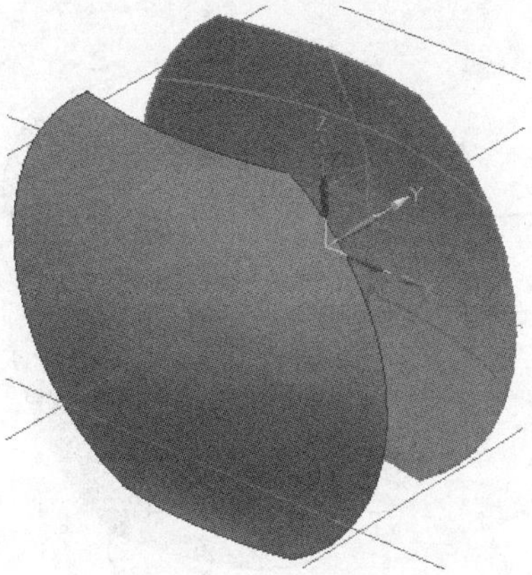

图8-72 创建镜像曲面

提示

使用"通过曲线网格"命令创建曲面，交叉曲线可使用两条或更多条，用户可自行实验将样条曲线作为交叉曲线创建曲面的过程。

8.5.3 创建侧曲面，缝合后创建底面

创建侧曲面的边线，使用有界曲面创建侧曲面，将4个曲面缝合，然后创建底面。

具体操作步骤如下：

(1) 将最上面的参考平面和最下面的参考平面显示出来，如图8-73所示。

(2) 使用草图绘制的方法在两参考平面上创建如图8-74所示的艺术样条曲线。

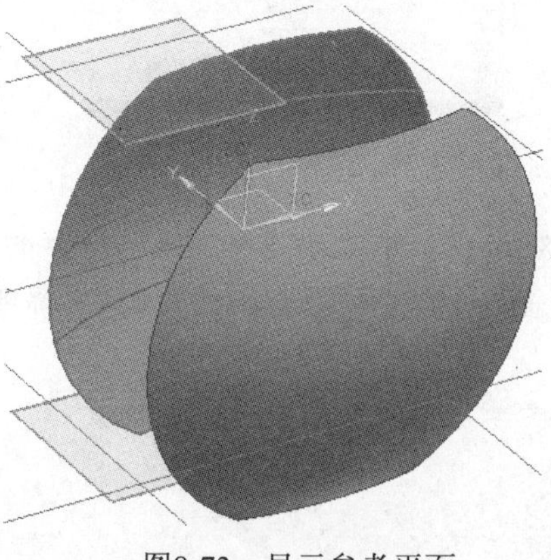

图8-73 显示参考平面

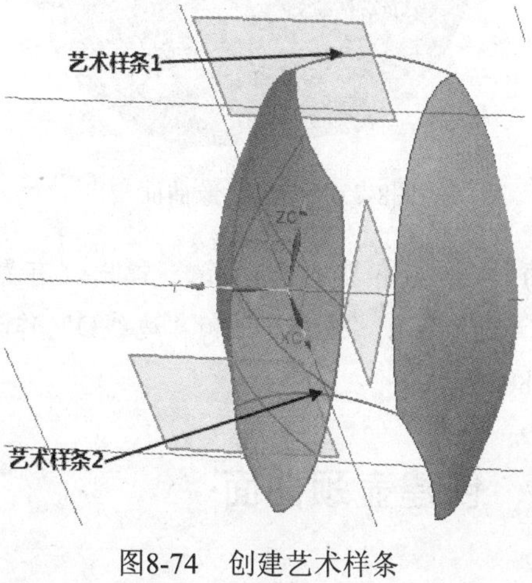

图8-74 创建艺术样条

(3) 参考上一节"通过曲线网格"命令的使用方法，单击"艺术样条1"和"艺术样条

2”作为“主曲线”，单击如图8-75所示的“边线1”和“边线2”作为“交叉曲线”，完成曲面创建，如图8-76所示。

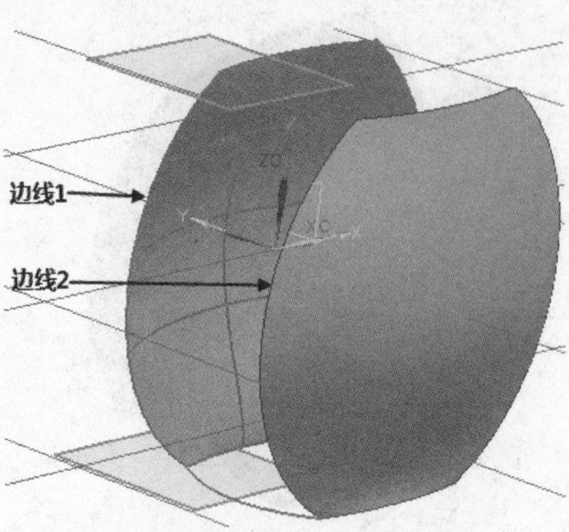

图8-75　交叉曲线

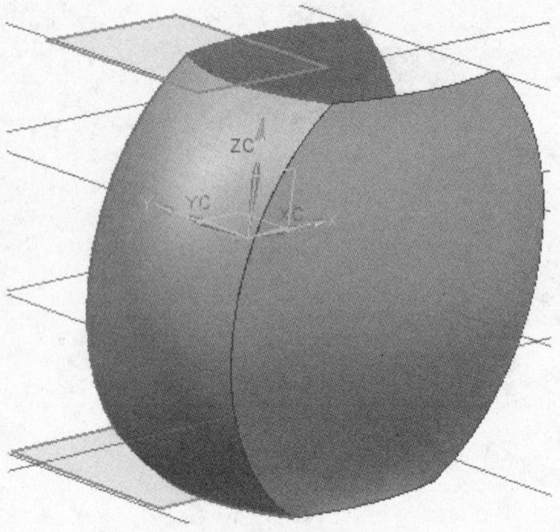

图8-76　创建曲面

(4) 选择“插入”→“关联复制”→“镜像特征”命令，弹出“镜像特征”对话框。单击创建的曲面作为“要镜像的特征”，单击YC-ZC基准平面作为“镜像平面”，单击“镜像特征”对话框中的<确定>按钮，完成曲面镜像操作，如图8-77所示。

(5) 单击(缝合)按钮，弹出如图8-78所示的“缝合”对话框。单击4曲面之一作为“目标”，依次单击其余3曲面作为“工具”，单击<确定>按钮，完成缝合操作。

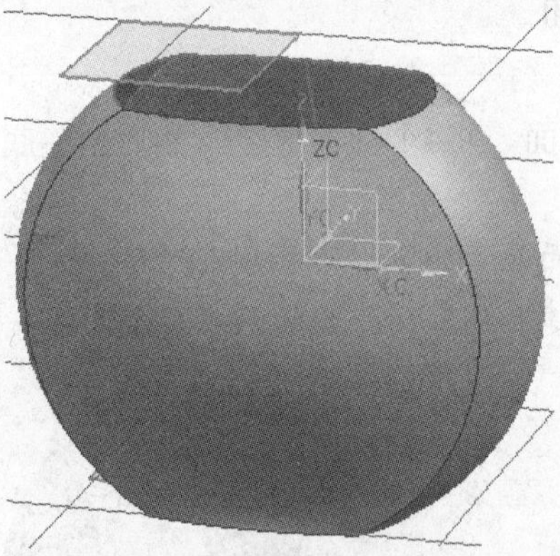

图8-77　创建镜像曲面

图8-78　“缝合”对话框

(6) 单击(有界平面)按钮，弹出“有界平面”对话框，依次单击如图8-79所示的“边线A”、“边线B”、“边线C”和“边线D”作为“平截面”，单击<确定>按钮，创建有界平面，如图8-80所示。

8.5.4　创建壶颈曲面

绘制水壶颈部曲面的构建曲线，使用“通过曲线组”命令创建水壶颈部曲面。

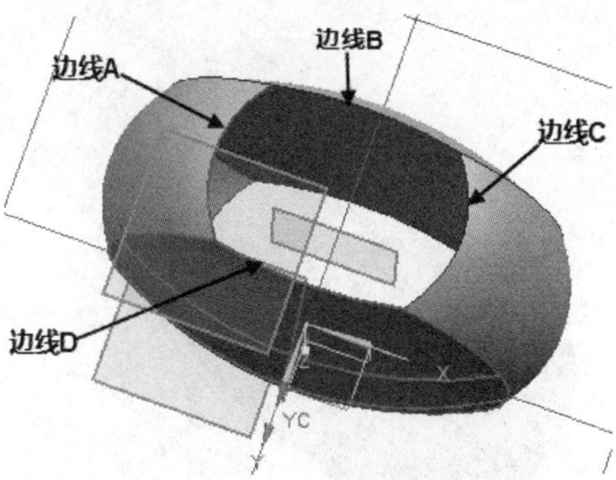

图8-79　单击边线

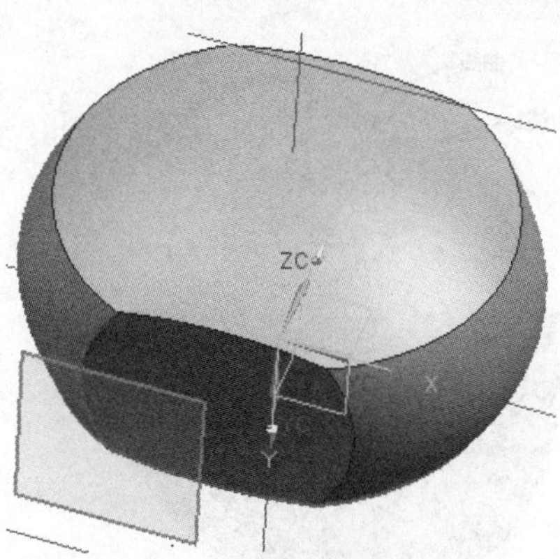

图8-80　创建有界平面

具体操作步骤如下：

(1) 以最上端参考面为基准，以Z轴正方向创建新参考基准面，新基准面距原基准面8mm。创建的新基准面如图8-81所示。

(2) 以新基准面绘制直径为25mm的两段圆弧，两圆弧绘制完成状态如图8-82所示(具体约束请参考结果文件中的草图轮廓尺寸，完成绘制的圆弧应相等，中心应与模型中轴线共线)。

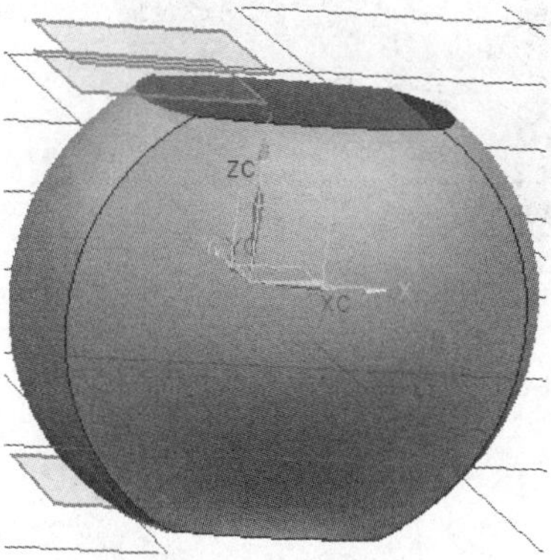

图8-81　创建参考平面

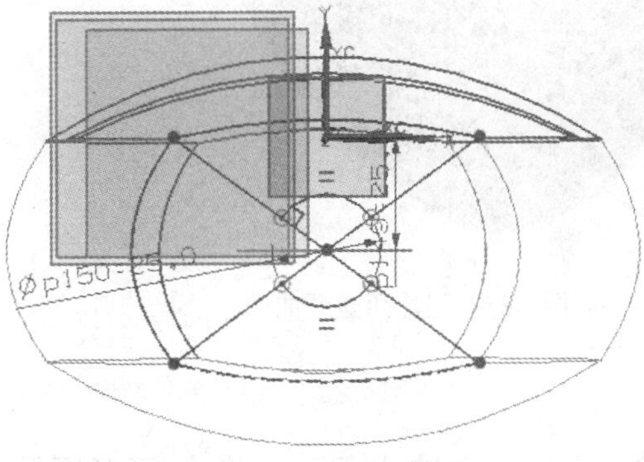

图8-82　创建圆弧

(3) 删除两条对角线，并退出草图绘制窗口。单击(通过曲线组)按钮。弹出“通过曲线组”对话框，单击如图8-83所示的“曲线1”作为“截面”后，单击“截面”下面的“添加新集”右侧的(添加新集)按钮；再次单击同侧的“边线1”，完成操作后单击“通过曲线组”对话框中的< 确定 >按钮，创建曲面如图8-84所示。

(4) 重复以上步骤创建对面的曲面如图8-85所示。

(5) 重新以参考平面绘制两圆弧，要求两圆弧应与步骤(2)创建的圆弧恰好组合成一个完整的圆，重复步骤(3)完成壶颈曲面创建，如图8-86所示。

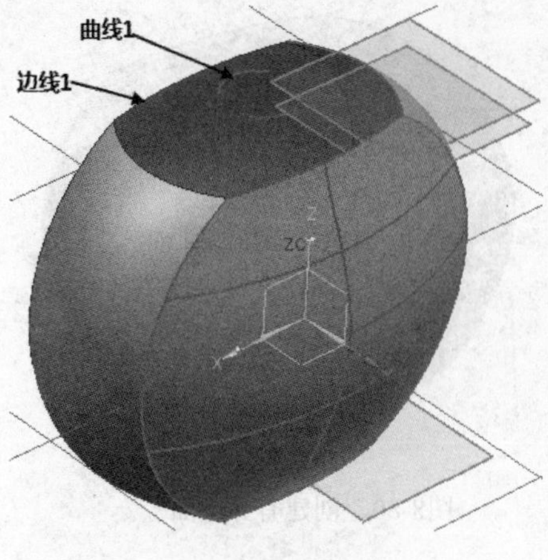

图8-83　选中截面

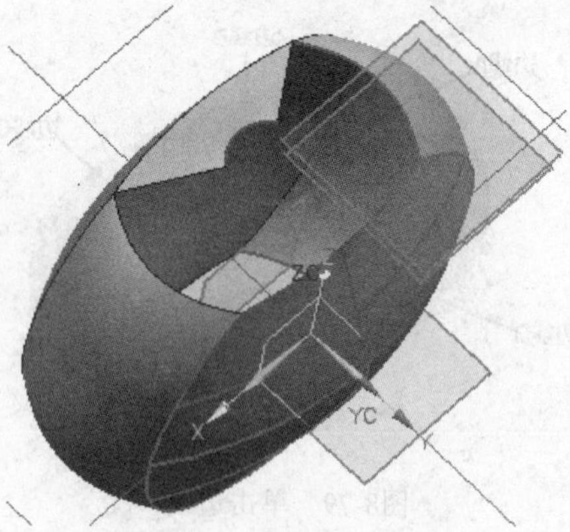

图8-84　创建曲面

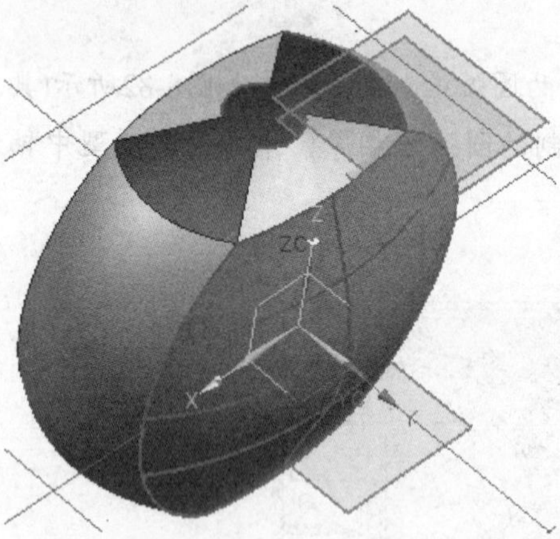

图8-85　创建两壶颈曲面

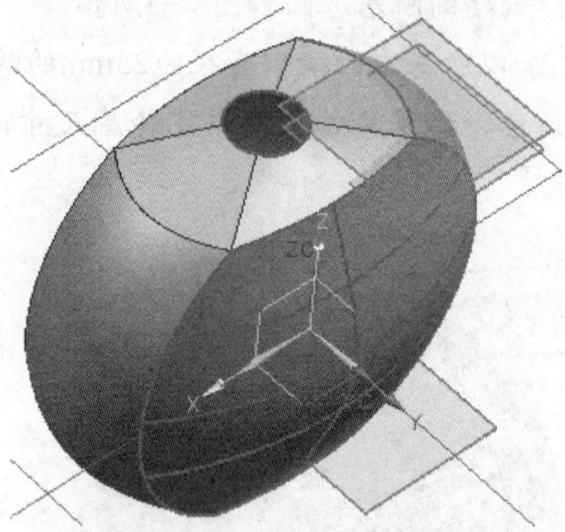

图8-86　创建剩余两壶颈曲面

8.5.5　创建拉伸曲面，缝合后倒圆角

创建壶口拉伸曲面，将所有创建的曲面进行缝合，最后将棱边进行倒圆角操作。

具体操作步骤如下：

(1) 使用“拉伸”命令，以上一节创建的曲面上边为截面创建拉伸曲面片体，如图8-87所示。

(2) 使用“缝合”命令，对所有创建的曲面进行缝合操作。

(3) 使用“边倒圆”命令，创建底面边、四棱边和瓶颈边的边倒圆，如图8-88所示。至此完成本水壶曲面造型的所有操作。

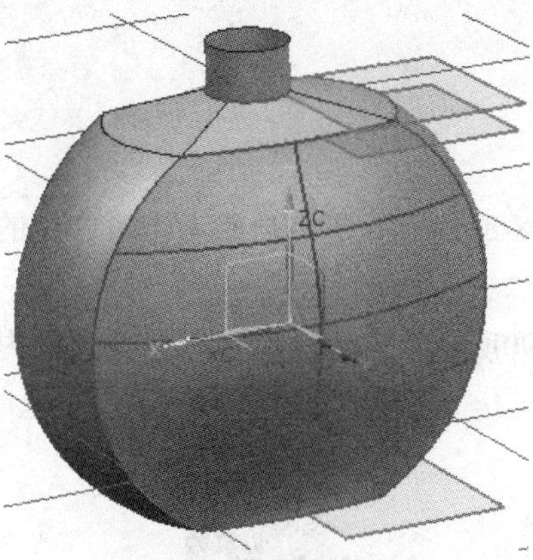

图8-87 创建拉伸曲面

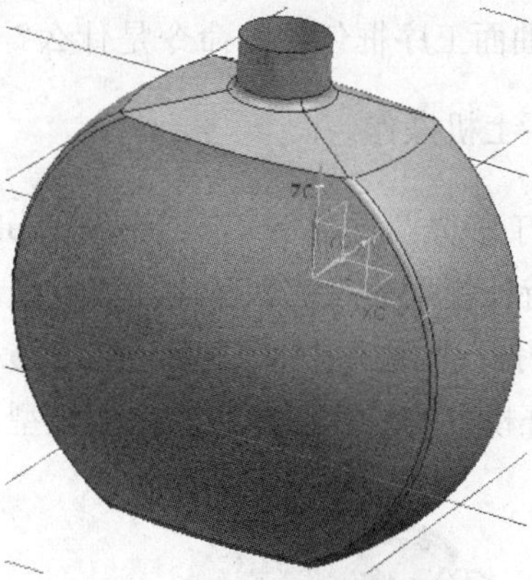

图8-88 完成边倒圆操作

8.6 本章小结

本章简单介绍了曲面设计的基本知识，详细介绍了创建曲面和曲面工序命令的操作过程，简单介绍了编辑曲面的命令。最后以一个实例综合介绍了本章的操作。

8.7 习　题

一、填空题

1. 曲面模块包含了__________、__________和__________三类命令集合，使用这些命令进行曲面创建和编辑，最终得到用户所需要设计的曲面造型。

2. “艺术曲面”命令结合了__________、____________、扫掠等命令的特点，能创建各种造型的曲面。艺术曲面选择的曲线很灵活，可以是两条、三条甚至更多。

3. 直纹曲面是通过两条截面曲线串生成的__________或__________。其中通过的曲线轮廓就称为截面线串，它可以由多条连续的曲线、__________或多个体表面组成，也可以选取曲线的点或端点作为第一个截面曲线串。

4. 利用面倒圆命令可在选定面组之间添加相切圆角面。圆角形状可以是__________、二次曲线或__________。

5. 曲面命令框包含了进行曲面操作所需的各项命令，这些命令包括__________、修剪片体、__________、__________、缝合等。

二、简答题

1. 使用曲面建模的基本原则是什么？

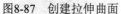

2. 曲面工序框包含的命令是什么？

三、上机操作

1. 打开\光盘文件\NX 9\Char08\youhu.prt，如图8-89所示，请用户参考本章介绍的内容和此曲面特征模型的尺寸创建此油壶模型。

2. 打开\光盘文件\NX 9\Char08\xsp.prt，如图8-90所示，请用户参考本章介绍的内容和此曲面特征模型的尺寸创建此香水瓶模型。

图8-89 上机操作习题1

图8-90 上机操作习题2

第9章

装 配 设 计

装配表达机器或部件的工作原理及零件、部件间的装配关系，是机械设计和生产中的重要技术文件之一。使用NX 9装配模块，可模拟真实的装配操作，并可创建装配工程图，通过装配图来了解机器的工作原理和构造。

学习目标

- ✧ 了解装配的基本概念和 NX 9 装配模块的入门知识
- ✧ 掌握自底向上和自顶向下的装配方法
- ✧ 掌握爆炸视图的创建和编辑方法
- ✧ 掌握组件阵列和镜像的方法

9.1 装配概述

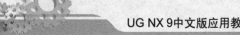

装配就是把加工好的零件按一定的顺序和技术连接到一起，成为一部完整的机械产品，并且可靠地实现产品设计的功能。NX 9装配模块帮助部件装配的建构、在装配上下文中对各个部件的建模和装配图纸的零件明细表的生成。

9.1.1 装配的基本概念

机械装配是根据规定的技术条件和精度，将构成机器的零件结合成组件、部件或产品的工艺过程。任何产品都由若干个零件组成，为保证有效的组织装配，必须将产品分解为若干个能进行独立装配的装配单元。

1. 零件

零件是组成产品的最小单元，它由整块金属(或其他材料)制成。机械装配中，一般将零件装配成套件、组件和部件，然后再装配成产品。

2. 套件

套件是在一个基准零件上装配一个或若干个零件而构成的，它是最小的装配单元。套件中唯一的基准零件是为连接相关零件盒确定各零件的相对位置。为套件而进行的装配称为套装。套件的主体因工艺或材料问题分成一个套件，但在以后的装配中可作为一个零件，不再分开。

3. 部件

部件是在一个基准零件上装配若干组件、套件和零件而构成的。部件中唯一的基准零件用来连接各个组件、套件和零件，并决定它们之间的相对位置。为形成部件进行的装配称为部装。部件在产品中能完成一定的完整功能。

4. 组件

组件是在一个基准零件上装若干套件和零件而构成的。组件中唯一的基准零件用于联络相关零件盒套件，并确定它们的相对位置。为形成组件而进行的装配称为组装。

组件中可以没有套件，即由一个基准零件加若干个零件组成，它与套件的区别在于组件在以后的装配中可拆分。

5. 装配体

在一个基准零件上装配若干部件、组件、套件和零件就成为整个产品。为形成产品的装配称为总装。例如，卧式车床便是以床身为基准零件，装上主轴箱、进给箱、溜板箱等部件及其他组件、套件、零件构成的装配体。

9.1.2 装配的内容和地位

在装配过程中通常根据装配的成分组装、部装和总装，因此在执行装配以前，为保证装配的准确性和有效性，需要进行部件清晰、尺寸和质量分选、平衡等准备工作。然后进行零件的装入、连接、部装、总装，并在装配过程中执行检验、调整、试验。最后还要进行试运转、油漆、包装等主要工作。

在整个产品设计和生产过程中，装配是最后一个环节，其装配工艺和装配质量直接影响机器质量(工作性能、使用效果、可靠性、寿命等)。因此在整个产品的最终检验环节中，需要详细检查发现设计错误和加工工艺中的错误，及时进行修改和调整。研究制定合理的装配工艺，采用有效的保证装配精度的装配方法，对进一步提高产品质量有着十分重要的意义。

9.1.3 NX 9装配概述

NX装配就是在该软件装配环境下，将现有组件或新建组件设置定位约束，从而将各组件定位在当前环境中。NX装配基本概念包括组件、组件特性、多个装配部件和保持关联性等。

1. 子装配

子装配是在高一级装配中被用作组件的装配，也拥有自己的组件。子装配是一个相对的概念，任何一个装配部件都可在更高级装配中用作子装配。

2. 装配部件

装配部件是由零件盒子装配构成的部件，其中零件和部件不必严格区分。NX 9中允许向任何一个prt文件中添加部件构成装配，因此任何一个prt文件都可以作为装配部件。需要注意的是：当储存一个装配时，各部件的实际几何数据并不是存储在相应的部件中。

3. 组件和组件成员

组件是装配部件文件指向下属部件的几何体和特征，它具有特定的位置和方位。一个组件可以是包含低一级组件的子装配。

组件成员是组件部件中的几何对象，并在装配中显示。如果使用引用集，则组件成员可以是组件部件中的所有几何体的某个子集。组件成员也称为组件几何体。

4. 显示部件和工作部件

显示部件是指当前在图形窗口里显示的部件。工作部件是指用户正在创建或编辑的部件，它可以是显示部件或包含在显示的装配部件里的任何组件部件。当显示单个部件时，工作部件也就是显示部件。

5. 多个装载部件

任何时候都可以同时装载多个部件，这些部件可以是显式地被装载，也可以是隐藏式装载，装载的部件不一定属于同一个装配。

6. 上下文设计

所谓上下文设计，就是在装配设计中显示的装配文件，该装配文件包含各个零部件文件。在装配里进行任何操作都是针对工作装配文件的，如果修改工作装配体中的一个零部件，则该零部件将随之更新。

在上下文设计中，也可以利用零部件之间的链接几何体，即用一个部件上的有关几何体作为创建另一个部件特征的基础。

7. 保持关联性

在装配内，任一级上的几何体的修改都会导致整个装配中所有其他级上相关数据的更新。对个别零部件的修改，则使用那个部件的所有装配图纸都会相应的更新。反之，在装配上下文中对某个组件的修改，也会更新相关的装配图纸和组件部件的其他相关对象。

8. 引用集

可以通过使用引用集，过滤用于表示一个给定组件或子装配的数据量，来简化大装配或复杂装配图形显示。引用集的使用可以大大减少部分装配的部分图形显示，而无须修改其实际的装配结构或下属几何体模型。

9. 约束条件

约束条件又称配对条件，即在一个装配中定位组件。通常规定在装配中两个组件间的约束关系完成配对。例如，规定在一个组件上的圆柱面与在另一个组件的圆柱面同轴。

10. 部件属性和组件属性

在NX 9中对组件执行装配操作后，可查看和修改有关的部件或组件信息，并可将该信息进行必要的编辑和修改。其中包括修改组件名、更新部件族成员、移除当前颜色、透明和部分渲染的设置等。

11. 装配顺序

装配顺序可以由用户控制装配或拆装的次序，用户可以建立装配顺序模型并回放装配顺序信息，用户可以用一步装配或拆装一个组件，也可以建立运动步去仿真组件怎么移动的过程。一个装配可以有多个装配顺序。

9.1.4 NX 9装配界面

NX 9装配界面适用于产品的模拟装配，“装配导航器”可以在一个单独的窗口中以图形的方式显示装配结构。“装配”选项卡下的工具栏集成了装配过程中常用的命令，提供了方便的访问常用装配功能的途径，工具栏中的命令都可通过相应的菜单打开。

1. 进入装配模式

在NX 9中进行装配操作，首先需进入装配界面。用户可通过新建装配格式文件或打开装配文件，还可以在建模环境下单击“应用模块”选项卡中的(装配)按钮，进入如图9-1所示的装配环境。

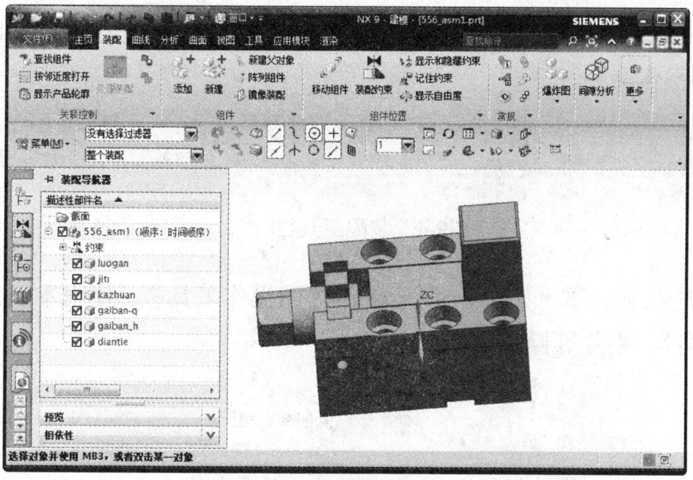

图9-1 装配环境窗口

2. 装配导航器

装配导航器在一个分离窗口中显示各部件的装配结构，并提供一个方便、快捷的可操纵组件方法。在导航器中，装配结构用图形来表示，类似于树结构，其中每个组件在该装配树上显示为一个节点。

单击左侧的(装配导航器)按钮，弹出如图9-2所示的“装配导航器”窗口。导航器包含了“描述性部件名”和“预览”。右击装配部件名称弹出如图9-3所示的部件操作菜单。使用该菜单可进行设为工作部件、设为显示部件、显示父项、打开、关闭等操作。

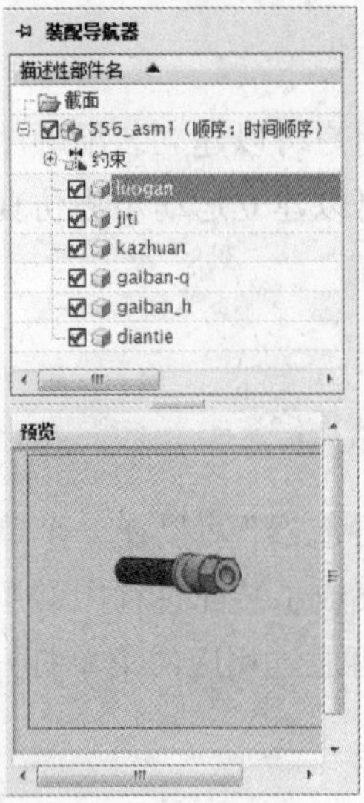

图9-2 装配导航器

图9-3 操作菜单

3. 装配工具栏命令

如图9-4所示的装配工具栏包含了用于关联控制、组件操作、组件位置设置、常规、爆炸图、间隙分析等操作命令。

图9-4 装配工具栏

单击(爆炸图)按钮，弹出如图9-5所示的爆炸图操作工具栏。使用本工具栏的命令可进行爆炸图创建、编辑、删除等操作。

图9-5 爆炸图操作工具栏

9.2 创建组件

在装配环境中，需要加载其他组件，使组件与装配体之间建立相关约束。也可直接选择几何体将其转换为组件。

9.2.1 添加组件

利用“添加组件”命令可通过选择对话框中已加载的部件或从磁盘中选择需要的部件，将组件添加至装配中。

具体操作步骤如下：

(1) 新建装配文件进入装配设计模块，单击(添加组件)按钮，弹出如图9-6所示的“添加组件”对话框。

(2) 单击“添加组件”对话框中“打开”右侧的(打开)按钮，弹出“部件名”对话框。根据需要加载的文件路径，选择一个零部件，并单击 OK 按钮，即可在窗口右下角弹出如图9-7所示的“组件预览”小窗口。

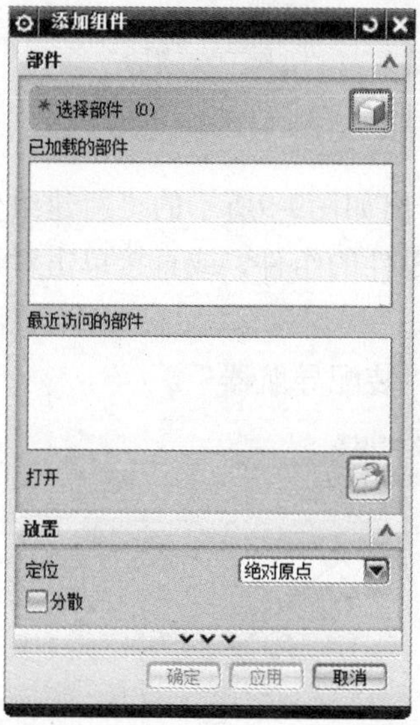

图9-6 “添加组件”对话框

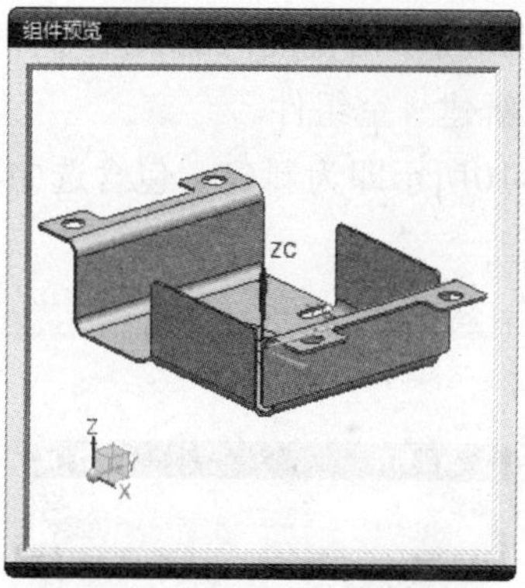

图9-7 “组件预览”小窗口

(3) “添加组件”对话框中“放置”下面的“定位”文本框选择“绝对原点”，单击 应用 按钮即可将首个零件添加到装配设计环境中去。

(4) 重复以上步骤依次添加第2个至更多零部件，最后单击 确定 按钮完成添加组件操作。

9.2.2 新建组件

利用“新建组件”命令可通过选择几何特征并将选择后的几何特征添加入新建的组件中，来创建新组件。

具体操作步骤如下：

(1) 单击(新建组件)按钮，弹出“新组件文件”对话框，如图9-8所示。单击“模板”下面的“装配”选项，并设置“新文件名”下面的“名称”和“文件夹”路径。

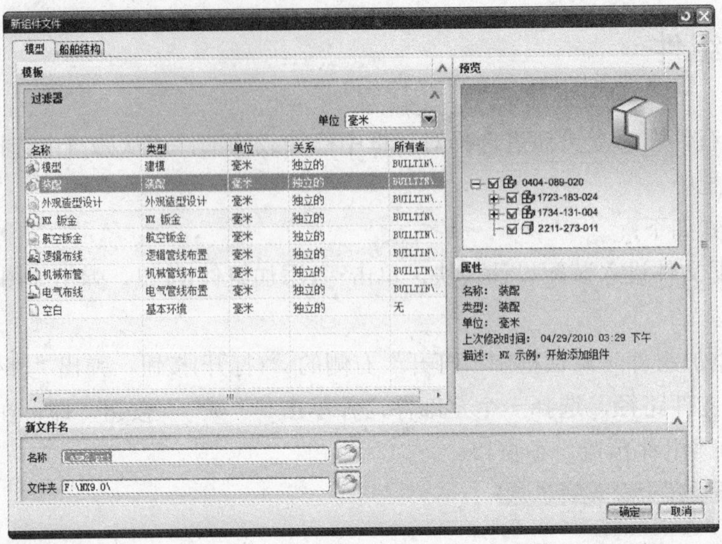

图9-8 “新组件文件”对话框设置

(2) 单击“新组件文件”对话框中的[确定]按钮，弹出如图9-9所示的“新建组件”对话框。此时用户可单击视图内的某一零件新建一包含选中零件的组件，或直接单击对话框中的[确定]按钮新建一空组件。

如图9-10所示即为新建一包含选中零件的组件后的“装配导航器”。

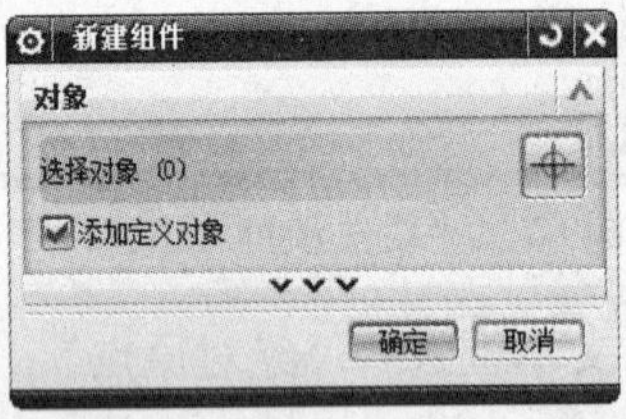

图9-9 “新建组件”对话框

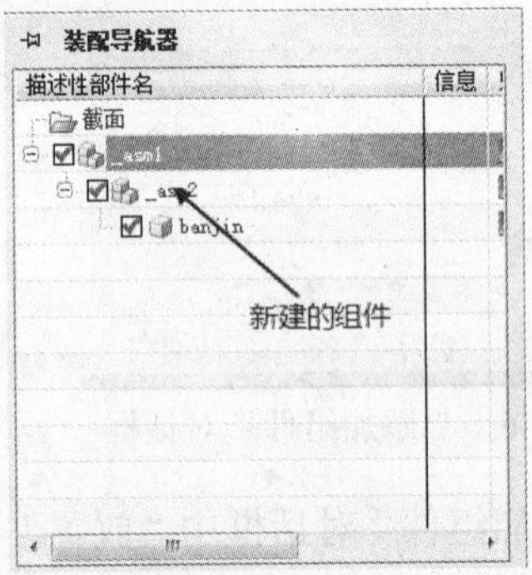

图9-10 新建组件后的“装配导航器”

9.2.3 新建父对象

利用“新建父对象”命令可在装配环境中创建一个新组件来作为当前窗口显示部件的父对象。

具体操作步骤如下：

(1) 单击 (新建父对象)按钮，弹出“新建父对象”对话框，如图9-11所示。单击“模板”下面的“装配”选项，并设置“新文件名”下面的“名称”和“文件夹”路径。

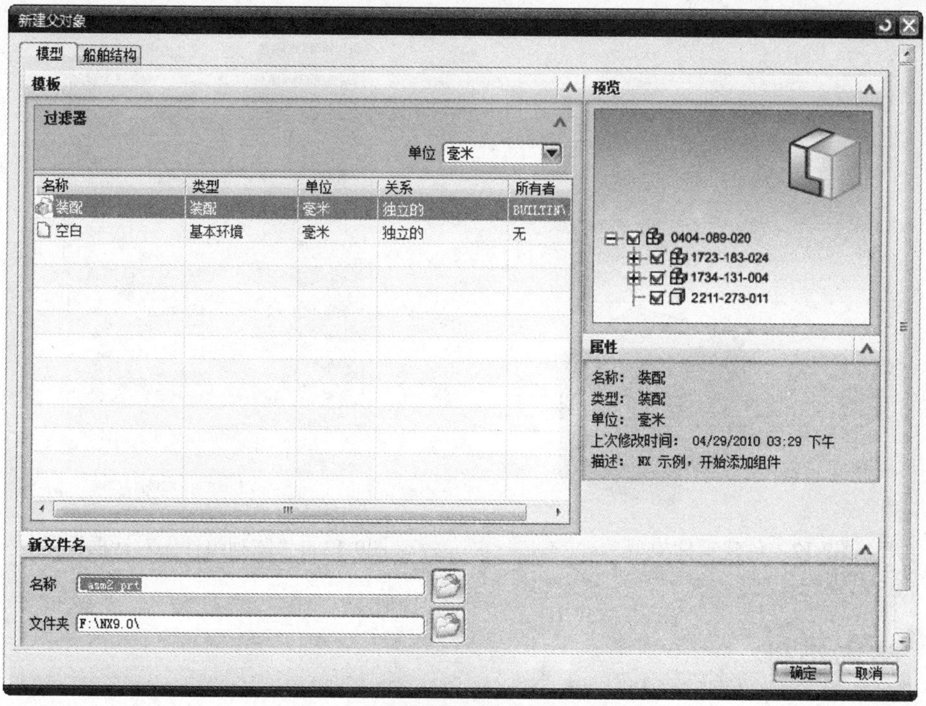

图9-11 “新建父对象”对话框设置

(2) 单击“新建父对象”对话框中的确定按钮，即可打开新窗口，完成父组件的新建操作。

9.2.4 阵列组件

将装配中的组件通过线性或圆形的方式进行阵列，从而直接省去组件重复装配的烦琐性，并可定义创建阵列时的相关参数。本小节以创建圆形阵列为例介绍本命令操作。

具体操作步骤如下：

(1) 进入装配设计模块后，使用建模创建如图9-12所示的零件模型(注意为进行阵列时效果明显，创建的模型应远离基准坐标轴)。

(2) 单击(新建父对象)按钮，进行新建父对象操作，完成后在打开的新窗口进行下面的操作；单击(阵列组件)按钮，弹出“阵列组件”对话框。

(3) 单击视图中的对象作为“要形成阵列的组件”，“阵列组件”对话框中“阵列定义”下面的“布局”文本框选择“圆形”，“旋转轴”下面指定ZC轴作为旋转轴(指定矢量)，单击原点作为“指定点”；“角度方向”下面的“间距”文本框选择“数量和节距”，“数量”设置为6，“节距角”设置为60deg。完成设置的“阵列组件”对话框如图9-13所示。

(4) 单击“阵列组件”对话框中的确定按钮，完成阵列组件操作，如图9-14所示。

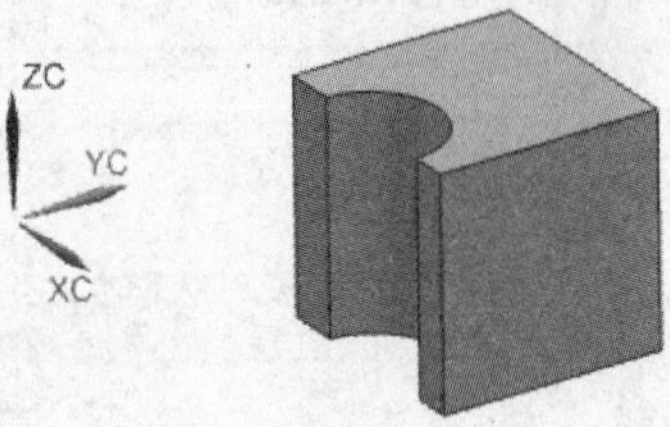

图9-12　创建零件模型

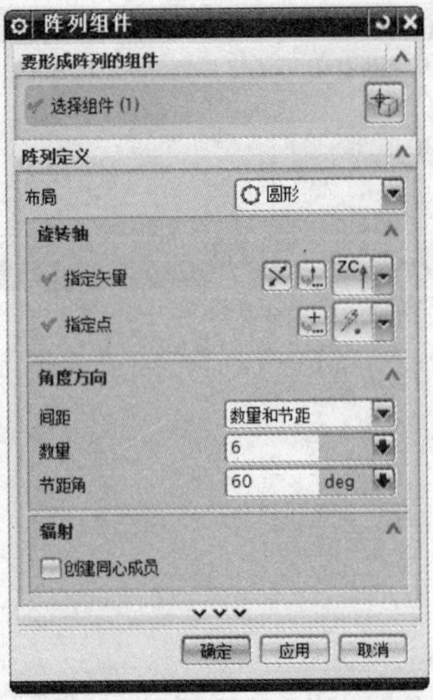

图9-13　“阵列组件”对话框设置

9.2.5　替换组件

将装配中的一个或多个组件替换成其他组件，并可以对替换组件时的关联性进行定义。

在装配模块创建组件后，当需替换时，单击(替换组件)按钮，弹出如图9-15所示的“替换组件”对话框。单击窗口内的一个或多个组件作为“要替换的组件”，单击对话框下方的(浏览)按钮，找到替换的目标，最后单击“替换组件”对话框中的确定按钮完成操作。

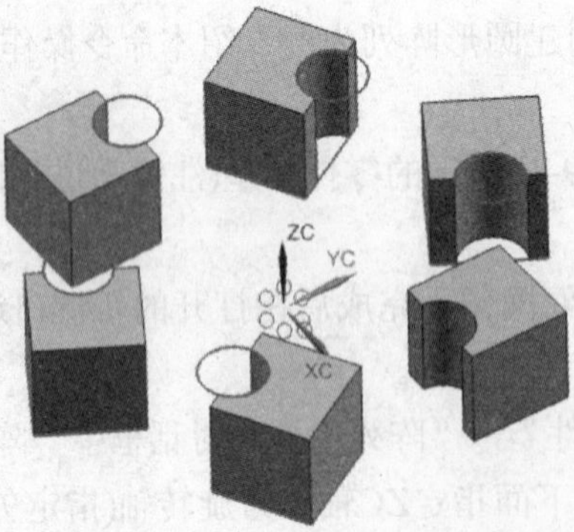

图9-14　组件圆形阵列结果

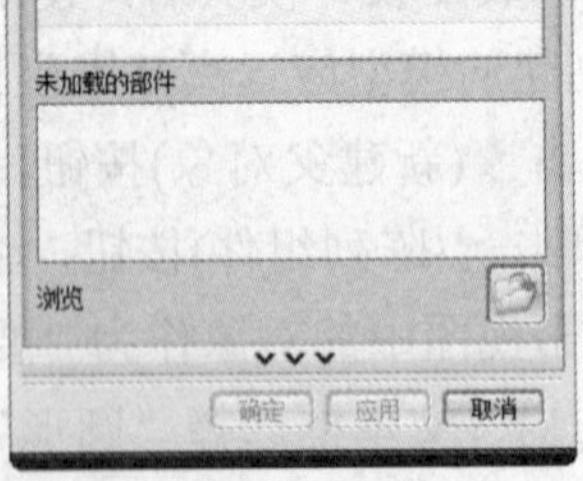

图9-15　“替换组件”对话框

注意

要替换的组件和替换件都应该是总成部件，单个零件无法进行替换和被替换操作。

9.2.6　镜像装配

在装配过程中，如果当前窗口中有多个相同的组件，可通过镜像装配的形式创建新组件。具体操作步骤如下：

(1) 仍然以9.2.4节创建的组件为例介绍本操作命令。单击 (镜像装配)按钮，弹出如图9-16所示的“镜像装配向导”对话框欢迎页面。

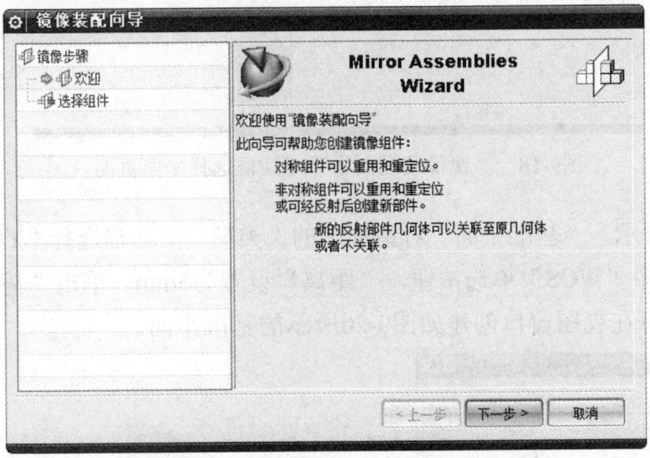

图9-16　“镜像装配向导”对话框欢迎页面

(2) 单击 下一步 > 按钮，进入“镜像装配向导”对话框选择组件页面，此时单击窗口中新创建的组件，完成操作后的对话框如图9-17所示。

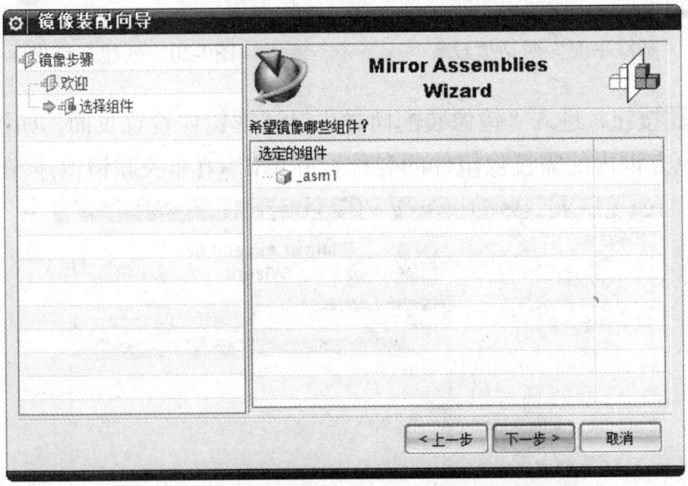

图9-17　“镜像装配向导”对话框选择组件页面

(3) 单击 下一步 > 按钮，进入如图9-18所示的“镜像装配向导”对话框选择平面页面。单击 (创建基准平面)按钮，弹出“基准平面”对话框。

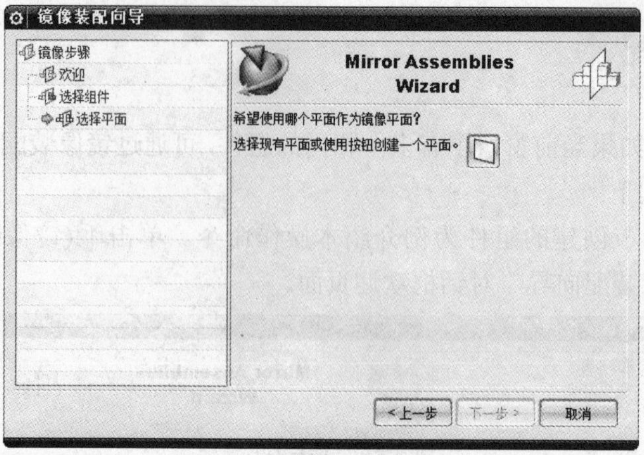

图9-18　“镜像装配向导”对话框选择平面页面

(4) 如图9-19所示，“基准平面”对话框中的“类型”文本框选择“YC-ZC平面”，“偏置和参考”下面选中“WCS”单选按钮，“距离”设置为5mm。单击“基准平面”对话框中的<确定>按钮，即可在视图窗口创建如图9-20所示的基准平面。

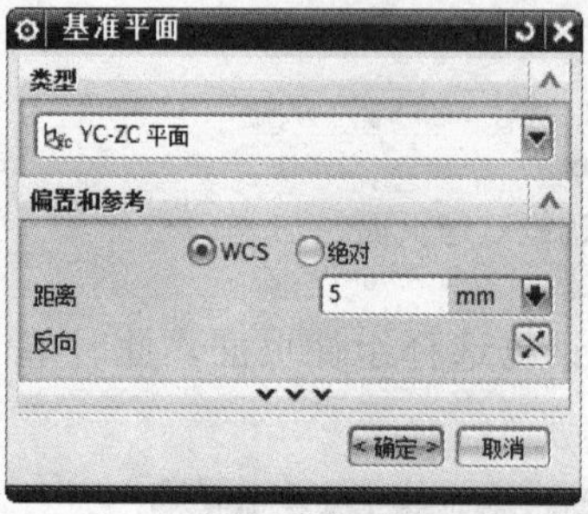

图9-19　“基准平面”对话框设置

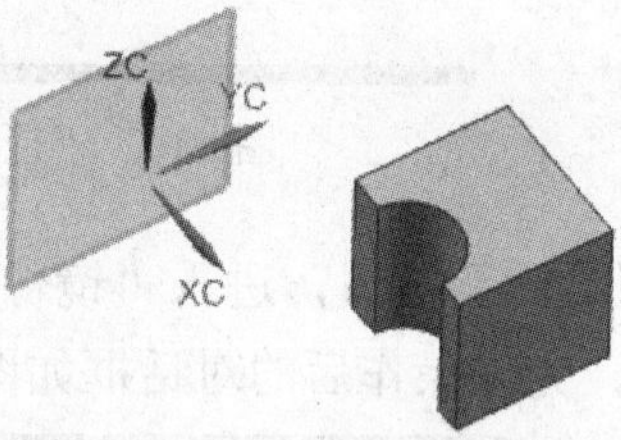

图9-20　创建基准平面

(5) 单击下一步>按钮，进入“镜像装配向导”对话框镜像设置页面，如图9-21所示。单击“组件”下面白色方框内的需镜像组件的名称，并单击(非关联镜像)按钮。

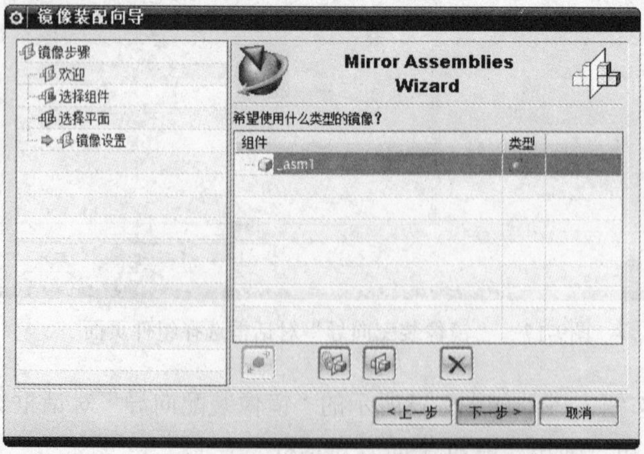

图9-21　“镜像装配向导”对话框镜像设置页面

(6) 单击[下一步>]按钮，弹出“镜像组件”提示对话框。单击对话框中的[确定(O)]按钮，重新回到“镜像装配向导”对话框。

(7) 单击[下一步>]按钮，进入如图9-22所示的“镜像装配向导”对话框命名新部件文件页面。根据对话框提示进行命名后，单击[完成]按钮，即可创建镜像，如图9-23所示。

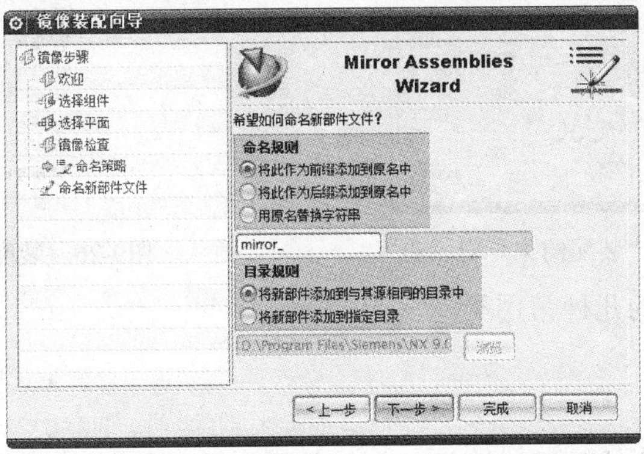

图9-22 “镜像装配向导”对话框命名页面

(8) 打开“装配导航器”可发现，另一个部件是单独的一个部件，如图9-24所示。

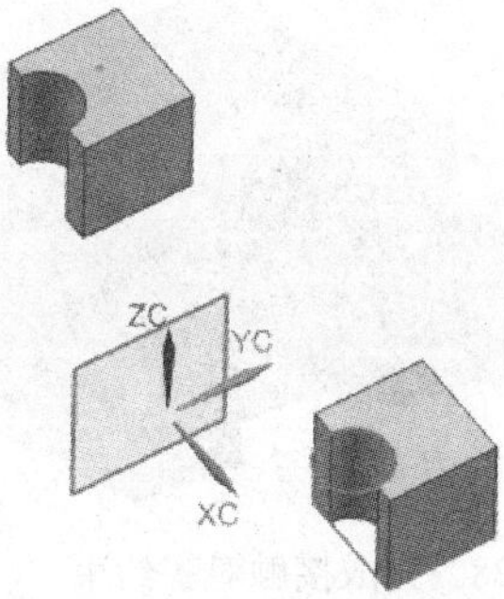

图9-23 完成镜像部件操作

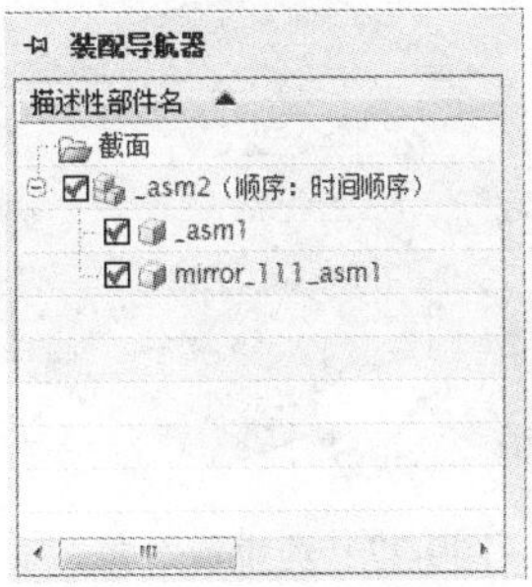

图9-24 装配导航器

9.3 定位操作

作为装配设计中最重要的一环，装配约束通过指定约束关系，相对装配中的其他组件重定位组件。而通过使用“移动组件”命令，可将组件进行旋转、移动操作，从而使用户更方便、容易地进行装配约束操作。

9.3.1 装配约束

在NX 9装配模块内添加两个模型，然后单击(装配约束)按钮，即可弹出如图9-25所示的“装配约束”对话框，其“类型”文本框提供了如图9-26所示的接触对齐、同心、距离、固定、平行等11种类型的装配约束。

图9-25 “装配约束”对话框

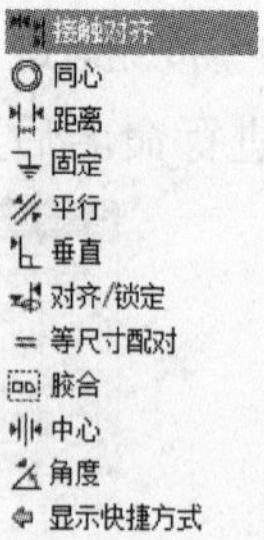

图9-26 装配约束类型

下面介绍装配约束的几种常用类型。

1. 接触对齐

“接触对齐”约束方式是通过选择部件间的面、线或基准平面等进行接触或对齐约束。如图9-27所示为约束前的装配模型，单击“边线1”、“边线2”作为约束对象，单击应用按钮即可完成接触对齐约束，如图9-28所示。

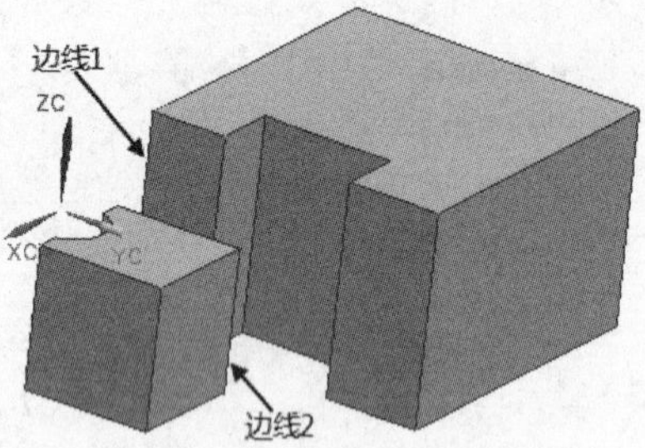

图9-27 约束前对象

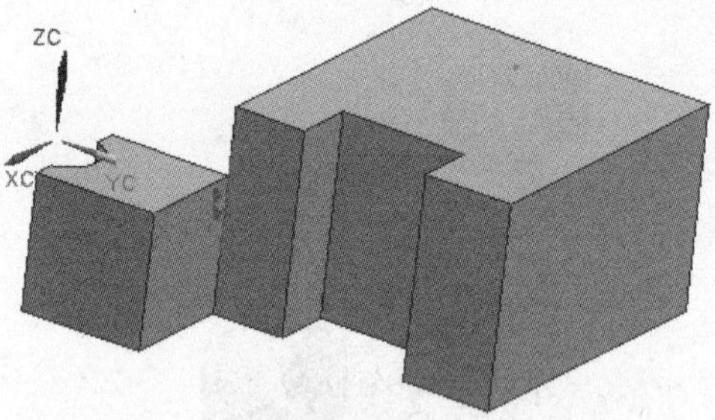

图9-28 完成接触对齐约束

2. 同心

同心约束是指定两个具有回转体特征的对象，使其在同一条轴线位置。如图9-29所示为约束前的装配模型，单击“边线1”、“边线2”作为约束对象，单击应用按钮即可完成同心约束，如图9-30所示。

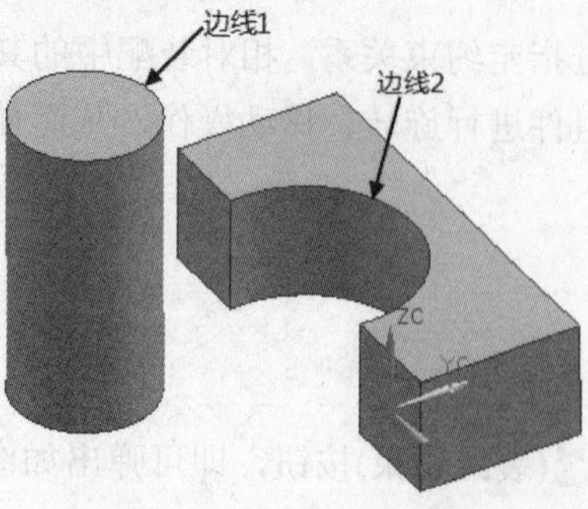

图9-29 约束前对象

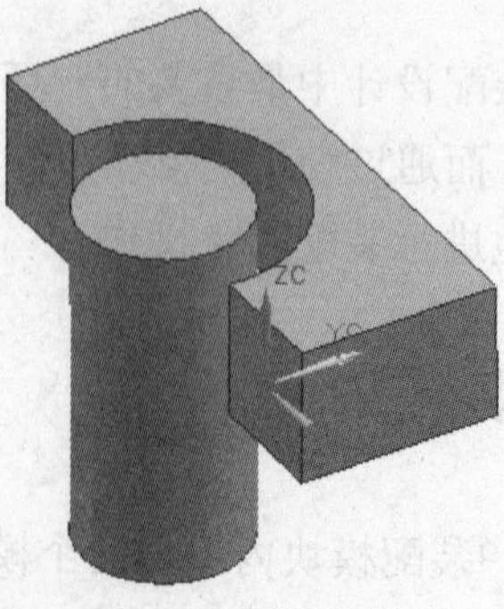

图9-30 完成同心约束

3. 距离

距离约束用于指定两个组件对应参照面之间的最小距离，距离可以是正值也可以是负值，正负号确定相配合组件在基础组件的哪一侧。

如图9-31所示为约束前的装配模型，单击“侧面1”、“侧面2”作为约束对象，如图9-32所示设置“装配约束”对话框中的“距离”为30mm，单击应用按钮即可完成距离约束，如图9-33所示。

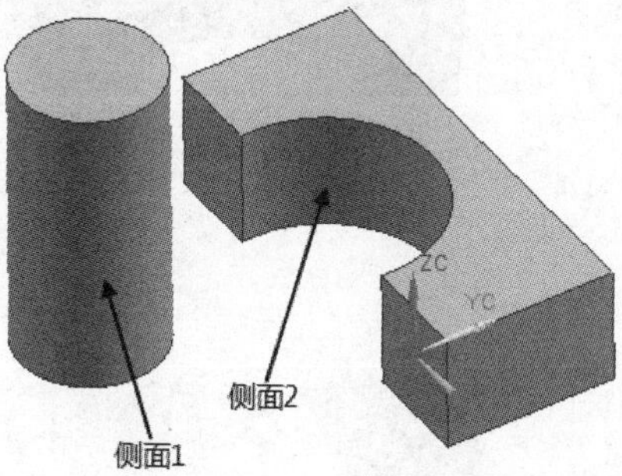

图9-31 约束前对象

图9-32 设置距离参数

4. 平行

平行约束是指在设置组件和部件、组件和组件之间的约束方式时，为定义两个组件保持平行对立的关系，可选取两组件对应参照面，使其面与面平行。

如图9-34所示为约束前的装配模型，单击“侧面1”、“侧面2”作为约束对象，单击应用按钮即可完成平行约束，如图9-35所示。

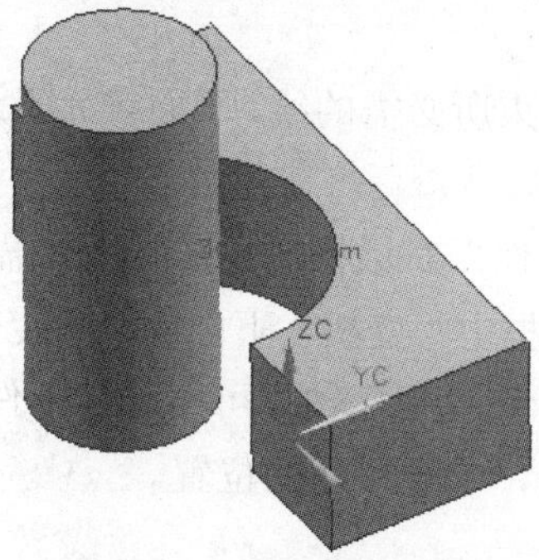

图9-33 距离约束结果

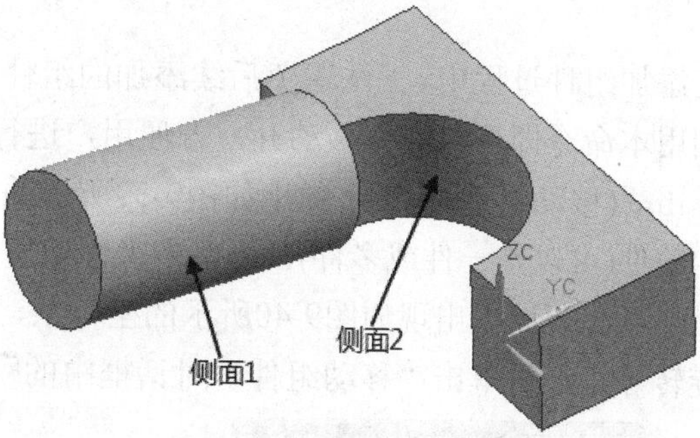

图9-34 约束前对象

5. 角度

角度约束是指在定义组件与组件、组件与部件之间关联条件时，选取两参照面设置角度约束限制，从而通过面约束起到限制组件移动约束的目的。

如图9-36所示为约束前的装配模型，单击“面1”、“面2”作为约束对象，如图9-37所示设置“装配约束”对话框中的“角度”为120deg，单击应用按钮即可完成角度约束，如

图9-38所示。

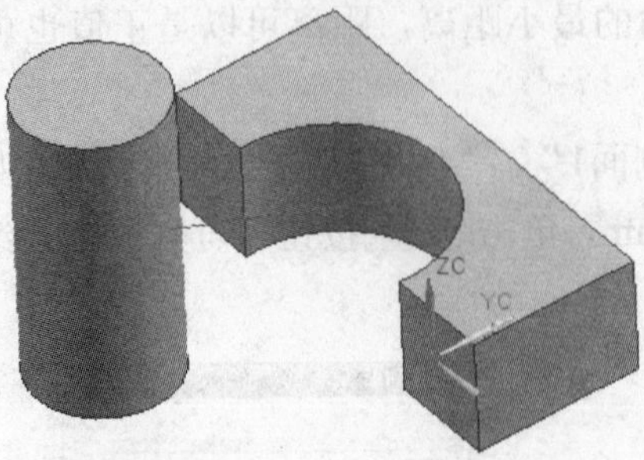

图9-35　平行约束结果

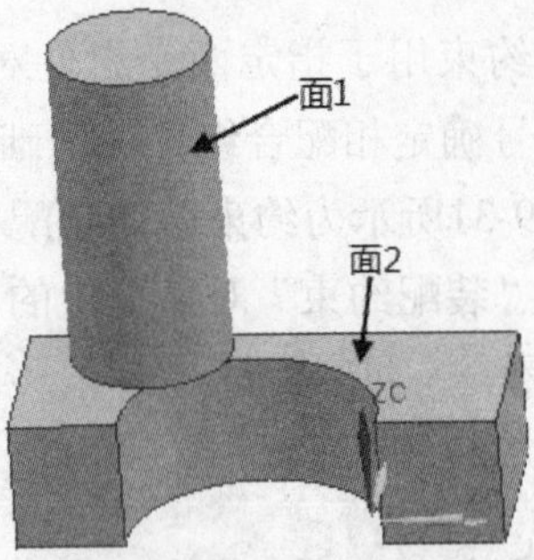

图9-36　约束前对象

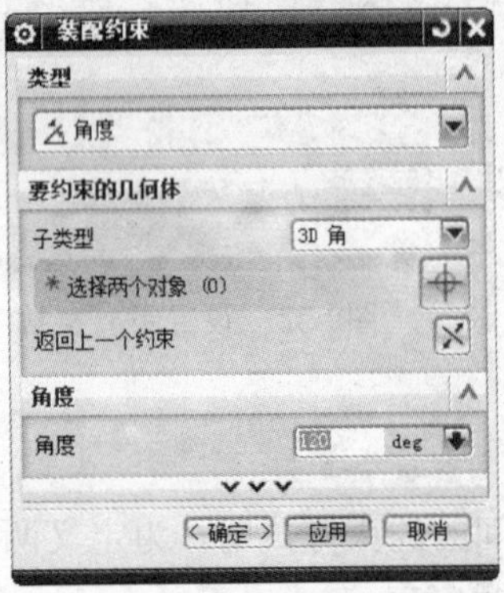

图9-37　设置角度参数

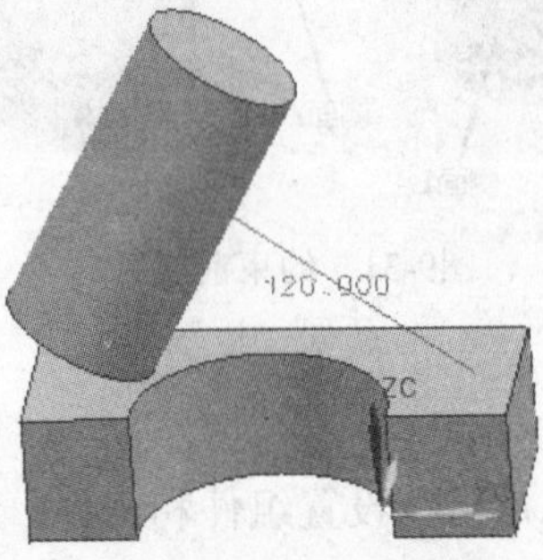

图9-38　角度约束结果

9.3.2　移动组件

在添加组件过程中，无法避免后续添加的组件将进行约束所必需的线、平面等元素遮盖，此时利用本命令即可将组件移动开，方便用户进行约束操作。

单击(移动组件)按钮，弹出如图9-39所示的“移动组件”对话框。单击视图中需移动操作的部件(可以是一件或多件)，再单击“移动组件”对话框中“变换”下面的“指定方位”字样，即可在视图中出现如图9-40所示的坐标系，使用鼠标拖曳坐标轴即可实现零部件的移动、旋转等，最后单击“移动组件”对话框中的<确定>按钮，确定移动的位置。

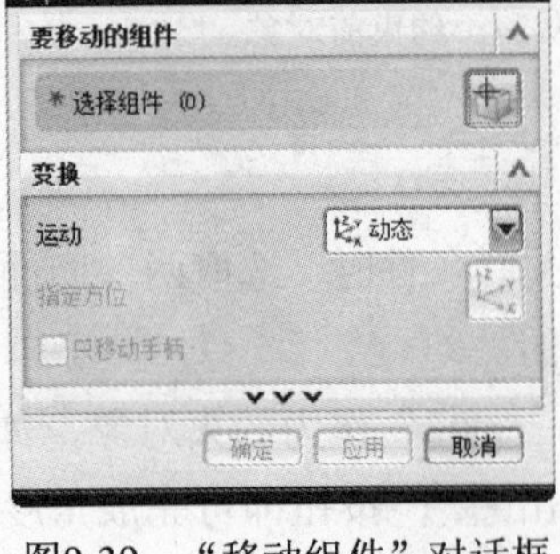

图9-39　“移动组件”对话框

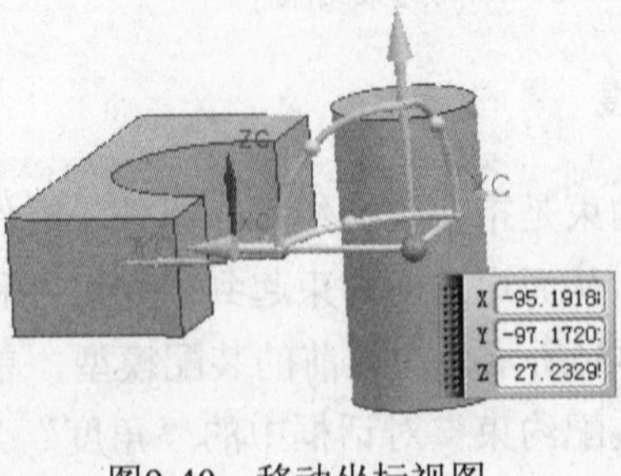

图9-40　移动坐标视图

9.3.3 显示和隐藏约束

利用“显示和隐藏约束”命令可将与组件相关的约束和组件进行显示隐藏操作。单击(显示和隐藏约束)按钮，弹出“显示和隐藏约束”对话框。

如图9-41所示为完成约束后的视图，单击圆柱体作为“装配对象”，如图9-42所示选中“可见约束”下面的“约束之间”单选按钮，并选中“更改组件可见性”复选框。

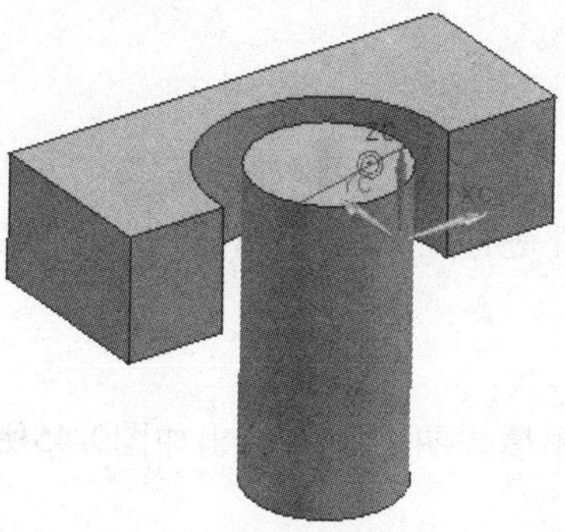

图9-41 完成装配组件

图9-42 “显示和隐藏约束”对话框

单击“显示和隐藏约束”对话框中的<确定>按钮，即可将与圆柱体装配的体和约束隐藏。

9.4 爆炸视图

在NX中创建装配的爆炸视图，可以方便用户对组件进行观察。其中爆炸图的创建方式有两种：手动创建和自动创建。本小节介绍创建爆炸视图和编辑爆炸视图操作。

9.4.1 新建爆炸图

利用“新建爆炸图”命令可在视图中进行爆炸图的新建，并且可以在视图中重定位组件以创建爆炸图。

具体操作步骤如下：

(1) 如图9-43所示为打开的一个已完成装配操作的产品，单击(新建爆炸图)按钮，弹出“新建爆炸图”对话框。

(2) 如图9-44所示，设置“名称”，单击对话框中的<确定>按钮，即可完成新建爆炸图操作。此时可看到“编辑爆炸图”、“自动爆炸组件”命令按钮由灰转亮，可进行爆炸图编辑操作。

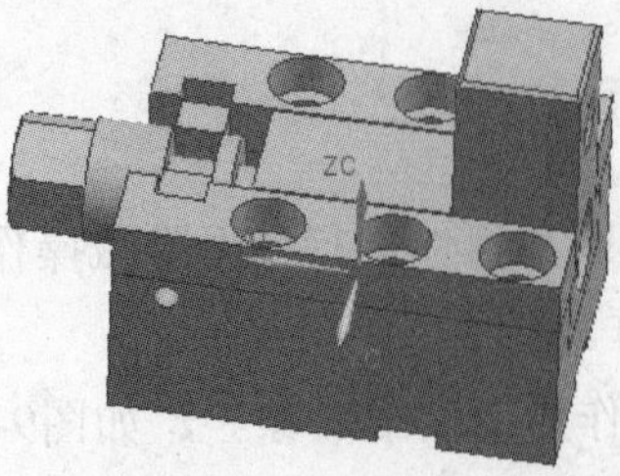

图9-43　打开的装配体

图9-44　“新建爆炸图”对话框

9.4.2　编辑爆炸图

利用“编辑爆炸图”命令可以手动的方式将组件进行位置的定位，可以自由定义爆炸时的矢量方向。

具体操作步骤如下：

(1) 继续上一小节的内容进行操作。单击(编辑爆炸图)按钮，弹出如图9-45所示的“编辑爆炸图”对话框。

(2) 选中装配体上一个或多个零部件，如图9-46所示，单击视图中的三个部件。

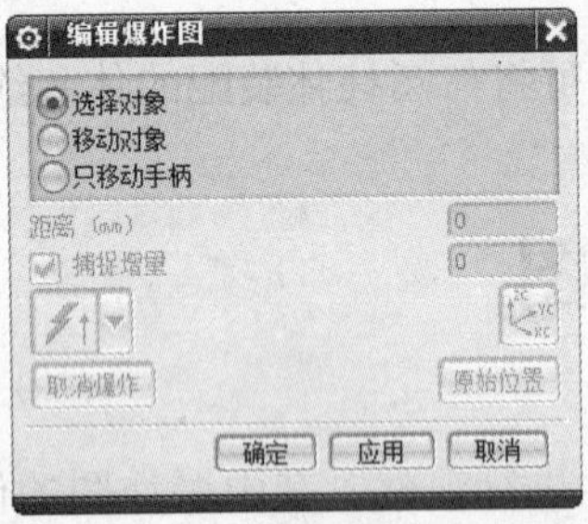

图9-45　“编辑爆炸图”对话框

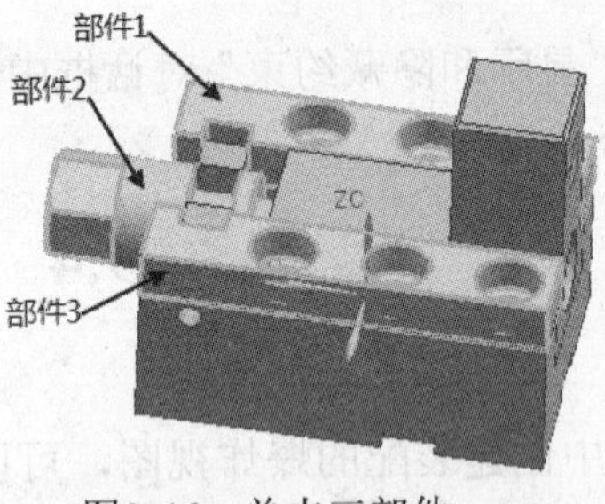

图9-46　单击三部件

(3) 选中“编辑爆炸图”对话框中的“移动对象”单选按钮，此时视图中会如图9-47所示显示出可移动的坐标系。

(4) 单击另一个位置点，即可将选中的部件跟随坐标系移动，单击“编辑爆炸图”对话框中的应用按钮，完成此三部件的爆炸操作，如图9-48所示。重复以上步骤继续其余零部件的移动操作。

图9-47　显示可移动坐标系

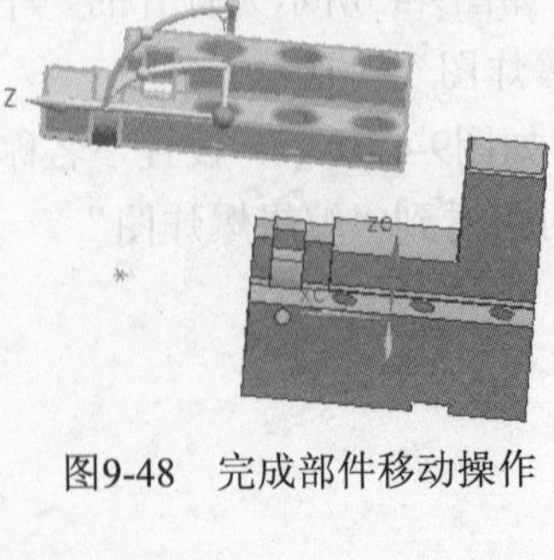

图9-48　完成部件移动操作

9.4.3 自动爆炸组件

利用“自动爆炸组件”命令可通过定义爆炸距离将组件与主组件分开，但爆炸时的矢量方向不能定义。

具体操作步骤如下：

(1) 继续上一节操作。使用“新建爆炸图”命令创建一个新的爆炸图。

(2) 单击(自动爆炸组件)按钮，弹出如图9-49所示的“类选择”对话框，如图9-50所示依次单击三个部件。

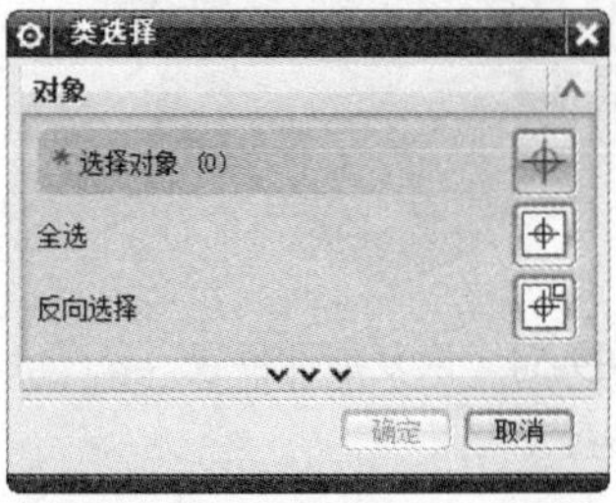

图9-49 “类选择”对话框

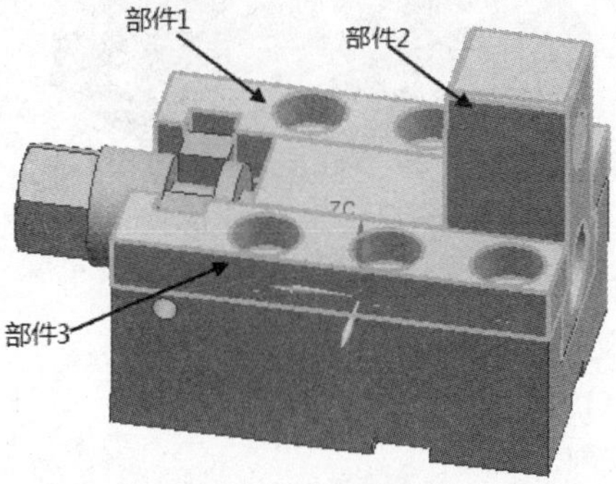

图9-50 单击三个部件

(3) 单击“类选择”对话框中的确定按钮，弹出“自动爆炸组件”对话框，如图9-51所示，设置其“距离”为50mm。

(4) 单击“自动爆炸组件”对话框中的确定按钮，完成爆炸组件操作，如图9-52所示。

图9-51 “自动爆炸组件”对话框

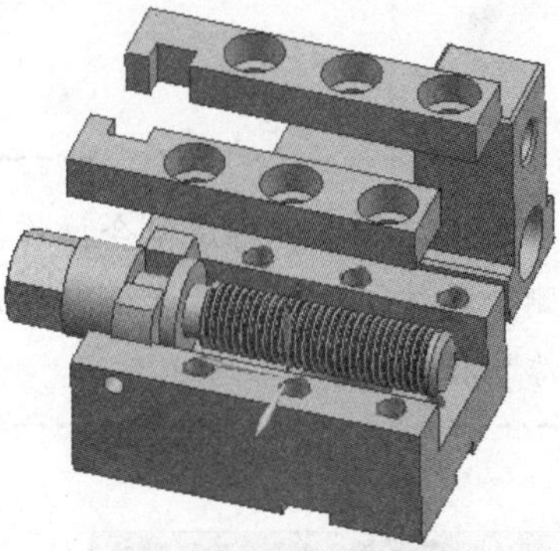

图9-52 完成爆炸组件操作

9.4.4 取消爆炸组件

利用“取消爆炸组件”命令将创建爆炸图取消，使其返回组件装配时的初始状态。

具体操作步骤如下：

(1) 继续上一小节操作。单击(取消爆炸组件)按钮，弹出“类选择”对话框，选中如图9-53所示的单个部件。

(2) 单击“类选择”对话框中的确定按钮，即可将选中的部件恢复到原来位置，如图9-54所示。

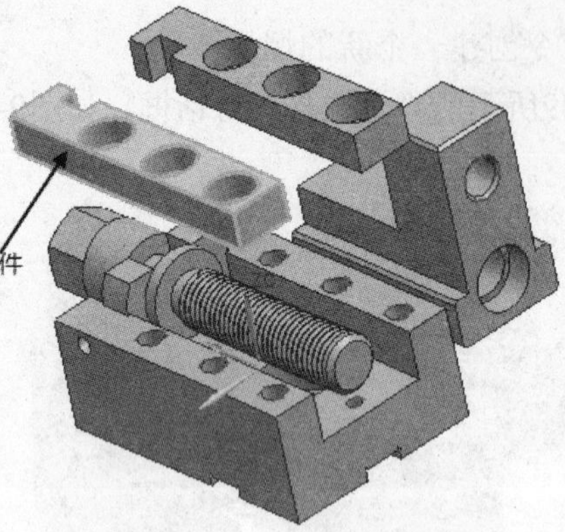

图9-53　选中部件

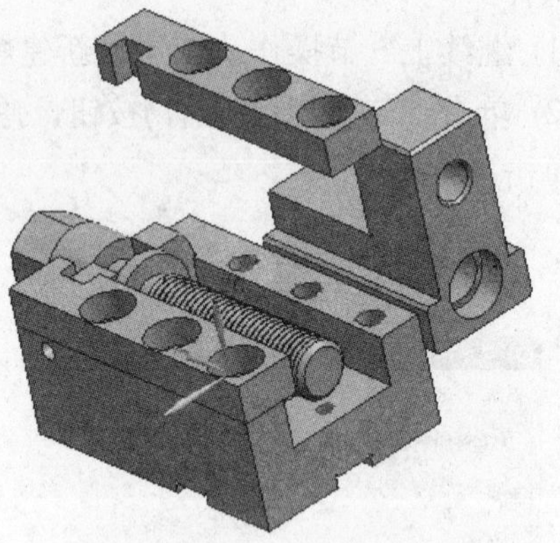

图9-54　恢复部件位置

9.4.5　删除爆炸图

利用“删除爆炸图”命令将以前创建的爆炸图删除，单击(删除爆炸图)按钮，弹出如图9-55所示的“爆炸图”对话框。选中需要删除的爆炸视图名称，单击确定按钮，即可完成操作。

提示

在当前爆炸图中进行该命令操作，不能删除当前爆炸图，否则会弹出如图9-56所示的“删除爆炸图”提示对话框，要删除任意爆炸视图，需设置“工作视图操作”为“无爆炸”状态。

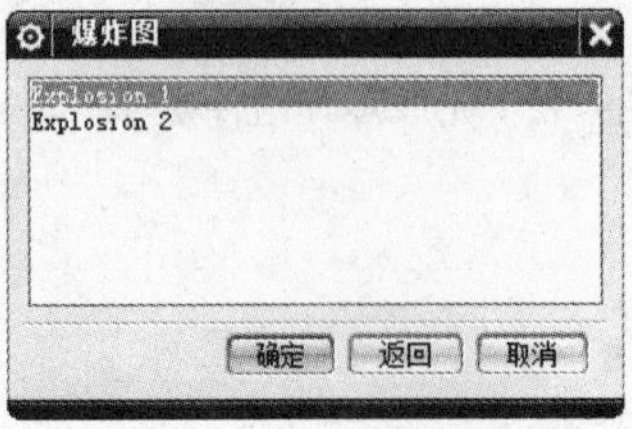

图9-55　“爆炸图”对话框

图9-56　“删除爆炸图”提示对话框

9.5　实例示范

前面详细介绍了使用NX 9进行装配设计所需的各种命令，本节通过一个实例综合介绍配合进行装配设计的详细操作过程。

如图9-57所示为完成装配操作的装配体模型，如图9-58所示为进行自动爆炸后的视图。在学习此装配体的装配操作过程以前，用户可根据前面的介绍自行试验装配此部件。

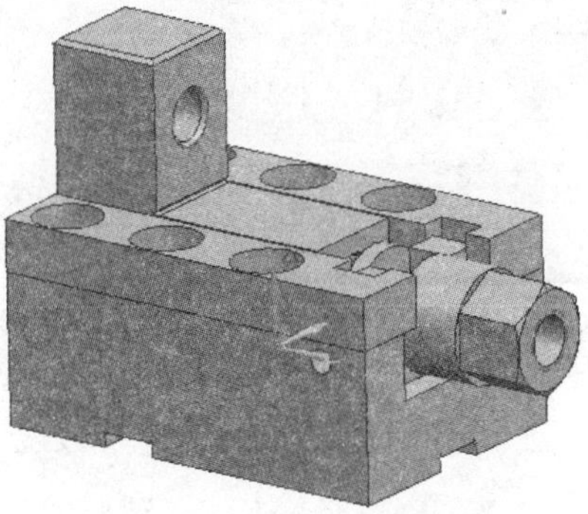

图9-57　完成装配的模型

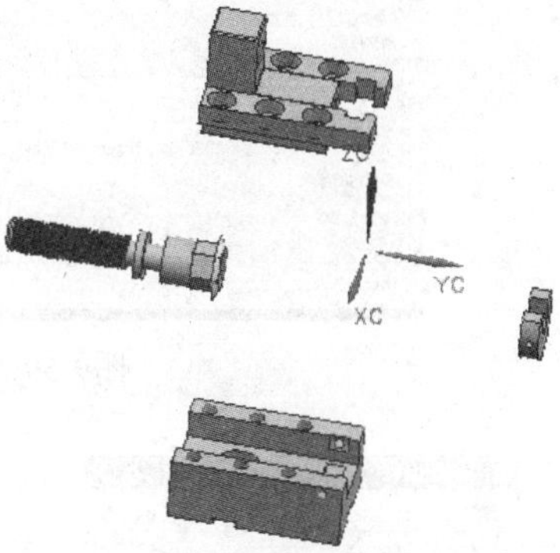

图9-58　爆炸视图

	起始文件路径	\光盘文件\NX 9\Char09\jiaju\
	结果文件	\光盘文件\NX 9\Char09\jiaju\jiaju.prt
	视频文件	\光盘文件\NX 9\视频文件\Char09\装配体.avi

9.5.1　创建装配体文件，导入首个模型

在开始装配操作前，需创建一个装配体文件。本小节介绍装配体文件创建和首个零件模型的导入过程。

具体操作步骤如下：

(1) 打开软件后，单击(新建)按钮，弹出“新建”对话框。

(2) 如图9-59所示，选中“模板”下面的“装配”选项，设置“新文件名”下面的“名称”为zongcheng.prt，并设置合理的路径，单击确定按钮，完成装配文件创建。

(3) 打开装配操作窗口的同时弹出“添加组件”对话框。单击(打开)按钮，弹出“部件名”对话框。根据起始文件路径找到jiaju文件夹，选中jiti.prt文件，并单击OK按钮，“jiti.prt”文件名称出现在“添加组件”对话框“已加载的部件”白色方框内，如图9-60所示，并在装配窗口右下角弹出如图9-61所示的“组件预览”小窗口。

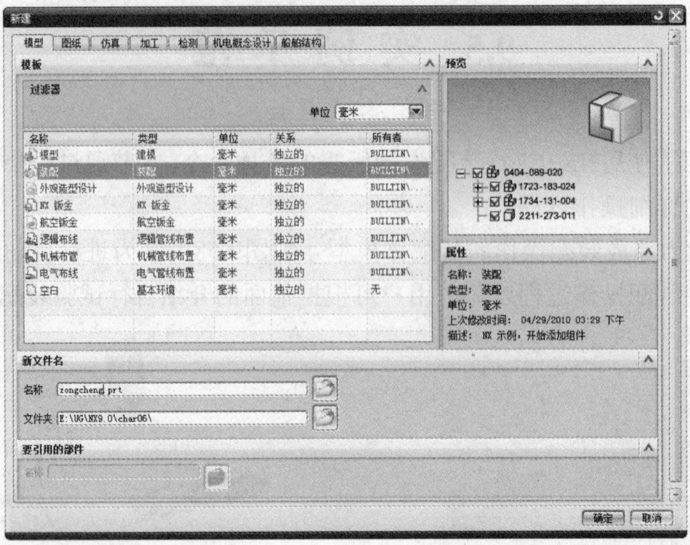

图9-59 “新建”对话框设置

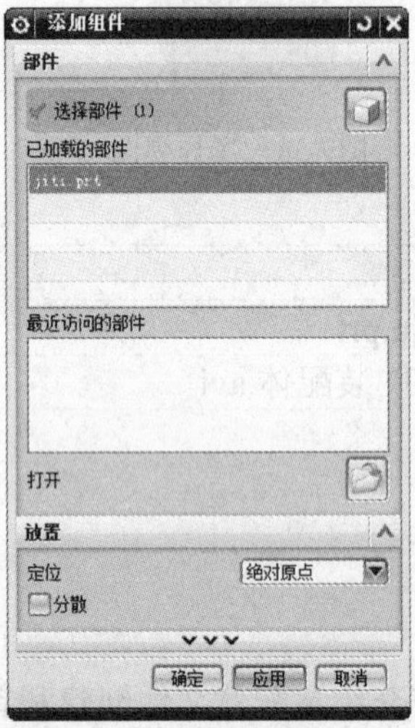

图9-60 “添加组件”对话框

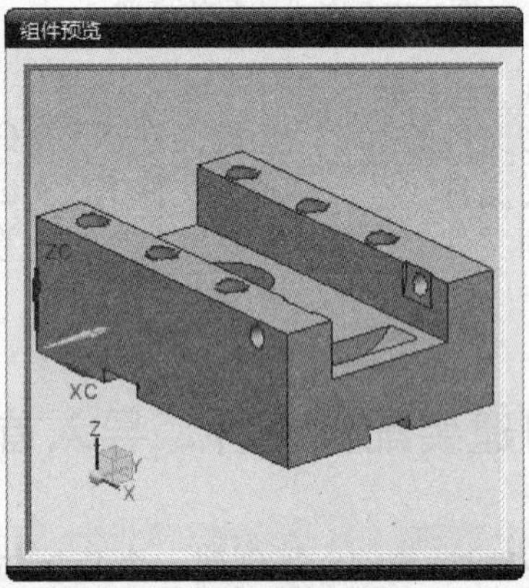

图9-61 “组件预览”小窗口

(4) “添加组件”对话框中“放置”下面的“定位”文本框选择“绝对原点”，单击应用按钮，即可将模型基体零件添加到装配组件内，如图9-62所示。

9.5.2 添加第二个零件，对其进行装配约束

首个零件添加后作为参照，本小节介绍添加第二个零件模型，并对其进行装配约束操作过程。

具体操作步骤如下：

(1) 重复上述步骤，将kazhuan.prt插入到装配组件内，如图9-63所示。

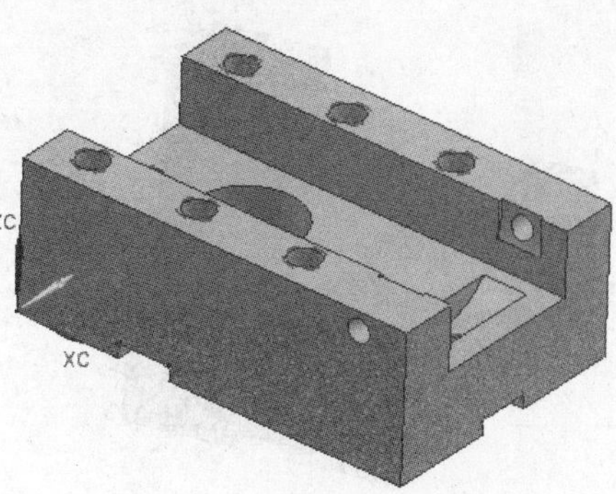

图9-62　插入第一个零件

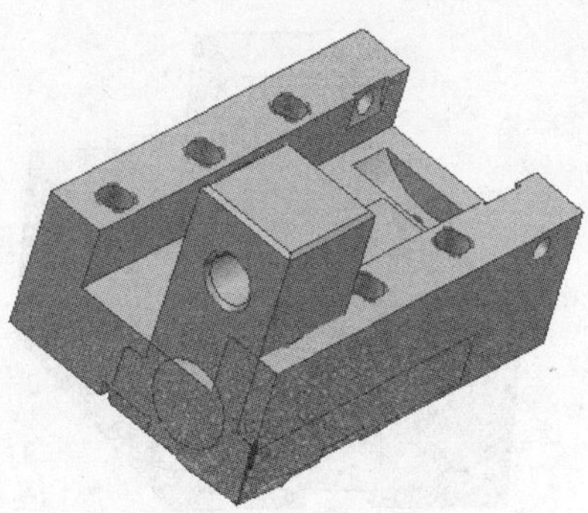

图9-63　插入第二个零件

(2) 完成插入操作，用户可以看到卡砖零件和基体零件重合在一起，需要用户进行装配约束，将两零件约束至合适的状态。

(3) 单击(装配约束)按钮，弹出如图9-64所示的“装配约束”对话框。

(4) “装配约束”对话框中的“类型”文本框选择“同心”选项，“要约束的几何体”下面的“方位”文本框选择“首选约束”选项，如图9-65所示。单击卡砖零件的下平面后，如图9-66所示，单击基体零件的槽内上表面。

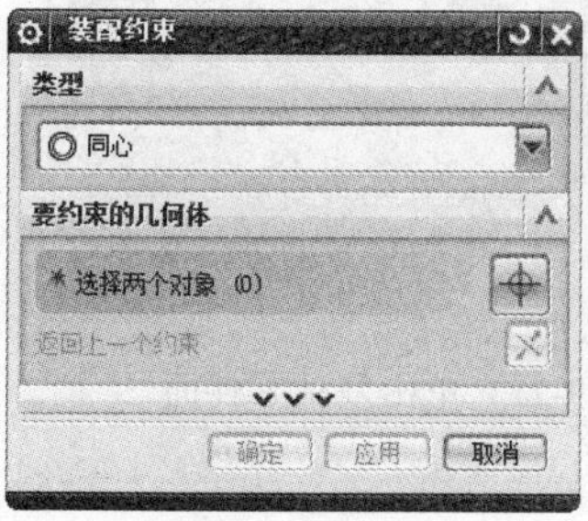

图9-64　“装配约束”对话框

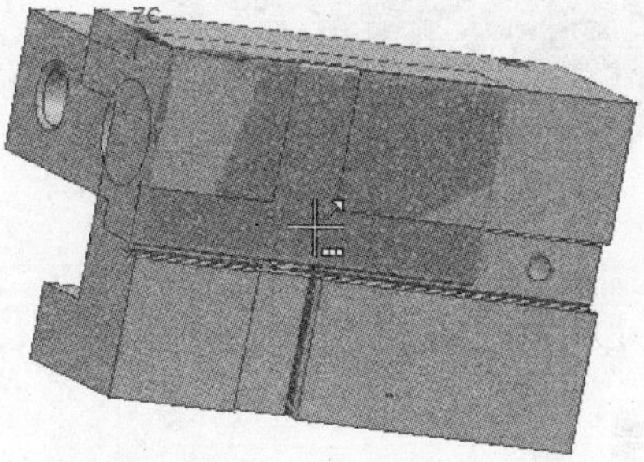

图9-65　单击卡砖零件表面

(5) 完成单击操作后，两零件进行自动装配并出现对齐约束符号，结果如图9-67所示。

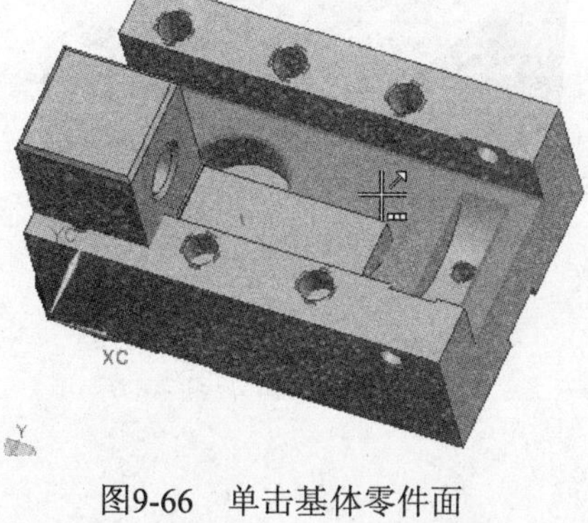

图9-66　单击基体零件面

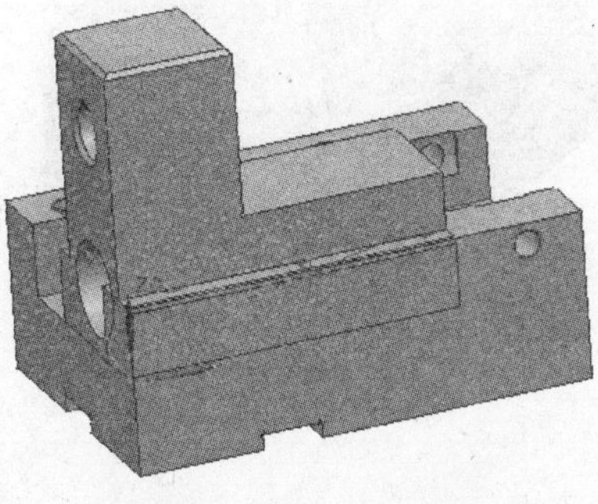

图9-67　完成约束后结果

(6) 使用对齐约束完成如图9-68和图9-69所示的另一对面对齐操作，对齐结果如图9-70所示。

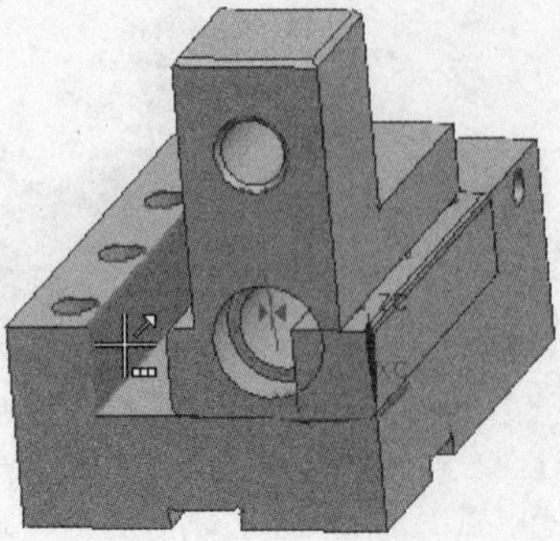

图9-68 单击基体零件面

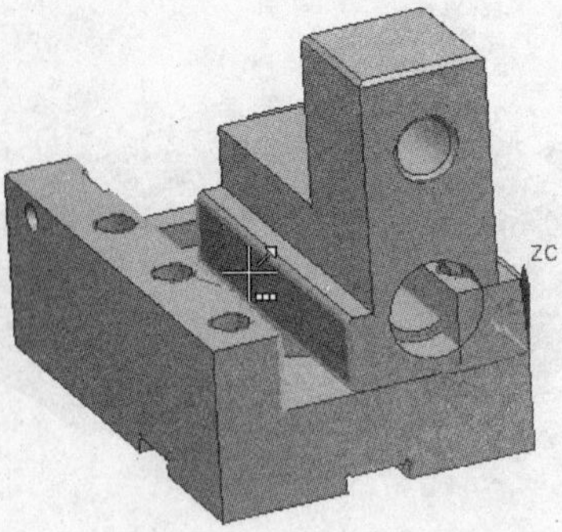

图9-69 单击卡砖零件面

(7) 使用对齐约束完成如图9-71和图9-72所示的最后一对面对齐操作，对齐结果如图9-73所示。完成操作后单击“装配约束”对话框中的确定按钮，确定约束结果。

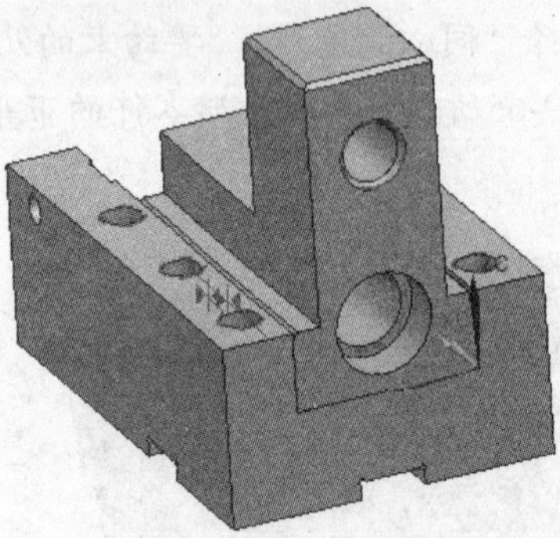

图9-70 完成约束操作

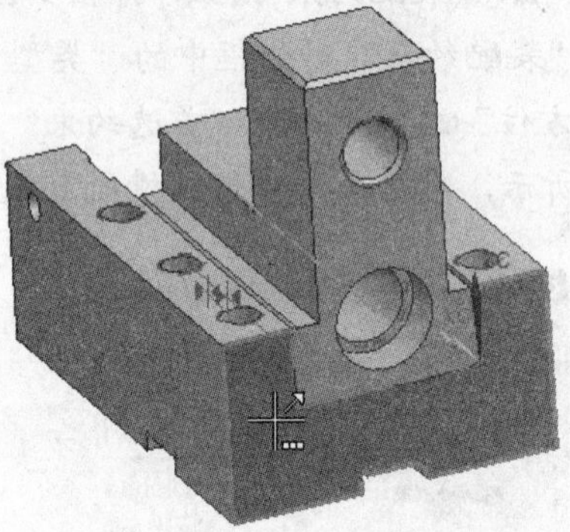

图9-71 单击基体零件面

图9-72 单击基体零件面

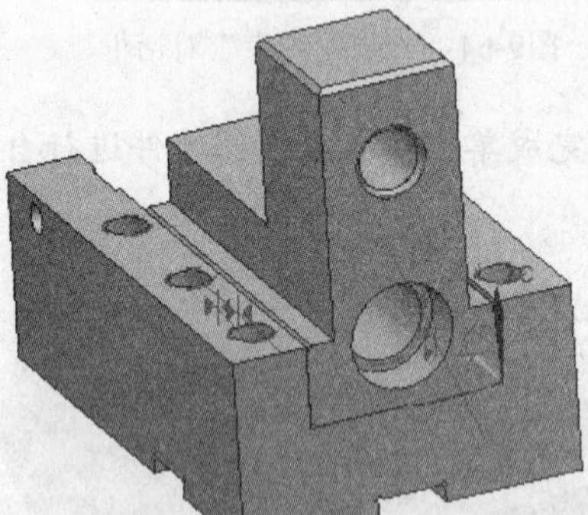

图9-73 完成约束操作

注意

约束的时候若出现蓝色约束符号，代表用户进行的约束是正确的；若为紫红色，则需确定用户是否约束错误或过约束。

9.5.3 添加第三个零件，并进行装配约束

完成前面两个零件添加约束后，将第三个零件添加进装配窗口内，并对其进行装配约束操作。

具体操作步骤如下：

(1) 单击(添加组件)按钮，弹出“添加组件”对话框。根据9.5.1节插入部件的方法，插入diantie.prt零件，如图9-74所示。

(2) 单击(装配约束)按钮，弹出“装配约束”对话框。“类型”文本框选择“接触对齐”选项，“方位”文本框选择“自动判断中心/轴”选项，如图9-75所示。

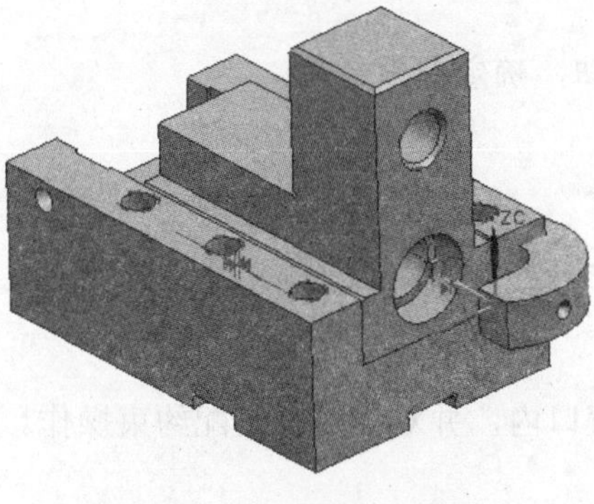

图9-74 插入第三个零件

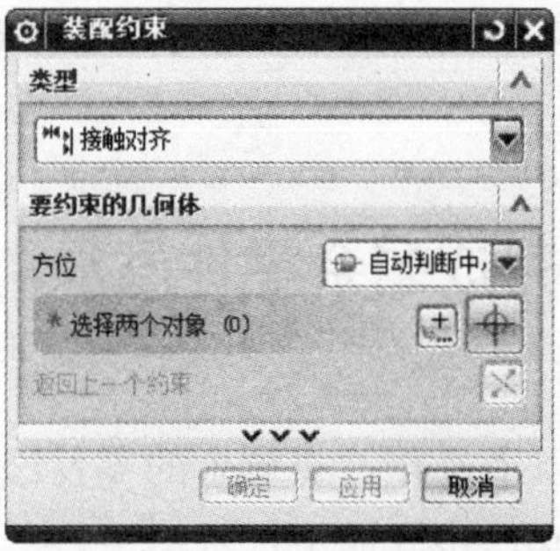

图9-75 “装配约束”对话框设置

(3) 将光标放于垫铁零件孔附近会出现绿色中心轴并如图9-76所示将其选中，同样将光标放于基体孔附近会出现绿色中心轴并如图9-77所示将其选中。

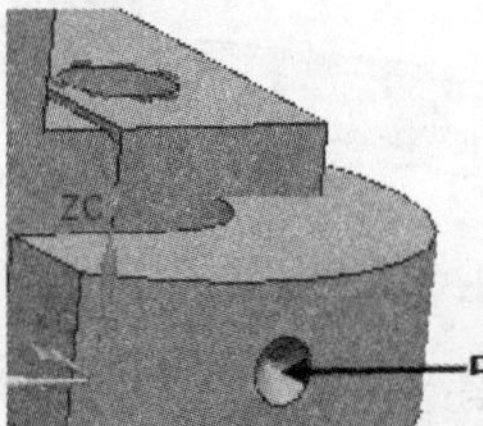

图9-76 垫铁局部放大图

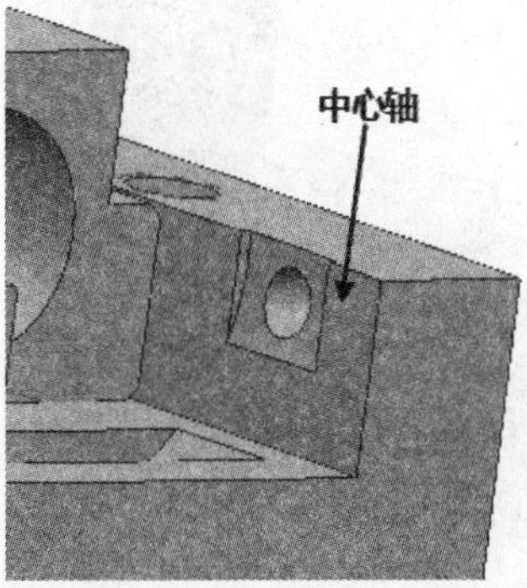

图9-77 基体局部放大图

(4) 完成单击动作后，零件和部件间进行自动装配并创建约束符号，如图9-78所示。

(5) 设置“装配约束”对话框中的“类型”文本框为“拟合选项”，依次单击垫铁的弧面和基体的弧坑面完成拟合约束，如图9-79所示。

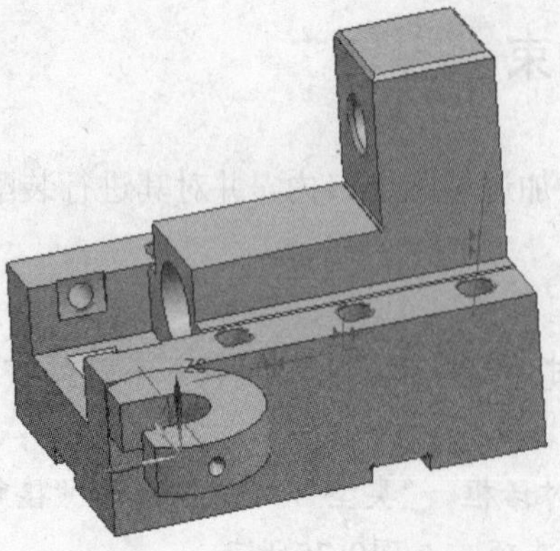

图9-78　完成中心对齐约束

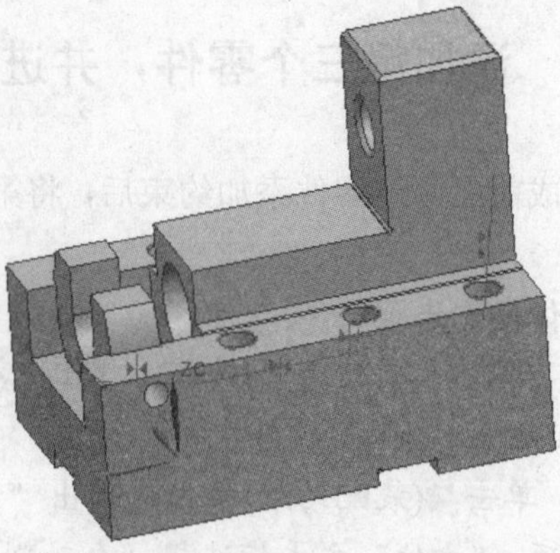

图9-79　完成弧坑拟合约束

(6) 单击“装配约束”对话框中的确定按钮，确定约束结果。

9.5.4　完成剩余零件添加，并进行约束

完成以上操作，将剩余的零件添加入装配窗口内，并对其进行装配约束操作。

具体操作步骤如下：

(1) 根据以上步骤，插入gaiban_h.prt文件后视图如图9-80所示；使用“接触对齐”的首选接触和自动判断中心/轴进行约束操作。约束结果如图9-81所示。

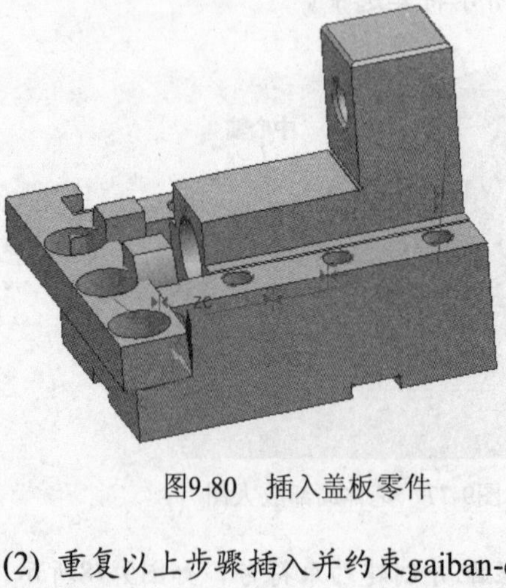

图9-80　插入盖板零件

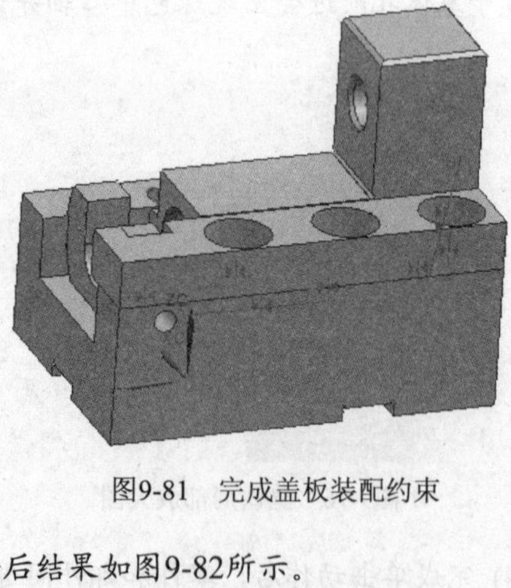

图9-81　完成盖板装配约束

(2) 重复以上步骤插入并约束gaiban-q.prt零件后结果如图9-82所示。

(3) 根据以上步骤，插入luogan.prt文件并使用“接触对齐”的首选接触和自动判断中心/轴进行约束操作。约束结果如图9-83所示。

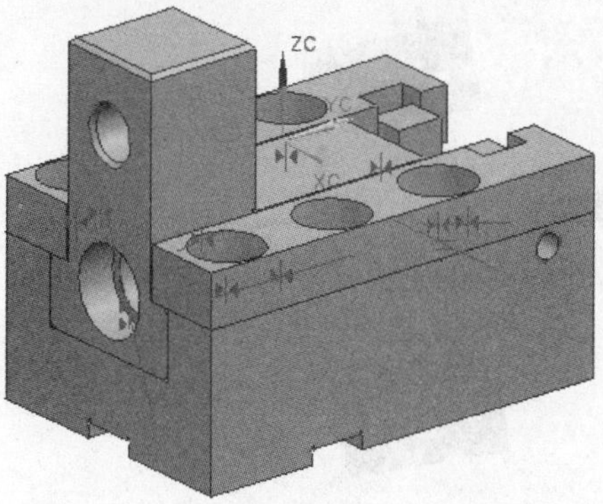

图9-82 完成盖板插入及约束

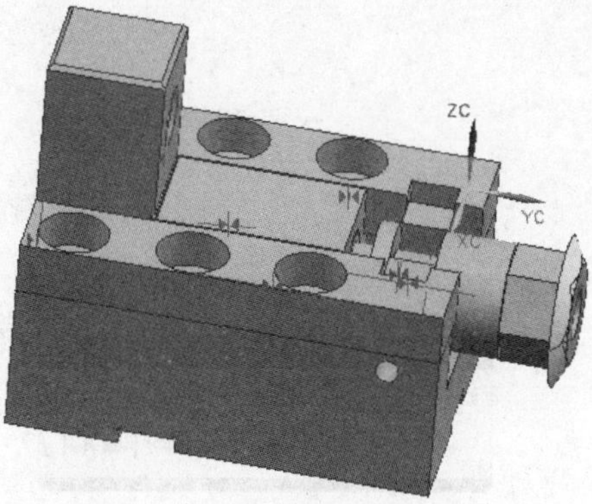

图9-83 完成螺杆插入及约束

9.5.5 创建装配部件的爆炸图

前面介绍了使用组件添加装配约束进行装配操作的过程，本小节介绍使用NX 9爆炸视图功能创建装配爆炸视图的过程。

具体操作步骤如下：

(1) 单击(新建爆炸图)按钮，弹出如图9-84所示的“新建爆炸图”对话框。使用默认名称，单击 确定 按钮，爆炸图操作命令由灰转亮，代表用户可进行爆炸图操作。

(2) 单击(自动爆炸组件)按钮，弹出如图9-85所示的“类选择”对话框，使用鼠标将所有部件框选。

图9-84 “新建爆炸图”对话框

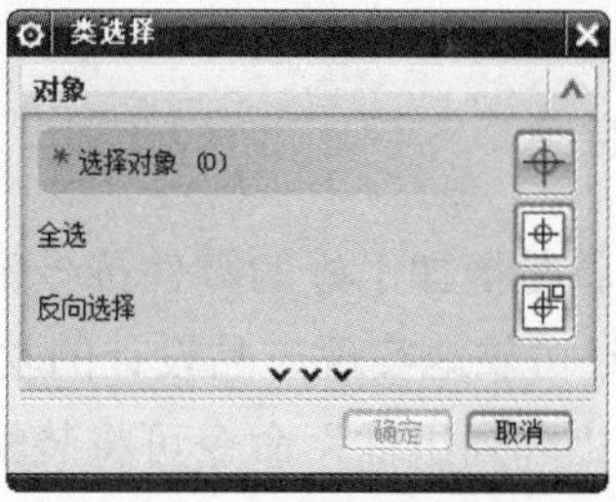

图9-85 “类选择”对话框

(3) 单击“类选择”对话框中的 确定 按钮，弹出“自动爆炸组件”对话框，设置“距离”为100mm，如图9-86所示。单击 确定 按钮，创建爆炸图如图9-87所示。

提示

若用户不满意自动爆炸操作的结果，请根据前面的介绍进行手动爆炸操作。

图9-86 “自动爆炸组件”对话框

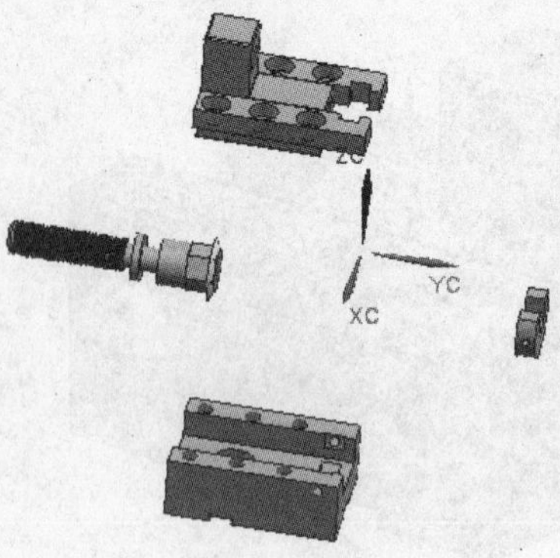

图9-87 创建爆炸图

9.6 本 章 小 结

本章简单介绍了装配的基本概念、NX 9装配概述，详细地介绍了使用NX 9进行包括创建组件、定位操作、创建爆炸视图等装配操作，并通过一个实例综合介绍了进行组件装配、约束创建和爆炸视图创建的过程。装配作为NX的一项重要功能，用户需熟练掌握本章操作。

9.7 习 题

一、填空题

1. 装配就是把加工好的零件按一定的________和________连接到一起，成为一部完整的机械产品，并且可靠地实现产品设计的功能。

2. 利用“阵列组件”命令可将装配中的组件通过________或________的方式进行阵列，从而直接省去组件重复装配的烦琐性，并可定义创建阵列时的________。

3. 在装配过程中，如果当前窗口中有多个相同的组件，可通过______________的方式创建新组件。

4. 在NX中创建装配的爆炸视图，可以方便用户对组件进行观察，其中爆炸图的创建方式有两种：__________和__________。

二、简答题

1. 简述装配的内容。

2. 简述装配的地位。

三、上机操作

1. 根据路径\光盘文件\NX 9\Char09\ccflzk\打开falanpanasm_stp.prt文件，如图9-88所示，请用户参考本章介绍的内容和此装配模型的装配关系重新将文件夹内的零部件进行装配操作。

2. 根据路径\光盘文件\NX 9\Char09\beizi\打开beizi.prt文件，如图9-89所示，请用户参考本章介绍的内容和此装配模型的装配关系重新将文件夹内的零部件进行装配操作。

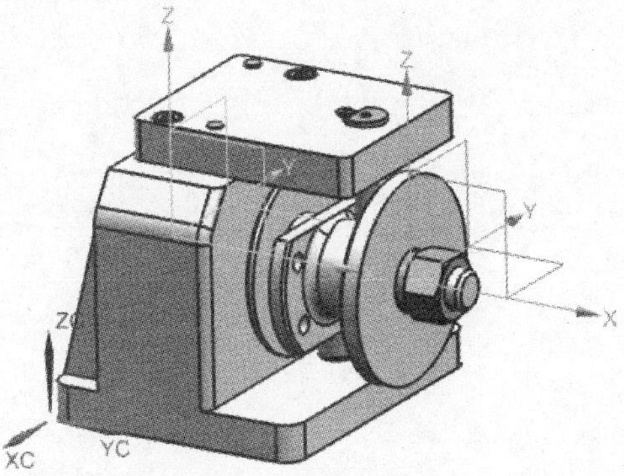

图9-88 上机操作习题1

图9-89 上机操作习题2

第10章

绘制工程图

NX 9的工程图主要是为了满足零件加工和制造出图的需要。在NX 9中利用建模模块创建的三维实体模型，都可以利用工程图模块投影生成二维工程图，并且所生成的工程图与该实体模型是完全关联的。

学习目标

- ✧ 了解工程图的管理和视图的管理功能
- ✧ 熟练掌握工程图的视图创建功能
- ✧ 熟练掌握工程图的视图编辑功能

10.1 工程图的管理

创建各种投影视图是创建工程图最核心的问题。在NX 9中，任何一个利用实体建模、曲面设计、装配操作等创建的三维模型，都可以用不同的投影方法、不同的图样尺寸和不同的比例建立多张二维工程图。

10.1.1 工程图界面简介

在NX 9中，工程图环境是创建工程图的基础，利用实体建模、曲面设计、装配操作等创建的三维模型都可以将其引用到工程图环境中，并且可以利用NX 9的工程图模块中提供的工程图操作工具创建出不同的符合要求的二维工程图。

在建模模块下单击“应用模块”选项卡中的(制图)按钮，即可进入工程图模块，如图10-1所示。工程图模块截面与实体建模工作界面相比，增加了二维工程图有关操作命令，利用这些命令可快速准确地创建和编辑二维工程图。

10.1.2 创建工程图

创建工程图即是新建图纸页，而新建图纸页是进入工程图环境的第一步。在工程图环境中建立的任何图形都将在创建的图纸页上完成。在进入工程图环境时，系统会自动创建一张图纸页。

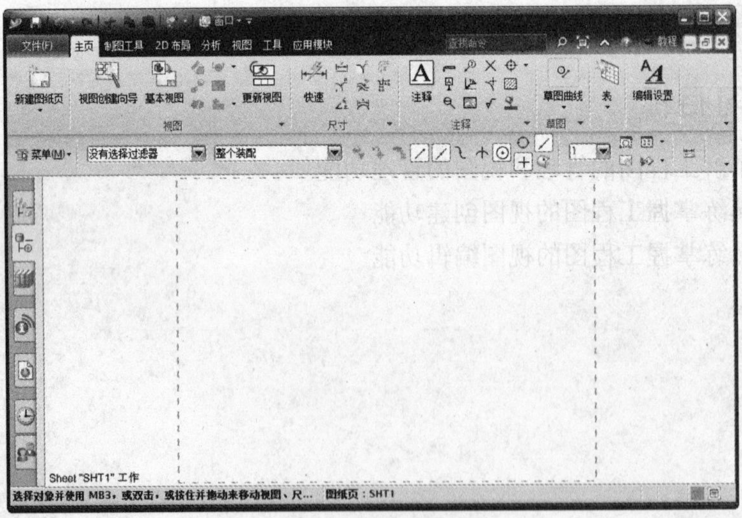

图10-1　工程图界面

创建工程图的方法有两种，一种是通过创建工程图文件的方法进入工程图模块，另一个是在建模模块切入工程图。

1. 新建工程图文件

单击(新建)按钮，弹出“新建”对话框，打开“图纸”选项卡，“模板”下面的“关系”文本框选择“引用现有部件”，“单位”文本框选择“毫米”；单击A3图纸模板，设置“新文件名”下面的“名称”，并设置下面的“文件夹”路径，单击“要创建图纸的部件”下面的按钮，选择已完成创建的模型。完成设置的“新建”对话框如图10-2所示。

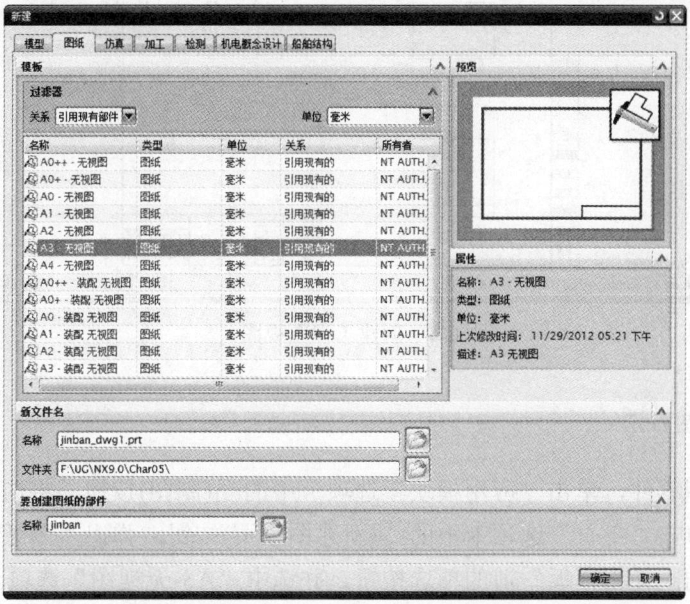

图10-2　“新建”对话框设置

单击“新建”对话框中的 确定 按钮，即可进入工程图模块，并弹出如图10-3所示的“视图创建向导”对话框。默认选择jinban.prt，单击 完成 按钮，即可创建如图10-4所示的工程图。

图10-3　“视图创建向导”对话框

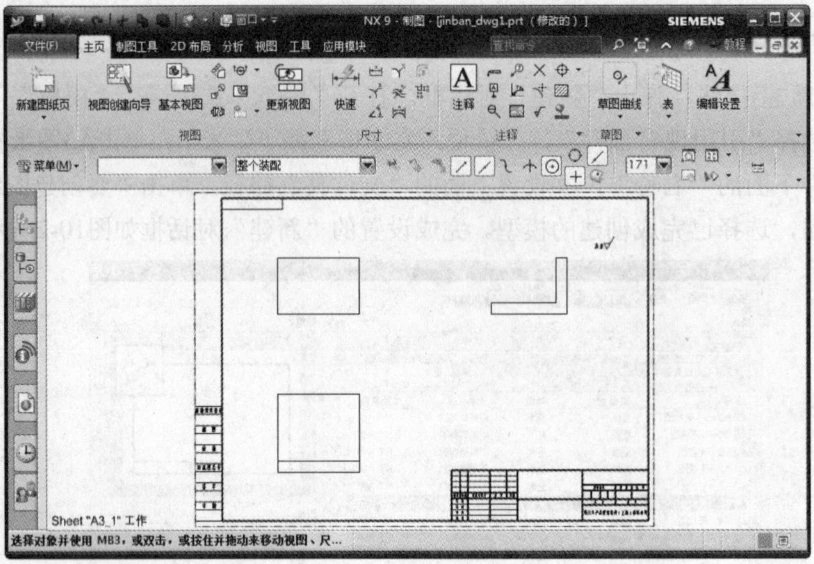

图10-4　创建工程图视图

2. 切入工程图方法

打开一个模型零件，单击“应用模块”选项卡中的(制图)按钮，将选项卡命令切换为制图命令，此时单击“主页”选项卡中的(新建图纸页)按钮，弹出“图纸页”对话框。选中“大小”下面的“使用模板”前的单选按钮，并选中“A3-无视图”选项。

完成设置的“图纸页”对话框如图10-5所示。单击确定按钮，即可弹出如图10-6所示的“视图创建向导”对话框，后面的操作即重复新建工程图纸的操作。

图10-5　“图纸页”对话框设置

图10-6　“视图创建向导”对话框

10.1.3　打开和删除工程图

对于同一个实体模型，若采用不同的投影方法、不同的图样幅面尺寸和比例建立多张二维工程图，或要编辑其中一张或多张工程图时，必须将其工程图先打开。

如图10-7所示，右击“部件导航器”中图纸名称，在弹出的快捷菜单中选择“打开”命令，即可打开存在同一工程图文件中的另外图纸。

如图10-8所示，右击“部件导航器”中图纸名称，在弹出的快捷菜单中选择“删除”命令，即可删除存在同一工程图文件中的另外图纸。

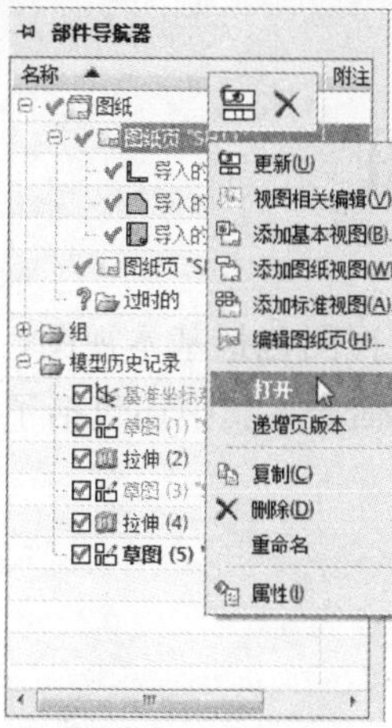

图10-7　打开图纸

图10-8　删除图纸

10.1.4　编辑图纸页

在创建工程图过程中，如果发现原来设置的工程图参数不符合要求，如图纸的格式、比例不符合设计要求等，在工程图环境中都可以对相关参数进行修改和编辑。

单击(编辑图纸页)按钮，即可弹出如图10-9所示的“图纸页”对话框。其中包含了“标准尺寸”和“定制尺寸”选项，在此对话框中可以对图纸的名称、尺寸的大小、比例和单位等进行编辑和修改。

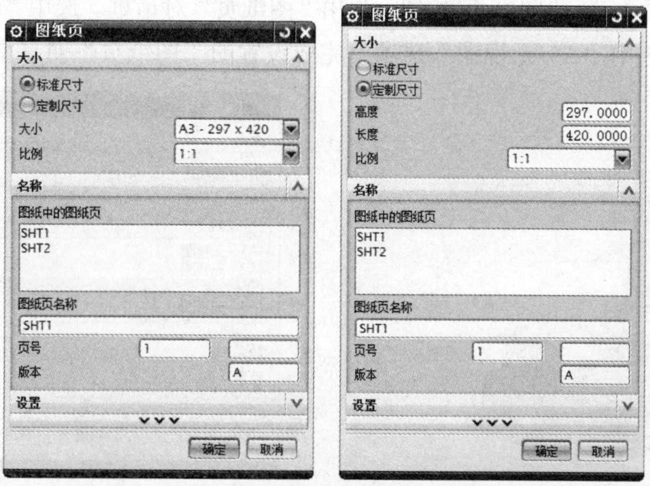

图10-9　编辑图纸页

10.1.5 工程制图命令简介

工程制图的命令包含了用于图纸创建与编辑、视图创建与编辑、尺寸标注、注释、草图创建、表格创建和编辑的各种命令，这些命令被集合在了“主页”选项卡中，用户需要使用时直接单击选项卡中命令即可。

10.2 创建普通视图

在工程图中，视图是组成工程图的最基本的元素。普通视图包括基本视图、投影视图、局部放大图、断开视图等。NX 9提供了创建这些视图的操作命令，其中还包括了视图创建向导、更新视图等进行视图操作的命令。

10.2.1 视图创建向导

利用“视图创建向导”命令用户可按照软件提示一步步地对图纸页添加一个或多个视图，前面已介绍了本命令的简单用法。

	初始文件路径	\光盘文件\NX 9\Char10\huagui\

具体操作步骤如下：

(1) 根据起始文件路径打开huagui文件夹kazhuan.prt文件，打开的文件视图如图10-10所示。

(2) 单击“应用模块”选项卡中的(制图)按钮，将选项卡命令切换为制图命令，单击“主页”选项卡中的(新建图纸页)按钮，弹出“图纸页”对话框。选中“大小”下面的“使用模板”选项，并选中“A3-无视图”选项。完成设置的“图纸页”对话框如图10-11所示。

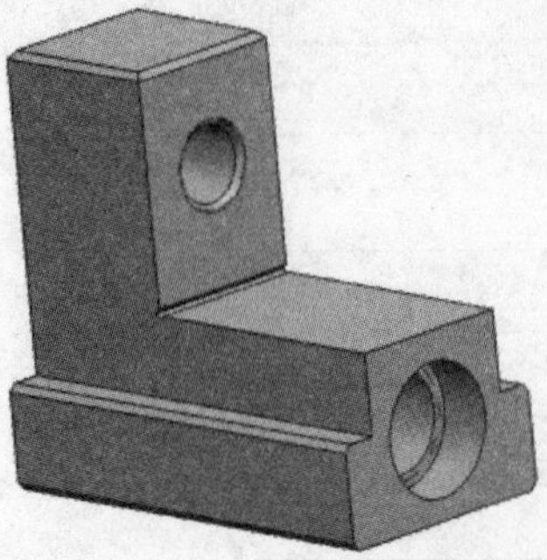

图10-10 打开零件视图

图10-11 “图纸页”对话框设置

(3) 单击“图纸页”对话框中的 确定 按钮，打开新图纸并弹出“视图创建向导”对话框。

(4) 如图10-12所示，选中“已加载的部件”下面的kazhuan.prt，单击 下一步> 按钮，切入设置视图显示选项。

(5) 如图10-13所示，“视图边界”文本框选择“自动”，选中“处理隐藏线”选项，下面文本框选择“不可见”，线宽选择0.13mm，选中“显示中心线”选项，并选中“显示轮廓线”选项；“预览样式”文本框选择“着色”。完成设置后单击 下一步> 按钮，切入指定父视图的方位选择框。

(6) 如图10-14所示，选中“模型视图”下面的“前视图”字样，单击 下一步> 按钮，切入选择要投影的视图。

(7) 如图10-15所示，依次选中(父视图)按钮、(左视图)按钮、(俯视图)按钮，“放置”下面的“选项”文本框选择“自动”。

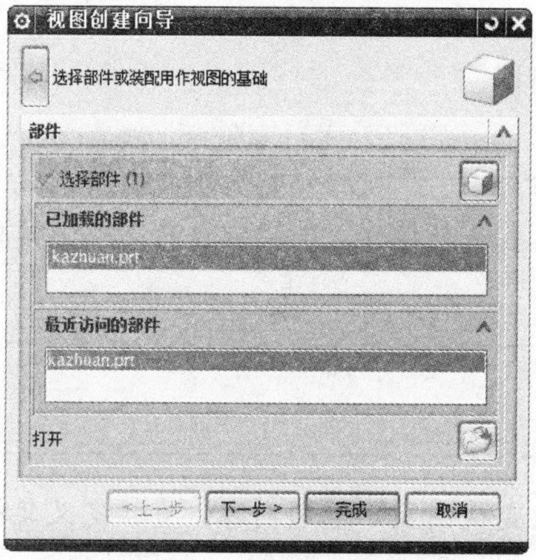

图10-12 选择投影部件

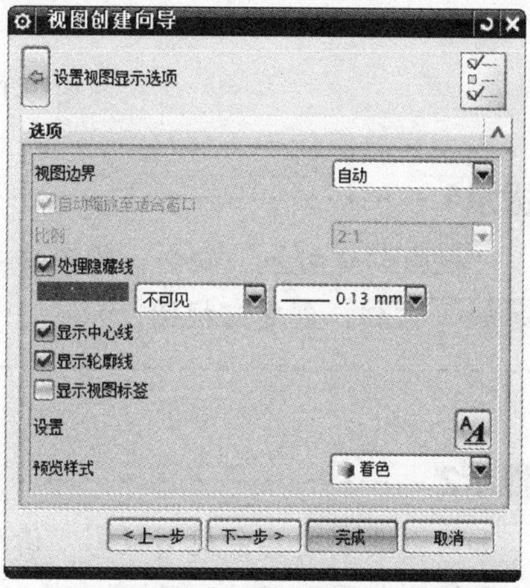

图10-13 设置视图显示选项

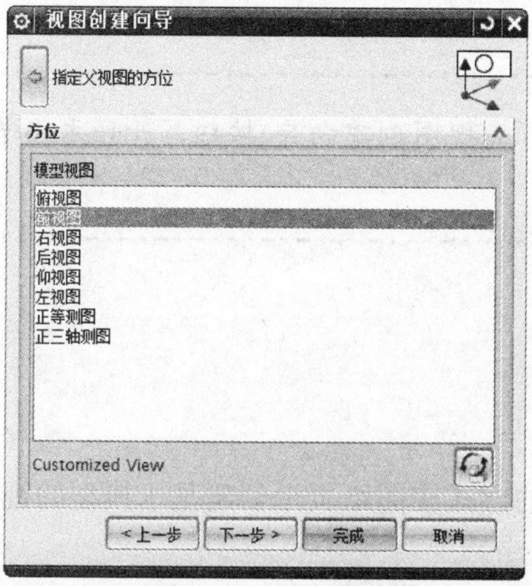

图10-14 选择父视图

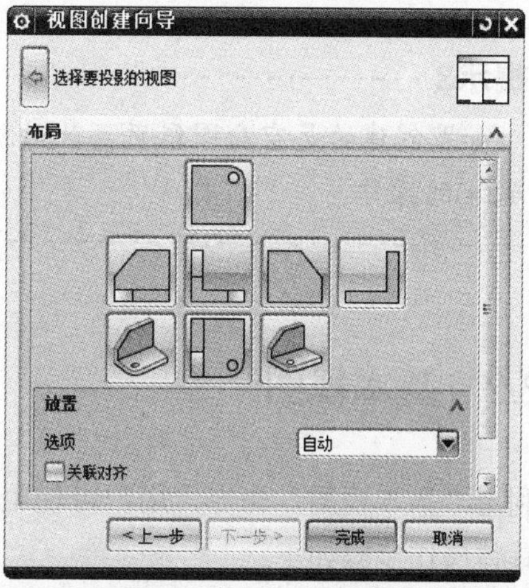

图10-15 选择需投影的视图

(8) 完成设置后单击[完成]按钮，即可创建工程视图如图10-16所示。

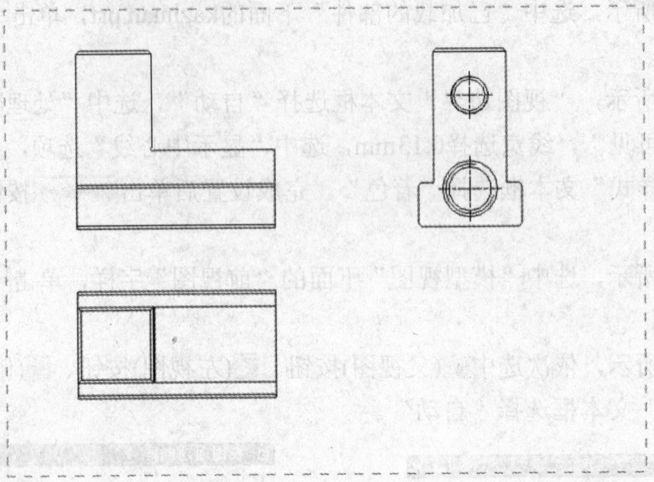

图10-16　创建三视图

提示1

“视图创建向导”命令一般不需要设置，单击命令按钮，选择零件后即可直接单击[完成]按钮，创建三视图。

提示2

如果需要创建其余视图投影，请尽量不要改变视图显示选项内容，直接定义父视图和需投影视图即可。

提示3

如果创建的是空白图纸页，此时就需要单击(视图创建向导)按钮，开始本小节步骤(4)的操作。

10.2.2　基本视图

利用“基本视图”命令，用户可使用连续投影的方式在图纸页上创建基于模型的视图。具体操作步骤如下：

(1) 仍然以kazhuan.prt文件为例介绍本命令的操作。首先切入工程制图模块并创建一空白图纸，单击(基本视图)按钮，弹出“基本视图”对话框。

(2) 如图10-17所示，“基本视图”对话框中“放置”下面的“方法”文本框选择“自动判断”，“模型视图”下面的“要使用的模型视图”文本框选择“俯视图”，“比例”文本框选择2:1。

(3) 单击图纸中一点后，即可创建俯视图，然后分别单击此图的正上、正右和右上45°角，单击“基本视图”对话框中的关闭按钮，即可创建如图10-18所示的投影视图。

图10-17 “基本视图”对话框设置

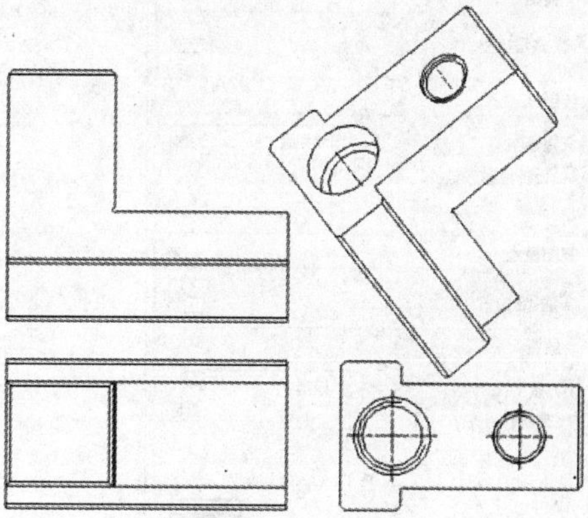

图10-18 创建的投影视图

10.2.3 投影视图

利用“投影视图”命令可将任意一个投影视图重新激活为父视图，重新进行不同角度投影操作。

具体操作步骤如下：

(1) 仍然以kazhuan.prt文件为例介绍本命令的操作。按照前面的介绍，用户首先创建本零件的俯视图。

(2) 单击(投影视图)按钮，弹出“投影视图”对话框。“铰链线”下面的“矢量选项”文本框选择“自动判断”，“视图原点”下面的“方法”文本框选择“铰链”。完成设置的“投影视图”对话框如图10-19所示。

(3) 此时用户可以单击图纸内点创建的投影视图。

10.2.4 局部放大图

利用“局部放大图”命令可创建一个包含图纸视图放大部分的视图。

具体操作步骤如下：

(1) 仍然以kazhuan.prt文件为例介绍本命令的操作。按照前面介绍，用户首先创建本零件的俯视图。

(2) 单击(局部放大图)按钮，弹出“局部放大图”对话框。“类型”文本框选择“圆形”，对话框最下面的“标签”文本框选择“圆”。完成设置的对话框如图10-20所示。

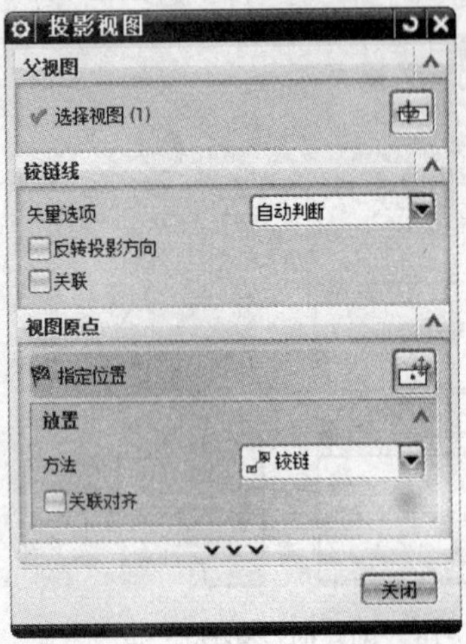

图10-19 “投影视图”对话框设置

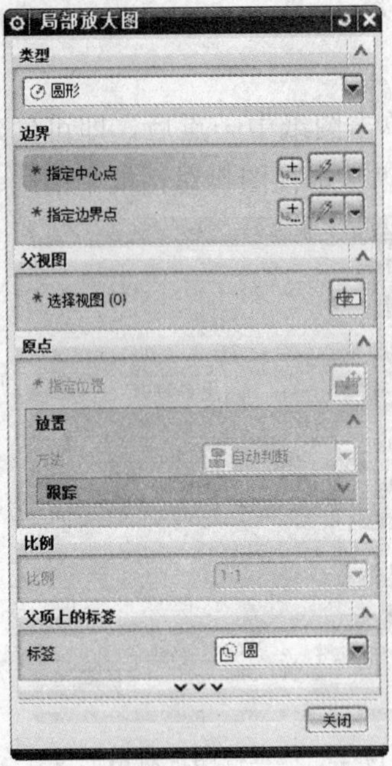

图10-20 “局部放大图”对话框设置

(3) 如图10-21所示，以单击指定圆心和边界一点的方法绘制一圆，此圆应能将需局部放大的部位包含在内。

(4) 设置“局部放大图”对话框“比例”文本框中的比例，并单击图纸中的任意一点创建局部放大图，如图10-22所示。

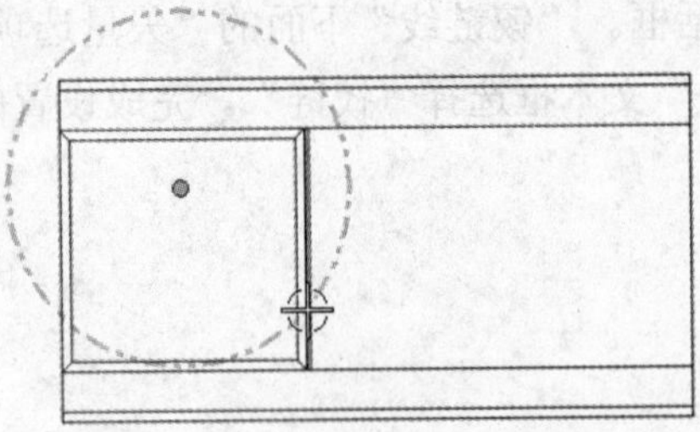

图10-21 绘制局部放大的圆

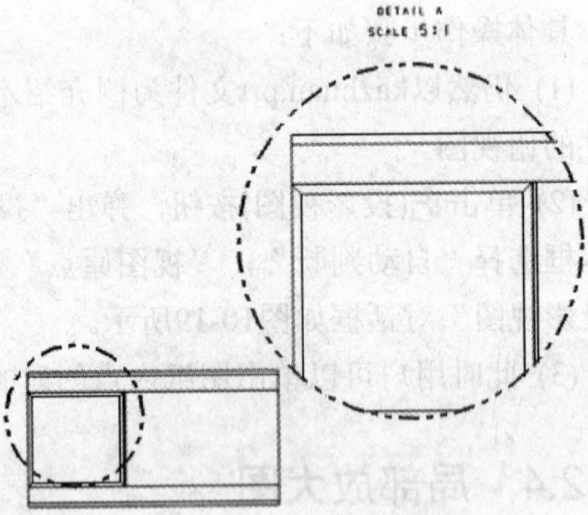

图10-22 创建局部放大图

10.2.5 断开视图

利用“断开视图”命令创建用于将一个视图分为多个边界的断裂线，此命令常用于长条形零件绘制工程图中。

具体操作步骤如下：

(1) 根据本节开始提到的起始文件夹路径，打开luogan.prt文件。打开的文件视图如图10-23所示。

(2) 利用前面所学内容创建本零件的俯视图，如图10-24所示。

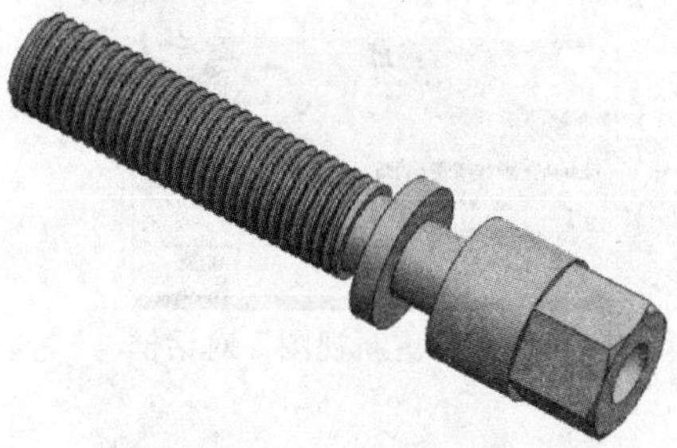

图10-23　打开的零件视图

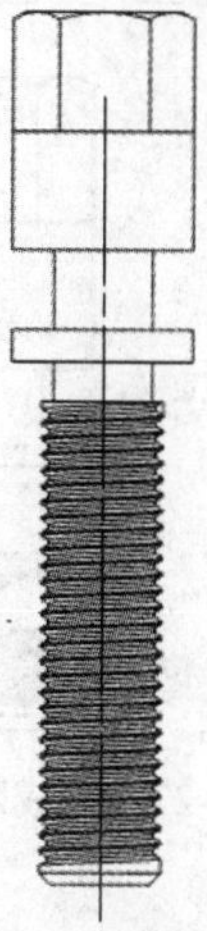

图10-24　创建俯视图

(3) 单击(断开视图)按钮，弹出“断开视图”对话框。“类型”文本框选择“常规”，单击创建的俯视图作为“主模型视图”，完成后如图10-25所示。单击“点1”构建“断裂线1”，单击“点2”构建“断裂线2”，“断开视图”对话框中的“偏置”全部设置为0。完成设置的“断开视图”对话框如图10-26所示。

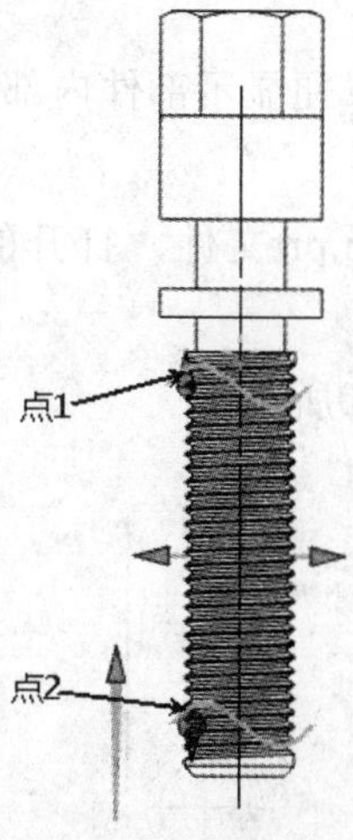

图10-25　单击断裂点

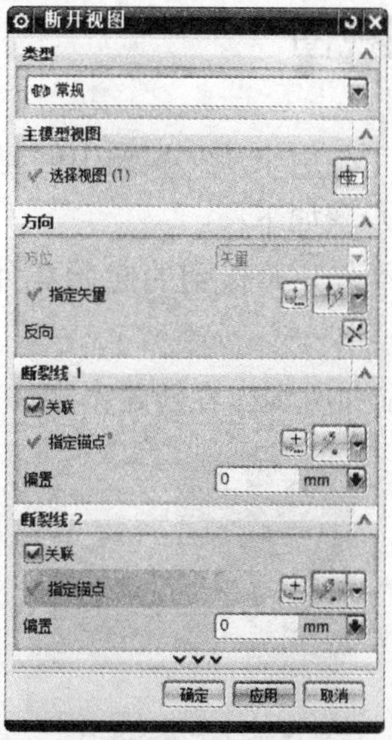

图10-26　“断开视图”对话框设置

(4) 单击“断开视图”对话框中的 确定 按钮，即可完成断开视图操作，如图10-27所示。

10.2.6　更新视图

利用“更新视图”命令可更新选定视图的隐藏线、轮廓线、视图边界等以反映对模型的更改。也就是当模型零件更改后，工程图未进行变化，单击(更新视图)按钮，弹出如图10-28所示的“更新视图”对话框。通过选择不同的视图，单击确定按钮即可进行更新视图操作。

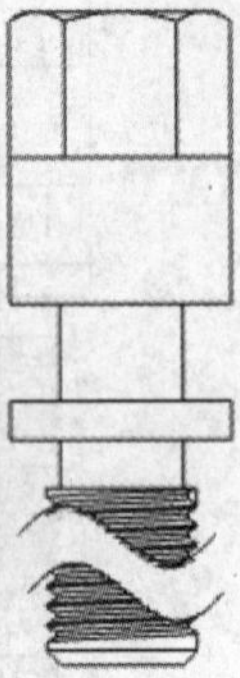

图10-27　完成断开视图操作

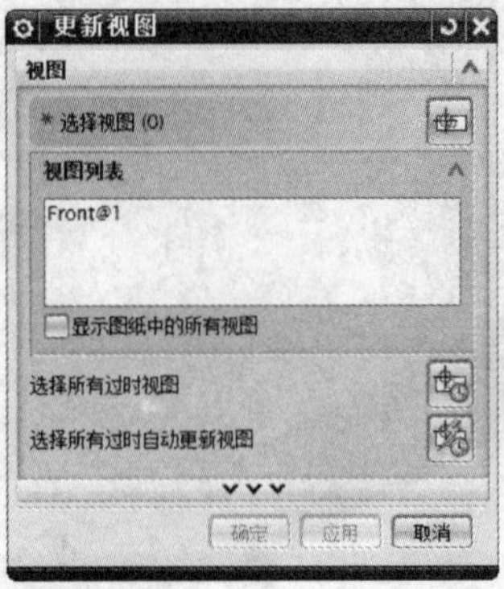

图10-28　“更新视图”对话框

10.3　创建剖视图

NX 9提供了很多种剖视图创建的方法，包括局部剖视图、剖视图、半剖视图、旋转剖视图、折叠剖视图等9种不同的剖视图创建命令。

10.3.1　剖视图

“剖视图”是用来从父视图中创建一个投影剖视图的，以便显示部件内部的具体结构。具体操作步骤如下：

(1) 根据本节开始提到的起始文件夹路径，打开kazhuan.prt文件，打开的文件视图如图10-29所示。

(2) 利用前面所学内容创建本零件的正面视图，如图10-30所示。

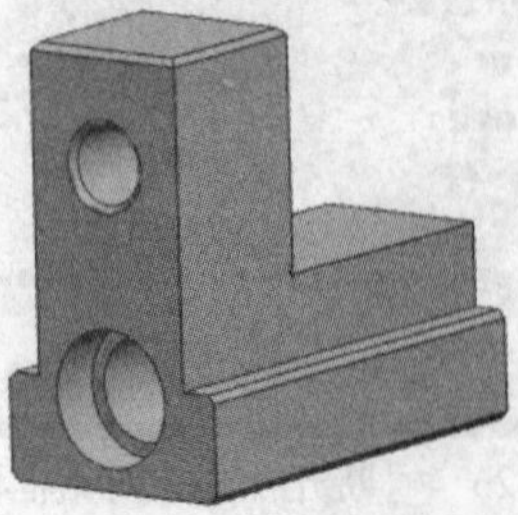

图10-29　零件视图

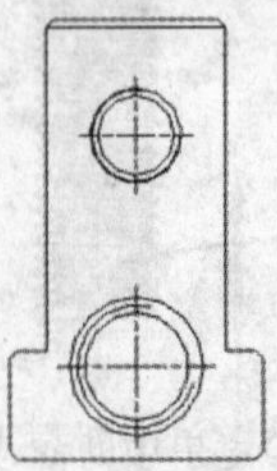

图10-30　创建正面视图

(3) 单击(剖视图)按钮，弹出如图10-31所示的“剖视图”工具栏，单击创建的视图，“剖视图”工具栏变化为如图10-32所示。

图10-31　“剖视图”工具栏

图10-32　变化的“剖视图”工具栏

(4) 如图10-33所示，单击创建工程视图的孔中心，并向右拖曳鼠标，单击正右位置即可创建剖视图，如图10-34所示。

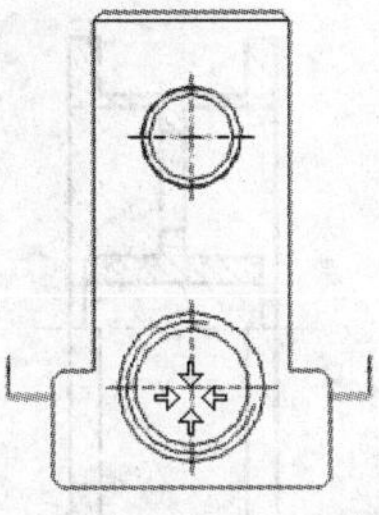

图10-33　单击孔中心

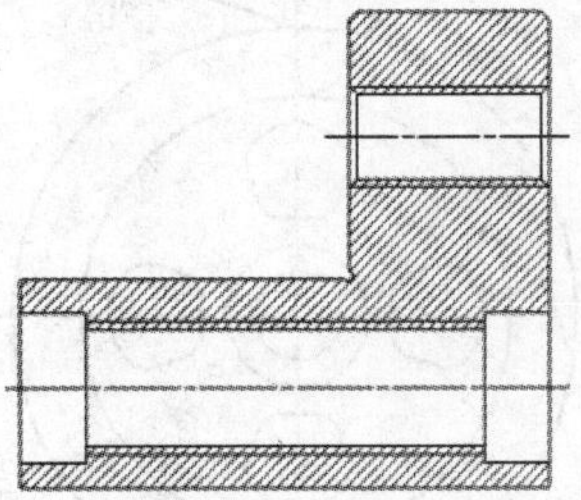

图10-34　创建剖视图

10.3.2　半剖视图

半剖视图为剖视图的一种。当物体具有对称平面时，向垂直于对称平面的投影面上投射所得的图形，可以对称中心线为界，一半画成视图，另一半画成剖视图，这种组合的图形称为半剖视图。

	初始文件	\光盘文件\NX 9\Char10\lungu.prt

具体操作步骤如下：

(1) 根据初始文件路径打开lungu.prt文件，打开的文件视图如图10-35所示，使用工程制图创建本零件的俯视图如图10-36所示。

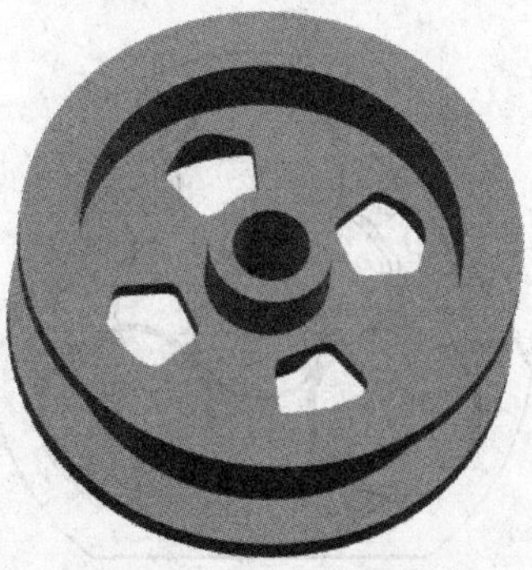

图10-35　初始文件视图

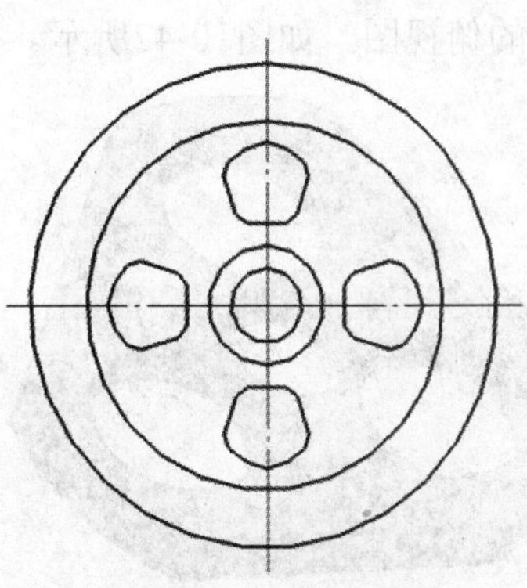

图10-36　创建俯视图

(2) 单击 (半剖视图)按钮，弹出如图10-37所示的“半剖视图”工具栏，单击创建的视图，“半剖视图”工具栏变化为如图10-38所示。

图10-37 “半剖视图”工具栏

图10-38 变化的“半剖视图”工具栏

(3) 如图10-39所示依次单击创建工程视图的一象限点和孔中心，并向右拖曳鼠标，单击正右位置即可创建半剖视图，如图10-40所示。

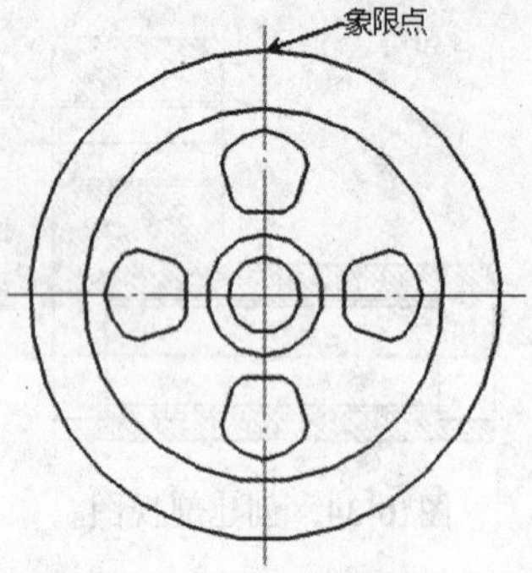

图10-39 单击两点

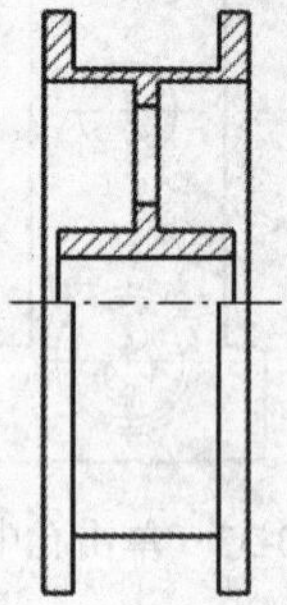

图10-40 创建半剖视图

10.3.3 旋转剖视图

当用一个剖切平面不能通过机件的各内部结构，而机件在整体上又具有回转轴时，可用两个相交的剖切平面剖开机件，然后将剖面的倾斜部分旋转到与基本投影面平行，再进行投影，这样得到的视图称为旋转剖视图。

	初始文件	\光盘文件\NX 9\Char10\xxp.prt

具体操作步骤如下：

(1) 根据初始文件路径打开xxp.prt文件，打开的文件视图如图10-41所示，使用工程制图创建本零件的俯视图，如图10-42所示。

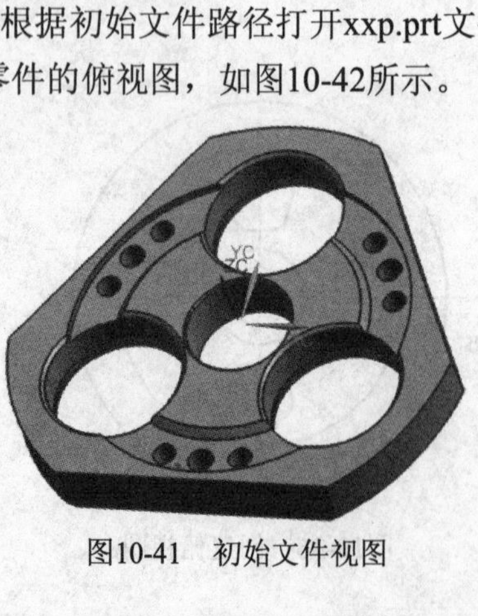

图10-41 初始文件视图

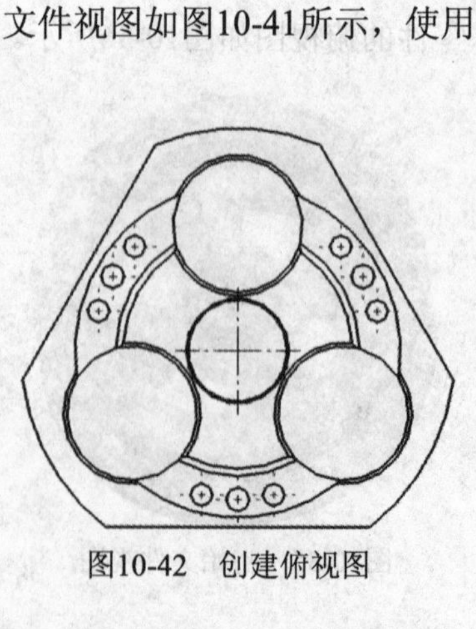

图10-42 创建俯视图

(2) 单击(旋转剖视图)按钮，弹出如图10-43所示的“旋转剖视图”工具栏。单击创建的视图，“旋转剖视图”工具栏变化为如图10-44所示。

图10-43 “旋转剖视图”工具栏

图10-44 变化的“旋转剖视图”工具栏

(3) 如图10-45所示，依次单击“点1”、“点2”、“点3”，并向上拖曳鼠标，单击正上位置即可创建旋转剖视图，如图10-46所示。

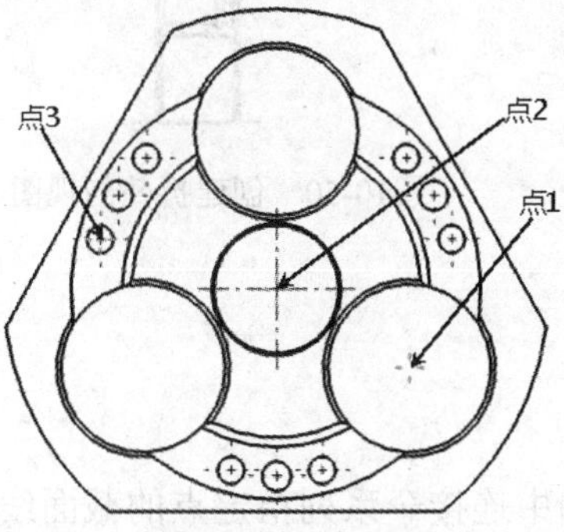

图10-45 单击三点

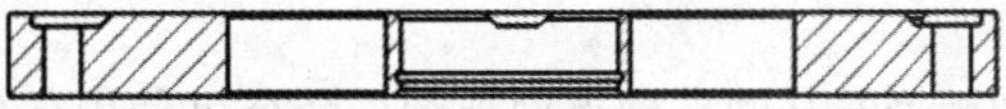

图10-46 创建旋转剖视图

10.3.4 折叠剖视图

利用“折叠剖视图”命令可使用任何视图中连接一系列指定点的截面线来创建一个折叠剖视图。

具体操作步骤如下：

(1) 同样使用xxp.prt零件创建俯视图，如图10-47所示，单击(折叠剖视图)按钮，弹出如图10-48所示的“折叠剖视图”工具栏。

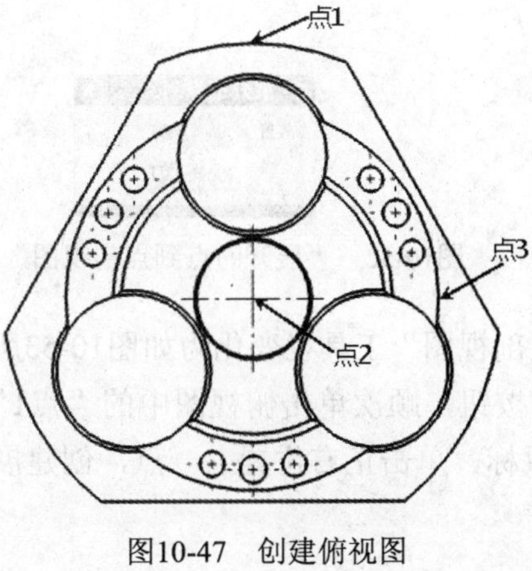

图10-47 创建俯视图

图10-48 “折叠剖视图”工具栏

(2) 单击创建的俯视图，“折叠剖视图”工具栏变化为如图10-49所示。单击工具栏中的按钮，在弹出的下拉栏中单击按钮，依次单击俯视图中的“点1”、“点2”、“点3”位置点，再单击(放置视图)按钮并向右拖曳鼠标，单击正右位置上一点，创建折叠剖视图如图10-50所示。

图10-49　变化后的“折叠剖视图”工具栏

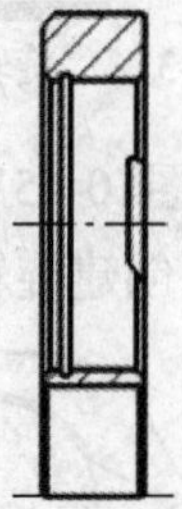
图10-50　创建折叠剖视图

10.3.5　展开的点到点剖视图

利用“展开的点到点剖视图”命令可使用任何父视图中连接一系列指定点的截面线来创建一个展开剖视图。

具体操作步骤如下：

(1) 同样使用xxp.prt零件创建俯视图，如图10-51所示，单击(展开的点到点剖视图)按钮，弹出如图10-52所示的“展开的点到点剖视图”工具栏。

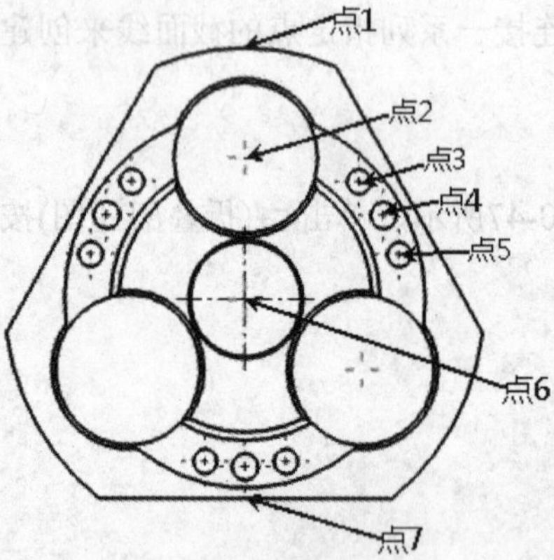

图10-51　创建俯视图

图10-52　“展开的点到点剖视图”工具栏

(2) 单击创建的俯视图，“展开的点到点剖视图”工具栏变化为如图10-53所示。单击工具栏中的按钮，在弹出的下拉栏中单击按钮，顺次单击俯视图中的“点1”～“点7”位置点，单击(放置视图)按钮并向右拖曳鼠标，单击正右位置上一点，创建展开的点到点剖视图如图10-54所示。

图10-53　变化后的“展开的点到点剖视图”工具栏

图10-54　创建展开的点到点剖视图

10.3.6　局部剖视图

局部剖视图是用剖切平面局部的剖开机件所得的视图。局部剖视图是一种灵活的表达方法，用剖视图的部分表达机件的内部结构，不剖的部分表达机件的外部形状。

具体操作步骤如下：

(1) 同样使用xxp.prt零件创建俯视图，而后创建向上投影视图，如图10-55所示。

(2) 右击上方视图，在弹出的快捷菜单中选择“活动草图视图”选项，使用草图绘制如图10-56所示的艺术样条曲线。

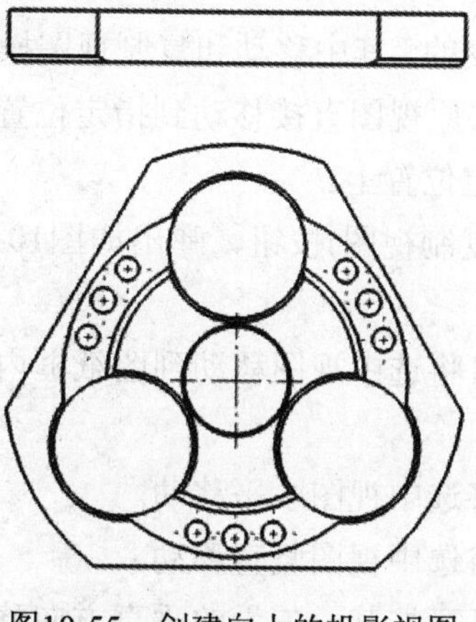

图10-55　创建向上的投影视图

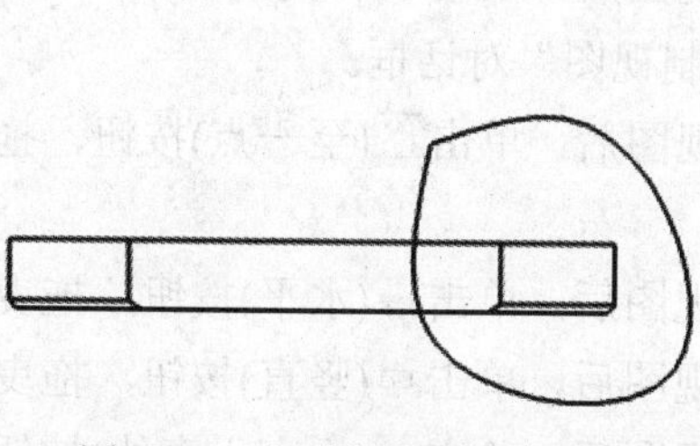

图10-56　创建样条曲线

(3) 单击(局部剖视图)按钮，弹出如图10-57所示的“局部剖”对话框。单击代表上方视图的名称(此处为“ORTHO@23”)，单击俯视图上一点，默认拉伸矢量；单击(选择曲线)按钮，并单击创建的样条曲线，此时单击“局部剖”对话框中的应用按钮，即可创建局部剖视图，如图10-58所示。

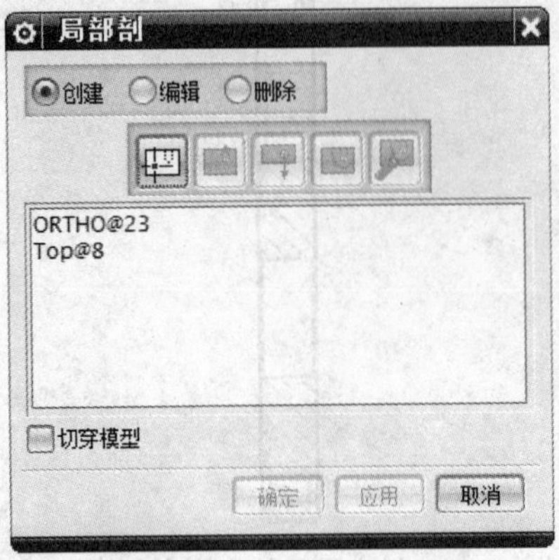

图10-57 “局部剖”对话框

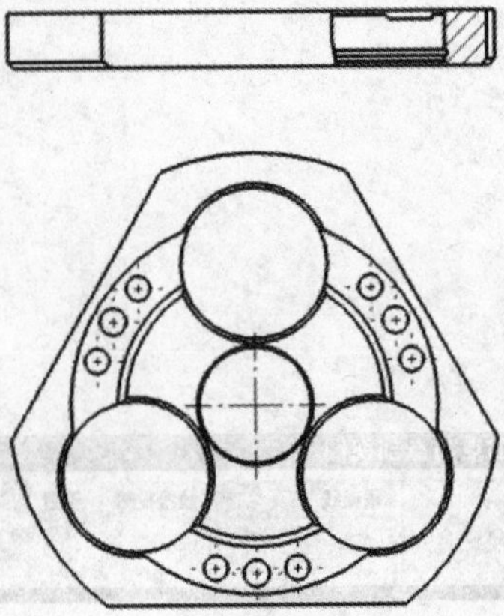

图10-58 创建局部剖视图

10.4 编辑工程图

在向工程图添加视图的过程中，若发现原来设置的工程图参数不符合要求，可以对已有的工程图有关参数进行修改。进行工程图编辑和修改的命令包括移动/复制视图、视图对齐、视图边界、编辑截面线等。

10.4.1 移动/复制视图

在NX 9中，工程图中任何视图的位置都是可以改变的，其中移动和复制视图操作都可以改变视图在图形窗口中的位置。两者的不同为：前者将原视图直接移动到指定位置，后者是在原视图的基础上新建一个副本，并将副本移动到指定位置上。

新建视图后，要移动和复制视图，单击(移动/复制视图)按钮，弹出如图10-59所示的“移动/复制视图”对话框。

选中视图后，单击(至一点)按钮，拖曳鼠标即可将选中视图移动到图纸框内任何一个位置点。

选中视图后，单击(水平)按钮，拖曳鼠标只可将选中视图水平移动。

选中视图后，单击(竖直)按钮，拖曳鼠标只可将选中视图竖直移动。

选中视图后，单击(垂直于直线)按钮，拖曳鼠标可按某一矢量的垂直方向移动视图。

用户可选中“复制视图”复选框，将移动视图操作变为复制视图操作。

10.4.2　视图对齐

在NX 9中，对齐视图是指选择一个视图作为参照，使其他视图以参照视图进行水平或竖直方向对齐。

单击(视图对齐)按钮，即可弹出如图10-60所示的“视图对齐”对话框。通过指定需对齐的视图和参照视图，用户可通过自动判断、水平、竖直、垂直于直线、叠加和铰链6种方式进行视图对齐操作。

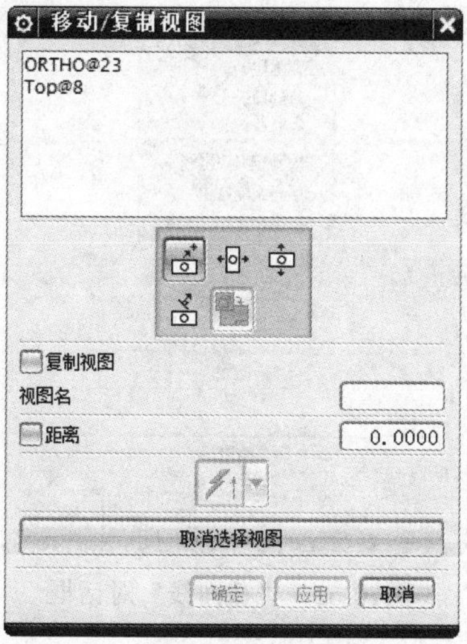

图10-59　“移动/复制视图”对话框

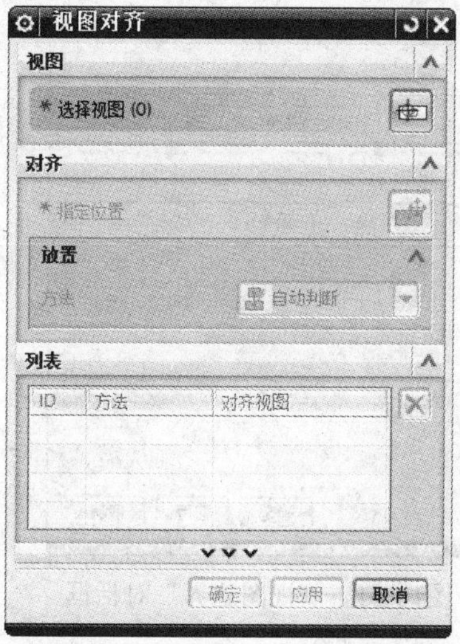

图10-60　“视图对齐”对话框

10.4.3　视图边界

定义视图边界是将视图以所定义的矩形线框或封闭曲线为界限进行显示的操作。在创建工程图的过程中，经常会遇到定义视图边界的情况，如在创建局部视图时，需将视图边界进行放大操作等。

单击(视图边界)按钮，弹出“视图边界”对话框。单击某一个视图名称，激活对话框中命令，如图10-61所示。使用此对话框可设置视图边界类型为断裂线/局部放大图、手工生成矩形、自动生成矩形或由对象定义边界。

10.4.4　编辑截面线

利用“编辑截面线”命令可添加、删除或移动各段截面线、重新定义一条铰链或移动旋转剖视图的旋转点等。

单击(编辑截面线)按钮，弹出“截面线”对话框。单击 选择剖视图 按钮，选中视图中某个剖视图，即可激活对话框中部分命令，如图10-62所示。使用对话框中命令，可进行“添加段”、“删除段”、“移动段”、“移动旋转点”等操作。

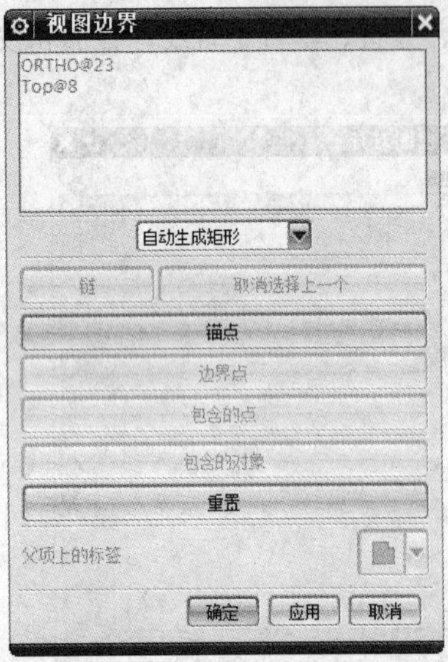

图10-61 “视图边界”对话框

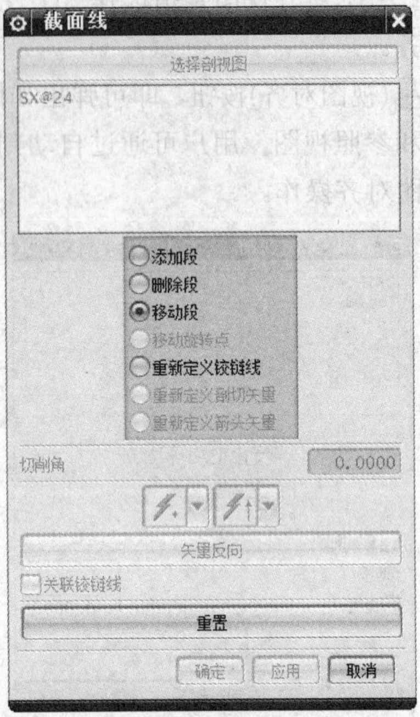

图10-62 “截面线”对话框

10.4.5 视图相关编辑

利用“视图相关编辑”命令编辑视图中对象的显示，同时不影响其他视图中同一对象的显示。利用该命令可进行擦除对象、编辑完整对象、编辑着色对象、编辑对象段等操作，此处以擦除对象操作介绍本命令。

单击(视图相关编辑)按钮，弹出“视图相关编辑”对话框。单击需编辑的视图，此时将激活对话框中的命令按钮，如图10-63所示。单击(擦除对象)按钮，即可弹出如图10-64所示的“类选择”对话框。此时只要用户单击需擦除的对象，并单击 确定 按钮即可完成操作。

注意

相应的操作对应相应的视图，对本命令感兴趣的用户可依次试验操作“视图相关编辑”对话框中的各项按钮。

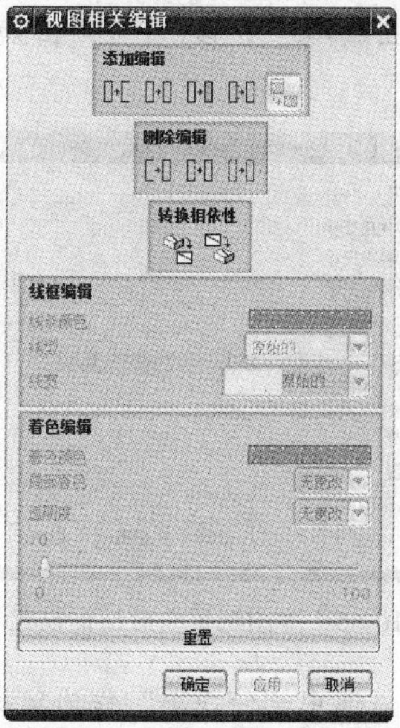

图10-63 “视图相关编辑”对话框

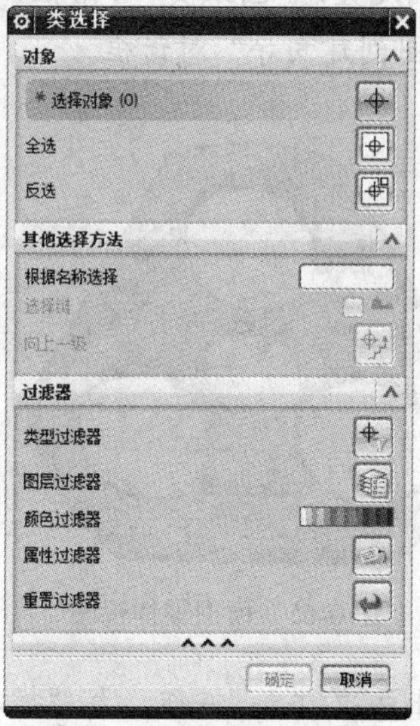

图10-64 “类选择”对话框

10.5 实 例 示 范

前面详细介绍了使用NX 9进行工程图创建和编辑的各种命令，本节通过一个实例综合介绍进行工程图创建的操作过程。

如图10-65所示为一行星盘零件模型，若能完整地表达此零件模型的设计意图需创建本零件的俯视图、剖视图和局部放大视图。在学习此零件的创建操作过程以前，用户自行试验创建此零件模型的工程图。

	起始文件	\光盘文件\NX 9\Char10\xxp.prt
	结果文件	\光盘文件\NX 9\Char10\xxp-1.prt
	视频文件	\光盘文件\NX 9\视频文件\Char10\工程图.avi

10.5.1 进入工程制图模块，创建俯视图

首先需打开此行星盘模型零件，切入工程制图创建此零件的俯视图。

具体操作步骤如下：

(1) 根据起始文件路径打开xxp.prt文件，单击“应用模块”选项卡中的(制图)按钮，即可进入工程图模块。

(2) 单击“主页”选项卡中的(新建图纸页)按钮，弹出“图纸页”对话框。选中“大小”下面的“使用模板”选项，并选中“A3-无视图”选项。

(3) 完成设置的“图纸页”对话框如图10-66所示。单击 完成 按钮，即可弹出如图10-67所示的“视图创建向导”对话框。

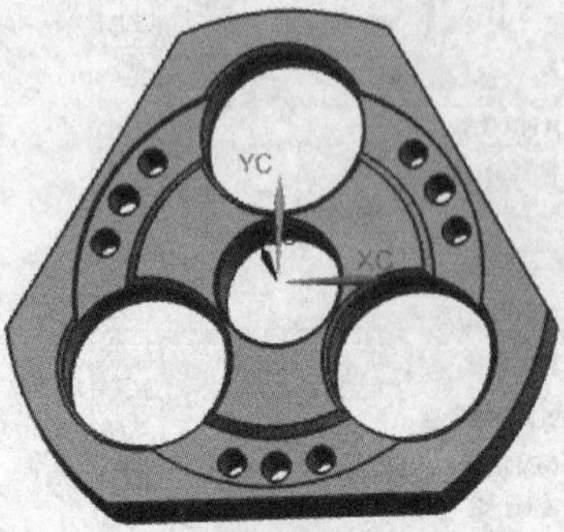

图10-65　模型零件视图

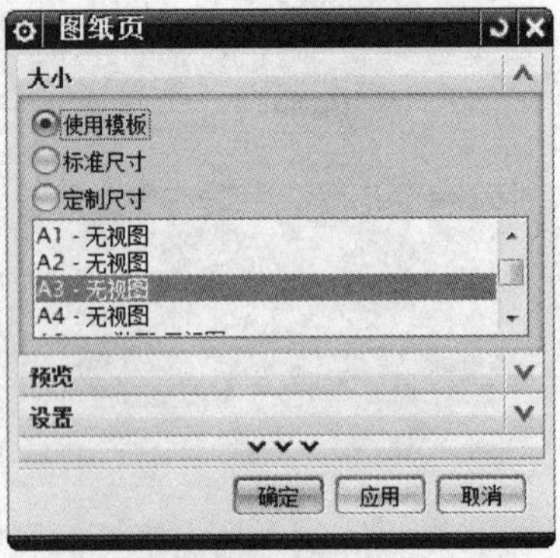

图10-66　“图纸页”对话框设置

(4) 单击两次 下一步 > 按钮，至“指定父视图的方位”，选中“俯视图”作为父视图“方位”，如图10-68所示。

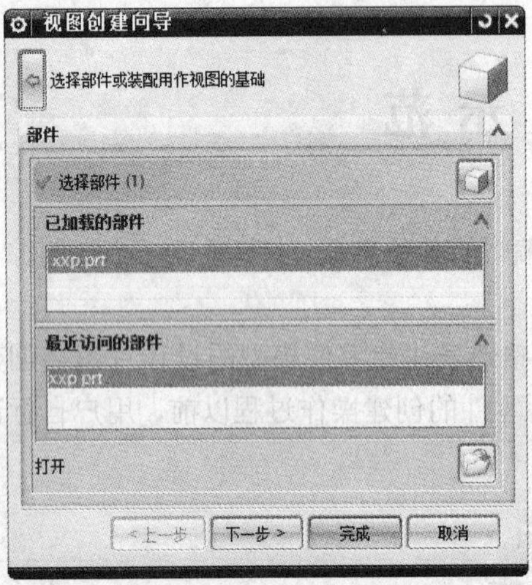

图10-67　“视图创建向导”对话框

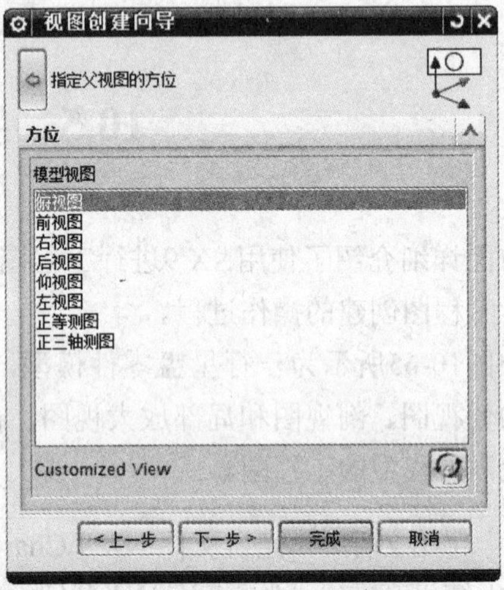

图10-68　选中俯视图

(5) 单击 下一步 > 按钮，至“选择要投影的视图”，取消选中其余选项仅保留“父视图”，如图10-69所示。单击 完成 按钮，创建俯视图如图10-70所示。

(6) 此时若发现仅一个俯视图就将图纸页占满，则需要改变视图的比例。右击视图弹出快捷菜单，如图10-71所示，单击“编辑”命令，弹出“基本视图”对话框。

(7) 如图10-72所示，设置“基本视图”对话框下方的“比例”为1:2，即可改变视图大小，单击 关闭 按钮，完成操作。

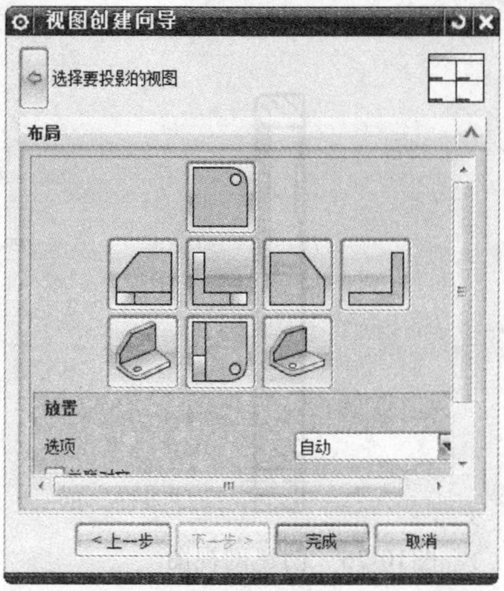

图10-69　“视图创建向导”对话框

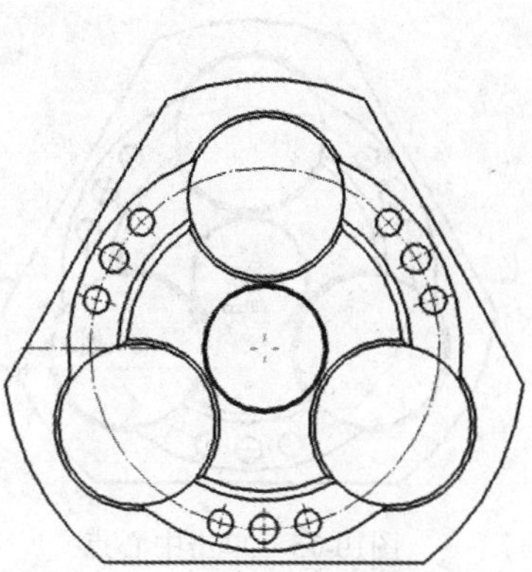

图10-70　创建俯视图

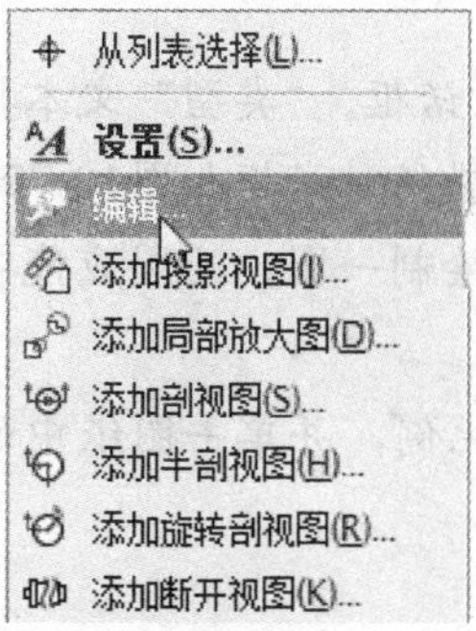

图10-71　右击视图弹出的快捷菜单

图10-72　“基本视图”对话框设置

10.5.2　创建剖视图

完成以上操作后，创建视图的全剖视图，以便显示零件的具体结构。

具体操作步骤如下：

(1) 单击(剖视图)按钮，弹出如图10-73所示的“剖视图”工具栏。单击创建的视图，“剖视图”工具栏变化为如图10-74所示。

图10-73　“剖视图”工具栏

图10-74　变化的“剖视图”工具栏

(2) 如图10-75所示单击创建工程视图的中间孔中心，并向左拖曳鼠标，单击正左位置一点即可创建剖视图，如图10-76所示。

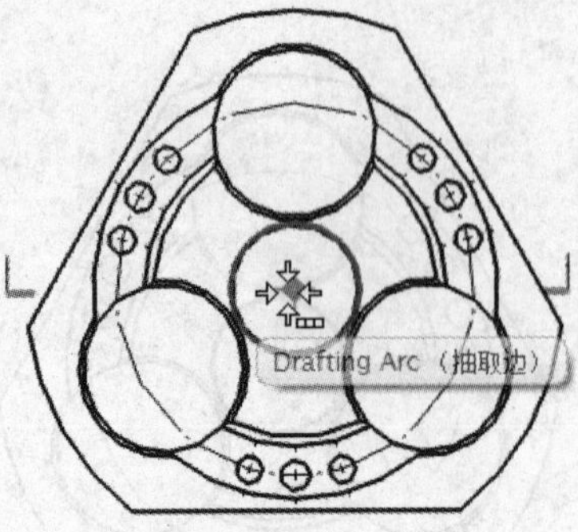

图10-75　单击中心点

图10-76　创建剖视图

10.5.3　创建局部放大图

因创建的剖视图结构比较复杂，尺寸较小，因此需创建此部分的局部放大图。

具体操作步骤如下：

(1) 单击(局部放大图)按钮，弹出“局部放大图”对话框。“类型”文本框选择“圆形”，对话框最下面的“标签”文本框选择“圆”。完成设置的对话框如图10-77所示。

(2) 如图10-78所示，单击指定圆心和边界一点的方法绘制一圆，此圆应能将需局部放大的部位包含在内。

(3) 设置“局部放大图”对话框“比例”文本框中的比例，并单击图纸中的任意一点创建局部放大图，如图10-79所示。

(4) 此时即完成所有视图创建，如图10-80所示。

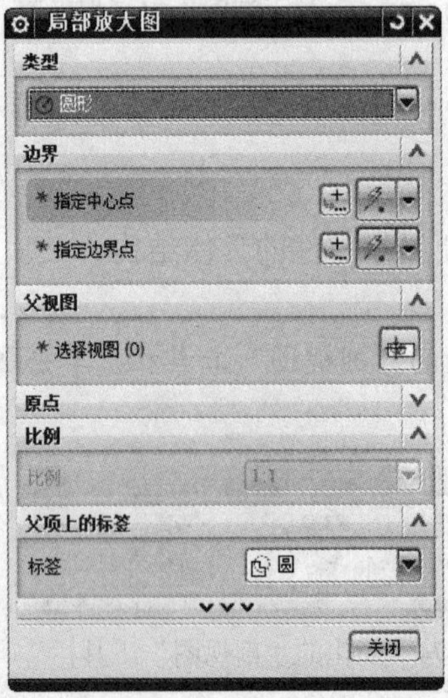

图10-77　“局部放大图”对话框设置

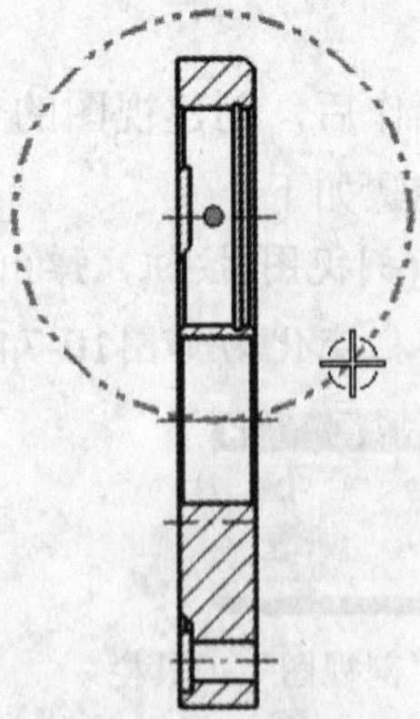

图10-78　绘制圆

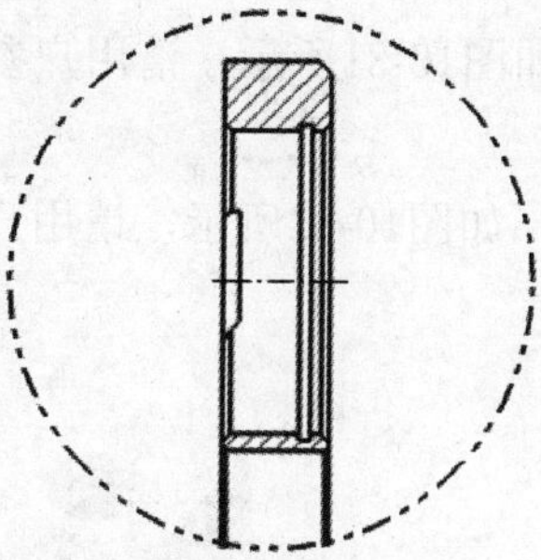

图10-79　局部放大图

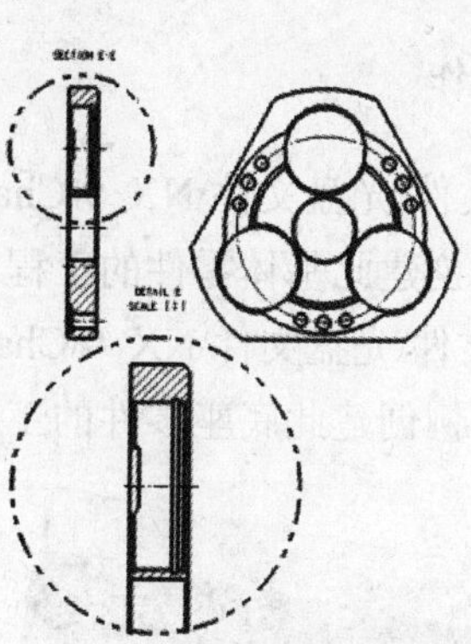

图10-80　完成所有视图创建

10.6　本章小结

本章介绍了工程图管理、图纸创建、视图创建、创建剖视图和编辑工程视图的操作方法，并以一个综合实例介绍了回转零件创建工程图的一般操作过程。作为NX 9的基本章节，用户需认真学习并掌握本章内容。

10.7　习　　题

一、填空题

1. 工程制图的命令包含了用于图纸__________、视图__________、________、注释、草图创建、表格创建和编辑的各种命令，这些命令被集合在了“__________”选项卡中，用户需要使用时直接单击选项卡中命令即可。

2. 利用“基本视图”命令用户可使用__________的方式在图纸页上创建基于模型的视图。

3. 利用“断开视图”命令创建用于将一个视图分为多个边界的________，此命令常用于长条形零件绘制工程图中。

4. 利用“更新视图”命令可更新选定视图的_________、_________、视图边界等以反映对模型的更改。

5. 利用“编辑截面线”命令可________、________或________各段截面线、重新定义一条铰链或移动旋转剖视图的旋转点等。

二、上机操作

1. 打开源文件\光盘文件\NX 9\Char10\jiti.prt，如图10-81所示，请用户参考本章介绍的内容和综合实例创建此基体零件的工程图。

2. 打开源文件\光盘文件\NX 9\Char10\dizuo.prt，如图10-82所示，请用户参考本章介绍的内容和综合实例创建此底座零件的工程图。

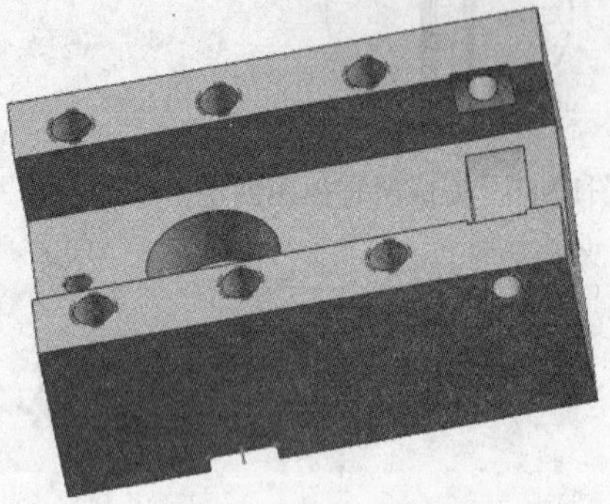

图10-81 上机操作习题1

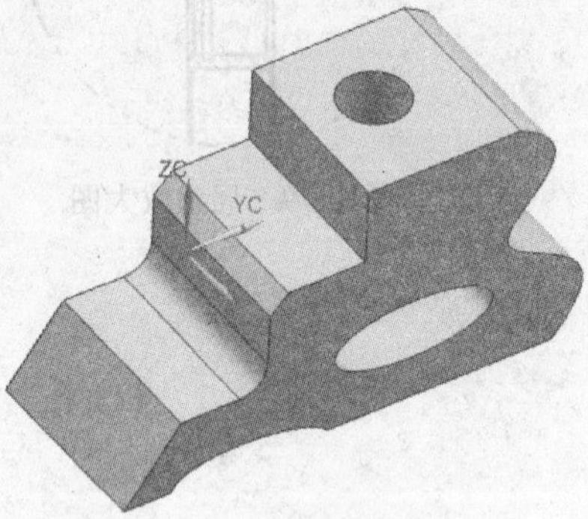

图10-82 上机操作习题2

第11章

添加工程图注释

当工程图各种视图清楚表达模型的信息后，需要对视图添加各种使用符号、进行尺寸标注、各种注释等制图对象的操作。当对工程图进行标注后，才可完整地表达出零部件的尺寸、形位公差和表面粗糙度等重要信息。

学习目标

- ✧ 掌握添加工程图尺寸的操作方法
- ✧ 掌握添加工程图使用符号的操作方法
- ✧ 掌握添加工程图各种注释的操作方法

11.1　添加尺寸标注

尺寸标注用于标识对象的尺寸大小。由于NX工程图模块和三维实体造型模块是完全相连的，因此，工程图中进行标注尺寸是直接引用三维模型真实的尺寸，具有实际意义，无法进行改动，只能通过改动三维实体的尺寸的方式改动工程图尺寸。

NX 9包含了快速、线性、径向、角度等9种标注尺寸的命令，本小节将对其中的常用命令进行详细介绍。

11.1.1　快速

使用“快速”命令，用户可根据选定对象和光标的位置自动判断尺寸类型来创建尺寸。快速标注尺寸包括自动判断方式的尺寸标注和指定方式的尺寸标注。本小节分别以此两种方式介绍快速标注命令。

1. 自动判断

使用自动判断方式进行尺寸快速标注，可按照用户所单击的对象自动选择尺寸标注方式，此方式是最常用的标注方式，请用户熟练掌握。

具体操作步骤如下：

(1) 使用“视图创建向导”命令创建如图11-1所示的俯视图，单击(快速)按钮，弹出如图11-2所示的“快速尺寸”对话框。

(2) 单击视图中的“直线1”作为第一个参考对象，单击“直线2”作为第二个参考对象，“测量”下面的“方法”文本框选择“自动判断”，单击视图内任意位置即可标注两直线之间的尺寸，如图11-3所示。

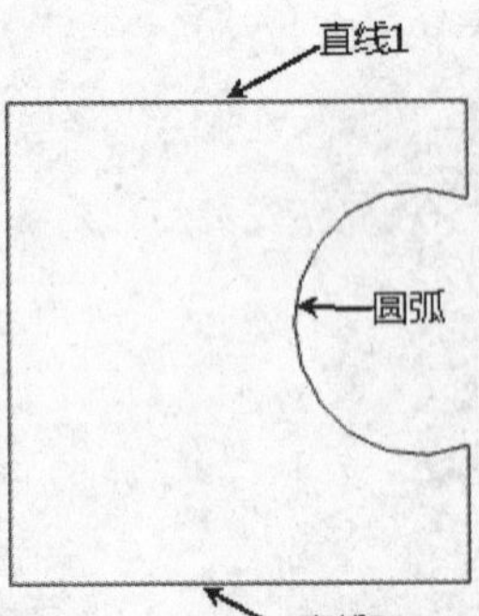

图11-1　创建的俯视图

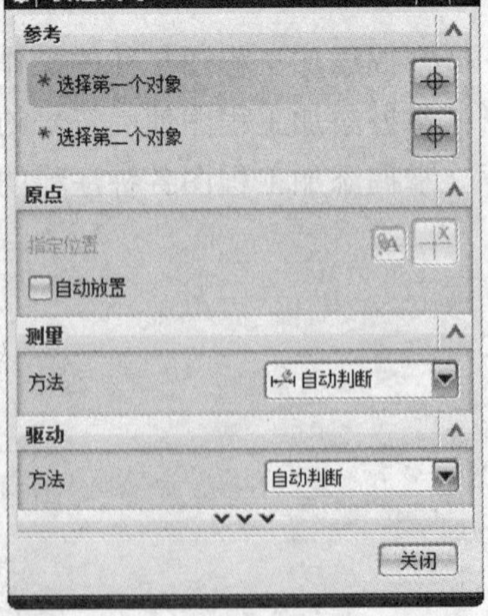

图11-2　“快速尺寸”对话框

(3) 用户也可以直接单击某个对象元素标注其尺寸，如选中视图中的圆弧后，单击视图内任意位置即可标注圆弧的直径，如图11-4所示。

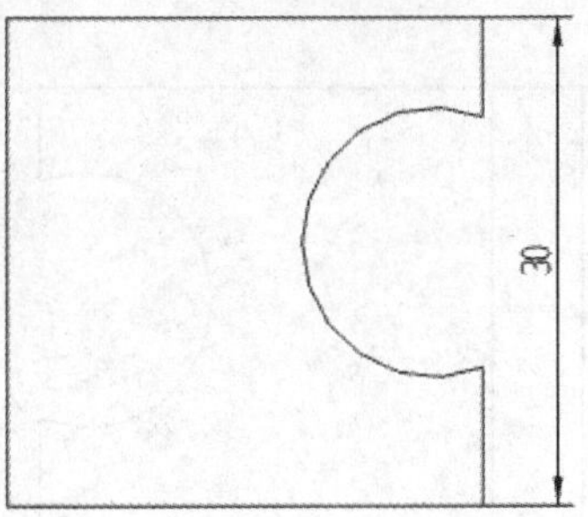

图11-3　标注两直线之间的尺寸

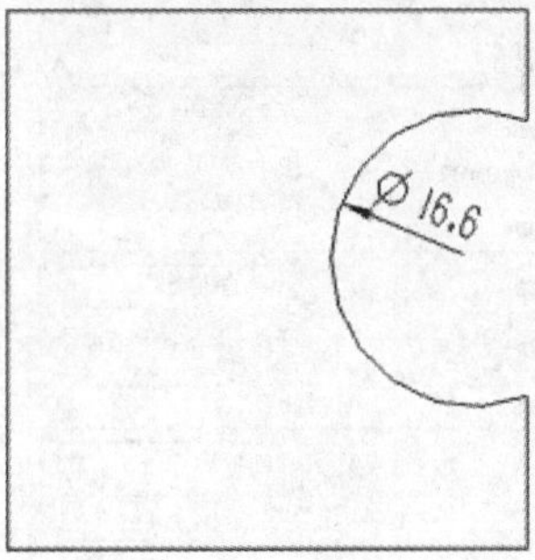

图11-4　标注圆弧直径

2. 指定方式标注

“快速尺寸”对话框中的“方法”文本框包含了水平、竖直、点到点、垂直等8种指定方式的标注尺寸方式。本小节以点到点的方式介绍此种标注方式。

如图11-5所示，“测量”下面的“方法”文本框选择“点到点”，而后单击图中的两点，单击视图内任意位置即可创建点到点间的尺寸标注，如图11-6所示。

图11-5　“快速尺寸”对话框设置

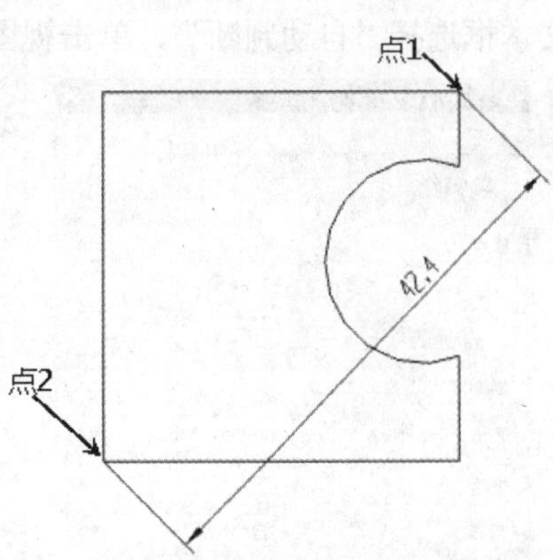

图11-6　创建点到点尺寸标注

11.1.2　线性

利用“线性”命令可以标注两个对象或点位置间距的线性尺寸。同样，线性尺寸标注也包含了自动判断和指定方式的标注两种方式的尺寸标注操作。

例如，单击(线性)按钮，弹出如图11-7所示的“线性尺寸”对话框。对话框“测量”下面的“方法”文本框选择“自动判断”，用户选中视图内直线后，单击任意位置即可创建线性尺寸标注，如图11-8所示。

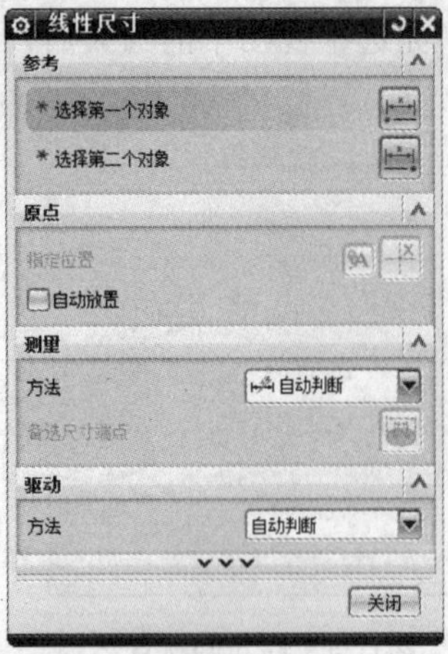

图11-7 “线性尺寸”对话框

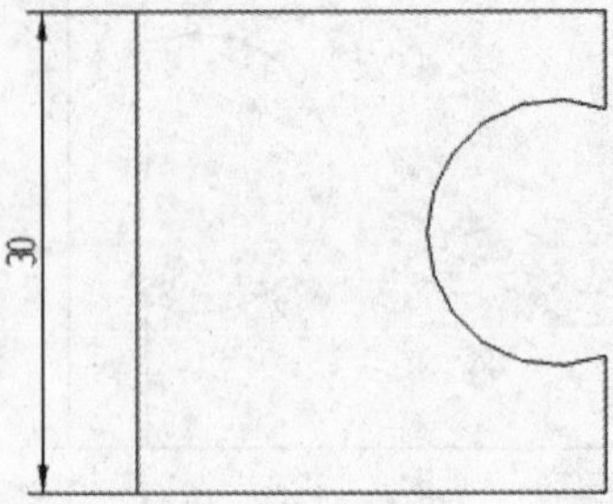

图11-8 创建线性尺寸标注

11.1.3 径向

利用“径向”命令可以创建圆形对象的半径或直径尺寸。该命令自动判断方式创建的是直径尺寸，这里介绍使用该命令创建半径方式的尺寸标注。

单击(径向)按钮，弹出如图11-9所示的“径向尺寸”对话框。对话框“测量”下面的“方法”文本框选择“自动判断”，单击视图中圆弧即可创建如图11-10所示的半径尺寸标注。

图11-9 “径向尺寸”对话框

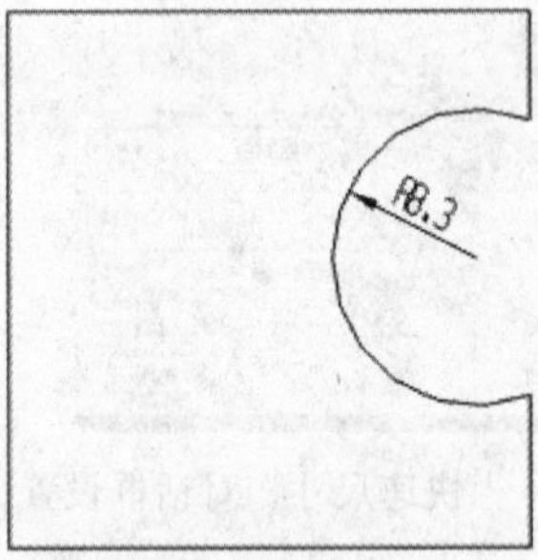

图11-10 创建半径尺寸标注

11.1.4 角度

利用“角度”命令可以在两条不平行的直线之间创建角度尺寸。单击(角度)按钮，弹出如图11-11所示的“角度尺寸”对话框。选中视图内两条不平行的直线，单击视图内任意位置即可创建角度尺寸标注，如图11-12所示。

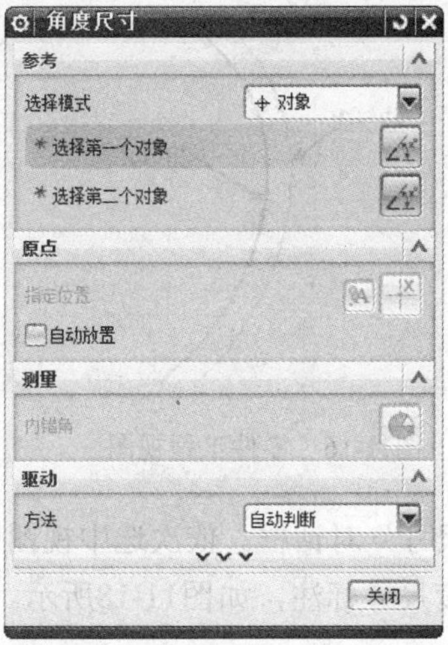

图11-11 “角度尺寸”对话框

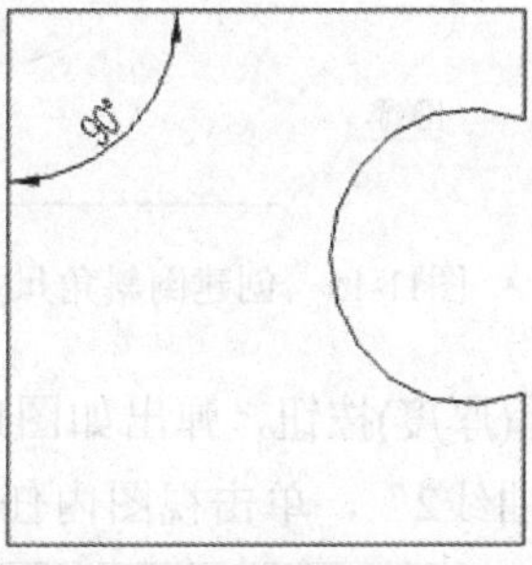

图11-12 创建角度尺寸标注

11.1.5 倒斜角

利用“倒斜角”命令，可在倒斜角曲线上创建倒斜角尺寸。

首先需创建如图11-13所示的一个具有倒斜角特征的零件模型的工程图。单击(倒斜角)按钮，弹出如图11-14所示的“倒斜角尺寸”对话框。选中视图中倒斜角直线后，单击视图内任意位置即可创建倒斜角尺寸标注，如图11-15所示。

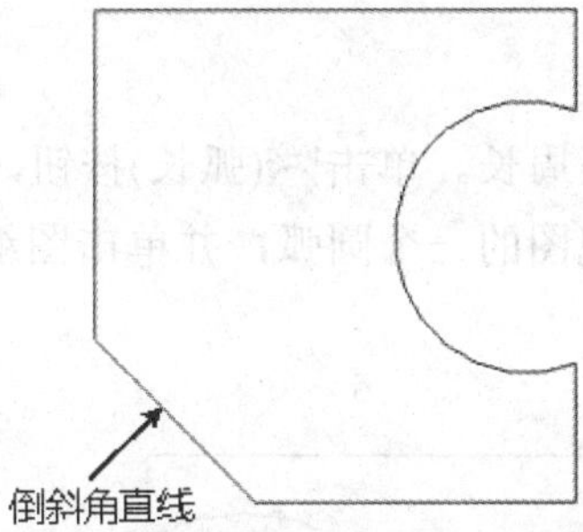

图11-13 创建具有倒斜角的工程图

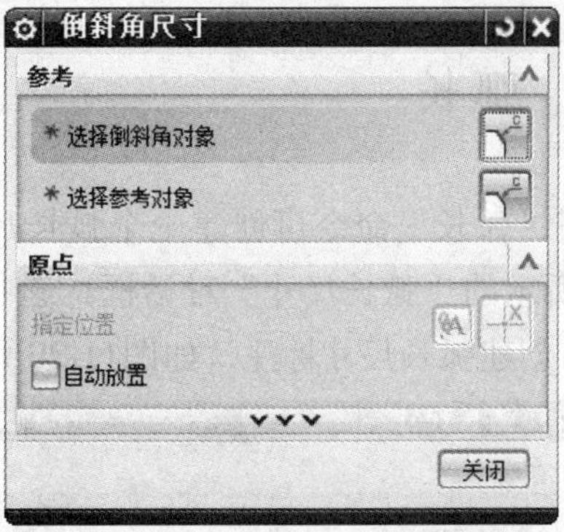

图11-14 “倒斜角尺寸”对话框

11.1.6 厚度

利用“厚度”命令，可创建一个厚度尺寸，用以测量两条曲线之间的距离。使用厚度标注尺寸的方法类似于使用线性点到点创建尺寸。

首先需创建一带有厚度特征的零件特征，如创建如图11-16所示的零件工程视图。

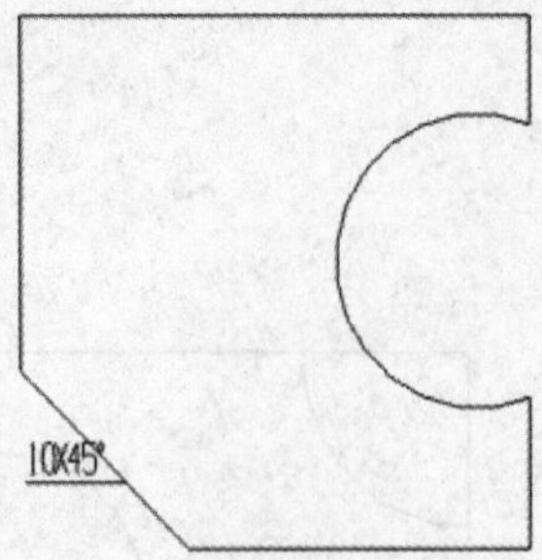

图11-15　创建倒斜角尺寸标注

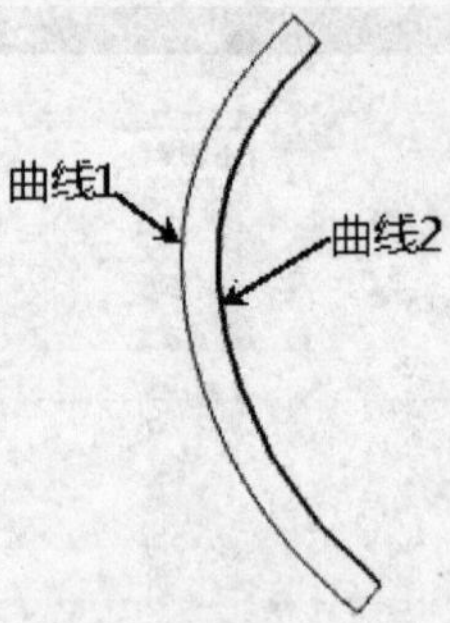

图11-16　零件工程视图

单击(厚度)按钮，弹出如图11-17所示的“厚度尺寸”对话框。依次选中视图中的“曲线1”、“曲线2”，单击视图内任意位置即可创建厚度尺寸标注，如图11-18所示。

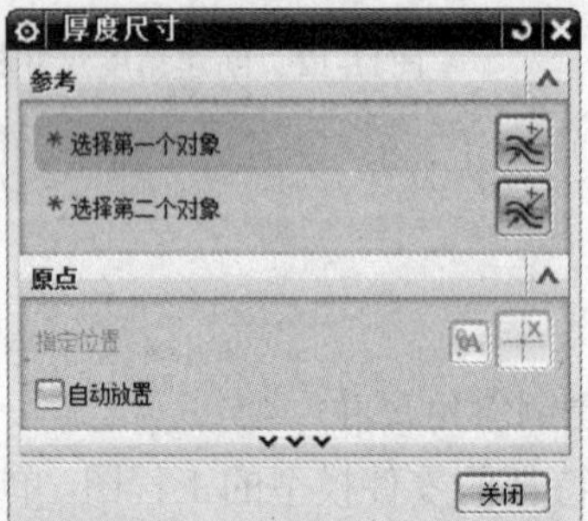

图11-17　“厚度尺寸”对话框

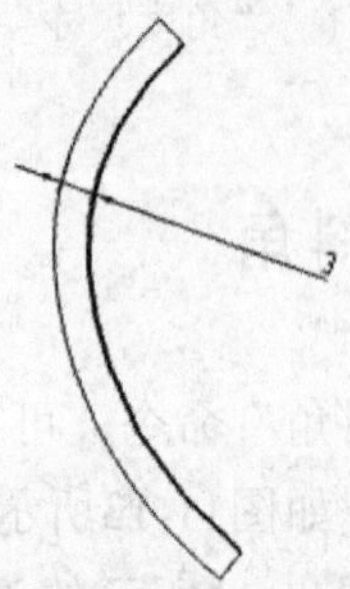

图11-18　创建厚度尺寸标注

11.1.7　弧长

利用“弧长”命令可创建一个弧长尺寸来测量圆弧周长。单击(弧长)按钮，弹出如图11-19所示的“弧长尺寸”对话框。选中图纸上投影视图的一个圆弧，并单击图纸内任意位置即可创建弧长尺寸标注，如图11-20所示。

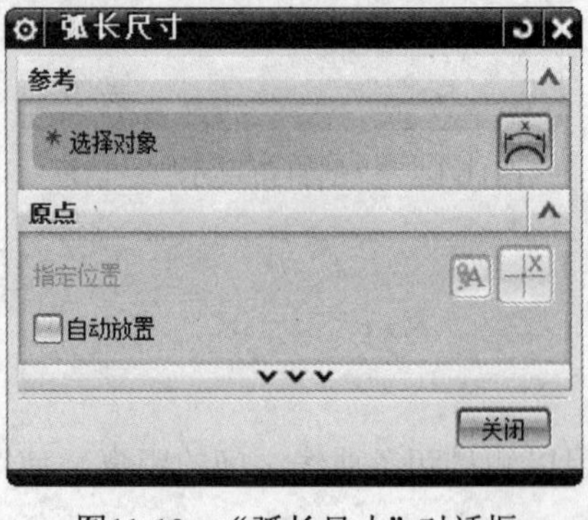

图11-19　“弧长尺寸”对话框

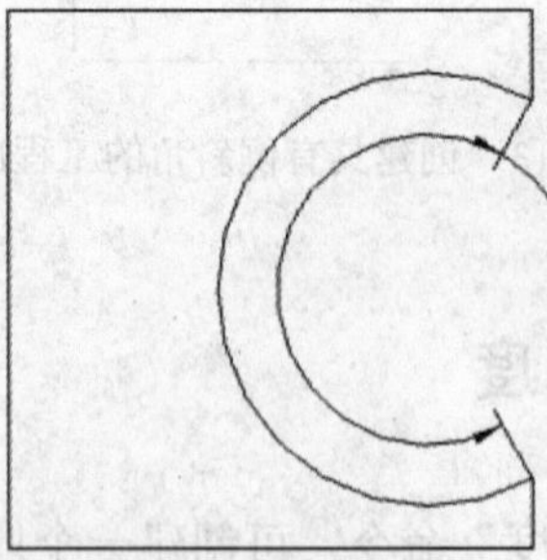

图11-20　创建弧长尺寸标注

11.2 添加注释和标签

本节将介绍各种注释标签的设置和放置位置，用户可通过直接单击工具栏上相应的命令按钮选择各种注释方法和操作。

11.2.1 注释

注释又称文本注释，主要用于对图纸相关内容进一步说明。例如，特征某部分的具体要求，标题栏中有关文本，以及技术要求等。

1. 简单文本注释

单击A(注释)按钮，弹出“注释”对话框，如图11-21所示。“文本输入”文本框内输入“NX 9机械设计基础”字样，然后单击工程图图纸内任意位置，即可创建如图11-22所示的文字注释。

图11-21 “注释”对话框设置

图11-22 创建注释字样

2. 带折线的注释

首先在工程图纸上创建图11-22中的字样，关闭“注释”对话框；而后双击图纸上的字样，即可重新弹出“注释”对话框。

单击对话框下方的(更多)按钮，弹出更多操作。如图11-23所示，选中“指引线”下面的“带折线创建”选项，“类型”文本框选中“普通”；“样式”下面的“箭头”文本框选中“填充箭头”，“短划线侧”文本框选择“自动判断”。完成设置后单击视图内一点作为终止点，创建指引线如图11-24所示。

3. 编辑文本和符号输入

单击“注释”对话框下方的(更多)按钮后，对话框“文本输入”下面增加了“编辑文本”和“符号”两个项目。

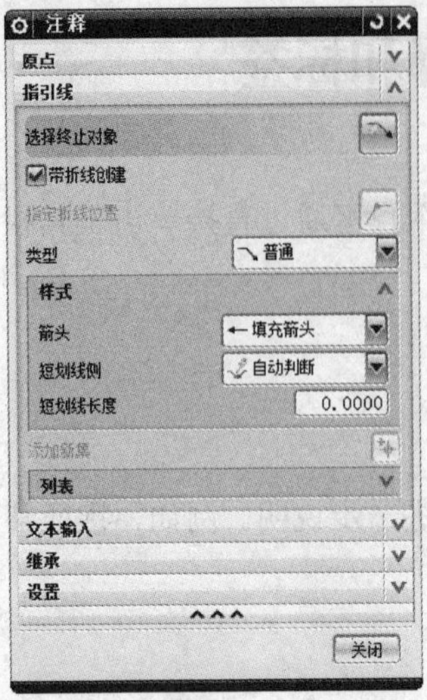

图11-23 “注释”对话框设置

图11-24 创建指引线

使用“编辑文本”下面的6个按钮可对输入的文本进行清除、剪切、复制、粘贴、删除文本属性和选择下一个符号操作。

“符号下面”提供了如图11-25所示的“制图”符号和如图11-26所示的“形位公差”符号选项，方便用户在编辑文本时能用到这些比较特殊的符号。

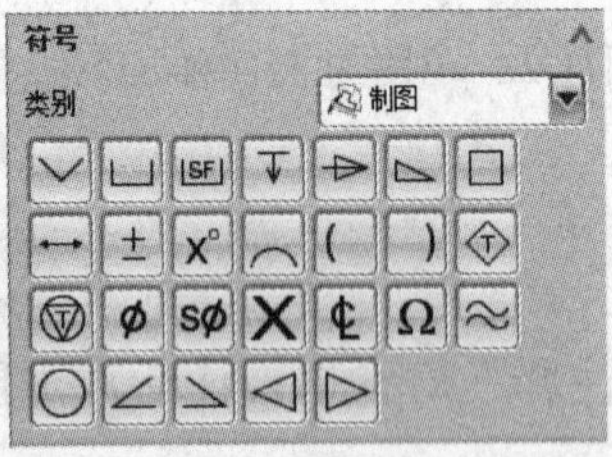

图11-25 “制图”符号选择

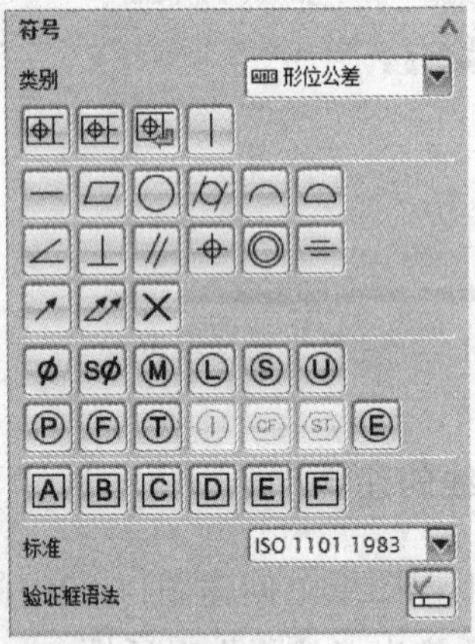

图11-26 “形位公差”符号选择

11.2.2 特征控制框

利用“特征控制框”命令可创建单行、多行或复合的特征控制框。该命令提供了注释直线度、平面度、圆度、圆柱度、同轴度等各种方式的形位公差注释方式。

单击(特征控制框)按钮，弹出“特征控制框”对话框，如图11-27所示。对话框中“框”下面的“特性”文本框选择“倾斜度”，“框样式”文本框选择“复合框”。

“公差”下面从左向右依次设置为□(直径)、0.5、Ⓛ(最小实体状态)；“第一基准参考”

下面从左向右依次设置为A、Ⓛ(最小实体状态)。

单击工程图图纸内任意位置，即可创建特征控制框，如图11-28所示。

图11-27　“特征控制框”对话框设置

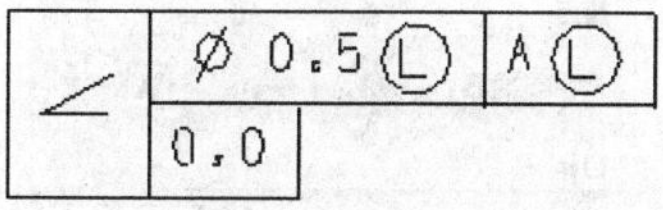

图11-28　创建特征控制框

提示

“特征控制框”命令亦可以创建指引线，具体操作方法请参考11.2.1节注释操作。

11.2.3　基准特征符号

利用“基准特征符号”命令可注释基准特征符号，基准特征符号通常以字母表示。

单击(基准特征符号)按钮，弹出“基准特征符号”对话框，如图11-29所示。该对话框中“基准标识符”下面的“字母”设置为A。

单击工程图图纸内任意位置，即可创建基准特征符号，如图11-30所示。

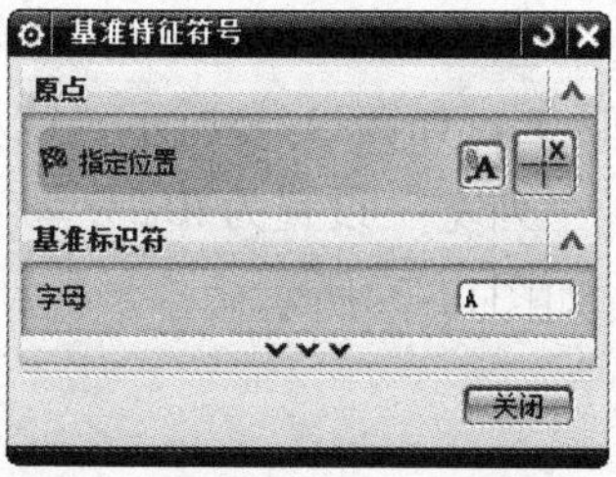

图11-29　“基准特征符号”对话框设置

图11-30　创建基准特征符号

提示

基准特征符号一般都需要带指引线，具体操作方法请参考11.2.1节注释操作。

11.2.4 基准目标

“基准目标”选项主要为注释基准目标符号，基准目标通常带有标签和索引。

单击(基准目标)按钮，弹出“基准目标”对话框，如图11-31所示。该对话框中“目标”下面的“标签”设置为A，“索引”设置为9。

单击工程图图纸内任意位置，即可创建基准目标，如图11-32所示。

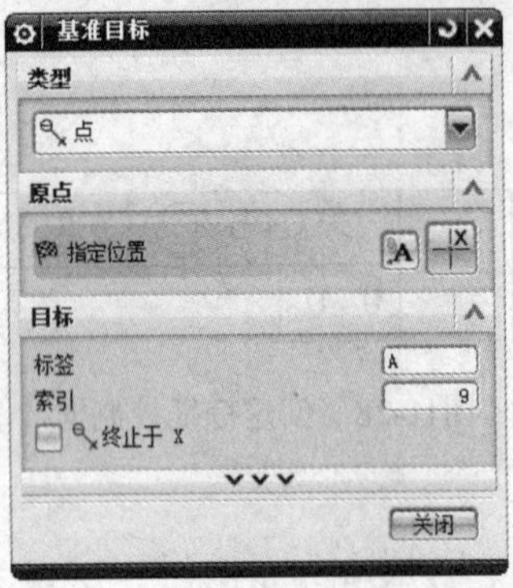

图11-31 “基准目标”对话框设置

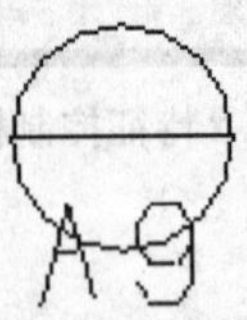

图11-32 创建基准目标

提示

基准目标一般都需要带指引线，具体操作方法请参考11.2.1节注释操作。

11.2.5 表格注释

“表格注释”命令可用于工程图创建和表格格式注释，通过设置表格的列数、行数和列宽创建表格。

单击(表格注释)按钮，弹出“表格注释”对话框，如图11-33所示。该对话框中“表大小”下面的“列数”设置为3，“行数”设置为6，“列宽”设置为40。

单击工程图图纸内任意位置，即可创建表格，如图11-34所示。

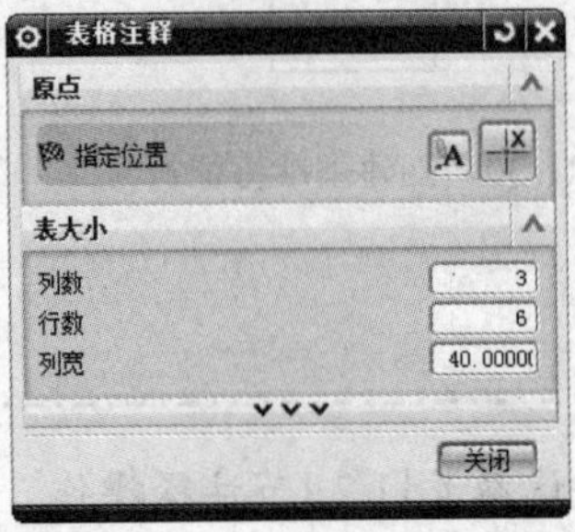

图11-33 “表格注释”对话框设置

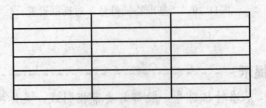

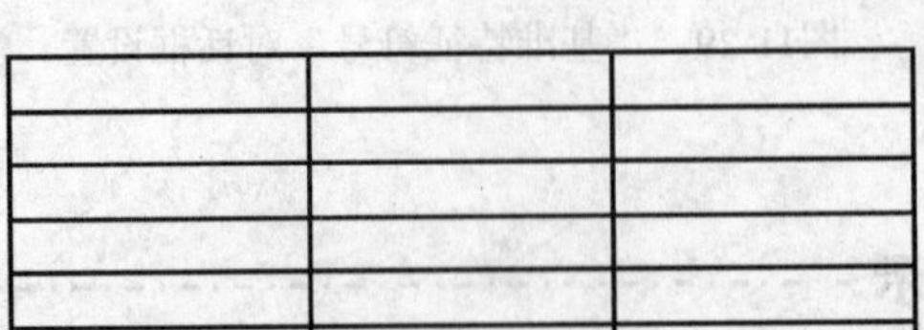

图11-34 创建表格注释

双击创建表格的任意小格，弹出如图11-35所示的输入框。输入任意文字使用键盘Enter键确认操作，多次输入即可得到如图11-36所示的表格输入视图。

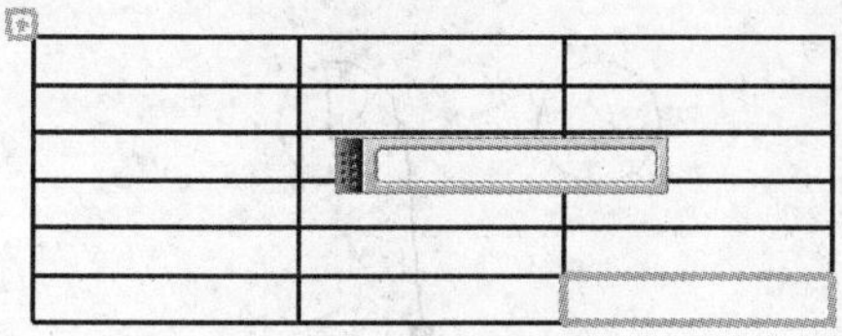

图11-35　弹出文字输入框

UG		
	123	456
中文版		
	789	

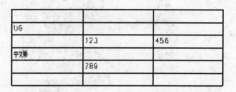

图11-36　完成表格输入操作

提示

表格注释亦可以使用指引线指引位置，具体操作方法请参考11.2.1节注释操作。

11.2.6　零件明细表

“零件明细表”命令用于在装配工程图创建明细表。单击(零件明细表)按钮，单击图纸页上任意位置，即可创建三列多行并带有标题栏名称(部件名、序号、数量)的空表格，如图11-37所示。

PC NO	PART NAME	QTY

图11-37　创建零件明细表

11.2.7　符号标注

在装配工程图中，需要使用符号标注命令将装配的各个部件进行数字顺序标注操作。此处只接受如何创建新符号标注。

单击(符号标注)按钮，弹出“符号标注”对话框，如图11-38所示。该对话框中的“类型”文本框选择“圆”，“文本”设置为2。

单击工程图图纸内任意位置，即可创建符号标注，如图11-39所示。

提示

符号标注经常使用指引线指引位置，具体操作方法请参考11.2.1节注释操作。

图11-38 “符号标注”对话框

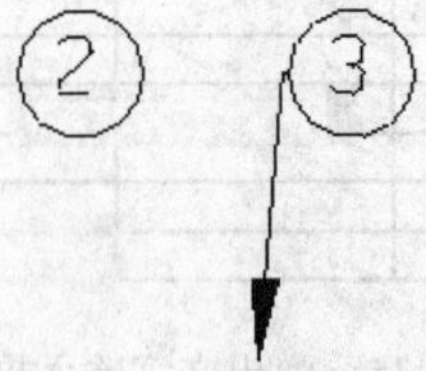

图11-39 创建的符号标注

11.3 实 用 符 号

实用符号包括目标点符号、相交符号、中心线符号、表面粗糙度符号、剖面线和焊接符号等。本节主要介绍常用实用符号的添加操作。

11.3.1 目标点符号

利用“目标点符号”命令可创建进行尺寸标注的目标点符号。

单击╳(目标点符号)按钮，弹出如图11-40所示的“目标点符号”对话框。该对话框可设置创建目标点符号的尺寸和样式，完成设置后单击图纸页上任意位置，即可创建目标点符号。如图11-41所示为创建不同样式的目标点符号集合。

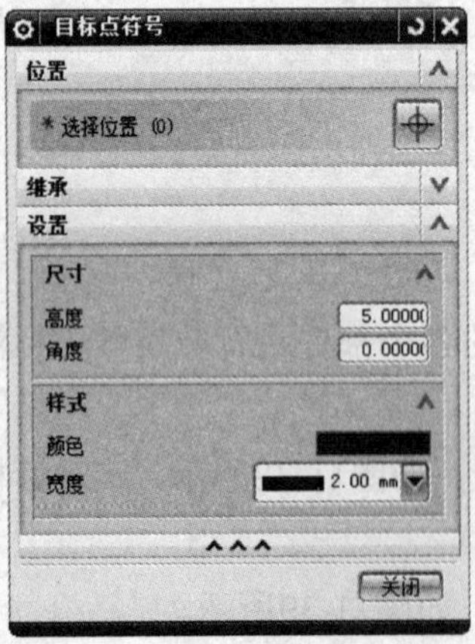

图11-40 “目标点符号”对话框

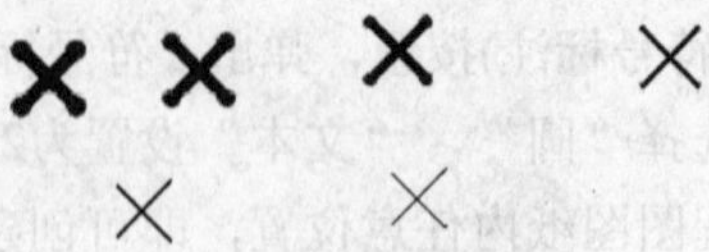

图11-41 创建目标点符号

11.3.2 相交

“相交”命令用于将两条曲线延伸，在延伸曲线的交点处标注相交符号，目的是尺寸标注方便。

具体操作步骤如下：

(1) 将一带有倒圆角特征的特征投影至图纸页上，投影视图如图11-42所示。

(2) 单击(相交)按钮，弹出如图11-43所示的“相交符号”对话框。

(3) 单击“边线1”作为“第一组”对象，单击“边线2”作为“第二组”对象，单击“相交符号”对话框中的确定按钮，即可创建相交符号，如图11-44所示。

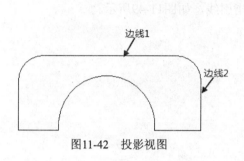

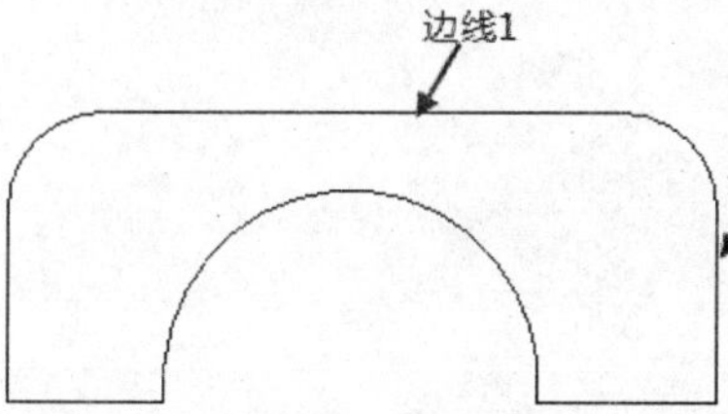

图11-42　投影视图

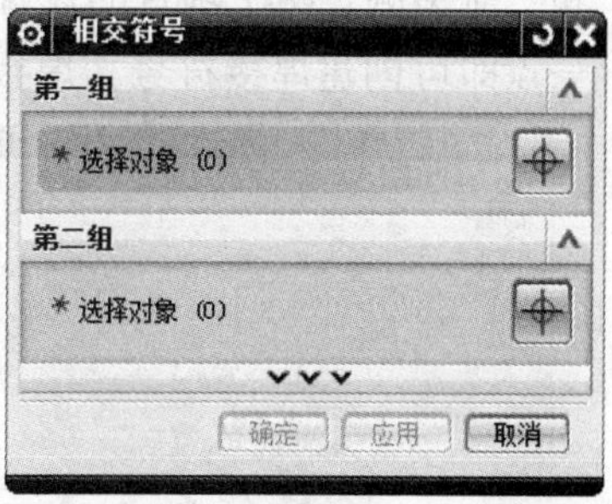

图11-43　“相交符号”对话框

11.3.3　剖面线

利用“剖面线”命令可通过指定区域中的点或边界曲线创建剖面线。

具体操作步骤如下：

(1) 同样在图纸页上创建如图11-45所示的投影视图，单击(剖面线)按钮，弹出如图11-46所示的“剖面线”对话框。

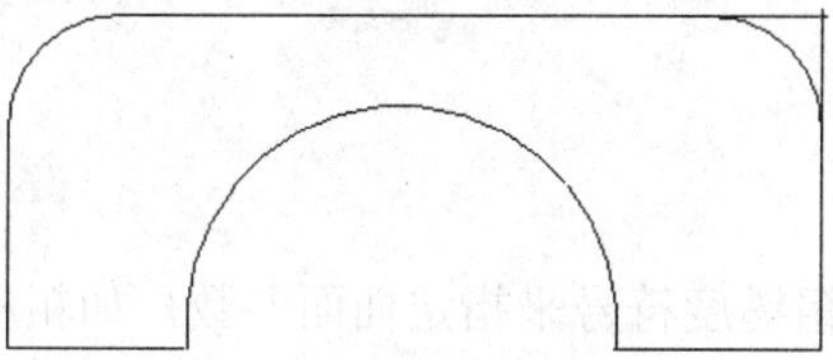

图11-44　创建相交符号

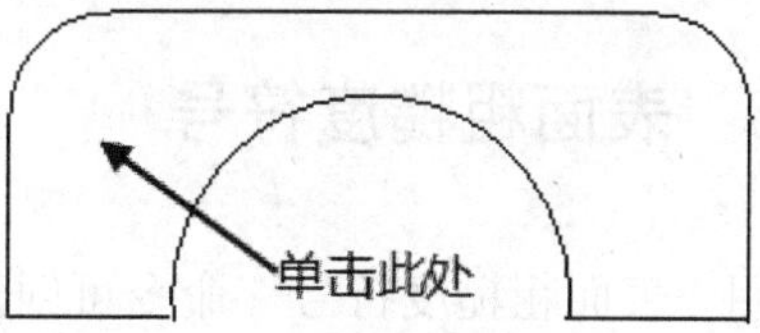

图11-45　创建投影视图

(2) “剖面线”对话框中“边界”下面的“选择模式”文本框选择“区域中的点”，单击视图中所指位置，再单击对话框中的确定按钮，即可创建剖面线，如图11-47所示。

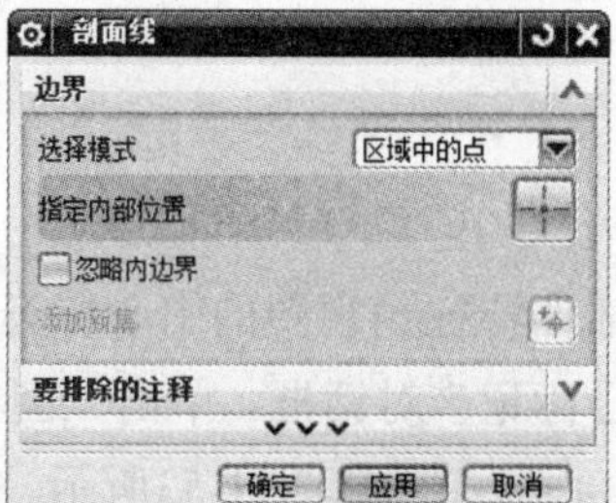

图11-46　“剖面线”对话框设置

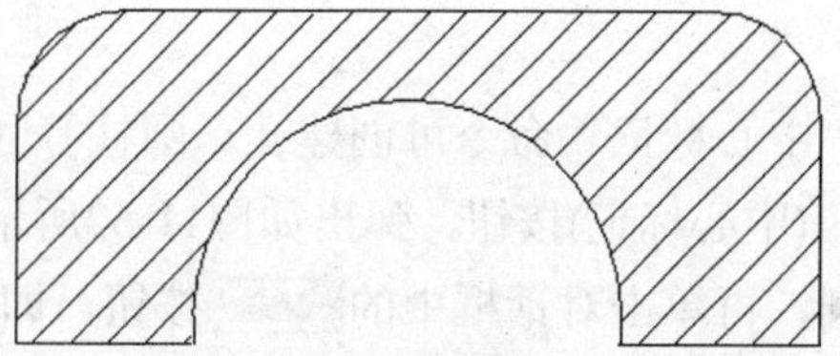

图11-47　创建剖面线

11.3.4 焊接符号

焊接符号用来标示焊接状态、焊缝形状等信息，利用该命令可创建用于标示这些信息的符号。

单击(焊接符号)按钮，弹出如图11-48所示的“焊接符号”对话框。通过对对话框中“其他侧”和“箭头侧”两个项目的设置，设置需标注的加工方式、角度、尺寸、标注等，单击图纸上一点即可创建焊接符号。焊接符号一般带指引线，如图11-49所示。

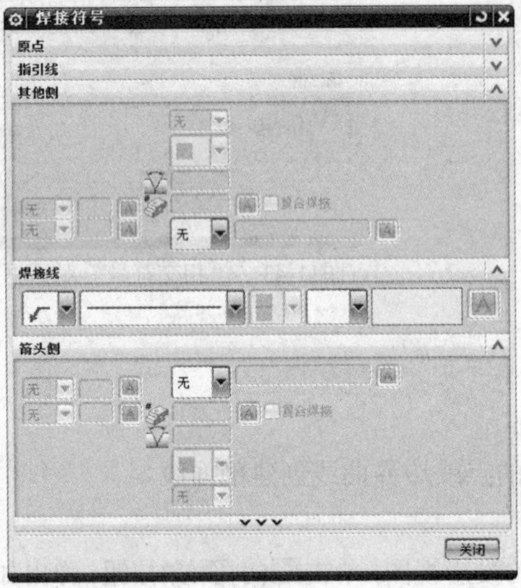

图11-48 “焊接符号”对话框

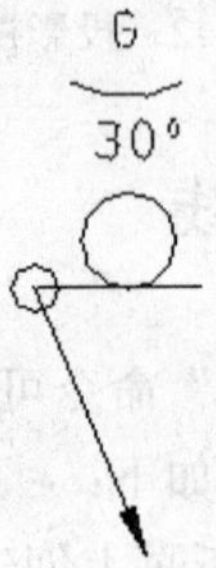

图11-49 创建焊接符号

11.3.5 表面粗糙度符号

利用“表面粗糙度符号”命令可创建一个表面粗糙度符号来指定曲面参数，如粗糙度、处理或涂层、模式、加工余量和波纹。

单击√(表面粗糙度符号)按钮，弹出如图11-50所示的“表面粗糙度”对话框。通过设置对话框中“属性”下面的各种参数并单击图纸内一点，创建如图11-51所示的表面粗糙度符号。

11.3.6 中心标记

利用“中心标记”命令可创建孔、圆柱等回转类零部件特征俯视图的中心标记。

单击(中心标记)按钮，弹出如图11-52所示的“中心标记”对话框。单击一圆柱的俯视图投影外圆，再单击对话框中的 确定 按钮，即可创建中心标记，如图11-53所示。

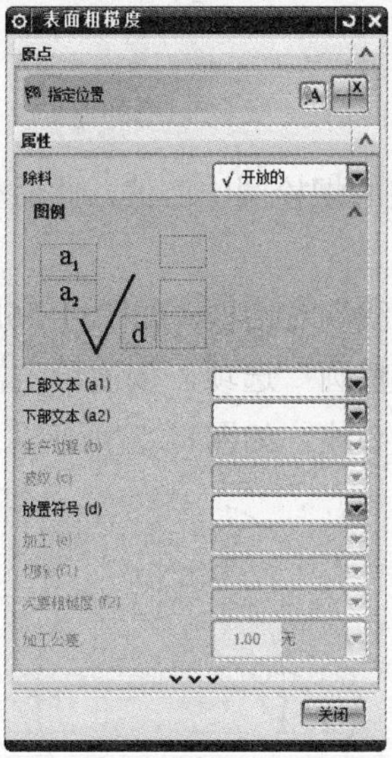

图11-50　“表面粗糙度”对话框

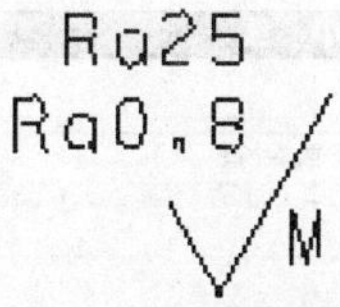

图11-51　创建表面粗糙度符号

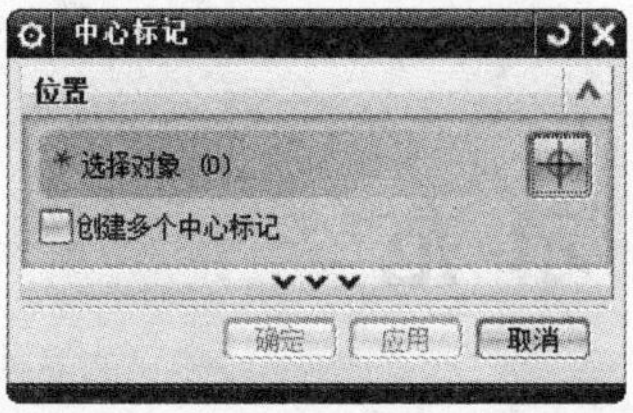

图11-52　“中心标记”对话框

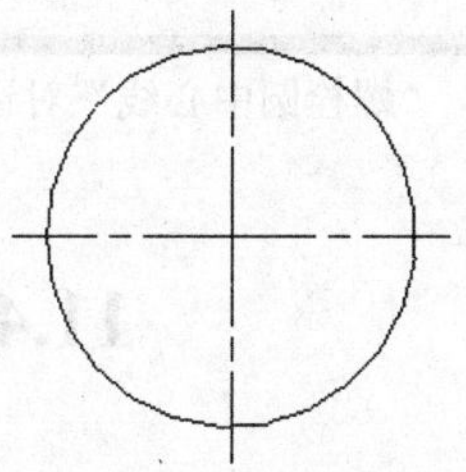

图11-53　创建中心标记

11.3.7　3D中心线

利用“3D中心线”命令可创建孔、圆柱等回转类零部件特征侧视图的3D中心线。

单击(3D中心线)按钮，弹出如图11-54所示的“3D中心线”对话框。单击一圆柱的侧视图投影外边框，再单击对话框中的确定按钮，即可创建3D中心线，如图11-55所示。

图11-54　“3D中心线”对话框

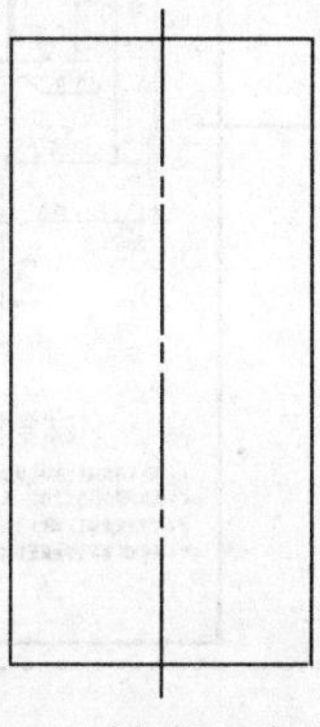

图11-55　创建3D中心线

11.3.8 螺栓圆中心线

利用“螺栓圆中心线”命令可创建完整或不完整的螺栓圆中心线。此命令将所有中心在同一个圆上的特征中心线以圆的方式标注出来。

单击(螺栓圆中心线)按钮，弹出“螺栓圆中心线”对话框，如图11-56所示。对话框中“类型”文本框选择“通过3个或多个点”，选中“整圆”选项，依次单击需标注圆的中心点，单击对话框中的确定按钮，即可创建螺栓圆中心线，如图11-57所示。

图11-56 “螺栓圆中心线”对话框

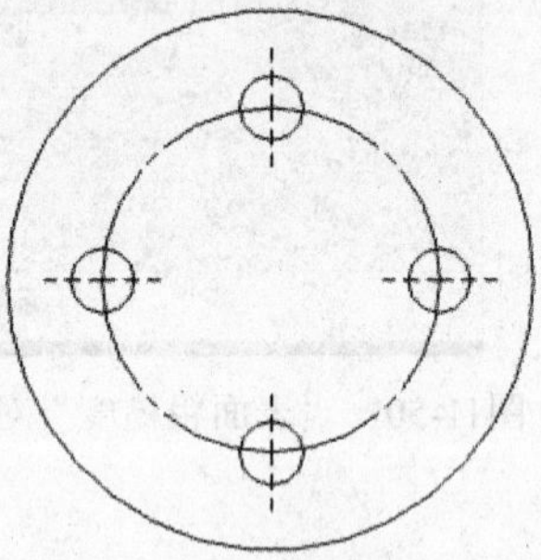
图11-57 创建螺栓圆中心线

11.4 实例示范

前面介绍了使用工程图尺寸标注、注释、实用符号等进行工程图注释操作，如图11-58所示为完成注释操作的行星盘工程图视图。本小节主要介绍对本行星盘进行注释操作的主要操作步骤。

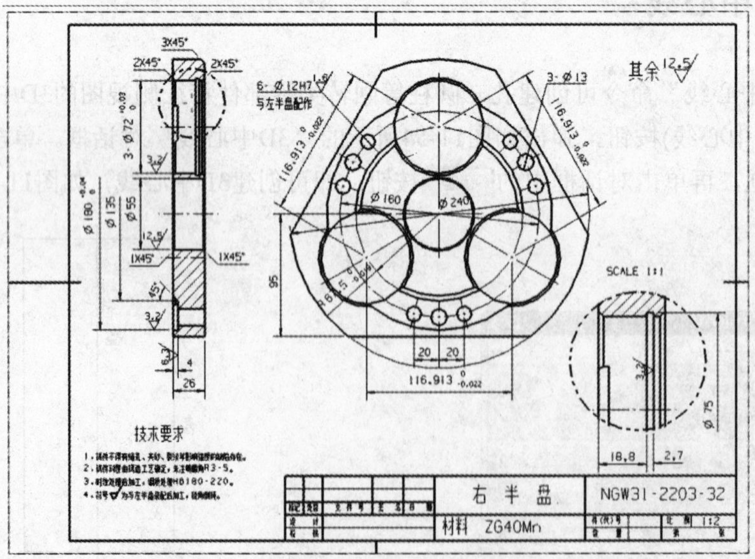

图11-58 行星盘工程图

本零件需标注的地方很多，为节省文字，本节将对主要操作进行介绍，其余请参考主要操作自行进行注释。

	起始文件	\光盘文件\NX 9\Char11\xxp-1.prt
	结果文件	\光盘文件\NX 9\Char11\xxp.prt
	视频文件	\光盘文件\NX 9\视频文件\Char11\注释添加.avi

11.4.1 打开初始文件，添加中心线符号

首先用户需打开零件创建工程图，由于本小节的零件的工程视图创建方法前面章节已介绍过，本处就不再进行介绍。创建工程图后将中心线符号补充完整。

具体操作步骤如下：

(1) 根据起始文件路径打开xxp-1.prt文件，打开的视图如图11-59所示。

(2) 用户可在视图中发现，中间俯视图的3个大圆、中心圆和周围9个小圆的中心线都没有创建，首先需将其补齐。

单击⊕(中心标记)按钮，弹出如图11-60所示的“中心标记”对话框。单击中心圆的外边线，再单击对话框中的确定按钮，即可创建中心标记，如图11-61所示。

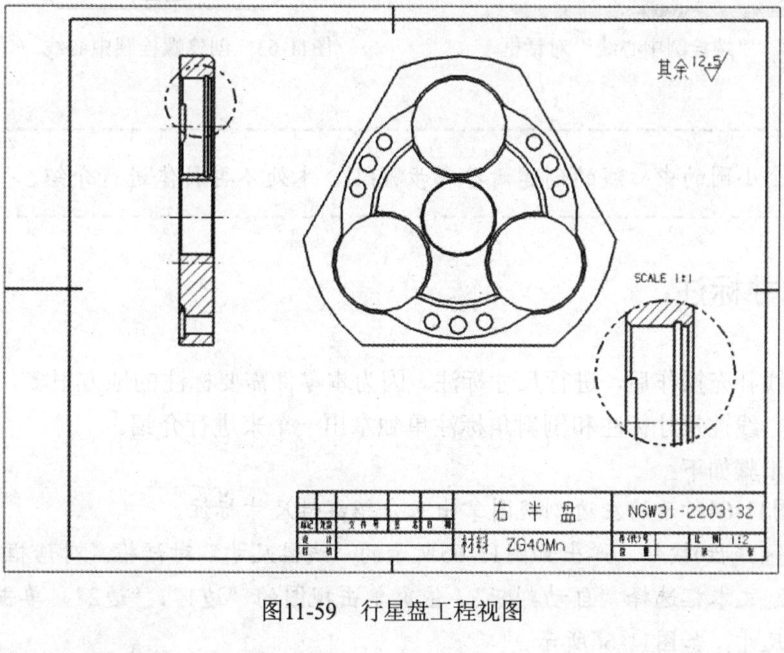

图11-59　行星盘工程视图

(3) 单击(螺栓圆中心线)按钮，弹出“螺栓圆中心线”对话框，如图11-62所示。对话框中“类型”文本框选择“通过3个或多个点”，选中“整圆”选项，依次单击3个大圆的中心点，再单击对话框中的确定按钮，即可创建螺栓圆中心线，如图11-63所示。

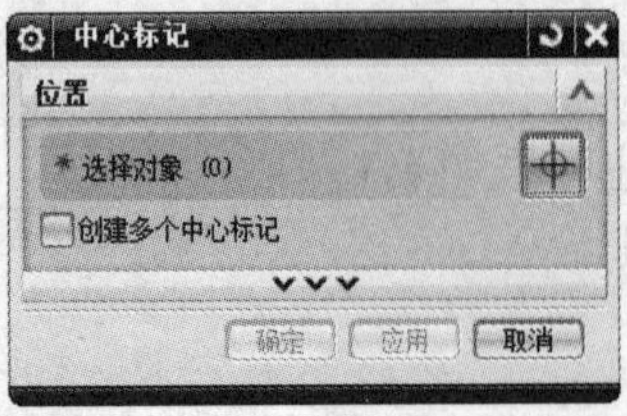

图11-60　“中心标记”对话框

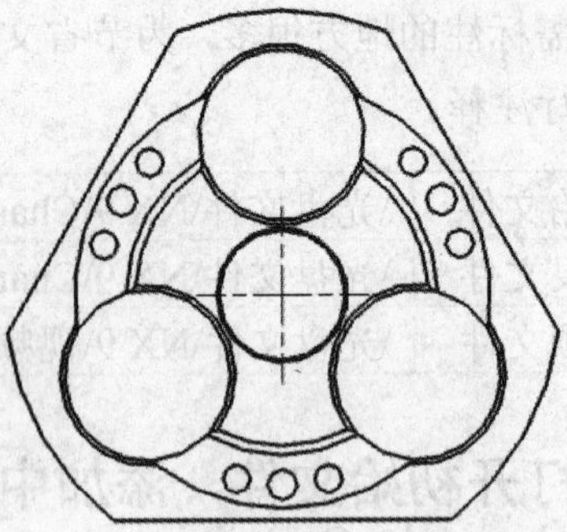

图11-61　创建中心标记

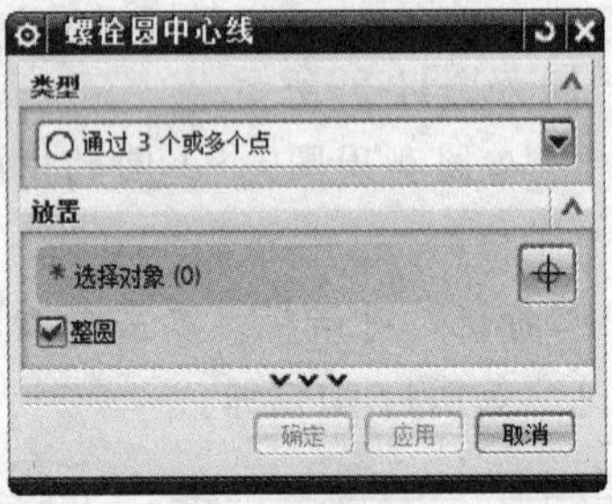

图11-62　“螺栓圆中心线”对话框

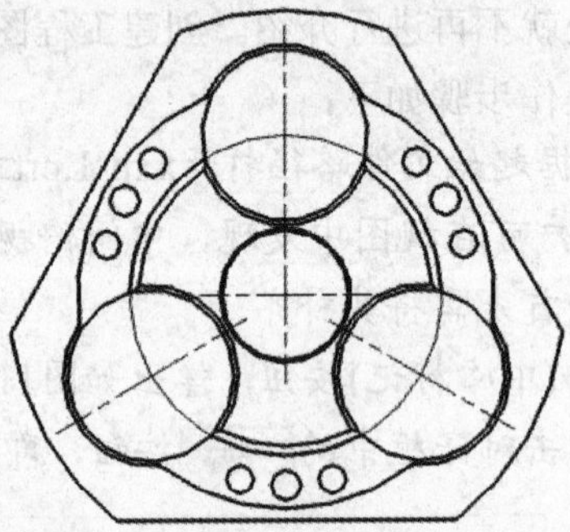

图11-63　创建螺栓圆中心线

提示

外边9个小圆的中心线的创建请参考步骤(3)，本处不再具体进行介绍。

11.4.2　尺寸标注

完成中心线补充操作后，进行尺寸标注。因为本零件需要标注的地方很多，此处需要将径向尺寸标注、线性尺寸标注和倒斜角标注单独拿出一个来进行介绍。

具体操作步骤如下：

(1) 将如图11-64所示的左边剖视图拿出来介绍线性尺寸标注。

(2) 单击(线性)按钮，弹出如图11-65所示的“线性尺寸”对话框。对话框中“测量”下面的“方法”文本框选择“自动判断”，依次单击视图的“边1”、“边2”，单击任意位置即可创建线性尺寸，如图11-66所示。

(3) 将如图11-67所示的中间俯视图拿出来介绍径向尺寸标注。

(4) 单击(径向)按钮，弹出如图11-68所示的“径向尺寸”对话框。对话框中“测量”下面的“方法”文本框选择“自动判断”，单击视图中的“中心圆”后再单击视图内任意位置，即可创建如图11-69所示的直径尺寸标注。

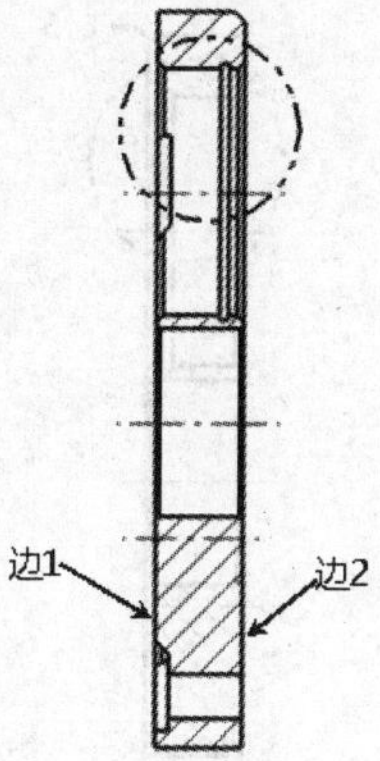

图11-64 左侧剖视图

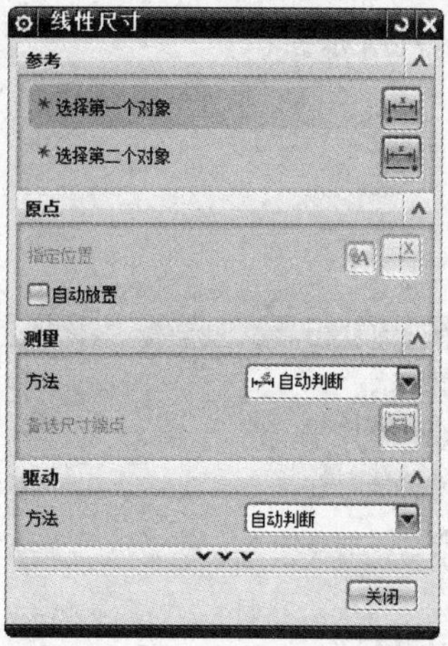

图11-65 “线性尺寸”对话框

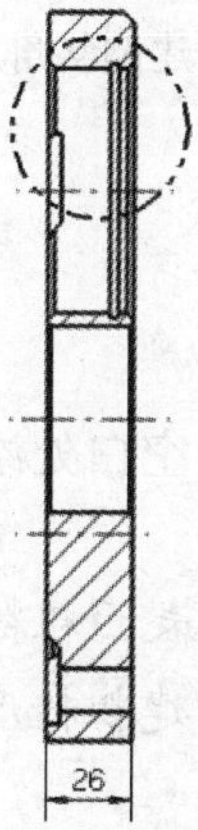

图11-66 创建线性尺寸

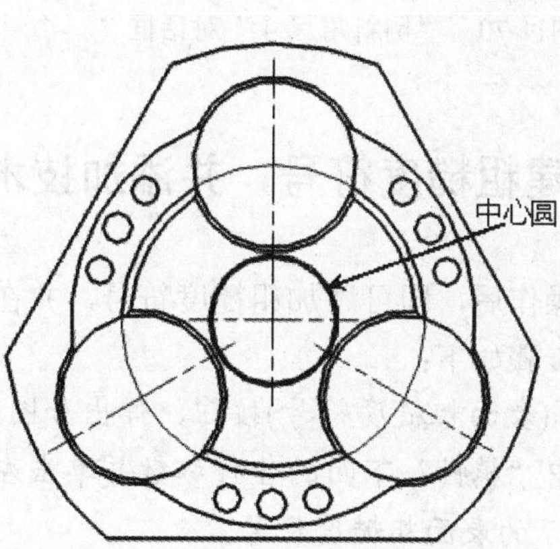

图11-67 中间俯视图

图11-68 “径向尺寸”对话框

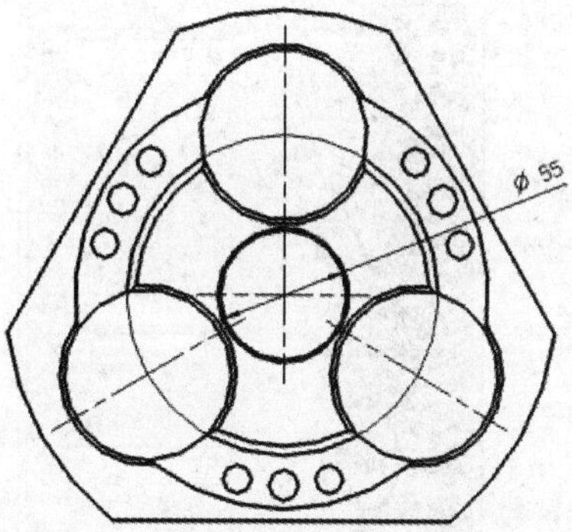

图11-69 创建直径尺寸标注

(5) 以左边剖视图介绍倒斜角标注。单击(倒斜角)按钮，弹出如图11-70所示的“倒斜角尺寸”对话框。单击视图中倒斜角直线后，再单击视图内任意位置即可创建倒斜角尺寸标注，如图11-71所示。

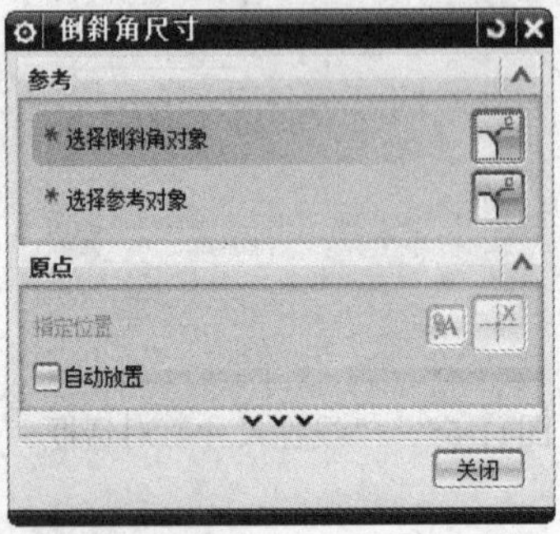

图11-70 “倒斜角尺寸”对话框

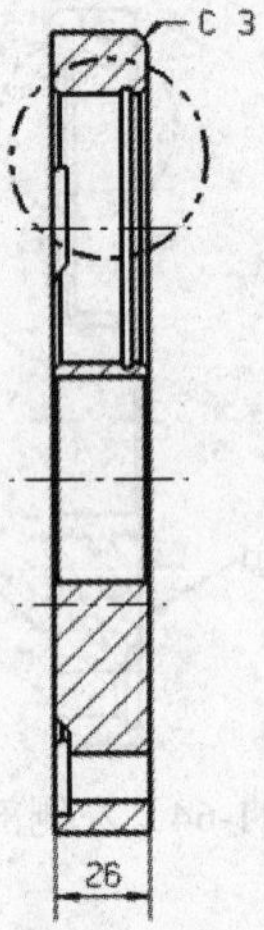

图11-71 创建倒斜角尺寸标注

11.4.3 创建粗糙度符号，并添加技术条件

完成以上操作后，即可添加粗糙度符号，并在图纸的左下角空白处添加技术条件。

具体操作步骤如下：

(1) 单击√(表面粗糙度符号)按钮，弹出如图11-72所示的“表面粗糙度”对话框。通过设置对话框中“属性”下面的各种参数并单击左边剖视图需创建粗糙度符号的直线，创建如图11-73所示的表面粗糙度符号。

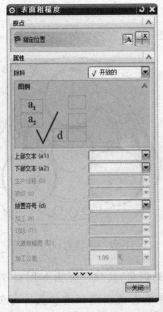

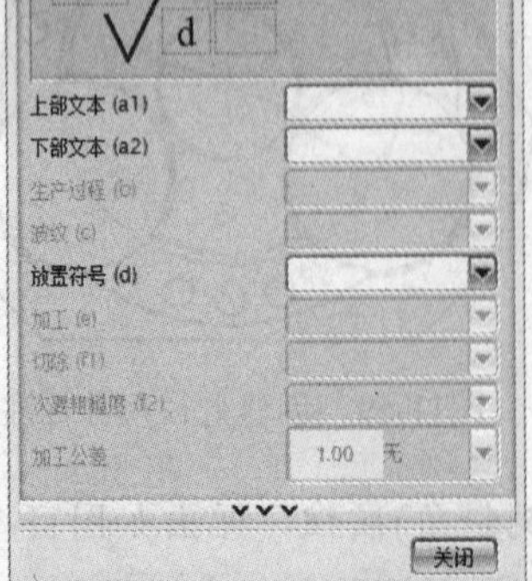

图11-72 “表面粗糙度”对话框

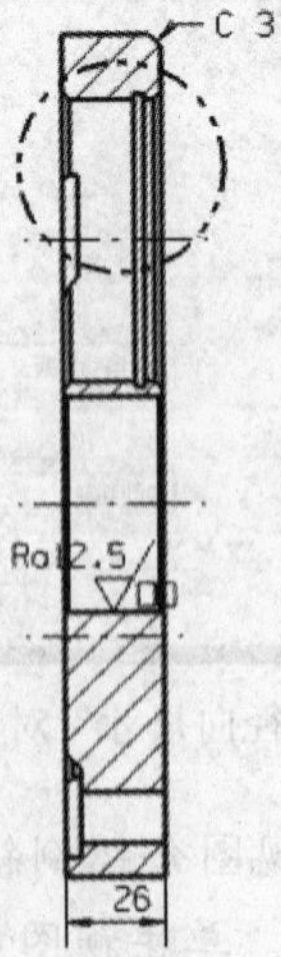

图11-73 创建表面粗糙度符号

(2) 单击A(注释)按钮，弹出“注释”对话框，如图11-74所示。在“文本输入”文本框内输入如图11-75所示的字样，然后单击工程图图纸左下角位置的一点，即可创建文字注释。

图11-74 “注释”对话框设置

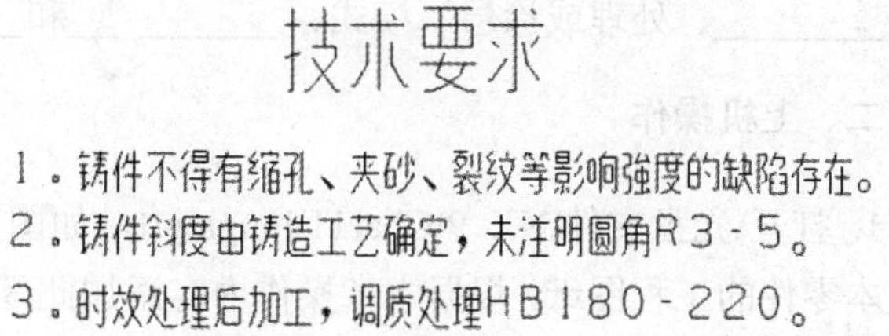
技术要求
1．铸件不得有缩孔、夹砂、裂纹等影响强度的缺陷存在。
2．铸件斜度由铸造工艺确定，未注明圆角R3-5。
3．时效处理后加工，调质处理HB180-220。

图11-75 创建注释字样

提示

若用户创建不出汉字字体，请设置对话框中的字体格式。字体格式的设置可参考第14章有关中国工具箱的介绍。

11.5 本章小结

本章介绍了NX 9工程制图模块进行尺寸标注添加、注释和标签添加、实用符号添加的详细的操作过程，并通过一个实例对工程图注释进行综合介绍。作为NX 9的基本章节，用户需熟练掌握本章操作内容。

11.6 习　　题

一、填空题

1. 使用“快速”命令，用户可根据选定对象和光标的位置自动判断尺寸类型来创建尺寸。快速标注尺寸包括__________的尺寸标注和__________的尺寸标注。

2. 利用“径向”命令可以创建圆形对象的__________或__________尺寸。

3. 利用“厚度”命令，可创建一个厚度尺寸，用以测量__________之间的距离。使用厚度标注尺寸的方法类似于使用线性点到点创建尺寸。

4. “相交”命令用于将两条__________延伸，在延伸曲线的交点处标注相交符号，目的是__________。

5. 焊接符号用来标示__________、__________等信息，利用该命令可创建用于标示这些信息的符号。

6. 利用“表面粗糙度符号”命令可创建一个表面粗糙度符号来指定曲面参数，如__________、处理或涂层、模式、__________和__________。

二、上机操作

1. 打开\光盘文件\NX 9\Char11\lungu.prt，如图11-76所示，请用户参考上一章操作内容创建本零件的工程图纸，根据本章操作内容添加此零件工程图纸的尺寸标注和注释内容。(内容随用户设置，但保证尺寸标注、注释和实用符号都能体现)

2. 打开\光盘文件\NX 9\Char11\dizuo.prt，如图11-77所示，请用户参考前面的操作内容创建本零件的工程图纸，并添加此零件工程图纸的尺寸标注和注释内容。

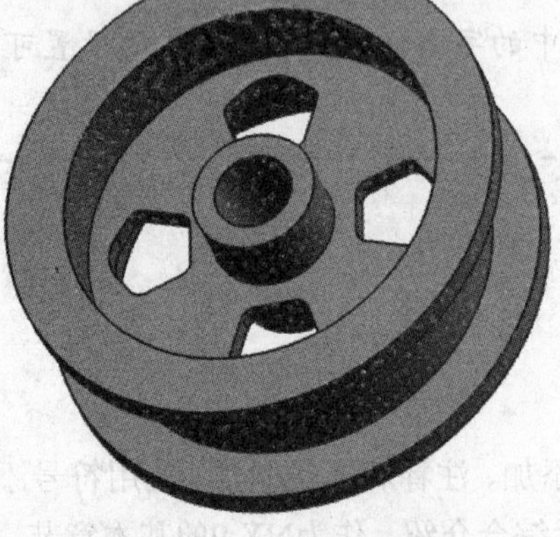

图11-76 上机操作习题1

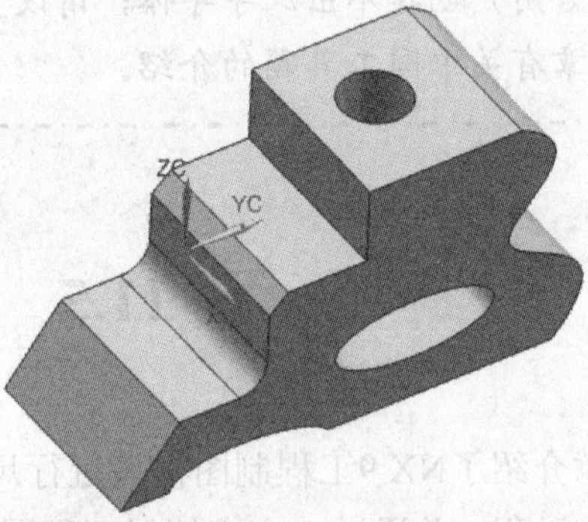

图11-77 上机操作习题2

第12章

钣 金 设 计

NX 9中的钣金模块提供了一个直接对钣金零件进行创建或编辑操作的基本环境，并可以利用钣金特征、材料特性等信息，设计基于实体建模的钣金零部件。

学习目标

- ✧ 掌握突出块和各种弯边工具的使用方法
- ✧ 掌握拐角、除料、冲压和折弯工具的使用方法
- ✧ 了解平板、平面展开和切边等工具的使用方法

12.1 钣金设计概述

钣金加工是使用可塑性强的铝板、钢板、铜板等板材进行折弯、剪切、冲压操作的一种加工方式。基于可塑性强的特点，钣金设计被广泛应用于汽车、航空、航天、机械和日用五金等行业。

12.1.1 钣金知识

钣金件就是薄板五金件，也就是可以通过冲压、弯曲、拉伸等手段来加工的零件，也可定义其为在加工过程中厚度不变的零件。钣金零件一般可分为平板类零件、弯曲类零件和曲面成形类零件三种类型。

钣金加工又称金属板材加工，是钣金技术职员需要把握的枢纽技术，也是钣金制品成形的重要工序。

钣金加工是包括传统的切割下料、冲裁加工、弯压成形等方法和工艺参数，又包括各种冷冲压模具结构和工艺参数、各种设备工作原理和操纵方法，还包括新冲压技术和新工艺。

钣金加工一般用到的材料有冷轧板(SPCC)、热轧板(SHCC)、镀锌板(SECC、SGCC)、铜、黄铜、紫铜、铍铜、铝板(6061、6063、硬铝等)、铝型材、不锈钢(镜面、拉丝面、雾面)。

因此，钣金设计被广泛应用于各行各业，如汽车、航空、航天、机械和日常五金等，在目前已逐渐成为零件加工行业的一个重要组成部分。

12.1.2 NX钣金界面

用户可通过两种方式进入NX钣金设计界面。一种通过新建NX钣金文件的方式创建钣金设计文件，并进入钣金设计模块窗口，如图12-1所示。

图12-1 创建钣金零件窗口

另一种方式是通过在建模模块窗口单击“应用模块”选项卡中的(钣金)按钮，亦可进入钣金设计模块，窗口样式同前一种方法相同。

12.1.3　钣金设计命令

新建钣金设计零件或切入钣金设计模块窗口后，“主页”选项卡工具栏内的命令发生变化，由建模模块命令变化为钣金设计模块命令，如图12-2所示。这些命令包括用于创建基本基体、折弯、拐角、凸模、特征、成形等操作命令。

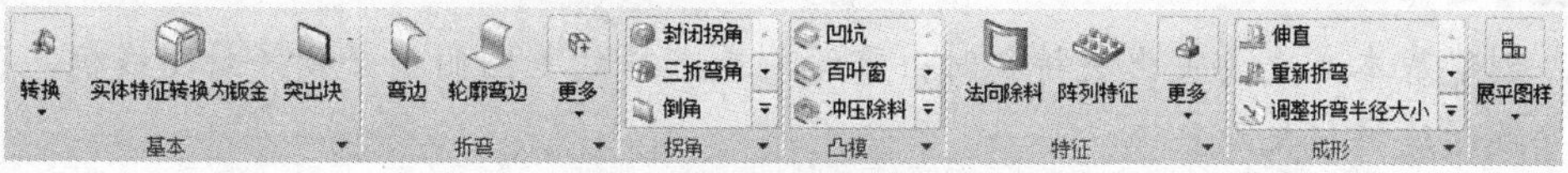

图12-2　钣金设计命令

12.2　钣金基体创建

NX 9钣金设计模块将钣金基体创建命令集合在“基本”命令框中，钣金基体创建命令包括突出块、实体特征转换为钣金、转换为钣金向导等命令。单击(转换)按钮，弹出更多钣金转换命令。

12.2.1　突出块

突出块特征又称垫片或钣金墙，是利用封闭的轮廓创建的任意形状的扁平特征，该特征也是NX钣金中最基础的特征，其他钣金特征都将在该特征上创建。

具体操作步骤如下：

(1) 在标准平面上绘制边为60mm×60mm的矩形轮廓，如图12-3所示。完成草图后单击(突出块)按钮，弹出“突出块”对话框。

(2) “突出块”对话框中的“类型”文本框选择“基本”，单击绘制的矩形草图轮廓作为“截面”，“厚度”设置为1.5mm。完成设置的“突出块”对话框如图12-4所示。

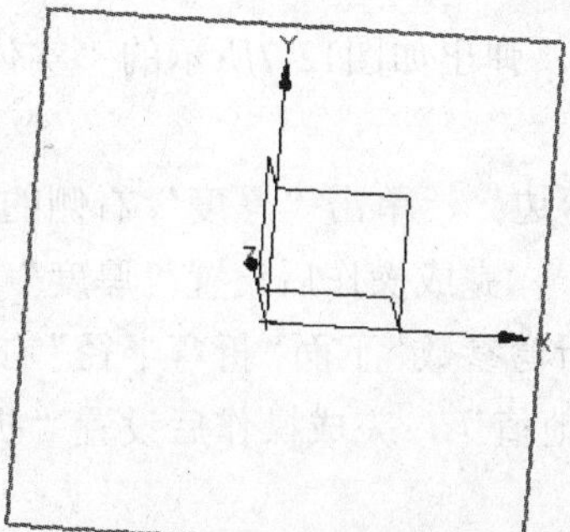

图12-3　绘制矩形草图轮廓

图12-4　“突出块”对话框设置

(3) 单击“突出块”对话框中的〈确定〉按钮，创建突出块如图12-5所示。

提示1

当视图区域存在基本特征时，可使用“次要”类型创建突出块特征，此类型创建步骤与“基本”类型相同。

提示2

创建基本或次要突出块特征时，需绘制或选择的草图曲线必须是封闭线框，否则将导致创建特征失败。

12.2.2 实体特征转换为钣金

利用“实体特征转换为钣金”命令可构建形状取自平面集的钣金模型，该命令就是通过选择钣金特征的多个腹板面来将实体转换为钣金的。

具体操作步骤如下：

(1) 使用建模模块创建如图12-6所示的长方体块特征，单击(实体特征转换为钣金)按钮，弹出“实体特征转换为钣金”对话框。

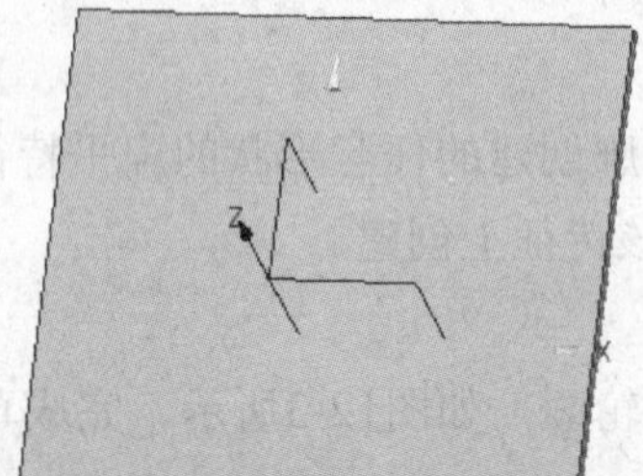

图12-5 创建钣金突出块特征

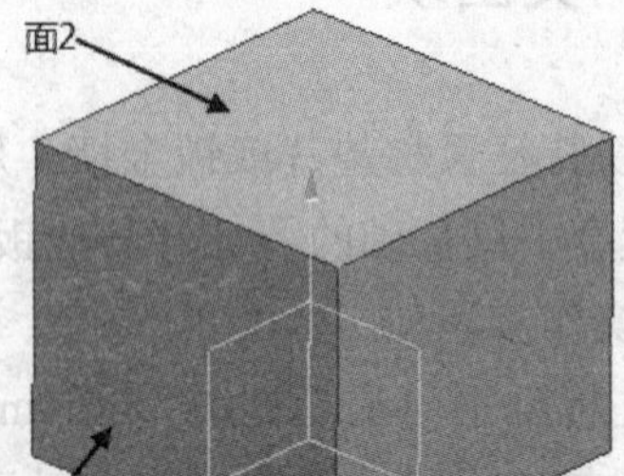

图12-6 创建长方体特征

(2) 依次单击“面1”、“面2”作为“腹板面”，弹出如图12-7所示的“实体特征转换为钣金”提示对话框，单击确定按钮。

软件自动将选择的两面的相接的边线作为“折弯边”，单击“厚度”右侧的(启用公式编辑器)按钮，在弹出的菜单中单击“使用本地值”，完成操作后设置“厚度”为1.5mm。

单击对话框下方的(更多)按钮后，单击“折弯参数”下面“折弯半径”右侧的(启用公式编辑器)按钮，在弹出的菜单中单击“使用本地值”，完成操作后设置“折弯半径”为4.0mm。

完成设置的“实体特征转换为钣金”对话框如图12-8所示。

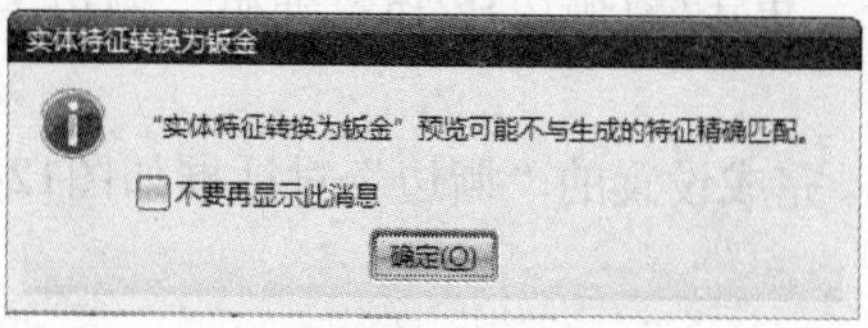

图12-7　提示对话框

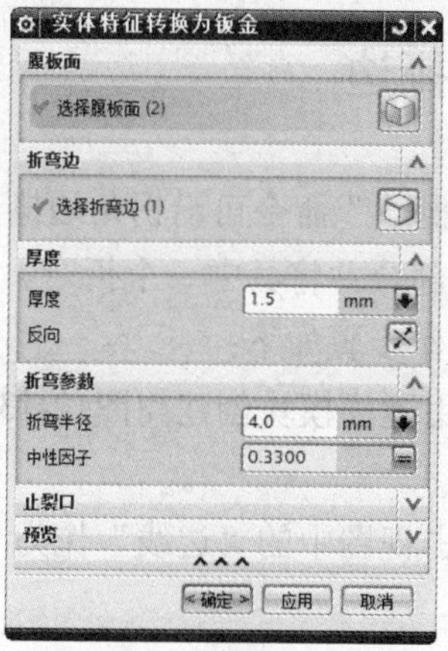

图12-8　“实体特征转换为钣金”对话框设置

(3) 单击“实体特征转换为钣金”对话框中的〈确定〉按钮，即可完成实体特征向钣金特征转换的操作，如图12-9所示。

将实体特征隐藏后即可得到如图12-10所示的钣金特征。

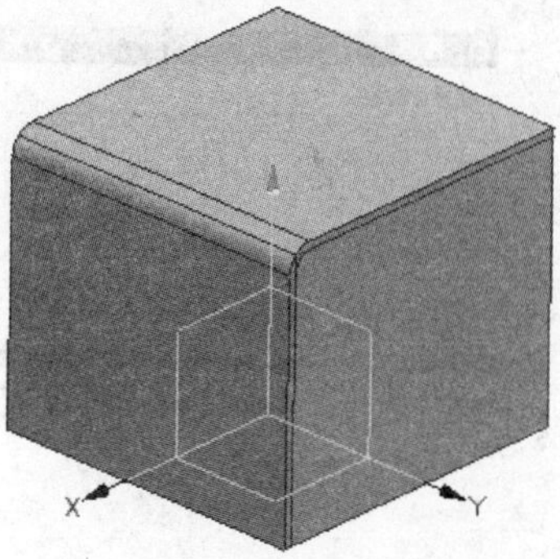

图12-9　完成转换操作视图

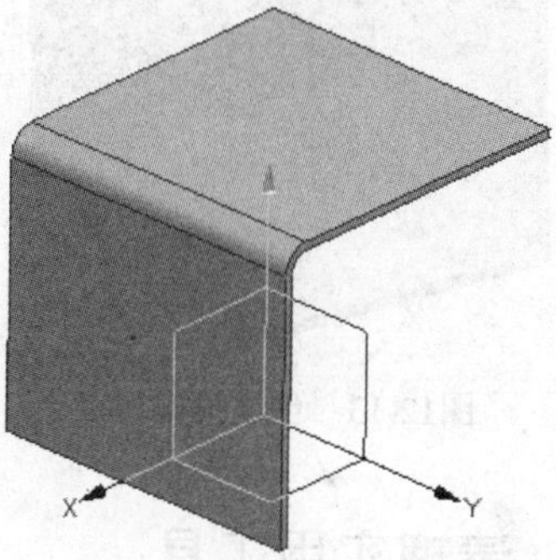

图12-10　隐藏实体仅显示钣金

提示

用户可选择更多的腹板面创建转换钣金特征，如图12-11所示，因为选择面的不同用户必须选择折弯边和设置止裂口方式创建如图12-12所示的钣金特征。

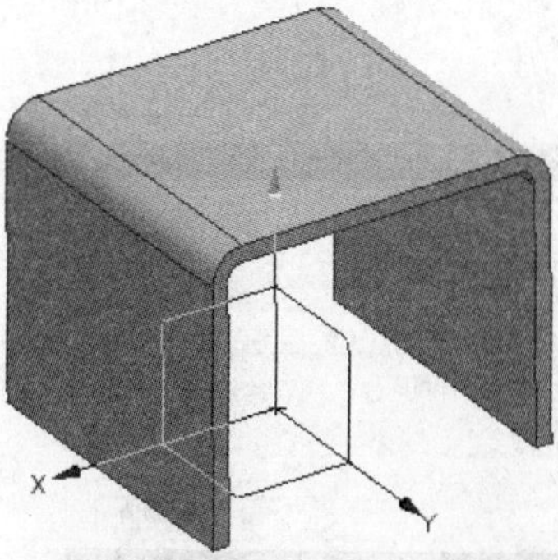

图12-11　多腹板面钣金特征

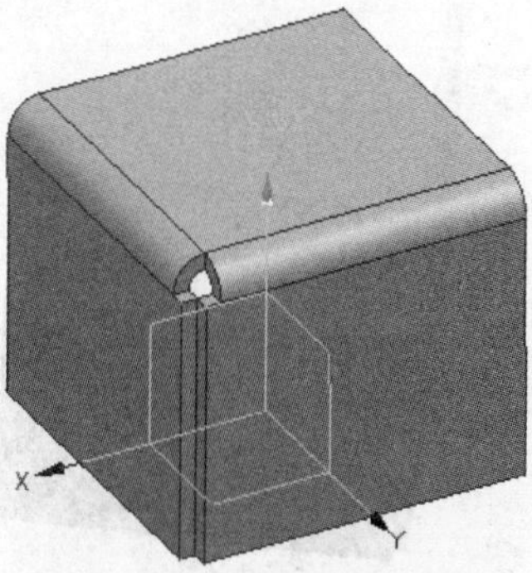

图12-12　带止裂口的钣金特征

12.2.3 撕边

利用“撕边”命令可沿拐角边撕开以将实体转换为钣金体，或是沿线性草图撕开以分割弯边的两个部分并将其中一个折弯。

具体操作步骤如下：

(1) 使用建模模块创建如图12-13所示的抽壳特征，单击(撕边)按钮，弹出“撕边”对话框。

(2) 单击视图中的“边线”作为“要撕开的边”，完成设置的“撕边”对话框如图12-14所示。

(3) 单击“撕边”对话框中的〈确定〉按钮，完成撕边操作，如图12-15所示。

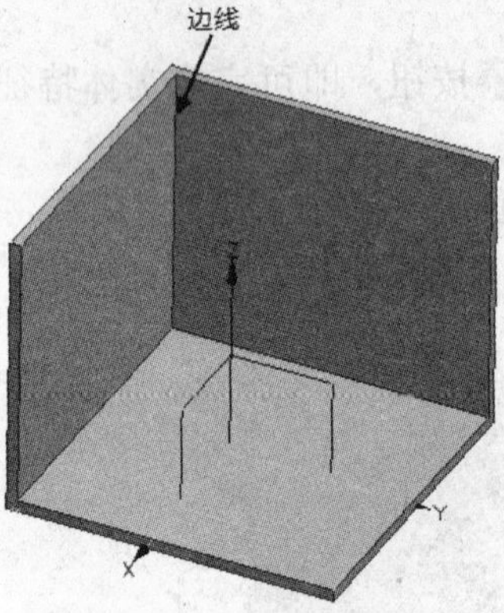

图12-13 创建抽壳特征

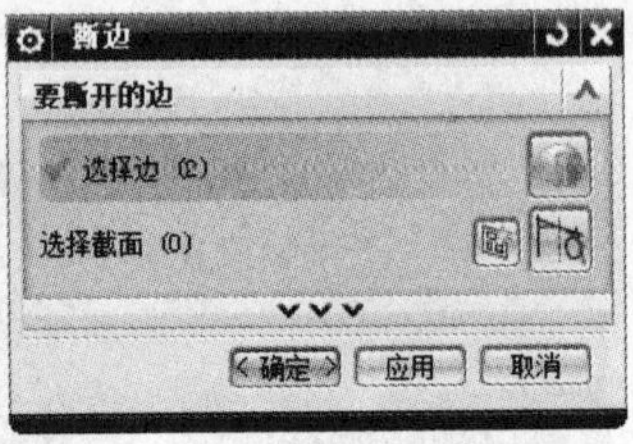

图12-14 “撕边”对话框设置

12.2.4 清理实用工具

利用“清理实用工具”命令可创建一个新体，使之符合“转换为钣金”特征的需求。

具体操作步骤如下：

(1) 仍以上一小节创建的抽壳零件为例介绍本命令操作过程。单击(清理实用工具)按钮，弹出如图12-16所示的“清理实用工具”对话框。

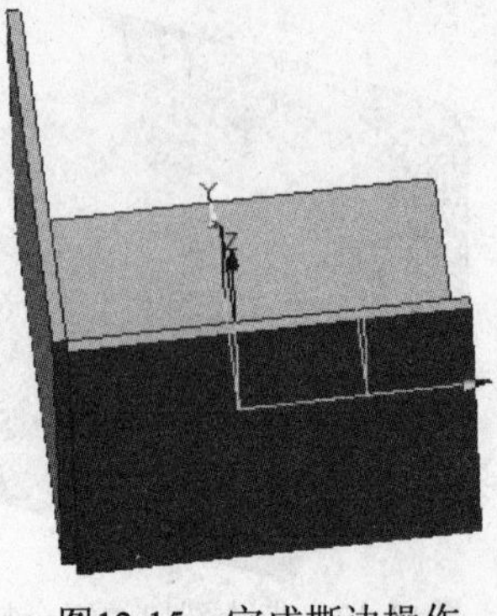

图12-15 完成撕边操作

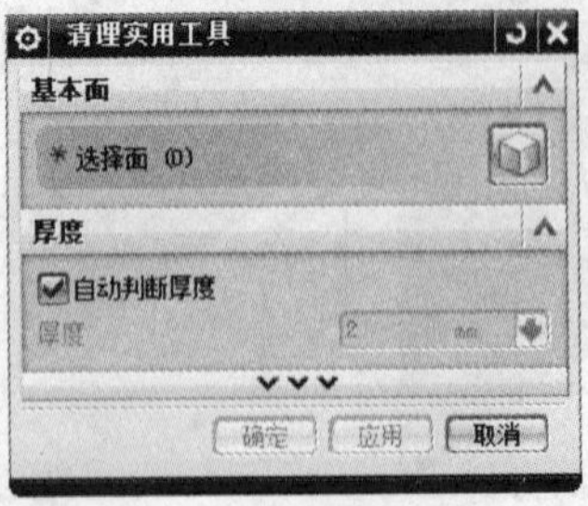

图12-16 “清理实用工具”对话框

(2) 单击抽壳零件的任意一个内侧面，选中“清理实用工具”对话框中“厚度”下面的“自动判断厚度”复选框。

(3) 单击“清理实用工具”对话框中的确定按钮，即可完成操作，创建新体如图12-17所示。

12.2.5 转换为钣金

利用“转换为钣金”命令通过选择基本面和撕开边将零件实体特征转换为钣金特征。

具体操作步骤如下：

(1) 仍然创建如图12-18所示的抽壳特征进行操作。单击(转换为钣金)按钮，弹出“转换为钣金”对话框。

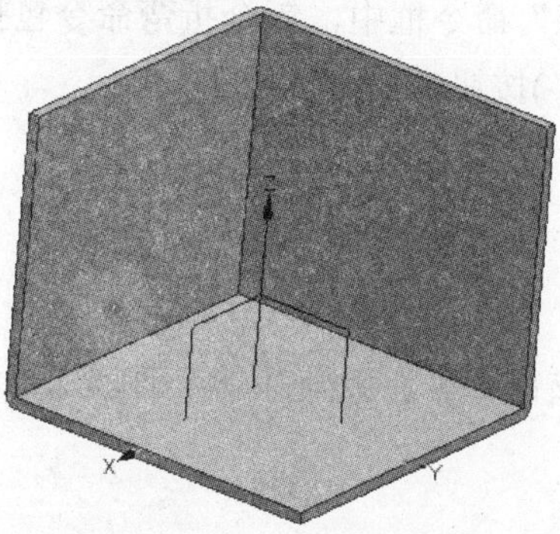

图12-17 完成清理操作

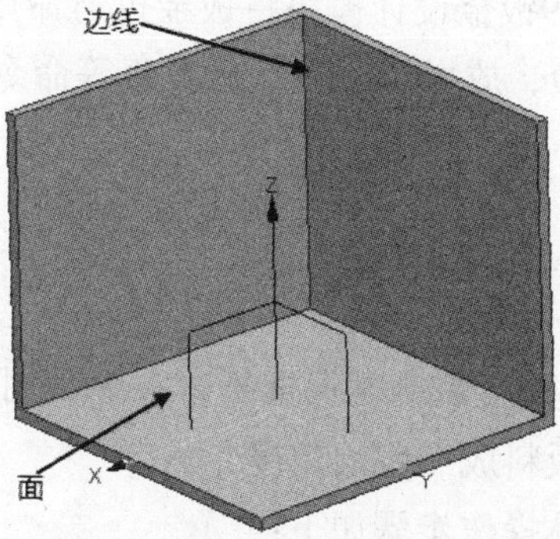

图12-18 抽壳特征标示

(2) 单击视图中的“面”作为“基本面”，单击“边线”作为“要撕开的边”，“转换为钣金”对话框中“止裂口”下面的“折弯止裂口”文本框选择“圆形”。完成设置的“转换为钣金”对话框如图12-19所示。

(3) 单击“转换为钣金”对话框中的确定按钮，即可完成将抽壳零件转换为钣金特征的操作，如图12-20所示。

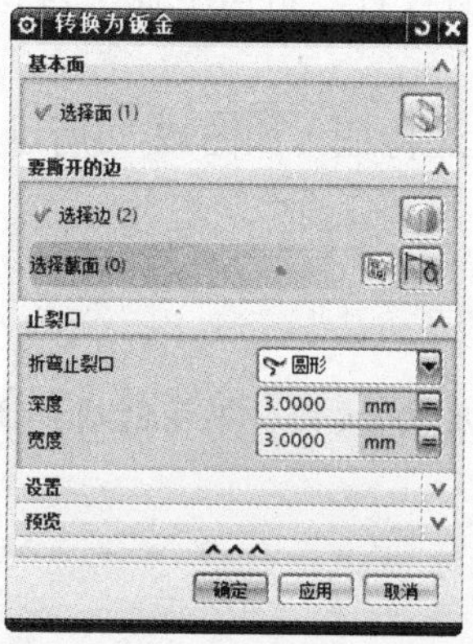

图12-19 “转换为钣金”对话框设置

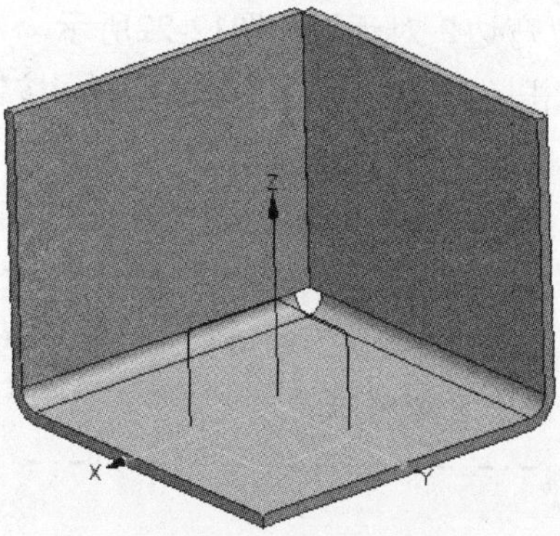

图12-20 完成转换操作

12.2.6 转换为钣金向导

利用“转换为钣金向导”命令可通过切边、清理几何体并转换为NX钣金体，可以从一般实体创建NX钣金模型。单击(转换为钣金向导)按钮，即可弹出“转换为钣金向导”对话框，用户可依次对撕边、清理实用工具、转换为钣金进行设置，最终完成由实体转换为钣金的操作。

12.3 钣金折弯

NX 9钣金设计模块将钣金折弯命令集合在“折弯”命令框中，钣金折弯命令包括弯边、轮廓弯边、放样弯边、二次折弯等命令。单击(更多)按钮弹出更多折弯命令。

12.3.1 弯边

“弯边”命令是钣金折弯中最常用的操作，利用该命令可在钣金基体上新增加一块板料，并与原板料成一定的角度。

具体操作步骤如下：

(1) 使用“突出块”命令创建如图12-21所示的钣金突出块特征，单击(弯边)按钮，弹出“弯边”对话框。

(2) 单击视图中的“边线”作为“基本边”，“弯边”对话框中“宽度”下面的“宽度选项”文本框选择“完整”；“弯边属性”下面的“长度”设置为20mm，“匹配面”文本框选择“无”，“角度”设置为60deg，“参考长度”文本框选择“内部”，“内嵌”文本框选择“材料外侧”；单击“折弯参数”下面的“折弯半径”右侧的(启用公式编辑器)按钮，在弹出的菜单中单击“使用本地值”选项，完成操作后设置“折弯半径”为4.0mm。完成设置的“弯边”对话框如图12-22所示。

(3) 单击“弯边”对话框中的<确定>按钮，即可创建弯边特征，如图12-23所示。

提示

用户单击“弯边”对话框中“弯边属性”下面的(反向)按钮，即可创建如图12-24所示的向下弯边特征。

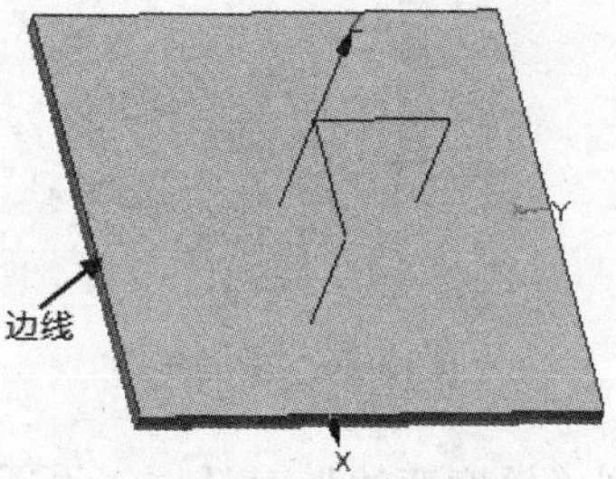

图12-21 创建突出块特征

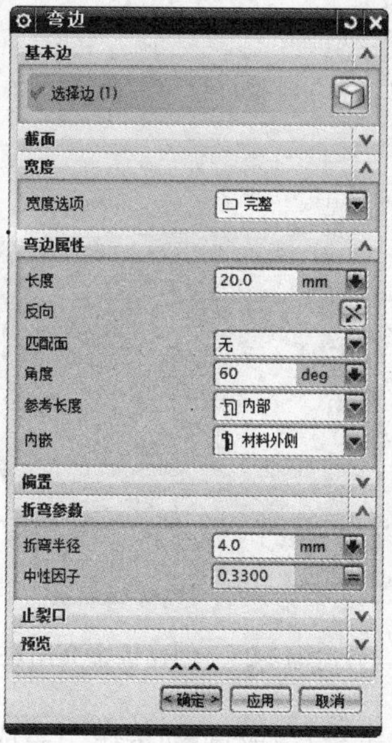

图12-22 “弯边”对话框设置

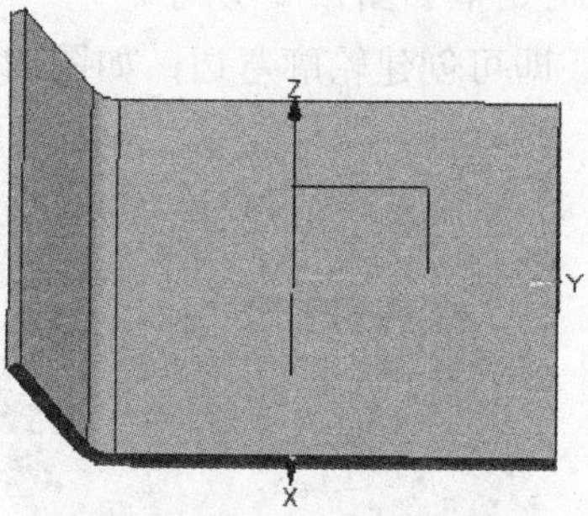

图12-23 创建向上弯边特征

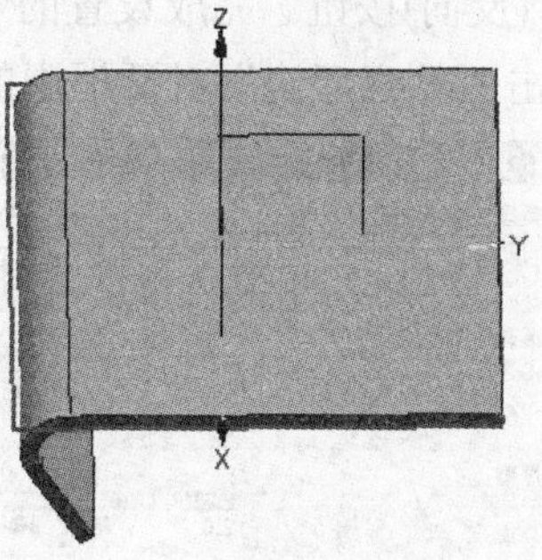

图12-24 创建向下弯边特征

12.3.2 轮廓弯边

利用“轮廓弯边”命令可通过沿矢量拉伸草图来创建钣金特征，或者通过沿边或沿边链扫掠草图来添加钣金特征。

具体操作步骤如下：

(1) 创建一尺寸为60mm×60mm×2.0mm的钣金突出块特征，如图12-25所示，单击(轮廓弯边)按钮，弹出“轮廓弯边”对话框。

(2) “轮廓弯边”对话框中的“类型”文本框选择“基本”，单击视图中的“端面”进入草图绘制模块窗口，使用“轮廓”命令绘制出如图12-26所示的草图轮廓(此处注意绘制出的草图轮廓应与边线有相切关系)。

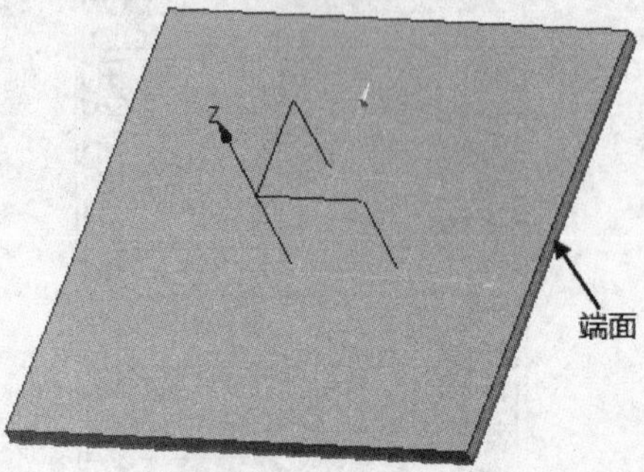

图12-25　创建钣金突出块

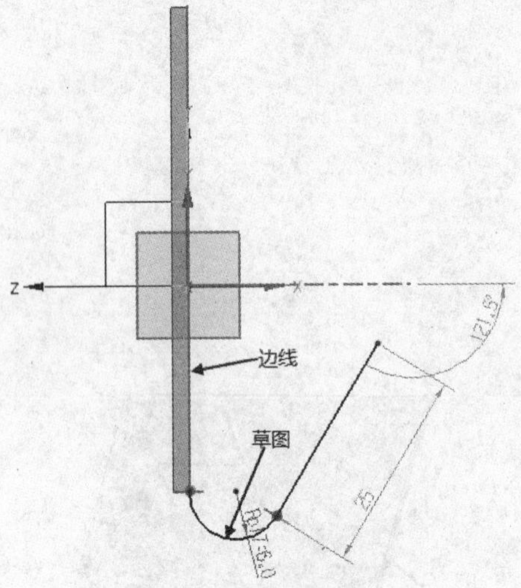

图12-26　绘制草图

(3) 单击(完成草图)按钮，完成草图绘制回到“轮廓弯边”对话框。设置“厚度”为2.0mm，“宽度”下面的“宽度选项”选择“有限”，“宽度”设置为35mm，根据预览效果图单击(反向)按钮。完成设置的“轮廓弯边”对话框如图12-27所示。

(4) 单击“轮廓弯边”对话框中的按钮，即可创建轮廓弯边，如图12-28所示。

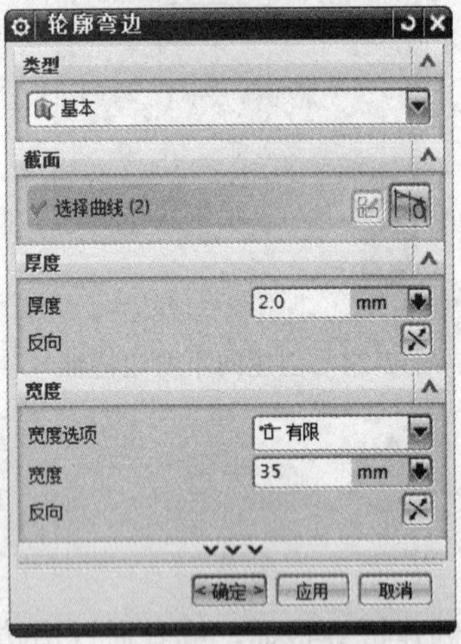

图12-27　“轮廓弯边”对话框设置

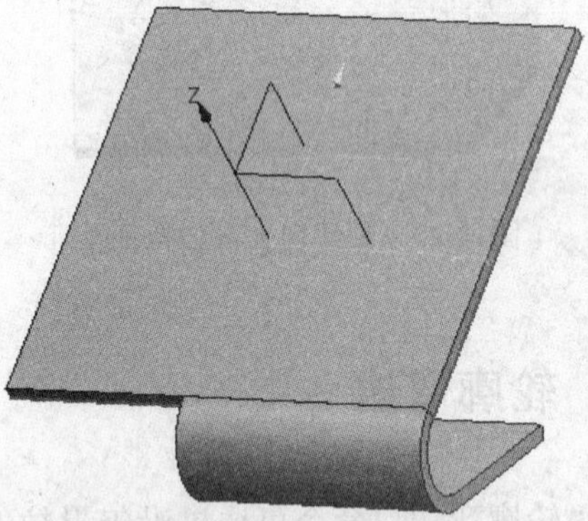

图12-28　创建轮廓弯边

12.3.3　折边弯边

利用“折边弯边”命令可通过将钣金弯边的边缘折叠到弯边上来修改模型，以便于安全操作或增加边缘刚度。

NX 9提供了封闭的、开放的、S型、卷曲、开环、闭环和中心环7种创建折边弯边的操作类型，本小节以S型折边弯边介绍操作步骤。

具体操作步骤如下：

(1) 仍然创建一尺寸为60mm×60mm×2.0mm的钣金突出块特征，单击(折边弯边)按钮，弹出“折边”对话框。

(2) “折边”对话框中的“类型”文本框选择“S型”，单击钣金突出块特征的一端边线作为“要折边的边”，“内嵌选项”下面的“内嵌”文本框选择“材料内侧”；“折弯参数”下面的“折弯半径”设置为3.0×2.0mm，“弯边长度”设置为20.0mm，“折弯半径”设置为3.0mm，“弯边长度”设置为20.0mm。完成设置的“折边”对话框如图12-29所示。

(3) 单击“折边”对话框中的<确定>按钮，即可创建折边弯边，如图12-30所示。

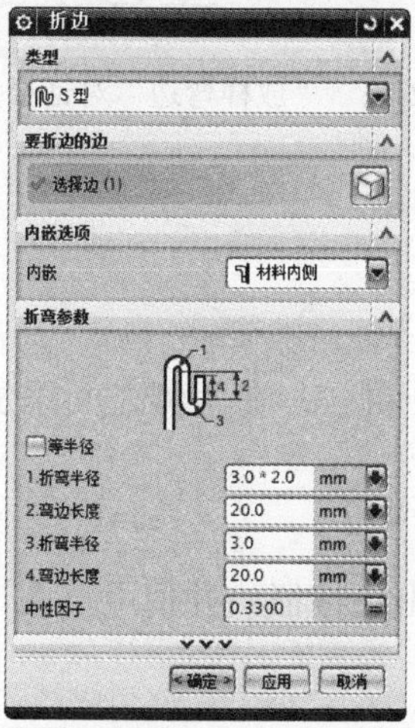

图12-29　“折边”对话框设置

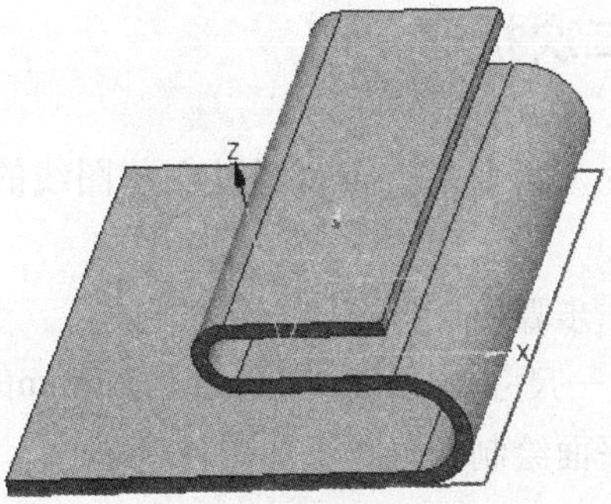

图12-30　创建折边弯边

12.3.4　放样弯边

利用“放样弯边”命令可在两个截面之间创建基本或次要特征，这两个截面之间的放样形状为线性过渡。

	起始文件	\光盘文件\NX 9\Char12\fangyang.prt

具体操作步骤如下：

(1) 根据起始文件路径打开fangyang.prt文件，打开的文件视图如图12-31所示。图中两草图轮廓是在两个相互平行的平面上绘制而成的圆弧，且两圆弧轮廓同心。

(2) 单击(放样弯边)按钮，弹出“放样弯边”对话框。“类型”文本框选择“基本”；单击视图中的“圆弧1”作为“起始截面”，单击“圆弧2”作为“终止截面”，“厚度”下面的“厚度”设置为2.0mm。完成设置的“放样弯边”对话框如图12-32所示。

(3) 单击“放样弯边”对话框中的<确定>按钮，创建放样弯边，如图12-33所示。

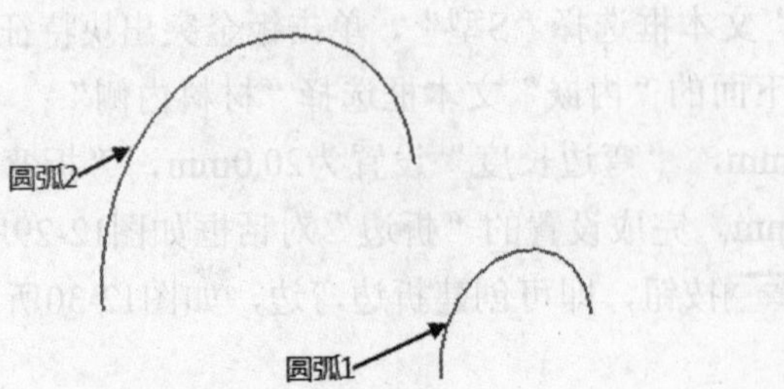

图12-31　起始文件视图

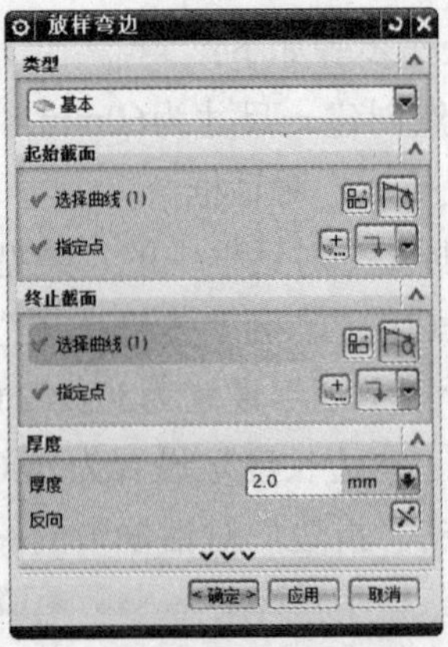

图12-32　“放样弯边”对话框设置

12.3.5　二次折弯

利用“二次折弯”命令可通过在草图线的一侧提升材料，在两侧之间添加弯边来修改模型。

具体操作步骤如下：

(1) 创建一尺寸为60mm×60mm×2.0mm的钣金突出块特征，并使用草图“直线”命令在钣金的上平面绘制一直线，如图12-34所示。

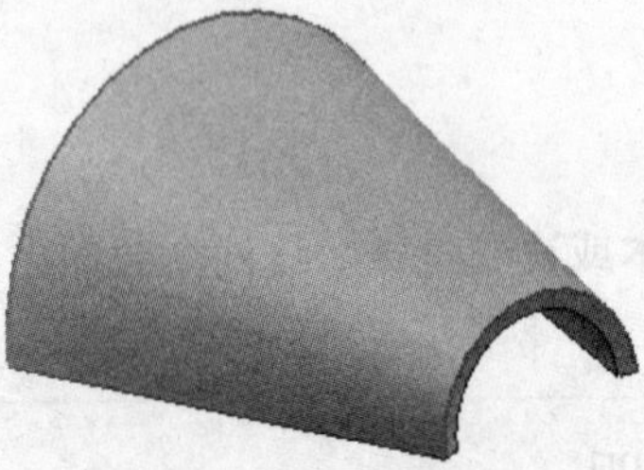

图12-33　创建放样弯边

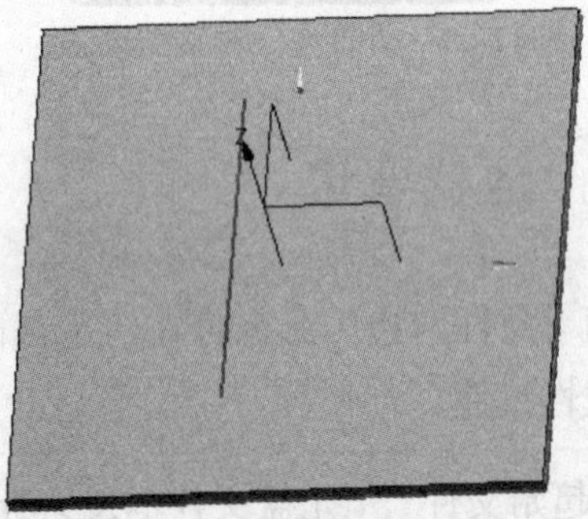

图12-34　在钣金平面上绘制直线

(2) 单击(二次折弯)按钮，弹出“二次折弯”对话框，单击钣金面上的直线作为“二次折弯线”；“二次折弯属性”下面的“高度”设置为15mm，“参考高度”文本框选择“内部”，“内嵌”文本框选择“材料外侧”，取消选中“延伸截面”复选框；“折弯参数”下面“折弯半径”设置为4.0mm，“止裂口”下面的“折弯止裂口”文本框选择“圆形”。完成设置的“二次折弯”对话框如图12-35所示。

(3) 单击“二次折弯”对话框中的确定按钮，完成二次折弯特征创建，如图12-36所示。

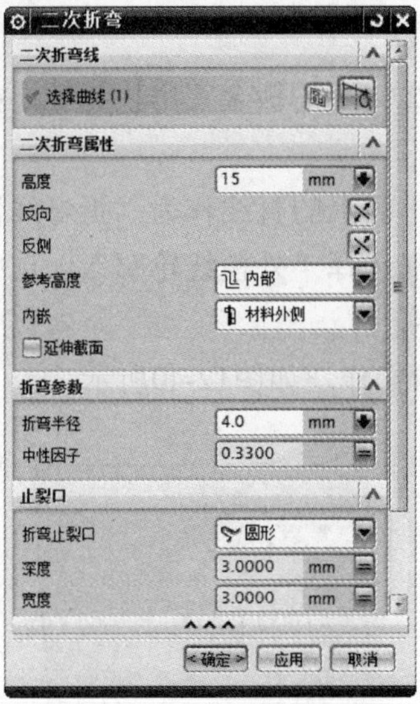

图12-35 “二次折弯”对话框设置

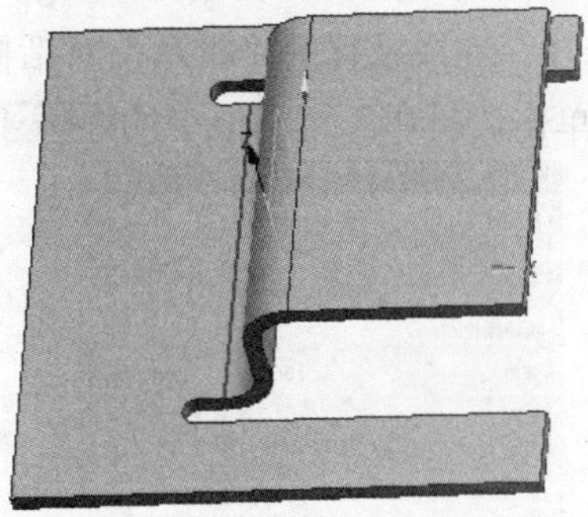

图12-36 创建二次折弯

提示1

用户可通过单击“二次折弯”对话框中的☒(反向)按钮改变折弯方向，如图12-37所示即为向左向下的二次折弯特征。

提示2

用户可通过选中“延伸截面”选项，将折弯曲线延伸并创建如图12-38所示的二次折弯特征。

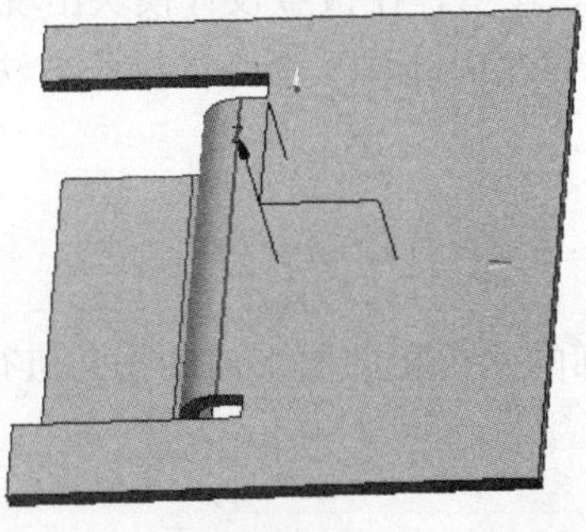

图12-37 创建向左向下的二次折弯

图12-38 创建延伸的二次折弯

12.3.6 折弯

利用“折弯”命令可在不添加实体的情况下，将现有的钣金特征沿折弯线的位置进行任意角度的弯边成型。

具体操作步骤如下：

(1) 同上一小节一样创建一尺寸为60mm×60mm×2.0mm的钣金突出块特征，并使用草图“直线”命令在钣金的上平面绘制一直线。

(2) 单击(折弯)按钮，弹出“折弯”对话框。单击面上的直线作为“折弯线”，“折弯属性”下面的“角度”设置为60deg，“内嵌”文本框选择“外模线轮廓”，选中“延伸截面”选项。完成设置的“折弯”对话框如图12-39所示。

(3) 单击“折弯”对话框中的<确定>按钮，完成折弯操作，如图12-40所示。

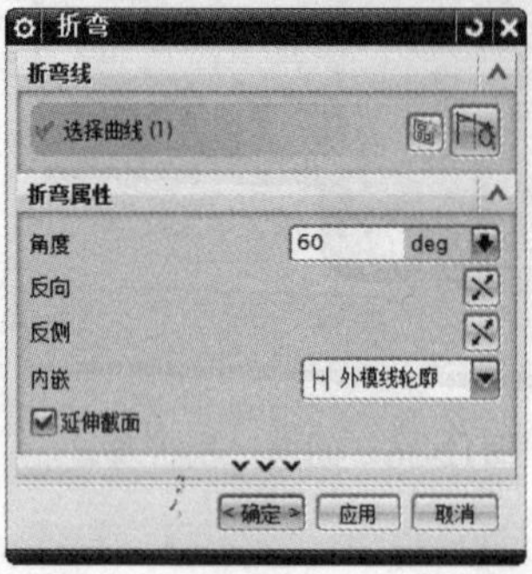

图12-39　“折弯”对话框设置

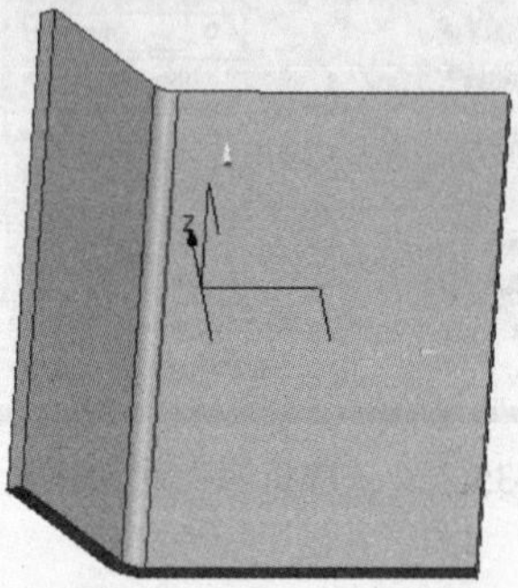
图12-40　完成折弯操作

12.4　拐角和特征

拐角即是在钣金特征的基础面，和与其相邻的具有相同参数的弯曲面之间的公共顶点位置处形成的特征。拐角包括了封闭拐角、三折弯角、倒角、倒斜角和折弯拔锥等命令，这些命令被集合在“拐角”命令框中。

特征操作命令包括设计特征、关联复制、组合、修剪，在钣金设计模块出现的各种特征操作命令中，大部分都在前面出现过。本节仅介绍“法向除料”命令的操作方法。

12.4.1　封闭拐角

利用“封闭拐角”命令可以对由基础面和其相邻的两个相邻面形成的拐角进行拐角形状、大小以及拐角处边的叠加的编辑。

具体操作步骤如下：

(1) 创建一长方体块特征，使用“实体特征转换为钣金”命令创建如图12-41所示的钣金特征。

(2) 单击(封闭拐角)按钮，弹出“封闭拐角”对话框。“类型”文本框选择“封闭和止裂口”，依次单击视图中的“折弯1”和“折弯2”；“拐角属性”下面的“处理”文本框选择“U形除料”，“重叠”文本框选择“封闭的”，“缝隙”设置为2mm；“止裂口特征”

下面的“原点”文本框选择“折弯中心”，“直径”设置为12mm，“偏置”设置为2mm。完成设置的“封闭拐角”对话框如图12-42所示。

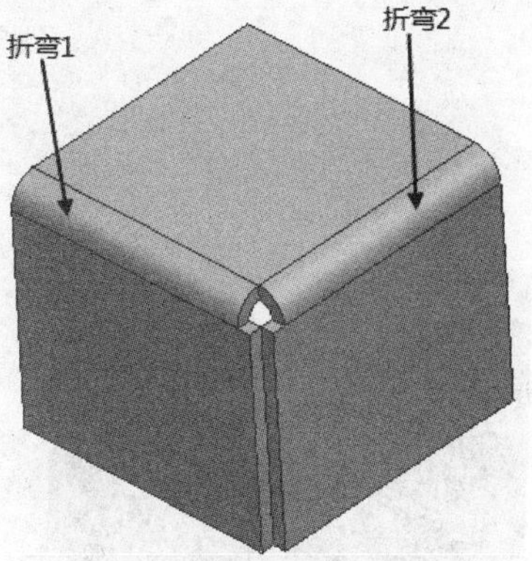

图12-41 创建钣金特征

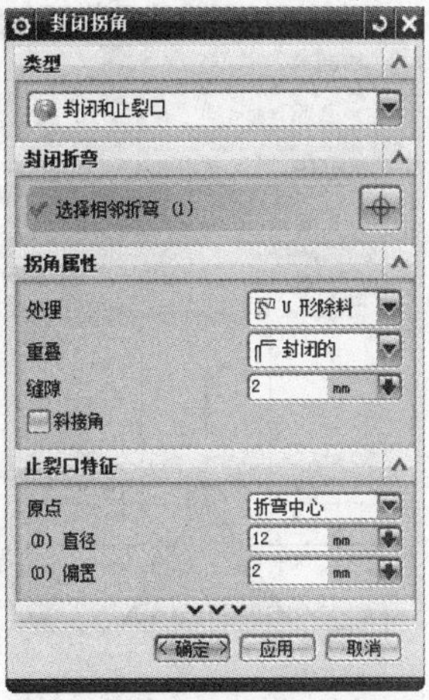

图12-42 “封闭拐角”对话框设置

(3) 单击“封闭拐角”对话框中的确定按钮，完成封闭拐角操作，如图12-43所示。

12.4.2 三折弯角

利用“三折弯角”命令可通过延伸折弯和弯边使三个相邻弯边相连的地方封闭拐角。

	起始文件	\光盘文件\NX 9\Char12\sanzhe.prt

具体操作步骤如下：

(1) 根据起始文件路径打开sanzhe.prt文件，打开的文件视图如图12-44所示。

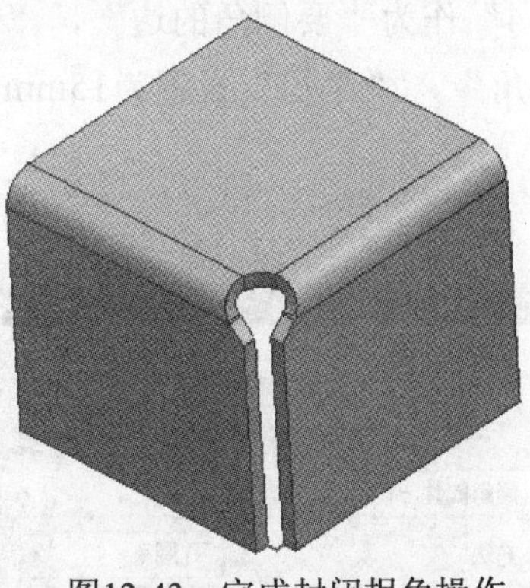

图12-43 完成封闭拐角操作

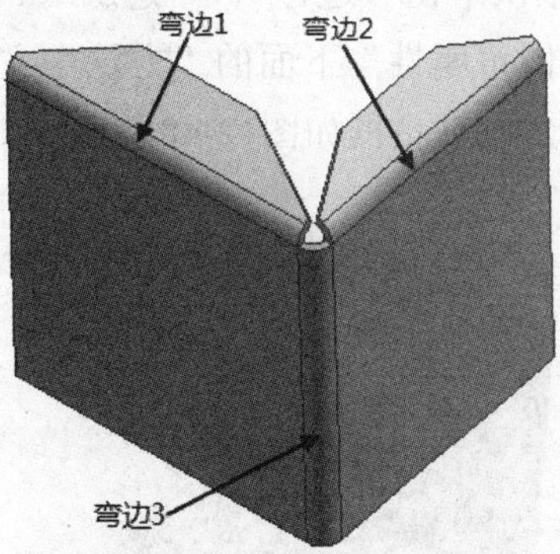

图12-44 起始文件视图

(2) 单击(三折弯角)按钮，弹出“三折弯角”对话框。依次单击视图内“弯边1”、“弯边2”、“弯边3”，对话框“拐角属性”下面的“处理”文本框选择“圆形除料”，“直径”

设置为10mm。完成设置的“三折弯角”对话框如图12-45所示。

(3) 单击“三折弯角”对话框中的<确定>按钮，完成三折弯角操作，如图12-46所示。

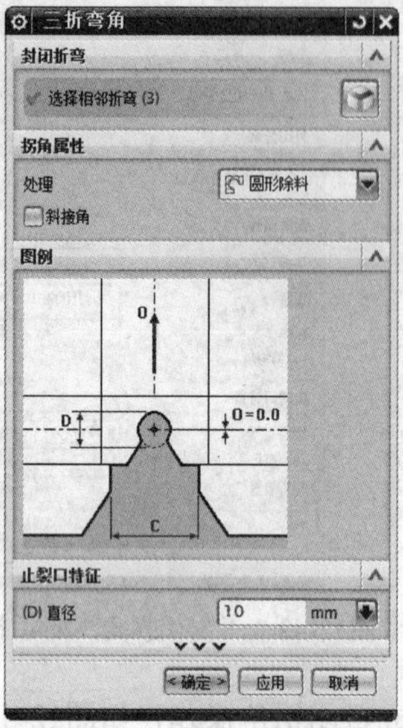

图12-45 “三折弯角”对话框设置

图12-46 完成三折弯角操作

12.4.3 倒角

利用“倒角”命令可以对钣金实体特征的基础面或折弯面的锐边进行倒圆角或倒斜角操作。

具体操作步骤如下：

(1) 创建如图12-47所示的钣金特征，单击(倒角)按钮，弹出“倒角”对话框。

(2) 依次单击“边1”、“边2”、“边3”、“边4”作为“要倒角的边”，“倒角”对话框中“倒角属性”下面的“方法”文本框选择“圆角”，“半径”设置为15mm。完成设置的“倒角”对话框如图12-48所示。

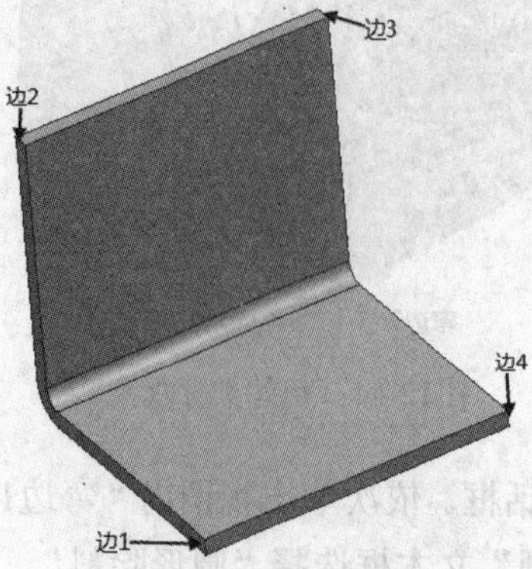

图12-47 创建钣金特征

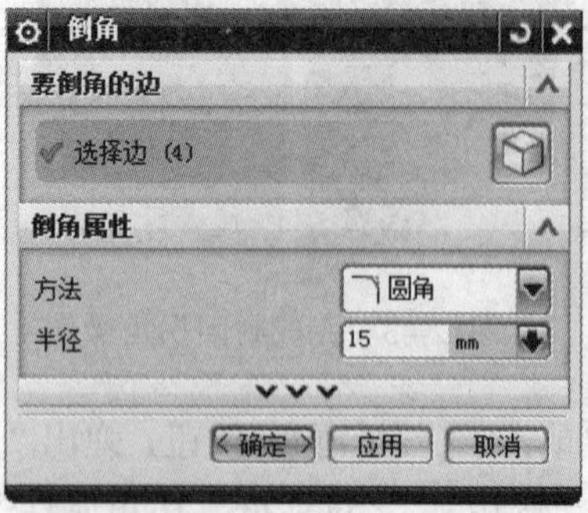

图12-48 “倒角”对话框设置

(3) 单击“倒角”对话框中的〈确定〉按钮，即可在选中的边上创建倒圆角，如图12-49所示。

12.4.4 倒斜角

利用“倒斜角”命令可对面之间的锐边进行倒斜角操作。此命令的使用方法同“倒角”命令类似，都是通过选中锐边再设置尺寸实现的。单击(倒斜角)按钮激活命令，单击锐边设置“倒斜角”对话框倒斜角方式和尺寸，完成如图12-50所示的倒斜角操作。

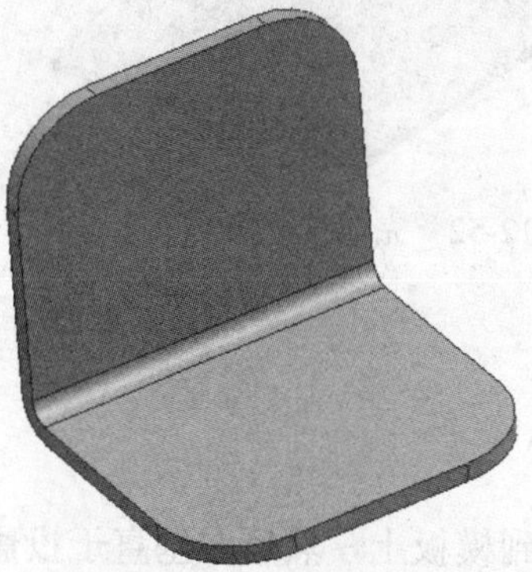

图12-49 创建倒圆角特征

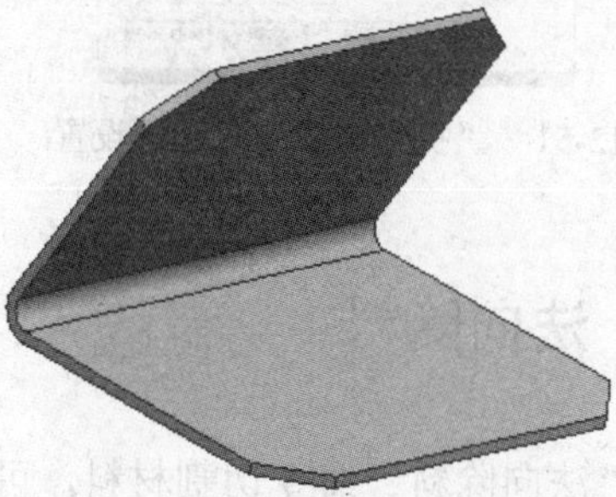

图12-50 创建倒斜角特征

12.4.5 折弯拔锥

利用“折弯拔锥”命令在折弯面或腹板面的一侧或两侧创建折弯拔锥。

具体操作步骤如下：

(1) 仍然以上一小节钣金特征为例，单击(折弯拔锥)按钮，弹出“折弯拔锥”对话框。

(2) 单击视图中的折弯弧面作为“折弯面”，“折弯拔锥”对话框中“锥角属性”下面的“锥角侧”文本框选择“第1侧”；“锥角定义第1侧”下面“折弯”下面的“拔锥”文本框选择“线性”，“输入方法”文本框选择“角度”，“锥角”设置为10deg；“腹板”下面的“拔锥”文本框选择“面链”，“锥角”设置为10deg。完成设置的“折弯拔锥”对话框如图12-51所示。

(3) 单击“折弯拔锥”对话框中的确定按钮，完成拔锥操作，如图12-52所示。

提示

本小节介绍的是单侧拔锥操作，“锥角侧”文本框提供了三种拔锥操作类型，用户可根据需要设置不同的锥角侧。

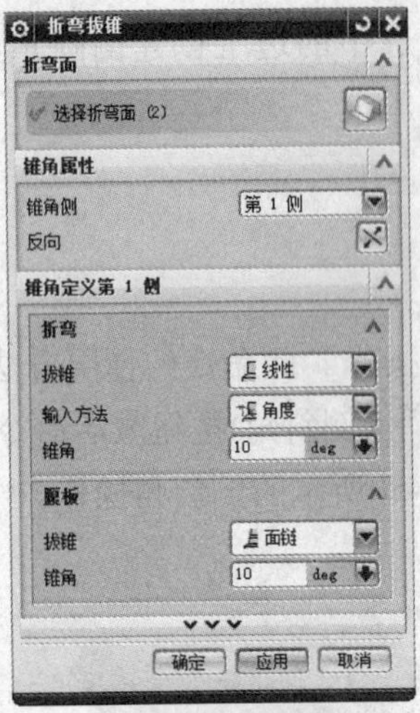

图12-51 “折弯拔锥”对话框设置

图12-52 完成拔锥操作

12.4.6 法向除料

利用“法向除料”命令切割材料，可将草图投影到模板上，然后在垂直于投影相交的面的方向上进行切割。

	起始文件	\光盘文件\NX 9\Char12\chuliao.prt

具体操作步骤如下：

(1) 根据起始文件路径打开chuliao.prt文件，打开的文件视图如图12-53所示。

(2) 单击(法向除料)按钮，弹出“法向除料”对话框。“类型”文本框选择“草图”，单击基准平面，即可进入草绘模式，绘制如图12-54所示的矩形轮廓草图。

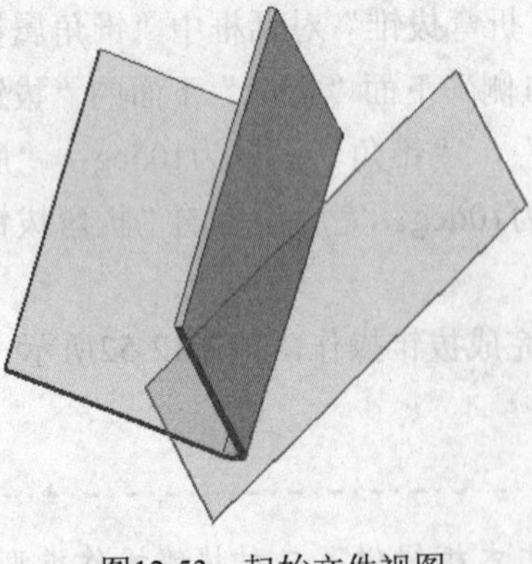

图12-53 起始文件视图

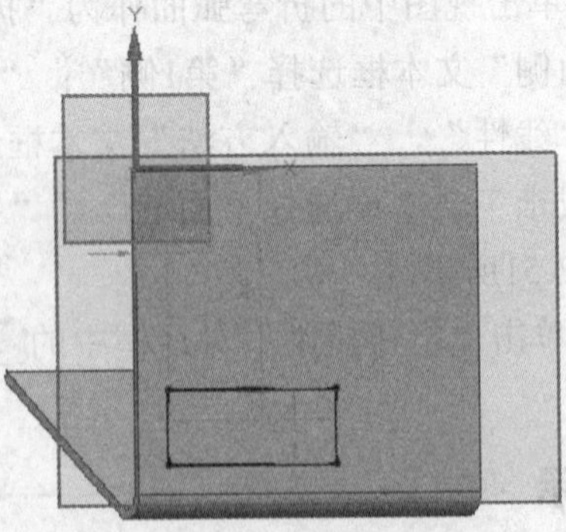

图12-54 绘制矩形轮廓草图

(3) 单击(完成草图)按钮，退出草绘模式，重新回到“法向除料”对话框。此时可看到软件自动选择绘制的矩形轮廓作为“截面”；“法向除料”对话框中“除料属性”下面的

“切削方法”文本框选择“厚度”，“限制”文本框选择“贯通”。完成设置的“法向除料”对话框如图12-55所示。

(4) 单击“法向除料”对话框中的 确定 按钮，完成法向除料操作，如图12-56所示。

图12-55 “法向除料”对话框设置

图12-56 完成法向除料操作

12.5 冲压特征

冲压是指通过模具对板料施加外力，是板料经分离或变形得到的工具的工艺统称。它根据模具的特点及冲压属性可分为凹坑、百叶窗、冲压除料和筋等实体特征。

12.5.1 凹坑

凹坑是钣金零件表面上通过绘制的草图，将其沿表面法向提升的一个凹陷区域，通常用于钣金件上凹槽的创建。

具体操作步骤如下：

(1) 利用“突出块”命令创建钣金突出块，如图12-57所示，单击(凹坑)按钮，弹出“凹坑”对话框。

(2) 单击突出块的上表面，即可进入草绘模式，绘制如图12-58所示的矩形轮廓草图。

图12-57 创建钣金突出块

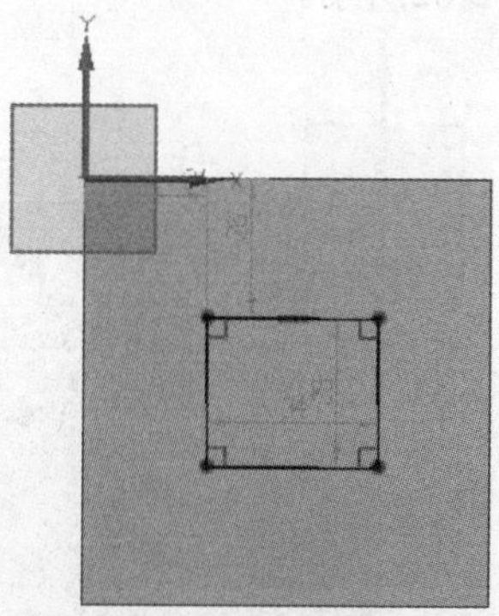

图12-58 绘制矩形轮廓草图

(3) 单击(完成草图)按钮，退出草绘模式，重新回到“凹坑”对话框。此时可看到软件自动选择绘制的矩形轮廓作为“截面”；“凹坑属性”下面的“深度”设置为10mm，“侧角”设置为2deg，“参考深度”文本框选择“内部”，“侧壁”文本框选择“材料内侧”。完成设置的“凹坑”对话框如图12-59所示。

(4) 单击“凹坑”对话框中的<确定>按钮，在突出块上创建凹坑，如图12-60所示。

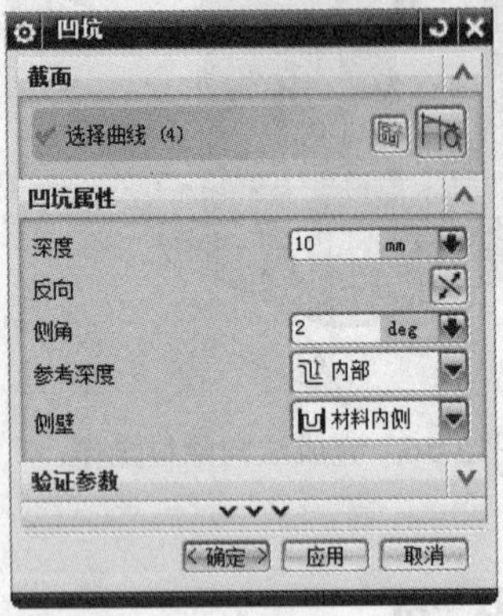

图12-59 “凹坑”对话框设置

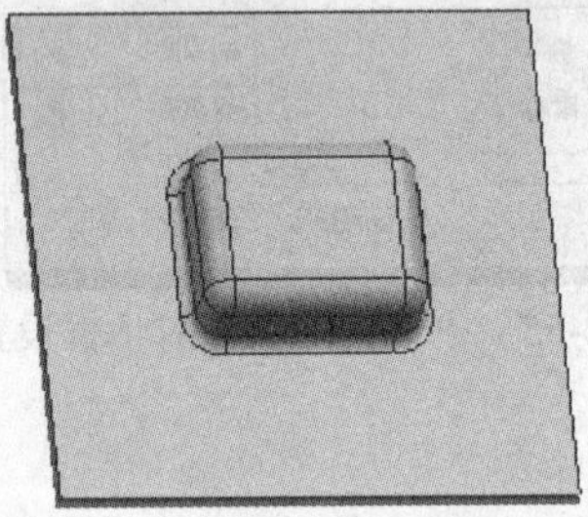

图12-60 创建钣金凹坑

12.5.2 百叶窗

百叶窗是利用草图环境绘制的直线，并通过撕口或成型操作，创建具有棱边的模型冲孔，它主要用于钣金件散热、通风和透气孔的创建。

具体操作步骤如下：

(1) 创建钣金突出块特征，单击(百叶窗)按钮，弹出“百叶窗”对话框。

(2) 单击突出块的上表面，即可进入草绘模式，绘制如图12-61所示的直线轮廓草图。

(3) 单击(完成草图)按钮，退出草绘模式，重新回到“百叶窗”对话框。此时可看到软件自动选择绘制的直线轮廓作为“切割线”；“百叶窗属性”下面的“深度”设置为5mm，“宽度”设置为10mm，“百叶窗形状”文本框选择“成形的”。完成设置的“百叶窗”对话框如图12-62所示。

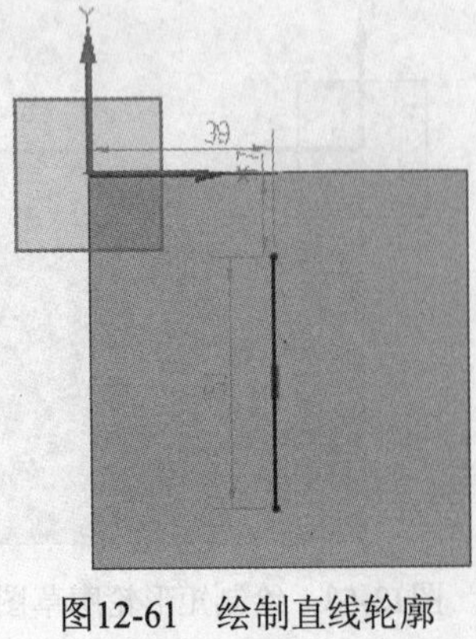

图12-61 绘制直线轮廓

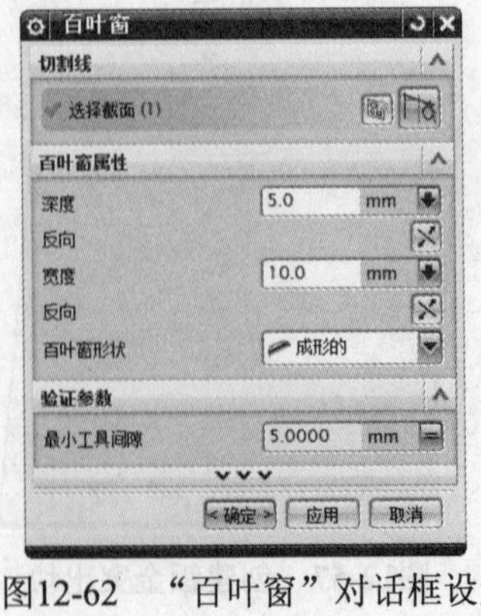

图12-62 “百叶窗”对话框设置

(4) 单击“百叶窗”对话框中的<确定>按钮，即可在钣金突出块上创建百叶窗特征，如图12-63所示。

提示

NX 9提供了创建百叶窗的两种形状，如图12-64所示为“冲裁的”形状的百叶窗特征。

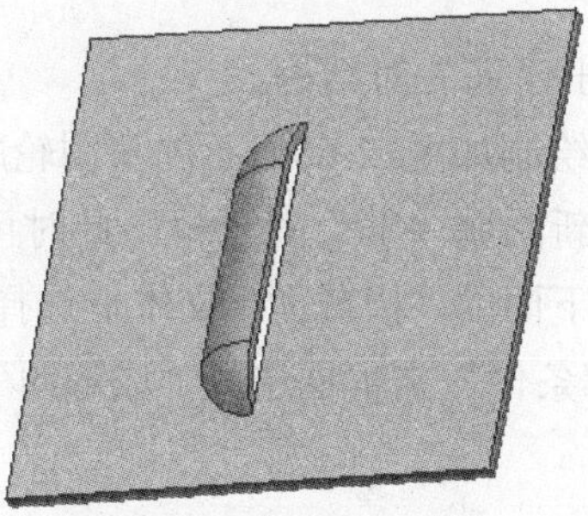

图12-63　成形的百叶窗

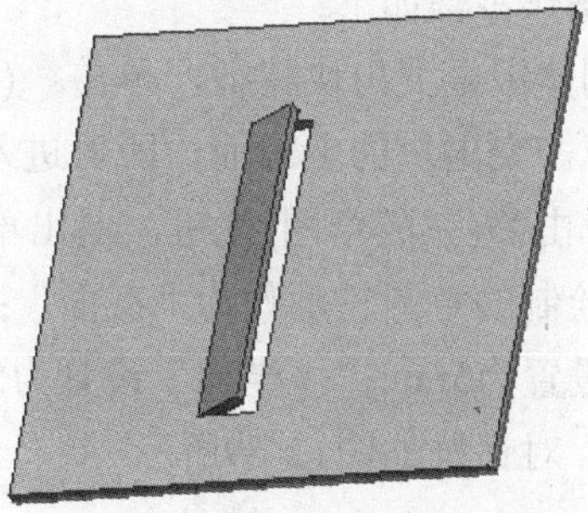

图12-64　冲裁的百叶窗

12.5.3　冲压除料

冲压除料是通过在钣金表面绘制的封闭草图，将其表面沿法向方向提升，并内切该模型形成的一个区域。利用该命令可在钣金件上创建不同形状的内切槽。

具体操作步骤如下：

(1) 创建钣金突出块特征，单击(冲压除料)按钮，弹出“冲压除料”对话框。

(2) 单击突出块的上表面，即可进入草绘模式，绘制如图12-65所示的六边形轮廓草图。

(3) 单击(完成草图)按钮，退出草绘模式，重新回到“冲压除料”对话框。此时可看到软件自动选择绘制的六边形轮廓作为“截面”；“除料属性”下面的“深度”设置为10mm，“侧角”设置为2deg，“侧壁”文本框选择“材料外侧”。完成设置的“冲压除料”对话框如图12-66所示。

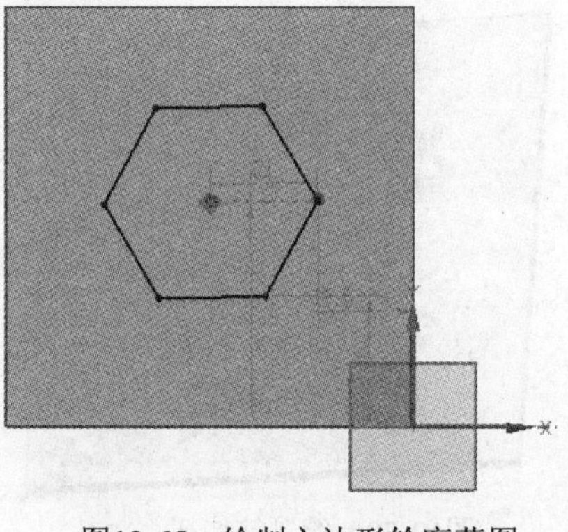

图12-65　绘制六边形轮廓草图

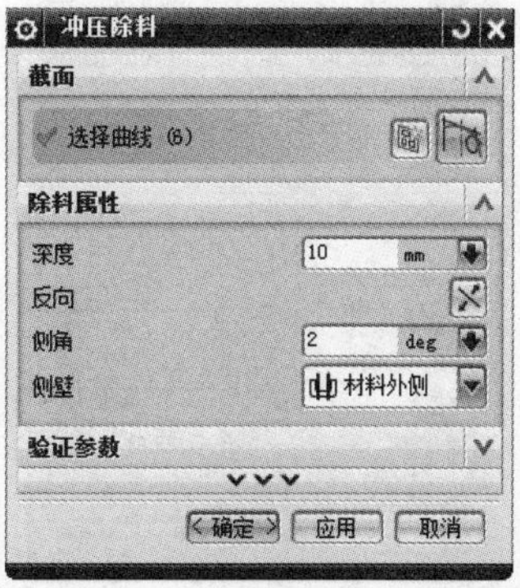

图12-66　“冲压除料”对话框设置

(4) 单击“冲压除料”对话框中的〈确定〉按钮，即可在钣金突出块上创建冲压除料特征，如图12-67所示。

12.5.4 筋

利用“筋”命令可在钣金零件表面的引导线上添加加强筋，筋是机械设计中为了增加钣金件的刚度而添加的一种辅助性实体特征。

具体操作步骤如下：

(1) 创建钣金突出块特征，单击(筋)按钮，弹出“筋”对话框。

(2) 单击突出块的上表面，即可进入草绘模式，绘制如图12-68所示的草图轮廓。

(3) 单击(完成草图)按钮，退出草绘模式，重新回到“筋”对话框。此时可看到软件自动选择绘制的草图轮廓作为“截面”；“筋属性”下面的“横截面”文本框选择“圆形”，“深度”设置为5mm，“半径”设置为5mm，“端部条件”文本框选择“成形的”。完成设置的“筋”对话框如图12-69所示。

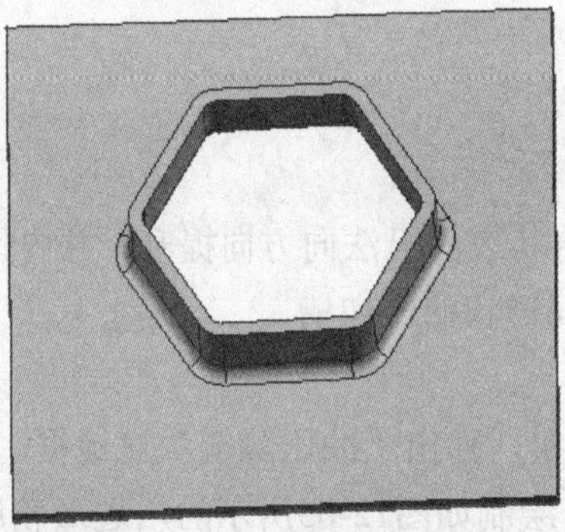

图12-67　创建冲压除料特征

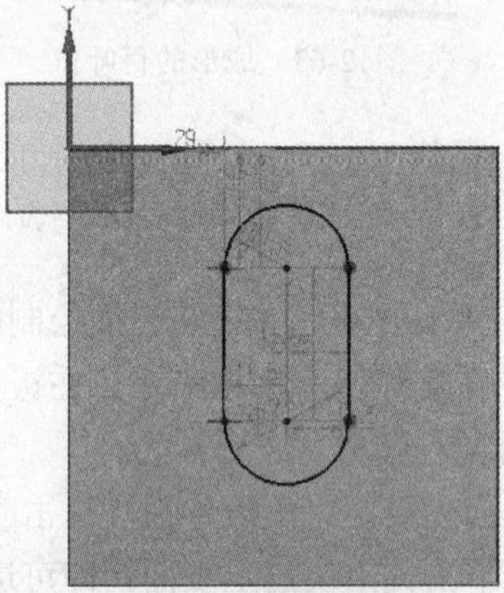

图12-68　绘制草图轮廓

(4) 单击“筋”对话框中的〈确定〉按钮，即可在钣金突出块上创建筋特征，如图12-70所示。

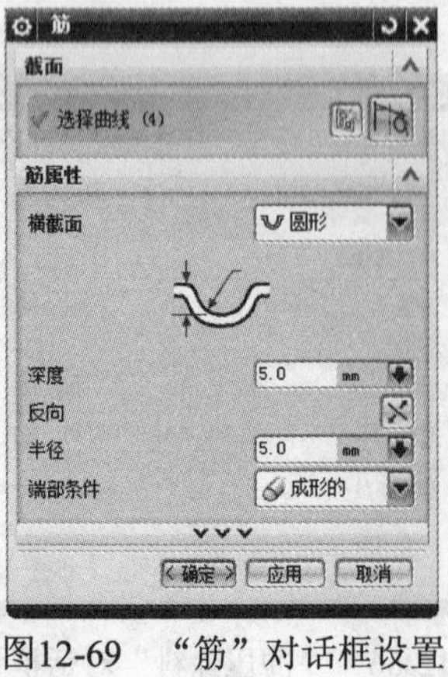

图12-69　“筋”对话框设置

图12-70　绘制筋特征

提示

创建筋特征所需的草图轮廓可以是闭合的，也可以是开放的，但所有轮廓必须相切连接。

12.6 成形与展平

NX 9钣金设计模块中，不仅可以通过上面介绍的各种工具命令创建钣金特征，还可以将所创建的钣金实体特征进行成形与展平操作。

12.6.1 伸直

利用“伸直”命令通过选择固定面和需展平的折弯边，展平折弯以及和折弯相邻的材料。

	起始文件	\光盘文件\NX 9\Char12\sanzhe.prt

具体操作步骤如下：

(1) 根据起始文件路径打开sanzhe.prt文件，打开的文件视图如图12-71所示。

(2) 单击(伸直)按钮，弹出“伸直”对话框。单击视图中的左边平面作为“固定面”，依次单击“折弯1”、“折弯2”、“折弯3”三个折弯面作为“折弯”。完成设置的“伸直”对话框如图12-72所示。

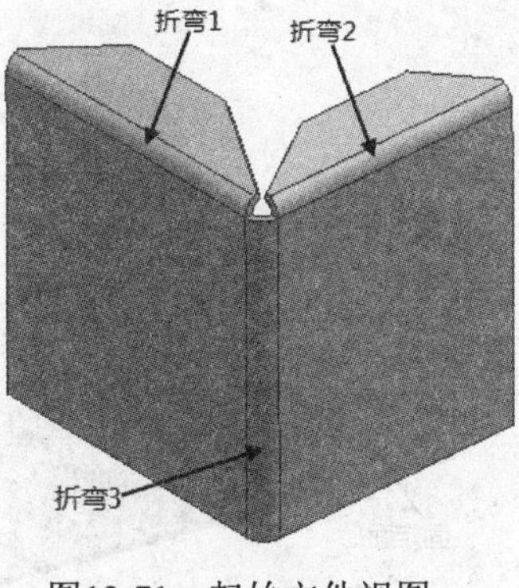

图12-71 起始文件视图

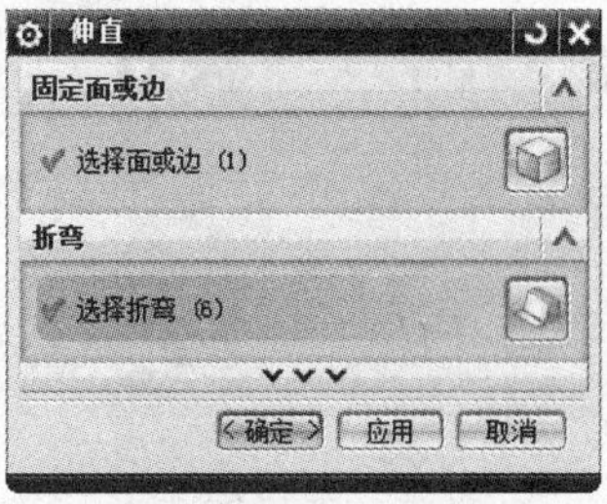

图12-72 “伸直”对话框设置

(3) 单击“伸直”对话框中的确定按钮，完成伸直操作，如图12-73所示。

12.6.2 重新折弯

利用“重新折弯”命令将某个伸直特征恢复到其先前的折弯状态，并恢复在伸直特征之后添加的任何特征。

具体操作步骤如下：

(1) 以上一小节结果为例介绍本操作。单击(重新折弯)按钮，弹出如图12-74所示的“重新折弯”对话框。

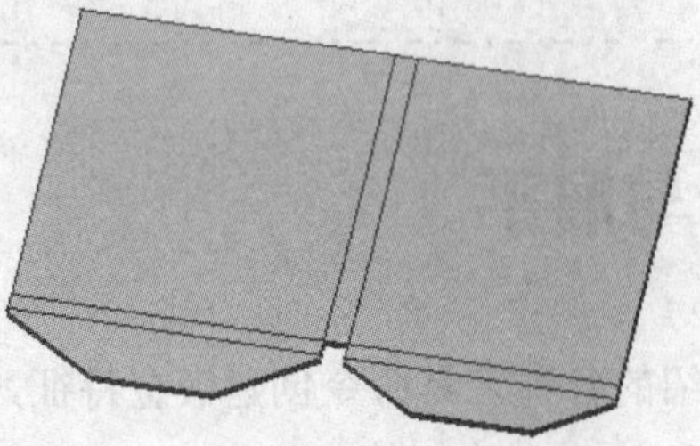

图12-73 完成伸直操作

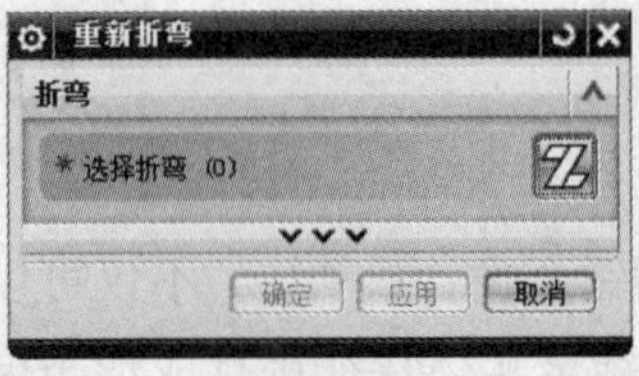

图12-74 “重新折弯”对话框设置

(2) 依次单击三个折弯面，再单击“重新折弯”对话框中的确定按钮即可恢复到原折弯状态。

12.6.3 展平实体

利用“展平实体”命令可从成形的钣金件创建展平实体特征。

具体操作步骤如下：

(1) 根据起始文件路径打开sanzhe.prt文件，单击(展平实体)按钮，弹出“展平实体”对话框，如图12-75所示。

(2) 单击任意平面作为“固定面”，单击“展平实体”对话框中的确定按钮，即可创建展平实体，如图12-76所示。

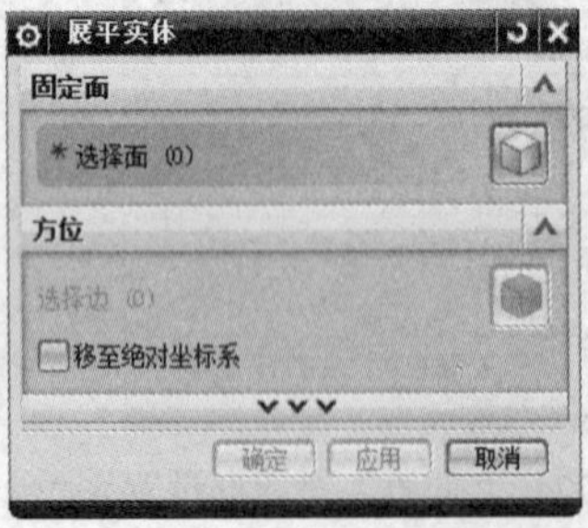

图12-75 “展平实体”对话框

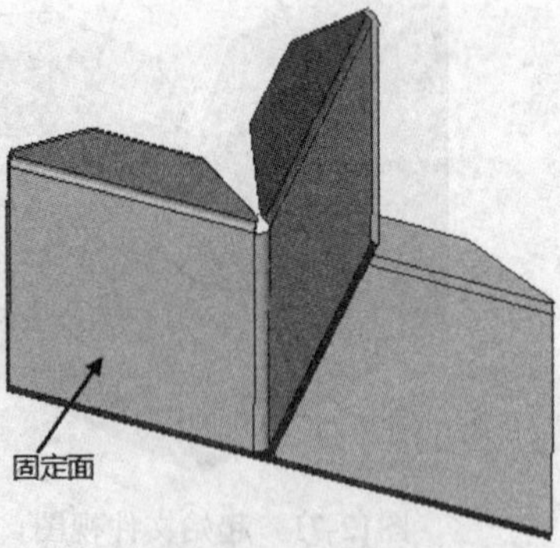

图12-76 创建展平实体特征

12.7 实例示范

前面详细介绍了使用NX 9进行钣金设计所需的各种命令，本节通过一个实例综合介绍钣金设计模块进行钣金零件设计的详细操作过程。

如图12-77所示为完成钣金设计的零件模型，如图12-78所示为将其展开得到的视图。在学习此钣金件创建操作过程以前，用户可根据前面的介绍自行试验创建此钣金零件。

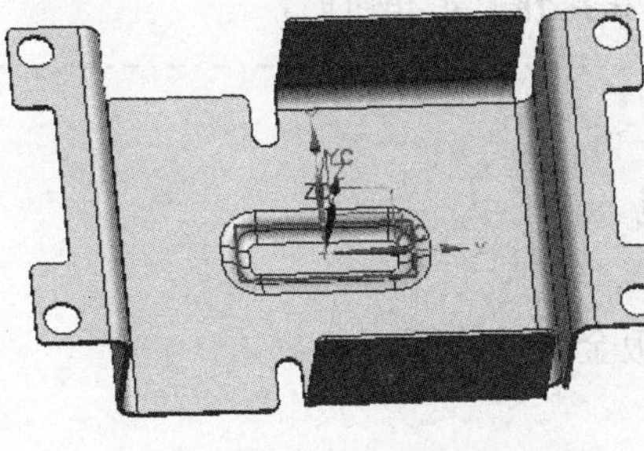

图12-77 钣金模型

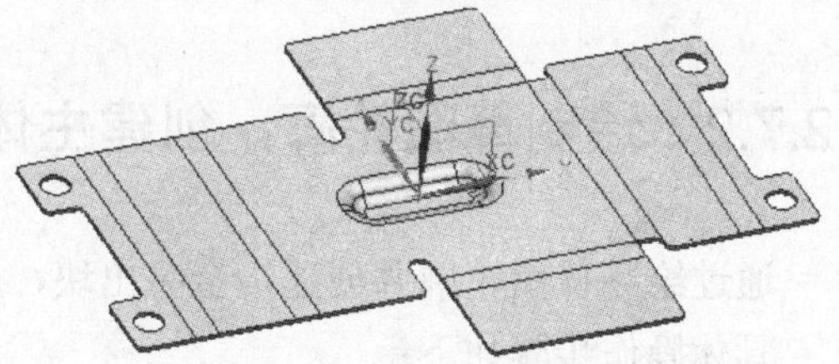

图12-78 展开视图

	结果文件	\光盘文件\NX 9\Char12\banjin.prt
	视频文件	\光盘文件\NX 9\视频文件\Char12\钣金盒体.avi

12.7.1 进入钣金设计窗口

在开始介绍创建钣金模型操作以前，首先介绍一下使用NX 9创建钣金文件的过程。本小节介绍的是直接创建钣金文件并进入钣金设计模块的过程。

具体操作步骤如下：

(1) 打开软件后，单击(新建)按钮，弹出“新建”对话框，如图12-79所示。

(2) 选中“模板”下面的“NX钣金”选项，设置“新文件名”下面的“名称”为banjin.prt，并设置合理的路径，单击确定按钮，完成钣金文件创建并进入钣金设计窗口。

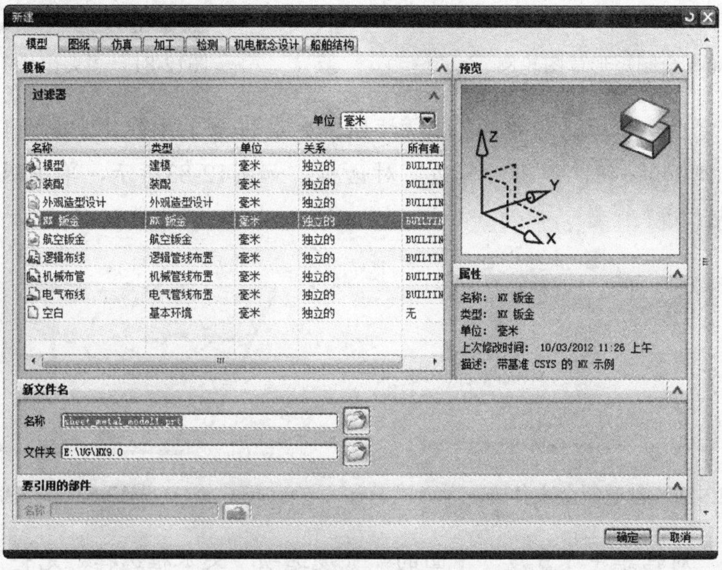

图12-79 “新建”对话框设置

提示

本实例是以NX钣金文件创建开始的介绍，因此在设计的钣金零件的颜色上同使用建模切入钣金设计模块设计的钣金零件是不同的，在操作上是相同的。

12.7.2 绘制草图轮廓，创建主体和折边

通过绘制草图轮廓并创建钣金突出块，然后创建钣金折边特征。

具体操作步骤如下：

(1) 单击(草图)按钮，以XC-YC平面为草绘平面，绘制如图12-80所示的40mm × 50mm的矩形草图轮廓(矩形两对边分别相对坐标轴对称)。

(2) 单击(突出块)按钮，弹出“突出块”对话框。单击创建矩形轮廓作为“截面”，“厚度”设置为0.5mm，完成设置的“突出块”对话框如图12-81所示。

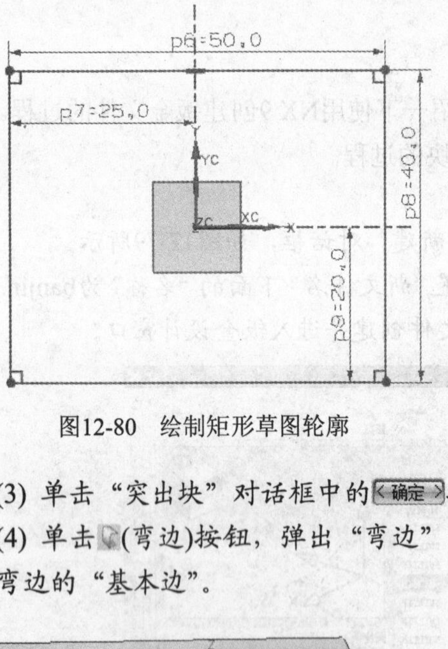

图12-80　绘制矩形草图轮廓

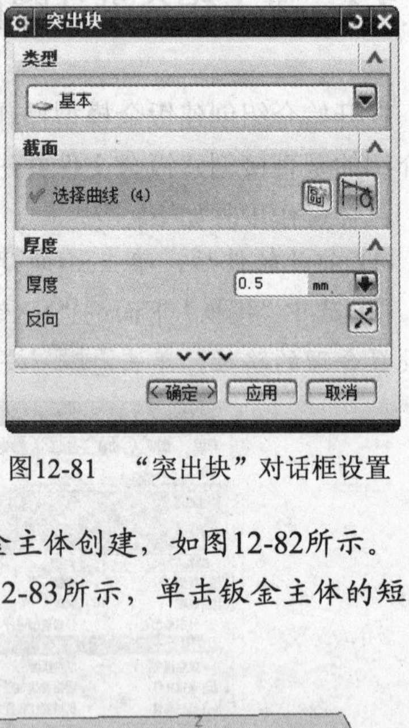

图12-81　“突出块”对话框设置

(3) 单击“突出块”对话框中的 确定 按钮，完成钣金主体创建，如图12-82所示。

(4) 单击(弯边)按钮，弹出“弯边”对话框。如图12-83所示，单击钣金主体的短边作为弯边的“基本边”。

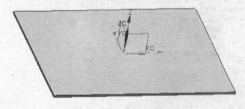

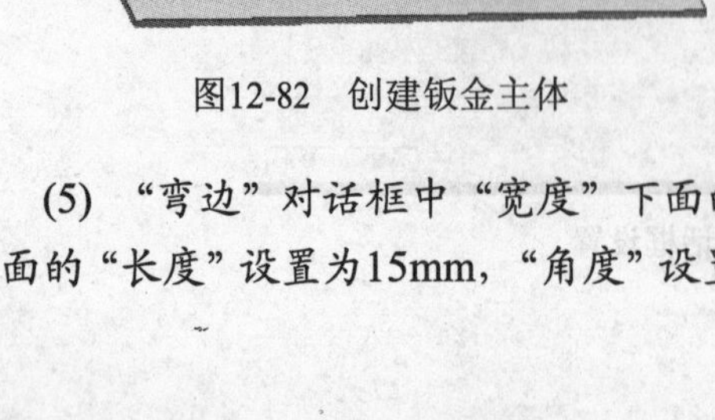

图12-82　创建钣金主体

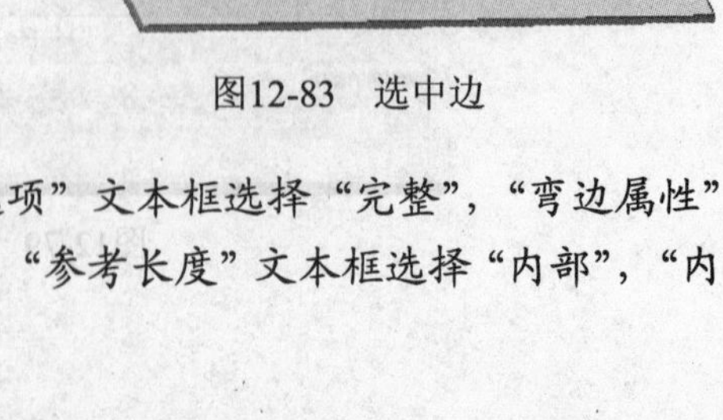

图12-83　选中边

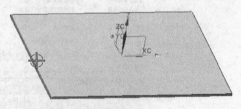

(5) “弯边”对话框中“宽度”下面的“宽度选项”文本框选择“完整”，“弯边属性”下面的“长度”设置为15mm，“角度”设置为90deg，“参考长度”文本框选择“内部”，“内

嵌”文本框选择“材料外侧”；单击“折弯参数”下面“折弯半径”右侧的(启动公式编辑器)按钮，选择“使用本地值”选项，然后设置“折弯半径”为2mm；其余默认设置。完成设置的“弯边”对话框如图12-84所示。

(6) 单击“弯边”对话框中的<确定>按钮，创建钣金弯边，如图12-85所示。

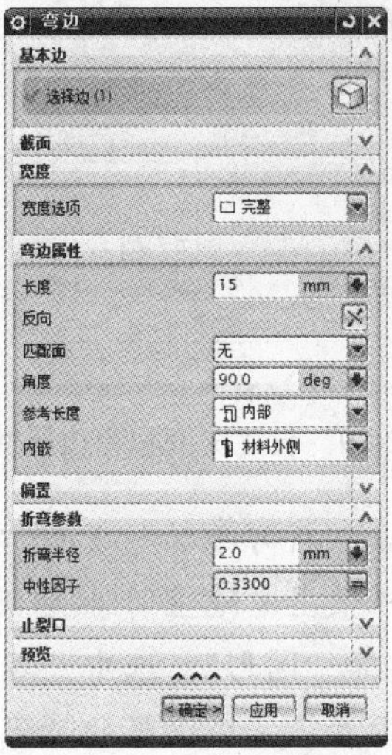

图12-84　“弯边”对话框设置

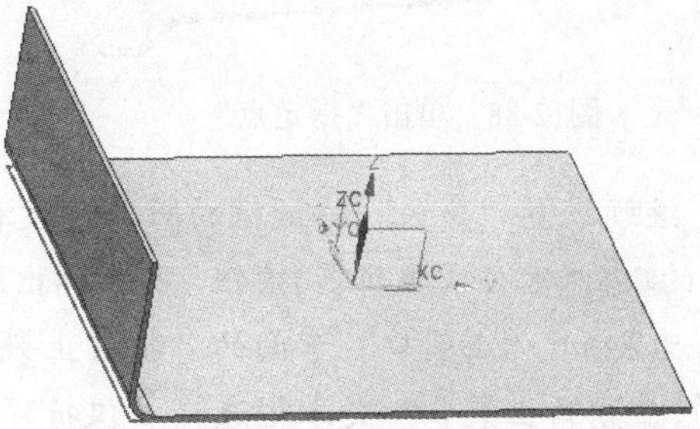

图12-85　创建钣金弯边

(7) 以对边作为弯边的“基本边”，重复以上步骤创建另一个钣金弯边，如图12-86所示。

(8) 此时若步骤(1)绘制的矩形草图隐藏，则可右击“部件导航器”中的“草图(1)”，并在弹出的快捷菜单中选择“显示”，如图12-87所示，即可将隐藏的草图重新显示。

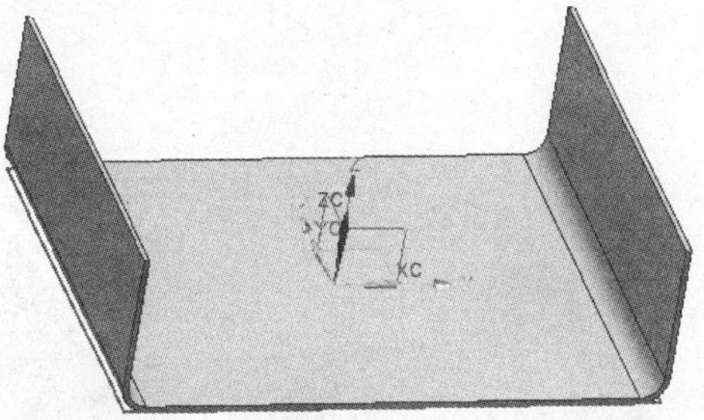

图12-86　创建另一钣金弯边

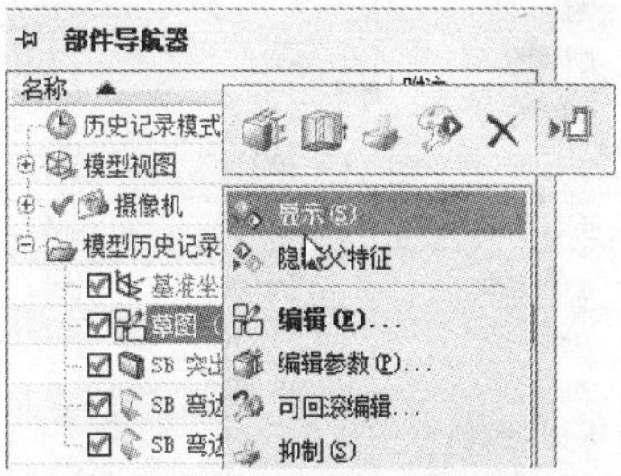

图12-87　显示草图操作

(9) 单击(弯边)按钮，弹出“弯边”对话框。单击钣金主体的一个长边作为弯边的“基本边”。

(10) “弯边”对话框中“宽度”下面的“宽度选项”文本框选择“从端点”，“从端点”设置为0，“宽度”设置为27mm，如图12-88所示，单击步骤(1)绘制的矩形草图右端点作为“指定点”；“弯边属性”下面“长度”设置为15mm，“角度”设置为90deg，“参考长度”文本框选择“内部”，“内嵌”文本框选择“材料内侧”。设置好的“弯边”对话框如图12-89所示。

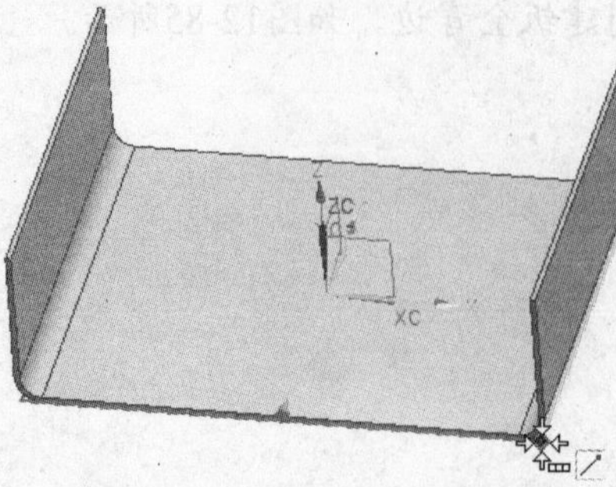

图12-88　单击“指定点”

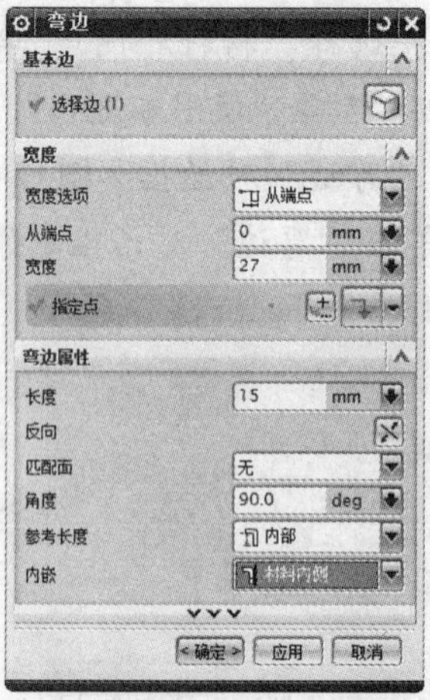

图12-89　设置宽度和弯边属性

(11) 继续设置“弯边”对话框的折弯参数和止裂口。单击“折弯参数”下面“折弯半径”右侧的(启动公式编辑器)按钮，并在弹出的菜单中单击“使用本地值”，然后设置“折弯半径”为2mm；“止裂口”下面的“折弯止裂口”文本框选择“圆形”，选中“延伸止裂口”选项，“拐角止裂口”文本框选择“仅折弯”，其余默认设置。完成设置的“弯边”对话框如图12-90所示。

(12) 单击“弯边”对话框中的 确定 按钮，创建钣金弯边，如图12-91所示。

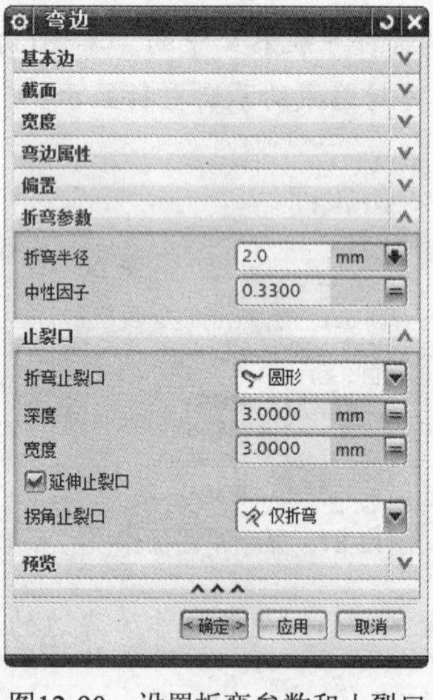

图12-90　设置折弯参数和止裂口

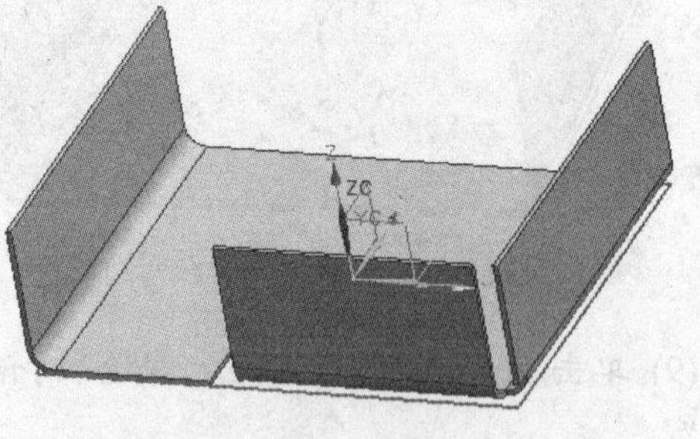

图12-91　创建钣金弯边

(13) 重复以上操作步骤，以另一长边作为“基本边”创建弯边，如图12-92所示。(此处也可使用镜像操作)

(14) 用户可参考前面内容，依次创建长度为10mm，折弯半径为2mm的弯边。完成两弯边创建后的视图如图12-93所示。

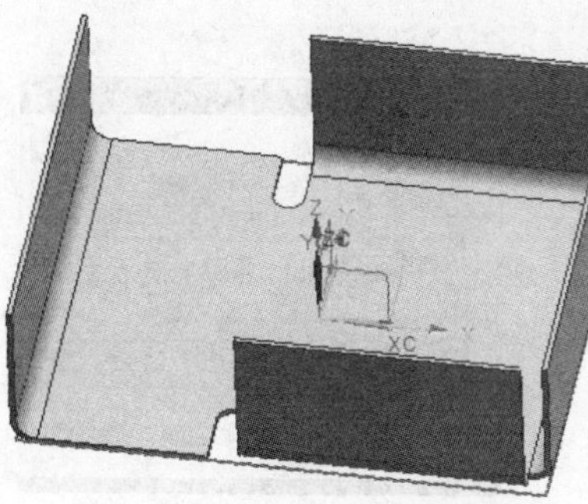

图12-92 创建另一边钣金弯边

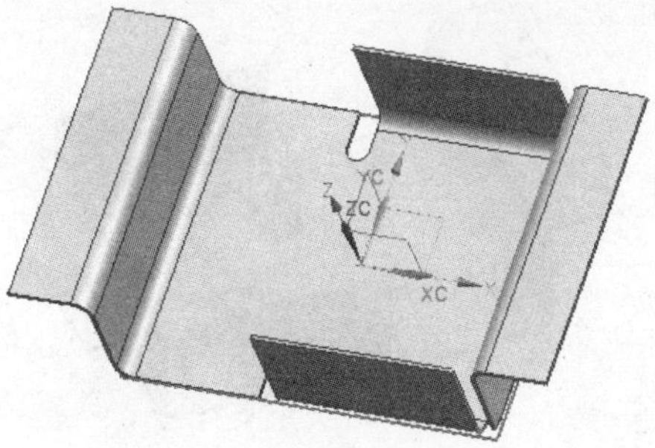

图12-93 短边再次弯边

12.7.3 法向除料后倒圆角

在钣金上绘制草图并进行法向除料操作，完成后对锐角边进行倒角操作。

具体操作步骤如下：

(1) 以前面创建的钣金弯边平面作为草绘平面，绘制如图12-94所示的草图轮廓。(本步骤旨在学习法向除料操作，用户可自行创建合适轮廓)

(2) 单击(完成草图)按钮，退出草图绘制窗口；单击(法向除料)按钮，弹出“法向除料”对话框，依次单击创建的草图轮廓作为“截面”。

(3) “法向除料”对话框的“除料属性”下面的“切削方法”文本框选择“厚度”，“限制”文本框选择“贯通”。完成设置的“法向除料”对话框如图12-95所示。

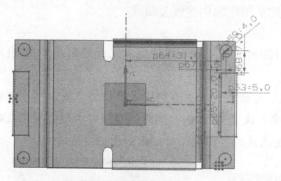

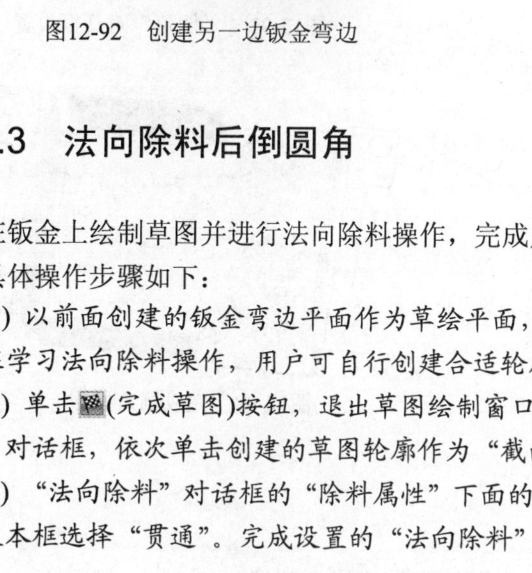

图12-94 绘制草图轮廓

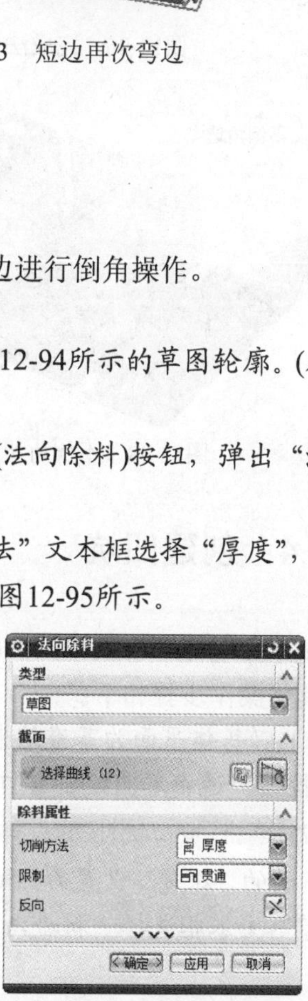

图12-95 “法向除料”对话框设置

(4) 单击“法向除料”对话框中的<确定>按钮，完成法向除料操作，如图12-96所示。

(5) 将所有草图轮廓进行隐藏操作，完成操作后单击(倒角)按钮，弹出“倒角”对话框。“倒角”对话框下面“倒角属性”下的“方法”文本框选择“圆角”，“半径”设置为1mm。完成设置的“倒角”对话框如图12-97所示。

(6) 除去如图12-98所示的止裂口边和与其对应的另一边不进行倒角外，将其余棱边全部选择为“要倒角的边”，单击“倒角”对话框中的确定按钮，完成倒角操作，如图12-99所示。

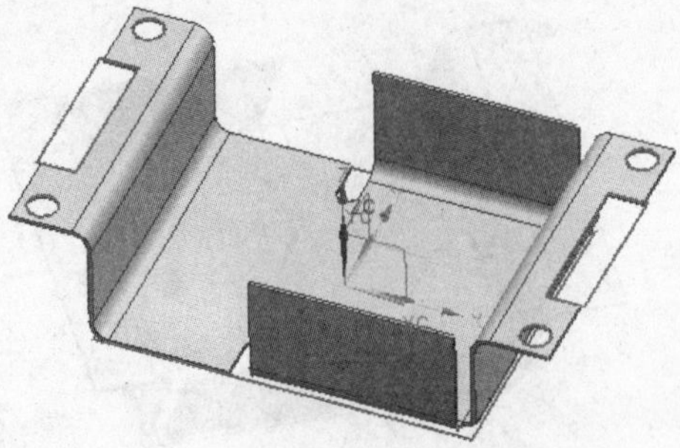

图12-96　完成法向除料操作

图12-97　“倒角”对话框设置

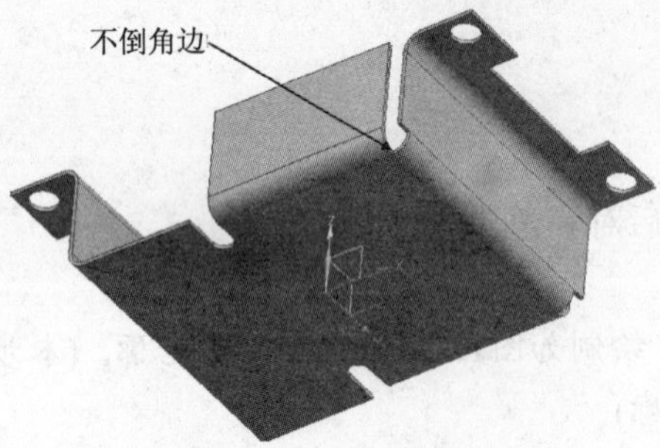

图12-98　不倒角边

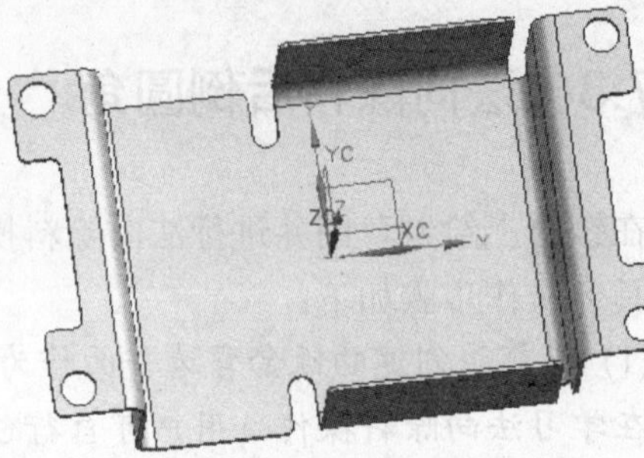

图12-99　完成倒角操作

12.7.4　创建凹坑

在钣金主体上绘制草图轮廓，使用此草图轮廓创建钣金凹坑。

具体操作步骤如下：

(1) 以基体平面为基准绘制如图12-100所示的矩形草图轮廓，完成绘制后单击(完成草图)按钮，退出草图绘制窗口。

(2) 单击(凹坑)按钮，弹出“凹坑”对话框。单击绘制的草图作为“截面”；“凹坑属性”下面的“深度”设置为1.5mm，“侧角”设置为2deg，“参考深度”文本框选择“内部”，“侧壁”文本框选择“材料内侧”。完成设置的“凹坑”对话框如图12-101所示。

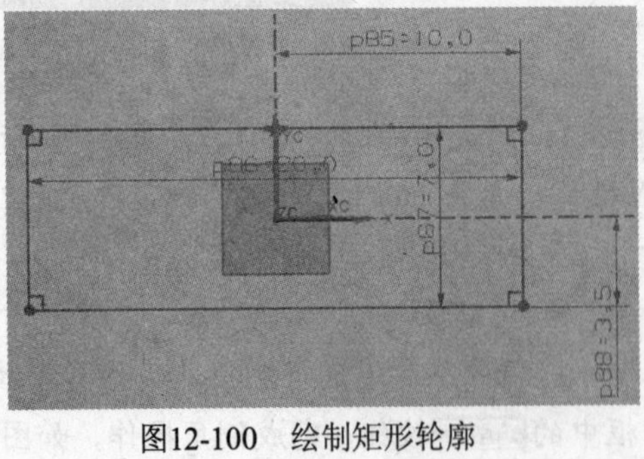

图12-100　绘制矩形轮廓

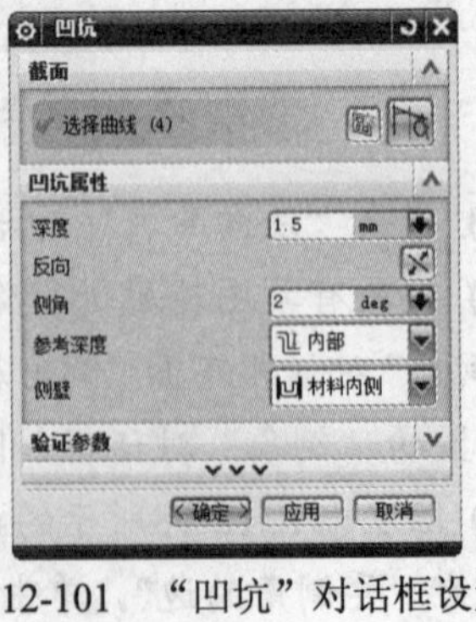

图12-101　“凹坑”对话框设置

(3) 单击“凹坑”对话框中的<确定>按钮，完成凹坑创建，如图12-102所示。

提示

用户可单击⊠(反向)按钮，改变凹坑的方向。

12.7.5 展平实体和伸直

本小节旨在复习钣金伸直和展平实体操作。具体操作步骤如下：

(1) 单击(展平实体)按钮，弹出“展平实体”对话框。如图12-103所示，单击平面作为“固定面”，单击“展平实体”对话框中的<确定>按钮，完成展平实体操作，如图12-104所示。

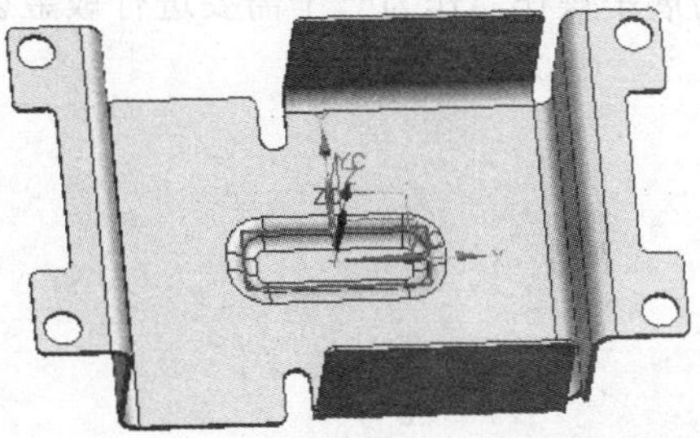

图12-102 创建凹坑

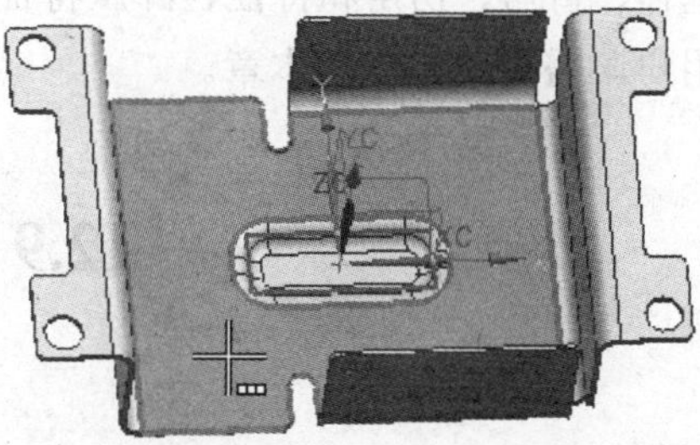

图12-103 单击固定面

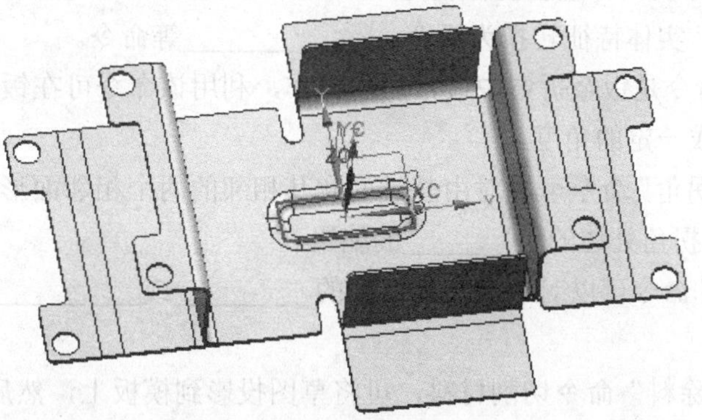

图12-104 完成展平实体操作

(2) 用户也可单击(伸直)按钮，弹出“伸直”对话框。单击如图12-105所示的面作为“固定面”，依次单击各折弯边并单击<确定>按钮，完成伸直操作，如图12-106所示。

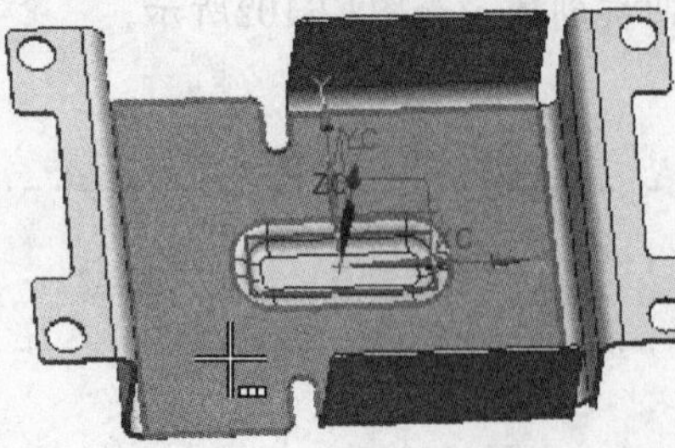

图12-105 单击固定面

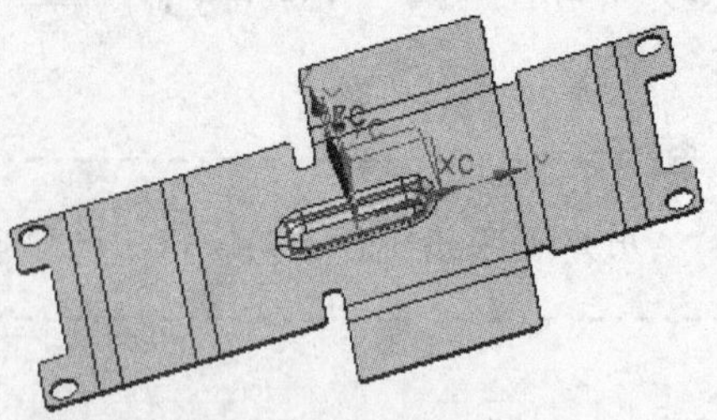

图12-106 完成伸直操作

12.8 本章小结

本章简单介绍了钣金设计的基本概念和NX钣金设计模块的基本内容，详细介绍了创建钣金基体、折弯、拐角和特征、冲压特征、成形与展平操作，作为一个需要进行钣金设计工作的用户，需要熟练掌握本章。

12.9 习 题

一、填空题

1. NX 9钣金设计模块将钣金基体创建命令集合在“基本”命令框中，钣金基体创建命令包括____________、实体特征转换为钣金、____________等命令。

2. _________命令是钣金折弯中最常用的操作，利用该命令可在钣金基体上新增加一块板料，并与原板料成一定的角度。

3. 利用“封闭拐角”命令可以对由基础面和其相邻的两个相邻面形成的拐角进行拐角形状、_________以及拐角处边的_________的编辑。

4. 利用“倒角”命令可以对钣金实体特征的_________或_________的锐边进行倒圆角或倒斜角操作。

5. 利用“法向除料”命令切割材料，可将草图投影到模板上，然后在_________于投影相交的面的方向上进行切割。

6. 在钣金零件表面的引导线上添加加强筋，筋是机械设计中为了增加钣金件的刚度而添加的一种__________实体特征。

7. __________是通过在钣金表面绘制的封闭草图，将其表面沿法向方向提升，并内切该模型形成的一个区域。

二、简答题

1. 简述钣金件和钣金加工的概念。
2. 钣金加工一般用到的材料包括哪些？

三、上机操作

1. 打开\光盘文件\NX 9\Char12\hegai.prt，如图12-107所示，请用户参考本章介绍的内容和此钣金零件特征的尺寸创建此盒盖钣金零件模型。(此钣金零件的尺寸需用户自行测量)

2. 打开\光盘文件\NX 9\Char12\fanghu.prt，如图12-108所示，请用户参考本章介绍的内容和此钣金零件特征的尺寸创建此防护罩钣金零件模型。(此钣金零件的尺寸需用户自行测量)

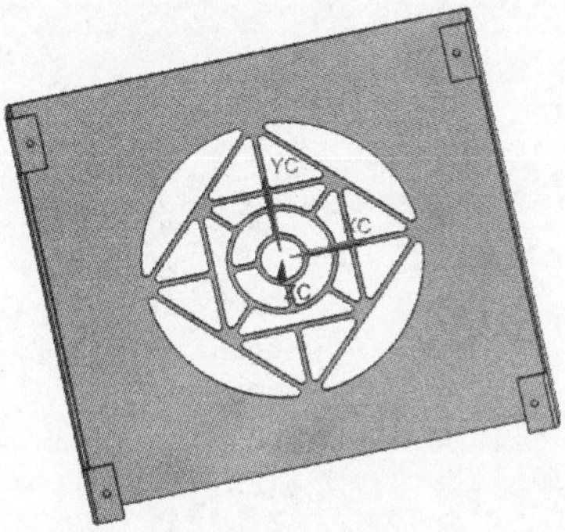

图12-107 上机操作习题1

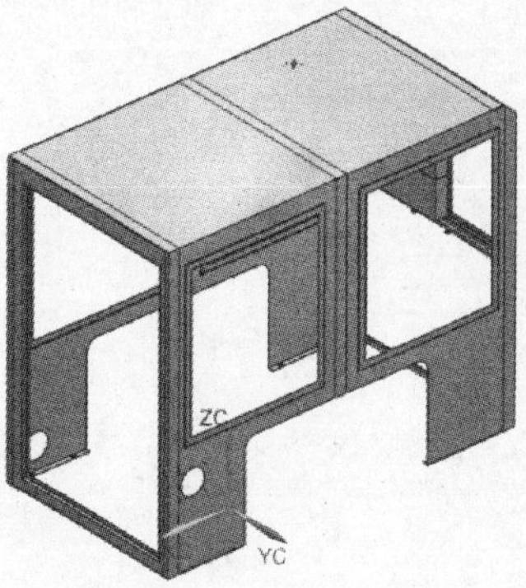

图12-108 上机操作习题2

第13章

模型测量与分析

在利用NX 9进行机械零件、产品造型、钣金设计和模具设计过程中，需要利用其提供的产品测量与分析工具，辅助设计人员完成设计。

这些工具包括模型测量工具、显示操作工具、曲线形状分析工具、面形状分析工具、关系工具，希望初学者熟练掌握这些工具的应用，以提高自身的设计能力。

学习目标

- ✧ 熟练掌握模型测量、曲线形状分析的用法
- ✧ 掌握面形状分析、显示操作的用法
- ✧ 了解关系工具的用法

13.1 测　　量

利用测量工具，可以测量草图、零件模型、装配体或工程图中直线、点、曲面、基准面的距离、角度、半径和大小，以及它们之间的距离、角度、半径或尺寸。

13.1.1 简单距离

利用“简单距离”命令，用户可测量两个对象的间距。测量的对象可以是面、基准平面、点、直线等。单击(简单距离)按钮，弹出如图13-1所示的“简单距离”对话框。依次选择两个对象作为“起点”和“终点”，即可测得距离，如图13-2所示。

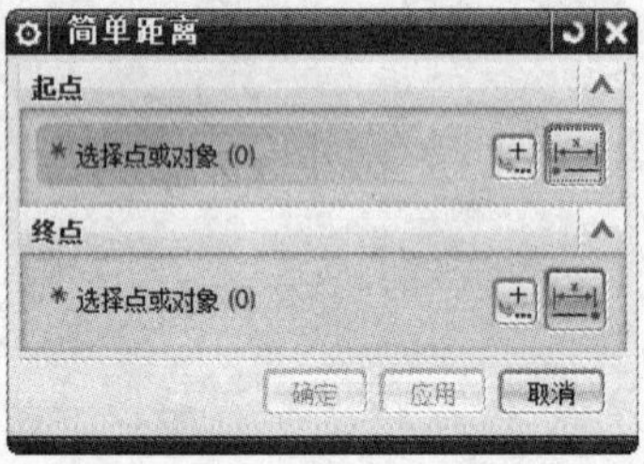

图13-1　“简单距离”对话框

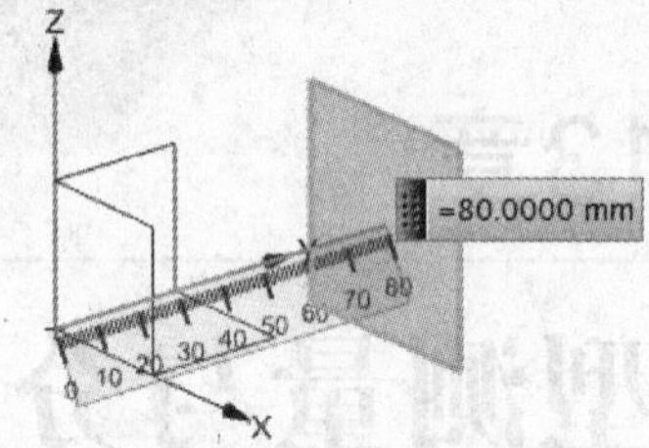

图13-2　测得距离

13.1.2 简单角度

利用“简单角度”命令，用户可测量两个对象的夹角。测量的对象可以是面、基准平面、点、直线等。单击(简单角度)按钮，弹出如图13-3所示的“简单角度”对话框。依次选择两个对象作为“第一个参考”和“第二个参考”，即可测得角度，如图13-4所示。

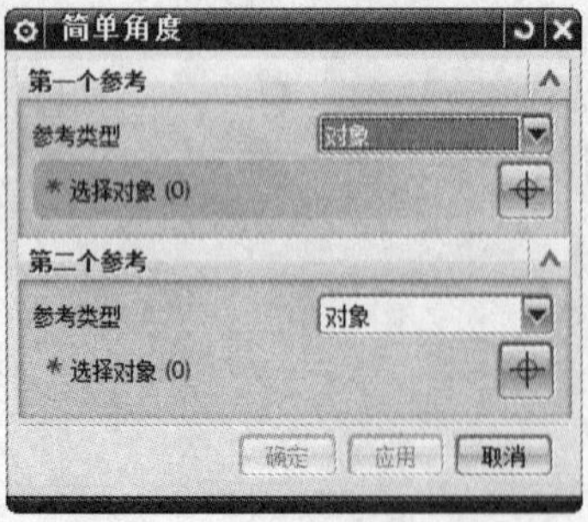

图13-3　“简单角度”对话框

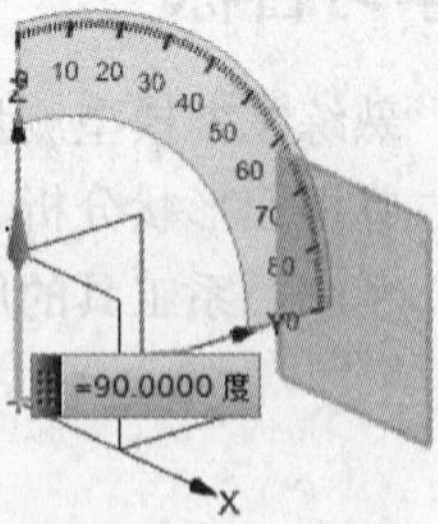

图13-4　测得角度

13.1.3 简单长度/半径/直径

利用“简单长度”命令可测量一条或多条曲线的长度；利用“简单半径”命令可测量圆

弧、圆形边或圆柱面的半径；利用“简单直径”命令可测量圆弧、圆形边或圆柱面的直径。

单击(简单长度)按钮，弹出如图13-5所示的“简单长度”对话框。单击一条曲线即可测量曲线长度，如图13-6所示。

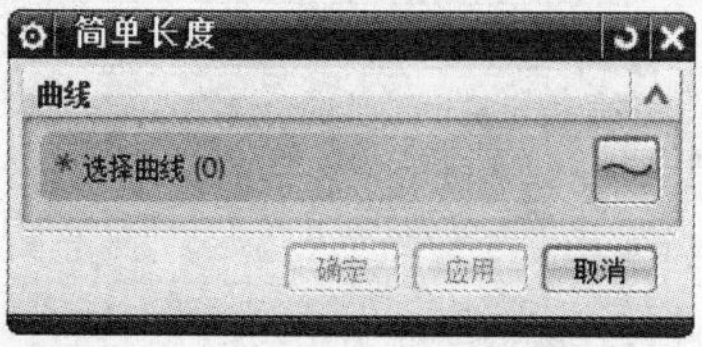

图13-5　“简单长度”对话框

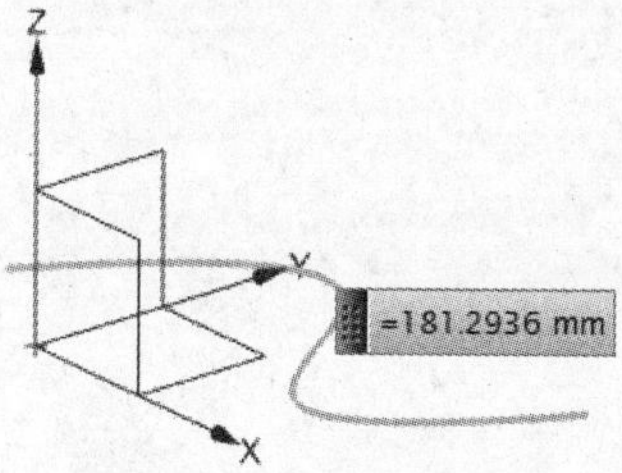

图13-6　测得长度

单击(简单半径)按钮，弹出如图13-7所示的“简单半径”对话框。单击一个圆轮廓即可测量圆的半径，如图13-8所示。

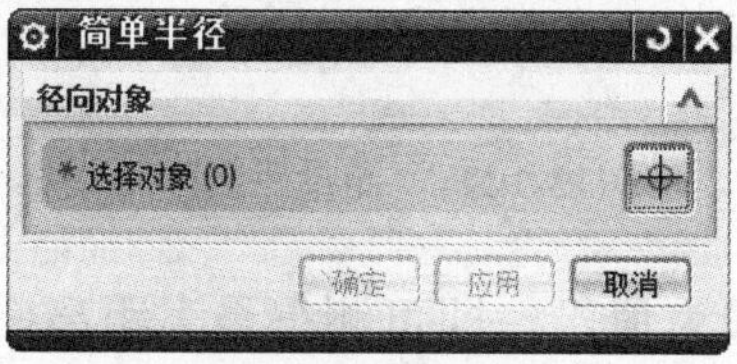

图13-7　“简单半径”对话框

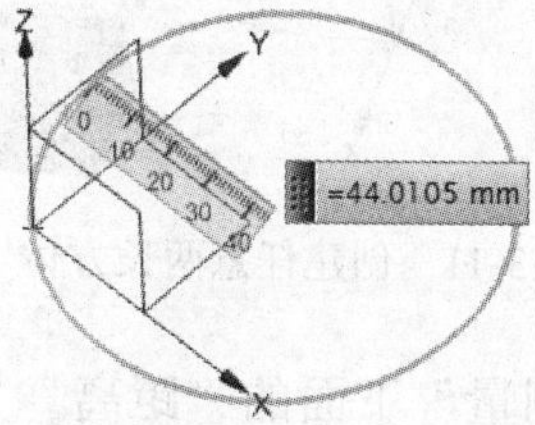

图13-8　测得半径

单击(简单直径)按钮，弹出如图13-9所示的“简单直径”对话框。单击一个圆轮廓即可测量圆的直径，如图13-10所示。

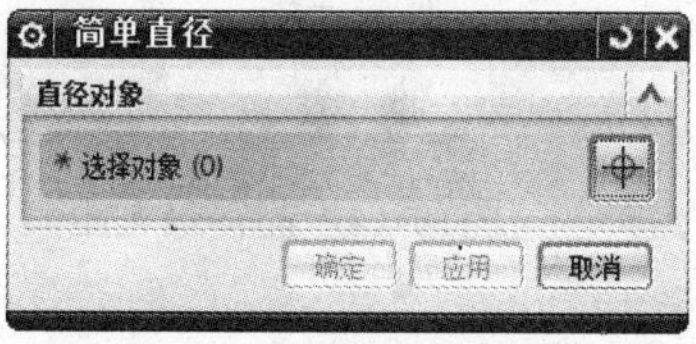

图13-9　“简单直径”对话框

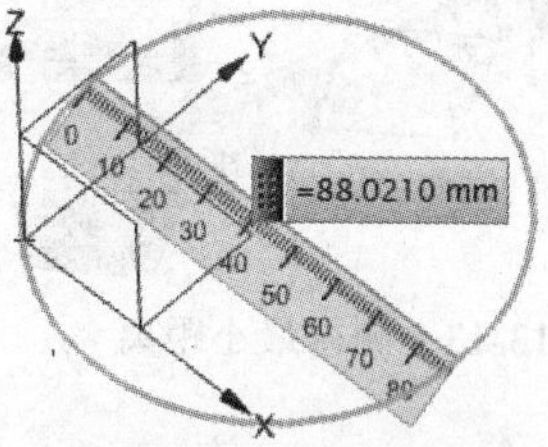

图13-10　测得直径

13.1.4　测量距离

利用“测量距离”命令可计算两个对象之间的距离、曲线长度，或者圆弧、圆周边或圆柱面的半径。此处以两个对象之间不同的几种距离的测量方法介绍本命令。

具体操作步骤如下：

(1) 创建两不同位置的长方体，如图13-11所示，单击(测量距离)按钮，弹出“测量距离”对话框。

(2) 如图13-12所示，“测量距离”对话框中的“类型”文本框选择“距离”，单击任意一个长方体的上平面作为“起点”，单击另一个长方体的上平面作为“终点”；“测量”下面的“距离”文本框选择“最小值”，即可测得最小距离，如图13-13所示。

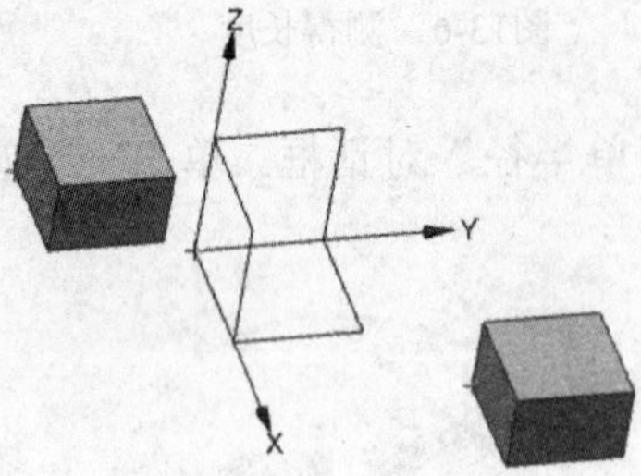

图13-11 创建任意两长方体

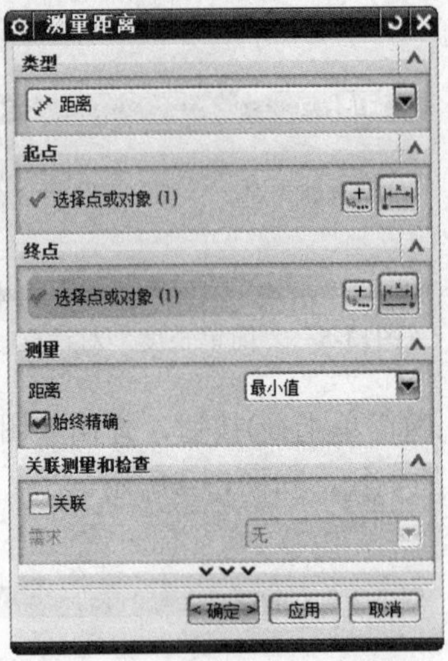

图13-12 “测量距离”对话框

(3) “测量”下面的“距离”文本框选择“最大值”，即可测得最大距离，如图13-14所示。

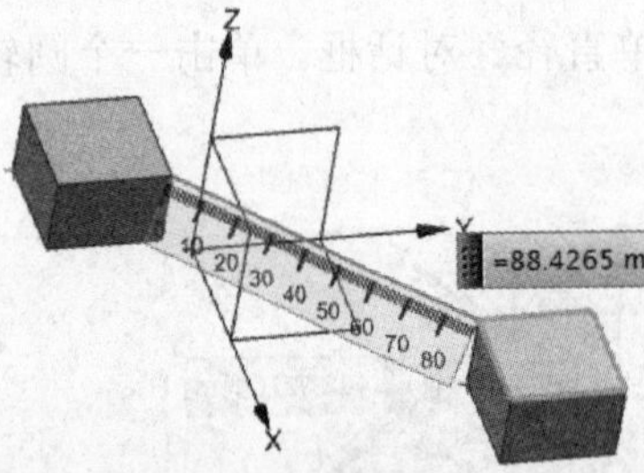

图13-13 测得最小距离

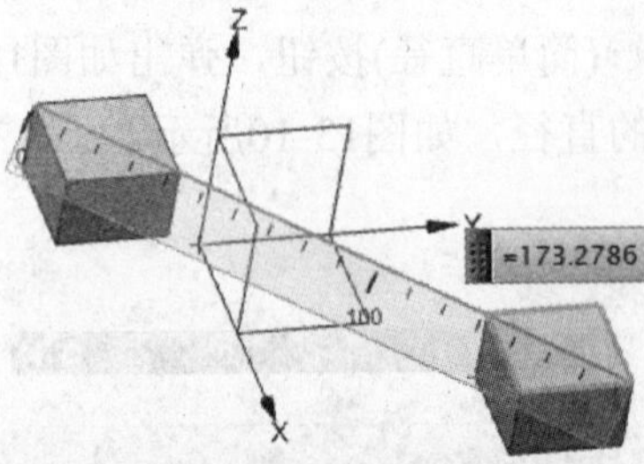

图13-14 测得最大距离

提示

用户通过设置“类型”文本框的选择项目，可计算曲线长度，或者圆弧、圆周边或圆柱面的半径等。

13.1.5 测量角度

利用“测量角度”命令可计算两个对象之间或由三点定义的两直线之间的夹角。本小节以两个对象之间测量角度为例介绍本命令。

具体操作步骤如下：

(1) 在视图区域创建如图13-15所示的直线草图轮廓，单击(测量角度)按钮，弹出“测量角度”对话框。

(2) “测量角度”对话框中的“类型”文本框选择“按对象”，“第一个参考”下面的“参考类型”选择对象，单击“直线1”作为“第一个参考”；“第二个参考”下面的“参考类型”选择对象，单击“直线2”作为“第二个参考”；“测量”下面的“评估平面”文本框选择“3D角”，“方向”文本框选择“内角”。完成设置的“测量角度”对话框如图13-16所示。

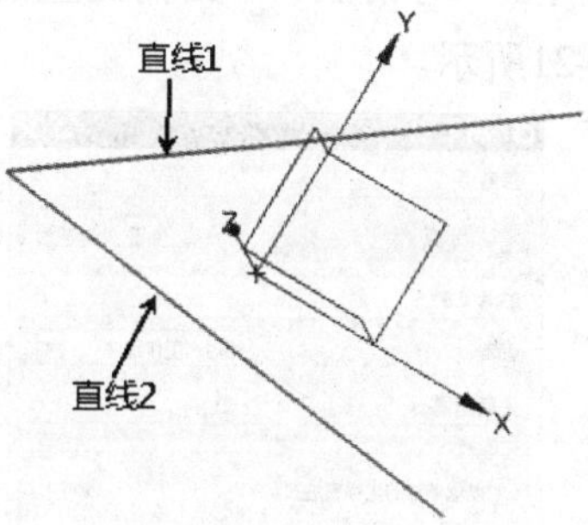

图13-15　创建两直线草图

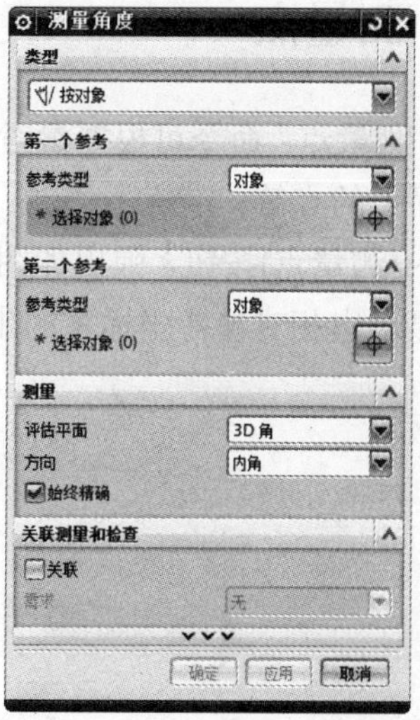

图13-16　“测量角度”对话框设置

(3) 完成设置后即可测得直线间角度，如图13-17所示。

提示

通过设置“类型”文本框，用户还可进行按3点、按屏幕点测量对象。

13.1.6　测量长度

利用“测量长度”命令可测量选择曲线的总长度，曲线可以是草图曲线、实体或曲面的边线、空间曲线等。

单击(测量长度)按钮，弹出如图13-18所示的“测量长度”对话框。依次单击需测量的对象即可在视图中显示测量曲线的长度，如图13-19所示。

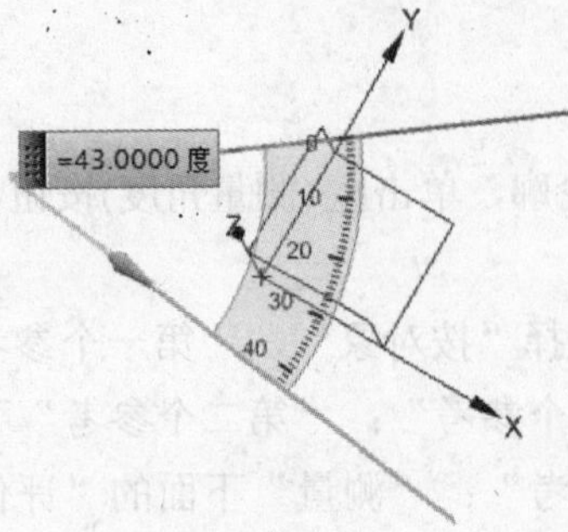

图13-17　测量角度结果

图13-18　“测量长度”对话框

13.1.7　测量点

利用“测量点”命令可根据参考坐标系计算点的位置，测量的点可以是基准点、草图点、实体或曲面上的点等。

单击(测量点)按钮，弹出如图13-20所示的“测量点”对话框。单击需测量的点后即可在视图内显示出相对参考坐标系的坐标数值，如图13-21所示。

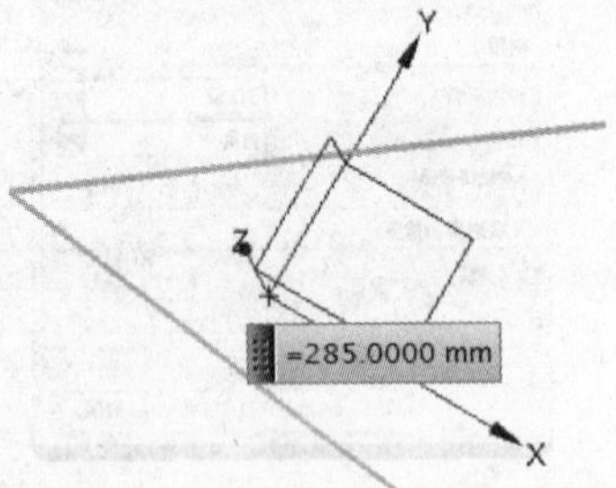

图13-19　测量长度结果

图13-20　“测量点”对话框

13.1.8　测量面

利用“测量面”命令可计算面的面积和周长，测量的面可以为实体面或曲面。单击(测量面)按钮，弹出如图13-22所示的“测量面”对话框。单击需测量的面即可测量出面的面积和周长，如图13-23和图13-24所示。

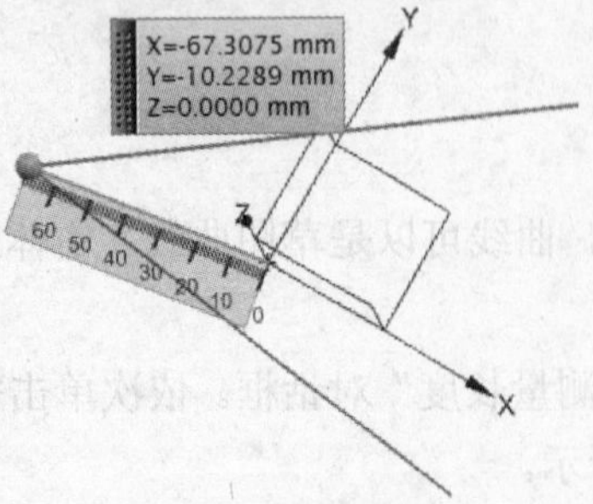

图13-21　测量点结果

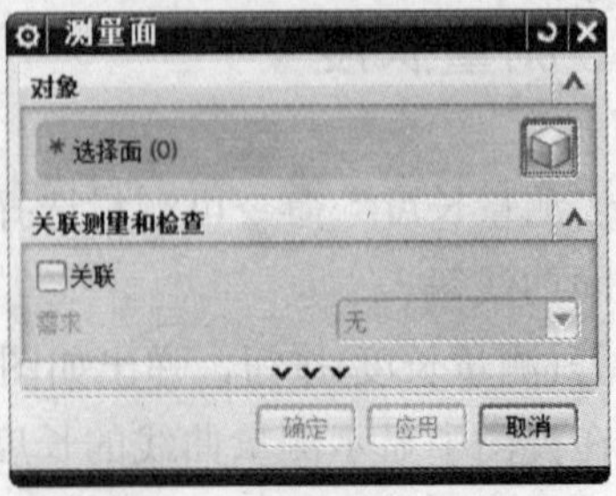

图13-22　“测量面”对话框

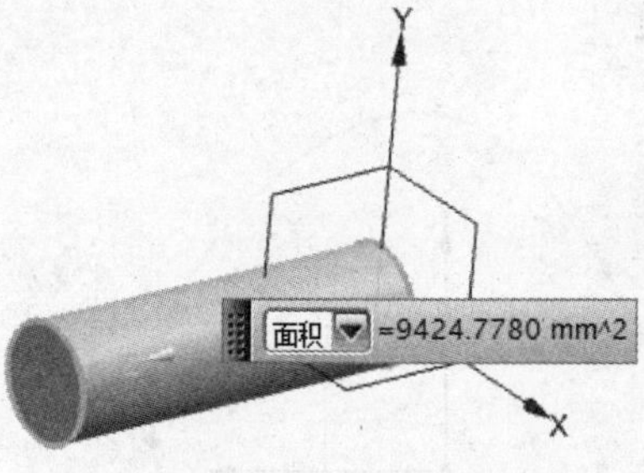

图13-23 测量面的面积结果

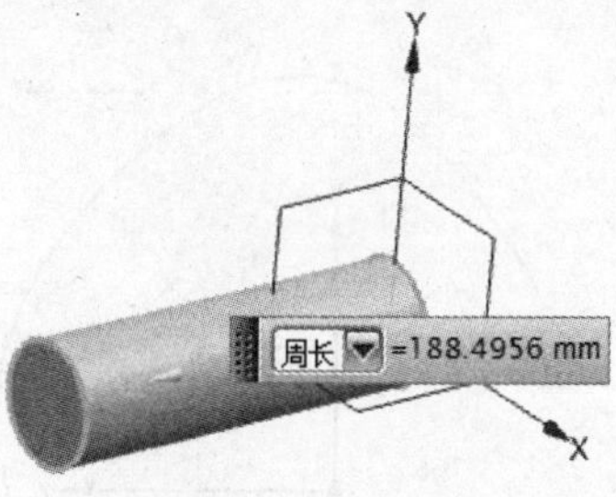

图13-24 测量面的周长结果

13.1.9 测量体

利用“测量体”命令可计算实体的属性，如实体的质量、体积、惯性距等。本处以测量实体的体积为例介绍操作。

单击(测量体)按钮，弹出如图13-25所示的“测量体”对话框。单击需测量的实体即可在视图区域显示出测量结果，如图13-26所示。

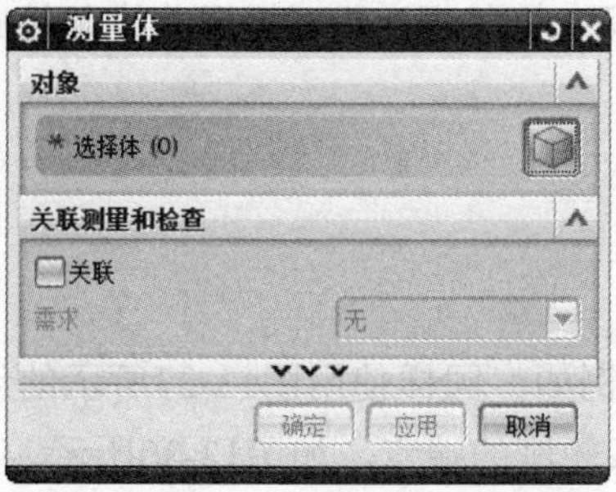

图13-25 “测量体”对话框

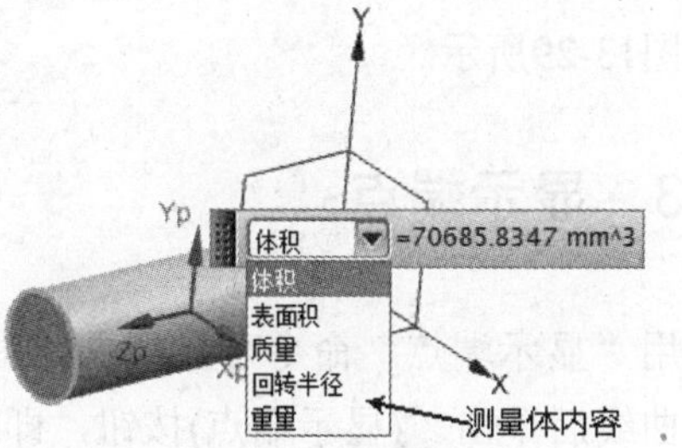

图13-26 测量体积结果

13.2 显　　示

使用分析模块的“显示”命令框内的命令可对曲线进行显示极点、显示结点、显示端点、镜像显示、设置镜像平面和显示阻碍的操作。

13.2.1 显示极点

使用“显示极点”命令可显示控制多边形用于选定的样条或曲面。例如，创建如图13-27所示的艺术样条草图轮廓，选中曲线后单击(显示极点)按钮，即可显示此线条轮廓的极点，如图13-28所示。

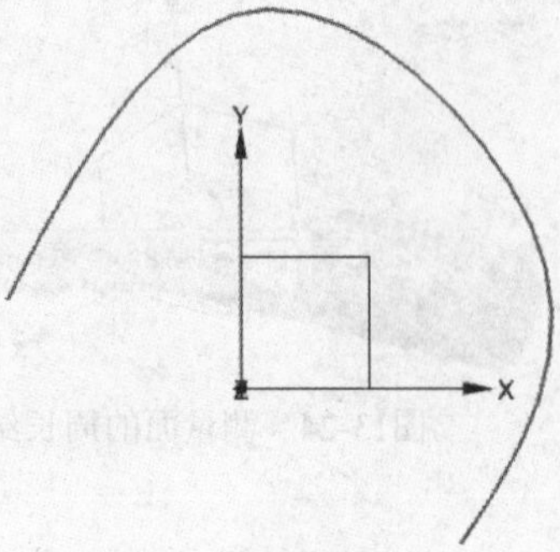

图13-27　创建艺术样条

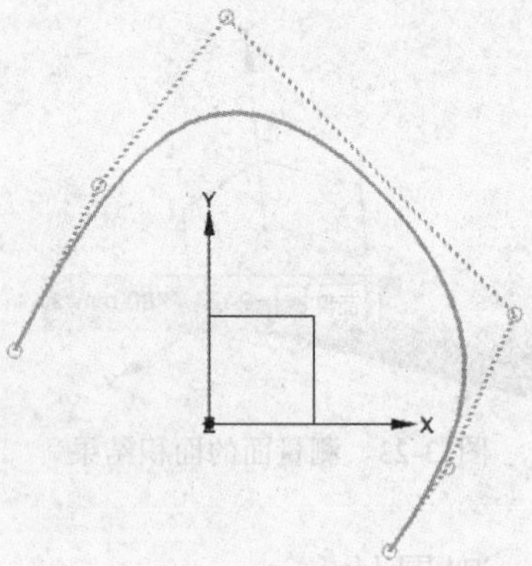

图13-28　显示极点

13.2.2　显示结点

利用“显示结点”命令为选定的样条显示结点，或为选定的曲面显示结点线。例如，同样使用图13-27所示的线条，选中此曲线后单击(显示结点)按钮，即可显示此线条轮廓的结点，如图13-29所示。

13.2.3　显示端点

利用“显示端点”命令可显示选定曲线的端点。例如，同样使用图13-27所示的线条，选中此曲线后单击(显示端点)按钮，即可显示此线条轮廓的端点，如图13-30所示。

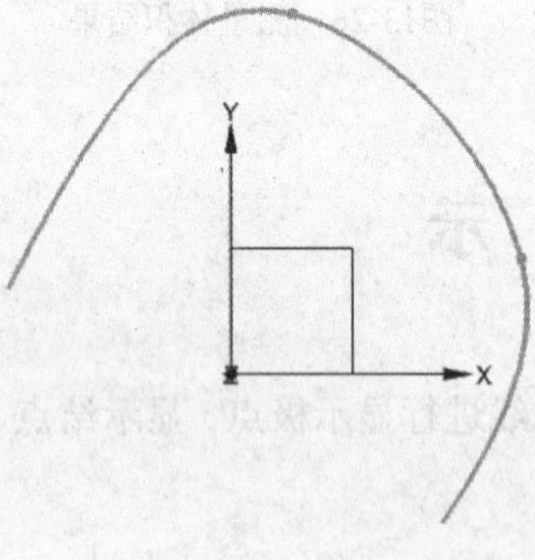

图13-29　显示结点

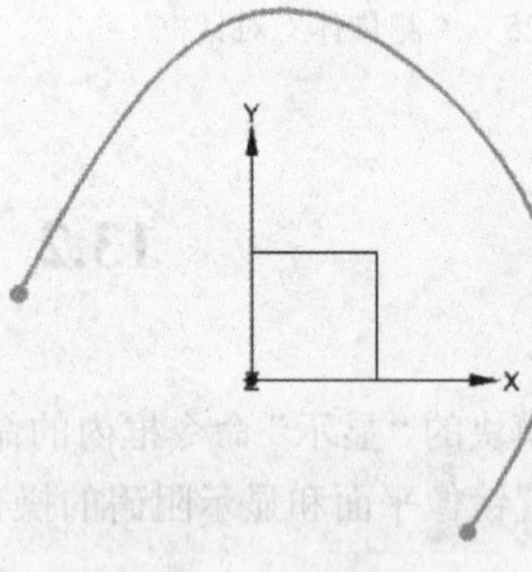

图13-30　显示端点

13.2.4　设置镜像平面

使用“设置镜像平面”命令重新定义用于“镜像显示”命令的镜像平面。例如，在标准坐标系外创建一如图13-31所示的实体零件，单击(设置镜像平面)按钮，即可显示如图13-32

所示的可旋转和移动的坐标系，通过移动和旋转坐标系改变镜像平面。

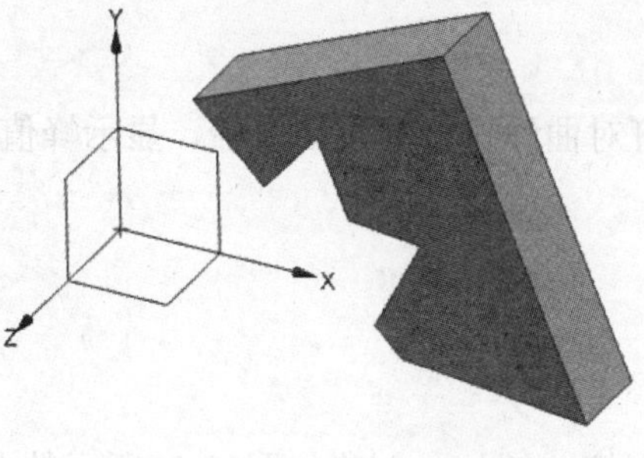

图13-31 创建实体零件

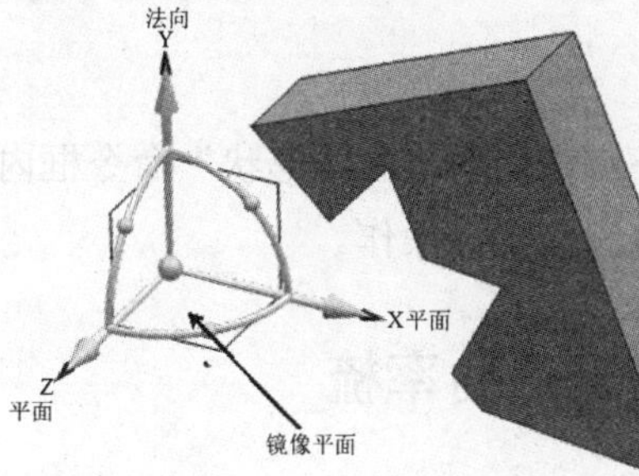

图13-32 显示镜像平面

13.2.5 镜像显示

利用“镜像显示”命令可通过使用某个平面对对称模型的一半进行镜像操作来创建镜像图形。配合上一小节的“设置镜像平面”进行操作，单击(镜像显示)按钮即可显示镜像结果，如图13-33所示，然后进行镜像平面调节，得到如图13-34所示的进行镜像平面调节后的结果。

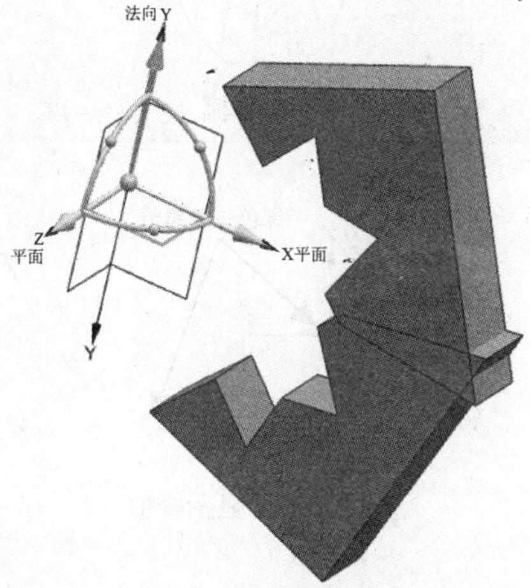

图13-33 镜像显示结果

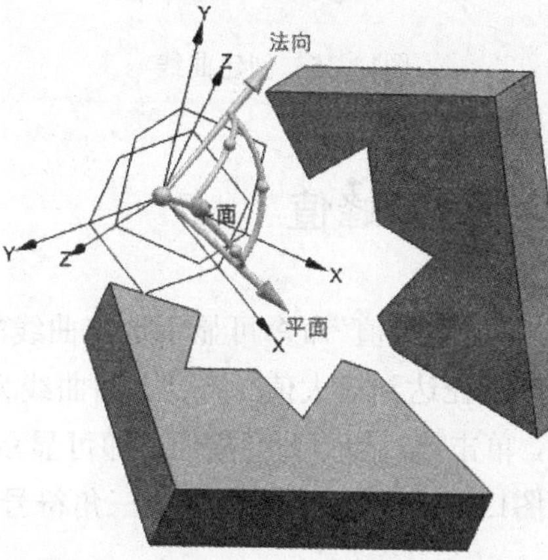

图13-34 调整显示平面后结果

13.2.6 显示阻碍的

使用“显示阻碍的”命令在偏差度量、截面分析和栅格截面分析对象出现在着色模型后面时，使其可见。此工具需在以上三个条件下方能使用，使用时单击(显示阻碍的)按钮进行操作。

13.3 曲线形状

使用分析模块的“曲线形状”命令框内的命令可对曲线进行显示曲率梳、显示峰值、显示拐点和曲线分析等操作。

13.3.1 显示曲率梳

利用“显示曲率梳”命令可显示选定曲线的曲率梳。例如，创建如图13-35所示的曲线，选中曲线后单击(显示曲率梳)按钮，即可显示曲线的曲率梳，如图13-36所示。

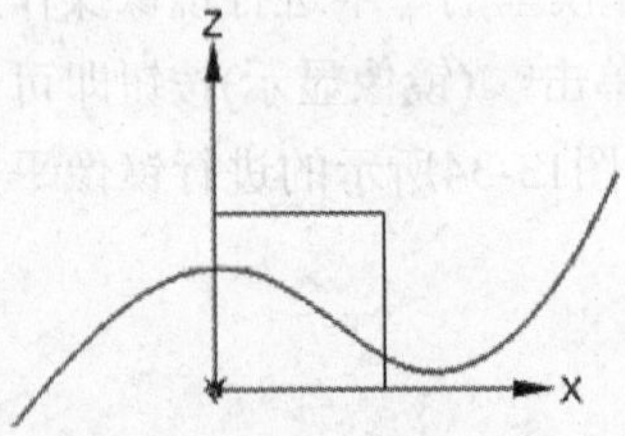

图13-35 创建曲线

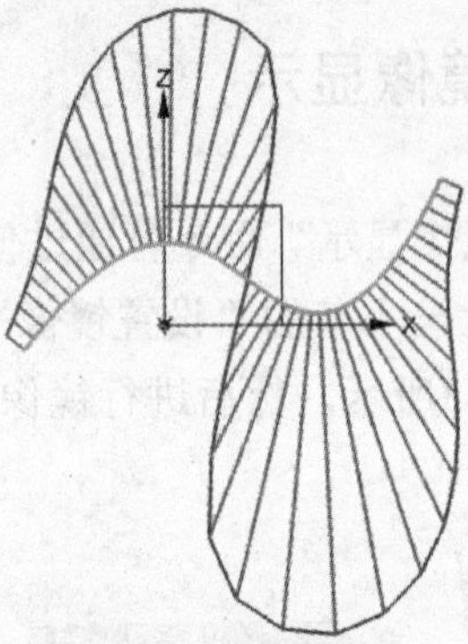

图13-36 显示曲率梳

13.3.2 显示峰值

利用“显示峰值”命令可显示选定曲线的峰值点，此时曲率半径达到最大值。仍以上面曲线为例，选中曲线后，单击(显示峰值)按钮，即可显示曲线的峰值，如图13-37所示，峰值以绿色三角符号标示。

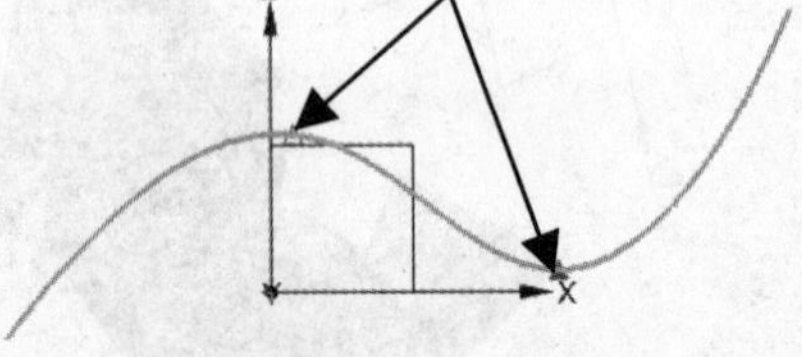

图13-37 显示峰值

13.3.3 显示拐点

利用“显示拐点”命令可显示选定曲线的拐点，此时曲率矢量从曲线的一侧翻转到另一侧。仍以上面曲线为例，选中曲线后，单击(显示拐点)按钮，即可显示曲线的拐点，如图13-38所示，拐点以绿色“×”号标示。

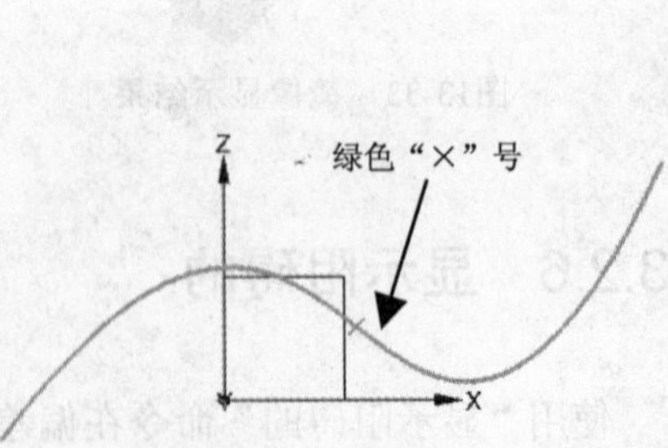

图13-38 显示拐点

13.3.4　曲线分析

利用“曲线分析”命令可通过动态显示曲线或边上的曲率梳图、曲率峰值点或曲率拐点，以分析边或曲线的形状。

具体操作步骤如下：

(1) 仍以上面曲线为例进行本节步骤介绍。单击(曲线分析)按钮，弹出“曲线分析”对话框。

(2) 单击绘制的艺术样条曲线作为进行曲线分析的“曲线”，单击“投影”下面的“无”选项，依次选中“分析显示”下面的“显示曲率疏”、“建议比例因子”选项；选中“分析显示”下面的“峰值”、“拐点”选项。完成设置的“曲线分析”对话框如图13-39所示。

(3) 单击“曲线分析”对话框中的 确定 按钮，完成曲线分析操作，如图13-40所示。

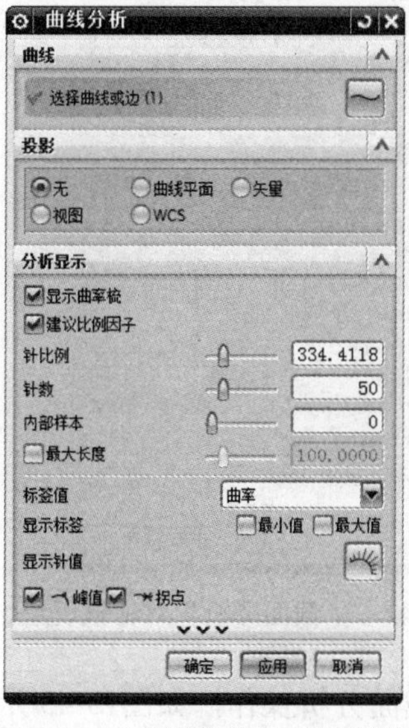

图13-39　“曲线分析”对话框设置

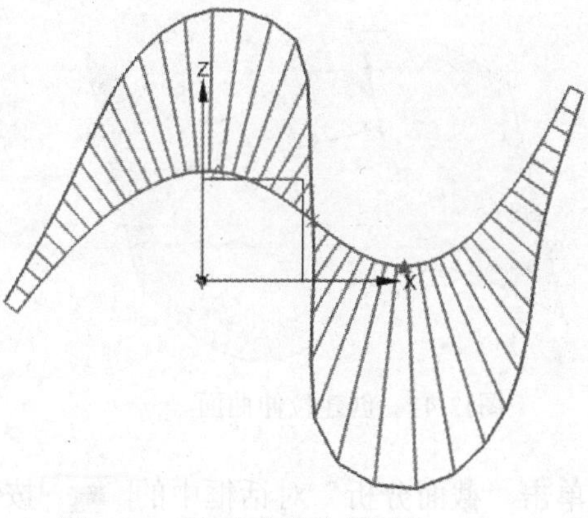

图13-40　完成曲线分析操作

13.4　面　形　状

使用分析模块的“面形状”命令框内的命令可对曲面进行截面分析、反射、高亮线、拔模分析和面曲率等操作。

13.4.1　截面分析

利用“截面分析”命令可通过动态显示面上的横截面和曲率梳来分析曲面形状和质量。

具体操作步骤如下：

(1) 绘制一艺术样条草图轮廓，使用曲面拉伸操作创建如图13-41所示的拉伸曲面。

(2) 单击(截面分析)按钮，即可弹出“截面分析”对话框。单击创建的拉伸曲面作为“目标”；“定义”下面的的“截面放置”文本框选择“均匀”，“截面对齐”文本框选择“XYZ平面”，“切割平面”右侧的X、Y、Z选项全部选中，“间距”设置为50；选中“分析显示”下面的“显示曲率梳”、“建议比例因子”选项，“针比例”设置为1.0，“针数”设置为30，“标签值”文本框选择“曲率”，依次选中“显示标签”右侧的“最小值”、“最大值”选项，以及对话框下方的“峰值”、“拐点”、“长度”选项；完成设置的“截面分析”对话框如图13-42所示。

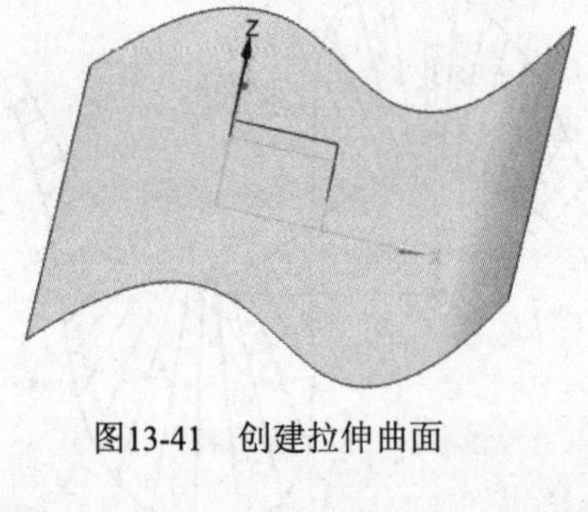

图13-41　创建拉伸曲面

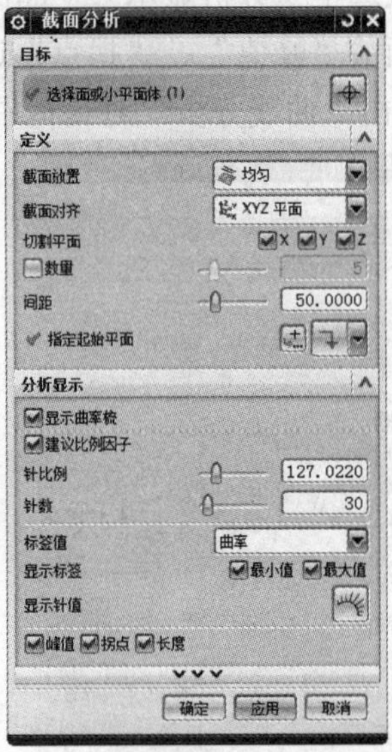

图13-42　“截面分析”对话框设置

(3) 单击“截面分析”对话框中的 确定 按钮，完成截面分析操作，如图13-43所示。

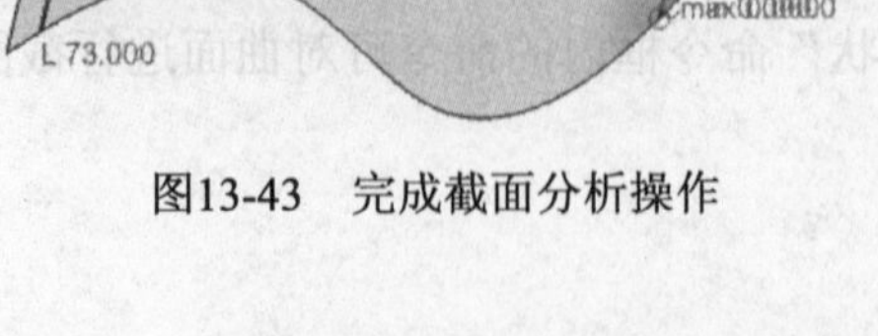

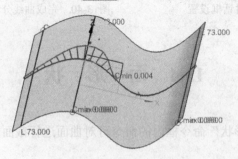

图13-43　完成截面分析操作

13.4.2　反射

利用“反射”命令，仿真曲面上的反射光，用来分析曲面的美观性以检测其缺陷。单击

(反射)按钮，弹出如图13-44所示的“面分析-反射”对话框。

“面分析-反射”对话框提供了“直线图像”、“场景图像”和“用户指定图像”三种方式的图像反射分析类型。

单击“面分析-反射”对话框中的(直线图像)按钮，经过对对话框进行设置，得到如图13-45所示的直线图像方式的面反射分析。

单击“面分析-反射”对话框中的(场景图像)按钮，经过对对话框进行设置，得到如图13-46所示的场景图像方式的面反射分析。

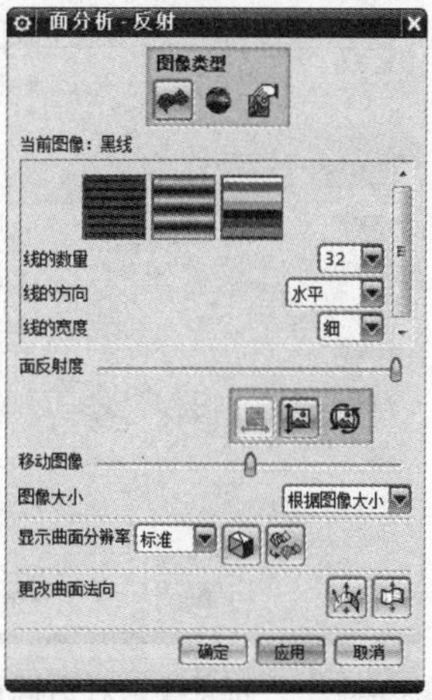

图13-44　“面分析-反射”对话框

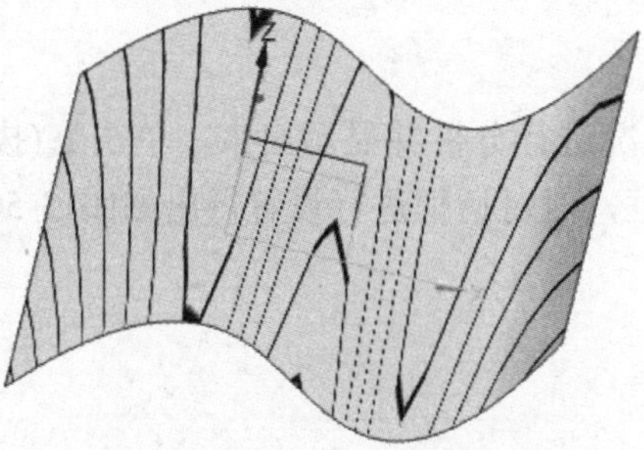

图13-45　直线图像方式反射分析

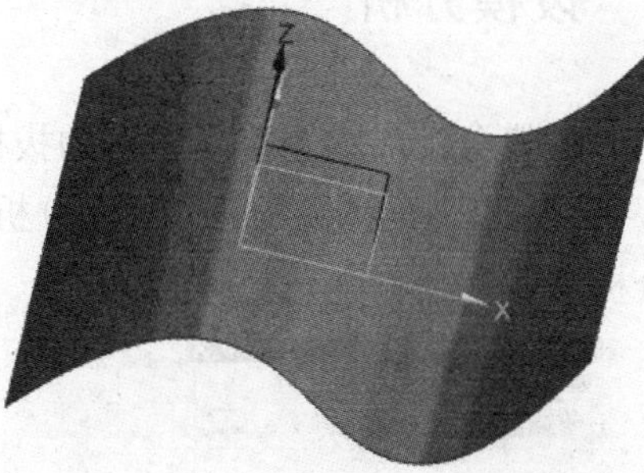

图13-46　场景图像方式反射分析

单击“面分析-反射”对话框中的(用户指定图像)按钮，弹出“反射图像文件”对话框，通过指定“计算机”内的“反射图像文件”，对对话框进行设置完成反射分析操作。

13.4.3　高亮线

利用“高亮线”命令，在曲面上生成一组高亮线以辅助评估曲面质量。

具体操作步骤如下：

(1) 单击(高亮线)按钮，弹出“高亮线”对话框。单击创建的曲面作为需分析的面，“类型”文本框选择“反射”。

(2) “高亮线”对话框中“光源设置”下面的“光源放置”文本框选择“均匀”，“光源数”设置为10，“光源间距”设置为50，单击“光源平面”右侧的(ZC平面)按钮，“偏置”设置为30。完成设置的“高亮线”对话框如图13-47所示。

(3) 单击“高亮线”对话框中的 确定 按钮，完成“高亮线”面分析操作，如图13-48所示。

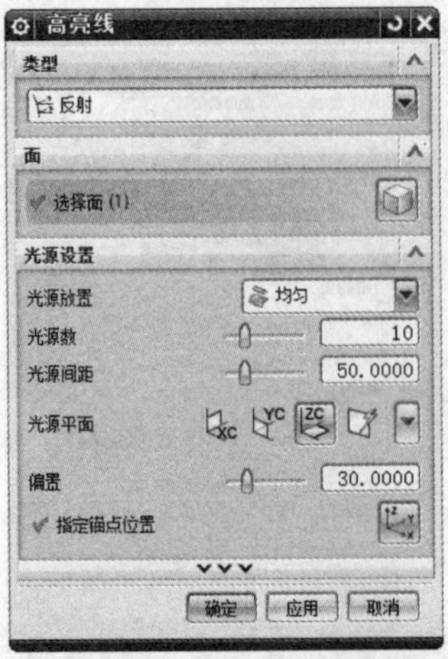

图13-47　“高亮线”对话框设置

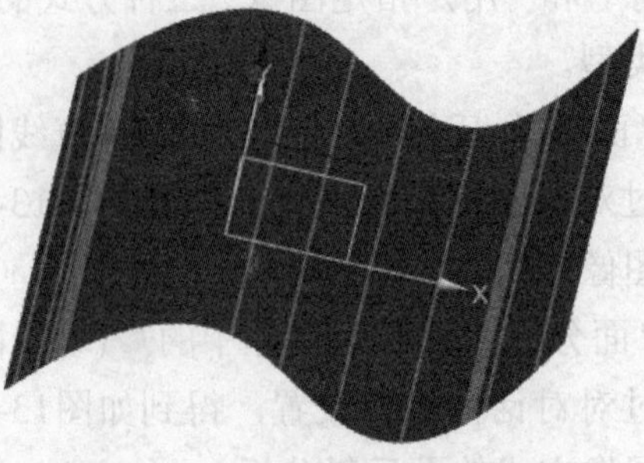

图13-48　完成高亮线面分析

13.4.4　拔模分析

利用“拔模分析”命令可对模型的拔模斜度状况进行分析并显示出来。单击(拔模分析)按钮，弹出如图13-49所示的“拔模分析”对话框，对对话框进行设置得出如图13-50所示的拔模分析结果。

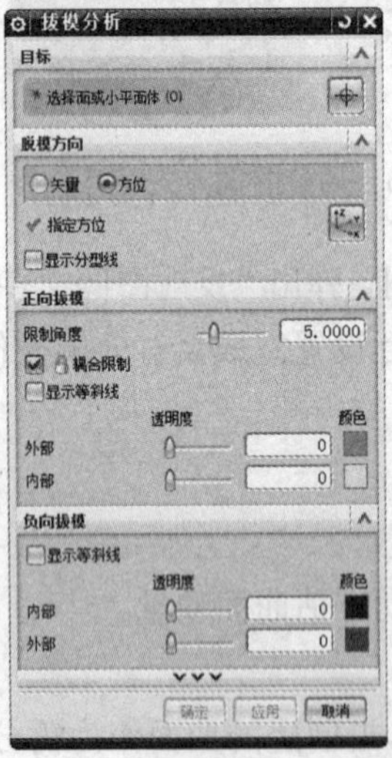

图13-49　“拔模分析”对话框

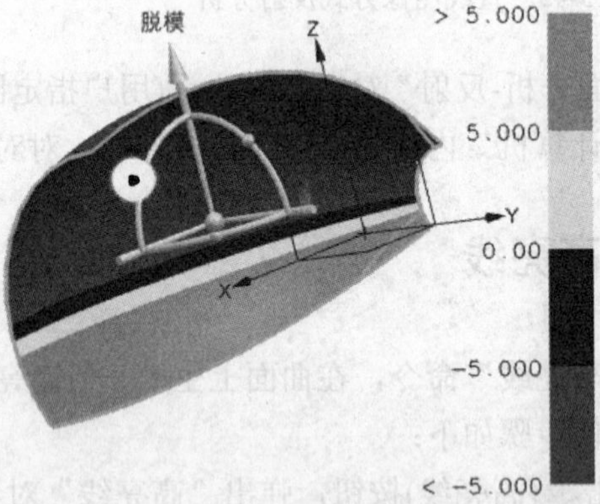

图13-50　拔模分析结果

13.4.5　面曲率

利用“面曲率”命令可视化面上所有点的曲率，以检测曲面的拐点、变化和缺陷。单击(面曲率)按钮，弹出如图13-51所示的“面曲率分析”对话框，对对话框进行设置得出如图13-52所示的面曲率分析结果。

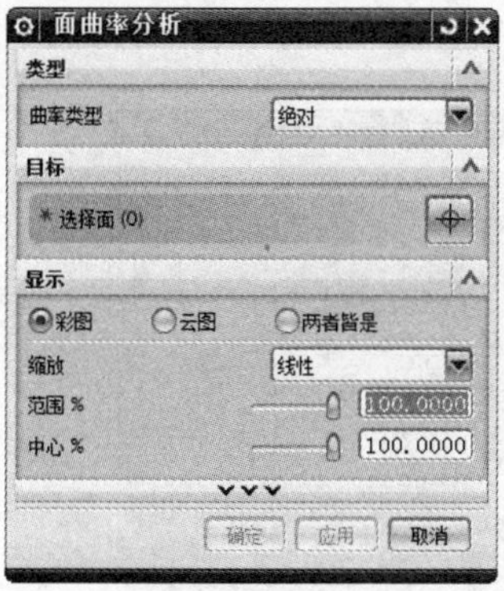

图13-51　“面曲率分析”对话框

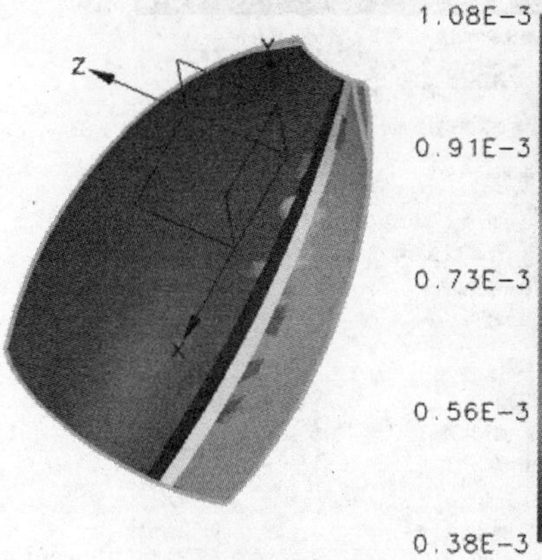

图13-52　面曲率分析结果

13.5　关　　系

使用分析模块的“关系”命令框内的命令可对曲线或曲面进行偏差度量、曲面相交、曲面连续性和曲线连续性等分析操作。

13.5.1　偏差度量

利用“偏差度量”命令可显示曲线或曲面和参考对象之间的偏差数据。单击(偏差度量)按钮，弹出如图13-53所示的“偏差度量”对话框。用户可指定目标对象和参考对象，并设置对话框参数将对象进行比较并将比较值显示在目标对象上。

13.5.2　曲面相交

利用“曲面相交”命令可通过动态显示曲率梳分析曲面到曲面相交曲线的形状。单击(曲面相交)按钮，弹出如图13-54所示的“曲面相交分析”对话框。用户可指定两组不同面集，设置对话框参数将对象进行比较并将比较值显示在视图上。

13.5.3　曲面连续性

利用“曲面连续性”命令检查曲面偏差，如实时沿边的位置变化、相切、曲率和加速度。单击(曲面连续性)按钮，弹出如图13-55所示的“曲面连续性”对话框。通过选定两不同的对照对象，设置对话框参数将对象进行比较并将比较值显示在视图上。

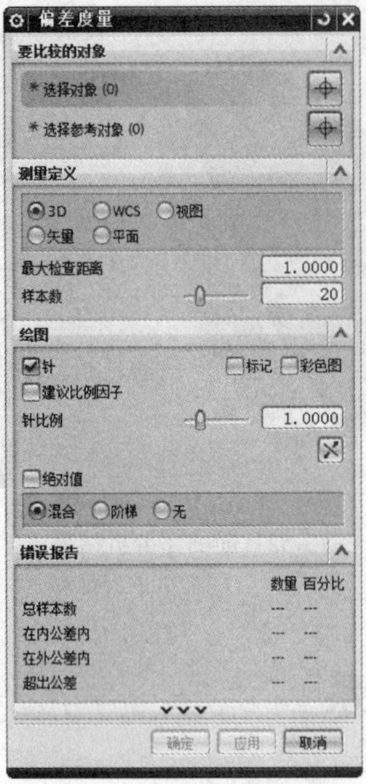

图13-53 “偏差度量”对话框

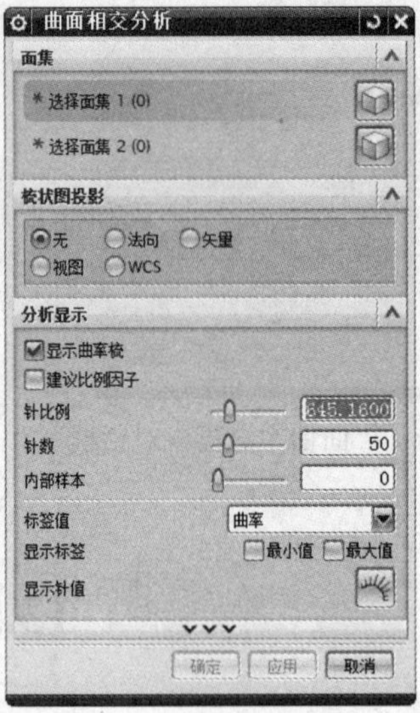

图13-54 “曲面相交分析”对话框

13.5.4 曲线连续性

利用“曲线连续性”命令检查曲线偏差，如位置变化、相切以及面、曲线、边或基准平面的法线之间的曲率和加速度。单击(曲线连续性)按钮，弹出如图13-56所示的“曲线连续性”对话框。通过选定两不同的对照对象，设置连续性检查类型将对象进行比较并将比较值显示在视图上。

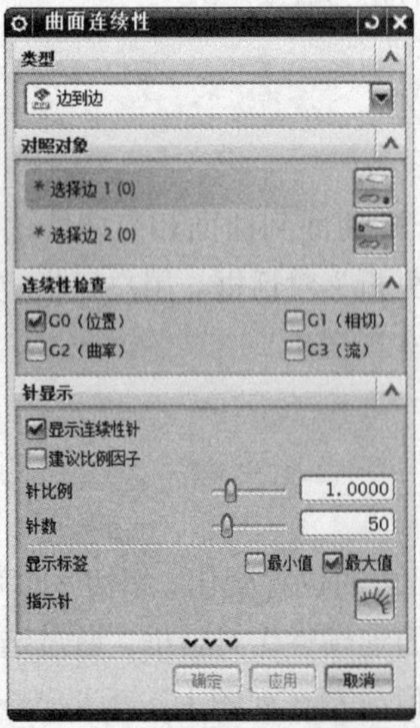

图13-55 “曲面连续性”对话框

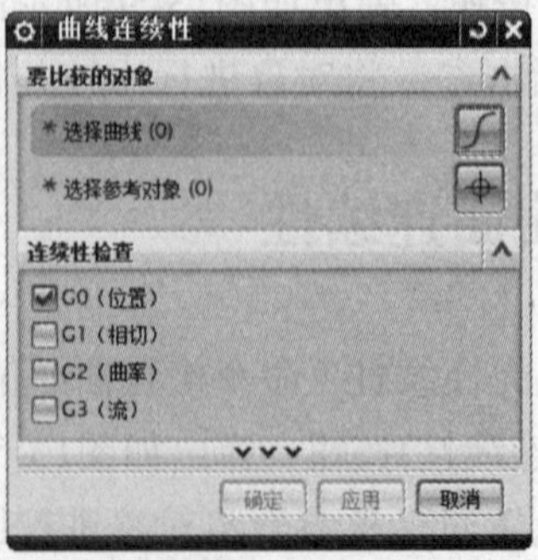

图13-56 “曲线连续性”对话框

13.6　本章小结

本章介绍了模型测量与分析的一些操作命令，重点介绍了使用分析模块对曲线、曲面和模型进行测量的一些命令，并简要地对曲线、曲面、实体模型进行显示、曲线形状分析、面形状分析和关系分析的一些内容。

13.7　习　　题

一、填空题

1. 分析模块的工具包括＿＿＿＿＿工具、＿＿＿＿＿工具、＿＿＿＿＿分析工具、面形状分析工具、＿＿＿＿＿工具。

2. 利用测量工具，可以测量＿＿＿＿＿、＿＿＿＿＿、＿＿＿＿＿或工程图中＿＿＿＿＿、点、＿＿＿＿＿、基准面的距离、＿＿＿＿＿、半径和大小，以及它们之间的距离、角度、半径或尺寸。

3. 使用分析模块的“显示”命令框内的命令可对曲线进行＿＿＿＿＿、＿＿＿＿＿、显示端点、＿＿＿＿＿＿、＿＿＿＿＿＿和显示阻碍的操作。

4. 使用分析模块的“曲线形状”命令框内的命令可对曲线进行＿＿＿＿＿＿、显示峰值、显示拐点和＿＿＿＿＿＿等操作。

5. 利用“镜像显示”命令可通过使用某个＿＿＿＿对对称模型的＿＿＿＿进行镜像操作来创建镜像图形。

二、简答题

1. 简述使用面形状命令框进行分析的一般操作命令及其作用。

2. 简述使用关系命令框进行分析的一般操作命令及其作用。

第14章

GC工具箱应用

NX 9 GC工具箱为用户提供了一系列的工具，用于帮助用户提升模型质量、提高设计效率。内容覆盖了GC数据规范、齿轮建模、弹簧设计工具、加工准备工具、注释工具、批量创建工具和部件文件加密工具。

学习目标

- ✧ 了解 NX 9 中国工具箱的基本内容
- ✧ 掌握使用齿轮建模、弹簧设计工具创建齿轮和弹簧的方法
- ✧ 掌握使用 GC 工具箱进行制图、注释等的操作方法

14.1 NX中国工具箱概述

NX中国工具箱(NX for China)是Siemens PLM Software为了更好地满足中国用户对于GB(国标简写)的要求，缩短NX导入周期，专为中国用户开发使用的工具箱。

14.1.1 NX中国工具箱的功能

NX中国工具箱为方便中国用户进行建模、装配、出图和加工等需要，以中国国家标准为依托，开发了以下功能。

1. GB标准定制

- ✧ 常用中文字体
- ✧ 定制的三维模型模板和工程图模板
- ✧ 定制的用户默认设置
- ✧ GB 制图标准
- ✧ GB 标准件库
- ✧ GB 螺纹

2. GC工具箱

- ✧ 建模、制图、装配质量检查工具
- ✧ 属性填写工具
- ✧ 标准化工具
- ✧ 视图工具
- ✧ 制图工具
- ✧ 注释工具
- ✧ 齿轮建模工具
- ✧ 弹簧建模工具
- ✧ 加工准备工具

提示

齿轮的弹簧建模工具只有在建模时可用，制图工具只有在制图时可用，加工准备工具在建模工时可用。

14.1.2　中文字体

以前版本的NX中国工具箱中提供了如图14-1所示的仿宋(chinesef_fs)、黑体(chinesef_ht_filled)、楷体(chinesef_kt)等几种常用的中文字体，NX 9包含了Windows系统中其余的像“方正舒体”、“方正姚体”、“仿宋”、“黑体”等中文字体，如图14-2所示。

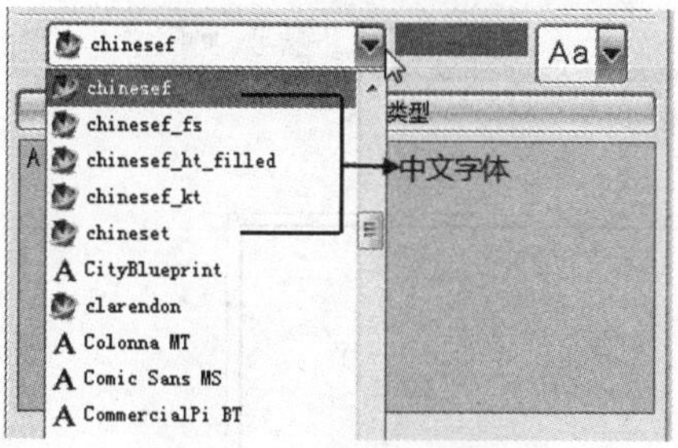

图14-1　早期中文字体

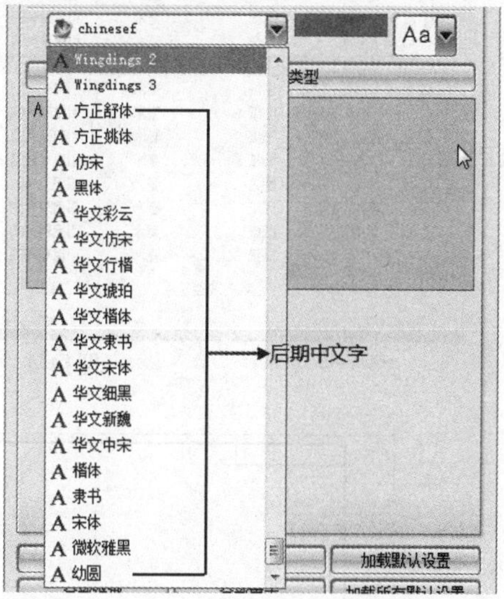

图14-2　目前的中文字体

14.1.3　定制的模型模板和工程图模板

工具箱中提供的模型模板和工程图模板是针对中国用户的建模和制图规范专门定制的。

如图14-3所示，模型模板文件中提供了模型和装配两个公制模板，并在模板中定制了常用的部件属性、规范的图层设置和引用集设置等。

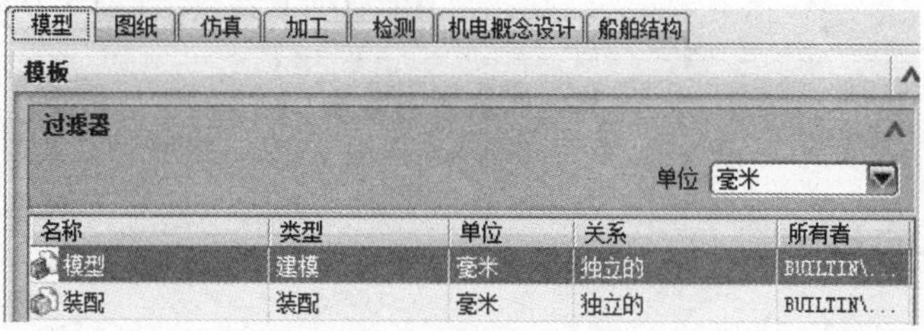

图14-3　模型和装配模板

如图14-4所示，工程图模板中提供了图幅为A0++、A0+、A0、A1、A2、A3、A4的零件制图模板和装配制图模板。如图14-5所示，在每个模板文件中都按GB定制了图框、标题栏、制图参数预设置等，并在装配制图模板中按GB定制了明细栏。

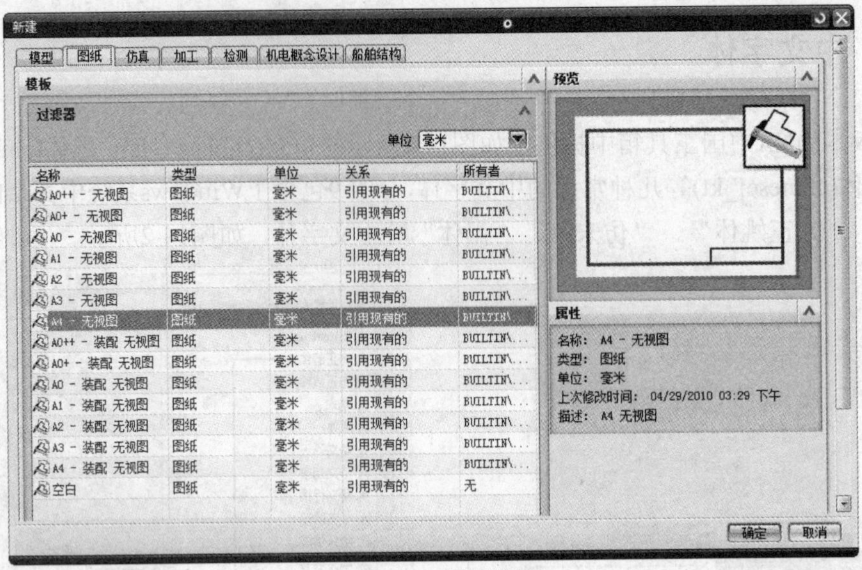

图14-4　工程图模板

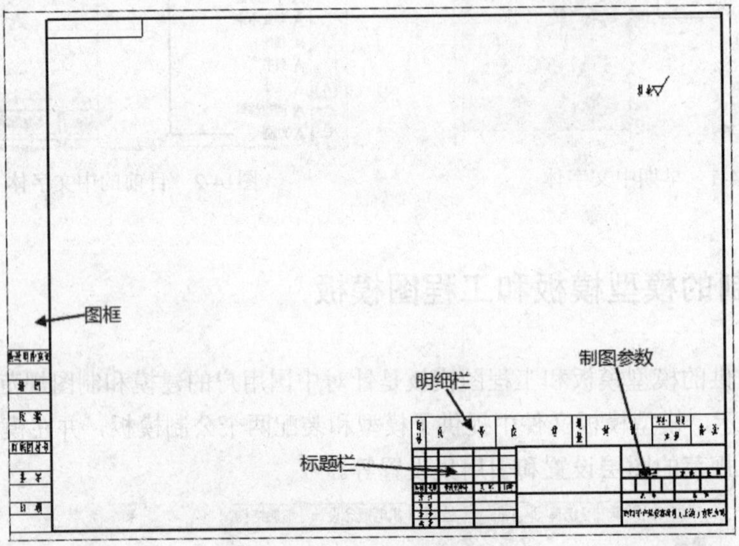

图14-5　装配制图模板

14.1.4　GB制图标准

工具箱中提供了一个为中国用户单独定制的GB制图标准，如图14-6所示。在这个标准中对常用的制图元素均按对应的国标标准进行了设置，用户进入NX环境，无须任何的设置就可以创建符合中国国标要求的工程图纸，最大限度减少用户制图预设置所需时间。

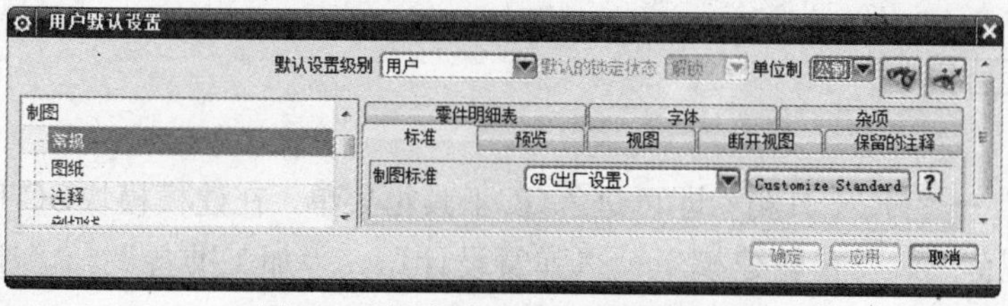

图14-6　用户默认设置制图常规项

14.1.5　GB标准件库

工具箱中提供了GB标准件库，库中一共提供了轴承、螺栓、螺钉、螺母、销钉、垫片、结构件等常用零件。

在建模模块下，单击左侧的(重用库)按钮，弹出“重用库”对话框。双击GB Standard Parts得到如图14-7所示的文件夹列表。

14.1.6　GB螺纹

工具箱中提供了GB螺纹数据，具体的数据有GB193(普通螺纹)、GJB3.4(结构件MJ螺纹)、GJB3.2(MJ螺栓和螺母螺纹)、GJB3.3(管路件MJ螺纹)、GB5796(梯形螺纹)、HB243(过盈螺纹)、GB1415(米制锥螺纹)、HB247(锥螺纹)、GJB119.3(安装钢丝螺套用内螺纹)和Q_9D176(直九专用安装钢丝螺套用内螺纹)。

用户在NX中创建螺纹特征时，可以选取这些螺纹类型，如图14-8所示。

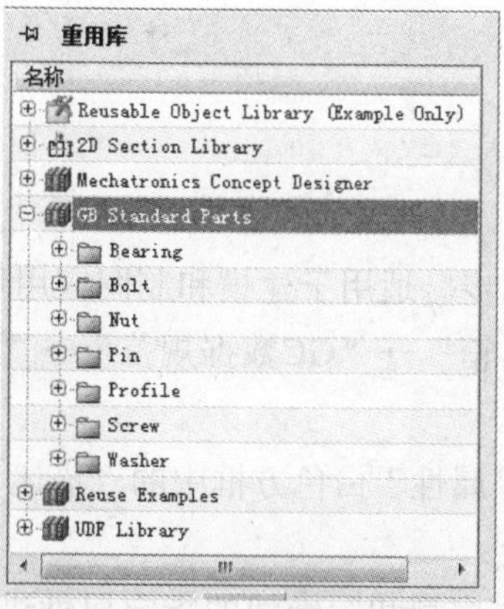

图14-7　GB标准件库

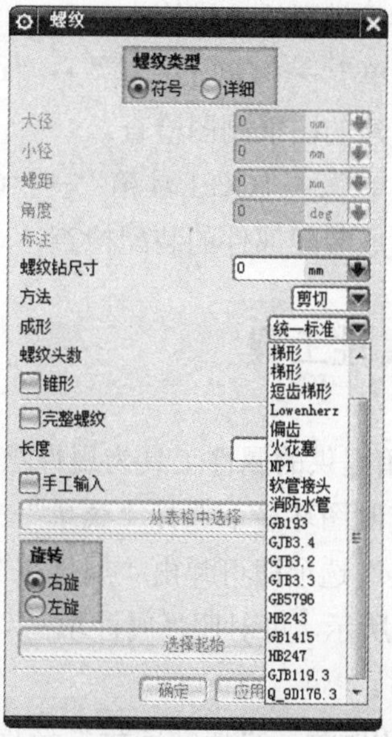

图14-8　GB螺纹

14.1.7 GC工具箱

选择“菜单”→“GC工具箱”即可进入GC工具箱菜单，在建模模块GC工具箱菜单中包括了“GC数据规范”、“齿轮建模”、“弹簧设计”、“加工准备”、“注释”、“批量创建”和“部件文件加密”7个子菜单。

在制图模块GC工具箱菜单包括了“GC数据规范”、“制图工具”、“视图”、“注释”、“尺寸”、“齿轮”和“弹簧”7个子菜单。

从下一节开始，将综合地对建模模块和制图模块中GC工具箱的常用工具命令进行介绍。

14.2 GC数据规范

GC数据规范包括检查器、属性工具、标准化工具和其他工具。利用这些工具可进行模型质量检查、部件属性编辑、标准化操作和导入导出操作等。

14.2.1 检查器

GC工具箱提供的检查工具，是在NX check-Mate的基础之上根据中国用户的具体需求定制的检查工具。检查工具包括建模检查器、制图检查器和装配检查器。

选择“菜单”→“GC工具箱”→“GC数据规范”→“检查器”→“建模检查器”选项，即可进行已完成模型的建模检查。

选择“菜单”→“GC工具箱”→“GC数据规范”→“检查器”→“制图检查器”选项，即可进行已创建的图纸制图检查。

选择“菜单”→“GC工具箱”→“GC数据规范”→“检查器”→“装配检查器”选项，即可进行已完成装配部件的装配检查。

14.2.2 属性工具

GC工具箱提供的属性工具为属性填写、属性同步。适用于建模和制图应用环境。

在建模或制图环境下选择“菜单”→“GC工具箱”→“GC数据规范”→“属性工具”→“属性工具”选项即可弹出“属性工具”对话框。

如图14-9所示，可对照“属性填写”选项卡下“属性”白色方框中的“描述”项对“值”项目进行填写。

如图14-10所示，“属性同步”选项卡用于对主模型和图纸间的指定属性进行同步，可以实现属性的双向传递。此功能不能在建模环境下使用。

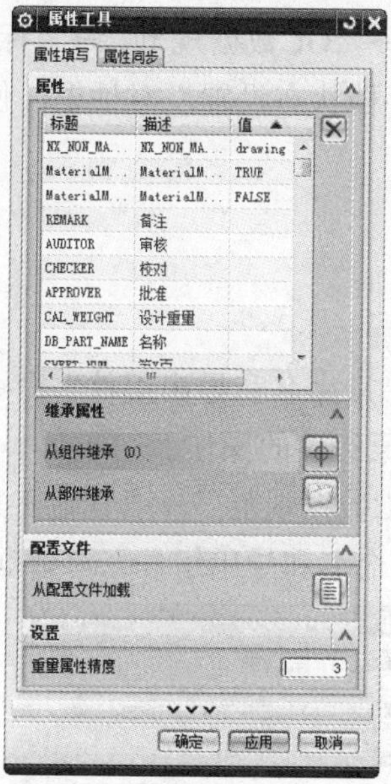

图14-9　“属性填写”选项卡

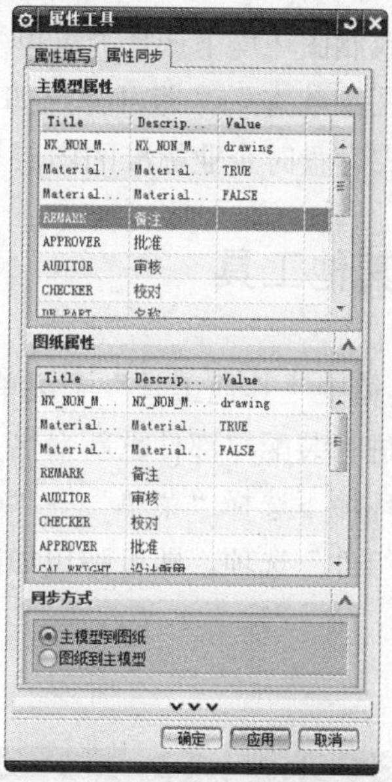

图14-10　“属性同步”选项卡

14.2.3　标准化工具

使用GC工具箱的标准化工具可创建标准化引用集、规范企业标准图层分类和规范用户存盘图层显示状态。

在建模或制图环境下选择“菜单”→“GC工具箱”→“GC数据规范”→“标准化工具”→“标准化引用集”选项，即可弹出如图14-11所示的“创建标准引用集”对话框。使用此对话框可规范企业标准引用集创建与使用过程。

在建模或制图环境下选择“菜单”→“GC工具箱”→“GC数据规范”→“标准化工具”→“标准化图层类别”选项，即可弹出如图14-12所示的“创建层分类”对话框。使用该对话框可规范企业标准图层分类的创建与使用过程。

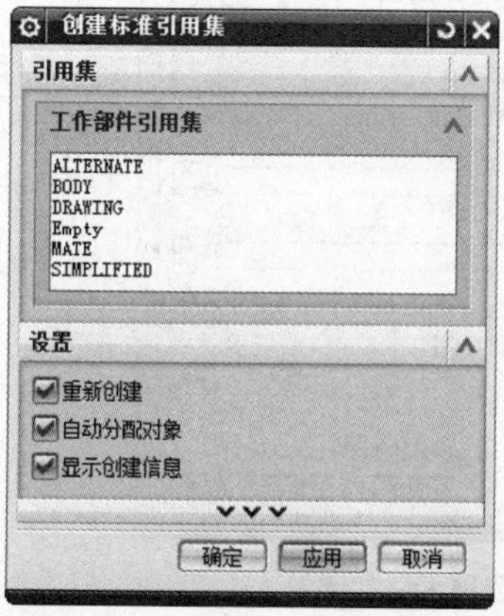

图14-11　“创建标准引用集”对话框

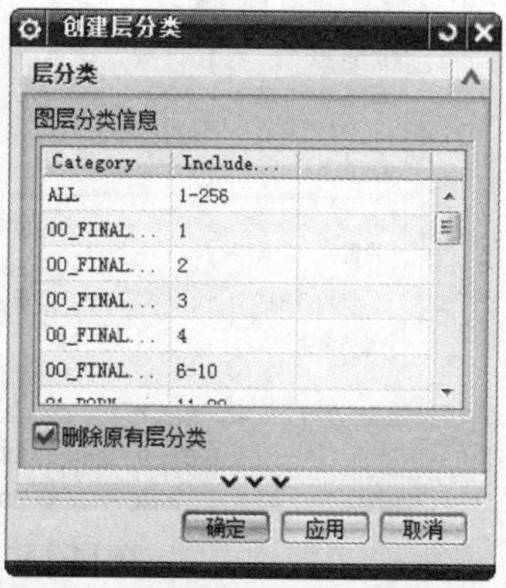

图14-12　“创建层分类”对话框

在建模或制图环境下选择“菜单”→“GC工具箱”→“GC数据规范”→“标准化工具”→“标准化图层状态”，即可弹出如图14-13所示的“存档状态设置”对话框。使用该对话框可规范用户存盘时企业标准的图层显示与可选状态。

14.2.4 其他工具

GC工具箱中“其他工具”子菜单中仅包含了一项“重命名和导出组件”命令，用户可使用此工具进行装配零部件重新命名并导出新组件删除原组件的操作。

在装配环境下选择“菜单”→“GC工具箱”→“GC数据规范”→“其他工具”→“重命名和导出组件”选项，即可弹出如图14-14所示的“重命名和导出组件”对话框。

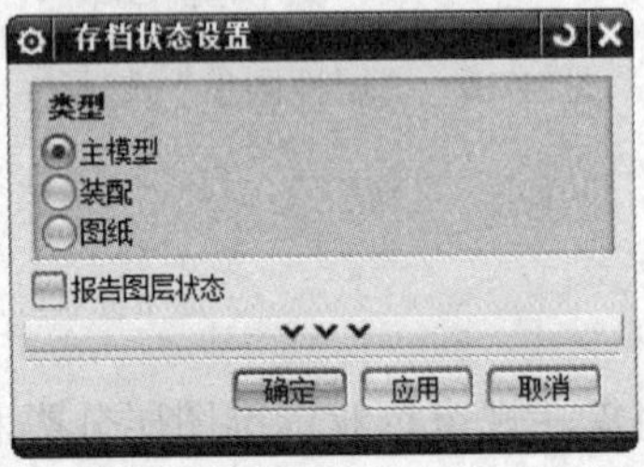

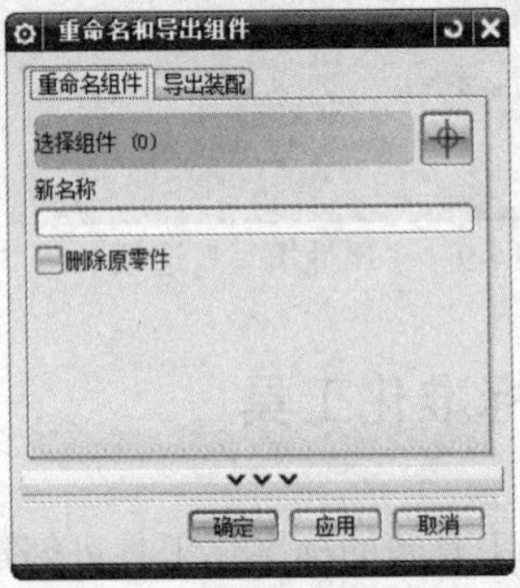

图14-13 “存档状态设置”对话框　　图14-14 “重命名和导出组件”对话框

在“重命名组件”选项卡中，用户可选中视图中的零部件，赋予其新名称，并删除原零件操作。

在如图14-15所示的“导出装配”选项卡中，用户可以在“目录”、“当前显示部件”和“装配导航器”三种方式中选择一种导出方式进行导出装配操作。

图14-15 “导出装配”选项卡

14.3 齿轮和弹簧设计

NX 9建模模块中，GC工具箱提供齿轮建模和弹簧设计工具，使用这些命令可方便地进行参数化齿轮、弹簧设计，使用户的建模过程变得更加简便。

14.3.1 圆柱齿轮

圆柱齿轮是机械齿轮中重要的一种齿轮类型，更是最为普遍的一种齿轮样式。GC工具箱提供了圆柱齿轮的参数创建方法，用户通过设置齿轮的模数、牙数、齿宽、压力角等来创建圆柱齿轮。

具体操作步骤如下：

(1) 新建模型文件，选择“菜单”→“GC工具箱”→“齿轮建模”→“圆柱齿轮”选项，即可弹出如图14-16所示的“渐开线圆柱齿轮建模”对话框。

(2) 选中对话框中的“创建齿轮”选项，并单击确定按钮，切换至“渐开线圆柱齿轮类型”对话框，如图14-17所示。

(3) 选中“渐开线圆柱齿轮类型”对话框中的“斜齿轮”选项、“外啮合齿轮”选项及“加工”下面的“滚齿”选项，单击确定按钮，切换至“渐开线圆柱齿轮参数”对话框。

(4) 如图14-18所示，“渐开线圆柱齿轮参数”对话框中“标准齿轮”选项卡下面的“名称”设置为yuanzhu，“法向模数(毫米)”设置为5，“牙数”设置为20，“齿宽(毫米)”设置为100，“法向压力角(度数)”设置为30；选中“螺旋方向”下面的“左手”选项，Helix Angle(degree)设置为10；并选中“齿轮建模精度”下面的“中部”选项。

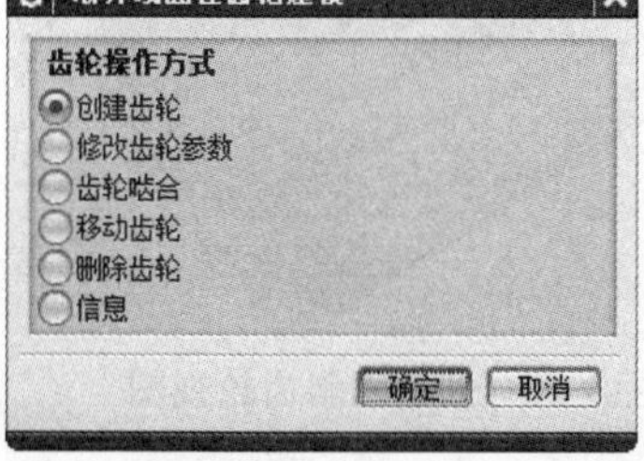

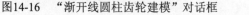

图14-16 “渐开线圆柱齿轮建模”对话框

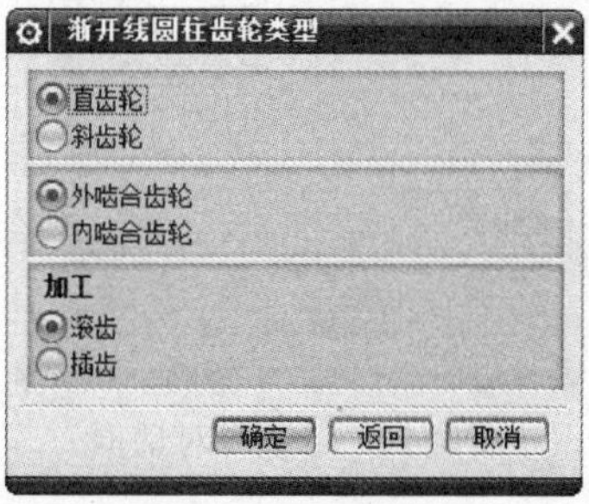

图14-17 “渐开线圆柱齿轮类型”对话框

(5) 完成设置后，单击“渐开线圆柱齿轮参数”对话框中的确定按钮，弹出如图14-19所示的“矢量”对话框。

(6) 单击X轴作为矢量，确定齿轮轴线方向。

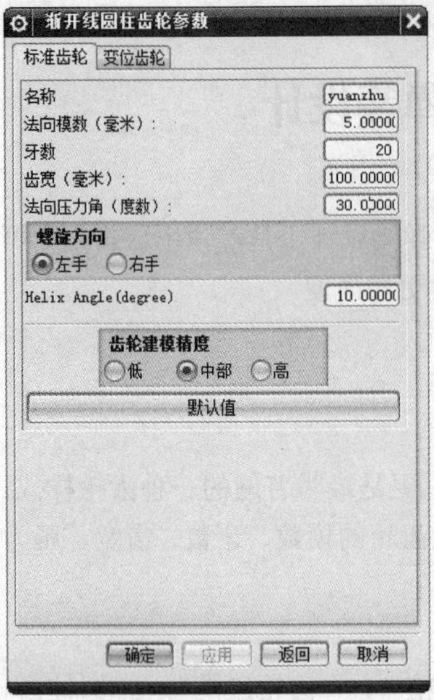

图14-18　“渐开线圆柱齿轮参数”对话框

图14-19　“矢量”对话框

(7) 单击“矢量”对话框中的确定按钮，弹出如图14-20所示的“点”对话框。设置为原点坐标，单击确定按钮后，等待片刻即可创建如图14-21所示的斜齿轮。

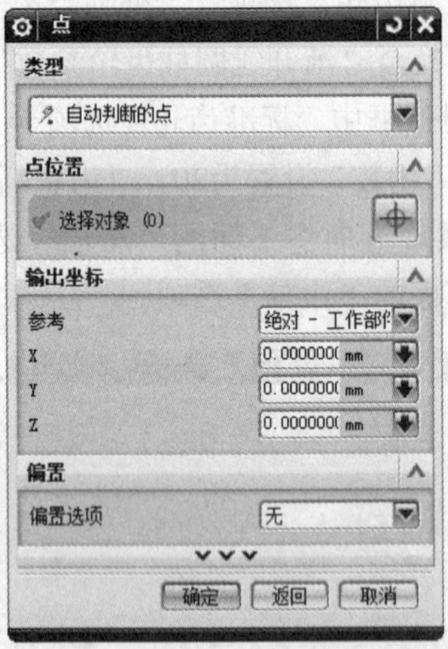

图14-20　“点”对话框

图14-21　创建的斜齿轮视图

提示

使用圆柱齿轮工具还可进行齿轮参数修改、齿轮啮合、齿轮删除等操作；除可创建圆柱斜齿轮外，还可创建圆柱直齿轮、内/外啮合齿轮、变位齿轮等类型齿轮。

14.3.2 锥齿轮

锥齿轮也叫伞齿轮，广泛用于工业传动设备、车辆差速器、机车、船舶、电厂、钢厂、铁路轨道检测等。GC工具箱提供了锥齿轮的参数创建方法，用户通过设置齿轮的模数、牙数、齿宽、压力角、节锥角、齿顶高系数等来创建锥齿轮。

具体操作步骤如下：

(1) 新建模型文件，选择“菜单”→“GC工具箱”→“齿轮建模”→“锥齿轮”选项，即可弹出如图14-22所示的“锥齿轮建模”对话框。

(2) 选中对话框中的“创建齿轮”选项，并单击确定按钮，切换对话框为“圆锥齿轮类型”对话框，如图14-23所示。

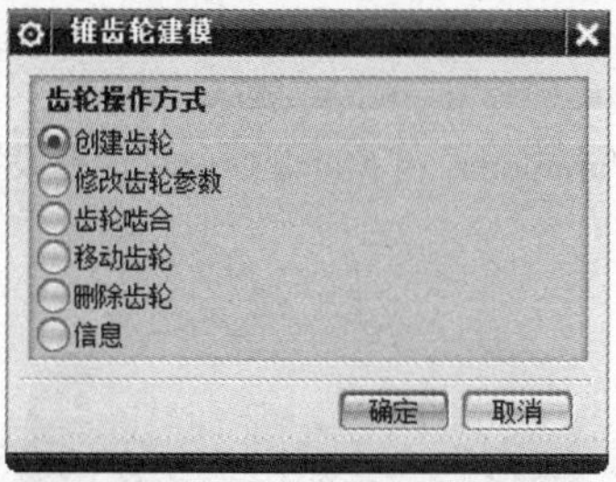

图14-22 “锥齿轮建模”对话框

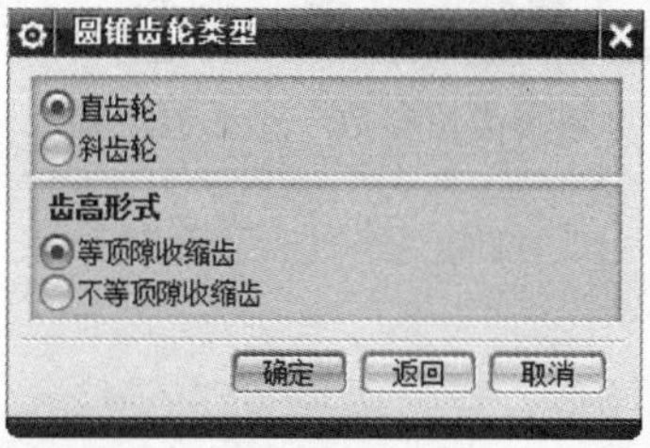

图14-23 “圆锥齿轮类型”对话框

(3) 选中“圆锥齿轮类型”对话框中的“斜齿轮”选项和“齿高形式”下面的“等顶隙收缩齿”选项，单击确定按钮，对话框切换为“圆锥齿轮参数”对话框。

(4) 如图14-24所示，“圆锥齿轮参数”对话框中“标准齿轮”选项卡下面的“名称”设置为zhui，“大端模数(毫米)”设置为5，“牙数”设置为20，“齿宽(毫米)”设置为60，“法向压力角(度数)”设置为20。单击“螺旋方向”下面的“左手”选项，“大端螺旋角(度数)”设置为10；单击“节锥角(度数)”左侧的参数估计按钮，弹出Input Parameters of Match Gear对话框。

(5) 如图14-25所示，Input Parameters of Match Gear对话框中的Shaft Angle(degree)设置为10，Match Gear Number of Teeth设置为6。

(6) 单击Input Parameters of Match Gear对话框中的确定按钮，返回到“圆锥齿轮参数”对话框，可发现“节锥角”自动变化创建度数。单击“径向变位系数”左侧的参数估计按钮，设置弹出的对话框数值为6，如图14-26所示，并单击确定按钮。如此依次单击剩余的参数估计按钮，进行设置。完成设置后单击“圆锥齿轮参数”对话框中的确定按钮，弹出“矢量”对话框。

(7) 单击Z轴作为“要定义矢量的对象”，并单击“矢量”对话框中的确定按钮，弹出“点对话框”。默认原点为要选择的点，单击确定按钮，等待片刻即可创建如图14-27所示的锥齿轮。

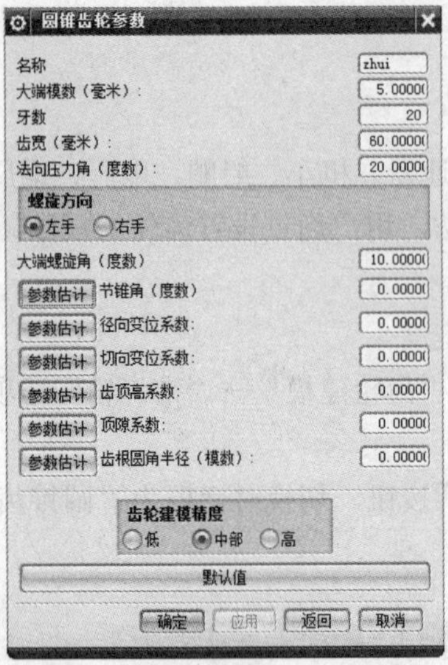

图14-24 “圆锥齿轮参数”对话框设置

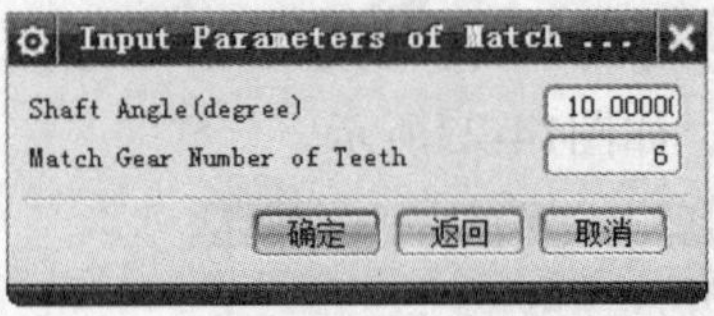

图14-25 Input Parameters of Match Gear对话框设置

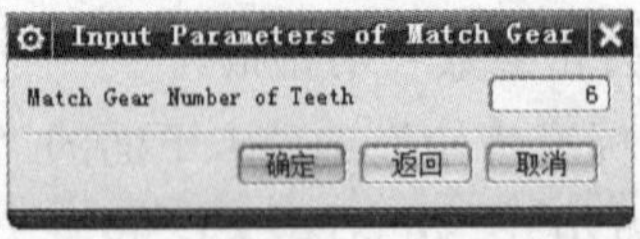

图14-26 Input Parameters of Match Gear对话框设置

图14-27 创建锥齿轮视图

提示

使用锯齿轮工具还可进行齿轮参数修改、齿轮啮合、齿轮删除等操作；除可创建圆锥斜齿轮外，还可创建圆锥直齿轮、不等顶隙收缩齿轮等类型齿轮。

14.3.3 圆柱压缩弹簧

圆柱压缩弹簧是承受向压力的圆柱形螺旋弹簧，其圈与圈之间有一定的间隙，当受到外载荷时，弹簧收缩变形，储存形变能。

GC工具箱提供了“输入参数”和“设计向导”两种创建圆柱压缩弹簧。如果选择输入参数，则“初始条件”、“弹簧材料与许用应力”不可用。本小节以“输入参数”类型来介绍创建圆柱压缩弹簧的一般操作步骤。

具体操作步骤如下：

(1) 新建模型文件，选择“菜单”→“GC工具箱”→“弹簧设计”→“圆柱压缩弹簧”选项，即可弹出“圆柱压缩弹簧”对话框。

(2) 选中“圆柱压缩弹簧”对话框中“选择类型”下面的“输入参数”选项，并选中“创建方式”下面的“在工作部件中”选项，单击Z轴作为“指定矢量”，单击原点作为“指定点”。完成设置的“圆柱压缩弹簧”对话框如图14-28所示。

(3) 单击“圆柱压缩弹簧”对话框中的下一步>按钮，切换对话框为输入参数模式。选中“旋向”下面的“左旋”选项，“端部结构”文本框选择“并紧磨平”；“参数输入”下面的“中间直径”设置为35mm，“钢丝直径”设置为5mm，“自由高度”设置为80mm，“有效圈数”设置为8，“支承圈数”设置为2。完成设置的对话框如图14-29所示。

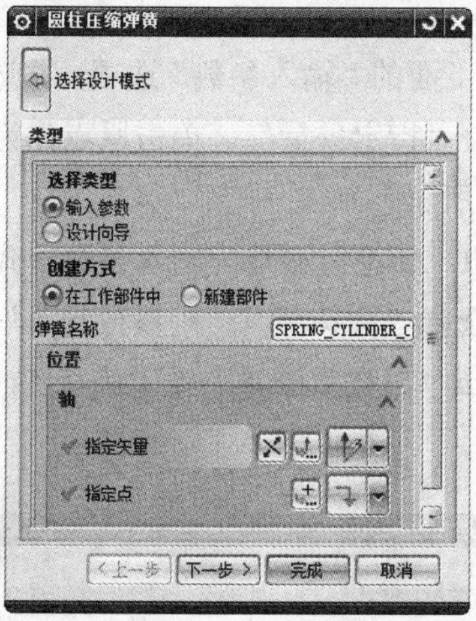

图14-28　“圆柱压缩弹簧”对话框设置

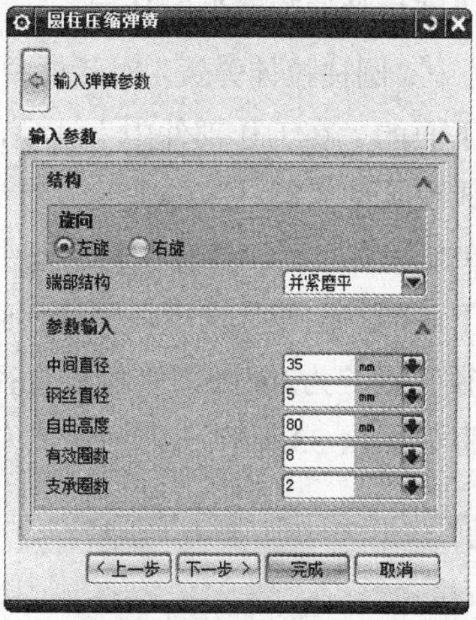

图14-29　输入弹簧参数

(4) 单击下一步>按钮，如图14-30所示，显示输入后的验算结果。确认无误后，单击完成按钮，即可创建如图14-31所示的圆柱压缩弹簧。

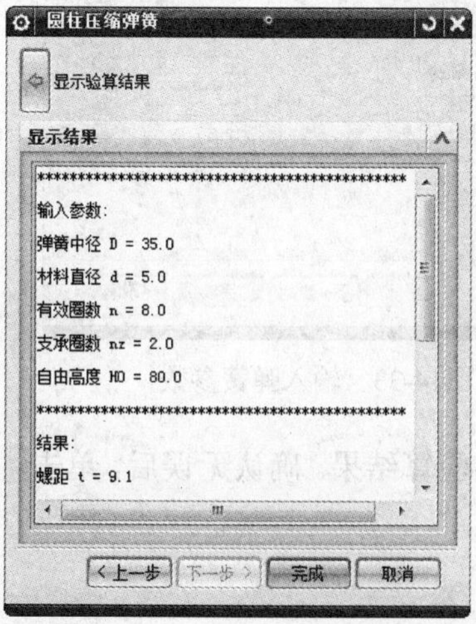

图14-30　显示验算结果

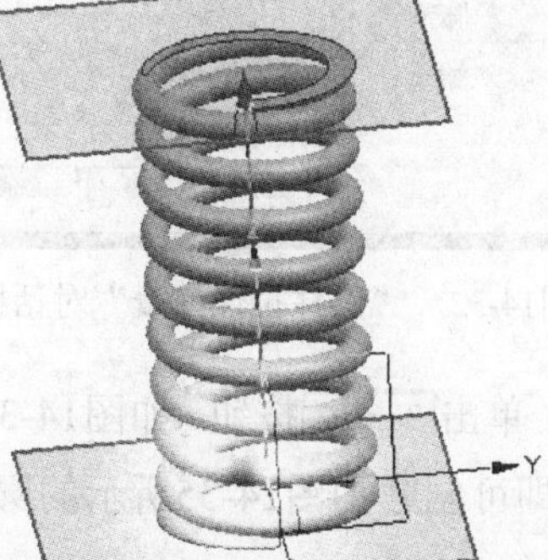

图14-31　创建圆柱压缩弹簧

14.3.4 圆柱拉伸弹簧

圆柱拉伸弹簧是承受轴向拉力的圆柱形螺旋弹簧，在不承受负荷时，弹簧的圈与圈之间一般都是并紧的，没有间隙。

GC工具箱提供了“输入参数”和“设计向导”两种创建圆柱拉伸弹簧。如果选择输入参数，则“初始条件”、“弹簧材料与许用应力”不可用。本小节以“输入参数”类型来介绍创建圆柱拉伸弹簧的一般操作步骤。

具体操作步骤如下：

(1) 新建模型文件，选择“菜单”→“GC工具箱”→“弹簧设计”→“圆柱拉伸弹簧”，即可弹出“圆柱拉伸弹簧”对话框。

(2) 选中“圆柱拉伸弹簧”对话框中“选择类型”下面的“输入参数”选项，并选中“创建方式”下面的“在工作部件中”选项，单击Z轴作为“指定矢量”，单击原点作为“指定点”，完成设置的“圆柱拉伸弹簧”对话框如图14-32所示。

(3) 单击“圆柱拉伸弹簧”对话框中的 下一步 > 按钮，切换对话框为输入参数模式。选中“旋向”下面的“左旋”选项，“端部结构”文本框选择“圆钩环”；“参数输入”下面的“中间直径”设置为30mm，“材料直径”设置为4mm，“有效圈数”设置为12.5。完成设置的对话框如图14-33所示。

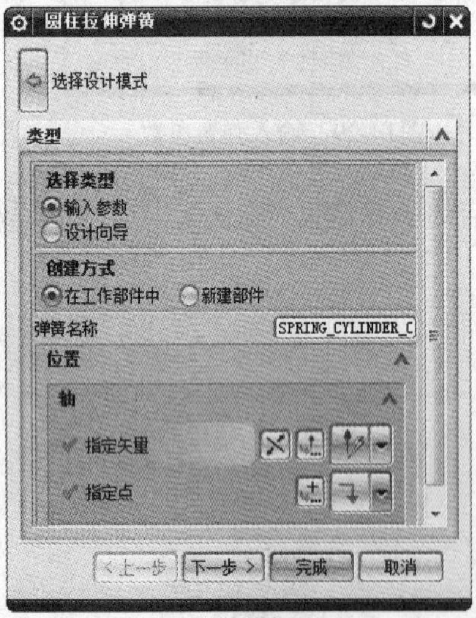

图14-32 “圆柱拉伸弹簧”对话框设置

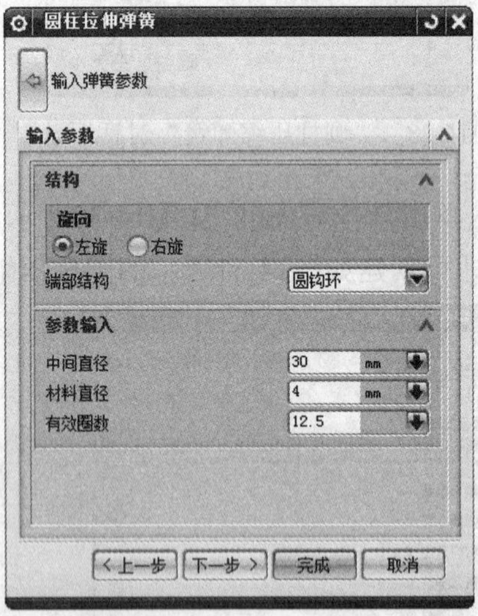

图14-33 输入弹簧参数

(4) 单击 下一步 > 按钮，如图14-34所示，显示输入后的验算结果。确认无误后，单击 完成 按钮，即可创建如图14-35所示的圆柱拉伸弹簧。

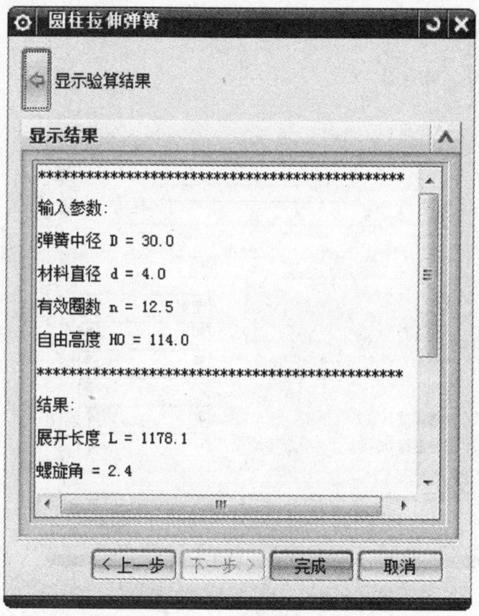

图14-34　显示验算结果

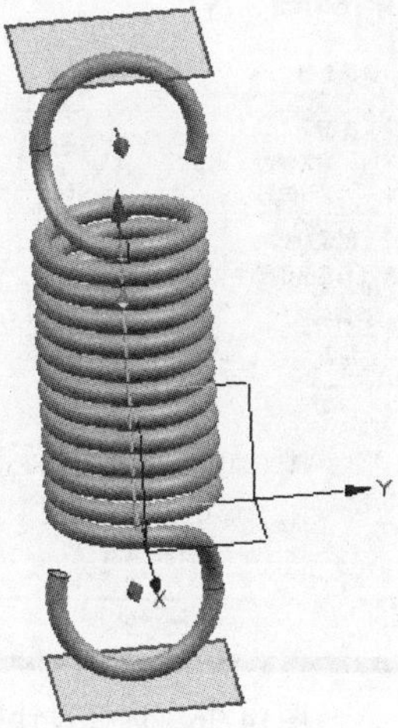

图14-35　创建圆柱拉伸弹簧

14.3.5　碟形弹簧

碟形弹簧是用金属板料或锻压坯料而成的截锥形截面的垫圈式弹簧，是在轴向上呈锥形并承受负载的特殊弹簧。

GC工具箱提供了“输入参数”和“设计向导”两种创建碟形弹簧。如果选择输入参数，则“设置工作条件”不可用。本小节以“输入参数”类型来介绍创建碟形弹簧的一般操作步骤。

具体操作步骤如下：

(1) 新建模型文件，选择“菜单”→“GC工具箱”→“弹簧设计”→“碟形弹簧”，即可弹出“碟簧”对话框。

(2) 选中“碟簧”对话框中“选择类型”下面的“输入参数”选项，并选中“创建方式”下面的“在工作部件中”，单击Z轴作为“指定矢量”，单击原点作为“指定点”。完成设置的“碟簧”对话框如图14-36所示。

(3) 单击“碟簧”对话框中的 下一步> 按钮，切换对话框为输入参数模式。“类型”文本框选择“定制”；“外径(D)”设置为90，“内径(d)”设置为46，“厚度(t)”设置为5，“边缘厚度(t’)”设置为5，“自由高度(H)”设置为7。完成设置的对话框如图14-37所示。

(4) 单击对话框中的 下一步> 按钮，切换对话框为设置方向模式。如图14-38所示，弹簧片数设置为1，单击方向下面选择“-”号(代表负方向)。

(5) 单击对话框中的 下一步> 按钮，如图14-39所示，显示输入后的验算结果。确认无误后，单击 完成 按钮，即可创建如图14-40所示的碟形弹簧。

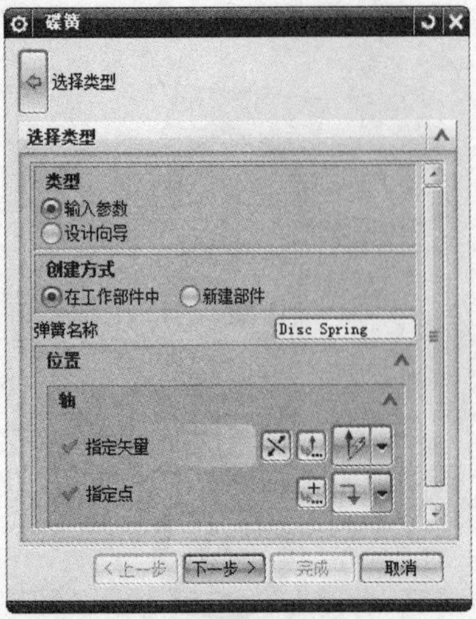

图14-36　选择设计模式

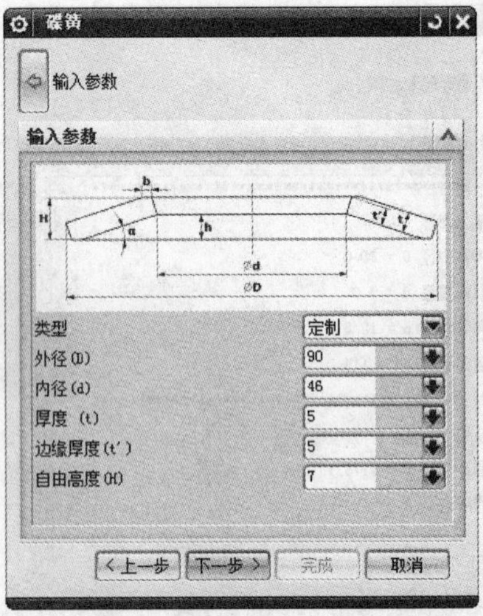

图14-37　输入弹簧参数

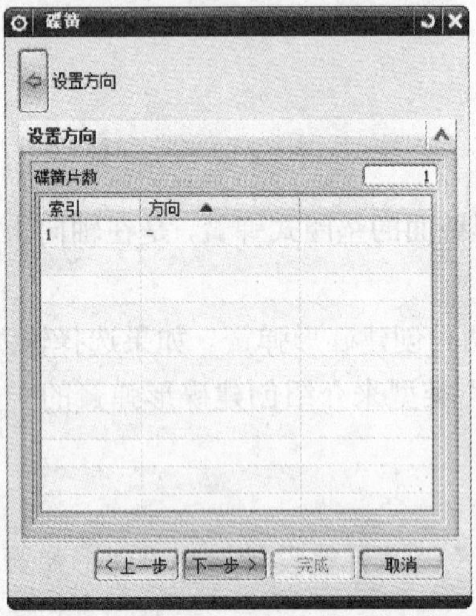

图14-38　设置方向模式

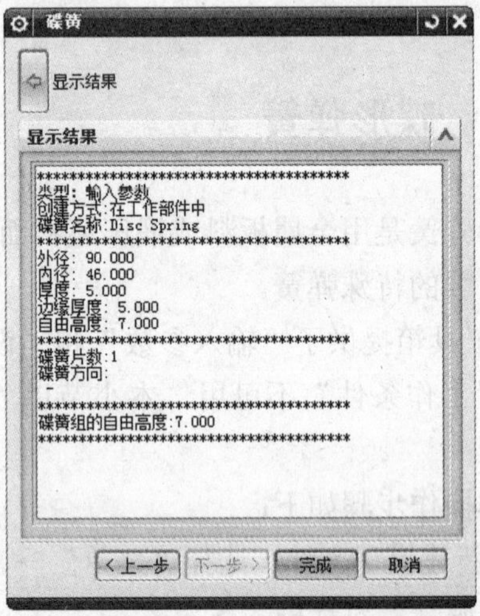

图14-39　显示验算结果

提示

用户可在设置方向时选择“+”号，创建如图14-41所示的正向碟形弹簧。

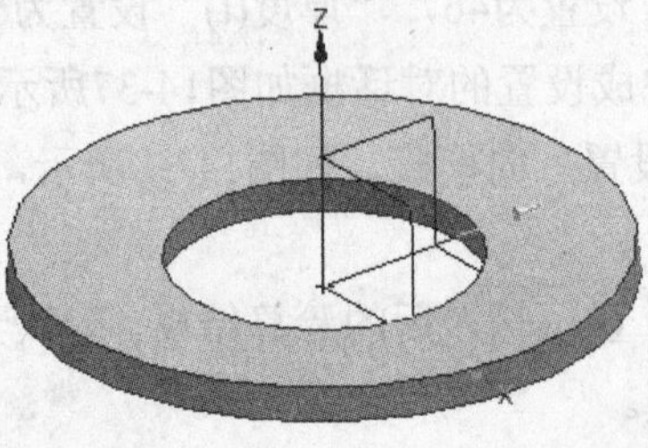

图14-40　创建负向碟簧

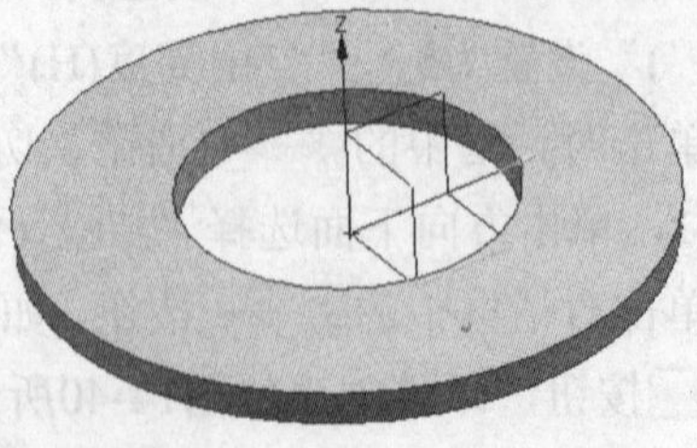

图14-41　创建正向碟簧

14.3.6　齿轮简化画法

GC工具箱提供了以三维实体直接生成符合中国国家标准工程图图纸的齿轮简化画法工具。

具体操作步骤如下：

(1) 在建模模块视图窗口中使用GC工具箱的“锥齿轮”工具创建斜齿锥齿轮。

(2) 在当前建模模块中直接切入工程“制图”模块，创建斜齿锥齿轮零件的三视图，如图14-42所示。

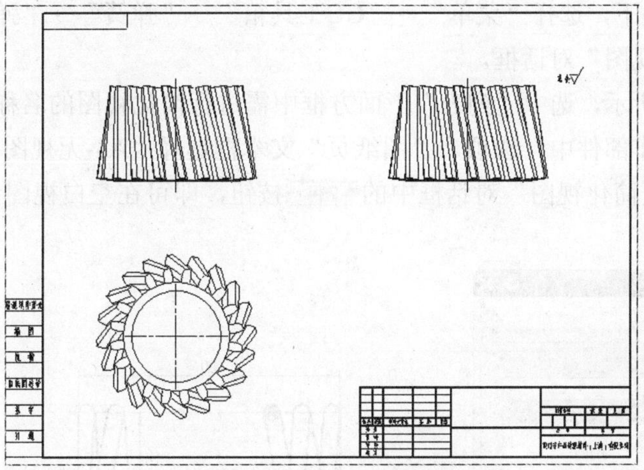

图14-42　创建齿轮三视图

(3) 在制图模块下，选择“菜单”→“GC工具箱”→“齿轮”→“齿轮简化画法”，即可弹出“齿轮简化”对话框。

(4) “齿轮简化”对话框中的“类型”文本框选择“创建”，单击对话框下面的白色方框中齿轮的名称，依次单击齿轮三视图。完成设置的对话框如图14-43所示。

(5) 单击“齿轮简化”对话框中的 应用 按钮，即可完成齿轮简化操作，如图14-44所示。

图14-43　“齿轮简化”对话框设置

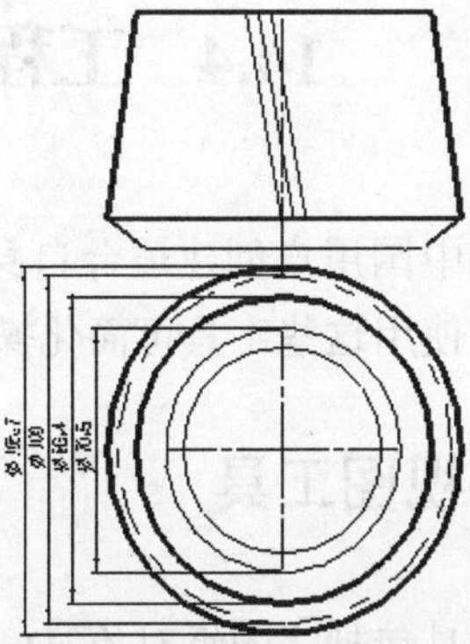

图14-44　齿轮简化视图

14.3.7 弹簧简化视图

GC工具箱提供了以三维实体直接生成符合中国国家标准工程图图纸的弹簧简化视图工具。

具体操作步骤如下：

(1) 在建模模块视图窗口中使用GC工具箱的“圆柱压缩弹簧”工具创建斜圆柱压缩弹簧。

(2) 在当前建模模块中直接切入工程“制图”模块，新建一空白图纸。(注意此步骤同上节不一样)

(3) 在制图模块下，选择“菜单”→“GC工具箱”→“弹簧”→“弹簧简化视图”，即可弹出“弹簧简化视图”对话框。

(4) 如图14-45所示，选中“列表”下面方框中需进行简化视图的名称，并选中“创建选项”下面的“在工作部件中”选项，“图纸页”文本框选择“A3-无视图”。

(5) 单击“弹簧简化视图”对话框中的 应用 按钮，即可在空白视图创建如图14-46所示的弹簧简化视图。

图14-45 “弹簧简化视图”对话框设置

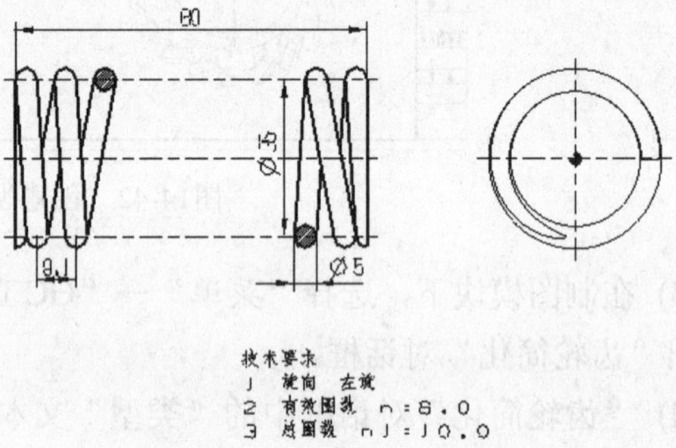

图14-46 弹簧简化视图

14.4 工程图视图、注释和尺寸工具

为方便中国用户创建适合自身的工程图，GC工具箱提供了用于工程制图视图、注释和尺寸工具，使用这些工具可简化操作步骤，提高制图效率。

14.4.1 视图工具

视图工具包括“图纸对象3D-2D转换”、“编辑剖视图边界”、“局部剖切”和“曲线剖”4种工具命令，使用这些工具可对视图进行操作。

1. 图纸对象3D-2D转换

利用“图纸对象3D-2D转换”工具可以快捷地将视图上的空间曲线或边自动投影转化为平面的草图曲线，以方便用户对平面视图进行编辑、修改。

通过投影的方式创建一俯视图，完成后选择“菜单”→“GC工具箱”→“视图”→“图纸对象3D-2D转换”，即可弹出如图14-47所示的“图纸对象3D-2D转换”信息提示框，询问用户是否进行转换。单击 是 按钮，即可进行转换操作，如图14-48所示。

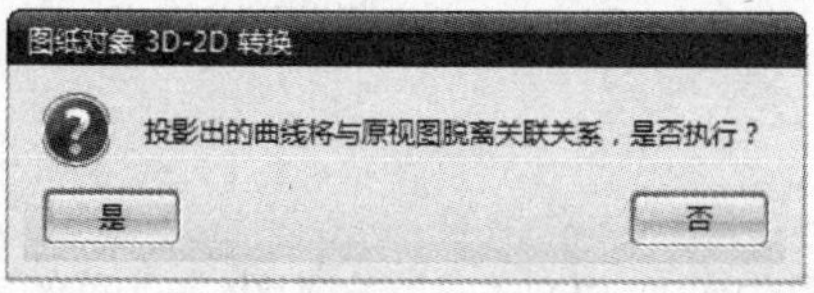

图14-47　“图纸对象3D-2D转换”信息提示框

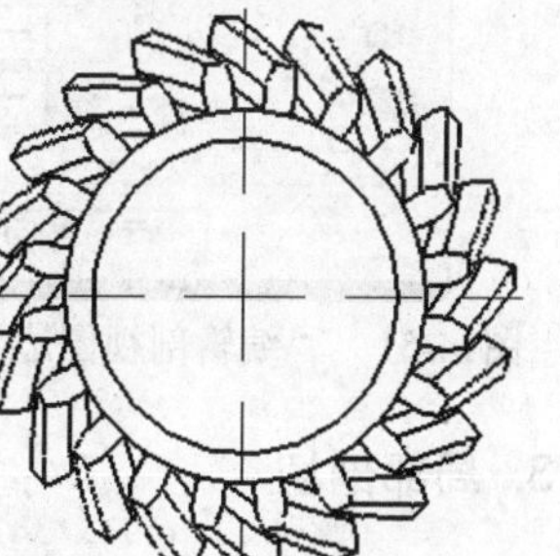

图14-48　转换结果

2. 编辑剖视图边界

因NX原有的剖面线创建与编辑功能较为烦琐，利用编辑剖视图边界工具的主要目的是提供快速的编辑剖面线边界的方法。

具体操作步骤如下：

(1) 使用工程制图模块创建如图14-49所示的剖面视图，选择“菜单”→“GC工具箱”→“视图”→“编辑剖视图边界”，即可弹出“编辑剖视图边界”对话框。

(2) 单击创建的剖视图作为需进行操作的视图，软件自动将剖视图边线显示出来，如图14-50所示。设置“线型”和“线宽”，完成设置的“编辑剖视图边界”对话框如图14-51所示。

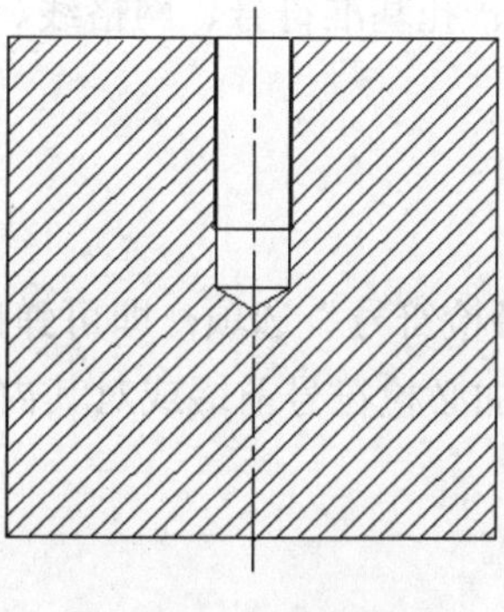

图14-49　创建剖视图

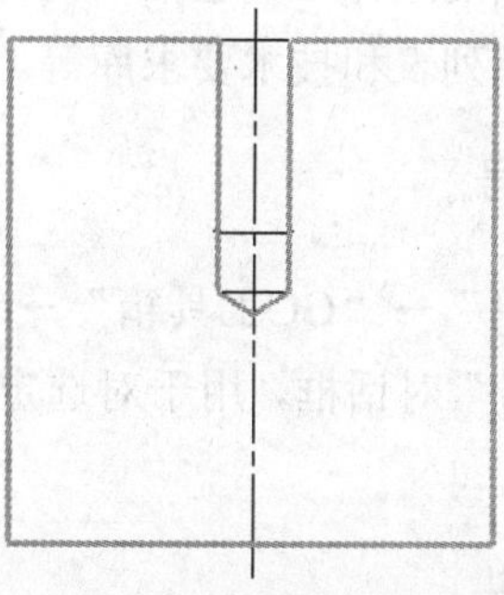

图14-50　计算剖面边线

(3) 单击“编辑剖视图边界”对话框中的确定按钮，完成剖视图边界编辑，如图14-52所示。

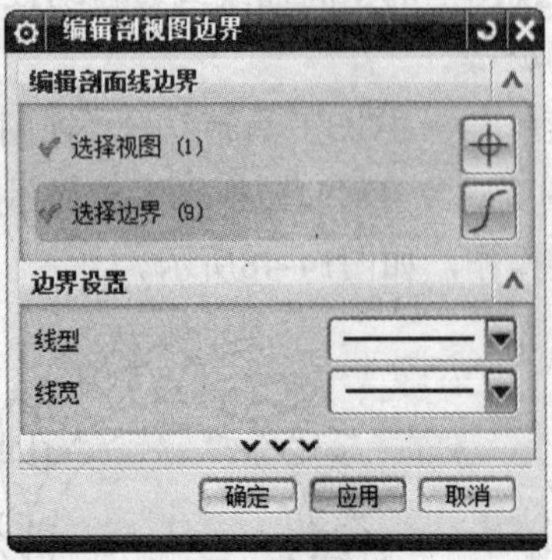

图14-51 “编辑剖视图边界”对话框设置

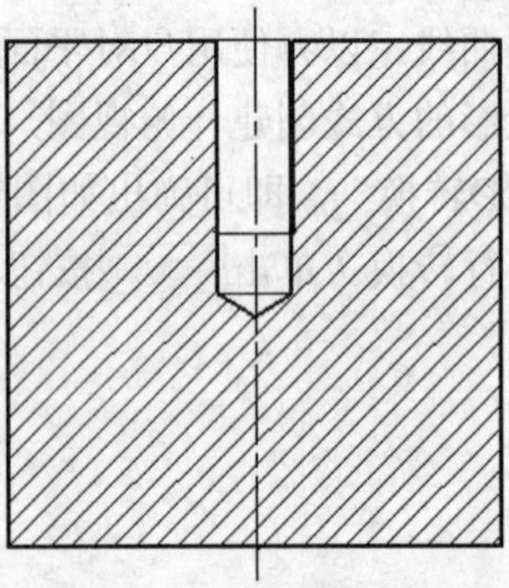

图14-52 完成剖面线编辑

3. 局部剖切

利用“局部剖切”工具能够在完整剖面线视图中截取局部创建新视图，剖面的宽度、深度均可由用户自定义，并且可自动将剖切面的截面边曲线转化为圆弧线。用户选择“菜单”→“GC工具箱”→“视图”→“局部剖切”，即可弹出“局部剖切”对话框。

通过对对话框及需剖切的视图进行设置即可完成局部剖切操作。

4. 曲线剖

在创建图纸时，利用曲线剖工具可以按照定义的曲线进行视图剖切并展开。用户选择“菜单”→“GC工具箱”→“视图”→“曲线剖”，即可弹出“曲线剖”对话框。通过对对话框及需剖切的视图进行设置即可完成曲线剖切操作。

14.4.2 注释

工具箱提供的注释工具包括必检符号、方向箭头、孔基准符号、网格线、点坐标标注、坐标更新、坐标列表和技术要求库等。

1. 必检符号

选择“菜单”→“GC工具箱”→“注释”→“必检符号”选项，即可弹出如图14-53所示的“必检符号”对话框，用于对选定的尺寸标注添加必检符号前缀或对其内容或规格进行编辑。

2. 方向箭头

选择“菜单”→“GC工具箱”→“注释”→“方向箭头”选项，即可弹出如图14-54所示的“方向箭头”对话框，主要用于创建或编辑图纸中经常需要使用的箭头符号。

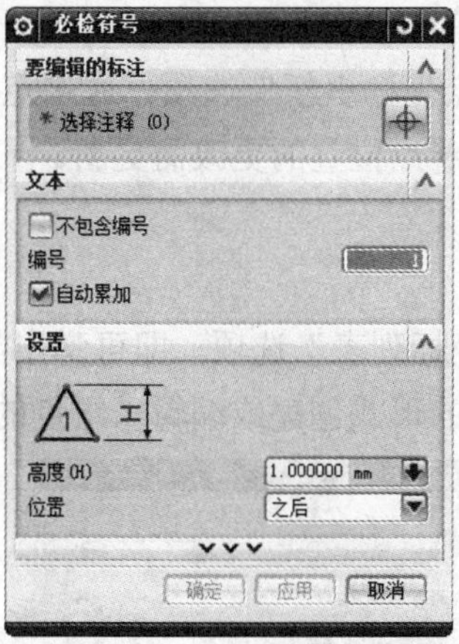

图14-53 “必检符号”对话框

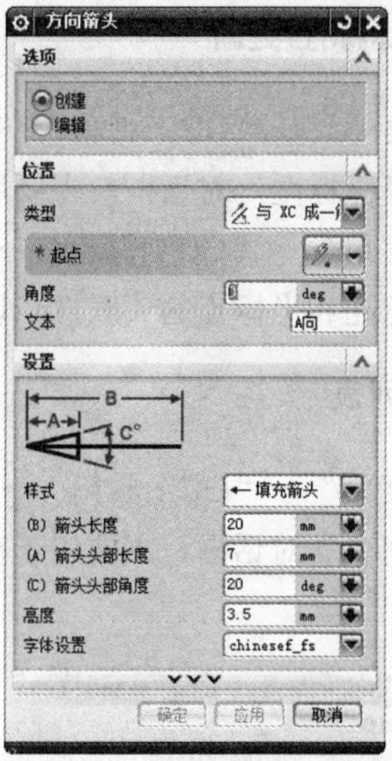

图14-54 “方向箭头”对话框

3. 孔基准符号

选择“菜单”→“GC工具箱”→“注释”→“孔基准符号”选项，即可弹出如图14-55所示“孔基准符号”对话框，主要用于对选定的视图上的孔对象进行相应的符号标记和标注。

4. 网格线

选择“菜单”→“GC工具箱”→“注释”→“网格线”选项，即可弹出如图14-56所示的“网格线”对话框，主要用于在需要的视图上加上坐标栅格线，并且标注栅格线相应的坐标。

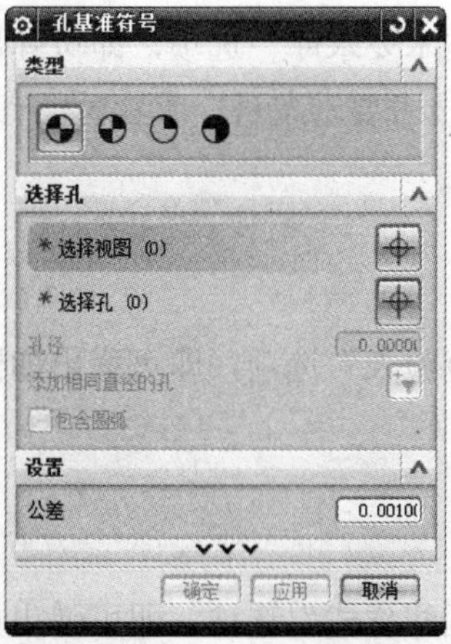

图14-55 “孔基准符号”对话框

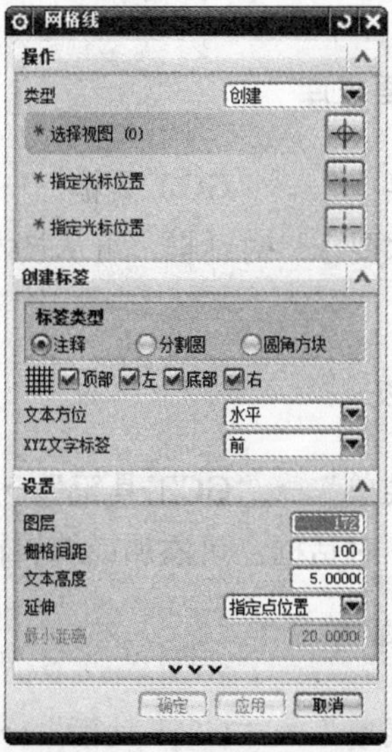

图14-56 “网格线”对话框

5. 点坐标标注/更新

选择“菜单”→“GC工具箱”→“注释”→“点坐标标注”选项，即可弹出如图14-57所示的“点坐标标注”对话框，主要用于对选择的点的坐标进行坐标标注。

选择“菜单”→“GC工具箱”→“注释”→“点坐标更新”选项，通过点坐标更新工具用于控制标注和坐标点的关联性，以保证标注值随着点位置的更改而更新。

6. 坐标列表

选择“菜单”→“GC工具箱”→“注释”→“坐标列表”选项，即可弹出如图14-58所示的“坐标列表”对话框，主要用于在图纸上以表格的形式创建或编辑一组点的坐标。

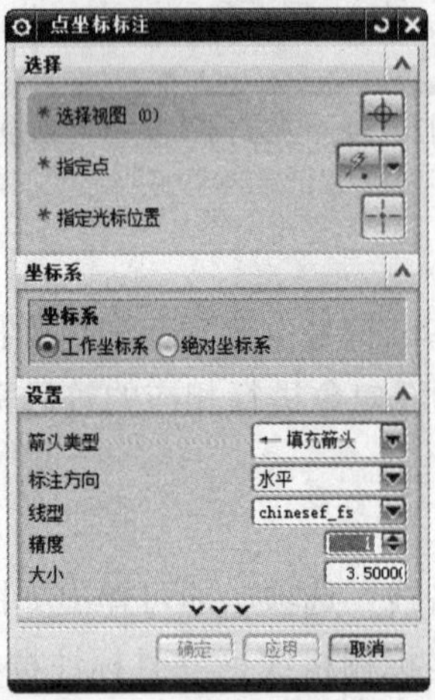

图14-57 “点坐标标注”对话框

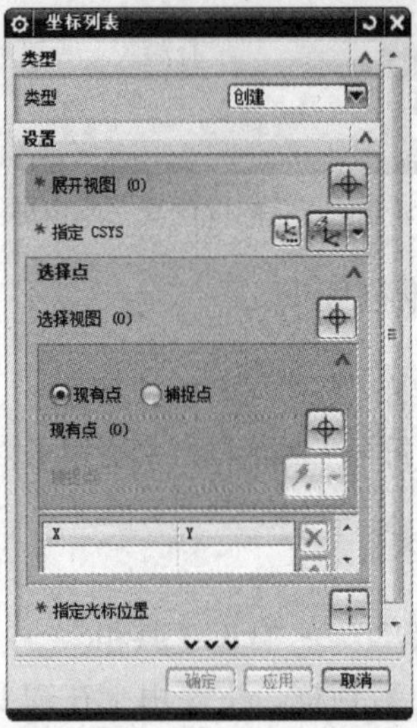

图14-58 “坐标列表”对话框

7. 技术要求库

选择“菜单”→“GC工具箱”→“注释”→“技术要求库”选项，即可弹出如图14-59所示的“技术要求”对话框，可从技术要求库中添加技术要求条目，或者对已有的技术要求进行编辑。

8. 检验表

选择“菜单”→“GC工具箱”→“注释”→“检验表”选项，即可弹出如图14-60所示的“检验表”对话框，可添加或编辑检验表格。

9. 匹配样式

选择“菜单”→“GC工具箱”→“注释”→“匹配样式”选项，即可弹出如图14-61所示的“匹配样式”对话框。使用该命令可将目标对象根据工具对象进行样式匹配操作。

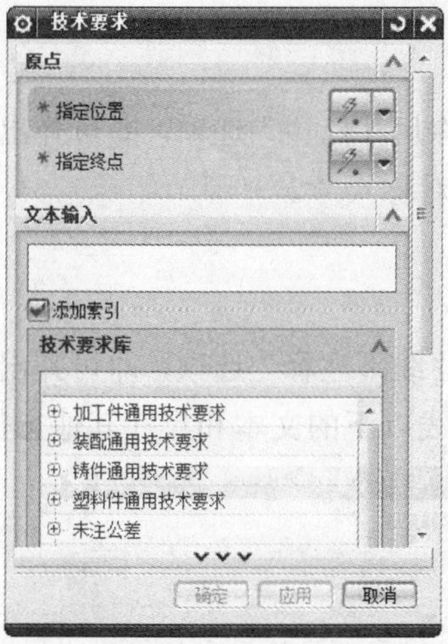

图14-59 “技术要求”对话框

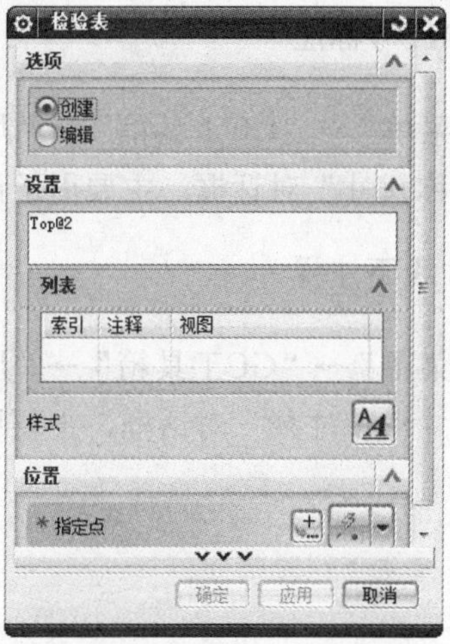

图14-60 “检验表”对话框

14.4.3 尺寸

工具箱提供的制图工具包括尺寸标注样式、对称尺寸标注、尺寸线下注释、尺寸标注排序、坐标尺寸标注对齐、尺寸标注/注释查询和尺寸公差配合优先级。

1. 尺寸标注样式

选择“菜单”→“GC工具箱”→“尺寸”→“尺寸标注样式”选项，即可弹出如图14-62所示的“尺寸标注样式”子菜单。使用该菜单的命令可对尺寸标注中经常使用的形式进行总结，并针对这些常用标注形式进行快速设置。

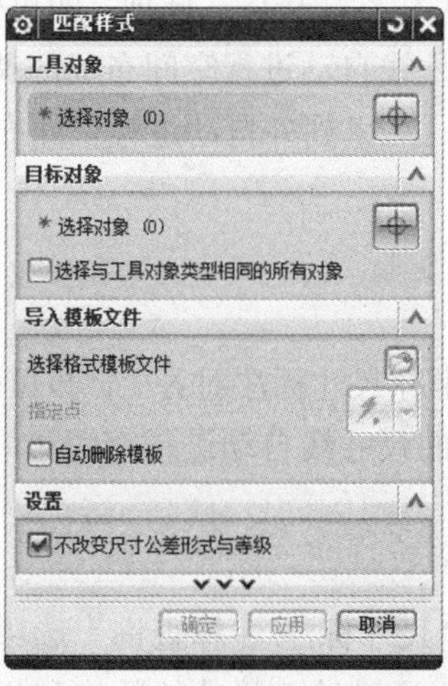

图14-61 “匹配样式”对话框

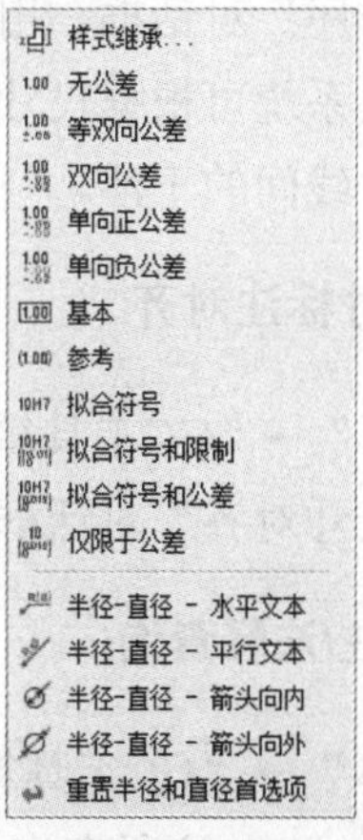

图14-62 “尺寸标注样式”子菜单

2. 对称尺寸标注

选择“菜单”→“GC工具箱”→“尺寸”→“对称尺寸标注”选项，即可弹出如图14-63所示的“对称尺寸”对话框，主要用于创建图纸中的对称尺寸。

3. 尺寸线下注释

选择“菜单”→“GC工具箱”→“尺寸”→“尺寸线下注释”选项，即可弹出如图14-64所示的“尺寸线下注释”对话框，主要用于标注尺寸线以下的文本和尺寸其他方位的文本。

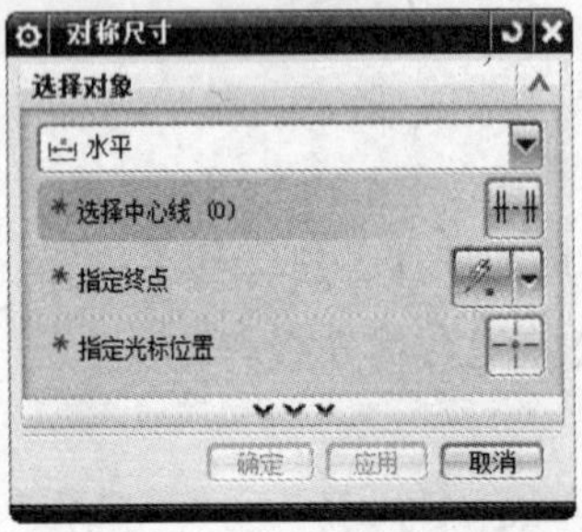

图14-63　“对称尺寸”对话框

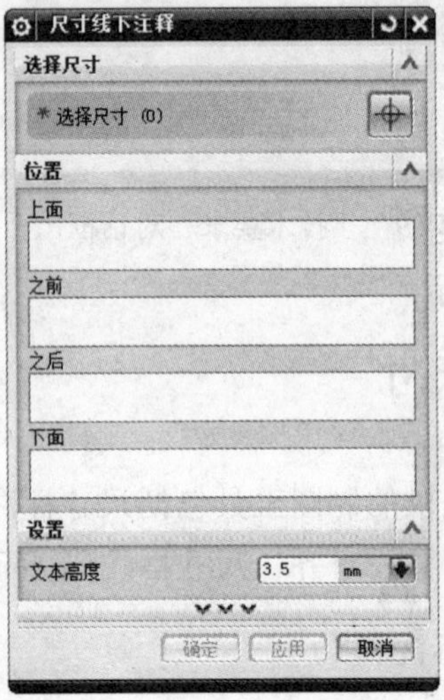

图14-64　“尺寸线下注释”对话框

4. 尺寸标注排序

选择“菜单”→“GC工具箱”→“尺寸”→“尺寸标注排序”选项，即可弹出如图14-65所示的“尺寸排序”对话框，用于对同一方位的尺寸线自动进行空间布局的调整。

使用该工具系统可根据尺寸值的大小从小到大、从里到外自动进行空间布局的调整，以减少或消除尺寸线间的干涉。

5. 坐标尺寸标注对齐

选择“菜单”→“GC工具箱”→“尺寸”→“坐标尺寸标注对齐”，即可弹出如图14-66所示的“坐标尺寸对齐”对话框，用于对同一方位的尺寸线自动进行空间布局的对齐调整。

6. 尺寸标注/注释查询

选择“菜单”→“GC工具箱”→“尺寸”→“尺寸标注/注释查询”选项，即可弹出如图14-67所示的“尺寸/注释查询”对话框，主要用于通过输入尺寸的数值和相应的附属文字或者输入注释文本，对图纸上的尺寸和注释进行相应的搜索，查询出符合要求的尺寸和注释并在图纸上进行显示。

图14-65　“尺寸排序”对话框

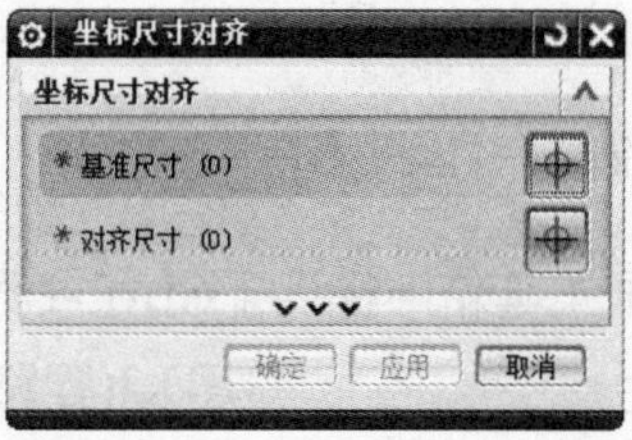

图14-66　“坐标尺寸对齐”对话框

7. 尺寸公差配合优先级

选择“菜单”→“GC工具箱”→“尺寸”→“尺寸公差配合优先级”选项，即可弹出如图14-68所示的“尺寸公差配合优先级”对话框，主要用于对输入尺寸公差进行优先级配合选择操作。

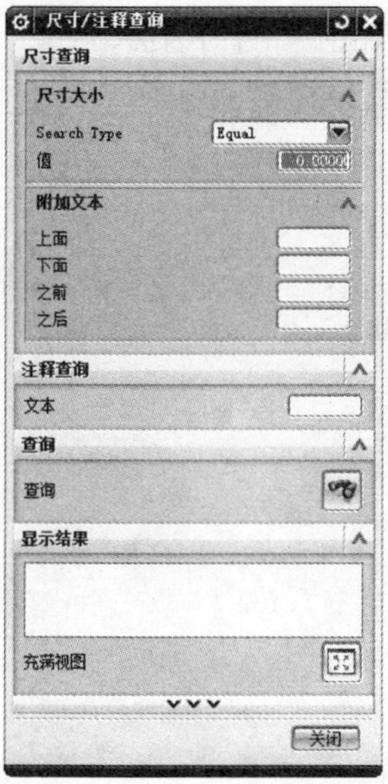

图14-67　“尺寸/注释查询”对话框

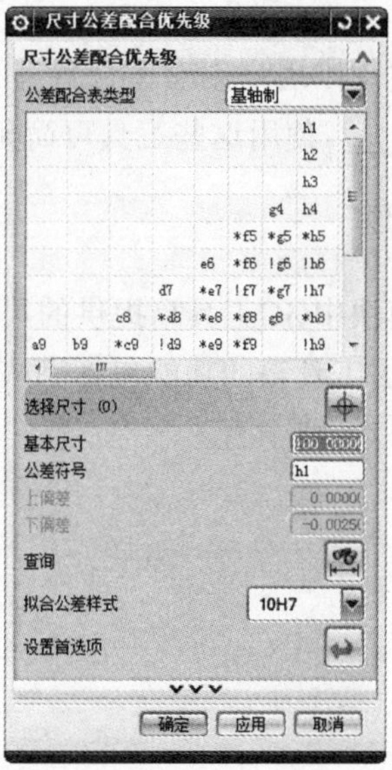

图14-68　“尺寸公差配合优先级”对话框

14.5　本 章 小 结

本章主要介绍了使用GC工具箱常用工具进行操作的步骤和方法，同时对NX中国工具箱进行了概要介绍。本章侧重介绍在建模和制图模块中使用GC工具箱创建齿轮和弹簧的一般操作步骤。作为了解学习的内容，用户可自行选择学习本章内容。

14.6 习　题

一、填空题

1. NX中国工具箱中提供了GB螺纹数据，具体的数据有________、GJB3.4(结构件MJ螺纹)、________、GJB3.3(管路件MJ螺纹)、________、HB243(过盈螺纹)、GB1415(米制锥螺纹)、________、GJB119.3(安装钢丝螺套用内螺纹)和Q_9D176(直九专用安装钢丝螺套用内螺纹)。

2. 在制图模块GC工具箱菜单中包括了________、“制图工具”、________、“注释”、“尺寸”、________和________7个子菜单。

3. GC数据规范包括________、________、________和其他工具。利用这些工具可进行模型质量检查、部件属性编辑、标准化操作和导入导出操作等。

4. 在建模模块GC工具箱菜单中包括了“GC数据规范”、________、________、“加工准备”、“注释”、________和“部件文件加密”7个子菜单。

5. 为方便中国用户创建适合自身的工程图，GC工具箱提供了用于________、注释和________，使用这些工具可简化操作步骤，提高制图效率。

二、简答题

1. 制图模块中GC工具箱提供的尺寸标注样式有哪些？

2. NX中国工具箱的功能包括哪些？

参 考 文 献

[1] 丁源，李秀峰. UG NX 8.0中文版从入门到精通[M]. 北京：清华大学出版社，2013.
[2] 刘昌丽，周进. UG NX 8.0中文版完全自学手册[M]. 北京：人民邮电出版社，2012.
[3] 王黎钦，陈铁鸣. 机械设计[M]. 黑龙江：哈尔滨工业大学出版社，2008.
[4] 钟日铭. UG NX 7.5完全自学手册[M]. 北京：机械工业出版社，2011.
[5] 张云杰. UG NX 4.0中文版基础教程[M]. 北京：清华大学出版社，2007.
[6] 安琦，顾大强. 机械设计[M]. 北京：科学出版社，2008.
[7] 王中行. UG NX 7.5中文版基础教程[M]. 北京：清华大学出版社，2012.
[8] 吴宗泽，高志. 机械设计(第2版)[M]. 北京：高等教育出版社，2009.